EUL
VERLAG

Rechnungslegung und Wirtschaftsprüfung

Herausgegeben von Prof. (em.) Dr. Dr. h. c. Jörg Baetge, Münster, Prof. Dr. Hans-Jürgen Kirsch, Münster, und Prof. Dr. Stefan Thiele, Wuppertal

Band 44
Dirk Stöppel
Die kaufmännische Lageberichterstattung von Hochschulen
Lohmar – Köln 2013 • 324 S. • € 62,- (D) • ISBN 978-3-8441-0280-2

Band 45
Fabian Graupe
Die Bilanzierung von Leasingverhältnissen beim Leasinggeber in der Internationalen Rechnungslegung
Lohmar – Köln 2013 • 304 S. • € 59,- (D) • ISBN 978-3-8441-0281-9

Band 46
Irg Müller
Der Einfluss der Ergänzungsbilanz auf den Unternehmenswert der Personengesellschaft
Lohmar – Köln 2014 • 280 S. • € 58,- (D) • ISBN 978-3-8441-0297-0

Band 47
Timo Hesse
Debt Restructuring – Eine Untersuchung der Abbildung finanzieller Sanierungsmaßnahmen nach HGB unter Berücksichtigung der IFRS
Lohmar – Köln 2014 • 332 S. • € 63,- (D) • ISBN 978-3-8441-0351-9

Band 48
Dominik Dettenrieder
Hedge Accounting in Industrieunternehmen nach IFRS 9
Lohmar – Köln 2014 • 320 S. • € 62,- (D) • ISBN 978-3-8441-0337-3

Band 49
Florian Gallasch
Die Bilanzierung von Versicherungsverträgen nach IFRS 4 Phase II – Das Bewertungsmodell für Erst- und passive Rückversicherungsverträge im Schaden- und Unfallbereich
Lohmar – Köln 2014 • 344 S. • € 63,- (D) • ISBN 978-3-8441-0374-8

JOSEF EUL VERLAG

Reihe: Rechnungslegung und Wirtschaftsprüfung · Band 49

Herausgegeben von Prof. (em.) Dr. Dr. h. c. Jörg Baetge, Münster, Prof. Dr. Hans-Jürgen Kirsch, Münster, und Prof. Dr. Stefan Thiele, Wuppertal

Dr. Florian Gallasch

Die Bilanzierung von Versicherungsverträgen nach IFRS 4 Phase II

Das Bewertungsmodell für Erst- und passive Rückversicherungsverträge im Schaden- und Unfallbereich

Mit einem Geleitwort von Prof. Dr. Hans-Jürgen Kirsch, Westfälische Wilhelms-Universität Münster

Bibliografische Information der Deutschen Nationalbibliothek

Die Deutsche Nationalbibliothek verzeichnet diese Publikation in der Deutschen Nationalbibliografie; detaillierte bibliografische Daten sind im Internet über <http://dnb.d-nb.de> abrufbar.

Dissertation, Westfälische Wilhelms-Universität Münster, 2014, unter dem Titel: Die Bilanzierung von Versicherungsverträgen nach IFRS 4 Phase II – Unter besonderer Berücksichtigung des Bewertungsmodells für Erstversicherungsverträge und passive Rückversicherungsverträge im Schaden- und Unfallbereich

D 6

ISBN 978-3-8441-0374-8
1. Auflage Dezember 2014

JOSEF EUL VERLAG GmbH
Brandsberg 6
53797 Lohmar
Tel.: 0 22 05 / 90 10 6-6
Fax: 0 22 05 / 90 10 6-88
E-Mail: info@eul-verlag.de
http://www.eul-verlag.de

Bei der Herstellung unserer Bücher möchten wir die Umwelt schonen. Dieses Buch ist daher auf säurefreiem, 100% chlorfrei gebleichtem, alterungsbeständigem Papier nach DIN 6738 gedruckt.

Geleitwort

Seit mehr als eineinhalb Jahrzehnten dauert das Projekt des IASB zur Entwicklung eines einheitlichen Standards für Versicherungsverträge nun an. Das Projekt wurde zunächst in zwei Phasen unterteilt, wobei in einem ersten Schritt mit dem IFRS 4 Phase I-Standard eine Interimslösung gefunden wurde, nach der die jeweils national anzuwendenden Vorschriften auch der internationalen Rechnungslegung nach IFRS zugrunde gelegt werden können. Im Zuge der zweiten Projektphase beabsichtigt der IASB die Entwicklung eigenständiger Rechnungslegungsanforderungen für Versicherungsverträge, durch deren Anwendung den Adressaten entscheidungsnützliche Informationen vermittelt werden und zugleich eine international wie auch zwischenbetrieblich konsistente bilanzielle Abbildung gefördert wird. Von zentraler Bedeutung ist hierbei das neu konzipierte Bewertungsmodell für Versicherungsverträge, das einen unternehmensspezifischen Erfüllungsbetrag als Wertmaßstab vorsieht und im Zuge der prinzipienorientierten Ausrichtung der Regelungsentwürfe für sämtliche Versicherungsverträge gilt. Auf der Basis grundlegender Überlegungen konkretisiert und würdigt der Verfasser die avisierten Bewertungsvorschriften nach Maßgabe des aktuellen Standardentwurfes (ED/2013/7) und blickt anschließend auf die im Zuge des noch andauernden Redeliberationsprozesses getroffenen vorläufigen Entscheidungen des IASB. Dabei betrachtet er sowohl Erst- als auch passive Rückversicherungsverträge im Schaden- und Unfallbereich.

Nach der Einleitung, in der die Relevanz des Themas herausgestellt und das Betrachtungsobjekt abgegrenzt wird, führt der Verfasser im **zweiten Kapitel** in den Themenbereich der Bilanzierung von Versicherungsverträgen ein, indem er zunächst komprimiert die ökonomischen Grundlagen des Versicherungsgeschäftes beschreibt. Hierbei geht er nicht nur auf die einzel- und gesamtwirtschaftliche Bedeutung des Versicherungsschutzes ein, sondern bereitet die spätere standardspezifische Analyse vor, indem der Versicherungsbegriff definiert, das versicherungstechnische Risiko in seine Komponenten differenziert und überdies der Risikoausgleich als Funktionsgesetz des Versicherungsgeschäftes erläutert wird. Zudem stellt der Verfasser die im Zuge dieser Arbeit untersuchten Vertragsgestaltungen vor und geht hierbei ausführlich auf die Unterscheidung zwischen proportionalen und nicht-proportionalen Rückversicherungsverträgen ein.

Im **dritten Kapitel** arbeitet der Verfasser die Würdigungsgrundlage für die Beurteilung des neu entwickelten Bewertungsmodells für Versicherungsverträge heraus. Hierzu werden die Zielsetzung der Vermittlung entscheidungsnützlicher Informationen an derzeitige und potentielle Kapitalgeber sowie die konkretisierenden qualitativen Anforderungen an die im Zuge der Rechnungslegung bereitgestellten Informationen erläutert. Zudem überträgt der Verfasser die Zielsetzung sowie die qualitativen Anforderungen auf die bilanzielle Abbildung des wirtschaftlichen Zusammenhangs zwischen Erst- und passiven Rückversicherungsverträgen. So wird gefordert, dass die ökonomische Wirkung des Rückversicherungsschutzes auch bilanziell möglichst nachvollzogen wird, indem die nach der Rückversicherung beim Erstversicherer verbleibende Nettoverpflichtung, die Nettorisikosituation sowie letztlich auch die Nettoerfolgswirkung gezeigt werden. Weiterhin wird ausgeführt, dass jene Konkretisierung für die Gesamtheit eines passiven Rückversicherungsvertrages sowie der zugrunde liegenden Erstversicherungsverträge nicht unreflektiert zu einer Aushebelung der Vorschriften zur Gewinnrealisation führt.

Im zentralen **vierten Kapitel** der Arbeit konkretisiert und würdigt der Verfasser die im Zuge der zweiten Projektphase vorgesehenen Regelungsbestandteile auf Basis des aktuellen Standardentwurfes (ED/2013/7) und betrachtet ferner die sich im Zuge des Redeliberationsprozesses abzeichnenden Regelungsänderungen. Hierbei strukturiert er die Analyse konsequent entsprechend dem vier Elemente umfassenden Bausteinansatz und behandelt überdies die für die Folgebewertung einschlägigen Vorschriften sowie das für Versicherungsverträge im Schaden- und Unfallbereich oftmals anwendbare vereinfachte Bewertungsmodell *(premium allocation approach)*. Abschließend werden jeweils die Besonderheiten für die Bilanzierung passiver Rückversicherungsverträge herausgestellt und analysiert, wobei stets die Implikationen für die bilanzielle Abbildung des Zusammenhangs von Erst- und passiven Rückversicherungsverträgen i. S. d. identifizierten Würdigungsgrundlage betrachtet werden.

Zu Beginn des vierten Kapitels wird zunächst ein Überblick über den Projektverlauf sowie die dabei favorisierten Wertmaßstäbe gegebenen, bevor die mit der Standardentwicklung verfolgte Zielsetzung dargelegt wird. Diese besteht in der Erarbeitung eines prinzipienorientierten Standards, durch dessen Anwendung den Adressaten möglichst entscheidungsnützliche Informationen über den Betrag und den zeitlichen Anfall der zur Vertragserfüllung erforderlichen Zahlungsströme sowie die hiermit eingegangenen Risiken vermittelt werden. Nach einer differenzierten Abgrenzung des Anwendungsbereiches, in der die i. S. d. Standards konstituierenden Merkmale eines Versicherungsvertrages beleuchtet werden, widmet sich der Verfasser den Bilanzansatzregeln für Versicherungsverträge. Neben dem Beginn der Deckungsperiode als dem regelmäßigen Bilanzansatzzeitpunkt wird auch ein möglicher früherer Bilanzansatz bei belastenden Vertragsportfolios diskutiert. Zudem beurteilt der Verfasser die geforderte separate Bilanzierung passiver Rückversicherungsverträge und geht auf die differenzierte Bilanzansatzkonzeption in Abhängigkeit von der Gestaltungsform der Rückversicherungsverträge ein.

Anschließend führt der Verfasser in den allgemeinen Bausteinansatz *(building block approach)* zur Bilanzierung von Versicherungsverträgen ein, indem er den zentralen Wertmaßstab des unternehmensspezifischen Erfüllungsbetrages dem veräußerungsmarktorientierten Fair Value gegenüberstellt und die Grundkonzeption der Wertermittlung sowohl für Erstversicherungsverträge als auch für passive Rückversicherungsverträge erläutert. Hierbei gilt es zunächst, die im Rahmen der Vertragserfüllung anfallenden Zahlungsströme erwartungsgetreu zu schätzen (Baustein 1), an den Zeitwert des Geldes anzupassen (Baustein 2) und um eine Risikomarge als Kompensation für die akzeptierte Unsicherheit zu adjustieren (Baustein 3). Ein für ein Portfolio von Erstversicherungsverträgen im Zugangszeitpunkt erwarteter Gewinn ist in einer eigens konzipierten vertragsbezogenen Servicemarge abzugrenzen, während eine drohende Belastung unmittelbar aufwandswirksam eine Rückstellungsbildung auslöst (Baustein 4). Für passive Rückversicherungsverträge sind hingegen jegliche mit der künftigen Deckung verbundenen Erfolgswirkungen im Zugangszeitpunkt zu vermeiden und stets in einer vertragsbezogenen Servicemarge abzugrenzen.

Im Rahmen des **ersten Bewertungsbausteins** stellt der Verfasser heraus, dass die verfolgte Erwartungswertkonzeption mit anschließender expliziter Risikokompensation einen konzeptionell überzeugenden Ansatz darstellt, um die Voraussetzung zur Vermittlung entscheidungsnützlicher Informationen zu schaffen. Wenngleich die individuellen Zahlungsstromschätzungen des Versicherers mit subjektivem Ermessen verbunden sind, fördert eine strenge Auslegung der vom IASB definierten fünf Anforderungen an die Schätzung der Zahlungsströme eine zugleich relevante wie auch glaubwürdig dargestellte Ausgangsbasis für die Bestimmung des unternehmensspezifischen Erfüllungsbetrages. Um auch bei den gewährten Vereinfachungen, bei denen von einer Einbeziehung jeglicher denkbarer Szenarien in die Ermittlung einer Verteilungsfunktion der Zahlungsströme abgesehen werden kann, ein hinreichendes Maß an glaubwürdiger Darstellung zu gewährleisten, wird ferner angeregt, in den Grenzen der expliziten Anforderungen weitestgehende Konformität mit den Schätzungen des Versicherers für interne Zwecke anzustreben. Nachdem anschaulich dargestellt wird, welche Zahlungsströme in die Schätzung des Erfüllungsbetrages für Erst- und passive Rückversicherungsversicherungsverträge einzubeziehen sind, widmet sich der Verfasser u. a. der Frage, inwiefern das Kreditrisiko bzw. das Risiko der Nicht-Leistung bei der Bewertung berücksichtigt werden sollte. Hierbei wird argumentiert, dass die Einbeziehung des eigenen Kreditrisikos in die Bewertung der versicherungstechnischen Verpflichtungen der Erstversicherungsverträge mit kontraintuitiven Effekten verbunden wäre, die zu einer verzerrten Abbildung der versicherungstechnischen Rückstellung führen würde bzw. die in der vertragsbezogenen Servicemarge abgegrenzte Profitabilität ungerechtfertigt hoch erscheinen ließe. Die Berücksichtigung des erwarteten Ausfallrisikos des Rückversicherers bei der Bewertung passiver Rückversicherungsverträge auf Basis des *expected loss* wird im Gegensatz dazu positiv beurteilt. Gleichwohl wird empfohlen, das Risiko der Nicht-Leistung aufgrund von Rechtsstreitigkeiten nur bei Vorliegen ausreichender Hinweise einzubeziehen, um einer im Regelfall nicht objektivierbaren Schätzung vorzubeugen.

Anschließend führt der Verfasser aus, dass die geschätzten Zahlungsströme mit dem **zweiten Bewertungsbaustein** grds. auch im Schaden- und Unfallbereich an den Zeitwert des Geldes anzupassen sind, um relevante Informationen zu vermitteln und die mit den Versicherungsverträgen verbundenen Ansprüche und Verpflichtungen glaubwürdig darzustellen. Ferner werden die Anforderungen an den Diskontierungszinssatz beleuchtet, der einem kreditrisikolosen Marktzins entsprechen muss und darüber hinaus die Zahlungsstromcharakteristika des Portfolios von Versicherungsverträgen hinsichtlich der Währung, des zeitlichen Anfalls sowie der Liquiditätseigenschaften widerzuspiegeln hat. Hierbei wird dem Bilanzierenden freigestellt, ob er eine risikolose Zinsstrukturkurve an die individuellen Eigenschaften des Portfolios anpasst *(bottom up approach)* oder ob er aus einer Verzinsung von (gehaltenen) Finanzinstrumenten diejenigen Spreadkomponenten extrahiert, die für das Vertragsportfolio unerheblich sind *(top down approach)*. Dabei analysiert der Verfasser differenziert, welche Anpassungen jeweils erforderlich sind, um die Zahlungsstromcharakteristika der Versicherungsverträge im Diskontierungszins nachzuvollziehen. Im Zuge dessen wird herausgearbeitet, dass die beim *Bottom-up*-Ansatz vom IASB geforderte Anpassung an die transferorientierte Illiquidität konzeptionell nicht gerechtfertigt erscheint.

Mit der Bestimmtheit der Zahlungen, die auf die Investitionsmöglichkeit in illiquide Kapitalanlagen abstellt, führt der Verfasser zunächst eine für die unternehmensspezifische Erfüllungsperspektive überlegene Illiquiditätsdefinition ein. Isoliert betrachtet erfordert dieses Illiquiditätsverständnis folglich die Abbildung unterschiedlicher Liquiditätsgrade von Versicherungsverträgen in den jeweiligen Zinssätzen. Für diese konzeptionell zielführende Interpretation wird jedoch hergeleitet, dass sie zu einer Doppelerfassung der so verstandenen Liquiditätseigenschaften führen würde, die bereits in der Risikomarge abgebildet werden, so dass zumindest keine abweichenden Liquiditätsgrade im Zins berücksichtigt werden dürfen. Da die Risikomarge die Kompensation repräsentiert, die den Versicherer vollständig für die inhärenten Unsicherheiten und Nachteile im Vergleich zu einer feststehenden Verpflichtung entschädigt und hierbei entsprechend auch die Nachteile einer erforderlichen liquiden Kapitalanlage berücksichtigt werden, wird empfohlen, im Zinssatz vielmehr einen konstant hohen Illiquiditätsgrad abzubilden. Die vom IASB verfolgte transferorientierte Begründung der einzubeziehenden Illiquiditätsprämie lehnt der Verfasser hingegen begründet ab.

Die Bestimmung des unternehmensspezifischen Erfüllungsbetrages wird durch die Einbeziehung einer expliziten Risikomarge mit dem **dritten Bewertungsbaustein** abgeschlossen. Diese spiegelt die vom Versicherer verlangte Kompensation wider, um die mit dem Betrag und dem zeitlichen Anfall der Zahlungsströme zur Vertragserfüllung verbundene Unsicherheit zu tragen. Hierbei identifiziert der Verfasser die zu berücksichtigenden Risikokomponenten und stellt heraus, dass die individuelle Risikoeinschätzung des Versicherers eine höchst relevante Information ist, die trotz der bestehenden Ermessensspielräume hinreichend glaubwürdig dargestellt werden kann, sofern die wesentlichen Prämissen und Modellparameter beschrieben werden, die Ermittlungsmethoden möglichst stetig angewandt werden sowie möglichst auf die Beurteilung für interne Zwecke abgestellt wird. Positiv hervorzuheben ist, dass nunmehr auch portfolioübergreifende Ausgleichseffekte entsprechend der individuellen Risikobeurteilung des Versicherers in die Bestimmung der Risikokompensation einbezogen werden können. Der Verfasser analysiert anschließend, inwiefern die vom IASB definierten Anforderungen an die Risikomarge durch die im ersten Standardentwurf (ED/2010/8) vorgeschriebenen und weiterhin zulässigen Ermittlungsmethoden erfüllt werden. Hierbei leitet er sowohl für Erstversicherungsverträge als auch für die Abbildung des ökonomischen Zusammenhangs mit den korrespondierenden passiven Rückversicherungsverträgen her, dass die bedingte Erwartungswertmethode bzw. bei entsprechender Parameterwahl auch die Kapitalkostenmethode angewandt werden sollte, insbesondere falls der Rand der Schadenverteilung eine besondere Bedeutung hat. Es ist also zwingend erforderlich, die Methodenwahl stets mit den Charakteristika des Vertragsportfolios und den daraus resultierenden Schadenzahlungen abzustimmen. Ferner wird angeregt, das Irrtumsrisiko jenseits der vorgeschlagenen Ermittlungstechniken explizit in die Risikomarge mit einzubeziehen.

Im Rahmen des **vierten Bewertungsbausteins** wird die an das Vorzeichen des Erfüllungsbetrages geknüpfte Bilanzierungskonsequenz eingehend analysiert. Während ein im Zugangszeitpunkt für ein Portfolio von Erstversicherungsverträgen erwarteter Verlust unmittelbar aufwandswirksam eine Rückstellungsbildung auslösen muss, um die drohende wirtschaftliche Belastung entscheidungsnützlich abzubilden, ist ein erwarteter Gewinn in einer vertragsbezogenen Servicemarge abzugrenzen. In diesem Zusammenhang untersucht der Verfasser, welche Komponenten die vertragsbezogene Servicemarge umfasst und stellt heraus, dass ein unmittelbarer Gewinnausweis im Zugangszeitpunkt unterbleiben muss, da sich der erwartete Gewinn teils aus Vergütungsbestandteilen für noch zu erbringende Leistungen zusammensetzt und überdies der erwartete Gewinn so lange nicht als erwirtschaftet angesehen werden kann, bis der Versicherer den vertraglich vereinbarten Versicherungsschutz erbracht hat und keinerlei Rückforderungsmöglichkeiten durch die Versicherten mehr bestehen. Bei der Bewertung passiver Rückversicherungsverträge sind hingegen sowohl im Zugangszeitpunkt erwartete Gewinne als auch erwartete Verluste, die als Nettoakquisitionskosten des Rückversicherungsschutzes zu interpretieren sind, in einer passivischen bzw. aktivischen vertragsbezogenen Servicemarge abzugrenzen. Wenngleich diese Regelung isoliert betrachtet positiv zu beurteilen ist, fordert der Verfasser, dass stets der ökonomische Zusammenhang des passiven Rückversicherungsvertrages mit den zugrunde liegenden Originalpolicen bilanziell nachvollzogen wird, um zur Vermittlung entscheidungsnützlicher Informationen beizutragen. So entwickelt der Verfasser für jegliche denkbaren Konstellationen erwarteter Gewinne oder Verluste für die Erst- bzw. passiven Rückversicherungsverträge differenzierte Regelungsalternativen, welche die jeweilige Bilanzierungskonsequenz konsistent an der geforderten Nettobetrachtung nach Rückversicherungsschutz ausrichten.

Anschließend betrachtet der Verfasser ausführlich die Regelungen zur **Folgebewertung** von Versicherungsverträgen und stellt die Entwicklung der versicherungstechnischen Rückstellung sowie der einzelnen Bewertungsbausteine anhand eines umfangreichen Beispiels dar. Während sowohl i. S. d. Relevanz der vermittelten Informationen als auch der glaubwürdigen Darstellung der Verpflichtung stets aktuelle Schätzungen und Parameterausprägungen bei der Bewertung zu verwenden sind, stellt sich die Frage, wie sich Parameter- und Schätzungsänderungen auf den Bilanzausweis sowie die Erfolgsrechnung auswirken sollten. Zur Beantwortung dieser Frage beurteilt der Verfasser für Schätzungsänderungen der Zahlungsströme, eine veränderte Einschätzung der Risikosituation sowie Zinsänderungseffekte, ob diese unmittelbar erfolgswirksam erfasst, mit der vertragsbezogenen Servicemarge verrechnet oder aber im OCI ausgewiesen werden sollten. Entgegen dem zweiten Standardentwurf, nach dem nur bestimmte Änderungen der Zahlungsstromschätzungen bezogen auf die künftige Deckung mit der Servicemarge zu verrechnen sind und jegliche Änderungen der Risikomarge unmittelbar erfolgswirksam werden, leitet der Verfasser her, dass insbesondere auch Schätzungsänderungen der Risikomarge für die künftige Deckung in die Marge aufgenommen werden sollten. Dies wird als erforderlich angesehen, um ein in sich konsistentes Bewertungsmodell für die Erst- und die Folgebewertung sicherzustellen und dem Charakter der Servicemarge als Marge zur Abgrenzung des erwarteten, noch unverdienten Gewinns gerecht zu werden.

Unlängst wurde jedoch im Hinblick auf die Folgebewertung seitens des IASB – wie vom Verfasser gefordert – vorläufig beschlossen, dass Änderungen der Risikomarge bezogen auf den noch ausstehenden Deckungszeitraum in eine positive vertragsbezogene Servicemarge eingehen bzw. mit dieser verrechnet werden. Zudem sehen die Regelungsänderungen nunmehr bspw. vor, dass künftig Zinsänderungseffekte nach Maßgabe der *accounting policy* wahlweise im Periodenergebnis oder aber im OCI ausgewiesen werden können. Einen vergleichbaren Ansatz hatte der Verfasser bereits auf Basis der Regelungen des zweiten Standardentwurfes gefordert.

Eine besondere Bedeutung in der Analyse wird ferner dem **vereinfachten Bewertungsmodell** *(premium allocation approach)* für i. d. R. kurzlaufende Versicherungsverträge beigemessen, da derartige Verträge im Schaden- und Unfallbereich dominieren. Die hierbei gewährte Vereinfachung, die Rückstellung grds. in Höhe der bereits erhaltenen, noch nicht verdienten Prämien anzusetzen, lehnt der Verfasser im Hinblick auf den gravierenden Informationsverlust verglichen mit der

Anwendung des Bausteinansatzes trotz der damit verbundenen Kostenreduktion ab. So wird dem Adressaten im Extremfall nur deutlich schwerer ersichtlich, ob die jeweilige Rückstellungshöhe auf hohe erwartete Schadenauszahlungen zurückzuführen ist oder aber einen hohen erwarteten Gewinnanteil repräsentiert. Dennoch konkretisiert der Verfasser auch anhand eines Beispiels die avisierten Regelungen des *premium allocation approach*, wobei er zwischen der Rückstellung für die verbleibende Deckung, für eingetretene Schäden sowie für belastende Vertragsportfolios differenziert. Da die Identifikation belastender Vertragsportfolios für die Gewährleistung der geforderten hinreichenden Approximation des *building block approach* besonders wichtig ist, werden Vorschläge dargeboten, welche Hinweise und Indizien einen sog. *onerous test* auslösen sollten. Auch im Rahmen dieses Kapitels werden die Spezifika für passive Rückversicherungsverträge betrachtet.

Im abschließenden **fünften Kapitel** werden die Regelungen des Bausteinansatzes und des vereinfachten Bewertungsmodells zusammengefasst und in aggregierter Form gewürdigt.

Insgesamt bewegt sich der Verfasser sicher in den Spezifika der Rechnungslegung für Versicherungsunternehmen und diskutiert die schon auf der Ebene der Sachverhalte und des Standardsetting-Prozesses sehr komplexe Materie sehr differenziert. Besonders hervorzuheben ist dabei die konsequente Ableitung der Teilergebnisse und deren Zusammenfassung zu einer Gesamtwürdigung. Dieses wird durch die ausgesprochen systematische Bearbeitung der verschiedenen Bausteine des Bewertungsmodells und der entsprechenden Einbeziehung der Rückversicherungsproblematik unterstützt. Ganz besonders gelungen ist dabei die konsequente Ableitung der Ergebnisse aus grundlegenden konzeptionellen Überlegungen, deren Bedeutung weit über die aktuelle Diskussion hinausgeht. Insofern bin ich sicher, dass die vorgelegte Arbeit nicht nur Impulse für den laufenden Standardsetting-Prozess, sondern für die Diskussion um die Bilanzierung von Versicherungsverträgen insgesamt liefert, die mit dem aktuellen IASB-Projekt sicher nicht abgeschlossen sein wird.

Münster, im November 2014

Prof. Dr. Hans-Jürgen Kirsch

Vorwort des Verfassers

Mit dem derzeit noch andauernden Projekt zur umfassenden Überarbeitung des Standards IFRS 4 zur Bilanzierung von Versicherungsverträgen wird erstmals ein einheitliches, prinzipienorientiertes Bewertungsmodell entwickelt, das einen möglichst hohen Grad an Entscheidungsnützlichkeit der vermittelten Informationen gewährleisten soll. Dieses Bestreben wird im Rahmen dieser Arbeit zum Anlass genommen, um die avisierten Regelungen zu konkretisieren sowie im Hinblick auf deren Konsistenz wie auch Entscheidungsnützlichkeit zu würdigen. Die vorliegende Arbeit hierzu entstand während meiner Tätigkeit als wissenschaftlicher Mitarbeiter am Institut für Rechnungslegung und Wirtschaftsprüfung (IRW) der Westfälischen Wilhelms-Universität Münster unter der Leitung von Herrn Prof. Dr. Hans-Jürgen Kirsch. Im April 2014 wurde dieser Beitrag von der Wirtschaftswissenschaftlichen Fakultät in Münster als Dissertation angenommen. Sie basiert auf den Regelungen des zweiten Standardentwurfes zur Bilanzierung von Versicherungsverträgen (ED/2013/7) und berücksichtigt zugleich die vorläufigen Entscheidungen des IASB aus dem noch andauernden Redeliberationsprozess bis zum Oktober 2014.

Sehr gerne möchte ich die Gelegenheit nutzen, mich gleichermaßen für die breite fachliche wie auch persönliche Unterstützung aus dem Kreise der Forschung, der Institutsarbeit sowie für den äußerst wertvollen Erfahrungs- und Gedankenaustausch mit Vertretern der Praxis zu bedanken. In erster Linie aber gilt mein ganz besonderer Dank meinem hoch geschätzten akademischen Lehrer und Doktorvater, Herrn Prof. Dr. Hans-Jürgen Kirsch. So haben bereits die tägliche Institutsarbeit unter seiner Leitung in einer stets überaus angenehmen und konstruktiven Atmosphäre sowie der fruchtbare Austausch im Rahmen von Forschungsprojekten den Grundstein zum Gelingen dieses wissenschaftlichen Beitrages gelegt. Vor allem aber die jederzeitige Diskussionsbereitschaft sowie die überaus wertvollen fachlichen Hinweise während des gesamten Promotionsprozesses waren eine unverzichtbare Unterstützung, die in besonderem Maße zum Ergebnis dieser Arbeit beigetragen haben. Weiterhin gebührt mein Dank Herrn Prof. Dr. StB Christoph Watrin für die Übernahme des Zweitgutachtens sowie Herrn Prof. Dr. Christian Müller für sein Mitwirken in der Promotionskommission. Zudem ist es mir ein besonderes Anliegen, auch Herrn Prof. Dr. Dr. h. c. Jörg Baetge und seinen Mitarbeitern für die hilfreichen Anmerkungen und Diskussionen im Zuge gemeinsamer Doktorandenseminare zu danken.

Zudem gilt mein aufrichtiger Dank all denjenigen Vertretern aus der Praxis, die ungeachtet der eigenen beruflichen Einspannung stets bereit waren, ihre sowohl theoretischen als auch praktischen Erfahrungen zu teilen und den fachlichen Austausch in jeder Hinsicht unterstützt haben. Stellvertretend seien hier vor allem die Teams rund um Herrn Dr. Heinz-Peter Roß und Herrn Dr. Immo Querner sowie Frau Dr. Dorothea Diers und Herr Dr. Joachim Kölschbach genannt. Für die besonderen, überaus wertvollen Einblicke in die Belange und bilanziellen Fragestellungen aus der Perspektive eines Rückversicherers möchte ich ferner Herrn Olaf Brock und seinen Mitarbeitern danken. Diesbezüglich erinnere ich mich vor allem auch an den fachlichen Austausch mit Frau Barbara Reichenbach sowie Herrn Jens Chyba, die durch ihre unbedingte Gesprächsbereitschaft und ihr Interesse an den behandelten Themen nicht nur inhaltlich ein Rückhalt waren, sondern auch die Freude an den konzeptionellen Diskussionen weiter entfacht haben.

Ein ganz besonderes Anliegen ist es mir, meinen derzeitigen und ehemaligen Kollegen am Institut zu danken. Sie waren nicht nur jederzeit bereit, durch ihre fachliche Expertise gemeinsame Forschungsprojekte anzustoßen und voranzutreiben, sondern haben auch in der Phase der Anfertigung dieser Arbeit für die beizeiten erforderliche sportliche und überaus freundschaftliche, außerfachliche Ablenkung gesorgt. Namentlich erwähnen möchte ich Frau Dr. Yasmine Bassen-Metz, Frau Dr. Kathrin Köhling, Frau Ariane Kraft M.Sc., Herrn Michael Alkemeier M.Sc., Herrn Frederik Engelke M.Sc., Herrn Dr. Tim Hoffmann, Herrn Dr. Matthias Knabe, Herrn Dr. Gerrit Lütkeschümer, Herrn Dr. Alexander Olbrich, Herrn StB Dr. Daniel Siegel und Herrn Dr. Christian Weber. Sie alle haben dazu beigetragen, dass die Zeit am IRW unvergessen und stets in allerbester Erinnerung bleiben wird. Ein besonderer Dank gilt ferner Frau Dr. Corinna Ewelt-Knauer für ihre überaus geschätzten Ratschläge in allen erdenklichen Belangen, ihre Hilfsbereitschaft sowie ihre jederzeit erfrischende und freundliche Art. Besonders wichtig ist es mir, den Herren Dr. Dominik Dettenrieder und Nils Gimpel-Henning M.Sc. für Ihre unermüdliche Bereitschaft zu fachlichen Diskussionen und den zahlreichen Anmerkungen im Entstehungsprozess dieser Arbeit zu danken, die ohne Zweifel erheblich zu deren Qualität beigetragen haben. Nicht nur aufgrund ihrer fachlichen Expertise sowie ihrem gelebten Selbstverständnis, dieses Promotionsvorhaben bestmöglich zu unterstützen, bin ich mir sicher, dass mich zu diesen überaus geschätzten Kollegen auch weiterhin eine enge Freundschaft verbinden wird. Dankbar und freundschaftlich verbunden fühle ich mich vor allem auch Frau Dr. Lena Schoo, Herrn Dr. Timo Hesse sowie meinem langjährigen Büronachbarn, Herrn Dr. Christoph Pier. Mit ihnen durfte ich einen Großteil meiner Zeit gemeinsam am Institut verbringen und erinnere mich an zahllose unvergessliche Erlebnisse in und außerhalb der Universität. Sie waren in jeglichen Lebenslagen stets gute Freunde, mit denen ich die Höhen und Tiefen der gemeinsamen Dissertationszeit teilen durfte. Ein großes Dankeschön gebührt auch Frau Ann-Kathrin Bonke und Tobias Langehaneberg, die das gesamte Team des IRW perfekt in sämtlichen administrativen Herausforderungen unterstützen und unverzichtbar sind für die herzliche Atmosphäre bei der täglichen Arbeit. Zudem möchte ich unseren studentischen Hilfskräften danken, die jegliche Unwägbarkeiten auf sich genommen haben, um mich während der gesamten Zeit mit jedweden Literaturwünschen zu versorgen.

Schließlich möchte ich aus tiefstem Herzen meinen Eltern sowie meinem Bruder Tobias danken, die mich als Vorbilder auf meinem bisherigen Weg begleitet und bedingungslos unterstützt haben. Ihr grenzenloser Rückhalt und ihre Zuversicht haben mir stets das Vertrauen geschenkt, sämtliche Herausforderungen anzunehmen und meistern zu können. Ohne ihre Unterstützung sowie die Gewissheit, sich jederzeit uneingeschränkt auf sie verlassen zu können, hätte diese Arbeit nicht entstehen können. Ihnen allen sei das Ergebnis meiner Anstrengungen gewidmet.

Münster, im November 2014 Florian Gallasch

Inhaltsübersicht

Inhaltsverzeichnis

Abbildungsverzeichnis

Formelverzeichnis

Abkürzungsverzeichnis

A

a. A.	anderer Auffassung
A	*appendix* (i. V. m. IFRS-Fundstellen)
ABACUS	*A Journal of Accounting, Finance and Business Studies* (Zeitschrift)
Abs.	Absatz
Abt.	Abteilung
abzgl.	abzüglich
ACLI	*American Council of Life Insurers*
AG	Aktiengesellschaft
Anm.	Anmerkung
Art.	Artikel
Aufl.	Auflage
AV	*alternative view* (i. V. m. IFRS-Fundstellen)
AVÖ	Aktuarvereinigung Österreichs

B

BB	Betriebs-Berater (Zeitschrift)
BBA	*building block approach*
BC	*basis for conclusions* (i. V. m. IFRS-Fundstellen)
BCA	*basis for conclusions appendix A* (i. V. m. IFRS-Fundstellen)
BDGVM	Blätter der Deutschen Gesellschaft für Versicherungsmathematik (Zeitschrift)
BFuP	Betriebswirtschaftliche Forschung und Praxis (Zeitschrift)
BGB	Bürgerliches Gesetzbuch
BGH	Bundesgerichtshof
BilReG	Bilanzrechtsreformgesetz
BIS	*Bank for International Settlements*
BIZ	Bank für Internationalen Zahlungsausgleich
bspw.	beispielsweise
BT	Deutscher Bundestag
Buchst.	Buchstabe
bzgl.	bezüglich
bzw.	beziehungsweise

C

CAS	*Casualty Actuarial Society*
CDS	*credit default swap*
CEA	*Comité Européen des Assurances* (jetzt *Insurance Europe*)
CEIOPS	*Committee of European Insurance and Occupational Pensions Supervisors*
CF	Conceptual Framework
CFO	*chief financial officer*

CL	*comment letter*
c. p.	ceteris paribus
CTE	*conditional tail expectation*
CVaR	*conditional value at risk*

D

d. h.	das heißt
DB	Der Betrieb (Zeitschrift)
DP	Discussion Paper (i. V. m. IFRS-Fundstellen)
DRSC	Deutsches Rechnungslegungs Standards Committee e. V.
DSOP	*Draft Statement of Principles* (i. V. m. IFRS-Fundstellen)
DStR	Deutsches Steuerrecht (Zeitschrift)
DStZ	Deutsche Steuerzeitung (Zeitschrift)
DVA	Deutsche Versicherungsakademie

E

ED	Exposure Draft (i. V. m. IFRS-Fundstellen)
EFRAG	*European Financial Reporting Advisory Group*
EG	Europäische Gemeinschaft(en)
EGVVG	Einführungsgesetz zum Versicherungsvertragsgesetz
EIOPA	*European Insurance and Occupational Pensions Authority*
et al.	et alii (und andere)
EU	Europäische Union
e. V.	eingetragener Verein

F

f.	folgende (Randnummer, Seite, Textziffer)
F	Framework
FASB	*Financial Accounting Standards Board*
Fn.	Fußnote

G

GDV	Gesamtverband der Deutschen Versicherungswirtschaft e. V.
ggf.	gegebenenfalls
ggü.	gegenüber
GNAIE	*Group of North American Insurance Enterprises*
GoB	Grundsätze ordnungsmäßiger Buchführung
grds.	grundsätzlich

H

HdJ	Handbuch des Jahresabschlusses

HdV Handwörterbuch der Versicherung
HGB Handelsgesetzbuch
Hrsg. Herausgeber
hrsg. v. herausgegeben von

I

IAA *International Actuarial Association*
IAIS *International Association of Insurance Supervisors*
IAS *International Accounting Standard(s)*
IASB *International Accounting Standards Board*
IASC *International Accounting Standards Committee*
IAS-VO IAS-Verordnung
i. d. R. in der Regel
IDW Institut der Wirtschaftsprüfer in Deutschland e. V.
IE *illustrative examples* (i. V. m. IFRS-Fundstellen)
IFRIC *International Financial Reporting Interpretations Committee*
IFRS *International Financial Reporting Standard(s)*
i. H. v. in Höhe von
IN *introduction* (i. V. m. IFRS-Fundstellen)
IRZ Zeitschrift für Internationale Rechnungslegung
i. S. d. im Sinne der, des
i. S. e. im Sinne einer, eines
i. S. v. im Sinne von
i. V. m. in Verbindung mit

J

JIR *Journal of Insurance Regulation* (Zeitschrift)

K

Kap. Kapitel
KoR Zeitschrift für internationale und kapitalmarktorientierte Rechnungslegung
KPMG Klynveld Peat Marwick Goerdeler

N

No. *number*
Nr. Nummer

O

OB *objective* (i. V. m. IFRS-Fundstellen)
OCI *other comprehensive income*

P

P	*preface* (i. V. m. IFRS-Fundstellen)
PAA	*premium allocation approach*
PiR	Praxis der internationalen Rechnungslegung (Zeitschrift)
PwC	PricewaterhouseCoopers

Q

QC	*qualitative characteristics* (i. V. m. IFRS-Fundstellen)

R

RAA	*Reinsurance Association of America*
Re	*Reinsurance*
Rn.	Randnummer

S

S.	Seite(n)
SFAC	*Statement of Financial Accounting Concepts*
sog.	sogenannte(n)
Sp.	Spalte(n)

T

Tz.	Textziffer

U

u. a.	unter anderem
US-GAAP	*United States Generally Accepted Accounting Principles*
u. U.	unter Umständen

V

VAG	Gesetz über die Beaufsichtigung der Versicherungsunternehmen (Versicherungsaufsichtsgesetz)
VaR	*value at risk*
VersR	Versicherungsrecht (Zeitschrift für Versicherungs-, Haftungs- und Schadensrecht)
vgl.	vergleiche
VVG	Gesetz über den Versicherungsvertrag (Versicherungsvertragsgesetz)
VVG-InfoV	Verordnung über Informationspflichten bei Versicherungsverträgen (VVG-Informationspflichtenverordnung)
VW	Versicherungswirtschaft (Zeitschrift)

W

WiSu	Das Wirtschaftsstudium (Zeitschrift)
WPg	Die Wirtschaftsprüfung (Zeitschrift)

Z

z. B.	zum Beispiel
ZfB	Zeitschrift für Betriebswirtschaft
ZfgK	Zeitschrift für das gesamte Kreditwesen
ZfV	Zeitschrift für Versicherungswesen
z. T.	zum Teil
ZversWiss	Zeitschrift für die gesamte Versicherungswissenschaft
zzgl.	zuzüglich

1 Problemstellung und Untersuchungskonzeption

Jegliche wirtschaftlich agierenden Individuen wie auch Institutionen sehen sich in ihrem Handeln mit einer Vielzahl von teils existenzgefährdenden Risiken konfrontiert.[1] Diese gilt es zu bewältigen, um den Folgen potentiell drohender externer Ereignisse nicht übermäßig ausgesetzt zu sein, die künftige finanzielle bzw. wirtschaftliche Situation planbarer zu gestalten und sich auf die Kerngeschäftstätigkeit konzentrieren zu können.[2] Um derartige Unsicherheiten zu reduzieren und folglich mit Hilfe risikopolitischer Maßnahmen einen entsprechend des individuellen Risiko-Chancen-Managements hinreichenden Schutz vor den nachteiligen Konsequenzen eines drohenden Ereignisses sicherzustellen, bedarf es eines Instrumentes, mit dem die Gefahr unsicherer künftiger Ressourcenabflüsse gegen die Zahlung einer fixen Prämie auf einen Dritten übertragen werden kann.[3] Hierbei handelt es sich um **Versicherungsverträge**, die sowohl einzel- als auch gesamtwirtschaftlich eine herausragende Stellung einnehmen.[4] Gegenstand dieser Arbeit sind Vertragsgestaltungen der **Erst- und Rückversicherung im Schaden- und Unfallbereich**, die, verglichen mit Lebensversicherungsverträgen, durch erhöhte Unsicherheiten im Hinblick auf den potentiellen Eintritt eines Schadenereignisses, den exakten Zeitpunkt des Schadeneintritts sowie damit verbundener Auszahlungsströme wie auch hinsichtlich der jeweiligen Höhe der erforderlichen Schadenauszahlungen gekennzeichnet sind.[5]

Wenngleich Schaden- und Unfallversicherungsverträge aufgrund ihrer überwiegend einjährigen Deckungsperiode oftmals als kurzlaufend eingestuft werden,[6] existieren auch speziellere Vertragsgestaltungen, die einen Versicherungsschutz über einen längeren Zeitraum vorsehen.[7] Zudem kann auch bei kurzlaufenden Deckungsperioden die Schadenabwicklung eine ungleich längere Zeitspanne andauern,[8] so dass im Zuge der bilanziellen Abbildungsvorschriften zwar der mehrheitlich kurzlaufenden Dienstleistung in Form der Gewährung von Versicherungsschutz Rechnung zu tragen ist, die mögliche Langfristigkeit bis zur Erfüllung jeglicher vertraglicher Ansprüche und Verpflichtungen jedoch keineswegs außer Acht gelassen werden darf. Im Rahmen dieser Arbeit werden zunächst diejenigen Regelungsbestandteile untersucht, die auch für langfristige Versicherungsverträge im Schaden- und Unfallbereich einschlägig sind, um anschließend die für kurzlaufende Verträge gewährten Vereinfachungen zu adressieren.

---

1 Vgl. HELTEN, E./BITTL, A./LIEBWEIN, P., Versicherung von Risiken, S. 155.

2 Vgl. BRINKMANN, T., Wesen und Leistung der Versicherung, S. 7; BIERMANN, K./BRINKMANN, T., Gesamtleistungsrechnung der Versicherungswirtschaft, S. 39 f.; KOCH, P., Versicherungswirtschaft, S. 53.

3 Vgl. zu der Wirkungsweise einer Versicherung, eine zuvor unsichere durch eine weitestgehend sichere Situation zu ersetzen, STEINMÜLLER, H., Volkswirtschaftliche Bedeutung der Versicherung, S. 49; HELTEN, E./BITTL, A./LIEBWEIN, P., Versicherung von Risiken, S. 173 f.

4 Vgl. FARNY, D., Versicherungsbetriebslehre, S. 96 f.; BRINKMANN, T., Wesen und Leistung der Versicherung, S. 14 und S. 16-19.

5 Vgl. IASB (HRSG.), ED/2013/7: Insurance Contracts, Tz. BCA66.

6 Vgl. IASB/FASB (HRSG.), Short Duration Contracts (agenda paper 1), Tz. 33 f. und Tz. 39 sowie bspw. auch im Kontext der US-GAAP ELLENBÜRGER, F., Internationalisierung der Rechnungslegung, Rn. 61.

7 Vgl. GRAF VON DER SCHULENBURG, J.-M., Ökonomie langfristiger Versicherungsverhältnisse, S. 24; HANEKOPF, S., Langfristige Individualversicherungsverhältnisse, S. 400; ASCHE, B., Jahresabschlussanalyse von Schaden-/Unfallversicherern, Fn. 865; IASB/FASB (HRSG.), Short Duration Contracts (agenda paper 1), Appendix A.

8 Vgl. stellvertretend ASCHE, B., Jahresabschlussanalyse von Schaden-/Unfallversicherern, S. 179; SWISS RE (HRSG.), Schadenreservierung in der Nichtlebensversicherung, S. 3.

Die Bilanzierung von Versicherungsverträgen erfordert ein auf die Besonderheiten des Versicherungsgeschäftes abgestimmtes Bilanzierungs- bzw. Bewertungsmodell, das der üblichen Prämienvorauszahlung und den hiermit verbundenen, bedingten Auszahlungsverpflichtungen Rechnung trägt und infolgedessen die Vermögens-, Finanz- und Ertragslage sachgerecht abbildet.[9] Jenes Modell muss zugleich zu einer zweckgerechten Bewertung der die Passivseite eines Versicherers dominierenden versicherungstechnischen Rückstellungen sowie der diesen ggf. gegenüberzustellenden Rückversicherungsvermögenswerten führen.[10]

Bislang richtet sich die Bilanzierung von Versicherungsverträgen nach dem Interimsstandard IFRS 4 Phase I, der zunächst die Anwendung der jeweiligen nationalen Rechnungslegungsvorschriften gestattet, um die vorherige Regelungslücke auszufüllen.[11] Hierdurch wird dem Umstand Rechnung getragen, dass bisher noch kein einheitliches, auf die Anforderungen der internationalen Rechnungslegung abgestimmtes Bewertungsmodell existiert. Da den Informationsbedürfnissen derzeitiger und potentieller Kapitalgeber hierdurch indes nicht ausreichend Rechnung getragen wird und folglich die Bewertungsnützlichkeit der generierten Informationen eingeschränkt ist,[12] bedarf es einer Neuregelung der Bilanzierung von Versicherungsverträgen, die konsequent an den Ressourcenallokationsentscheidungen der Adressaten ausgerichtet ist. Mit der Zielsetzung, eine **international, zwischenbetrieblich sowie branchenübergreifend einheitliche Bilanzierung** von Versicherungsverträgen zu gewährleisten, galt es im Zuge des Entwicklungsprozesses des IFRS 4 Phase II in erster Linie, ein auf sämtliche Versicherungsverträge anwendbares sowie in sich konsistentes Bewertungsmodell zu erarbeiten.[13] Hierbei stand stets die **Maxime der Vermittlung entscheidungsnützlicher Informationen** im Vordergrund, so dass der zu identifizierende Wertmaßstab, das Bewertungsergebnis sowie die einzelnen Bewertungsbausteine den operationalisierenden qualitativen Anforderungen zu genügen haben.[14] Letztlich hat sich der IASB für ein vier Bausteine umfassendes Bewertungsmodell entschieden, das auf einem unternehmensspezifischen Erfüllungsbetrag als Wertmaßstab basiert und infolgedessen einen modifizierten Zeitwertansatz verfolgt, um das mit dem Versicherungsvertrag einhergehende Bündel an Rechten und Verpflichtungen möglichst realitätsgetreu abzubilden.[15]

---

9 Vgl. zu den hiermit verbundenen Besonderheiten des Versicherungsgeschäftes FARNY, D., Periodenrechnung im Versicherungsunternehmen, S. 106 (wenngleich im handelsrechtlichen Kontext); ASCHE, B., Jahresabschlussanalyse von Schaden-/Unfallversicherern, S. 21.

10 Ähnlich auch FARNY, D., Periodenrechnung im Versicherungsunternehmen, S. 106.

11 Vgl. SURREY, I., Bilanzierung von Versicherungsgeschäften nach IFRS, S. 122 f.; KÖNIG, E., Anwendungsprobleme des IFRS 4 für Rückversicherer, S. 346 f.

12 Vgl. IASB (HRSG.), ED/2013/7: Insurance Contracts, S. 5 sowie Tz. BC10; IASB (HRSG.), ED/2010/8: Insurance Contracts, Tz. IN1; ELLENBÜRGER, F./HUSCH, R., Bilanzierung von Versicherungsverträgen nach ED/2010/8, S. 268.

13 Vgl. IASB (HRSG.), ED/2013/7: Insurance Contracts, Tz. BC7; IASB (HRSG.), ED/2010/8: Insurance Contracts, Tz. IN2 (b) und (c); SCHWEINBERGER, S./HORSTKÖTTER, M., Bilanzierung von Versicherungsverträgen gemäß ED/2010/8, S. 546.

14 Vgl. IASB (HRSG.), ED/2013/7: Insurance Contracts, S. 5 sowie Tz. BC7; IASB (HRSG.), ED/2010/8: Insurance Contracts, Tz. IN2 (a).

15 Vgl. IASB (HRSG.), ED/2013/7: Insurance Contracts, S. 5, Tz. 18, Tz. BC13 und Tz. BCA22 sowie für einen Überblick über das Bewertungskonzept bspw. ELLENBÜRGER, F./ENGELÄNDER, S./KÖLSCHBACH, J., IFRS für Versicherungsverträge, S. 813 f.

Das Ziel dieser Arbeit besteht darin, die künftigen Bilanzierungs- und Bewertungsvorschriften für Versicherungsverträge nach IFRS 4 sowohl für Erstversicherungsverträge als auch für passive Rückversicherungsverträge im Schaden- und Unfallbereich umfassend im Hinblick auf die praktische Anwendung auszulegen, zu analysieren sowie vor dem Hintergrund der Vermittlung entscheidungsnützlicher Informationen wie auch herauszuarbeitender Regelungsalternativen gesamtheitlich zu würdigen. Hierzu werden insbesondere die im Zuge des Standardentwicklungs- und Konsultationsprozesses veröffentlichten Diskussionsunterlagen, Stellungnahmen und weitere vom IASB zur Verfügung gestellte Dokumente herangezogen, um im Gefüge der gegenwärtigen Regelungsentwürfe die Voraussetzungen für eine möglichst sachgerechte Bewertung und bilanzielle Abbildung von Versicherungsverträgen zu schaffen. Dies umfasst jedoch zugleich eine konzeptionell kritische Analyse der avisierten Regelungsbestandteile, um auf möglicherweise hiermit verbundene Schwächen hinzuweisen, i. S. d. Entscheidungsnützlichkeit der bereitzustellenden Informationen sowie der diese begründenden und fördernden Anforderungen alternative Lösungen zu entwickeln und diese in den Standardsetzungsprozess einzubringen. Den **Ausgangspunkt** für die Diskussionen und Konkretisierungen innerhalb dieser Arbeit bilden die **Regelungen des im Juni 2013 veröffentlichten, zweiten Standardentwurfes**. Gleichwohl werden jeweils nachgelagert auch die Änderungen durch die unlängst vor der Veröffentlichung der Arbeit bis zum Oktober 2014 getroffenen, vorläufigen Entscheidungen des IASB betrachtet.

Zur Vorbereitung der Untersuchung werden im **zweiten Kapitel** dieser Arbeit eingangs die ökonomischen Grundlagen des Versicherungsgeschäftes beschrieben, indem der Auslöser des Versicherungsbedarfs identifiziert und das Wesen des Versicherungsgeschäftes samt seiner charakteristischen Funktionen erörtert werden. Nach einem Überblick über die Wirkungsweise der Rückversicherung als Risikotransfer des Erstversicherers werden abschließend die Besonderheiten der Erstversicherungsverträge sowie der Gestaltungsformen proportionaler und nicht-proportionaler Rückversicherungsverträge vorgestellt. Für die spätere rückversicherungsspezifische Analyse im Rahmen dieser Arbeit ist hierbei der Zusammenhang zwischen den passiven Rückversicherungsverträgen, d. h. dem eingekauften Rückversicherungsschutz aus Sicht des Erstversicherers, und den jeweils zugrunde liegenden Erstversicherungsverträgen von zentraler Bedeutung.

Als Beurteilungsrahmen werden im **dritten Kapitel** das mit der Finanzberichterstattung verbundene Ziel der Generierung entscheidungsnützlicher Informationen und dessen Operationalisierungen in Form qualitativer Anforderungen beschrieben sowie vorbereitend für den zu betrachtenden Sachverhalt ausgelegt. In diesem Zuge wird u. a. konkretisiert, was die Zielsetzung der Entscheidungsnützlichkeit für die bilanzielle Abbildung des wirtschaftlichen Zusammenhangs von Erst- und passiven Rückversicherungsverträgen bedeutet.

Schließlich wird im zentralen **vierten Kapitel** die bilanzielle Abbildung von Erst- und passiven Rückversicherungsverträgen nach den derzeit im Rahmen von IFRS 4 Phase II vorgesehenen Regelungen konkretisiert sowie analysiert, wobei die anzustrebende Entscheidungsnützlichkeit und deren operationalisierenden qualitativen Anforderungen als Beurteilungs- und Auslegungsgrundlage dienen. Nach einem kurzen Überblick über den langjährigen Projektverlauf zur Entwicklung eines einheitlichen Bewertungsmodells (Abschnitt 1) sowie den Anwendungsbereich samt der Pflicht zur

Entflechtung ausgewählter Vertragskomponenten (Abschnitt 2) werden zunächst die Regelungen zum Bilanzansatz näher betrachtet (Abschnitt 3). Den inhaltlichen Schwerpunkt der Untersuchung bildet die Konkretisierung und Analyse des allgemeinen, neu konzipierten Bewertungsmodells, das vor allem für langfristige Versicherungsverträge einschlägig ist, die auch im Schaden- und Unfallbereich anzutreffen sind, aber auch für kurzlaufende Vertragsgestaltungen sowohl in der Vorschadenperiode als auch nach Eintritt eines Schadenereignisses relevant ist. Hierbei wird zunächst die Erstbewertung von Versicherungsverträgen betrachtet (Abschnitt 4). Dazu werden nach der Konzeption des Bausteinansatzes sowie einer Diskussion des unternehmensspezifischen Erfüllungsbetrages als Wertmaßstab die folgenden vier Bewertungsbausteine differenziert analysiert und für die praktische Anwendung konkretisiert:

- Erwartungsgetreue Schätzung der im Rahmen der Vertragserfüllung anfallenden Zahlungsströme (Abschnitt 42),
- Diskontierung jener Zahlungsströme (Abschnitt 43),
- Berücksichtigung der mit der Schätzung verbundenen Abweichungsrisiken in einer separaten Risikomarge (Abschnitt 44) sowie
- Erfassung eines negativen und bei passiven Rückversicherungsverträgen eines negativen wie positiven Erfüllungsbetrages in einer Servicemarge (vierter Baustein) bzw. aufwandswirksame Rückstellungsbildung (Abschnitt 45).

Weiterhin werden die Regelungen zur Folgebewertung von Versicherungsverträgen konzeptionell kritisch betrachtet (Abschnitt 5). Ein Schwerpunkt wird auf die Frage gelegt, ob Parameteränderungen unmittelbar erfolgswirksam erfasst, im OCI ausgewiesen oder aber mit der vertragsbezogenen Servicemarge verrechnet werden sollten. Abschließend wird im vierten Kapitel ausführlich das für Schaden- und Unfallversicherungsverträge aufgrund der regelmäßig kurzlaufenden Deckungsperiode oftmals anwendbare vereinfachte Bewertungsmodell betrachtet und dessen Anwendung speziell auch für passive Rückversicherungsverträge ausgelegt (Abschnitt 6).

Die jeweiligen Regelungsbestandteile werden hierbei zunächst allgemein für die Gesamtheit der Versicherungsverträge vor allem im Schaden- und Unfallbereich konkretisiert und gewürdigt, um anschließend auf die für passive Rückversicherungsverträge bestehenden Besonderheiten einzugehen und die Konsequenzen für den bilanziellen Zusammenhang mit den zugrunde liegenden Erstversicherungsverträgen zu diskutieren sowie alternative Bilanzierungs- und Bewertungslösungen vorzuschlagen. Schlussendlich werden die ineinander greifenden Bewertungsbausteine sowie die darüber hinausgehenden Regelungen im **fünften Kapitel** nochmals in verdichteter Form beurteilt.

2 Die wirtschaftliche Bedeutung von Versicherungen und Gestaltungsformen von Versicherungsverträgen

21 Erfordernis und Wirkungsweise von Versicherungen

211. Auslöser des Versicherungsbedarfs

Neben wirtschaftlichen oder gemeinnützigen Unternehmen werden auch Individuen bzw. private Haushalte mit vielfältigen Risiken konfrontiert, deren Bewältigung eine zentrale Aufgabe darstellt, so dass die finanziellen Folgen einer potentiell nachteiligen Entwicklung ausgeglichen oder zumindest abgemildert werden.[16] Das nahezu jeder Entscheidung einer Wirtschaftseinheit inhärente **Risiko** führt dazu, dass regelmäßig kein einwertiges Ergebnis als Konsequenz dieser Entscheidung abgeleitet werden kann, sondern vielmehr ein Raum möglicher, mit gewissen Wahrscheinlichkeiten eintretender Ergebnisse aufgespannt wird.[17] Diese Wahrscheinlichkeitsverteilung resultiert einerseits aus den potentiellen Folgen exogener, nicht vorhersehbarer Umwelteinflüsse. Andererseits ist den Wirtschaftssubjekten oftmals nicht der exakte, ergebnisbestimmende Ursache-Wirkungs-Zusammenhang bekannt, so dass sie aufgrund der Ungewissheit über die zugrunde liegenden Gesetzmäßigkeiten und Beziehungen sowie der Stochastizität der Umwelteinflüsse unter Unsicherheit handeln.[18] Ausgehend von einer Wahrscheinlichkeitsverteilung der Ergebnisse lässt sich das Risiko als Abweichung der tatsächlichen Realisation vom Planerwartungswert bzw. von der zuvor festgelegten Zielgröße beschreiben, wobei sich der Versicherungsbedarf aus den für die Wirtschaftseinheiten nachteiligen Abweichungen ableiten lässt.[19] Als ein charakteristisches Element des Risikos ist dabei auch das zuvor beschriebene Informationsdefizit über die konkrete Zielerreichung anzusehen.[20]

Aus dem starken Sicherheitsbedürfnis des Menschen und der damit verbundenen, vorherrschenden **Risikoaversion** geht der Bedarf hervor, sich dieser Risiken bis zu einem gewissen Grad zu entledigen.[21] Tritt ein Risiko in Form einer für das Wirtschaftssubjekt ungünstigen Abweichung ein, so

---

16 Vgl. HELTEN, E./BITTL, A./LIEBWEIN, P., Versicherung von Risiken, S. 155; BRINKMANN, T., Wesen und Leistung der Versicherung, S. 7. Vgl. zur Analogie zwischen privaten Haushalten und Unternehmen HALLER, M., Sicherheit durch Versicherung, S. 29.

17 Vgl. FARNY, D., Versicherungsbetriebslehre, S. 25; FARNY, D., Fortentwicklung der Theorie der Versicherung, S. 868.

18 Vgl. zu den Entstehungsursachen einer Wahrscheinlichkeitsverteilung der Handlungsfolgen anstelle eines einwertigen Ergebnisses FARNY, D., Versicherungsbetriebslehre, S. 25 f.; HAX, K., Grundlagen des Versicherungswesens, S. 23; KORN, J. H., Schwankungsreserven im handelsrechtlichen Jahresabschluss, S. 9 f.

19 Vgl. FARNY, D., Versicherungsbetriebslehre, S. 27-29; HAX, K., Grundlagen des Versicherungswesens, S. 23.

20 Vgl. zum Informationsdefizit im Rahmen der Risikodefinition HELTEN, E., Risiko als Konstrukt, S. 21. Vgl. zur Verknüpfung des Informationsdefizits mit einer Zielabweichung HÄRTERICH, S., Risk Management, S. 17 f.; HELTEN, E./BITTL, A./LIEBWEIN, P., Versicherung von Risiken, S. 159; MÜLLER-REICHART, M./ROMEIKE, F., Grundlagen des Risikomanagements, S. 48 f.

21 Vgl. MÜLLER-LUTZ, H. L., Allgemeine Versicherungslehre (Teil I), S. 411; BRINKMANN, T., Wesen und Leistung der Versicherung, S. 7; HAX, K., Grundlagen des Versicherungswesens, S. 37; HALLER, M., Sicherheit durch Versicherung, S. 11 und S. 18 f.; KROMSCHRÖDER, B., Versicherungsentscheidungstheorie, S. 70. Die Risikoaversion gilt hierbei als Bedingung zur Entstehung von Versicherungsnachfrage. Vgl. ZWEIFEL, P., Funktionelle und institutionelle Aspekte der Versicherung, S. 39 und S. 51.

hätte dieses die negativen finanziellen Folgen vollständig zu tragen,[22] sofern zuvor keine Gegenmaßnahmen eingeleitet wurden. Entsprechend der individuellen Risikoeinstellung bzw. des Ausmaßes der Risikoaversion ergeben sich voneinander abweichende subjektive Absicherungsbedürfnisse, um jenen nachteiligen Wirkungen vorzubeugen.[23] Das Erfordernis, Risiken zu bewältigen, besteht gleichermaßen für Unternehmen, die die ungewisse künftige Entwicklung im Hinblick auf potentielle Schadeneintritte und deren finanziellen Konsequenzen verstetigen möchten.[24]

Um die Risiken, denen die Wirtschaftssubjekte während ihres Handelns ausgesetzt sind, zu bewältigen, bestehen vielfältige risikopolitische Möglichkeiten.[25] Da Risiken jedoch oftmals nur begrenzt vermindert und regelmäßig nicht gänzlich vermieden werden können,[26] stehen Wirtschaftseinheiten vor der Entscheidung, individuell für die finanziellen Folgen möglicher Schadeneintritte vorzusorgen oder diese Risiken gegen die Zahlung von Prämien an Dritte zu transferieren.[27] Durch eine Vorsorge in Form einer **individuellen Reservebildung** werden jedoch vor allem bei der Absicherung großer potentieller Schadenvolumina erhebliche finanzielle Ressourcen gebunden, zumal diese aufgrund der Unsicherheit des Schadeneintrittszeitpunktes als kurzfristig liquidierbare Mittel vorgehalten werden müssten.[28] Problematisch ist darüber hinaus, dass nicht für beliebige potentielle Schadenhöhen individuell vorgesorgt werden kann und Rücklagen über einen gewissen Zeitraum aufgebaut werden müssen, so dass nicht unmittelbar eine absichernde Wirkung eintritt.[29]

Eine betragsmäßig hinreichende und zeitlich nicht verzögerte Absicherung von Risiken kann hingegen erreicht werden, indem die finanziellen Folgen möglicher Schadeneintritte mittels **Versicherungen** abgewälzt werden.[30] So gelingt es, die ungewissen künftigen Schadenaufwendungen in gewünschtem Maße durch fixe Prämienzahlungen zu ersetzen, so dass die Planungssicherheit der Wirtschaftssubjekte erhöht und deren Risikoaversion Rechnung getragen wird.[31] Wirtschaftlich impliziert die Versicherung folglich einen **Risikotransfer** von der versicherten Einheit auf das Versicherungsunternehmen, das die negativen Konsequenzen einer Schädigung der Vermögenspositio-

---

22 Die eingetretenen Schäden können sich hierbei auf Vermögensverluste oder unplanmäßig geminderte Einnahmen bzw. erhöhte Ausgaben beziehen. Vgl. FARNY, D., Versicherungsbetriebslehre, S. 29; MAHR, W., Einführung in die Versicherungswirtschaft, S. 73.

23 Vgl. HELTEN, E./BITTL, A./LIEBWEIN, P., Versicherung von Risiken, S. 173; MÜLLER-REICHART, M., Risiko-Beratungskonzept, S. 98-101.

24 Vgl. HELTEN, E./BITTL, A./LIEBWEIN, P., Versicherung von Risiken, S. 173.

25 Vgl. Abschnitt 212.2.

26 Vgl. BRINKMANN, T., Wesen und Leistung der Versicherung, S. 8.

27 Vgl. HELTEN, E./BITTL, A./LIEBWEIN, P., Versicherung von Risiken, S. 173 f.; DVA (HRSG.), Individualversicherung, S. 8 und S. 10.

28 Vgl. auch BRAEß, P., Versicherung und Risiko, S. 14 f.

29 Vgl. HELTEN, E./BITTL, A./LIEBWEIN, P., Versicherung von Risiken, S. 174; MÜLLER-LUTZ, H. L., Allgemeine Versicherungslehre (Teil I), S. 426; BIERMANN, K./BRINKMANN, T., Gesamtleistungsrechnung der Versicherungswirtschaft, S. 40. Vgl. die individuelle Vorsorge als regelmäßig nicht zweckmäßig erachtend HAX, K., Grundlagen des Versicherungswesens, S. 12.

30 Vgl. HELTEN, E./BITTL, A./LIEBWEIN, P., Versicherung von Risiken, S. 174.

31 Vgl. STEINMÜLLER, H., Volkswirtschaftliche Bedeutung der Versicherung, S. 49; BIERMANN, K./BRINKMANN, T., Gesamtleistungsrechnung der Versicherungswirtschaft, S. 39 f.; MÜLLER-REICHART, M./ROMEIKE, F., Grundlagen des Risikomanagements, S. 47; TROWBRIDGE, C. L., Insurance as a Transfer Mechanism, S. 3; KORN, J. H., Schwankungsreserven im handelsrechtlichen Jahresabschluss, S. 14; HELTEN, E./BITTL, A./LIEBWEIN, P., Versicherung von Risiken, S. 174-176. Vgl. auch im Rahmen der Versicherungsgeschichte KOCH, P., Geschichte der Versicherung, S. 227.

nen und Einkommensquellen des Versicherungsnehmers ganzheitlich oder partiell trägt.[32] Würde hingegen auf den Versicherungsschutz verzichtet, so könnten ansonsten als lohnend bewertete Handlungsoptionen wegfallen, da sie ohne die Versicherung durch einen Dritten als zu riskant eingestuft werden.[33] Für ein Wirtschaftssubjekt ist es immer dann vorteilhaft, die Absicherung durch einen Versicherungsvertrag zu wählen, wenn der erwartete Nutzen der abgesicherten Vermögensposition trotz der zu entrichtenden Prämien den erwarteten Nutzen der unversicherten Position übersteigt und überdies die Gesamtprämie bei identischem Sicherheitsgrad geringer ist als der individuell zu reservierende Betrag.[34] Hierbei muss der Unterschied der aufzuwendenden Beträge so groß sein, dass der Nutzenabfluss durch den sicheren Vermögensverlust in Höhe der zu entrichtenden Prämie überkompensiert wird.

Die Nachfrage nach Versicherungsschutz lässt sich jedoch nicht ausschließlich dadurch begründen, der individuellen Risikoaversion der Wirtschaftssubjekte gerecht zu werden.[35] Unternehmen sind bspw. im Rahmen von Investitionsvorhaben Risiken ausgesetzt, die bei einer ungünstigen Entwicklung im Schadenfall den **Fortbestand des Unternehmens** gefährden könnten.[36] Mit derartigen Risiken verbundene Entscheidungen können oftmals nur dann ohne Gefährdung der wirtschaftlichen Existenz des Unternehmens getroffen werden, sofern die finanziellen Folgen eines möglichen, existenzbedrohenden Schadeneintritts mittels Versicherungen auf ein tragbares Maß reduziert werden. Die individuelle Risikoeinstellung der Wirtschaftseinheiten bzw. der Grad der jeweiligen Risikoaversion ist bei dieser Risikokategorie eher von untergeordneter Bedeutung und reicht nicht aus, um den Versicherungsbedarf vollständig zu erklären.[37]

Der Bedarf nach Versicherungsschutz kann aber auch darauf beruhen, dass in Auftragsbeziehungen zwischen zwei Wirtschaftseinheiten nicht sämtliche Handlungen und Konsequenzen für den Fall mangelhafter Ausführung vertraglich vollumfänglich geregelt werden können. Um sich vor den negativen Folgen des vertraglich nicht determinierten Verhaltens des Beauftragten zu schützen und die Vertragskosten einzugrenzen, kann sich der Auftraggeber spezieller Versicherungsverträge

32 Vgl. FARNY, D., Fortentwicklung der Theorie der Versicherung, S. 870; FARNY, D., Versicherungsbetriebslehre, S. 34; ALBRECHT, P., Risikotransformationstheorie der Versicherung, S. 28 f.; DVA (HRSG.), Individualversicherung, S. 34; BRAEß, P., Versicherung und Risiko, S. 11 f.

33 Vgl. ZWEIFEL, P., Funktionelle und institutionelle Aspekte der Versicherung, S. 39-43; STEINMÜLLER, H., Volkswirtschaftliche Bedeutung der Versicherung, S. 50 f.

34 Vgl. KROMSCHRÖDER, B., Versicherungsentscheidungstheorie, S. 71; ALBRECHT, P., Erklärungsbeiträge der Risikotheorie, S. 34; FARNY, D., Versicherungsbetriebslehre, S. 35. Vgl. zur Vorteilhaftigkeit der Versicherung ggü. der individuellen Vorsorge HALLER, M., Sicherheit durch Versicherung, S. 71-89; MAHR, W., Einführung in die Versicherungswirtschaft, S. 80.

35 Vgl. ZWEIFEL, P., Funktionelle und institutionelle Aspekte der Versicherung, S. 45.

36 Vgl. ZWEIFEL, P., Funktionelle und institutionelle Aspekte der Versicherung, S. 38 und S. 45-49. Ähnlichen existenzbedrohenden Risiken, die bspw. durch die Haftpflichtversicherung abgedeckt werden, sind auch private Haushalte ausgesetzt. Vgl. BIERMANN, K./BRINKMANN, T., Gesamtleistungsrechnung der Versicherungswirtschaft, S. 40.

37 Vgl. ZWEIFEL, P., Funktionelle und institutionelle Aspekte der Versicherung, S. 45.

bedienen.[38] Der Abschluss von Versicherungsverträgen stellt insgesamt die gebräuchlichste Form des finanziellen Transfers bestehender Risiken dar.[39]

212. Charakteristische Eigenschaften einer Versicherung

212.1 Der Versicherungsbegriff

Es existiert keine Legaldefinition des Versicherungsbegriffs, die das Wesen der Versicherung beschreibt und diese möglichst eindeutig von anderen Geschäftsarten abgrenzt.[40] Indes haben sich in der Literatur vielfältige Definitionen herausgebildet, die teils unterschiedliche Aspekte des Versicherungsgeschäftes betonen und folglich zu keiner eindeutigen Bestimmung des abstrakten Begriffs der Versicherung führen.[41] Daher sollen hier anstelle einer abschließenden Begriffsdefinition die grds. konstituierenden Merkmale einer Versicherung beschrieben werden.

Ausgehend von der **Bedarfstheorie**, die die Versicherung als angemessenes Instrument zur Deckung eines Eventualbedarfs infolge potentieller Schadenereignisse ansieht,[42] lassen sich wesensbestimmende Elemente der Versicherung ableiten. Hervorgehoben sei hierbei zunächst die **Deckung eines Geldbedarfs**, sofern ein bestimmtes, zuvor definiertes Ereignis eintritt, das mit nachteiligen finanziellen Folgen für den Versicherungsnehmer verbunden ist. Da der materielle oder körperliche Schaden durch den Abschluss eines Versicherungsvertrages i. d. R. nicht direkt abgesichert werden kann, ist der erlittene Verlust für die Entschädigung durch das Versicherungsunternehmen grds. in einen Geldwert zu transformieren.[43] Ein weiteres Merkmal der meisten Versicherungsformen besteht darin, dass der Geldbedarf zwar im Einzelfall hinsichtlich seiner Existenz oder seiner Höhe ungewiss ist, für das versicherte Kollektiv auf aggregierter Ebene jedoch geschätzt wird.[44] Sowohl die Zahl der Schadenfälle, die Höhe des jeweiligen Geldbedarfs als auch die Eintrittszeitpunkte der Versicherungsfälle sind zufallsabhängig und müssen für die Einheit des Versicherungsbestands kalkuliert werden.[45] Dies ist vor allem für die Gestaltung der Versichertenkollektive sowie die Prämienkalkulation bedeutsam, um i. S. d. Äquivalenzprinzips ein ausgewogenes Verhältnis der Versicherungsleistungen zu den diese bedeckenden Prämieneinnahmen gewährleis-

---

38 Vgl. zur Verminderung von Transaktionskosten am Beispiel eines Werkvertrages ZWEIFEL, P., Funktionelle und institutionelle Aspekte der Versicherung, S. 51-56. ZWEIFEL identifiziert hierbei das „moralische Risiko“ als das hauptsächliche Hemmnis der Transaktionen.

39 Vgl. BRINKMANN, T., Wesen und Leistung der Versicherung, S. 8; HALLER, M., Sicherheit durch Versicherung, S. 45 sowie Fn. 15.

40 Eine rechtliche Definition wird jedoch als nicht erforderlich angesehen. Vgl. SCHMIDT, R., Gedanken zum Versicherungsbegriff, S. 4; DREHER, M., Versicherung als Rechtsprodukt, S. 32 f.

41 Vgl. hierzu ZWEIFEL, P./EISEN, R., Versicherungsökonomie, S. 3. Vgl. zur Problematik der Diskussion um den „richtigen“ Versicherungsbegriff WÄLDER, J., Wesen der Versicherung, S. 125 f. Vgl. für einen Überblick über mögliche Definitionen GRAF VON DER SCHULENBURG, J.-M., Versicherungsökonomie, S. 32 f.

42 Vgl. MÜLLER-LUTZ, H. L., Allgemeine Versicherungslehre (Teil I), S. 416; FARNY, D., Versicherungsbetriebslehre, S. 8 f.; FARNY, D., Fortentwicklung der Theorie der Versicherung, S. 867; MAHR, W., Einführung in die Versicherungswirtschaft, S. 70. Vgl. zum Begriff des Eventualbedarfs BRAEß, P., Versicherung und Risiko, S. 12.

43 Vgl. MÜLLER-LUTZ, H. L., Allgemeine Versicherungslehre (Teil I), S. 412 und S. 417; HELTEN, E./BITTL, A./LIEBWEIN, P., Versicherung von Risiken, S. 179; DVA (HRSG.), Individualversicherung, S. 14.

44 Vgl. FARNY, D., Versicherungsbetriebslehre, S. 8 f.; DVA (HRSG.), Individualversicherung, S. 14. Indes wurden in der Geschichte die Feuerkassen gebildet, um einen mangels Erfahrungen nicht schätzbaren Geldbedarf durch ein Umlageverfahren zu decken. Vgl. GRAF VON DER SCHULENBURG, J.-M., Versicherungsökonomie, S. 33 f.

45 Vgl. ALBRECHT, P., Risikotransformationstheorie der Versicherung, S. 5.

ten zu können.[46] Da der Versicherer also gegen Prämienzahlungen Versicherungsschutz gewährt,[47] ist der **Risikotransfer** vom Versicherungsnehmer auf das schutzgewährende Unternehmen ein wesensbestimmendes Merkmal der Versicherung.[48]

Den Charakter einer Versicherung lediglich durch den Risikotransfer zu beschreiben, würde der Funktion und dem Nutzen der meisten Versicherungsformen indes nicht gerecht.[49] Neben dem Risikotransfer, der sich primär am Sicherungsbedürfnis der Versicherungsnehmer ausrichtet, stellt die **Risikotransformation** als versichererbezogenes Element ein weiteres Charakteristikum einer Versicherung dar.[50] So kann die vom Versicherten zu entrichtende Prämie im Vergleich zum Betrag, der bei individueller Vorsorge erforderlich wäre, durch kollektive und zeitliche Ausgleichsmechanismen[51] gesenkt werden.[52] Wenngleich die Möglichkeiten zur Risikotransformation tendenziell mit der Größe des Versichertenkollektivs zunehmen, bedarf es dennoch eines bewussten Einsatzes risikopolitischer Maßnahmen des Versicherers, um einen möglichst großen Ausgleichseffekt zu erzielen.[53] Im Sinne der Risikotransformation ist es erforderlich, dass Versicherte in einem Kollektiv zusammengeschlossen werden, da bei vielen Wirtschaftseinheiten, die teils identischen Risiken ausgesetzt sind, ein finanzieller Nachteil infolge eines Schadens regelmäßig nur bei einer geringen Minderheit tatsächlich eintreten wird.[54] Die Identifikation des Risikotransfers und der Risikotransformation als wesensbestimmende Merkmale einer Versicherung sind eng angelehnt an die Definition FARNYS. Dieser sieht die Versicherung als „Deckung eines im einzelnen ungewissen, insgesamt geschätzten Mittelbedarfs auf der Grundlage des Risikoausgleichs im Kollektiv und in der Zeit"[55] an. Wenngleich Versicherungsgestaltungen oftmals auch Sparkomponenten enthalten

---

46 Vgl. DVA (HRSG.), Individualversicherung, S. 15. Die Prämien müssen ausreichend bemessen sein, um sowohl die Schadenzahlungen bei Eintritt eines Versicherungsfalls zu leisten als auch sämtliche Kosten des Versicherungsunternehmens abzudecken. Vgl. MÜLLER-LUTZ, H. L., Allgemeine Versicherungslehre (Teil I), S. 415.

47 Vgl. ausführlich zum Versicherungsschutz ALBRECHT, P., Risikotransformationstheorie der Versicherung, S. 38.

48 Vgl. FARNY, D., Produktions- und Kostentheorie, S. 8; ALBRECHT, P., Erklärungsbeiträge der Risikotheorie, S. 23; HELTEN, E./BITTL, A./LIEBWEIN, P., Versicherung von Risiken, S. 171; TROWBRIDGE, C. L., Insurance as a Transfer Mechanism, S. 1; ALBRECHT, P., Risikotransformationstheorie der Versicherung, S. 3; BRAEß, P., Versicherung und Risiko, S. 14. Vgl. zur Sicherungsfunktion der Versicherung auch BIERMANN, K./BRINKMANN, T., Gesamtleistungsrechnung der Versicherungswirtschaft, S. 39; STEINMÜLLER, H., Volkswirtschaftliche Bedeutung der Versicherung, S. 49.

49 Vgl. ALBRECHT, P., Erklärungsbeiträge der Risikotheorie, S. 24.

50 Vgl. FARNY, D., Fortentwicklung der Theorie der Versicherung, S. 867 f. Gleichwohl existieren auch Versicherungsgestaltungen, bei denen eine Risikotransformation aufgrund der Besonderheit der versicherten Risiken nur bedingt gelingen kann. Beispielhaft seien hier Atomrisiken genannt, bei denen dem Risikoausgleich im Kollektiv enge Grenzen gesetzt sind und vornehmlich auf den Risikoausgleich in der Zeit abzustellen wäre. Vgl. GRAF VON DER SCHULENBURG, J.-M., Versicherungsökonomie, S. 33; FARNY, D., Versicherungsbetriebslehre, S. 51 f.

51 Vgl. ausführlich zum Risikoausgleich Abschnitt 212.5.

52 Vgl. BIERMANN, K./BRINKMANN, T., Gesamtleistungsrechnung der Versicherungswirtschaft, S. 40; ALBRECHT, P., Risikotransformationstheorie der Versicherung, S. 29.

53 Vgl. ALBRECHT, P., Risikotransformationstheorie der Versicherung, S. 20 f. und S. 33.

54 Vgl. MÜLLER-LUTZ, H. L., Allgemeine Versicherungslehre (Teil I), S. 416; KÖSTER, P./SCHMALOHR, R., Versicherungswirtschaft, S. 17.

55 FARNY, D., Fortentwicklung der Theorie der Versicherung, S. 870. Hierbei handelt es sich um eine Modifikation der Definition von HAX, der noch auf die Schätzbarkeit des Geldbedarfs abstellte. Vgl. HAX, K., Grundlagen des Versicherungswesens, S. 22. Eine ähnliche Definition, die explizit den Risikotransfer und die Risikotransformation umfasst, wählt ALBRECHT. Vgl. ALBRECHT, P., Erklärungsbeiträge der Risikotheorie, S. 37.

und der Versicherer vielfach Dienstleistungen im Bereich der Beratung und bspw. der Schadenabwicklung erbringt, ist das Risikogeschäft das zentrale Element der Versicherung.[56]

Neben den identifizierten risikobezogenen Aspekten stellen auch der **Kapital- sowie Informationstransfer** wesentliche Elemente einer Versicherung dar.[57] Um Versicherungsschutz zu erhalten, wird Kapital zunächst in Form regelmäßig fixer Prämien zu Beginn der jeweiligen Deckungsperiode vom Versicherungsnehmer an das Versicherungsunternehmen transferiert.[58] Nach dem Eintritt eines gedeckten Versicherungsfalls übernimmt der Versicherer die jeweiligen Schadenzahlungen entsprechend der Vertragsbedingungen.[59] Damit ein Versicherungsvertrag zustande kommen kann, bedarf es jedoch auch eines Informationstransfers zwischen den beteiligten Parteien über das zu transferierende Risiko sowie bestimmte Merkmale des Versicherungsnehmers. Dieser benötigt seinerseits Informationen über die Leistung des Versicherers bei Eintritt eines Versicherungsfalls, um zu beurteilen, inwiefern die Vereinbarung seinem Sicherheitsbedürfnis entspricht.[60] Insgesamt bewirkt der Versicherungsschutz eine Reduktion des Informationsdefizits des Versicherten, indem die nachteiligen Folgen von Schadenereignissen auf den Versicherer übertragen werden und die wirtschaftliche bzw. finanzielle Situation des Versicherten verstetigt wird.[61]

Abschließend gilt es, die Versicherung von einer Wette bzw. einer Lotterie abzugrenzen, schließlich ist ihnen allen gemein, dass ein festgelegter Geldbetrag zugunsten einer ereignisabhängigen Forderung abgetreten wird.[62] Während eine Versicherung darauf abzielt, ein zuvor bestehendes Risiko auf Dritte zu verlagern und somit zu reduzieren, wird durch die Teilnahme an einem Glücksspiel vielmehr bewusst ein neues Risiko eingegangen, um Gewinnchancen wahrnehmen zu können.[63]

212.2 Einordnung der Versicherung in risikopolitische Maßnahmen

Wenngleich die Bedeutung der Versicherung für einen erfolgreichen Umgang mit Risiken hervorgehoben wird,[64] so ist diese stets im Zusammenhang mit weiteren risikopolitischen Maßnahmen zu sehen, die teils Substitutionsmöglichkeiten der Versicherung darstellen.[65] Nachdem die Risiken, denen ein Unternehmen im Rahmen seines Wirtschaftsgeschehens ausgesetzt ist, identifiziert und analysiert wurden, wird mit Hilfe risikopolitischer Instrumente angestrebt, die individuelle Risikolage zu verbessern und somit ein höheres Sicherheitsniveau im Einklang mit der Risiko-Chancen-

---

56 Vgl. FARNY, D., Versicherungsbetriebslehre, S. 22; SCHMIDT, R., Gedanken zum Versicherungsbegriff, S. 13; ALBRECHT, P., Risikotransformationstheorie der Versicherung, S. 1; MÜLLER-REICHART, M./ROMEIKE, F., Grundlagen des Risikomanagements, S. 85 f.

57 Vgl. GRAF VON DER SCHULENBURG, J.-M., Versicherungsökonomie, S. 36.

58 Vgl. ALBRECHT, P., Risikotransformationstheorie der Versicherung, S. 3. Vgl. zu verschiedenen Prämienarten BRAEß, P., Versicherung und Risiko, S. 14.

59 Vgl. zum Kapitaltransfer GRAF VON DER SCHULENBURG, J.-M., Versicherungsökonomie, S. 36.

60 Vgl. ALBRECHT, P., Risikotransformationstheorie der Versicherung, S. 5.

61 Vgl. MÜLLER, W., Das Produkt der Versicherung, S. 164 f.; HELTEN, E./BITTL, A./LIEBWEIN, P., Versicherung von Risiken, S. 174.

62 Vgl. GRAF VON DER SCHULENBURG, J.-M., Versicherungsökonomie, S. 37.

63 Vgl. HAX, K., Grundlagen des Versicherungswesens, S. 34 f.; GRAF VON DER SCHULENBURG, J.-M., Versicherungsökonomie, S. 37 f.; SAMUELSON, P. A., Economics, S. 411-413; ALBRECHT, P., Risikotransformationstheorie der Versicherung, S. 46 f.; TROWBRIDGE, C. L., Insurance as a Transfer Mechanism, S. 3.

64 Vgl. HELTEN, E./BITTL, A./LIEBWEIN, P., Versicherung von Risiken, S. 173.

65 Vgl. KROMSCHRÖDER, B., Versicherungsentscheidungstheorie, S. 83.

Optimierung zu erreichen.[66] Eine Möglichkeit, diese risikopolitischen Handlungsmöglichkeiten zu klassifizieren, besteht darin, zwischen **ursachen- und wirkungsbezogenen Maßnahmen** zu unterscheiden.[67] Erstere stellen darauf ab, die Eintrittswahrscheinlichkeit der Schäden bzw. Zielabweichungen ex ante zu verringern und somit zu einem höheren Sicherheitsgrad beizutragen. Wirkungsbezogene Maßnahmen hingegen dienen dazu, die potentielle Schadenhöhe infolge eines nicht verhinderten Ereignisses zu reduzieren und werden somit erst ex post wirksam.[68]

Zu den ursachenbezogenen risikopolitischen Handlungsoptionen werden die Risikovermeidung sowie die Risikoprävention gezählt.[69] Im Sinne der **Risikovermeidung** wird vollständig auf risikoreiche Geschäftsaktivitäten verzichtet und somit dem Bedarf nach Sicherheit oberste Priorität eingeräumt. Da hierdurch die Handlungsoptionen des Unternehmens jedoch erheblich eingeschränkt werden, kommt die Risikovermeidung nur in ausgewählten Fällen in Frage und kann lediglich als eine erste Stufe der Risikopolitik angesehen werden.[70] Die **Risikoprävention** zielt hingegen auf die Risikoverminderung bzw. die Schadenverhütung ab, indem die Wahrscheinlichkeit eines künftigen Schadeneintritts durch geeignete, vorwiegend technische Maßnahmen verringert wird.[71]

Die wirkungsbezogenen risikopolitischen Maßnahmen knüpfen regelmäßig an die ihnen vorgelagerten ursachenbezogenen Möglichkeiten an und umfassen die Risikoverminderung in Form der Schadenminderung, die Risikoteilung, die bewusste Risikoübernahme sowie die Risikoüberwälzung.[72] Die **Schadenminderung** bezieht sich auf sämtliche Maßnahmen, die die potentielle Schadenhöhe verringern, jedoch keine Wirkung auf den möglichen nachteiligen Ereigniseintritt entfalten.[73] Wird eine **Risikoteilung** angestrebt, so zielt eine Wirtschaftseinheit darauf ab, sich individuell bspw. durch Aktivitäten in hinsichtlich des Risikos gegenläufigen Bereichen abzusichern, oder aber es werden riskante Tätigkeiten auf mehrere Wirtschaftseinheiten aufgeteilt und deren Handlungskonsequenzen kollektiv getragen.[74] Mit der **Risikoübernahme** entscheidet sich die Wirtschaftseinheit, einen gewissen Umfang des Risikos selbst zu tragen, wobei sich diese risikopolitische Maßnahme

---

66 Vgl. KARTEN, W., Aspekte des Risk Managements, S. 312; HELTEN, E./BITTL, A./LIEBWEIN, P., Versicherung von Risiken, S. 169; HÄRTERICH, S., Risk Management, S. 43.

67 Vgl. PHILIPP, F., Risiko und Risikopolitik, S. 70; KUPSCH, P. U., Risiko im Entscheidungsprozess, S. 37 und S. 39; ähnlich auch ZWEIFEL, P./EISEN, R., Versicherungsökonomie, S. 47 f. Darüber hinaus bestehen in der Literatur vielfältige alternative Klassifizierungsvorschläge. Vgl. HÄRTERICH, S., Risk Management, S. 151-163.

68 Vgl. zu beiden Maßnahmenkategorien HELTEN, E./BITTL, A./LIEBWEIN, P., Versicherung von Risiken, S. 170; ZWEIFEL, P./EISEN, R., Versicherungsökonomie, S. 47 f.

69 Vgl. ZWEIFEL, P./EISEN, R., Versicherungsökonomie, S. 47; im Ergebnis ähnlich PFOHL, H.-C., Risiken und Chancen, S. 43.

70 Vgl. insgesamt zur Risikovermeidung HALLER, M., Sicherheit durch Versicherung, S. 43 f.; KUPSCH, P. U., Risikomanagement, S. 537; SCHMIDT, G., Vernünftig mit Risiken umgehen, S. 28.

71 Vgl. ZWEIFEL, P./EISEN, R., Versicherungsökonomie, S. 47 f.; HALLER, M., Sicherheit durch Versicherung, S. 44 f., der die Schadenverhütung als Element der Risikoverminderung ansieht. Vgl. für einen Überblick über alternative Zuordnungen der Schadenverhütung HÄRTERICH, S., Risk Management, S. 148 f. Da eine trennscharfe Unterscheidung zwischen der Risikoverminderung und der Schadenverhütung oftmals nicht möglich ist, sondern diese sich gegenseitig bedingen, werden sie hier unter dem Begriff der Risikoprävention zusammengefasst. Vgl. zu dieser Problematik HELTEN, E./BITTL, A./LIEBWEIN, P., Versicherung von Risiken, S. 171.

72 Vgl. ZWEIFEL, P./EISEN, R., Versicherungsökonomie, S. 48; HALLER, M., Sicherheit durch Versicherung, S. 44 f., der die Schadenminderung als Form der Risikoverminderung ansieht.

73 Vgl. ZWEIFEL, P./EISEN, R., Versicherungsökonomie, S. 48.

74 Vgl. HELTEN, E./BITTL, A./LIEBWEIN, P., Versicherung von Risiken, S. 171; HAX, K., Grundlagen des Versicherungswesens, S. 11; ZWEIFEL, P./EISEN, R., Versicherungsökonomie, S. 48.

nicht einfach als Konsequenz der zuvor angewandten weiteren Maßnahmen ergibt, sondern vielmehr eine bewusste risikopolitische Entscheidung erfordert.[75] Um die Risikoübernahme realisieren zu können, sind liquide Sicherheitsreserven als finanzielle Vorsorge in ausreichendem Maße aufzubauen, wodurch der Einsatzbereich dieser Handlungsalternative oftmals eingeschränkt wird.[76] Die **Risikoüberwälzung**, die auch als Risikotransfer bezeichnet wird,[77] impliziert schließlich, dass Risiken und somit die nachteiligen Folgen eines potentiellen Schadeneintritts auf weitere Wirtschaftseinheiten übertragen werden.[78] Die bedeutendste Variante der Risikoüberwälzung stellt die Absicherung durch einen **Versicherungsvertrag** dar.[79] Durch den Versicherungsschutz wird vorab sichergestellt, dass ein potentielles Schadenereignis den Versicherungsnehmer nur begrenzt finanziell belasten kann, so dass das Risiko vollständig oder anteilig auf den Versicherer übergeht. Da weder eine Rangordnung noch eine feste Gewichtung für den Einsatz der risikopolitischen Instrumente besteht, ist in jeder Situation individuell zu entscheiden, welche Maßnahmenkombination für eine zielkonforme Risikobewältigung angemessen ist.[80]

212.3 Funktionen einer Versicherung aus Sicht des Versicherungsnehmers und der Gesamtwirtschaft

Die Dienstleistung der Gewährung von Versicherungsschutz entfaltet ihre Wirkung sowohl einzelwirtschaftlich für die versicherten Wirtschaftseinheiten als auch gesamtwirtschaftlich und stellt eine bedeutende Institution für ein funktionierendes Wirtschaftssystem dar.[81] Im Rahmen der **einzelwirtschaftlichen Funktionen** der Versicherung nimmt die Reduktion der Unsicherheit des Versicherten durch den Transfer des Risikos nachteiliger finanzieller Konsequenzen infolge eines Schadenereignisses eine herausragende Stellung ein. Die **Sicherungsfunktion** trägt somit zur finanziellen Stabilisierung der versicherten Wirtschaftseinheiten bei und ist als primäre Leistung einer Versicherung auszumachen.[82] Als Bestandteil der Sicherungsfunktion ist auch der tatsächliche Schadenausgleich im Fall eines eingetretenen Ereignisses anzusehen.[83]

Abgeleitet aus der zentralen Sicherungsfunktion und unweigerlich hiermit verbunden, erfüllt die Versicherung zahlreiche weitere **Zusatzfunktionen**,[84] wodurch sich ihre wirtschaftliche Bedeutung

---

75 Vgl. HALLER, M., Sicherheit durch Versicherung, S. 46.

76 Vgl. MÜLLER, W., Instrumente des Risk Management, S. 74; HELTEN, E./BITTL, A./LIEBWEIN, P., Versicherung von Risiken, S. 173 f.

77 Vgl. weiter differenzierend ZWEIFEL, P./EISEN, R., Versicherungsökonomie, S. 48.

78 Vgl. HALLER, M., Sicherheit durch Versicherung, S. 45; HELTEN, E./BITTL, A./LIEBWEIN, P., Versicherung von Risiken, S. 171; LEITNER, F., Unternehmungsrisiken, S. 22.

79 Indes können auch durch vertragliche Bedingungen wie bspw. die Beschränkung der Gewährleistung oder aber durch die Entscheidung für bestimmte Unternehmensformen Risiken transferiert werden. Vgl. HALLER, M., Sicherheit durch Versicherung, S. 45 und Fn. 15; GRAF VON DER SCHULENBURG, J.-M., Versicherungsökonomie, S. 39 f.

80 Vgl. KARTEN, W., Risk Management, Sp. 3831 f.; GRAF VON DER SCHULENBURG, J.-M., Versicherungsökonomie, S. 40.

81 Vgl. FARNY, D., Versicherungsbetriebslehre, S. 96; BRINKMANN, T., Wesen und Leistung der Versicherung, S. 14.

82 Vgl. hierzu BIERMANN, K./BRINKMANN, T., Gesamtleistungsrechnung der Versicherungswirtschaft, S. 39; STEINMÜLLER, H., Volkswirtschaftliche Bedeutung der Versicherung, S. 49 f.

83 Vgl. STEINMÜLLER, H., Volkswirtschaftliche Bedeutung der Versicherung, S. 49; BIERMANN, K./BRINKMANN, T., Gesamtleistungsrechnung der Versicherungswirtschaft, S. 39.

84 Im Folgenden werden einige Zusatzfunktionen vorgestellt, wobei weder bei den einzel- noch bei den gesamtwirtschaftlichen Funktionen ein Anspruch auf Vollständigkeit erhoben wird.

abermals erhöht.[85] So wird durch den Risikotransfer das Spektrum möglicher Handlungen der Wirtschaftseinheiten vergrößert, da potentiell negative Folgen zuvor als übermäßig riskant eingestufter Tätigkeiten auf einen Dritten übertragen werden können.[86] Eng mit dem Risikotransfer verbunden ist auch die existenzielle Sicherung der Wirtschaftseinheiten, so dass der Abschluss eines Versicherungsvertrages nicht nur Schutz für eine spezifische Aktivität bietet, sondern überdies die Unternehmensfortführung bei Eintritt extremer Schadenszenarien begünstigt.[87] Eine weitere Folge des Versicherungsschutzes besteht in der erhöhten Kreditwürdigkeit des Versicherungsnehmers, die dessen Kapitalaufnahme erleichtert.[88] Zudem wird die Finanzlage des versicherten Unternehmens positiv beeinflusst, da durch Versicherungen im Vergleich zur individuellen Rücklagenbildung im Regelfall weniger Liquidität gebunden wird. Die in diesem Sinne frei gesetzten finanziellen Mittel stehen entsprechend für lohnende, langfristige Investitionen zur Verfügung, so dass die Versicherung auch rentabilitätssteigernd wirken kann.[89] Dieser Effekt stellt das Ergebnis der Risikotransformationsfunktion der Versicherung dar, so dass durch einen organisierten Risikoausgleich das Substitutionsverhältnis zwischen den Prämien und den vorzuhaltenden eigenen Mitteln bei einem Verzicht auf die Versicherung vorteilhaft für den Versicherten sinkt.[90] Insgesamt führt der Versicherungsschutz zu einer gesteigerten Planungssicherheit und eröffnet dem Versicherten die Möglichkeit, sich der Bewältigung einer verringerten Zahl an verbleibenden Risiken zu widmen.[91]

Der Versicherungsschutz der Wirtschaftseinheiten trägt **gesamtwirtschaftlich** dazu bei, den Wirtschaftskreislauf insgesamt zu stabilisieren, indem eintretende Schäden zeitnah ausgeglichen und somit Folgewirkungen für die gesamte Wirtschaft möglichst reduziert werden.[92] Zudem haben Versicherungen eine schadenreduzierende Wirkung, da schadenverhütende bzw. -mindernde Maßnahmen oftmals durch geringere Versicherungsprämien belohnt werden.[93] Hervorzuheben ist ferner, dass die Risikotransformationsfunktion der Versicherung zu einem gesamtwirtschaftlichen Effizienzgewinn führt, weil der Versicherungsschutz grds. mit einem geringeren Kapitalbetrag gewährleistet werden kann als bei einer individuellen finanziellen Vorsorge.[94] Überdies begünstigen Versicherungen den technischen Fortschritt und fördern die gesamtwirtschaftliche Produktivität, da Investitionen in riskante Projekte durch den Risikotransfer kalkulierbarer und somit c. p. attraktiver

85 Vgl. BIERMANN, K./BRINKMANN, T., Gesamtleistungsrechnung der Versicherungswirtschaft, S. 39.

86 Vgl. BIERMANN, K./BRINKMANN, T., Gesamtleistungsrechnung der Versicherungswirtschaft, S. 39 f.; STEINMÜLLER, H., Volkswirtschaftliche Bedeutung der Versicherung, S. 51.

87 Vgl. BIERMANN, K./BRINKMANN, T., Gesamtleistungsrechnung der Versicherungswirtschaft, S. 40; DVA (HRSG.), Individualversicherung, S. 34.

88 Vgl. FARNY, D., Versicherungsbetriebslehre, S. 96; KÖSTER, P./SCHMALOHR, R., Versicherungswirtschaft, S. 38; MAHR, W., Einführung in die Versicherungswirtschaft, S. 81.

89 Vgl. STEINMÜLLER, H., Volkswirtschaftliche Bedeutung der Versicherung, S. 50; FARNY, D., Versicherungsbetriebslehre, S. 96.

90 Vgl. zur einzelwirtschaftlichen Funktion der Risikotransformation ALBRECHT, P., Risikotransformationstheorie der Versicherung, S. 27-29.

91 Vgl. KOCH, P., Versicherungswirtschaft, S. 53; BIERMANN, K./BRINKMANN, T., Gesamtleistungsrechnung der Versicherungswirtschaft, S. 41.

92 Vgl. FARNY, D., Versicherungsbetriebslehre, S. 96; DVA (HRSG.), Individualversicherung, S. 36.

93 Vgl. FARNY, D., Versicherungsbetriebslehre, S. 96.

94 Vgl. ALBRECHT, P., Risikotransformationstheorie der Versicherung, S. 30.

werden.[95] Indem Versicherungsunternehmen im Zuge der Prämienvorauszahlung hohe Kapitalbeträge ansammeln und als Intermediäre auf verschiedene Bereiche der Wirtschaft allozieren, stellt die Versicherungswirtschaft ferner einen wichtigen Faktor im Investitions- und Finanzierungsbereich dar.[96] Gesamtwirtschaftlich impliziert eine Versicherung nicht nur Schutz für den Versicherungsnehmer, sondern auch für geschädigte Dritte.[97] Ohne den Versicherungsschutz des Schadenverursachers könnten diese ihren rechtlichen Anspruch auf eine finanzielle Entschädigung möglicherweise nicht durchsetzen. Ein Großteil des Nutzens der Versicherungsleistung ist auf jene beschriebenen einzel- und volkswirtschaftlichen Funktionen zurückzuführen, wobei diese jeweils wiederum auf der individuellen Sicherungsfunktion basieren.

212.4 Elemente des versicherungstechnischen Risikos

Das für einen potentiellen Versicherungsnehmer relevante Risiko liegt in der Gefahr, künftig von einem nicht deterministisch vorhersehbaren Schadenereignis nachteilig betroffen zu sein und damit einen materiellen bzw. finanziellen individuellen Verlust zu erleiden. Während dieses Risiko das Hauptmotiv zum Abschluss eines Versicherungsvertrages darstellt, ist für den Versicherungsgeber vor allem auch das versicherungstechnische Risiko maßgeblich, das sich auf die Unsicherheiten im Umgang mit den aggregierten versicherten Einzelrisiken bezieht. Das versicherungstechnische Risiko beschreibt das Risiko einer Abweichung des für das entsprechende Kollektiv tatsächlich eintretenden Gesamtschadens von dessen Erwartungswert und lässt sich theoretisch in die Elemente des Zufallsrisikos, des Irrtumsrisikos sowie des Änderungsrisikos differenzieren.[98]

Hierbei drückt das **Zufallsrisiko** die Möglichkeit des zufallsbedingten Eintritts einer im Vergleich zu den Erwartungen größeren respektive kleineren Zahl an Versicherungsfällen oder aber die Möglichkeit einer zufallsabhängigen positiven bzw. negativen Abweichung des tatsächlichen Schadenvolumens aus.[99] Bei einer isolierten Betrachtung dieses Teilrisikos resultieren allein aus der Stochastizität des Gesamtschadenverlaufs etwaige Abweichungen vom Erwartungswert, wobei die zugrunde liegenden Gesetzmäßigkeiten zutreffend berücksichtigt wurden.[100]

Ist hingegen das **Irrtumsrisiko** maßgeblich für die Abweichung des kollektiven Effektivwertes des Schadens von seinem Erwartungswert, so resultiert diese aus der Unkenntnis der tatsächlichen Schadengesetzmäßigkeiten.[101] Der Prämienkalkulation und der gesamten Beurteilung des Versiche-

---

95 Vgl. MAHR, W., Einführung in die Versicherungswirtschaft, S. 91; HELTEN, E./BITTL, A./LIEBWEIN, P., Versicherung von Risiken, S. 155. Auch das Konsumverhalten der Wirtschaftseinheiten kann durch Versicherungen positiv beeinflusst werden. Vgl. STEINMÜLLER, H., Volkswirtschaftliche Bedeutung der Versicherung, S. 51.

96 Vgl. ROMEIKE, F./MÜLLER-REICHART, M., Prolog, S. 18; MAHR, W., Einführung in die Versicherungswirtschaft, S. 89.

97 Vgl. STEINMÜLLER, H., Volkswirtschaftliche Bedeutung der Versicherung, S. 50; DVA (HRSG.), Individualversicherung, S. 37. Der Schutz des geschädigten Dritten wird mitunter auch den einzelwirtschaftlichen Funktionen einer Versicherung zugeordnet. Vgl. BIERMANN, K./BRINKMANN, T., Gesamtleistungsrechnung der Versicherungswirtschaft, S. 41.

98 Vgl. FARNY, D., Versicherungsbetriebslehre, S. 83.

99 Vgl. FARNY, D., Versicherungsbetriebslehre, S. 83 und S. 85. Hierzu kann ferner die Möglichkeit eines im Vergleich zu den Erwartungen früheren bzw. späteren Schadeneintritts zählen.

100 Vgl. ALBRECHT, P./SCHWAKE, E., Versicherungstechnisches Risiko, S. 653.

101 Vgl. ALBRECHT, P./SCHWAKE, E., Versicherungstechnisches Risiko, S. 652 f. Das Irrtumsrisiko kann hinsichtlich der Beurteilung der Güte des Schätzprozesses auch als Diagnoserisiko bezeichnet werden. Die Gefahr der man-

rungsgeschäftes liegt dementsprechend aufgrund einer unvollkommenen Informationslage nicht die korrekte Gesamtschadenverteilung zugrunde.[102] Im Rahmen dieser Arbeit wird auch die Gefahr einer fehlerhaft eingeschätzten künftigen Entwicklung unter das Irrtumsrisiko subsumiert.

Das **Änderungsrisiko** als eine weitere Komponente bezieht sich auf die Entwicklung der Gesamtschadenverteilung im Zeitablauf.[103] Da die Schadenursachenzusammenhänge und damit verbunden auch die Schadenrealisationen künftigen Veränderungen unterworfen sein können, die bei der Kalkulation des Risikogeschäftes noch nicht vorhersehbar sind, kann keineswegs per se von einer konstanten Gesamtschadenverteilung ausgegangen werden.[104] Das Risiko einer derartigen zeitlichen Instabilität der Gesamtschadenverteilung, die durch Änderungen bei einzelnen versicherungstechnischen Einheiten oder aber dem gesamten Versicherungsbestand bedingt sein kann, wird durch das Änderungsrisiko ausgedrückt.[105]

Die identifizierten Komponenten des versicherungstechnischen Risikos wirken regelmäßig gleichzeitig, so dass eintretende Abweichungen des Gesamtschadenverlaufs von den Erwartungen mangels vollständiger Informationen nicht eindeutig einer Risikoart zuordenbar sind.[106]

212.5 Risikoausgleich als Funktionsgesetz der Versicherung

Um den Versicherungsschutz zu günstigeren Konditionen anbieten zu können als bei einer individuellen Vorsorge durch die Versicherungsnehmer, sind die Funktionsgesetze des Risikoausgleichs im Kollektiv und in der Zeit von zentraler Bedeutung.[107] Das Versicherungsunternehmen vereint die versicherten Einzelrisiken innerhalb der jeweiligen Versicherungszweige in Kollektiven, so dass die einzelnen Wahrscheinlichkeitsverteilungen der Schäden zu einer Gesamtschadenverteilung aggregiert werden. Wird zunächst ein einperiodiger Zeitraum betrachtet, so entstehen auf der Ebene der Einzelrisiken individuelle Über- bzw. Unterschäden, indem die eintretenden Effektivwerte der Schäden von deren Erwartungswerten teils abweichen.[108] Der **Risikoausgleich im Kollektiv** hingegen bewirkt, dass sich in einem systematisch organisierten Kollektiv individuelle Über- bzw. Unterschäden ausgleichen und somit die kollektive Schadenverteilung relativ zum Erwartungswert eine geringere Streuung aufweist als die jeweiligen Einzelschadenverteilungen.[109] Mit Hilfe dieses Aus-

---

gelnden Übertragbarkeit jener Ergebnisse auf künftige Perioden sowie die bei Übertragbarkeit verbleibende Unbestimmtheit der Schäden werden mitunter als Prognoserisiko betitelt.

102 Vgl. FARNY, D., Versicherungsbetriebslehre, S. 84 und S. 93.

103 Vgl. KARTEN, W., Unsicherheit des Risikobegriffs, S. 167.

104 Vgl. FARNY, D., Versicherungsbetriebslehre, S. 89-91; KARTEN, W., Versicherungstechnisches Risiko (Teil II), S. 171, der jedoch dem Begriff des Änderungsrisikos kritisch gegenübersteht.

105 Vgl. HELTEN, E., Erfassung und Messung des Risikos, S. 189 f.; FARNY, D., Versicherungsbetriebslehre, S. 84.

106 Vgl. FARNY, D., Versicherungsbetriebslehre, S. 84.

107 Vgl. BOETIUS, J., Handbuch der versicherungstechnischen Rückstellungen, Anm. 97; KORN, J. H., Schwankungsreserven im handelsrechtlichen Jahresabschluss, S. 15; FARNY, D., Versicherungsbetriebslehre, S. 44.

108 Vgl. FARNY, D., Versicherungsbetriebslehre, S. 46; SURREY, I., Bilanzierung von Versicherungsgeschäften nach IFRS, S. 36.

109 Vgl. FARNY, D., Versicherungsbetriebslehre, S. 47; KARTEN, W., Versicherungstechnische Risikopolitik, S. 136.

gleichsmechanismus gelingt es, im Kollektiv das relative Ausmaß des Risikos der zufälligen Abweichung des tatsächlichen Schadens von seinem Erwartungswert zu reduzieren.[110]

Der Risikoausgleich im Kollektiv lässt sich also zum einen schadenbezogen mit Verweis auf die Verringerung der relativen Streuung bei der Gesamtschadenverteilung beschreiben. Zum anderen kann dessen Wirkung auch aus einer Verknüpfung der Gesamtschadenverteilung mit den Prämienzahlungen hergeleitet werden.[111] Diese Alternative macht den Nutzen des kollektiven Risikoausgleichs für die Versicherten, aber auch die Bedeutung des Ausgleichseffektes für den Versicherer deutlich. Demnach kann ein kollektiver Risikoausgleich immer dann erreicht werden, wenn bei wachsendem Kollektiv die auf eine Periode bezogene Verlustwahrscheinlichkeit des Versicherers aus dem Gesamtkollektiv gegen Null strebt oder aber die durchschnittliche Prämie für die Versicherten bei gegebener Verlustwahrscheinlichkeit gesenkt werden kann.[112] Der Nutzen des Risikoausgleichs im Kollektiv aus Sicht der Versicherungsnehmer besteht also darin, dass mit zunehmender Stärke des Kollektivs ein geringerer durchschnittlicher Sicherheitszuschlag auf den Schadenerwartungswert erforderlich ist, um einen vordefinierten Sicherheitsgrad zu gewährleisten.[113] Die vom Versicherungsnehmer zu erhebende Prämie ist folglich umso geringer, je wirkungsvoller der Risikoausgleich im Kollektiv gestaltet werden kann. Hierbei wird ein zeitnaher kollektiver Ausgleich in Gestalt einer verringerten Durchschnittsprämie durch die Homogenität der zusammengefassten Einzelrisiken sowie eine hinreichende Kollektivgröße und die Unabhängigkeit der Risiken begünstigt bzw. überhaupt erst ermöglicht.[114] Der kollektive Wagnisausgleich muss hierbei gezielt organisiert und entwickelt werden.[115] Dennoch ist auch heterogenen Kollektiven die Eigenschaft des kollektiven Risikoausgleichs zuzusprechen, wenngleich in diesem Fall der von den Versicherungsnehmern durchschnittlich zu tragende Sicherheitszuschlag bei einer Vergrößerung des Kollektivs nicht immer gesenkt werden kann.[116] Bei der Zusammenlegung von Kollektiven bzw. Portfolios wird aufgrund der Diversifikationseffekte die Gesamtrisikoprämie regelmäßig geringer sein als die Summe der jeweiligen Risikoprämien für die Einzelportfolios.[117]

---

110 Vgl. ALBRECHT, P., Risikotransformationstheorie der Versicherung, S. 70; JANNOTT, H. K., Zufalls- und Änderungsrisiko, S. 408; FARNY, D., Versicherungsbetriebslehre, S. 83.

111 Vgl. für weitere Erklärungsansätze FARNY, D., Versicherungsbetriebslehre, S. 44 f.

112 Vgl. ALBRECHT, P., Gesetze der großen Zahlen und Ausgleich im Kollektiv, S. 522-524; ähnlich auch JÄGER-VON EHRENSTEIN, B., Ausgleich in der Zeit (Teil I), S. 692; KORN, J. H., Schwankungsreserven im handelsrechtlichen Jahresabschluss, S. 43 f.

113 Vgl. ALBRECHT, P., Risikotransformationstheorie der Versicherung, S. 20; BIERMANN, K./BRINKMANN, T., Gesamtleistungsrechnung der Versicherungswirtschaft, S. 40. Jedoch können die originären Schadenschwankungen auf diesem Wege nicht reduziert werden. Durch den Ausgleich im Kollektiv ist lediglich ein geringerer Kapitalbetrag zu deren Bedeckung erforderlich. Vgl. ALBRECHT, P., Erklärungsbeiträge der Risikotheorie, S. 31 f.

114 Vgl. JÄGER-VON EHRENSTEIN, B., Ausgleich in der Zeit (Teil I), S. 692; BOETIUS, J., Handbuch der versicherungstechnischen Rückstellungen, Anm. 98. Eine gewisse Mindestkollektivgröße wird stets als erforderlich angesehen. Vgl. ALBRECHT, P., Risikotransformationstheorie der Versicherung, S. 21 f.

115 Vgl. ALBRECHT, P., Erklärungsbeiträge der Risikotheorie, S. 34.

116 Vgl. JÄGER-VON EHRENSTEIN, B., Ausgleich in der Zeit (Teil II), S. 19; ALBRECHT, P., Ausgleich im Kollektiv und Verlustwahrscheinlichkeit, S. 105-112. Bei heterogenen Kollektiven bewirkt der Wagnisausgleich vielmehr, dass mit wachsenden Kollektiven die Prämien bei einer risikoadäquaten Prämienbemessung verringert werden bzw. die Ruinwahrscheinlichkeit des Versicherers minimiert wird. Vgl. ALBRECHT, P., Gesetze der großen Zahlen und Ausgleich im Kollektiv, S. 532.

117 Vgl. ALBRECHT, P., Ausgleich im Kollektiv und Verlustwahrscheinlichkeit, S. 106 f.

Sofern der Risikoausgleich im Kollektiv zu keinem hinreichenden Ausgleich individueller Über- bzw. Unterschäden führt, ist zudem ein **Risikoausgleich in der Zeit** und somit über verschiedene Rechnungsperioden hinweg erforderlich.[118] Denn auch im Kollektiv können vielfach auf den gesamten Bestand bezogene Über- bzw. Unterschäden innerhalb einer Periode entstehen, die durch die zeitbezogenen Ausgleichseffekte abgebaut werden können, so dass die Gesamtschadenverteilung über mehrere Perioden geringeren relativen Streuungen unterliegt als die Einjährige.[119] Der Risikoausgleich in der Zeit kann immer dann als erfüllt angesehen werden, sofern bei identischem Sicherheitsgrad der durchschnittliche, von den Versicherten zu fordernde Sicherheitszuschlag pro Periode innerhalb eines gleichbleibenden Kollektivs mit zunehmender Zahl versicherter Perioden sinkt.[120] Insofern lässt sich der Risikoausgleich in der Zeit als Sequenz von auf eine Periode bezogenen kollektiven Ausgleichprozessen beschreiben.[121]

212.6 Rückversicherung als Möglichkeit des Risikotransfers von Versicherungsunternehmen

Versicherungsunternehmen bietet sich die risikopolitische Option, Bestandteile der von den Versicherungsnehmern übernommenen Risiken im Rahmen der **Rückversicherung** an weitere Versicherungsunternehmen zu transferieren und somit die Schadenverteilung des betreffenden Versicherungsbestandes zu glätten.[122] Somit handelt es sich bei diesem risikostrategischen Instrument um eine Versicherung für die Versicherung. Zu diesem Zweck überträgt der Erstversicherer bzw. Zedent einen vertraglich fixierten Risikoteilbereich an einen Rückversicherer bzw. Zessionar und gewährt diesem als Gegenleistung eine Vergütung.[123] Sofern Schadenereignisse eintreten, übernimmt der Rückversicherer dann einen Teil der Schadenzahlungen entsprechend der vertraglichen Modalitäten. Dem Rückversicherungsvertrag liegt hierbei das Originalrisiko der Erstversicherungsnehmer zugrunde, wenngleich die ursprünglichen Versicherungsnehmer keine Vertragspartei des Rückversicherungsverhältnisses werden.[124] Bei der Rückversicherung handelt es sich um ein Instrument der **sekundären Risikoteilung**, so dass diese Form des Versicherungsgeschäftes stets zwischen Erst- und Rückversicherern abgeschlossen wird.[125] Dies impliziert, dass der Versicherungsnehmer bei Eintritt eines Schadens trotz eines bestehenden Rückversicherungsschutzes

---

118 Vgl. JÄGER-VON EHRENSTEIN, B., Ausgleich in der Zeit (Teil I), S. 692; BOETIUS, J., Handbuch der versicherungstechnischen Rückstellungen, Anm. 99; FARNY, D., Versicherungsbetriebslehre, S. 50 f.

119 Vgl. FARNY, D., Versicherungsbetriebslehre, S. 51; JÄGER-VON EHRENSTEIN, B., Ausgleich in der Zeit (Teil I), S. 691.

120 Vgl. hierzu ALBRECHT, P./SCHWAKE, E., Versicherungstechnisches Risiko, S. 654.

121 Vgl. FARNY, D., Versicherungsbetriebslehre, S. 51.

122 Vgl. JÄGER-VON EHRENSTEIN, B., Ausgleich in der Zeit (Teil II), S. 15 und S. 22; KOCH, P., Versicherungswirtschaft, S. 43; LIEBWEIN, P., Formen der Rückversicherung, S. 49; MAHR, W., Einführung in die Versicherungswirtschaft, S. 245.

123 Vgl. FARNY, D., Versicherungsbetriebslehre, S. 449 f.; SCHRADIN, H. R., Erfolgsorientiertes Versicherungsmanagement, S. 306. Der Rückversicherer kann seinerseits wiederum Teile des Risikos an weitere Versicherer übertragen. Diese Form der Rückversicherung zweiten Grades wird als Retrozession bezeichnet. Vgl. KOCH, P., Versicherungswirtschaft, S. 48; MÜLLER-LUTZ, H. L., Allgemeine Versicherungslehre (Teil I), S. 449.

124 Vgl. PFEIFFER, C., Einführung in die Rückversicherung, S. 11.

125 Vgl. PFEIFFER, C., Einführung in die Rückversicherung, S. 11; KÖSTER, P./SCHMALOHR, R., Versicherungswirtschaft, S. 259; BIERMANN, K./BRINKMANN, T., Gesamtleistungsrechnung der Versicherungswirtschaft, S. 39; KOCH, P., Rückversicherung, S. 689.

unweigerlich gegenüber dem Erstversicherer anspruchsberechtigt ist.[126] Zusammenfassend besteht die zentrale Leistung der Rückversicherung in der Gewährung von Versicherungsschutz für Versicherungsunternehmen.[127] Hierbei handelt es sich aus der Perspektive des Zessionars, also des risikoakzeptierenden Unternehmens, um eine **aktive Rückversicherung**, während die Hingabe des Risikos durch den Zedenten als **passive Rückversicherung** bezeichnet wird.[128]

Das primäre **Ziel der passiven Rückversicherung** besteht darin, das durch die Originalpolicen ausgelöste versicherungstechnische Risiko zu verringern.[129] Dieses kann als potentielle Abweichung der eintretenden Schäden von den Erwartungen im Rahmen der Prämienkalkulation angesehen werden.[130] Typische Anwendungsfälle der Rückversicherung sind bspw. die Absicherung gegen kumulierende Schäden aus dem Eintritt eines einzelnen Ereignisses, gegen stark schwankende Schadenverläufe auch im Bereich betragsmäßig geringerer Schadenhöhen sowie die Absicherung gegen potentielle Schadenzahlungen aufgrund von Großrisiken.[131] Auf dem Wege der Rückversicherung lassen sich Risiken so gestalten, dass sie für den Erstversicherer annehmbar sind und überdies dessen Jahresabschluss, d. h. die Vermögens-, Finanz- und Ertragslage durch die risikoreduzierende Wirkung von den Folgen extremer Schadenszenarien freigehalten wird.[132] Indem das versicherungstechnische Ergebnis des Erstversicherers durch den Rückversicherungsschutz in Grenzen verstetigt wird, trägt die Rückversicherung zur Planungssicherheit des Zedenten bei.[133] Die Entscheidung des Erstversicherers, Rückversicherungsverträge abzuschließen, ist neben der Risikoreduktion regelmäßig durch weitere Funktionen begründet.[134] So kann im Zuge der Rückversicherung die Zeichnungskapazität des Erstversicherers erhöht werden, da je rückversichertem Vertrag ein geringeres Maß an Sicherheitsmitteln vorzuhalten ist.[135] Dies äußert sich auch darin, dass die Rückversicherung bei der Bemessung der aufsichtsrechtlich geprägten Eigenkapitalanforderung zur Absicherung der Risiken berücksichtigt wird und dabei als Eigenkapitalsubstitut wirkt.[136] Mit Hilfe der Rückversicherung wird es dem Erstversicherer letztlich ermöglicht, Risiken zu versichern, die anderenfalls für ihn nicht tragbar wären.[137] Rückversicherer gewähren zudem oftmals vielfältige Serviceleistungen, die sich neben rein verwaltungsbezogenen Aufgaben vor allem auf das Risikoge-

---

126 Vgl. DVA (Hrsg.), Individualversicherung, S. 302.

127 Vgl. Kiln, R./Kiln, S., Reinsurance in practice, S. 1; Pfeiffer, C., Einführung in die Rückversicherung, S. 9.

128 Vgl. Koch, P., Rückversicherung, S. 693.

129 Vgl. Jannott, H. K., Rückversicherungspolitik, S. 715; DVA (Hrsg.), Individualversicherung, S. 300; Mack, T., Schadenversicherungsmathematik, S. 325; Beck, D., Rechnungslegung der passiven Rückversicherung, S. 704.

130 Vgl. Koch, P., Rückversicherung, S. 690.

131 Vgl. Koch, P., Versicherungswirtschaft, S. 44; Labes, H. W., Rückversicherungsformen, S. 703.

132 Vgl. Müller-Lutz, H. L., Allgemeine Versicherungslehre (Teil I), S. 448; Koch, P., Versicherungswirtschaft, S. 44; Labes, H. W., Rückversicherungsformen, S. 703. Zudem eröffnet die Rückversicherung die Möglichkeit, Risiken innerhalb eines Bestandes ausgewogener zu gestalten. Vgl. Köster, P./Schmalohr, R., Versicherungswirtschaft, S. 258. Ferner kann die Rückversicherung gezielt zur Homogenisierung des Kollektivs eingesetzt werden. Vgl. Liebwein, P., Formen der Rückversicherung, S. 51.

133 Vgl. Jannott, H. K., Rückversicherungspolitik, S. 715 f.; Liebwein, P., Formen der Rückversicherung, S. 51.

134 Vgl. Jannott, H. K., Rückversicherungspolitik, S. 716.

135 Vgl. Jannott, H. K., Rückversicherungspolitik, S. 716; Mahr, W., Einführung in die Versicherungswirtschaft, S. 245; Zweifel, P./Eisen, R., Versicherungsökonomie, S. 206; Pfeiffer, C., Einführung in die Rückversicherung, S. 9.

136 Vgl. Liebwein, P., Formen der Rückversicherung, S. 51-53; Jannott, H. K., Rückversicherungspolitik, S. 716; Zweifel, P./Eisen, R., Versicherungsökonomie, S. 206; Koch, P., Rückversicherung, S. 690.

137 Vgl. Pfeiffer, C., Einführung in die Rückversicherung, S. 9.

schäft und somit bspw. auf die Versicherungstechnik, die Schadenminderung oder die Abwicklung von Schäden beziehen.[138] Hierdurch kann der Erstversicherer auf die umfassende Erfahrung des Rückversicherers zurückgreifen, von der er auch bei der Erschließung neuer Versicherungszweige oder bei Produktinnovationen profitieren kann.[139] Sowohl der Umfang als auch die Form der zu wählenden Rückversicherung richten sich u. a. nach der Gestaltung des Versicherungsbestandes, den Eigenschaften des jeweiligen versicherungstechnischen Risikos sowie der Ausstattung mit Sicherheitsmitteln.[140]

22 Definitorische Grundlagen und Gestaltungsformen von Versicherungsverträgen

221. Institutionelles Konstrukt eines Versicherungsvertrages

Da auch der Versicherungsvertrag rechtlich nicht abschließend definiert wird, sei in dieser Arbeit stellvertretend auf die aufsichtsrechtlich im deutschen Rechtsraum akzeptierte Einordnung des Versicherungsgeschäftes zurückgegriffen.[141] Demnach wird ein Versicherungsverhältnis dadurch begründet, dass ein Versicherungsunternehmen gegen Prämienzahlungen vertraglich festgelegte Leistungen erbringt, sofern ein ungewisses künftiges Ereignis eintritt. Das hiermit verbundene Risiko muss dabei auf ein Versichertenkollektiv gleichartiger Risikopositionen verteilt werden, wobei die Prämienkalkulation – neben den nicht explizit erwähnten Funktionsgesetzen der Versicherung – auf dem Gesetz der großen Zahl beruht.[142] Dieser Austausch zwischen Versicherer und Versicherungsnehmer wird durch ein Rechtsgeschäft institutionalisiert, das als **Versicherungsvertrag** bezeichnet wird.[143]

Ein hieraus abgeleiteter, tatsächlicher rechtlicher Anspruch auf die Leistung des Versicherungsunternehmens seitens des Versicherten entsteht jedoch erst dann, wenn sich das abstrakte Schutzversprechen in einem Schadenfall konkretisiert hat.[144] Wenngleich die **Gefahrtragungstheorie**, nach der bereits mit Abschluss des Versicherungsvertrages die Leistung des Versicherungsschutzes geschuldet wird, das wirtschaftliche Konstrukt des Versicherungsvertrages zutreffend beschreibt, wird rechtlich vorwiegend auf die **Geldleistungstheorie** abgestellt.[145] Letztere identifiziert eine

---

138 Vgl. KOCH, P., Rückversicherung, S. 690; HALLER, M., Sicherheit durch Versicherung, S. 100; ZWEIFEL, P./EISEN, R., Versicherungsökonomie, S. 206; PFEIFFER, C., Einführung in die Rückversicherung, S. 9. Der Rückversicherer kann den Erstversicherer bspw. auch im Rahmen der Beitragskalkulation unterstützen. Vgl. LIEBWEIN, P., Formen der Rückversicherung, S. 55.

139 Vgl. KOCH, P., Rückversicherung, S. 690.

140 Vgl. DVA (HRSG.), Individualversicherung, S. 300 f.; LABES, H. W., Rückversicherungsformen, S. 703.

141 Vgl. SCHMIDT, R., Gedanken zum Versicherungsbegriff, S. 4 f. Zugrunde gelegt wird die Definition des Bundesverwaltungsgerichtes bzw. des Bundesgerichtshofs. Vgl. auch DREHER, M., Versicherung als Rechtsprodukt, S. 46. Gleichwohl wird die Versicherung auch im Versicherungsaufsichtsgesetz (VAG) nicht abschließend definiert. Vgl. VAN BÜHREN, H. W., in: van Bühren, Handbuch Versicherungsrecht, § 1 Versicherungsvertragsrecht, Rn. 2.

142 Vgl. bereits BGH, Urteil vom 16.11.1967 – II ZR 259/64, S. 138; BGH, Urteil vom 12.03.1964 – II ZR 226/62, S. 498; BGH, Urteil vom 14.07.1962 – III ZR 21/61, S. 976.

143 Vgl. FARNY, D., Versicherungsbetriebslehre, S. 146.

144 Vgl. VAN BÜHREN, H. W., in: van Bühren, Handbuch Versicherungsrecht, § 1 Versicherungsvertragsrecht, Rn. 2; DREHER, M., Versicherung als Rechtsprodukt, S. 89.

145 Vgl. DREHER, M., Versicherung als Rechtsprodukt, S. 89-92; PRÖLSS, E. R., in: Prölss et al., Versicherungsvertragsgesetz, § 1, Rn. 82 f.; a. A. FARNY, D., Fortentwicklung der Theorie der Versicherung, S. 868 f.; DVA (HRSG.), Individualversicherung, S. 135. Vgl. kritisch zur Dominanz der Geldleistungstheorie aus rechtlicher Perspektive sowie zur Gefahrtragungstheorie, LORENZ, E., in: Beckmann et al., Versicherungsrechts-Handbuch,

vom Eintritt des versicherten Ereignisses abhängige Geldleistung als Hauptleistungspflicht innerhalb des Versicherungsvertrages.[146] Gleichwohl sollen an dieser Stelle auch die wirtschaftlichen Grundlagen des Vertrages nicht ausgeblendet werden. Die dem Versicherungsvertrag wirtschaftlich zugrunde liegende Leistung lässt sich in zwei Phasen unterteilen.[147] Während die erste Phase durch die Bereitschaft des Versicherungsunternehmens geprägt ist, Versicherungsschutz über einen vordefinierten Zeitraum zu gewähren, bezieht sich die zweite Phase unmittelbar auf die Inanspruchnahme bei Eintritt eines Versicherungsfalls und somit vor allem auch auf den Prozess der Schadenabwicklung.[148] Folglich sind die unmittelbar beginnende Schutzbereitschaft sowie die bedingte Geldleistungspflicht wirtschaftlich untrennbar mit dem Versicherungsvertrag verbunden.[149] Sowohl rechtlich als auch wirtschaftlich sind Versicherungsverträge als gegenseitig verpflichtende Dauerschuldverhältnisse anzusehen.[150] Wird rechtlich die Geldleistungstheorie zugrunde gelegt, so steht den auf einen Zeitraum bezogenen Prämienzahlungen der Versicherungsnehmer die bedingte Geldleistungspflicht des Versicherers gegenüber, die für jegliche Versicherungsfälle innerhalb des gedeckten Zeitraumes zu erfüllen ist.[151] Wirtschaftlich ist darüber hinaus bereits die kontinuierliche Bereitschaft zur Gewährung von Versicherungsschutz als dauerhafte, auf einen Zeitraum bezogene Leistung anzusehen.[152]

222. Erstversicherungsverträge

Als Erstversicherungsverträge werden all diejenigen Versicherungsverträge bezeichnet, die zwischen einem Versicherungsunternehmen und gewerblichen, privaten sowie öffentlichen Wirtschaftssubjekten als Versicherungsnehmern abgeschlossen werden.[153] Das gesamte Versicherungsgeschäft wird gemeinhin in **Versicherungszweige** differenziert, um somit innerhalb einer Gruppe (homogener) versicherter Positionen eine risikogerechte Prämienkalkulation zu ermöglichen und überdies den Risikoausgleich zu fördern.[154] Da im Rahmen dieser Arbeit die künftige Bilanzierung von Versicherungsverträgen im **Schaden- und Unfallbereich** untersucht werden soll, gilt es zu-

§ 1. Einführung, Rn. 130-136. Hier wird die Gefahrübernahme bzw. der Versicherungsschutz als Hauptleistung identifiziert.

146 Vgl. DREHER, M., Versicherung als Rechtsprodukt, S. 85; SCHMIDT-RIMPLER, W., Gegenseitigkeit bei einseitig bedingten Verträgen, S. 66 f.

147 Vgl. SCHMIDT, R., Gedanken zum Versicherungsbegriff, S. 9 f.; BOETIUS, J., Handbuch der versicherungstechnischen Rückstellungen, Anm. 107.

148 Vgl. SCHMIDT, R., Gedanken zum Versicherungsbegriff, S. 9 f.; BOETIUS, J., Handbuch der versicherungstechnischen Rückstellungen, Anm. 107. Gemeinhin wird der Versicherungsleistung ein Dienstleistungscharakter beigemessen. Vgl. auch DVA (HRSG.), Individualversicherung, S. 15; SCHMIDT, R., Gedanken zum Versicherungsbegriff, S. 8.

149 Vgl. BOETIUS, J., Handbuch der versicherungstechnischen Rückstellungen, Anm. 107.

150 Vgl. PRÖLSS, E. R., in: Prölss et al., Versicherungsvertragsgesetz, § 1, Rn. 17.

151 Vgl. DREHER, M., Versicherung als Rechtsprodukt, S. 112; PRÖLSS, E. R., in: Prölss et al., Versicherungsvertragsgesetz, § 1, Rn. 94; hierzu kritisch SCHMIDT-RIMPLER, W., Gegenseitigkeit bei einseitig bedingten Verträgen, S. 68 f.

152 Vgl. auch ALBRECHT, P., Risikotransformationstheorie der Versicherung, S. 38, nach dem mit dem Vertragsabschluss die Garantie einer Dauerleistung begründet wird. Vgl. zur Gefahrtragungstheorie, die hier wirtschaftlich interpretiert wird, BOETIUS, J., Handbuch der versicherungstechnischen Rückstellungen, Anm. 106.

153 Vgl. FARNY, D., Versicherungsbetriebslehre, S. 240.

154 Vgl. MÜLLER-LUTZ, H. L., Allgemeine Versicherungslehre (Teil I), S. 436; DVA (HRSG.), Individualversicherung, S. 22; HAX, K., Grundlagen des Versicherungswesens, S. 60.

nächst, die hierunter zu subsumierenden Versicherungssparten sowie deren Charakteristika zu identifizieren.[155] Zu diesem Zweck werden die Versicherungszweige in Abbildung 2-1 nach der Versicherungsleistung sowie dem versicherten Objekt differenziert.

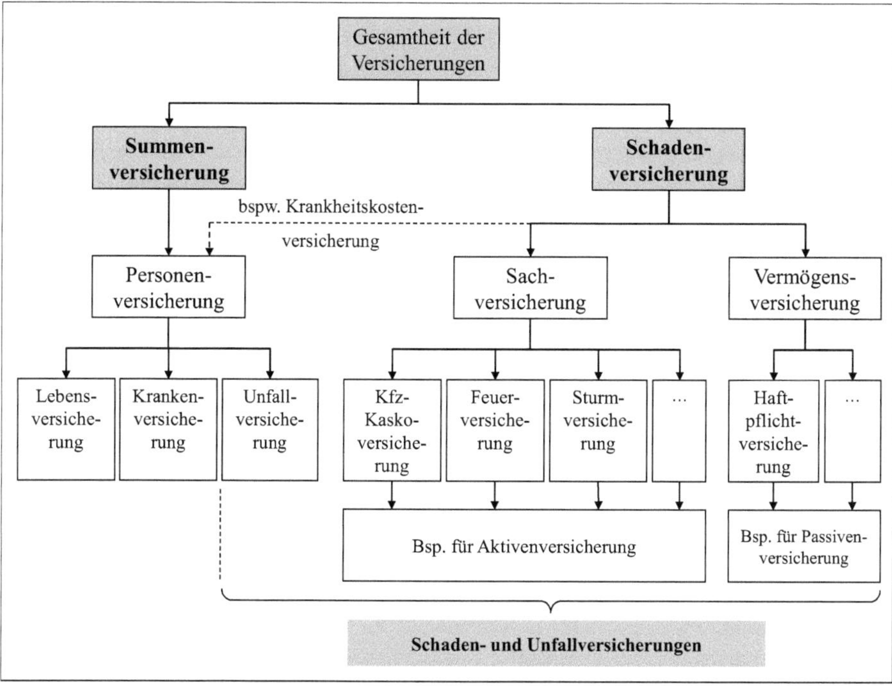

Abbildung 2-1: Differenzierungsmöglichkeiten der Versicherungszweige[156]

Basierend auf der Systematik des für deutsche Versicherer für das Inlandsgeschäft geltenden Versicherungsvertragsgesetzes (VVG) lassen sich Versicherungsverträge entsprechend der Charakteristika der Versicherungsleistungen in Summen- und Schadenversicherungen unterteilen.[157] Während sich eine **Schadenversicherung** dadurch auszeichnet, dass ein real eingetretener Schaden in den Grenzen des vereinbarten Deckungsumfangs i. d. R. finanziell ersetzt wird, führt die **Summenversicherung** bei Eintritt eines versicherten Ereignisses zur Leistung eines zuvor festgelegten Kapital-

155 Hierbei werden ausschließlich Individualversicherungen und somit von privaten Versicherern angebotene Leistungen betrachtet, so dass Sozialversicherungen von der Untersuchung ausgeschlossen sind.

156 In Anlehnung an SURREY, I., Bilanzierung von Versicherungsgeschäften nach IFRS, S. 26; DVA (HRSG.), Individualversicherung, S. 24 f.; LORENZ, E., in: Beckmann et al., Versicherungsrechts-Handbuch, § 1. Einführung, Rn. 81-91.

157 Vgl. VAN BÜHREN, H. W., in: van Bühren, Handbuch Versicherungsrecht, § 1 Versicherungsvertragsrecht, Rn. 11; KOCH, P., Versicherungswirtschaft, S. 35.

betrages bzw. zu einer Rentenleistung.[158] Anders als bei der Summenversicherung sind bei der Schadenversicherung nicht nur der Eintritt des Versicherungsfalls und die Zeitpunkte der Schadenauszahlungen des Versicherers, sondern auch die potentiellen Schadenhöhen bei Abschluss des Versicherungsvertrages ungewiss. Hinsichtlich des versicherten Objektes lassen sich ferner **Personenversicherungen, Sach- sowie Vermögensversicherungen** unterscheiden.[159] Im Gegensatz zur Personen- oder Sachversicherung, bei denen ein konkretes Individuum bzw. ein Gut versichert wird, erstreckt sich die Vermögensversicherung potentiell auf jegliche Bedrohungen des gesamten Vermögens, die nicht einzelnen Gegenständen zuzuordnen sind.[160] Verknüpft man nun diese beiden Differenzierungsmöglichkeiten, ist zu beachten, dass es sich nur bei Personenversicherungen, und somit bei Lebens-, Kranken- und Unfallversicherungen, um Summenversicherungen handelt.[161] Wenngleich sämtliche Sach- und Vermögensversicherungen wie bspw. Kfz-Kasko-, Sturm- oder aber Haftpflichtversicherungen als Schadenversicherungen gestaltet sind, können grds. auch Personenversicherungen diese Versicherungsform annehmen.[162] Weiterhin kann zwischen Aktiven- und Passivenversicherungen unterschieden werden, wobei die versicherten Bilanzpositionen im Vordergrund stehen. Während Aktivenversicherungen den Schutz aktivierter Vermögenswerte umfassen, sollen Passivenversicherungen den Versicherten davor schützen, dass infolge eines Schadenereignisses zusätzliche Verpflichtungen bspw. zum Schadenersatz entstehen.[163] Die vielfältigen Versicherungszweige innerhalb des Schaden- und Unfallbereiches dürfen auch aus aufsichtsrechtlicher Sicht in Deutschland von einem Versicherungsunternehmen, dem sog. Kompositversicherer, gemeinsam betrieben werden.[164]

Wenngleich Nicht-Lebensversicherungsverträge vielfach als tendenziell **kurzlaufend** klassifiziert werden,[165] existieren auch **langfristige Vertragsgestaltungen** im Schaden- und Unfallbereich.[166] Entscheidend ist hierbei das Prinzip der Privatautonomie, wonach die Vertragsdauer zwischen den Parteien regelmäßig frei ausgehandelt werden kann.[167] Zu beachten sind jedoch ggf. bestehende versicherungsnehmerschützende Regelungen, so dass bspw. im deutschen Rechtsraum gemäß § 11 Abs. 4 VVG Versicherungsverträge mit einer mehr als dreijährigen Laufzeit zum Ende des dritten

158 Vgl. LORENZ, E., in: Beckmann et al., Versicherungsrechts-Handbuch, § 1. Einführung, Rn. 83-86; DVA (HRSG.), Individualversicherung, S. 237 f.

159 Vgl. KOCH, P., Versicherungswirtschaft, S. 36 f.

160 Vgl. DVA (HRSG.), Individualversicherung, S. 25.

161 Vgl. LORENZ, E., in: Beckmann et al., Versicherungsrechts-Handbuch, § 1. Einführung, Rn. 86.

162 Vgl. LORENZ, E., in: Beckmann et al., Versicherungsrechts-Handbuch, § 1. Einführung, Rn. 84 f.; MÜLLER-LUTZ, H. L., Allgemeine Versicherungslehre (Teil I), S. 451; KOCH, P., Versicherungswirtschaft, S. 36.

163 Vgl. KOCH, P., Versicherungswirtschaft, S. 38; MÜLLER-LUTZ, H. L., Allgemeine Versicherungslehre (Teil I), S. 440; DVA (HRSG.), Individualversicherung, S. 25.

164 Vgl. DVA (HRSG.), Individualversicherung, S. 23 sowie zu dem Spektrum im Rahmen der Kompositversicherung gedeckter Risiken bspw. BRINKMANN, T., Wesen und Leistung der Versicherung, S. 17.

165 Vgl. bspw. IASB/FASB (HRSG.), Short Duration Contracts (agenda paper 1), Tz. 33 f. sowie Tz. 39. Vgl. auch ELLENBÜRGER, F., Internationalisierung der Rechnungslegung, Rn. 61.

166 Vgl. GRAF VON DER SCHULENBURG, J.-M., Ökonomie langfristiger Versicherungsverhältnisse, S. 24; HANEKOPF, S., Langfristige Individualversicherungsverhältnisse, S. 400; IASB/FASB (HRSG.), Short Duration Contracts (agenda paper 1), Appendix A.

167 Vgl. für den deutschen Rechtsraum bspw. SCHWINTOWSKI, H.-P., Langfristige private Versicherungsverhältnisse, S. 90.

Jahres sowie jedes Folgejahres gekündigt werden können.[168] Es sei bereits hier darauf hingewiesen, dass auch wirtschaftlich – aufgrund von Verlängerungsklauseln – über einen längeren Zeitraum bestehende Versicherungsbeziehungen, bei denen zu Beginn jeder Vertragsperiode die Prämien an geänderte Risikosituationen des Versicherten angepasst werden können, nicht als langfristige Versicherungsverträge, sondern vielmehr als eine sequentielle Folge kurzlaufender Versicherungsverträge anzusehen sind.[169] Auch jene kurzlaufenden Verträge können jedoch durch einen langen Abwicklungszeitraum im Fall eines Schadeneintritts geprägt sein, so dass für die Rückstellungsbilanzierung nach Eintritt eines Schadenereignisses ein mehrperiodiger Zeitraum zu betrachten ist.[170]

223. Formen der Rückversicherungsverträge

223.1 Überblick

Rückversicherungsverträge können u. a. nach versicherungstechnischen sowie nach vertragsrechtlichen Merkmalen klassifiziert werden.[171] Vertragsrechtlich wird hinsichtlich des Verpflichtungsgrades des Rückversicherungsgeschäftes zwischen obligatorischen und fakultativen Vertragsformen unterschieden.[172] Das Beitragsvolumen aus dem Rückversicherungsgeschäft wird hierbei von **obligatorischen Rückversicherungsverträgen** dominiert, in denen sich der Zedent bindend festlegt, sämtliche unter den Vertrag fallenden Risiken zu transferieren, und der Zessionar zur Annahme dieser Risiken unter den vereinbarten Bedingungen verpflichtet ist.[173] Die so begründete Zessions- und Annahmepflicht bezieht sich stets auf ein Portfolio von Versicherungsverträgen oder Bestandteile daraus, so dass die Deckungsperiode des Rückversicherungsvertrages oftmals von der Laufzeit der einzelnen zugrunde liegenden Erstversicherungsverträge abweicht.[174]

Bei **fakultativen Rückversicherungsverträgen** kann der Zedent hingegen fallweise für die einzelnen versicherten Risiken entscheiden, welchen konkreten Rückversicherungsschutz er anstrebt. Der Zessionar ist seinerseits nicht an die Annahme der Risiken gebunden, sondern kann frei entscheiden, ob der angefragte Rückversicherungsschutz gewährt werden soll.[175] Im Gegensatz zur Situation bei obligatorischen Rückversicherungsverhältnissen kann der Rückversicherungsgeber hierbei

---

168 Vgl. JOHANNSEN, K., in: Beckmann et al., Versicherungsrechts-Handbuch, § 8. Zustandekommen, Dauer und Beendigung des Versicherungsvertrages, Rn. 54.

169 Vgl. NICKEL, A., Ökonomie langfristiger Versicherungsverhältnisse, S. 42.

170 Vgl. ASCHE, B., Jahresabschlussanalyse von Schaden-/Unfallversicherern, S. 179; SWISS RE (HRSG.), Schadenreservierung in der Nichtlebensversicherung, S. 3.

171 Vgl. THIEMERMANN, M., Rückversicherung und Zahlungsströme, S. 59; GROSSMANN, M., Rückversicherung, S. 73-75.

172 Vgl. HELTEN, E., Erfassung und Messung des Risikos, S. 58; LIEBWEIN, P., Formen der Rückversicherung, S. 60.

173 Vgl. PFEIFFER, C., Einführung in die Rückversicherung, S. 25; DVA (HRSG.), Individualversicherung, S. 302 f.; MACK, T., Schadenversicherungsmathematik, S. 325 f.

174 Vgl. ROCKEL, W./HELTEN, E./OTT, P./SAUER, R., Versicherungsbilanzen, S. 276 f.; GERATEWOHL, K./BAUER, W. O./GLOTZMANN, H. P./HOSP, E./KLEIN, J./KLUGE, H./SCHIMMING, W., Rückversicherung (Band I), S. 70; KRAMER, F. J., Formen der Risikobewältigung, S. 108. Dies führt zudem dazu, dass dem jeweiligen obligatorischen Rückversicherungsvertrag auch noch nicht abgeschlossene Erstversicherungsverträge zuzuordnen sind. Vgl. THIEMERMANN, M., Rückversicherung und Zahlungsströme, S. 61 f.

175 Vgl. hierzu GERATEWOHL, K./BAUER, W. O./GLOTZMANN, H. P./HOSP, E./KLEIN, J./KLUGE, H./SCHIMMING, W., Rückversicherung (Band I), S. 70; KILN, R./KILN, S., Reinsurance in practice, S. 7; PFEIFFER, C., Einführung in die Rückversicherung, S. 20; GROSSMANN, M., Rückversicherung, S. 77 f.; DVA (HRSG.), Individualversicherung, S. 302; ROCKEL, W./HELTEN, E./OTT, P./SAUER, R., Versicherungsbilanzen, S. 276.

die betreffenden versicherungstechnischen Einheiten des Erstversicherers individuell beurteilen.[176] Zudem werden regelmäßig kongruente Laufzeiten zwischen dem Rückversicherungsvertrag und dem zugrunde liegenden Erstversicherungsvertrag gewählt, bei denen auch die Deckungszeiträume übereinstimmen.[177] Der Bedarf nach fakultativen Rückversicherungsverträgen ist mitunter dadurch zu begründen, dass die gezeichneten Risiken komplizierter werden, die Zeichnungskapazität weiter erhöht werden soll und die vereinbarte obligatorische Rückversicherungsbeziehung im Einzelfall nicht ausreicht, um den gewünschten Risikotransfer zu erreichen.[178]

Für Rückversicherungsbeziehungen gilt gemeinhin das Prinzip der Schicksalsteilung mit dem Erstversicherer, so dass dessen Beurteilung der Leistungspflicht im konkreten Fall sowie mögliche Rechtsurteile über die Versicherungsdeckung eingetretener Schadenfälle i. d. R. gleichermaßen vom Rückversicherer akzeptiert werden.[179] Die Rückversicherungsdeckung sowie die damit zusammenhängenden vertraglichen Modalitäten können grds. frei gestaltet werden.[180] Nach versicherungstechnischen Merkmalen lässt sich das Versicherungsgeschäft in proportionale sowie nicht-proportionale Vertragsgestaltungen differenzieren, wobei diese jeweils obligatorisch oder fakultativ ausgeprägt sein können.[181] Um ein i. S. d. Rückversicherungspolitik bestmögliches Ergebnis zu erreichen, ist es oftmals erforderlich, verschiedene Rückversicherungsformen und somit die jeweiligen Vorteile der Vertragsarten zu kombinieren.[182]

Unabhängig davon, ob es sich um proportionale oder nicht-proportionale Vertragsgestaltungen der Rückversicherung handelt, ist die vereinbarte **Zessionsbasis** für die Haftung des Rückversicherers entscheidend. Sofern das **Zeichnungsjahr** als Grundlage gewählt wird, bezieht sich der Rückversicherungsschutz auf sämtliche Erstversicherungsverträge, die innerhalb der Laufzeit des Rückversicherungsvertrages eingegangen werden.[183] Dies kann zu Konstellationen führen, in denen durch einen einjährigen Rückversicherungsvertrag auch mehrjährige zugrunde liegende Erstversiche-

---

176 Vgl. PFEIFFER, C., Einführung in die Rückversicherung, S. 20; THIEMERMANN, M., Rückversicherung und Zahlungsströme, S. 60.

177 Vgl. THIEMERMANN, M., Rückversicherung und Zahlungsströme, S. 60. Abweichende Laufzeiten können sich bei zugrunde liegenden Erstversicherungsverträgen mit mehrjährigen Laufzeiten ergeben. Vgl. GERATEWOHL, K./BAUER, W. O./GLOTZMANN, H. P./HOSP, E./KLEIN, J./KLUGE, H./SCHIMMING, W., Rückversicherung (Band I), S. 70 und Fn. 14. Fakultative Rückversicherungsverträge haben i. d. R. eine zwölfmonatige Laufzeit. Vgl. PFEIFFER, C., Einführung in die Rückversicherung, S. 40.

178 Dies kann auf die Ausschlüsse diverser Risikopositionen in den Bestimmungen obligatorischer Rückversicherungsverträge zurückzuführen sein oder aber darauf beruhen, dass auch bei obligatorisch rückversicherten Positionen die Schadenverteilung darüber hinaus weiter geglättet werden soll. Vgl. PFEIFFER, C., Einführung in die Rückversicherung, S. 22 f. Vgl. für eine Übersicht über mögliche Gründe ferner LIEBWEIN, P., Formen der Rückversicherung, S. 62.

179 Vgl. MAHR, W., Einführung in die Versicherungswirtschaft, S. 254; WIEDEMANN, R. A./HACK, C., Rückversicherungsrecht, S. 725; PFEIFFER, C., Einführung in die Rückversicherung, S. 25. Zudem sind Erst- und Rückversicherer bestrebt, gerichtliche Auseinandersetzungen untereinander möglichst zu vermeiden. Vgl. THIEMERMANN, M., Rückversicherung und Zahlungsströme, S. 76; PFEIFFER, C., Einführung in die Rückversicherung, S. 30.

180 Vgl. PFEIFFER, C., Einführung in die Rückversicherung, S. 15.

181 Vgl. GROSSMANN, M., Rückversicherung, S. 74, S. 76 und S. 114; THIEMERMANN, M., Rückversicherung und Zahlungsströme, S. 59; GERATEWOHL, K./BAUER, W. O./GLOTZMANN, H. P./HOSP, E./KLEIN, J./KLUGE, H./SCHIMMING, W., Rückversicherung (Band II), S. 2; CARTER, R. L./LUCAS, L. D./RALPH, N., Reinsurance, S. 83-91; SCHULTE, A., Rückversicherung, S. 19.

182 Vgl. auch THIEMERMANN, M., Rückversicherung und Zahlungsströme, S. 72.

183 Vgl. LIEBWEIN, P., Formen der Rückversicherung, S. 123 und S. 247; GROSSMANN, M., Rückversicherung, S. 129.

rungsverträge gedeckt werden, so dass die Haftung des Zessionars über die Laufzeit des Rückversicherungsvertrages hinaus fortbestehen kann.[184] Eine weitere Zessionsbasis stellt auf das **Anfalljahr** der Schäden ab, so dass die während der Rückversicherungslaufzeit aktiven Erstversicherungsverträge und innerhalb dieses Zeitraumes potentiell verursachte bzw. eintretende Schäden in die Deckung einbezogen werden.[185]

223.2 Proportionale Rückversicherung

Proportionale Rückversicherungsverträge sind dadurch gekennzeichnet, dass das Risiko der zugrunde liegenden Erstversicherungsverträge in einer **festgelegten Proportion** zwischen Zedent und Zessionar aufgeteilt wird. In diesem Verhältnis entfallen sowohl die Prämien- als auch die Schadenzahlungen auf Erst- bzw. Rückversicherer.[186] Indessen beteiligt sich der Zessionar im Rahmen einer von der Proportion regelmäßig unabhängigen Rückversicherungsprovision an den beim Erwerb und in der Verwaltung des Zedenten anfallenden Kosten, da die weitergeleiteten Prämien deren Vergütung bereits umfassen.[187] Gelegentlich wird darüber hinaus vereinbart, dass der Rückversicherer einen gewissen Teil seines Gewinns aus dem zedierten Versicherungsvertrag an den Erstversicherer abtritt.[188]

Als klassische Formen der proportionalen Rückversicherung sind Quoten- sowie Summenexzedentenrückversicherungsverträge zu nennen, bei denen sich die Bestimmung der Proportion unterscheidet.[189] Durch eine **Quotenrückversicherung** werden die mit einer Originalpolice verbundenen Risiken entsprechend dem vertraglich vereinbarten Prozentsatz zwischen dem Zedenten und dem Zessionar geteilt.[190] Wenngleich eine Haftungshöchstgrenze des Rückversicherers festgelegt wird, ist diese Quote zunächst unabhängig von der konkreten Schadenhöhe auf jegliche Schadenzahlungen und Originalprämien anzuwenden.[191] Die Haftungsaufteilung kann beispielhaft anhand von Abbildung 2-2 nachvollzogen werden.

---

184 Vgl. LIEBWEIN, P., Formen der Rückversicherung, S. 124; GERATEWOHL, K./BAUER, W. O./GLOTZMANN, H. P./HOSP, E./KLEIN, J./KLUGE, H./SCHIMMING, W., Rückversicherung (Band I), S. 923; KILN, R., Reinsurance in practice, 3. Aufl., S. 205.

185 Vgl. LIEBWEIN, P., Formen der Rückversicherung, S. 125; GERATEWOHL, K./BAUER, W. O./GLOTZMANN, H. P./HOSP, E./KLEIN, J./KLUGE, H./SCHIMMING, W., Rückversicherung (Band I), S. 727 und S. 733; GROSSMANN, M., Rückversicherung, S. 129.

186 Vgl. hierzu KILN, R./KILN, S., Reinsurance in practice, S. 1 f.; CARTER, R. L./LUCAS, L. D./RALPH, N., Reinsurance, S. 85; LIEBWEIN, P., Formen der Rückversicherung, S. 69; PFEIFFER, C., Einführung in die Rückversicherung, S. 42; ROCKEL, W./HELTEN, E./OTT, P./SAUER, R., Versicherungsbilanzen, S. 277; HANSEN, K., Produktentwicklung, S. 369.

187 Die Höhe der Rückversicherungsprovision hängt stark vom Einzelfall ab und nimmt in der Praxis Beträge von 15-50 % der Originalprämie an. Vgl. PFEIFFER, C., Einführung in die Rückversicherung, S. 32 f. und S. 50. Vgl. zur Rückversicherungsprovision LIEBWEIN, P., Formen der Rückversicherung, S. 93 f.; KÖSTER, P./SCHMALOHR, R., Versicherungswirtschaft, S. 260 f.

188 Vgl. LIEBWEIN, P., Formen der Rückversicherung, S. 109 f.

189 Vgl. PFEIFFER, C., Einführung in die Rückversicherung, S. 42; ROCKEL, W./HELTEN, E./OTT, P./SAUER, R., Versicherungsbilanzen, S. 277.

190 Vgl. DVA (HRSG.), Individualversicherung, S. 304; KOCH, P., Versicherungswirtschaft, S. 45.

191 Vgl. zur Begrenzung der Haftung des Rückversicherers LIEBWEIN, P., Formen der Rückversicherung, S. 71.

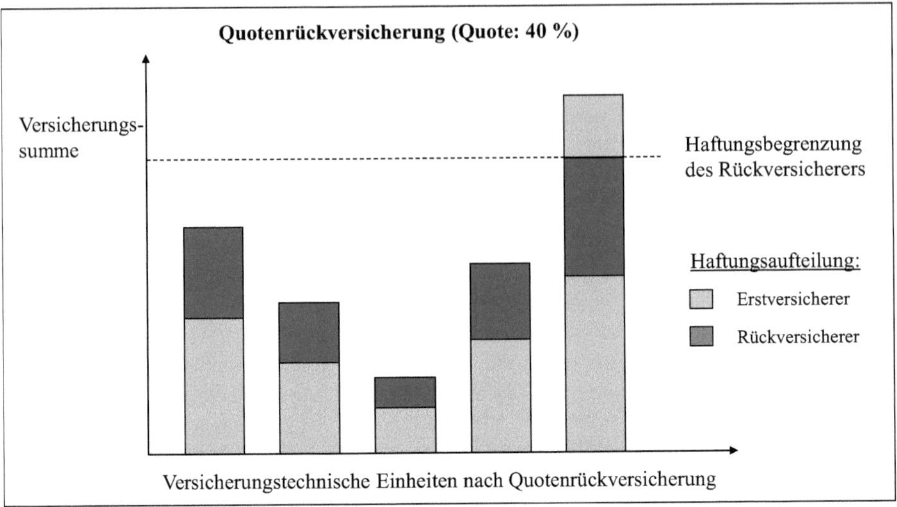

Abbildung 2-2: Schematische Darstellung der Wirkung einer Quotenrückversicherung[192]

Diese Form der quotalen Risikoteilung wird vorwiegend bei homogenen Deckungssummen eingesetzt, um der Belastung durch kumulierende Schäden, variierende Grundwahrscheinlichkeiten oder Trends entgegenzuwirken.[193] Neben dem Einsatzbereich neu etablierter Versicherungszweige und spezieller Risiken wird die Quotenrückversicherung bspw. in der Allgemeinen Haftpflichtversicherung sowie der Hagel-, Sturm-, Kraftfahrt- oder Transportversicherung angewandt.[194]

Während bei Quotenrückversicherungsverträgen der Selbstbehalt des Erstversicherers einer fixen Proportion folgt, ist dieser bei **Summenexzedentenrückversicherungen** als absoluter Betrag der Versicherungssumme bzw. der Haftung festgelegt, so dass das Aufteilungsverhältnis zwischen den jeweiligen versicherungstechnischen Einheiten variiert.[195] Übersteigt die Versicherungssumme des rückgedeckten Erstversicherungsvertrages den Selbstbehalt des Zedenten, so bemisst sich die Haftungsaufteilung zwischen Erst- und Rückversicherer nach der Relation von Selbstbehalt des Erstversicherers zu diesem Überschuss der Versicherungssumme, dem sog. Exzedenten (Abbildung 2-3).[196]

192 In Anlehnung an LIEBWEIN, P., Formen der Rückversicherung, S. 72; GROSSMANN, M., Rückversicherung, S. 90; KRAMER, F. J., Formen der Risikobewältigung, S. 111.

193 Vgl. LIEBWEIN, P., Formen der Rückversicherung, S. 70; PFEIFFER, C., Einführung in die Rückversicherung, S. 46 f.; DVA (HRSG.), Individualversicherung, S. 304. Da die relative Schwankung des Gesamtschadens durch eine Quotenrückversicherung grds. unverändert bleibt, dient sie vor allem auch dem Ziel des Eigenkapitalersatzes. Vgl. THIEMERMANN, M., Rückversicherung und Zahlungsströme, S. 66.

194 Vgl. PFEIFFER, C., Einführung in die Rückversicherung, S. 46 f.; KILN, R./KILN, S., Reinsurance in practice, S. 51; LIEBWEIN, P., Formen der Rückversicherung, S. 70; LABES, H. W., Rückversicherungsformen, S. 704. Vgl. für eine Übersicht über die Vorzüge sowie Einschränkungen der Quote LIEBWEIN, P., Formen der Rückversicherung, S. 73.

195 Vgl. LIEBWEIN, P., Formen der Rückversicherung, S. 76 f.; SCHRADIN, H. R., Finanzielle Steuerung der Rückversicherung, S. 25 f.

196 Vgl. LIEBWEIN, P., Formen der Rückversicherung, S. 76; KILN, R./KILN, S., Reinsurance in practice, S. 77; DVA (HRSG.), Individualversicherung, S. 304.

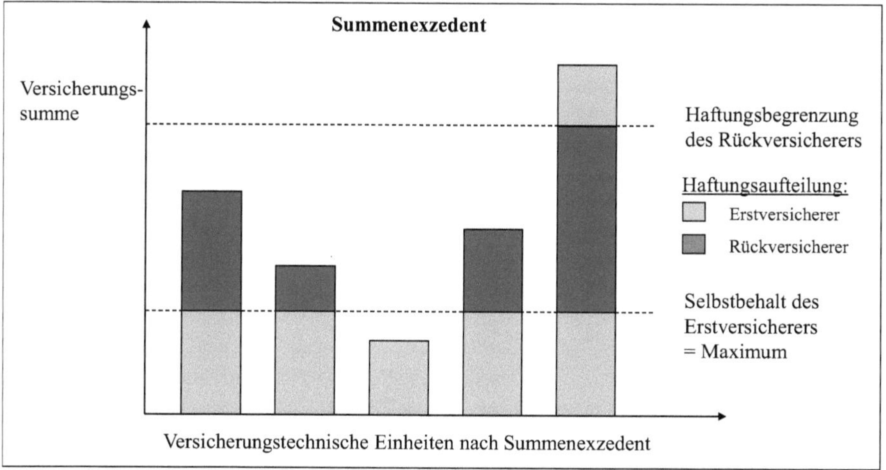

Abbildung 2-3: Schematische Darstellung der Wirkung eines Summenexzedenten[197]

Die Summenexzedentenrückversicherung ist vielfach eine geeignete Maßnahme, um Versicherungsbestände mit heterogenen Versicherungssummen durch die Wahl des Selbstbehaltes und die damit zusammenhängende proportionale Risikoteilung ausgeglichener zu gestalten. Beispielhaft seien hier als Anwendungsgebiete die Feuer-, Unfall- und Einbruchdiebstahlversicherung angeführt.[198]

223.3 Nicht-proportionale Rückversicherung

Im Gegensatz zur proportionalen Rückversicherung folgt die Haftungsaufteilung bei nicht-proportionalen Formen der Rückversicherung nicht einem bestimmten Verhältnis bei den versicherten Risiken, sondern richtet sich einzig nach der konkreten Schadenhöhe bei Eintritt eines Versicherungsfalls.[199] Sofern also im Schadenfall die vom Erstversicherer zu tragende Priorität überschritten wird, leistet der Rückversicherer sämtliche diesen Selbstbehalt übertreffenden Schadenzahlungen, wobei jedoch auch eine Haftungshöchstgrenze vereinbart werden kann.[200] Die für diesen Rückversicherungsschutz zu entrichtende Prämie wird regelmäßig individuell kalkuliert und nicht unmittel-

---

[197] In Anlehnung an LIEBWEIN, P., Formen der Rückversicherung, S. 78; GROSSMANN, M., Rückversicherung, S. 97; KRAMER, F. J., Formen der Risikobewältigung, S. 113.

[198] Vgl. zu der Wirkung eines Summenexzedenten sowie dessen Einsatzbereichen PFEIFFER, C., Einführung in die Rückversicherung, S. 42 f.; DVA (HRSG.), Individualversicherung, S. 304; FARNY, D., Versicherungsbetriebslehre, S. 596; KOCH, P., Versicherungswirtschaft, S. 45; STRAUß, J., Rückversicherungsverfahren in der Praxis, S. 13; KÖSTER, P./SCHMALOHR, R., Versicherungswirtschaft, S. 261; GROSSMANN, M., Rückversicherung, S. 97. Vgl. für eine Übersicht über die Vorzüge eines Summenexzedenten sowie damit verbundene Probleme LIEBWEIN, P., Formen der Rückversicherung, S. 80 f.

[199] Vgl. PFEIFFER, C., Einführung in die Rückversicherung, S. 54; DVA (HRSG.), Individualversicherung, S. 309; KOCH, P., Versicherungswirtschaft, S. 45; SCHRADIN, H. R., Finanzielle Steuerung der Rückversicherung, S. 42.

[200] Vgl. FARNY, D., Versicherungsbetriebslehre, S. 596; ROCKEL, W./HELTEN, E./OTT, P./SAUER, R., Versicherungsbilanzen, S. 277; HANSEN, K., Produktentwicklung, S. 369.

bar durch die Originalprämie determiniert.[201] Als Konsequenz bedarf es bei nicht-proportionalen Rückversicherungsverträgen keiner Rückversicherungsprovision, da die Erwerbs- und Verwaltungskosten bei der Preisbestimmung berücksichtigt werden können.[202] Klassische Konstruktionen der nicht-proportionalen Rückversicherung sind Einzel- bzw. Kumulschadenexzedenten sowie der *stop loss* als Jahresüberschadenexzedent.[203]

Anhand eines **Einzelschadenexzedenten** kann die Auswirkung eintretender Großschäden gemildert werden, indem der Rückversicherer für die versicherungstechnische Einheit bis zu einer Maximalhaftung sämtliche Schadenzahlungen übernimmt, die den Selbstbehalt (Priorität) des Erstversicherers übersteigen.[204] Falls zahlreiche Einheiten eines Versicherungsbestandes von demselben Schadenereignis betroffen sind und durch Einzelschadenexzedentenverträge gedeckt werden, so hat der Erstversicherer für jede Originalpolice zunächst seinen Selbstbehalt zu leisten, bevor der Rückversicherer beteiligt wird.[205] Um derartigen Risiken kumulierender Schadenzahlungen zu begegnen, wurde der **Kumulschadenexzedent** entwickelt, dessen Priorität sich auf ein gesamtes Schadenereignis und nicht auf einzelne versicherungstechnische Einheiten bezieht.[206] Sobald diese Priorität durch die kumulierten Schadenzahlungen sämtlicher zugrunde liegender Originalpolicen erreicht wird, übernimmt der Rückversicherer die weiteren, innerhalb eines definierten Limits anfallenden Schadenzahlungen (Abbildung 2-4).[207] Mit Hilfe eines Schadenexzedenten, der vorwiegend im Bereich der Elementarschaden- und Haftpflichtversicherung angewandt wird, gelingt es, die Leistungen des Erstversicherers im Schadenfall zu nivellieren.[208] Oftmals wird eine Form des Schadenexzedenten eingesetzt, um den Selbstbehalt des Erstversicherers (weiter) abzusichern bzw. einen proportionalen Rückversicherungsschutz zu ergänzen.[209]

---

201 Vgl. ROCKEL, W./HELTEN, E./OTT, P./SAUER, R., Versicherungsbilanzen, S. 280; GROSSMANN, M., Rückversicherung, S. 133; DVA (HRSG.), Individualversicherung, S. 309.

202 Vgl. PFEIFFER, C., Einführung in die Rückversicherung, S. 34.

203 Vgl. FARNY, D., Versicherungsbetriebslehre, S. 596; ROCKEL, W./HELTEN, E./OTT, P./SAUER, R., Versicherungsbilanzen, S. 278.

204 Vgl. GERATEWOHL, K./BAUER, W. O./GLOTZMANN, H. P./HOSP, E./KLEIN, J./KLUGE, H./SCHIMMING, W., Rückversicherung (Band I), S. 86 f. Vgl. für einen Überblick über mögliche Haftungsbegrenzungen des Rückversicherers im Rahmen eines Einzelschadenexzedenten LIEBWEIN, P., Formen der Rückversicherung, S. 170.

205 Vgl. KRAMER, F. J., Formen der Risikobewältigung, S. 118.

206 Vgl. hierzu GERATEWOHL, K./BAUER, W. O./GLOTZMANN, H. P./HOSP, E./KLEIN, J./KLUGE, H./SCHIMMING, W., Rückversicherung (Band I), S. 124-126; GROSSMANN, M., Rückversicherung, S. 121; LIEBWEIN, P., Formen der Rückversicherung, S. 175; ROCKEL, W./HELTEN, E./OTT, P./SAUER, R., Versicherungsbilanzen, S. 278.

207 Vgl. GROSSMANN, M., Rückversicherung, S. 121. Hierbei müssen mindestens zwei zugrunde liegende versicherungstechnische Einheiten von dem Schadenereignis betroffen sein. Vgl. ARNOLDUSSEN, L., Finanzwirtschaftliche Effekte von Rückversicherungsverträgen, S. 55.

208 Vgl. FARNY, D., Versicherungsbetriebslehre, S. 597; THIEMERMANN, M., Rückversicherung und Zahlungsströme, S. 69; PFEIFFER, C., Einführung in die Rückversicherung, S. 56; MAHR, W., Einführung in die Versicherungswirtschaft, S. 246 und S. 251.

209 Vgl. LABES, H. W., Rückversicherungsformen, S. 706; LIEBWEIN, P., Formen der Rückversicherung, S. 169.

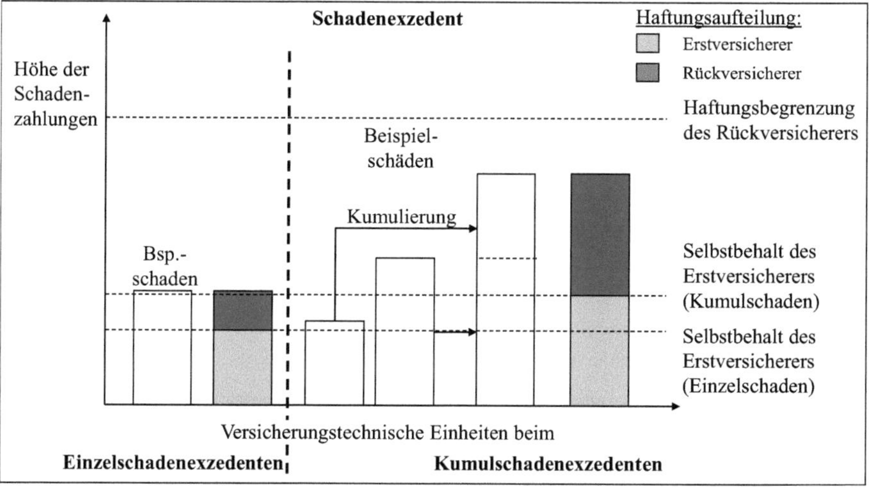

Abbildung 2-4: Schematische Darstellung der Wirkung eines Schadenexzedenten[210]

Die Vertragsform des ***stop loss*** ermöglicht es dem Erstversicherer, die Gesamtschadenbelastung innerhalb eines Teilbereiches des Versicherungsbestandes zu begrenzen, indem der Rückversicherer die vertraglich fixierten Jahresüberschäden gegen eine vereinbarte Vergütung übernimmt.[211] Der Selbstbehalt des Erstversicherers wird hierbei regelmäßig als Prozentsatz des jährlichen Prämienvolumens bemessen, wobei die Höhe des Selbstbehaltes sicherstellen soll, dass der Erstversicherer bereits versicherungstechnischen Verlusten ausgesetzt ist, bevor der *stop loss* greift.[212] Auf dieser Basis kann dann ebenfalls die Haftungsbegrenzung des Rückversicherers festgelegt werden.[213] Sofern folglich eine vereinbarte Schadenquote, d. h. ein festgelegtes Verhältnis von Schadenaufwand zu vereinnahmten Prämien, erreicht wird, entfaltet der *stop loss* seine verlustbegrenzende Wirkung.[214] Dieser Zusammenhang soll durch Abbildung 2-5 verdeutlicht werden.

---

210 In Anlehnung an LIEBWEIN, P., Formen der Rückversicherung, S. 171 und S. 178; GASSER, P./BUGMANN, C., Proportional and non-proportional reinsurance, S. 21 und S. 23; GROSSMANN, M., Rückversicherung, S. 120. Zur Vereinfachung wird die Haftungsbegrenzung des Rückversicherers für den Einzel- und den Kumulschadenexzedenten gleichgesetzt.

211 Vgl. PFEIFFER, C., Einführung in die Rückversicherung, S. 57; ROCKEL, W./HELTEN, E./OTT, P./SAUER, R., Versicherungsbilanzen, S. 278.

212 Da der *stop loss* weitere Rückversicherungsformen oftmals ergänzt, ist bei der Priorität auf dasjenige Prämienvolumen abzustellen, das auch nach dem vorgelagerten Rückversicherungsschutz beim Erstversicherer verbleibt. Vgl. KILN, R./KILN, S., Reinsurance in practice, S. 315; LIEBWEIN, P., Formen der Rückversicherung, S. 186. Indes kann die Priorität auch in Abhängigkeit der Versicherungssumme bzw. als absoluter Betrag definiert werden. Vgl. PFEIFFER, C., Einführung in die Rückversicherung, S. 57; THIEMERMANN, M., Rückversicherung und Zahlungsströme, S. 70 f. Vgl. zur Höhe des Selbstbehaltes GROSSMANN, M., Rückversicherung, S. 124; GERATEWOHL, K./BAUER, W. O./GLOTZMANN, H. P./HOSP, E./KLEIN, J./KLUGE, H./SCHIMMING, W., Rückversicherung (Band I), S. 370.

213 Vgl. THIEMERMANN, M., Rückversicherung und Zahlungsströme, S. 71.

214 Vgl. bspw. LIEBWEIN, P., Formen der Rückversicherung, S. 188.

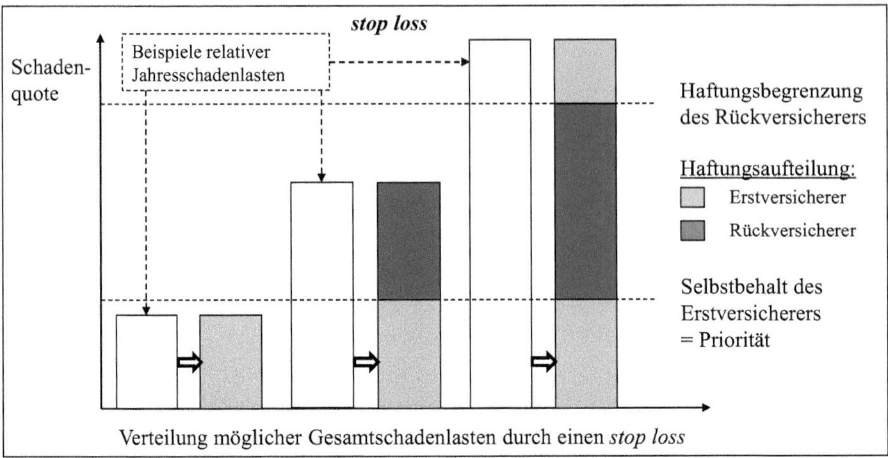

Abbildung 2-5: Schematische Darstellung der Wirkung eines *stop loss*[215]

Indem durch den Einsatz eines *stop loss* in den betroffenen Versicherungszweigen Schadenüberschüsse abgewälzt werden können, wirkt dieser zugleich versicherungstechnisch risikomindernd sowie als bilanzschützendes Instrument.[216] Derartige Rückversicherungsverträge werden vornehmlich angewandt, um der zufällig schwankenden Gesamtschadenbelastung im Bereich der Elementarschadenversicherungen, z. B. aufgrund von Sturmereignissen, zu begegnen.[217] Dabei ist es im Rahmen eines *Stop-loss*-Vertrages unerheblich, ob die Schadenbelastung bspw. aus Kumul- oder Großschäden resultiert, da einzig das Ergebnis des Jahresüberschadens adressiert wird.[218]

Durch Vertragsarten der nicht-proportionalen Rückversicherung wird hauptsächlich der riskante Rand der Schadenverteilung abgesichert, so dass der Rückversicherer überproportional am versicherungstechnischen Risiko beteiligt wird.[219] Gleichwohl folgen in der Praxis nicht-proportionale Rückversicherungsformen regelmäßig auf einen vorhergehenden proportionalen Rückversicherungsschutz, so dass die Haftungsleistung des Erstversicherers aufgrund des proportionalen Selbstbehaltes weitergehend abgesichert wird.[220]

---

215 In Anlehnung an LIEBWEIN, P., Formen der Rückversicherung, S. 188; STETTLER, H./EUGSTER, F./KUHN, M., Reinsurance matters, S. 130.

216 Vgl. GROSSMANN, M., Rückversicherung, S. 124.

217 Vgl. PFEIFFER, C., Einführung in die Rückversicherung, S. 58 sowie mit weiteren Anwendungsfeldern KILN, R./KILN, S., Reinsurance in practice, S. 315-319; LIEBWEIN, P., Formen der Rückversicherung, S. 185; DVA (HRSG.), Individualversicherung, S. 309; LABES, H. W., Rückversicherungsformen, S. 706 f.

218 Vgl. THIEMERMANN, M., Rückversicherung und Zahlungsströme, S. 71; KRAMER, F. J., Formen der Risikobewältigung, S. 119.

219 Vgl. ALBRECHT, P., Risikotransformationstheorie der Versicherung, S. 22.

220 Vgl. LIEBWEIN, P., Formen der Rückversicherung, S. 168; GROSSMANN, M., Rückversicherung, S. 128.

3 Qualitative Anforderungen an die IFRS-Rechnungslegung als Maßstab für die Entscheidungsnützlichkeit

31 Conceptual Framework als Deduktionsbasis der Rechnungslegung nach IFRS

Ausgelöst durch die Konvergenzbestrebungen im Zuge des Norwalk Agreement aus dem Jahre 2002,[221] führten IASB und FASB im Rahmen des umfassenden Conceptual Framework-Projektes ihre Bemühungen zusammen, eine konsistente **Deduktionsbasis** für die Entwicklung künftiger sowie für die Änderung bestehender Standards zu schaffen.[222] Die hierfür maßgebliche Zielsetzung und die konkretisierenden qualitativen Anforderungen der Rechnungslegung konnten im September 2010 durch den Abschluss der ersten Projektphase finalisiert werden,[223] wodurch die entsprechenden Bestandteile des bislang geltenden Framework (1989) ersetzt wurden.[224] Nach einer darauf folgenden Ruhephase wird die Entwicklung des Rahmenkonzeptes nunmehr ausschließlich durch den IASB fortgeführt, der das Projekt mit der Veröffentlichung eines sämtliche Bestandteile umfassenden Konzeptes im Jahre 2015 abzuschließen vorsieht.[225] Mit dem Conceptual Framework wird eine Grundlage für die Entwicklung prinzipienorientierter Standards angestrebt, die zugleich international vereinheitlichte und konsistente Regelungen gewährleisten soll.[226] Gleichwohl beschränken sich die mit dem Conceptual Framework verfolgten Zielsetzungen nicht auf die Sicherstellung der zweckkonformen Entwicklung von Rechnungslegungsstandards, sondern umfassen gleichermaßen die Bereitstellung von Leitlinien zur Interpretation und zur Anwendung der Vorschriften seitens der Abschlussersteller sowie Wirtschaftsprüfer.[227] So dient das Rahmenkonzept mitunter als Basis zur

---

221 Im Rahmen des Norwalk Agreement vereinbarten die Boards, bestehende Rechnungslegungsstandards weitestgehend zu vereinheitlichen sowie künftige Standards gemeinschaftlich i. S. e. Konvergenz zu entwickeln. Vgl. WHITTINGTON, G., Harmonisation or discord, S. 497 f.

222 Vgl. IASB (HRSG.), CF, S. 6; DOBLER, M./HETTICH, S., Geplante Änderungen der Rahmenkonzepte, S. 29.

223 Dies gelang durch die Veröffentlichung von „Chapter 1: *The objective of general purpose financial reporting*" sowie „Chapter 3: *Qualitative characteristics of useful financial information*". Es ist zu erwarten, dass die hiermit verbundenen Inhalte auch in einem künftigen, umfassenden Rahmenkonzept beibehalten werden. Vgl. KIRSCH, H.-J./SCHOO, L./KRAFT, A., Discussion Paper zum Conceptual Framework, S. 301.

224 Entgegen der ursprünglichen Projektplanung sollten die abgeschlossenen Phasen schrittweise in das bestehende Rahmenkonzept integriert werden und somit sukzessive die überarbeiteten Regelungsinhalte ersetzen. Vgl. IASB (HRSG.), Conceptual Framework Phase A (Board Meeting October 2007), S. 1. Vgl. auch kritisch zu dieser Vorgehensweise aufgrund der Gefahr mangelnder Konsistenz GASSEN, J./FISCHKIN, M./HILL, V., Rahmenkonzept-Projekt des IASB und des FASB, S. 875. Solange die Überarbeitung der jeweiligen Kapitel nicht vollendet werden konnte, gelten hierfür vorübergehend die Ausführungen des bisherigen Rahmenkonzeptes. Vgl. KÖHLING, K., Fair Value-Ermittlung für Renditeimmobilien nach IFRS, S. 11.

225 Vgl. IASB (HRSG.), IASB Update May 2012, S. 8; IASB (HRSG.), IASB Update September 2012, S. 15; IASB (HRSG.), Project plan (agenda paper 3C), S. 1 und S. 8. Im Gegensatz zur vormals geplanten phasenweisen Überarbeitung des Rahmenkonzeptes wurde im Juli 2013 ein umfangreiches Diskussionspapier für dessen Erneuerung veröffentlicht, das weiterhin einen erfolgreichen Abschluss des Projektes für das Jahr 2015 ankündigt. Ein phasenweiser Überarbeitungsprozess ist demnach nicht mehr vorgesehen. Vgl. IASB (HRSG.), DP/2013/1 Conceptual Framework, S. 14; KIRSCH, H.-J./SCHOO, L./KRAFT, A., Discussion Paper zum Conceptual Framework, S. 301.

226 Vgl. KAMPMANN, H./SCHWEDLER, K., Zum Entwurf eines gemeinsamen Rahmenkonzeptes, S. 521; DOBLER, M./HETTICH, S., Geplante Änderungen der Rahmenkonzepte, S. 29; ZÜLCH, H./GEBHARDT, R., Anmerkungen zum Entwurf eines Conceptual Framework, S. 203; GASSEN, J./FISCHKIN, M./HILL, V., Rahmenkonzept-Projekt des IASB und des FASB, S. 874.

227 Vgl. IASB (HRSG.), CF, S. 6; DOBLER, M./HETTICH, S., Geplante Änderungen der Rahmenkonzepte, S. 35. Vgl. zu den aktuellen Entwicklungen IASB (HRSG.), DP/2013/1 Conceptual Framework, Tz. 1.25.

Auslegung von **Regelungslücken** für Sachverhalte, die weder explizit noch durch analog anwendbare Standards normiert sind.[228]

Im Rahmen der ersten Projektphase sowie des aktuellen Diskussionspapiers zum Conceptual Framework wurde bestätigt, dass diesem nicht der Status eines Rechnungslegungsstandards beizumessen ist und infolgedessen keine Bewertungs- oder Angaberegelungen durch das Rahmenkonzept begründet werden.[229] Da dem Rahmenkonzept ferner nicht der Stellenwert eines sog. *„overriding principle"* eingeräumt wird, gehen die spezifischen Rechnungslegungsstandards jenen allgemeinen Anforderungen vor.[230] Diesem vermeintlich geringen **Verbindlichkeitsgrad** des Rahmenkonzeptes steht indes entgegen, dass in IAS 8.11 zur Schließung von Regelungslücken auf das Rahmenkonzept verwiesen wird sowie maßgebliche Bestandteile in IAS 1 übernommen wurden und somit materiell bindend sind.[231]

32 Entscheidungsnützlichkeit für einen berechtigten Adressatenkreis als Zielsetzung

Die der Finanzberichterstattung nach IFRS zugrunde gelegte Zielsetzung besteht in der Vermittlung von Informationen, die sowohl derzeitigen als auch potentiell künftigen Investoren, Kreditgebern und weiteren Gläubigern bei deren **Kapitalallokationsentscheidungen** dienlich und folglich **entscheidungsnützlich** sind.[232] Um zu einer fundierten Entscheidung über die hierunter zu subsumierenden Kapitalvergabetransaktionen zu gelangen,[233] sind die Adressaten auf eine Berichterstattung angewiesen, die sie in die Lage versetzt, künftige Zahlungsmittelzuflüsse des Unternehmens einschätzen zu können.[234]

Basierend auf der gewählten Unternehmensperspektive bezieht sich der Kreis der **primären Informationsempfänger** i. S. d. Einheitstheorie auf sämtliche Kapitalgeber und wird nicht auf die

---

228 Vgl. IASB (Hrsg.), CF, S. 6. Zudem enthält IAS 8.11 einen expliziten Verweis auf die definitorischen Grundlagen des Rahmenkonzeptes, auf die bei der Schließung von Regelungslücken abzustellen ist. Vgl. hierzu Pelger, C., Rechnungslegungszweck und qualitative Anforderungen, S. 910; Hoffmann, S./Detzen, D., Implikationen aus dem Abschluss der Phase A des Conceptual Framework, S. 53; Schöllhorn, T./Müller, M., Relevanz des Framework nach deutschem Recht (Teil I), S. 1624; Ruhnke, K./Nerlich, C., Behandlung von Regelungslücken nach IFRS, S. 392.

229 Vgl. IASB (Hrsg.), CF, S. 6; IASB (Hrsg.), DP/2013/1 Conceptual Framework, Tz. 1.30. Der Verbindlichkeitsgrad des Conceptual Framework entspricht somit dem des bisherigen Rahmenkonzeptes (1989). Vgl. hierzu bereits IASB (Hrsg.), ED Conceptual Framework, P16; Gassen, J./Fischkin, M./Hill, V., Rahmenkonzept-Projekt des IASB und des FASB, S. 875.

230 Vgl. IASB (Hrsg.), CF, S. 6; Pellens, B./Fülbier, R. U./Gassen, J./Sellhorn, T., Internationale Rechnungslegung, S. 85. Allerdings können identifizierte Inkonsistenzen dazu führen, dass bestehende Standards überarbeitet und an die Grundsätze des Conceptual Framework angenähert werden. Vgl. Gassen, J./Fischkin, M./Hill, V., Rahmenkonzept-Projekt des IASB und des FASB, S. 875.

231 Vgl. Pelger, C., Rechnungslegungszweck und qualitative Anforderungen, S. 909 f. Während das Rahmenkonzept nicht Gegenstand des *Endorsement*-Verfahrens ist und somit nicht in europäisches Recht übernommen wird, ist dieses indes durch die faktische Integration in IAS 1 verpflichtend zu berücksichtigen. Vgl. Pellens, B./Fülbier, R. U./Gassen, J./Sellhorn, T., Internationale Rechnungslegung, S. 87; Hoffmann, S./Detzen, D., Implikationen aus dem Abschluss der Phase A des Conceptual Framework, S. 54; unterstützend Schöllhorn, T./Müller, M., Relevanz des Framework nach deutschem Recht (Teil II), S. 1668 f.

232 Vgl. IASB (Hrsg.), CF, OB2.

233 Hierbei umfassen die Kapitalallokationsentscheidungen den Kauf, die Veräußerung sowie das Halten von Eigen- und Fremdkapitaltiteln und können sich zudem auf die Ausgabe bzw. die Begleichung jeglicher Kreditformen beziehen. Vgl. IASB (Hrsg.), CF, OB2.

234 Vgl. IASB (Hrsg.), CF, OB3.

Eigentümer der berichterstattenden Einheit begrenzt.[235] Die Konzentration auf die Kapitalgeber als primäre Adressatengruppe kann dadurch begründet werden, dass diese oftmals nicht über die Möglichkeit verfügen, eigens für sie aufbereitete Informationen direkt vom Unternehmen zu beziehen, so dass sie auf die allgemein zugänglichen Informationen der Finanzberichterstattung angewiesen sind, um ihre Informationsbedürfnisse zu befriedigen.[236] Weiterhin sind Kapitalgeber durch ihre Anlageentscheidung dem Risiko des Ausfalls der sodann gebundenen Ressourcen ausgesetzt und erscheinen dementsprechend als besonders schutzwürdig, woraus sich ihr umfassender Informationsbedarf ableiten lässt.[237] Trotz der im Einzelfall ggf. divergierenden Interessenlagen werden die für die Primäradressaten generierten Informationen als angemessen angesehen, gleichzeitig auch die Informationsbedürfnisse weiterer Berichtsadressaten zu erfüllen.[238] Neben Kunden, Lieferanten und Arbeitnehmern, die bei einer weiten Auslegung des Terminus „Kapitalgeber" z. T. gleichermaßen als primäre Informationsempfänger anzusehen sind,[239] besteht auch seitens aufsichtsrechtlicher Behörden sowie der Öffentlichkeit ein berechtigtes Informationsinteresse.[240] Gleichwohl werden die zu berichtenden Informationen nicht an diesem weiten Adressatenkreis ausgerichtet.[241] Insofern haben aufsichtsrechtliche Bestimmungen für den Versicherungsbereich keinen Einfluss auf die Zielsetzung sowie die qualitativen Anforderungen der Rechnungslegung nach IFRS und werden somit im Rahmen dieser Arbeit nicht betrachtet.

Die Vermittlung entscheidungsnützlicher Informationen für den primären Adressatenkreis gegenwärtiger und potentieller Kapitalgeber stellt den gemeinsamen Nenner der berechtigten Informationsansprüche dar, indem darauf abgestellt wird, die zur Beurteilung künftiger Nettoeinzahlungsströme des Unternehmens erforderlichen Informationen bereitzustellen.[242] Diese als ***„valuation usefulness"***[243] bzw. als **„Bewertungsnützlichkeit"**[244] bezeichnete Konkretisierung des übergeordneten Ziels der Rechnungslegung ist darauf zurückzuführen, dass Kapitalgeber ihre Ressour-

---

235 Vgl. IASB (HRSG.), CF, OB2; PELGER, C., Entscheidungsnützlichkeit im neuen Gewand, S. 156; KIRSCH, H., Conceptual Framework für Phase A, S. 29.

236 Vgl. IASB (HRSG.), CF, OB5 und BC1.16 (a).

237 Vgl. HAAKER, A., Goodwill-Bilanzierung nach IFRS, S. 41; HARTUNG, S., Bilanztheorie und Bilanzpolitik im Spannungsfeld, S. 13-15; HEPERS, L., Entscheidungsnützlichkeit der Bilanzierung von Intangible Assets, S. 13. Wenngleich die Gruppe der Eigenkapitalgeber angesichts ihres Residualanspruches verglichen mit den festgelegten Ansprüchen der Fremdkapitalgeber eine riskantere Position innehat, wird nicht zwischen diesen Informationsempfängern differenziert. Vgl. IASB (HRSG.), CF, OB2, OB5 und OB8. Vgl. eine weitergehende Differenzierung des Adressatenkreises aufgrund einer möglichen Interessendisharmonie befürwortend DRSC (HRSG.), CL on ED Conceptual Framework, S. 5; HEPERS, L., Entscheidungsnützlichkeit der Bilanzierung von Intangible Assets, S. 14 f.; PELGER, C., Entscheidungsnützlichkeit im neuen Gewand, S. 162. Vgl. hinsichtlich der Differenzierungsmöglichkeiten zwischen Kapitalgebern auch KOELEN, P., Investitionstheoretische Bewertungskalküle, S. 8-10.

238 Vgl. IASB (HRSG.), CF, OB8, BC1.11, BC1.16 (c) sowie BC1.18.

239 Vgl. IASB (HRSG.), ED Conceptual Framework, OB6 (c); GASSEN, J./FISCHKIN, M./HILL, V., Rahmenkonzept-Projekt des IASB und des FASB, S. 876. Hierbei richtet sich die Zuordnung der Informationsempfänger innerhalb der Gruppe der Primäradressaten zu den sonstigen Gläubigern danach, ob dem Unternehmen Kapital überlassen wird.

240 Vgl. IASB (HRSG.), CF, OB10, BC1.21 und BC1.23. Vgl. zu der Vielfalt berechtigter Adressatengruppen BALLWIESER, W., Informations-GoB, S. 115; BAETGE, J./THIELE, S., Gesellschafterschutz versus Gläubigerschutz, S. 15.

241 Vgl. IASB (HRSG.), CF, OB10 sowie BC1.23.

242 Vgl. IASB (HRSG.), ED Conceptual Framework, OB11 und BC1.19; KAMPMANN, H./SCHWEDLER, K., Zum Entwurf eines gemeinsamen Rahmenkonzeptes, S. 525; PELGER, C., Entscheidungsnützlichkeit im neuen Gewand, S. 159 f.; KIRSCH, H., ED of an improved Conceptual Framework, Rn. 66.

243 GASSEN, J., Stewardship and valuation usefulness, S. 4.

244 PELGER, C., Entscheidungsnützlichkeit im neuen Gewand, S. 158.

cenallokationsentscheidungen in Abhängigkeit der erwarteten Erträge treffen, womit prospektiv nutzbare Informationen eine besondere Stellung einnehmen.[245] Dabei basieren die Ertragserwartungen im Wesentlichen auf dem Betrag und dem zeitlichen Anfall der Nettozahlungsströme sowie den diesen inhärenten Risiken.[246] Jenen drei Parametern, die letztlich die Ertragserwartungen determinieren, wird bei der Bilanzierung von Versicherungsverträgen nach IFRS 4 explizit mit separaten Bewertungsbausteinen begegnet, um der Bewertungsnützlichkeit gerecht zu werden. Um die Fähigkeit des Unternehmens beurteilen zu können, künftige Einzahlungsüberschüsse zu erwirtschaften, sind die Adressaten auf Informationen über die im Unternehmen gebundenen Ressourcen sowie die diesem ggü. bestehenden Ansprüche angewiesen. Ferner sind Erläuterungen erforderlich, wie effizient und effektiv es dem handelnden Management sowie den Aufsichtsorganen gelingt, der Verpflichtung gerecht zu werden, die anvertrauten Ressourcen zu nutzen.[247]

Während das Oberziel der Entscheidungsnützlichkeit explizit auf die Bereitstellung bewertungsnützlicher Informationen für Ressourcenallokationsentscheidungen abstellt und somit die ***valuation usefulness*** betont wird,[248] ist die Beurteilung der Leistung des Managements als **Rechenschaftsfunktion** der Rechnungslegung ***(stewardship)*** anzusehen.[249] Hierdurch soll es gelingen, die asymmetrische Informationsverteilung innerhalb der Prinzipal-Agenten-Beziehung zwischen dem Kapitalgeber (Prinzipal) und dem handelnden Management (Agent) teilweise auszugleichen. Indem der Eigentümer der Ressourcen seine Verfügungsmacht an das Management delegiert, wird er von dessen zunächst nur eingeschränkt beobachtbaren Handlungen und den möglicherweise divergierenden Motivationen abhängig.[250] Daher ist der Prinzipal auf die Finanzberichterstattung als Kontrollinstrument und Anknüpfungspunkt zur Anreizharmonisierung angewiesen.[251] Entgegen der zukunftsorientierten, der Schätzung des Unternehmenswertes dienlichen Informationsvermittlung i. S. d. Bewertungsnützlichkeit, wird durch den Grundgedanken der Rechenschaft vorwiegend eine retrospektive Sichtweise eingenommen.[252]

---

245 Vgl. IASB (Hrsg.), CF, OB3; Coenenberg, A. G./Straub, B., Rechenschaft versus Entscheidungsunterstützung, S. 20; Küting, K., Objektivierungsgrundsatz, S. 1407. Im Mittelpunkt steht indes weiterhin die Berichterstattung über vergangene Transaktionen bzw. Ereignisse sowie deren Auswirkungen auf die Vermögens-, Finanz- und Ertragslage, um die Basis für die Prognose der Erwirtschaftung künftiger Einzahlungsüberschüsse zu schaffen. Vgl. Baetge, J./Kirsch, H.-J./Thiele, S., Bilanzen, S. 152; Coenenberg, A. G./Straub, B., Rechenschaft versus Entscheidungsunterstützung, S. 21 f.

246 Vgl. IASB (Hrsg.), CF, OB3.

247 Vgl. IASB (Hrsg.), CF, OB4.

248 Vgl. Pelger, C., Rechnungslegungszweck und qualitative Anforderungen, S. 910; Pelger, C., Entscheidungsnützlichkeit im neuen Gewand, S. 158; Dettenrieder, D., Hedge Accounting in Industrieunternehmen nach IFRS 9, S. 10.

249 Vgl. Coenenberg, A. G./Straub, B., Rechenschaft versus Entscheidungsunterstützung, S. 19.

250 Vgl. hierzu bspw. Ewert, R., Agency-Probleme, S. 1; Fritsch, M., Marktversagen und Wirtschaftspolitik, S. 256-258 sowie S. 260; Eierle, B., Differenzierung der Unternehmensberichterstattung, S. 26 f.; Christensen, J., Conceptual framework, S. 290.

251 Vgl. Koelen, P., Investitionstheoretische Bewertungskalküle, S. 11; Coenenberg, A. G./Straub, B., Rechenschaft versus Entscheidungsunterstützung, S. 17 f.; Pelger, C., Entscheidungsnützlichkeit im neuen Gewand, S. 159; Christensen, J., Conceptual framework, S. 290 f.; Lennard, A., Stewardship and the Conceptual Framework, S. 58.

252 Vgl. Whittington, G., An alternative view on the Conceptual Framework Project, S. 144 f., wenngleich sowohl prospektiv als auch retrospektiv ausgerichtete Informationen für die Zwecke der *valuation usefulness* und der *stewardship* nützlich sein können.

Im Zuge des Entwicklungsprozesses des Conceptual Framework galt es zu klären, ob und auf welcher Ebene die Rechenschaft neben der Bewertungsnützlichkeit als Konkretisierung der Entscheidungsnützlichkeit anzuführen sei.[253] Mit der konsequenten Ausrichtung an den für Ressourcenallokationsentscheidungen erforderlichen Informationen wird fortan die Bewertungsnützlichkeit als übergeordnete Zwecksetzung angesehen und somit die **inferiore Stellung der Rechenschaft** begründet.[254] Infolgedessen werden der *Stewardship*-Funktion dienende Informationen nur dann berücksichtigt, sofern sie zugleich dazu beitragen, den für Kapitalallokationsentscheidungen bestehenden Informationsbedarf zu decken.[255] Wenngleich diese einschränkende Bedingung oftmals zutreffen wird, können die Informationsansprüche bei Bewertungsentscheidungen und Entscheidungen, die primär mit der *Stewardship*-Funktion verbunden sind, wie bspw. Entscheidungen der Kapitalgeber über die Vergütung des Managements sowie dessen Entlastung und Bestätigung bzw. Abberufung,[256] nicht als stets kongruent angesehen werden.[257] Besonders deutlich dürfte sich die stärkere Gewichtung bewertungsnützlicher prospektiver Elemente zu Lasten der Rechenschaftsfunktion in der zunehmenden Fair Value-Bewertung ökonomischer Sachverhalte sowie den u. a. bei der Bewertung von Versicherungsverträgen erforderlichen Zahlungsstromprognosen niederschlagen.[258]

Die Vermittlung entscheidungsnützlicher Informationen zielt im Ergebnis darauf ab, die wirtschaftliche Situation der Berichtseinheit in Form deren Vermögens-, Finanz- und Ertragslage den realen Verhältnissen entsprechend widerzuspiegeln.[259] Bezogen auf die Bilanzierung von Versicherungs-

[253] Während die finale Berücksichtigung der Rechenschaft der Vorgehensweise im Discussion Paper ähnelt, wurde die Rechenschaft aufgrund der in den Stellungnahmen hervorgebrachten Kritik im Exposure Draft als separater Zweck neben der Bewertungsnützlichkeit eingestuft. Vgl. IASB (HRSG.), DP Conceptual Framework, OB27 f. und BC1.32-BC1.41; IASB (HRSG.), ED Conceptual Framework, Tz. OB12 und Tz. BC1.23-1.29; PELGER, C., Rechnungslegungszweck und qualitative Anforderungen, S. 912 f. Vgl. für einen Überblick über die Kritik an der singulären Orientierung an der Bewertungsnützlichkeit IASB (HRSG.), DP Conceptual Framework – CL Summary, Tz. 44; KAMPMANN, H./SCHWEDLER, K., Zum Entwurf eines gemeinsamen Rahmenkonzeptes, S. 525; LENNARD, A., Stewardship and the Conceptual Framework, S. 65 f.; DOBLER, M./HETTICH, S., Geplante Änderungen der Rahmenkonzepte, S. 32.

[254] Vgl. IASB (HRSG.), CF, OB2-OB4 und BC1.24-BC1.28; PELGER, C., Rechnungslegungszweck und qualitative Anforderungen, S. 911; DETTENRIEDER, D., Hedge Accounting in Industrieunternehmen nach IFRS 9, S. 10 f.; LENNARD, A., Stewardship and the Conceptual Framework, S. 57; HOFFMANN, S./DETZEN, D., Implikationen aus dem Abschluss der Phase A des Conceptual Framework, S. 53; KÜTING, K./LAUER, P., Polarität oder Konvergenz von HGB und IFRS, S. 1988.

[255] Vgl. PELGER, C., Rechnungslegungszweck und qualitative Anforderungen, S. 911; KIRSCH, H., Conceptual Framework für Phase A, S. 29.

[256] Vgl. IASB (HRSG.), CF, BC1.25; COENENBERG, A. G./STRAUB, B., Rechenschaft versus Entscheidungsunterstützung, S. 18.

[257] Vgl. IASB (HRSG.), CF, BC1.26-BC1.28; PELGER, C., Entscheidungsnützlichkeit im neuen Gewand, S. 160; COENENBERG, A. G./STRAUB, B., Rechenschaft versus Entscheidungsunterstützung, S. 22 und S. 25; SCHRUFF, W., IFRS-Rechnungslegung zwischen Cashflow-Prognose und Rechenschaft, S. 859 f.; KIRSCH, H., ED des Conceptual Framework für Phase A, S. 512; DETTENRIEDER, D., Hedge Accounting in Industrieunternehmen nach IFRS 9, S. 11. Vgl. zu potentiell divergierenden Informationsinteressen auch IASB (HRSG.), DP Conceptual Framework, AV1.7.

[258] Vgl. COENENBERG, A. G./STRAUB, B., Rechenschaft versus Entscheidungsunterstützung, S. 23; WHITTINGTON, G., Harmonisation or discord, S. 501. Gleichwohl würde eine stärkere Betonung der *stewardship* nicht zwangsläufig von historischen Kosten abweichende Bewertungsmaßstäbe ausschließen. Vgl. LENNARD, A., Stewardship and the Conceptual Framework, S. 64.

[259] Vgl. IAS 1.9 i. V. m. IAS 1.15; IASB (HRSG.), CF, BC3.44; WAWRZINEK, W., in: Bohl et al., Beck'sches IFRS-Handbuch, § 2, Rn. 44; LÜDENBACH, N./HOFFMANN, W.-D./FREIBERG, J., Haufe IFRS-Kommentar, § 1, Rn. 69 f.; LORSON, P./GATTUNG, A., Verhältnis der *„faithful representation"* zu weiteren Anforderungen, S. 556.

verträgen bedeutet dies, dass die hieraus erwachsenden und auf Zahlungsstromschätzungen basierenden versicherungstechnischen Verpflichtungen bzw. Vermögenswerte möglichst realitätsgetreu abgebildet werden und darüber hinaus die Risikosituation, künftige Zahlungsstrompotentiale sowie ein prognosefähiger Gewinn abgeleitet werden können.[260] Um dieser hoch aggregierten Zielsetzung gerecht zu werden, bedarf es konkretisierender Anforderungen an die durch den Standard generierten Informationen. Infolgedessen ist die Informationsvermittlung primär danach auszurichten, bewertungsnützliche Finanzinformationen glaubwürdig darzustellen.[261]

33 Konkretisierung der Entscheidungsnützlichkeit durch qualitative Anforderungen

331. Überblick über den Prüfungsprozess

Während die **fundamentalen qualitativen Anforderungen** der Relevanz und der glaubwürdigen Darstellung zwingend kumulativ erfüllt sein müssen, um entscheidungsnützliche Informationen zu begründen, dienen die fördernden Anforderungen der Vergleichbarkeit, Nachprüfbarkeit, Zeitnähe und Verständlichkeit ausschließlich dazu, den Grad der erreichten Entscheidungsnützlichkeit zu erhöhen.[262] Für die Prüfung der qualitativen Anforderungen sieht das Rahmenkonzept einen **dreistufigen Prozess** vor, um auf Ebene der fundamentalen Anforderungen ein möglichst hohes Maß an Entscheidungsnützlichkeit gewährleisten zu können.[263] Zunächst gilt es, das ökonomische Phänomen zu identifizieren, das über das Potential verfügt, nützlich für die Adressaten der Finanzberichterstattung und folglich relevant zu sein. In einem zweiten Schritt ist zu entscheiden, welche Information das ökonomische Phänomen möglichst realitätsgetreu i. S. d. Relevanz beschreibt, sofern diese verfügbar ist und glaubwürdig dargestellt werden kann.[264] Hierbei wird deutlich, dass sich der Grundsatz der Relevanz sowohl auf die Realebene, bei der er als Filter der zu berichtenden Sachverhalte wirkt, als auch gemeinsam mit der glaubwürdigen Darstellung auf die Abbildungsebene bezieht.[265] Letztendlich ist in einem dritten Schritt zu überprüfen, ob die zuvor theoretisch ausgewählte Information faktisch auch verfügbar sowie glaubwürdig darstellbar ist. Falls eine derartige praktische Umsetzung möglich erscheint, kann der Prüfungsprozess bereits erfolgreich beendet werden. Sofern jedoch eine der beiden zuvor genannten Bedingungen nicht erfüllt ist, muss der Prüfungsprozess iterativ zunächst mit der zweitrelevantesten – und falls erforderlich mit weiteren – Informationsalternativen wiederholt werden.[266]

---

260 Vgl. hierzu HELLER, S., Bilanzierung von Versicherungsverträgen nach IFRS, S. 155.

261 Vgl. zur Konkretisierung der Entscheidungsnützlichkeit PELGER, C., Rechnungslegungszweck und qualitative Anforderungen, S. 914; IASB (HRSG.), CF, QC4.

262 Vgl. IASB (HRSG.), CF, QC4, QC5 sowie QC17.

263 Vgl. IASB (HRSG.), CF, QC18.

264 Vgl. IASB (HRSG.), CF, QC18.

265 Vgl. IASB (HRSG.), CF, QC18; KIRSCH, H., Conceptual Framework für Phase A, S. 31; DRSC (HRSG.), CL on ED Conceptual Framework, S. 7 f. Im Hinblick auf den Exposure Draft wurde der dort vorgesehene singuläre Bezug der Relevanz auf die Realebene kritisiert. Vgl. KIRSCH, H., ED of an improved Conceptual Framework, Rn. 141; auf Basis des Discussion Paper auch KAMPMANN, H./SCHWEDLER, K., Zum Entwurf eines gemeinsamen Rahmenkonzeptes, S. 529.

266 Vgl. IASB (HRSG.), CF, QC18. Vgl. für ein Anwendungsbeispiel KIRSCH, H.-J./KOELEN, P./OLBRICH, A./DETTENRIEDER, D., Bedeutung der Verlässlichkeit der Berichterstattung, S. 766 und S. 769 f.

332. Fundamentale qualitative Anforderungen

332.1 Relevanz

Als **relevant** sind Informationen immer dann einzustufen, wenn ihnen die Fähigkeit zugesprochen wird, die Ressourcenallokationsentscheidungen der Berichtsadressaten potentiell zu beeinflussen.[267] Hierbei wird allein auf die **Möglichkeit der Beeinflussung** abgestellt, da die tatsächliche Wirkung spezifischer Informationen durch den Standardsetter kaum zu beurteilen ist und relevante Informationen überdies von den Adressaten allein aufgrund ihres möglicherweise irrationalen Verhaltens nicht wahrgenommen werden könnten.[268] Dies wirkt sich jedoch nicht auf die theoretische Relevanz der Informationen aus. Informationen sind dann in der Lage, Kapitalvergabeentscheidungen zu verändern, wenn sie einen Prognosewert aufweisen, vergangene Prognosen bestätigen bzw. korrigieren oder beide Eigenschaften miteinander verknüpfen.[269]

Als direkte Konsequenz des Rechnungslegungszwecks der Bewertungsnützlichkeit ist der **Prognosewert** einer Information anzusehen.[270] Dieser ist immer dann gegeben, sofern die jeweilige Information als Inputparameter in ein Prognosemodell zur Beurteilung künftiger Zahlungsströme eingehen kann.[271] Hierbei ist es nicht erforderlich, dass es sich bei der generierten Information selbst um eine Vorhersage handelt, sondern vielmehr um eine Hilfestellung, die den Adressaten bei ihren spezifischen Schätzungen dient.[272] Der auf den Grundgedanken der *Stewardship*-Funktion zurückzuführende **Bestätigungswert** einer Information besteht in der Eigenschaft, vergangene Einschätzungen über die Unternehmensentwicklung bestätigen zu können bzw. Anpassungen vorheriger Prognosen auszulösen.[273] Während die Bestätigungskraft einer Information zugleich auch deren Bewertungsnützlichkeit begründet bzw. fördert und somit nicht einzig dem Rechenschaftszweck dient, verfügen Informationen ohnehin oftmals zugleich über vorhersagenden und bestätigenden Wert.[274] Bezogen auf Versicherungsverträge sollten Informationen einen Prognose- bzw. Bestätigungswert entfalten, um die aus ihnen erwachsenden Zahlungsströme, Ergebnisbeiträge sowie die spezifische Risikosituation beurteilen und infolgedessen kapitalanlagebezogene Entscheidungen treffen zu können.

---

267 Vgl. IASB (Hrsg.), CF, QC6.

268 Vgl. IASB (Hrsg.), CF, QC6 und BC3.12 f.; Kampmann, H./Schwedler, K., Zum Entwurf eines gemeinsamen Rahmenkonzeptes, S. 527 f.; Gassen, J./Fischkin, M./Hill, V., Rahmenkonzept-Projekt des IASB und des FASB, S. 878; Kirsch, H., ED of an improved Conceptual Framework, Rn. 76-81.

269 Vgl. IASB (Hrsg.), CF, QC7 und BC3.14.

270 Vgl. Ewelt-Knauer, C., Konzernabschluss als Berichtsinstrument der wirtschaftlichen Einheit, S. 17. Vgl. auch Labhart, P. A./Volkart, R., Value Reporting, S. 126, die auf die Bedeutung der Prognose künftiger Zahlungsströme abstellen.

271 Vgl. IASB (Hrsg.), CF, QC8.

272 Vgl. IASB (Hrsg.), CF, QC8 und BC3.16; Wawrzinek, W., in: Bohl et al., Beck'sches IFRS-Handbuch, § 2, Rn. 58; Olbrich, A., Wertminderung finanzieller Vermögenswerte nach IFRS 9, S. 10; Dettenrieder, D., Hedge Accounting in Industrieunternehmen nach IFRS 9, S. 14.

273 Vgl. IASB (Hrsg.), CF, QC9; Ewelt-Knauer, C., Konzernabschluss als Berichtsinstrument der wirtschaftlichen Einheit, S. 17. Informationsökonomisch wird die Bestätigung einer Entscheidung indes als konfliktär zur Relevanz angesehen, da keine neue Entscheidung getroffen bzw. keine Entscheidungsänderung herbeigeführt wird. Vgl. Dobler, M./Hettich, S., Geplante Änderungen der Rahmenkonzepte, S. 34 f.

274 Vgl. IASB (Hrsg.), CF, QC10.

Zu beachten ist im Zusammenhang mit der Relevanz stets die **Wesentlichkeit von Informationen.**[275] So sind Informationen nur dann als wesentlich anzusehen und in die Berichterstattung aufzunehmen, sofern die Adressaten durch ihren Wegfall oder durch eine verzerrte Abbildung in ihren spezifischen Ressourcenvergabeentscheidungen beeinflusst werden.[276] Dabei knüpft die Wesentlichkeit sowohl an der Art des jeweiligen Sachverhaltes als auch an dessen betragsmäßiger Bedeutung an und besitzt daher eine quantitative wie auch eine qualitative Dimension.[277] Mit Hilfe der Wesentlichkeit soll eine übermäßige, aus dem Grundsatz der Relevanz abgeleitete Informationsvermittlung vermieden werden, so dass die für die Kapitalvergabeentscheidungen maßgeblichen Informationen nicht in den Hintergrund gerückt oder gar verschleiert werden.[278]

332.2 Glaubwürdige Darstellung

Informationen können nur dann entscheidungsnützlich für die Kapitalvergabeentscheidungen der Adressaten sein, wenn sie zugleich relevant sind sowie den zugrunde liegenden Sachverhalt seinem tatsächlichen wirtschaftlichen Gehalt entsprechend und somit **glaubwürdig** darstellen.[279] Konkretisiert wird dieser Primärgrundsatz durch die sekundären Anforderungen der vollständigen, neutralen und fehlerfreien Abbildung ökonomischer Sachverhalte. Diese drei konstituierenden Grundsätze sind bestmöglich zu erfüllen, um einen hohen Grad an glaubwürdiger Darstellung zu gewährleisten und folglich die Entscheidungsnützlichkeit der Informationen positiv zu beeinflussen.[280]

Der Sekundärgrundsatz der **Vollständigkeit** fordert, dass sämtliche Informationen einschließlich der zum Verständnis der Adressaten erforderlichen Erläuterungen bereitgestellt werden, um den zugrunde liegenden ökonomischen Sachverhalt angemessen nachvollziehen zu können.[281] Für eine Gruppe von Vermögenswerten umfasst diese Anforderung mindestens die Beschreibung ihrer

---

275 Vgl. IASB (Hrsg.), CF, QC11; Pelger, C., Rechnungslegungszweck und qualitative Anforderungen, S. 914.

276 Vgl. IASB (Hrsg.), CF, QC11; Dobler, M./Hettich, S., Geplante Änderungen der Rahmenkonzepte, S. 33.

277 Vgl. IASB (Hrsg.), CF, QC11; Kirsch, H., Conceptual Framework für Phase A, S. 30; Schöllhorn, T./Müller, M., Relevanz des Framework nach deutschem Recht (Teil I), S. 1625; Baetge, J./Kirsch, H.-J./Thiele, S., Bilanzen, S. 153 f. Daher hält der IASB keine quantitative Grenze bereit, um die Wesentlichkeit einer Information abschließend zu beurteilen. Vgl. hierzu Adler, H./Düring, W./Schmaltz, K., Rechnungslegung nach Internationalen Standards, Abschnitt 1, Rn. 64; Wawrzinek, W., in: Bohl et al., Beck'sches IFRS-Handbuch, § 2, Rn. 59-67.

278 Vgl. Pellens, B./Fülbier, R. U./Gassen, J./Sellhorn, T., Internationale Rechnungslegung, S. 92 f.; Olbrich, A., Wertminderung finanzieller Vermögenswerte nach IFRS 9, S. 10; Bieg, H./Käufer, A., Rahmenkonzept, S. 8.

279 Vgl. IASB (Hrsg.), CF, QC12; Baetge, J./Kirsch, H.-J./Wollmert, P./Brüggemann, P., in: Baetge et al., Rechnungslegung nach IFRS, Teil A, Kap. II, Rn. 48; Lorson, P./Gattung, A., Quantitative und qualitative Schranken der wahrheitsgemäßen Darstellung, S. 659 f.; Kampmann, H./Schwedler, K., Zum Entwurf eines gemeinsamen Rahmenkonzeptes, S. 528; in Analogie zu den bisherigen Regelungen der US-GAAP Kirsch, H.-J./Koelen, P./Olbrich, A./Dettenrieder, D., Bedeutung der Verlässlichkeit der Berichterstattung, S. 763. Dabei wurde der Terminus „Verlässlichkeit" des bisherigen Rahmenkonzeptes aufgrund uneinheitlicher Interpretationen und Auslegungen durch den Grundsatz der glaubwürdigen Darstellung ersetzt. Vgl. Lorson, P./Gattung, A., Quantitative und qualitative Schranken der wahrheitsgemäßen Darstellung, S. 658 f.; Kirsch, H.-J./Koelen, P./Olbrich, A./Dettenrieder, D., Bedeutung der Verlässlichkeit der Berichterstattung, S. 763. Vgl. zur Diskussion inhaltlicher Unterschiede bzw. Gemeinsamkeiten zwischen den Grundsätzen IASB (Hrsg.), CF, BC3.23-BC3.25; Kirsch, H.-J./Koelen, P./Olbrich, A./Dettenrieder, D., Bedeutung der Verlässlichkeit der Berichterstattung, S. 767-770; Dobler, M./Hettich, S., Geplante Änderungen der Rahmenkonzepte, S. 35; Zülch, H./Nellessen, T., Überarbeitung der Rahmenkonzepte, S. 272.

280 Vgl. IASB (Hrsg.), CF, QC12 und QC13-15; Baetge, J./Kirsch, H.-J./Thiele, S., Bilanzen, S. 154.

281 Vgl. IASB (Hrsg.), CF, QC13. Indes wird in dem singulären Zweck der Bewertungsnützlichkeit z. T. bereits eine Einschränkung der vollständigen Informationsvermittlung gesehen. Vgl. Lennard, A., Stewardship and the Conceptual Framework, S. 62.

Eigenschaften, deren numerische Abbildung sowie die Angabe des verwandten Wertmaßstabes.[282] Wenngleich hiermit hauptsächlich Ausweisfragen adressiert werden, ist der Grundsatz der Vollständigkeit nach Auslegung des IAS 1.13 gleichermaßen auf den Bilanzansatz zu beziehen.[283]

Eine Information ist dann als **neutral** zu charakterisieren, sofern sie unverzerrt ausgewählt und in der Finanzberichterstattung präsentiert wird.[284] Wenngleich relevante Informationen per Definition geeignet sein müssen, Ressourcenallokationsentscheidungen der Adressaten zu beeinflussen, dürfen sie i. S. d. Neutralität nicht bewusst zielgerichtet gestaltet werden, so dass sie a priori tendenziell vorteilhaft oder nachteilig in die Entscheidungsfindung einfließen.[285] Vielmehr soll die Beurteilung der dargestellten Sachverhalte gänzlich den berechtigten Informationsempfängern überlassen werden.[286] Aufgrund mangelnder Ausgewogenheit bei Bewertungsfragestellungen ist eine konservative bzw. **vorsichtige Bilanzierung** nicht mit dem Neutralitätserfordernis vereinbar, da bspw. durch eine Überbewertung versicherungstechnischer Rückstellungen das Ergebnis des Versicherungsunternehmens zunächst als zu niedrig und in den Folgeperioden als zu hoch ausgewiesen würde.[287] Der Grundsatz der Neutralität umfasst sowohl die Entwicklung von Bilanzierungs- und Bewertungsmethoden als auch deren praktische Umsetzung, wodurch eine wertfreie und möglichst objektive Vermittlung von Informationen gewährleistet und übermäßige Bilanzpolitik vermieden werden soll.[288] Da eine eindeutige, neutrale Abbildung eines ökonomischen Phänomens indes nicht möglich erscheint, ist auch im Hinblick auf die Neutralität als Beurteilungsmaßstab stets darauf abzustellen, was der Abschlussersteller im Rahmen der Berichterstattung darzustellen vorgibt.[289]

Das dritte konkretisierende Kriterium der **Fehlerfreiheit** impliziert, dass die Beschreibung des zugrunde liegenden Sachverhaltes nicht durch Fehler oder Auslassungen gekennzeichnet sein darf und überdies der Prozess zur Generierung der Rechnungslegungsinformationen stets fehlerlos ausgewählt und umgesetzt wird.[290] Es wird jedoch keine absolute Fehlerfreiheit gefordert, da bspw. bei

282 Teilweise sind darüber hinaus Erläuterungen zu der Qualität und weiteren Eigenschaften der Vermögenswerte sowie den hierauf wirkenden Faktoren und Umständen erforderlich. Vgl. IASB (HRSG.), CF, QC13.

283 Vgl. BAETGE, J./KIRSCH, H.-J./WOLLMERT, P./BRÜGGEMANN, P., in: Baetge et al., Rechnungslegung nach IFRS, Teil A, Kap. II, Rn. 53 f.

284 Vgl. IASB (HRSG.), CF, QC14.

285 Vgl. IASB (HRSG.), CF, QC14 sowie BC3.29; WAWRZINEK, W., in: Bohl et al., Beck'sches IFRS-Handbuch, § 2, Rn. 72; DOBLER, M./HETTICH, S., Geplante Änderungen der Rahmenkonzepte, S. 33; KIRSCH, H., Conceptual Framework für Phase A, S. 31; LORSON, P./GATTUNG, A., Verhältnis der *„faithful representation"* zu weiteren Anforderungen, S. 559 f. Die Forderung nach der Freiheit von verzerrenden Faktoren wird bereits als Ausfluss der Objektivitätsanforderung angesehen. Vgl. LORSON, P./GATTUNG, A., Verhältnis der *„faithful representation"* zu weiteren Anforderungen, S. 556; KÜTING, K., Objektivierungsgrundsatz, S. 1405.

286 Vgl. LORSON, P./GATTUNG, A., Verhältnis der *„faithful representation"* zu weiteren Anforderungen, S. 559 f.

287 Vgl. IASB (HRSG.), CF, BC3.27 f.; PELGER, C., Rechnungslegungszweck und qualitative Anforderungen, S. 914; KIRSCH, H., ED of an improved Conceptual Framework, Rn. 105-108. Ähnliche Verzerrungen könnten sich bei imparitätischen und somit asymmetrischen Erfolgswirkungen bei der Bilanzierung von Versicherungsverträgen nach IFRS 4 ergeben.

288 Vgl. LORSON, P./GATTUNG, A., Verhältnis der *„faithful representation"* zu weiteren Anforderungen, S. 560; ADLER, H./DÜRING, W./SCHMALTZ, K., Rechnungslegung nach Internationalen Standards, Abschnitt 1, Rn. 76. Gleichwohl sind explizite gesetzliche Wahlrechte sowie legale Formen der Bilanzpolitik unschädlich i. S. d. Neutralität. Vgl. SCHÖLLHORN, T./MÜLLER, M., Relevanz des Framework nach deutschem Recht (Teil I), S. 1626; a. A. WINKELJOHANN, N., Rechnungslegung nach IFRS, S. 38.

289 Vgl. LORSON, P./GATTUNG, A., Quantitative und qualitative Schranken der wahrheitsgemäßen Darstellung, S. 659 f.

290 Vgl. IASB (HRSG.), CF, QC15.

der **Schätzung** der mit den Versicherungsverträgen verbundenen Zahlungsströme nicht über deren „Richtigkeit“ entschieden werden kann.[291] Aufgrund ihrer Eigenschaft als Schätzung werden die tatsächlichen Zahlungsströme vielmehr regelmäßig von den Erwartungen abweichen. Eine derartige Schätzung kann folglich dann als glaubwürdig angesehen werden, sofern der betreffende Betrag eindeutig als Schätzung gekennzeichnet wird und die Eigenschaften sowie Beschränkungen des fehlerfrei zu implementierenden Schätzprozesses beschrieben werden.[292] Wenngleich der Grad der den Schätzungen inhärenten Unsicherheit einer glaubwürdigen Darstellung vordergründig nicht entgegensteht, wird mit Rückgriff auf den Primärgrundsatz der Relevanz dennoch ein hinreichendes Maß an Sicherheit gefordert, damit Informationen entscheidungsnützlich sein können.[293] Indes werden keine weiteren Anforderungen an die Inputparameter des Schätzprozesses gestellt.[294]

In diesem Sinne glaubwürdig dargestellte Informationen müssen sich jederzeit auf den **wirtschaftlichen Gehalt** der abzubildenden Versicherungsverträge und nicht auf deren rechtliche Struktur beziehen, so dass implizit auch der Grundsatz der wirtschaftlichen Betrachtungsweise zu berücksichtigen ist.[295] Welches Maß an glaubwürdiger Darstellung grds. erforderlich ist, um einen Sachverhalt noch entscheidungsnützlich abzubilden, ohne auf die nächst relevante Alternative zurückgreifen zu müssen, wird im Rahmenkonzept nicht festgelegt und ist vielmehr einzelfallabhängig auszulegen.[296]

333. Fördernde qualitative Anforderungen

333.1 Überblick

Sofern mehrere Berichtsalternativen die fundamentalen qualitativen Anforderungen gleichermaßen erfüllen, ist diejenige Möglichkeit zu wählen, die den **fördernden Kriterien** der **Vergleichbarkeit**, **Nachprüfbarkeit**, **Zeitnähe** sowie der **Verständlichkeit** bestmöglich gerecht wird.[297] Grundsätzlich sollten diese maximiert werden, um den Grad der Entscheidungsnützlichkeit zu erhöhen, wobei weder eine Rangordnung noch ein spezifischer Prüfungsprozess vorgesehen ist.[298] Mangels einer derartigen Rangordnung und aufgrund teils divergierender Ausprägungen wird es mitunter erforder-

---

291 Vgl. IASB (Hrsg.), CF, QC15; Kirsch, H.-J./Koelen, P./Olbrich, A./Dettenrieder, D., Bedeutung der Verlässlichkeit der Berichterstattung, S. 769.

292 Vgl. IASB (Hrsg.), CF, QC15; Pellens, B./Fülbier, R. U./Gassen, J./Sellhorn, T., Internationale Rechnungslegung, S. 93.

293 Vgl. IASB (Hrsg.), CF, QC16. Die hiermit implementierte Nebenbedingung könnte jedoch auch als Element der glaubwürdigen Darstellung angesehen werden. Vgl. Kirsch, H.-J./Koelen, P./Olbrich, A./Dettenrieder, D., Bedeutung der Verlässlichkeit der Berichterstattung, S. 769. Diese Einordnung ist zudem eher mit der für den Prüfungsprozess postulierten Reihenfolge der Primärgrundsätze vereinbar. Auf Basis des Exposure Draft wurde mitunter eine Wahrscheinlichkeit von 50 % für die Zuverlässigkeit einer Schätzung als hinreichend erachtet. Vgl. Baetge, J./Zülch, H., in: Wysocki et al., HdJ, Abt. I/2, Rn. 242.

294 Vgl. kritisch hierzu Kirsch, H., Conceptual Framework für Phase A, S. 33; Kirsch, H.-J./Koelen, P./Olbrich, A./Dettenrieder, D., Bedeutung der Verlässlichkeit der Berichterstattung, S. 769.

295 Dieser wurde jedoch nicht explizit als qualitative Anforderung im Rahmenkonzept verankert. Vgl. IASB (Hrsg.), CF, BC3.26; Kirsch, H., ED of an improved Conceptual Framework, Rn. 98.

296 Vgl. hierzu Lorson, P./Gattung, A., Quantitative und qualitative Schranken der wahrheitsgemäßen Darstellung, S. 664 f.

297 Vgl. IASB (Hrsg.), CF, QC19; Hoffmann, S./Detzen, D., Implikationen aus dem Abschluss der Phase A des Conceptual Framework, S. 55.

298 Vgl. IASB (Hrsg.), CF, QC33 f.

lich sein, zwischen den fördernden Kriterien abzuwägen.[299] Indes ist zu berücksichtigen, dass die fördernden Anforderungen den Fundamentalgrundsätzen der Relevanz sowie der glaubwürdigen Darstellung hinsichtlich ihrer Bedeutung strikt untergeordnet sind. Sie können also weder entscheidungsnützliche Informationen konstituieren noch sind sie so bedeutend, dass sie zuvor als entscheidungsnützlich identifizierten Informationen ihren Informationsnutzen absprechen könnten.[300] Daher dürften die fördernden Kriterien meist nur einen indirekten Einfluss auf die Wahl der Berichtsalternative entfalten. Ferner ist vor allem bei der Standardentwicklung die Nebenbedingung der Kostenbegrenzung zu beachten, die als erfüllt anzusehen ist, sofern der durch eine Information zusätzlich generierte Nutzen die hierfür erforderlichen Kosten rechtfertigt.[301]

333.2 Vergleichbarkeit

Mit Hilfe des fördernden Grundsatzes der Vergleichbarkeit soll gewährleistet werden, dass gleichartige Sachverhalte grds. einheitlich behandelt werden und sich Unterschiede zwischen Sachverhalten in deren bilanziellen Abbildung niederschlagen.[302] Zu differenzieren ist hierbei zwischen der **intertemporalen** und der **zwischenbetrieblichen** Dimension der Vergleichbarkeit.[303] Während der zeitliche Aspekt dazu beiträgt, Entwicklungstendenzen zu identifizieren, knüpft die zwischenbetriebliche Dimension unmittelbar an die für die Ressourcenallokationsentscheidungen der Kapitalgeber maßgebliche, vergleichende Beurteilung der Anlagealternativen an.[304] Um eine so verstandene Vergleichbarkeit von Abschlussinformationen zu erreichen, sind die jeweiligen Bilanzierungs- und Bewertungsmethoden zwingend stetig anzuwenden.[305]

333.3 Nachprüfbarkeit

Eine Information gilt als **intersubjektiv nachprüfbar**, sofern verschiedene sachkundige und eigenständige Betrachter zu dem übereinstimmenden Ergebnis gelangen können, dass die Abbildung eines spezifischen Sachverhaltes einer glaubwürdigen Darstellung entspricht.[306] Diesem ergänzenden Kriterium liegt die Forderung nach hinreichender **Objektivierung** zugrunde, die ihrerseits wiederum eng mit dem Primärgrundsatz der glaubwürdigen Darstellung verbunden ist.[307] Da jedoch die

[299] Vgl. IASB (Hrsg.), CF, QC34; Gassen, J./Fischkin, M./Hill, V., Rahmenkonzept-Projekt des IASB und des FASB, S. 878. Einzig der Vergleichbarkeit wird teils eine leicht hervorgehobene Stellung beigemessen. Vgl. Kirsch, H., ED des Conceptual Framework für Phase A, S. 515 f.

[300] Vgl. IASB (Hrsg.), CF, BC3.10 sowie QC19.

[301] Vgl. IASB (Hrsg.), CF, QC35-QC39.

[302] Vgl. IASB (Hrsg.), CF, QC21 und QC23; Kirsch, H., ED of an improved Conceptual Framework, Rn. 112.

[303] Vgl. IASB (Hrsg.), CF, QC20.

[304] Vgl. IASB (Hrsg.), Framework (1989), F.39; Baetge, J./Kirsch, H.-J./Wollmert, P./Brüggemann, P., in: Baetge et al., Rechnungslegung nach IFRS, Teil A, Kap. II, Rn. 58; Koelen, P., Investitionstheoretische Bewertungskalküle, S. 30.

[305] Vgl. IASB (Hrsg.), CF, QC22; IAS 8.13; Wawrzinek, W., in: Bohl et al., Beck'sches IFRS-Handbuch, § 2, Rn. 77; Baetge, J./Kirsch, H.-J./Wollmert, P./Brüggemann, P., in: Baetge et al., Rechnungslegung nach IFRS, Teil A, Kap. II, Rn. 59; Pellens, B./Fülbier, R. U./Gassen, J./Sellhorn, T., Internationale Rechnungslegung, S. 94 f.; Kirsch, H., ED of an improved Conceptual Framework, Rn. 115.

[306] Vgl. IASB (Hrsg.), CF, QC26; Hoffmann, S./Detzen, D., Implikationen aus dem Abschluss der Phase A des Conceptual Framework, S. 54; Baetge, J./Kirsch, H.-J./Thiele, S., Bilanzen, S. 155.

[307] Vgl. Leffson, U., Grundsätze ordnungsmäßiger Buchführung, S. 81; Whittington, G., An alternative view on the Conceptual Framework Project, S. 147; Küting, K., Objektivierungsgrundsatz, S. 1404 f.; Moonitz, M., Basic postulates of accounting, S. 41 f. Vgl. auch Lorson, P./Gattung, A., Verhältnis der *„faithful representation"* zu weiteren Anforderungen, S. 557 f.

Einschätzungen der Betrachter aufgrund der inhärenten Unsicherheit regelmäßig nicht exakt übereinstimmen dürften, ist auf eine **Bandbreite zulässiger Werte** abzustellen, so dass keine vollkommende Identität, sondern vielmehr ein Mindestmaß an Konformität gefordert wird.[308]

Der fördernde Grundsatz der Nachprüfbarkeit kann hierbei auf **direktem** Wege durch eine unmittelbare Beobachtung des bilanzierten Wertes bzw. weiterer dargelegter Informationen wie auch **indirekt** erfüllt werden, indem sämtliche in das angewandte Bilanzierungs- oder Bewertungsmodell einfließende Parameter überprüft werden.[309] Indirekte Nachprüfbarkeit bedeutet schließlich, dass bei fehlenden Marktpreisen die Ergebnisse des Verfahrens zumindest innerhalb eines angemessenen Korridors beliebig oft reproduziert werden können und damit eine anwenderseitige Verzerrung der Informationen ausgeschlossen werden kann.[310] Da Versicherungsverträge auf der Basis **zukunftsorientierter Schätzungen von Zahlungsströmen** sowie den hiermit verbundenen Unsicherheiten bewertet werden und weitestgehend keine Marktpreise verfügbar sind, scheidet eine direkte Nachprüfbarkeit regelmäßig aus.[311] Indes gestaltet sich auch eine indirekte Überprüfung der vermittelten Informationen als schwierig, da auch bei vollständiger Kenntnis der Inputparameter sowie der wesentlichen Annahmen und wertrelevanter Umstände nicht gewährleistet werden kann, dass von den Beobachtern stets das identische Ermittlungsverfahren in der erforderlichen Detailtreue angewandt wird.[312] Infolge der Dominanz zukunftsorientierter Schätzungen kann die Bewertung versicherungstechnischer Verpflichtungen i. d. R. allenfalls zu späteren Zeitpunkten nachgeprüft werden, so dass i. S. e. Mindestmaßes an Objektivierung darzulegen ist, wie die Informationen generiert wurden.[313] Hierfür sind die der Schätzung zugrunde liegenden Annahmen, die zur Informationsermittlung angewandten Verfahren sowie maßgebliche Faktoren und Umstände zu erläutern, die spezifisch für den jeweiligen Sachverhalt sind, um die Beurteilung des bilanziell abgebildeten Wertes zu erleichtern.[314]

---

308 Vgl. IASB (Hrsg.), CF, QC26. Mit Hilfe der Varianz der durch die Beobachter generierten Ergebnisse kann die erreichte Nachprüfbarkeit quantitativ beurteilt werden. Vgl. Kirsch, H.-J./Koelen, P./Olbrich, A./Dettenrieder, D., Bedeutung der Verlässlichkeit der Berichterstattung, S. 764; Dettenrieder, D., Hedge Accounting in Industrieunternehmen nach IFRS 9, S. 18; Ijiri, Y./Jaedicke, R. K., Reliability of Accounting Measurements, S. 477.

309 Vgl. IASB (Hrsg.), CF, QC27; Kirsch, H., ED of an improved Conceptual Framework, Rn. 119-121. Wenngleich direkt nachprüfbare Informationen i. S. d. glaubwürdigen Darstellung grds. vorzugswürdig erscheinen, dominieren oftmals indirekt nachprüfbare bzw. durch Schätzungen generierte Informationen. Vgl. Kampmann, H./Schwedler, K., Zum Entwurf eines gemeinsamen Rahmenkonzeptes, S. 528; Lorson, P./Gattung, A., Verhältnis der *„faithful representation"* zu weiteren Anforderungen, S. 562.

310 Vgl. IASB (Hrsg.), CF, QC27; Lorson, P./Gattung, A., Verhältnis der *„faithful representation"* zu weiteren Anforderungen, S. 562; FASB (Hrsg.), SFAC 2.81, Satz 2.

311 Vgl. IASB (Hrsg.), DP: Insurance Contracts, Tz. 93; Nguyen, T./Grosche, S., ED IFRS 4 aus aufsichtsrechtlicher Perspektive, S. 427. Vornehmlich im Bereich der Lebensversicherungsverträge können indes mitunter auch Marktwerte beobachtet werden. Vgl. Engeländer, S./Kölschbach, J., Diskussionspapier zur Phase II des Versicherungsprojektes, S. 387 f.

312 Vgl. zur Problematik mangelnder intersubjektiver Nachprüfbarkeit bei unternehmensspezifischen Schätzungen in Bezug auf nicht-versicherungsbezogene Sachverhalte auch Schruff, W., IFRS-Rechnungslegung zwischen Cashflow-Prognose und Rechenschaft, S. 856; Küting, K., Objektivierungsgrundsatz, S. 1406-1408.

313 Vgl. IASB (Hrsg.), CF, QC28.

314 Diese zusätzlichen Erläuterungen sollen es dem Adressaten ermöglichen, zu entscheiden, ob er die nur gering bzw. überhaupt nicht nachprüfbaren Informationen in seine Kapitalvergabeentscheidung einfließen lässt. Vgl. IASB (Hrsg.), CF, QC28; Hoffmann, S./Detzen, D., Implikationen aus dem Abschluss der Phase A des Conceptual Framework, S. 54.

Da die intersubjektive Nachprüfbarkeit als fördernder Grundsatz die Entscheidungsnützlichkeit einer Information jedoch ohnehin weder begründen noch bei mangelnder Einhaltung verhindern kann, können unternehmensspezifische Schätzungen trotz der geschilderten Problematik potentiell relevant sowie glaubwürdig darstellbar und folglich entscheidungsnützlich sein.[315] Die Nachprüfbarkeit wirkt demnach nicht mehr als ein Kriterium, das die Berücksichtigung unsicherer, vor allem zukunftsbezogener Informationen im Abschluss begrenzt.[316]

333.4 Zeitnähe

Der fördernde Grundsatz der **Zeitnähe** impliziert, dass den Berichtsadressaten Informationen möglichst frühzeitig zur Verfügung zu stellen sind, so dass sie noch in deren Ressourcenallokationsentscheidungen einbezogen werden können.[317] Um der Anforderung der Zeitnähe bestmöglich gerecht zu werden, ist hierbei auf denjenigen Zeitpunkt abzustellen, zu dem der Entscheidungsnutzen der Informationen sein Maximum erreicht und somit die Informationen den größten Wert für den Adressaten bei dessen Ressourcenvergabeentscheidungen aufweisen.[318] Dies ist grds. bei einer unverzüglichen Berichterstattung gegeben, sofern ein Mindestmaß an glaubwürdiger Darstellung gewahrt bleibt.[319] Gleichwohl kann Informationen nicht per se nach Ablauf einer bestimmten Zeit ihr Informationsnutzen abgesprochen werden, da auch ältere Informationen dazu dienen können, die Unternehmensentwicklung einzuschätzen.[320]

333.5 Verständlichkeit

Gefördert werden kann die Entscheidungsnützlichkeit ferner, wenn Informationen klar, prägnant sowie präzise klassifiziert und bereitgestellt werden.[321] Um eine derartige **Verständlichkeit** der berichteten Informationen zu erreichen, dürfen komplexe Sachverhalte indes nicht einzig aufgrund ihres Schwierigkeitsgrades von der Finanzberichterstattung ausgeschlossen werden, da dies gegen das Vollständigkeitskriterium als Sekundärgrundsatz der glaubwürdigen Darstellung verstoßen und die wirtschaftliche Lage ggf. nicht ihren tatsächlichen Verhältnissen entsprechend abgebildet wür-

---

315 Vgl. KIRSCH, H., Conceptual Framework für Phase A, S. 32.

316 Vgl. IASB (HRSG.), CF, BC3.36; KIRSCH, H.-J./KOELEN, P./OLBRICH, A./DETTENRIEDER, D., Bedeutung der Verlässlichkeit der Berichterstattung, S. 768; WAWRZINEK, W., in: Bohl et al., Beck'sches IFRS-Handbuch, § 2, Rn. 81. Eine stärkere Bedeutung der Nachprüfbarkeit im Gefüge der qualitativen Anforderungen könnte dazu führen, dass bestimmte zukunftsorientierte Schätzungen sowie Managementbeurteilungen nicht an die Adressaten weitergegeben werden können, obwohl diese für die Kapitalvergabeentscheidungen relevant sind und glaubwürdig dargestellt werden. Vgl. kritisch zur Stellung der Nachprüfbarkeit LORSON, P./GATTUNG, A., Verhältnis der *„faithful representation"* zu weiteren Anforderungen, S. 565.

317 Vgl. IASB (HRSG.), CF, QC29; KIRSCH, H., ED of an improved Conceptual Framework, Rn. 126.

318 Vgl. PEEMÖLLER, V. H., in: Ballwieser et al., Handbuch IFRS 2011, Abschnitt 1, Rn. 59.

319 Vgl. IASB (HRSG.), CF, QC29; WAWRZINEK, W., in: Bohl et al., Beck'sches IFRS-Handbuch, § 2, Rn. 83; KAMPMANN, H., in: Buschhüter et al., Kommentar IFRS, Rahmenkonzept, Rn. 31. Vgl. zu einem möglicherweise entstehenden Spannungsverhältnis zwischen der Zeitnähe und der Verlässlichkeit von Informationen auf Basis des abgelösten Rahmenkonzeptes (1989) ADLER, H./DÜRING, W./SCHMALTZ, K., Rechnungslegung nach Internationalen Standards, Abschnitt 1, Rn. 90; SCHÖLLHORN, T./MÜLLER, M., Relevanz des Framework nach deutschem Recht (Teil I), S. 1627.

320 Vgl. IASB (HRSG.), CF, QC29; PELLENS, B./FÜLBIER, R. U./GASSEN, J./SELLHORN, T., Internationale Rechnungslegung, S. 95.

321 Vgl. IASB (HRSG.), CF, QC30; DOBLER, M./HETTICH, S., Geplante Änderungen der Rahmenkonzepte, S. 33. Die Verständlichkeit wird hierbei eher als Darstellungsfrage angesehen, anstatt dass Rechnungslegungsregelungen inhaltlich gestaltet werden sollen. Vgl. KIRSCH, H., Conceptual Framework für Phase A, S. 33.

de.[322] Zudem richtet sich die Berichterstattung grds. an hinreichend fachkundige Adressaten, die in der Lage sind, die wirtschaftlichen Transaktionen und Zusammenhänge sowie deren bilanzielle Abbildung nach sorgfältiger Begutachtung nachvollziehen und beurteilen zu können.[323] Sollte es hingegen auch einem derart gut informierten Adressaten nicht gelingen, Informationen zu einem vielschichtigen ökonomischen Phänomen auszuwerten, so wird vorausgesetzt, dass zum Verständnis des Sachverhaltes spezialisierte Berater herangezogen werden.[324] Gerade für komplexe Sachverhaltsgestaltungen und umfassende Bewertungsmodelle – womit die Adressaten auch bei der Bilanzierung von Versicherungsverträgen nach IFRS 4 konfrontiert werden – zeigt sich der relativ geringe Stellenwert der Verständlichkeit im neuen Rahmenkonzept des IASB.[325]

34 Konkretisierung der Entscheidungsnützlichkeit für die Verknüpfung passiver Rückversicherungsverträge mit den zugrunde liegenden Erstversicherungsverträgen

Die Forderung nach der Vermittlung entscheidungsnützlicher Informationen für die Ressourcenallokationsentscheidungen der Kapitalgeber soll dazu führen, dass die relevanten, tatsächlichen wirtschaftlichen Verhältnisse der Berichtseinheit glaubwürdig abgebildet werden.[326] Dies bezieht sich auf die Darstellung der Vermögens-, Finanz- und Ertragslage und somit auch auf die Berücksichtigung der im Geschäftsverkehr anfallenden Zahlungsströme, welche die Grundlage zur Bewertung von Versicherungsverträgen nach IFRS 4 bilden.[327] Das mit der Entscheidungsnützlichkeit verbundene Oberziel des *true and fair view* gilt unverändert auch für die bilanzielle Darstellung der Verknüpfung von mit den ursprünglichen Versicherungsnehmern abgeschlossenen Erstversicherungsverträgen[328] und passiven Rückversicherungsverträgen, die eine Absicherung des Erstversicherers aus dessen Perspektive verbriefen.[329] Um entscheidungsnützliche Informationen über den wirtschaftlichen Zusammenhang zwischen den Erstversicherungsverträgen und den korrespondierenden passiven Rückversicherungsverträgen zu vermitteln, ist zu gewährleisten, dass in den Grenzen einer zweckgerechten Gewinnrealisationskonzeption bilanziell die tatsächliche ökonomische Wirkung der eingesetzten Rückversicherung möglichst nachvollzogen wird. Als ideale Referenz für die Beurteilung vor allem der Bewertungsvorschriften dient hierbei die Fiktion einer Bilanzierungseinheit bestehend aus dem passiven Rückversicherungsvertrag und den zugrunde liegenden Erstversicherungsverträgen, in der die tatsächliche ökonomische Wirkung der Rückversicherung berücksichtigt wird. Da eine derartige konsequente Nettobetrachtung vom IASB nicht verfolgt wird, sondern eine separate Bilanzierung von Erst- und passiven Rückversicherungsverträgen vorgesehen ist, sollten die Bilanzierungskonsequenzen für eine so verstandene, fiktive Bilanzierungseinheit zumindest als Beurteilungsmaßstab herangezogen werden. Dies impliziert jedoch nicht, dass die Vor-

322 Vgl. IASB (Hrsg.), CF, QC31 und BC3.42; Baetge, J./Kirsch, H.-J./Wollmert, P./Brüggemann, P., in: Baetge et al., Rechnungslegung nach IFRS, Teil A, Kap. II, Rn. 63 f.

323 Vgl. IASB (Hrsg.), CF, QC32 und BC3.43; Peemöller, V. H., in: Ballwieser et al., Handbuch IFRS 2011, Abschnitt 1, Rn. 59; Baetge, J./Kirsch, H.-J./Thiele, S., Bilanzen, S. 155.

324 Vgl. IASB (Hrsg.), CF, QC32.

325 Vgl. Kirsch, H., ED of an improved Conceptual Framework, Rn. 128 f.

326 Vgl. IAS 1.9 i. V. m. IAS 1.15; Wawrzinek, W., in: Bohl et al., Beck'sches IFRS-Handbuch, § 2, Rn. 44.

327 Vgl. IAS 1.9 i. V. m. IAS 1.15.

328 Vgl. Farny, D., Versicherungsbetriebslehre, S. 240.

329 Vgl. Kiln, R./Kiln, S., Reinsurance in practice, S. 1; Mack, T., Schadenversicherungsmathematik, S. 325.

schriften zur Gewinnrealisation unreflektiert außer Kraft gesetzt werden sollen, so dass nicht allein durch die geforderte Nettobetrachtung für die Einheit aus passiven Rückversicherungsverträgen und den zugrunde liegenden Erstversicherungsverträgen der Ausweis eines in der Gesamtschau erwarteten Gewinns im Zugangszeitpunkt gerechtfertigt ist.[330]

Es gilt also im Rahmen dieser Arbeit zu analysieren, ob die jeweiligen Regelungsbestandteile der Ansatz- und Bewertungsvorschriften in einer Nettobetrachtung von Erst- und passiver Rückversicherung stets der Anforderung gerecht werden, dass der ökonomische Zusammenhang dieser aneinander geknüpften Verträge sachgerecht abgebildet wird. Folglich sollte darauf abgestellt werden, ob die ökonomisch beim Erstversicherer verbleibende **Nettoverpflichtung**, die bei diesem verbleibende **Nettorisikosituation** sowie die damit einhergehende **Nettoergebniswirkung** nach Einsatz der Rückversicherung ausgewiesen werden.[331] Hierbei ist jedoch zu beachten, dass die Gewinnrealisationsregelungen – vorbehaltlich der späteren Analyse[332] – unverändert auf die Einheit aus passivem Rückversicherungsvertrag und zugrunde liegenden Erstversicherungsverträgen in der Nettobetrachtung anzuwenden sind. Dies bedeutet, dass der geschätzte Erfüllungsbetrag für die Einheit der Verträge die tatsächliche ökonomische Wirkung zu reflektieren hat und an den so in einer Nettobetrachtung ermittelten Erfüllungsbetrag die jeweiligen Bilanzierungskonsequenzen anknüpfen. Durch diesen Beurteilungsmaßstab wäre zum einen sichergestellt, dass die risikoreduzierende Wirkung der Rückversicherung in der Bemessung der jeweiligen Risikomargen als Bewertungsbestandteile der Versicherungsverträge angemessen berücksichtigt und somit netto über die tatsächliche Risikosituation berichtet würde. Zum anderen wäre gewährleistet, dass die Adressaten bei unterstellter gedanklicher Saldierung der versicherungstechnischen Rückstellung mit dem korrespondierenden Rückversicherungsvermögenswert im Regelfall sachgerecht über die ökonomisch in einer Nettobetrachtung „verpflichtungssenkende“ Wirkung der Rückversicherung informiert werden.

Eine Besonderheit ergibt sich indes für solche nicht-proportionalen Rückversicherungsverträge wie bspw. *Stop-loss*-Verträge, bei denen **aggregierte Verluste** rückgedeckt werden. Diese Verträge sind unmittelbar zu Beginn der Deckungsperiode anzusetzen und in ihrer Gesamtheit zu bewerten, obwohl ein Teil der den möglichen, künftigen Verlust determinierenden Erstversicherungsverträge noch nicht abgeschlossen wurde.[333] Um dieser Besonderheit gerecht zu werden, beziehen sich hierbei die Nettoverpflichtung, die Nettorisikosituation sowie die Nettoerfolgswirkung auf das für die jeweilige Periode innerhalb des Portfolios geschätzte Vertragsvolumen. Anderenfalls würde für die Nettobetrachtung der falsche Vergleichsmaßstab gewählt, da noch nicht alle, die Leistung des Rückversicherers festlegenden Originalpolicen existieren. Im Folgenden wird jedoch davon ausgegangen, dass das rückgedeckte Erstversicherungsportfolio vollständig entweder zeitgleich oder bereits vor dem Abschluss des Rückversicherungsvertrages angesetzt wurde, so dass für die angestrebte Nettobetrachtung ausschließlich bereits existierende Versicherungsverträge zu betrachten sind.

---

330 Vgl. für eine differenzierte Analyse Abschnitt 445.4.

331 Vgl. zu der Forderung, dass die beim Erstversicherer verbleibende Verpflichtung ausgewiesen werden sollte, Hannover Re/Mapfre Re/Munich Re/Swiss Re (Hrsg.), CL on ED/2010/8, S. 7.

332 Vgl. Abschnitt 445.4.

333 Vgl. IASB (Hrsg.), ED/2013/7: Insurance Contracts, Tz. 41 (a) (i) sowie ausführlich hierzu Abschnitt 433.2.

Dasselbe Bewertungsmodell, das für Erstversicherungsverträge einschlägig ist, liegt, abgesehen von gewissen Modifikationen,[334] auch der Bilanzierung passiver Rückversicherungsverträge zugrunde, wobei bereits eine möglichst kongruente Abbildung angestrebt wird.[335] Gleichwohl sind sowohl im Bereich der Ansatzvorschriften als auch bei der Ermittlung des unternehmensspezifischen Erfüllungsbetrages als relevantem Wertmaßstab sowie den daran geknüpften Bilanzierungskonsequenzen detaillierte Analysen erforderlich, um zu beurteilen, ob der ökonomische Zusammenhang der Versicherungsverträge sachgerecht abgebildet werden kann. Hierbei sind jedoch stets die ökonomischen Besonderheiten der passiven Rückversicherungsverträge zu beachten, die sich vor allem bei nichtproportionalen Vertragsgestaltungen von denjenigen der zugrunde liegenden Erstversicherungsverträge unterscheiden.

[334] So ist bspw. das Risiko der Nicht-Leistung des Rückversicherers in die Bewertung eines Rückversicherungsvertrages einzubeziehen. Vgl. Abschnitt 442.92.

[335] Vgl. IASB (Hrsg.), ED/2013/7: Insurance Contracts, Tz. 41 (b) und Tz. BCA126; IASB (Hrsg.), ED/2010/8: Insurance Contracts, Tz. 43 f. und Tz. BC233.

4 Konkretisierung der bilanziellen Abbildung von Versicherungsverträgen nach IFRS 4 Phase II und Beurteilung vor dem Hintergrund qualitativer Anforderungen

41 Projekt zur Entwicklung eines einheitlichen Standards für Versicherungsverträge

411. Überblick über den Projektverlauf

Aufgenommen wurde das Projekt zur Entwicklung eines spezifischen Standards für Versicherungsverträge seitens des IASC[336] bereits im Jahre 1997, wobei die Schließung der damals bestehenden Regelungslücke sowie die Förderung der Vergleichbarkeit und Verständlichkeit der Abschlüsse im Vordergrund standen.[337] Im Rahmen des im Dezember 1999 veröffentlichten ***Issues Paper*** wurde im Ergebnis eine vielfach umstrittene Zeitbewertung der Versicherungsverträge auf der Grundlage eines *exit value* bevorzugt.[338] Das im frühen Stadium mit dem Projekt beauftragte *Insurance Steering Committee* legte dem IASB das im November 2001 veröffentlichte ***Draft Statement of Principles*** **(DSOP)** vor. Die grds. präferierte Bewertungsalternative für versicherungstechnische Verpflichtungen basiert hierbei bereits auf dem Barwert der im Rahmen der Vertragserfüllung künftig anfallenden Nettoauszahlungsströme, wobei die Sichtweise des den Vertrag haltenden und damit zur Erfüllung verpflichteten Versicherungsunternehmens maßgeblich ist. Folglich handelt es sich bei dem vorgeschlagenen Wertmaßstab um einen *entity specific value* als besondere Ausprägung der Zeitwertbilanzierung.[339] Um rechtzeitig zur verpflichtenden Aufstellung von IFRS-Konzernabschlüssen kapitalmarktorientierter Unternehmen für nach dem 01.01.2005 beginnende Geschäftsjahre einen Standard zur Bilanzierung von Versicherungsverträgen bereitstellen zu können, wurde das Projekt in **zwei Phasen** aufgespalten. Angesichts der Kontroverse um die Gestaltung der Zeitwertbilanzierung von Versicherungsverträgen und etwaiger Umsetzungsschwierigkeiten wurde die Entwicklung eines eigenständigen Bewertungsmodells in den zweiten Projektabschnitt verschoben.[340] Im März 2004 wurde entsprechend der Interimsstandard **IFRS 4 Phase I** veröffentlicht, der zwar im Ergebnis auf die Beibehaltung der bisherigen nationalen Bilanzierungsvorschriften abstellt, aber dennoch eindeutige Präferenzen für einen künftigen, im Zuge der zweiten Phase zu identifizierenden Wertmaßstab enthält. So sehen die in IFRS 4 Phase I bereits implementierten vorläufigen Beschlüsse eine Zeitbewertung versicherungstechnischer Verpflichtungen und

---

336 Die Tätigkeiten des 1973 gegründeten IASC wurden zum 01.04.2001 vom IASB übernommen. Vgl. zur Organisation des IASB BAETGE, J./KIRSCH, H.-J./THIELE, S., Bilanzen, S. 59 f.

337 Vgl. NGUYEN, T., Rechnungslegung von Versicherungsunternehmen, S. 532.

338 Vgl. bspw. IASC (HRSG.), Issues Paper, Tz. 559 und Tz. 597, wobei eine künftige Fair Value-Bewertung jeglicher Finanzinstrumente unterstellt wird. Vgl. auch ROCKEL, W./SAUER, R., Bilanzierung von Versicherungsverträgen nach DP, S. 742. Zur Kritik an der veräußerungsmarktorientierten Fair Value-Sichtweise siehe PERLET, H., Fair Value-Bilanzierung bei Versicherungsunternehmen, S. 452-455 sowie zu der Möglichkeit einer entstehenden Volatilität, die jedoch nur dann kritisiert werden sollte, sofern sie nicht der ökonomischen Realität entspricht, KÖLSCHBACH, J., Zeitwerte auf dem Vormarsch, S. 436.

339 Vgl. zu dem vorgeschlagenen Bewertungsansatz IASC (HRSG.), DSOP, Tz. 3.3 sowie Tz. 3.11-25. Vgl. auch ENGELÄNDER, S./KÖLSCHBACH, J., Diskussionspapier zur Phase II des Versicherungsprojektes, S. 386 f.; GEIB, G., IFRS für Versicherungsgeschäfte, S. 121-124. Sofern indes nahezu sämtliche (deckenden) Finanzinstrumente zum Fair Value zu bewerten sind, sollte eine korrespondierende Fair Value-Bewertung versicherungstechnischer Verpflichtungen und Vermögenswerte erwogen werden. Vgl. IASC (HRSG.), DSOP, Tz. 3.4 und Tz. 3.24 (b).

340 Vgl. NGUYEN, T., Rechnungslegung von Versicherungsunternehmen, S. 532 f.; ROCKEL, W., Fair Value-Bilanzierung versicherungstechnischer Verpflichtungen, S. 27.

Vermögenswerte vor. Ausgangspunkt ist hierbei der beschaffungsmarktorientierte *entry value* und somit derjenige Betrag, der für die Übernahme des zu bewertenden Portfolios von Versicherungsverträgen durch ein Versicherungsunternehmen zu zahlen wäre. Mangels beobachtbarer Markttransaktionen ist oftmals wiederum auf die unternehmensspezifische Sichtweise abzustellen, um den beizulegenden Zeitwert abzuleiten.[341] Der zeitliche Verlauf des Versicherungsprojektes sowie die währenddessen bevorzugten Wertmaßstäbe können Abbildung 4-1 entnommen werden.

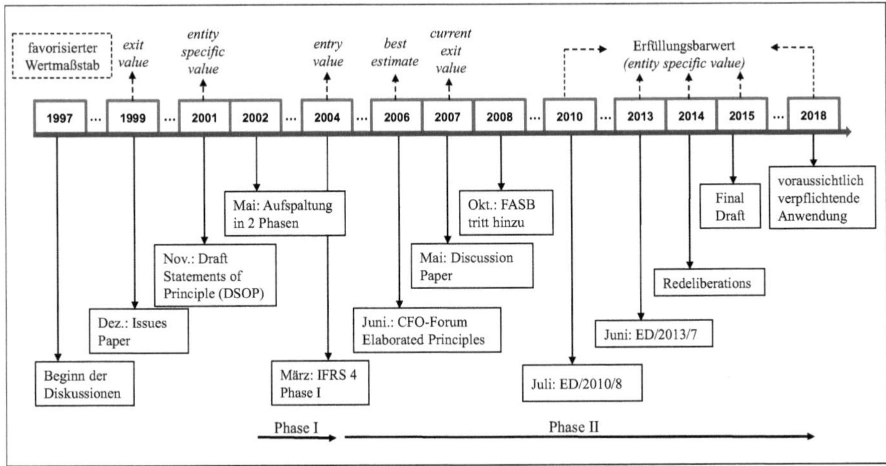

Abbildung 4-1: Überblick über den zeitlichen Projektverlauf[342]

Die Entwicklung eines einheitlichen Bilanzierungs- und Bewertungsmodells für Versicherungsverträge im Zuge des neu zu konzipierenden Standards **IFRS 4 Phase II** wurde im Jahre 2006 durch ein Forum der Finanzvorstände von 20 europäischen Versicherern inhaltlich forciert. Hierbei wurden im Juni 2006 als Diskussionsgrundlage für den IASB sog. ***Elaborated Principles*** bekanntgegeben, die den bestmöglichen Schätzwert künftiger, durch den Vertrag ausgelöster Zahlungsströme als den maßgeblichen Wertmaßstab identifizieren und die Einschätzungen des Managements als relevante Perspektive ausmachen.[343] Darüber hinaus war bereits im Zuge dieser Weichenstellungen eine Marge zur Erfassung der den Zahlungsströmen inhärenten Risiken und Unsicherheiten ange-

[341] Vgl. zu dem in IFRS 4 Phase I vorgesehenen Wertmaßstab IFRS 4.BC6; ROCKEL, W./SAUER, R., Bilanzierung von Versicherungsverträgen nach DP, S. 742. Die *basis for conclusions* regeln zwar nicht explizit, ob der *entry value* aus Sicht eines rationalen Versicherers oder aber aus Sicht des bilanzierenden Versicherers selbst bestimmt werden muss. Aufgrund des in IFRS 4.BC6 (b) (i) enthaltenen Hinweises, dass grds. nur bei Fehlen marktbezogener Informationen eine unternehmensspezifische Sichtweise eingenommen werden darf, ist davon auszugehen, dass auf einen „fremdüblichen" Wert abzustellen ist. Dies wird auch durch den Zusatz in IFRS 4.BC6 (b) (ii) gestützt, dass der Fair Value bei Fehlen objektiver, am Markt beobachtbarer Indizien nicht geringer sein sollte, als wenn die unternehmensspezifischen Verhältnisse zugrunde gelegt würden.

[342] Vgl. für eine weitergehende Gegenüberstellung der Projektphasen ROCKEL, W./SAUER, R., Bilanzierung von Versicherungsverträgen nach DP, S. 742 f.

[343] Vgl. CFO FORUM (HRSG.), CFO Forum – Elaborated Principles, Tz. BC10 f.; ROCKEL, W./SAUER, R., Bilanzierung von Versicherungsverträgen nach DP, S. 742.

dacht.[344] Von Seiten des IASB wurde im Mai 2007 im Rahmen eines **Discussion Paper** ein erster umfassender Konzeptentwurf vorgestellt, demzufolge das eigenständige Bewertungsmodell die Zeitbewertung auf Basis eines *current exit value* vorsieht. Hierunter ist jener Betrag zu verstehen, den der Versicherer am jeweiligen Stichtag aufbringen müsste, um die verbleibenden, aus dem Vertrag resultierenden Rechte und Verpflichtungen unmittelbar auf ein weiteres Unternehmen zu übertragen.[345] Diese konzeptionelle Ausrichtung ist teils der angestrebten Konsistenz zur Fair Value-Bewertung von Finanzinstrumenten geschuldet.[346] Indes wurde die stichtagsbezogene Veräußerungsmarktperspektive vehement kritisiert, da sie u. a. der ökonomischen Realität des Versicherungsgeschäftes entgegensteht.[347] So sind Versicherer gewöhnlich bestrebt, die aus den Verträgen resultierenden Verpflichtungen vertragsgemäß zu erfüllen, anstatt sie an einen Dritten zu transferieren. Ferner werden besondere Bedenken bei der Ermittlung der beizulegenden Zeitwerte geäußert, sofern diese nicht durch Transaktionen an einem aktiven Markt bestimmt werden können.[348] Diese Kritikpunkte beeinflussten die Diskussionen über die konzeptionelle Gestaltung des künftigen Standards für Versicherungsverträge, die fortan gemeinsam mit dem US-amerikanischen Standardsetter FASB geführt wurden.[349]

Als Entwurf eines spezifischen Rechnungslegungsstandards für Versicherungsverträge veröffentlichte der IASB am 30.07.2010 den **Exposure Draft *Insurance Contracts* (ED/2010/8)**, zu dem die interessierte Öffentlichkeit innerhalb einer viermonatigen Kommentierungsphase Stellung beziehen konnte. Die Bilanzierung von Versicherungsverträgen basiert hiernach auf einem Zeitwertkonzept, das den Barwert der zur Erfüllung der vertraglichen Verpflichtungen und Rechte erforderlichen Beträge zum relevanten Wertmaßstab erklärt.[350] Somit liegt der bilanziellen Abbildung von Versicherungsverträgen durch die unternehmensspezifische Erfüllungsperspektive nunmehr deren tatsächliches ökonomisches Abwicklungsmuster zugrunde.

Infolge der in der Kommentierungsphase geübten Kritik sowie der anschließenden Diskussionsrunden wurden die Bewertungsbausteine sowie weitere Regelungsbestandteile fortwährend modifiziert. Die beschlossenen Änderungen der Regelungen gingen in den am 20.06.2013 veröffentlichten **Revised Exposure Draft (ED/2013/7)** ein, wobei auch hier eine viermonatige Kommentierungsphase gewährt wurde. Der Board hielt im ED/2013/7 sowohl am für die bilanzielle Abbildung identifizierten Wertmaßstab als auch am zugrunde liegenden Bewertungsmodell strikt fest.[351] Obgleich

---

344 Vgl. CFO FORUM (HRSG.), CFO Forum – Elaborated Principles, TZ. BC10.

345 Vgl. IASB (HRSG.), DP: Insurance Contracts, Tz. IN21 und Tz. 93.

346 Vgl. auch ELLENBÜRGER, F./HUSCH, R., Bilanzierung von Versicherungsverträgen nach ED/2010/8, S. 264.

347 Vgl. KÖLSCHBACH, J./ENGELÄNDER, S., IASB für Versicherungen auf der Zielgeraden, S. 1495.

348 Vgl. KÖLSCHBACH, J./ENGELÄNDER, S., IASB für Versicherungen auf der Zielgeraden, S. 1495; NGUYEN, T./MOLINARI, P., Fair Value-Bewertung von Versicherungsverträgen, S. 1013. Dies dürfte für die überwiegende Mehrheit von Versicherungsverträgen zutreffen. Die vorgebrachte Kritik an der fiktiven Marktwertermittlung wurde durch die Erfahrungen aus der Finanzkrise zusätzlich genährt.

349 Wenngleich die Zusammenarbeit beider Boards im Versicherungsbereich nicht durch das *memorandum of understanding* festgehalten wurde (vgl. ELLENBÜRGER, F./HUSCH, R., Bilanzierung von Versicherungsverträgen nach ED/2010/8, S. 264.), soll sie dennoch einer darüber hinausgehenden Konvergenz der Rechnungslegungsvorschriften dienlich sein.

350 Vgl. IASB (HRSG.), ED/2010/8: Insurance Contracts, Tz. 17 (a).

351 Diese konzeptionelle Ausrichtung der Bilanzierung von Versicherungsverträgen fand auch in den zahlreichen Kommentierungsschreiben eine breite Zustimmung. Vgl. IASB/FASB (HRSG.), CL Summary (agenda paper 3E),

Versicherungsverträge nunmehr mit ihrem **Erfüllungsbetrag** zu bewerten sind, ist hiermit unverändert eine Barwertbetrachtung der eingehenden Zahlungsströme verbunden.[352] Auch der voraussichtlich bis zum Jahresende 2014 andauernde Redeliberationsprozess lässt keine fundamentale Änderung der Bewertungskonzeption erwarten, wenngleich in den vorläufigen Entscheidungen des IASB einige Anpassungen der Detailregelungen vorgesehen sind.[353]

Die avisierten Regelungen des künftigen IFRS 4 sehen also vor, dass grds. jegliche Verträge, die die definitorischen Anforderungen eines Versicherungsvertrages erfüllen, mit dem Beginn der Deckungsperiode bzw., falls dieser Zeitpunkt früher eintreten sollte, bei Fälligkeit der ersten Prämienzahlung bilanziell angesetzt werden.[354] Bewertet werden die Verträge auf Portfoliobasis grds. mittels eines Bausteinansatzes *(building block approach)*, der auch für Verträge im Bereich der Schaden- und Unfallversicherung relevant ist, obwohl diese oftmals für das wahlweise anwendbare vereinfachte Bewertungsmodell qualifizieren.[355] Im Zuge des Bausteinansatzes werden die zur Vertragserfüllung erforderlichen Zahlungsströme geschätzt (1. Baustein) und für die Barwertbetrachtung diskontiert (2. Baustein), bevor der so erhaltene Erwartungswert um eine Risikomarge ergänzt wird, welche die mit den Schätzungen einhergehenden Unsicherheiten aus Sicht des Versicherers quantifiziert (3. Baustein).[356] Falls auf Basis dieser Bewertungsvorschriften für das Portfolio von Erstversicherungsverträgen ein Gewinn erwartet wird, so ist dieser mangels bereits erbrachter Leistungen zunächst erfolgsneutral in einer vertragsbezogenen Servicemarge (4. Baustein) abzugrenzen, während ein erwarteter Verlust unmittelbar eine aufwandswirksame Rückstellungsbildung auslöst.[357] Bei passiven Rückversicherungsverträgen werden durch eine entsprechende vertragsbezogene Servicemarge im Zugangszeitpunkt jegliche Erfolgswirkungen verhindert.[358] Um zu beurteilen, ob die jeweiligen Ansatz- und Bewertungsvorschriften zu einer sachgerechten Abbildung passiver Rückversicherungsverträge und damit der tatsächlichen ökonomischen Wirkung des erworbenen Rückversicherungsschutzes führen,[359] werden in einer Differenzbetrachtung zum Abschluss der Regelungsbereiche jeweils die rückversicherungsspezifischen Implikationen betrachtet.

Für Schätzungsänderungen der in das Bewertungsmodell eingehenden Parameter hält der aktuelle Regelungsentwurf differenzierte Vorschriften bereit. So sind auf die künftige Deckung bezogene Schätzungsänderungen der Zahlungsströme sowie entsprechend der unlängst getroffenen vorläufigen Entscheidungen des IASB auch Änderungen der Risikomarge für die künftige Deckung nicht

Tz. 14 f. Weiterhin bestehen einige Unterschiede zu der vom FASB vorgesehenen Bilanzierung von Versicherungsverträgen. Vgl. IASB (Hrsg.), ED/2013/7: Insurance Contracts, Tz. D6 f.

352 Vgl. IASB (Hrsg.), ED/2013/7: Insurance Contracts, Tz. 18 (a) und Tz. BC23 (a).

353 Vgl. IASB (Hrsg.), Insurance Contracts Project Update July 2014, S. 41. Im Rahmen dieser Arbeit werden zunächst die im ED/2013/7 vorgesehenen Regelungen analysiert und anschließend bei entsprechenden Änderungen der Regelungsbestandteile die im Redeliberationsprozess seitens des IASB getroffenen Entscheidungen betrachtet.

354 Vgl. IASB (Hrsg.), ED/2013/7: Insurance Contracts, Tz. 12 i. V. m. Tz. 3 und Appendix A.

355 Vgl. hierzu Abschnitt 441.3.

356 Vgl. IASB (Hrsg.), ED/2013/7: Insurance Contracts, Tz. 18 (a); Schweinberger, S./Horstkötter, M., Bilanzierung von Versicherungsverträgen gemäß ED/2010/8, S. 549 f.

357 Vgl. IASB (Hrsg.), ED/2013/7: Insurance Contracts, Tz. 18 (b) i. V. m. Tz. 28; Ellenbürger, F./Husch, R., Bilanzierung von Versicherungsverträgen nach ED/2010/8, S. 266.

358 Vgl. IASB (Hrsg.), ED/2013/7: Insurance Contracts, Tz. 41 (c) (i).

359 Vgl. zu dieser Anforderung ausführlich Abschnitt 34.

mehr unmittelbar erfolgswirksam zu erfassen, sondern diese gehen nun in einer positiven vertragsbezogenen Servicemarge auf.[360] Zinsänderungen hingegen, die nach dem ED/2013/7 noch strikt im OCI abzubilden waren, können den derzeitigen Entwicklungen folgend künftig wahlweise auch unmittelbar erfolgswirksam erfasst werden.[361] Wie bereits angedeutet, sieht der IASB nunmehr ein Wahlrecht zur Anwendung eines vereinfachten Bewertungsmodells für in erster Linie kurzlaufende Versicherungsverträge vor, die vor allem im hier betrachteten Schaden- und Unfallbereich den Großteil der Vertragsgestaltungen ausmachen.[362] Die Veröffentlichung der finalen Standardversion ist für das Jahr 2015 geplant mit einer erstmalig verpflichtenden Anwendung des neuen Standards frühestens für Geschäftsjahre, die drei Jahre nach jenem Veröffentlichungsdatum beginnen.[363]

412. Zielsetzung und konzeptioneller Hintergrund

Mit der Überarbeitung des IFRS 4 soll ein prinzipienorientierter Standard zur Bilanzierung und hierbei vor allem zur Bewertung von (Rück-)Versicherungsverträgen geschaffen werden, durch dessen Anwendung den Adressaten nützliche Informationen über die Art, den Betrag und den zeitlichen Anfall der mit den Versicherungsverträgen verbundenen Zahlungsströme sowie die diesen inhärenten Risiken vermittelt werden.[364] Folglich besteht die mit der Standardentwicklung angestrebte Zielsetzung darin, die Voraussetzungen für eine entscheidungsnützliche sowie international einheitliche und zwischenbetrieblich vergleichbare Abbildung von Versicherungsverträgen zu schaffen.[365] Dies soll erreicht werden, indem Versicherungsverträge auf Basis eines Zeitwertansatzes, in den sämtliche verfügbaren Informationen möglichst marktkonsistent eingehen, bewertet werden.[366]

Im Zuge der ersten Phase des Standardentwicklungsvorhabens wurde noch kein eigenständiges Bilanzierungs- und Bewertungsmodell für Versicherungsverträge entwickelt. So wurde durch den derzeit vorübergehend gültigen **IFRS 4 Phase I-Standard** die zuvor bestehende Regelungslücke

---

360 Vgl. zur Behandlung von Schätzungsänderungen der Zahlungsströme für die künftige Deckung IASB (Hrsg.), ED/2013/7: Insurance Contracts, Tz. 30 (c) und (d); DE LA VIÑA, K./TRUMP, E., Bilanzierung von Versicherungsverträgen, S. 474. Vgl. zur vorläufigen Entscheidung, dass die Folgen einer veränderten Einschätzung der Risikosituation für die künftige Deckung in die vertragsbezogene Servicemarge eingehen, sofern diese weiterhin positiv ist, IASB (HRSG.), IASB Update March 2014, S. 2; IASB (Hrsg.), Unlock the contractual service margin for changes in the risk adjustment (agenda paper 2C), Tz. 3 und Tz. 16-18.

361 Vgl. zu den bisherigen Regelungen auf Basis des zweiten Standardentwurfes IASB (HRSG.), ED/2013/7: Insurance Contracts, Tz. 64; DE LA VIÑA, K./TRUMP, E., Bilanzierung von Versicherungsverträgen, S. 476 sowie für das neuerdings vorgesehene Wahlrecht zur Erfassung von Zinsänderungen im OCI oder im Periodenergebnis IASB (HRSG.), IASB Update March 2014, S. 2 f.; IASB (HRSG.), Option for changes in discount rates (agenda paper 2E), Tz. 3 und Tz. 15-29.

362 Vgl. IASB (HRSG.), ED/2013/7: Insurance Contracts, Tz. 35; IASB/FASB (HRSG.), Short Duration Contracts (agenda paper 1), Tz. 33 f. und Tz. 39.

363 Vgl. IASB (HRSG.), Insurance Contracts Project Update July 2014, S. 41; IASB (HRSG.), ED/2013/7: Insurance Contracts, S. 6 und Tz. C1. Ob der finale Standard – wie zuvor angekündigt (IASB (HRSG.), Accounting proposals for insurance contracts (June 2013), S. 28) – bereits zum Jahresbeginn 2015 veröffentlicht wird, bleibt hingegen abzuwarten.

364 Vgl. IASB (HRSG.), ED/2013/7: Insurance Contracts, Tz. 1; NGUYEN, T./GROSCHE, S., Einfluss der IFRS-Bilanzierung auf Solvency II, S. 527.

365 Vgl. IASB (HRSG.), ED/2013/7: Insurance Contracts, IN, S. 5 und Tz. BC7; IASB (HRSG.), ED/2010/8: Insurance Contracts, Tz. IN2 (a) und (b); SCHWEINBERGER, S./HORSTKÖTTER, M., Bilanzierung von Versicherungsverträgen gemäß ED/2010/8, S. 546; ZÜLCH, H./NELLESSEN, T., DP zu einem Standard für Versicherungsverträge, S. 198.

366 Vgl. IASB (HRSG.), ED/2013/7: Insurance Contracts, Tz. 2 (a).

vielmehr geschlossen, indem die jeweiligen nationalen Rechnungslegungsanforderungen einstweilig bis zum Abschluss der zweiten Projektphase auch für die internationale Rechnungslegung beibehalten werden dürfen.[367] Hierdurch werden zunächst indes lediglich Mindestanforderungen an die Bilanzierung von Versicherungsverträgen festgeschrieben.[368] So wird vielfach bemängelt, dass bislang regelmäßig keine hinreichend entscheidungsnützlichen Informationen über die wirtschaftliche Lage und die Leistungsfähigkeit eines Versicherungsunternehmens vermittelt werden. Die Rechnungslegung im versicherungstechnischen Bereich wird vielmehr als *„black box"* bezeichnet, die den Adressaten keinen ausreichenden Einblick gewährt.[369] Um im Rahmen von **IFRS 4 Phase II** die geforderte Transparenz herzustellen und eine international **einheitliche Basis** zur Vermittlung **entscheidungsnützlicher Informationen** zu schaffen, bedarf es daher standardisierter Bilanzierungs- und Bewertungsvorschriften für Versicherungsverträge.[370] Hierbei gilt es, die derzeit auftretenden Inkonsistenzen in der praktischen Umsetzung zu beseitigen und für sämtliche Versicherungsverträge einheitliche Rechnungslegungsregeln zu entwickeln, die die internationale, zwischenbetriebliche sowie branchenübergreifende Vergleichbarkeit fördern.[371] Um die Entscheidungsnützlichkeit zu erhöhen, soll die Bewertung der Versicherungsverträge die gegenwärtigen Annahmen und Einschätzungen über den Barwert künftiger Zahlungsströme sowie die spezifische Risikosituation widerspiegeln, was sich auch in den aktuellen Regelungsentwürfen niederschlägt.[372] Zugleich sollte eine hinreichende Konsistenz zu anderen Standards gewahrt werden.[373]

Konzeptionell sehen die Regelungen des IFRS 4 Phase II grds. einen **vermögensbilanziellen Ansatz** (*Asset-liability*-Ansatz) vor, bei dem die aus den Versicherungsverträgen resultierenden Zahlungsströme im Rahmen einer Barwertbetrachtung zzgl. einer expliziten Risikomarge der Bewertung zugrunde gelegt werden.[374] Hierbei wird stets die Vertragserfüllung als konzeptionelle Basis angesehen, da die Begleichung der aus dem Schutzversprechen resultierenden Verpflichtungen cha-

---

[367] Die Möglichkeit, Versicherungsverträge weiterhin nach den Regelungen des HGB bzw. der US-GAAP zu bilanzieren, lässt sich aus der in IFRS 4.13 kodifizierten Befreiung von den Bestimmungen des IAS 8.10-12 zur Schließung von Regelungslücken sowie aus IFRS 4.22 ableiten. Vgl. SURREY, I., Bilanzierung von Versicherungsgeschäften nach IFRS, S. 122 f. Vgl. zur Einführung eines Interimsstandards KÖNIG, E., Anwendungsprobleme des IFRS 4 für Rückversicherer, S. 346 f.

[368] Vgl. KÖNIG, E., Anwendungsprobleme des IFRS 4 für Rückversicherer, S. 346.

[369] Vgl. IASB (HRSG.), ED/2010/8: Insurance Contracts, Tz. IN1; IASB (HRSG.), ED/2013/7: Insurance Contracts, IN, S. 5 und Tz. BC10. Vgl. auch ELLENBÜRGER, F./HUSCH, R., Bilanzierung von Versicherungsverträgen nach ED/2010/8, S. 268. Vgl. für einen weitergehenden Überblick über die Schwächen des derzeit bestehenden IFRS 4, die eine Überarbeitung unumgänglich erscheinen lassen, IASB (HRSG.), ED/2010/8: Insurance Contracts, Tz. BC5; IASB (HRSG.), ED/2013/7: Insurance Contracts, Tz. BC5-BC7.

[370] Vgl. WIPF, D./GRIMM, T./BIBER, R., IFRS 4 Phase II, S. 142; FISCHER, D. T., Standardentwurf „Insurance Contracts", S. 262.

[371] Vgl. IASB (HRSG.), ED/2013/7: Insurance Contracts, Tz. BC7; KÖNIG, E., Anwendungsprobleme des IFRS 4 für Rückversicherer, S. 361.

[372] Vgl. IASB (HRSG.), ED/2013/7: Insurance Contracts, Tz. BC7 (b). Diese grundsätzliche Bewertungskonzeption wird auch im Zuge des Redeliberationsprozesses beibehalten.

[373] Vgl. hierzu WIPF, D./GRIMM, T./BIBER, R., IFRS 4 Phase II, S. 142. Diesen Anforderungen werden die durch IFRS 4 Phase I als zulässig erachteten Bilanzierungsalternativen nicht stets gerecht. Vgl. BÄCHLER, R., Bilanzierung von Versicherungsverträgen, S. 381.

[374] Vgl. HOMMEL, M./BIELKE, D./ZICKE, J., Gewinnglättung dominiert fair value, S. 404; SCHWEINBERGER, S./HORSTKÖTTER, M., Bilanzierung von Versicherungsverträgen gemäß ED/2010/8, S. 546; BECK, C., Internationale Bilanzierung von Versicherungsverträgen, S. 65. Vgl. zum *Asset-liability*-Ansatz in Abgrenzung zum *Deferral-matching*-Ansatz ZIMMERMANN, J./SCHWEINBERGER, S., Gestaltungsformen der Bilanzierung von Versicherungsverträgen, S. 57-78.

rakteristisch für das Versicherungsgeschäft ist.[375] Um die tatsächlichen wirtschaftlichen Verhältnisse bestmöglich bilanziell abbilden zu können, ist bei der Bewertung ferner eine unternehmensspezifische Sichtweise einzunehmen.[376] Ein derartiger **individueller Erfüllungsbetrag**[377] genügt mangels einer konsequenten Orientierung an dem bei einer Veräußerung des Vertragsportfolios zu zahlenden Preis sowie der gewählten unternehmensspezifischen Sichtweise nicht den an einen Fair Value i. S. d. IFRS 13 zu stellenden Ansprüchen. Gleichwohl sieht das Modell eine aktuelle Bewertung versicherungstechnischer Verpflichtungen bzw. Vermögenswerte zum Bilanzstichtag bei einer überwiegend gleichgerichteten Vereinnahmung positiver bzw. negativer Erfolgsbeiträge in der Folgebewertung vor. Das Konstrukt des Erfüllungsbetrages ist daher als ein *entity specific value* anzusehen, der wesentliche Elemente einer Zeitwertbilanzierung in sich vereint.[378]

42 Anwendungsbereich des Standards für Versicherungsverträge und Separierung von Vertragskomponenten

421. Abgrenzung des Anwendungsbereiches und definitorische Anforderungen an Versicherungsverträge gemäß IFRS 4

Der Anwendungsbereich der Bilanzierungs- und Bewertungsvorschriften des künftigen IFRS 4 umfasst jegliche Vertragsarten bzw. Instrumente, die den im Standard festgeschriebenen definitorischen Merkmalen eines Versicherungsvertrages genügen, wenngleich der Standard auch einige Ausnahmetatbestände bereithält. Versicherungsverträge sind demnach stets dadurch gekennzeichnet, dass eine Partei (der Versicherungsgeber) von einer anderen Partei (dem Versicherungsnehmer) ein **wesentliches Versicherungsrisiko** übernimmt. Die Charakteristika des zu übertragenden Versicherungsrisikos und zugleich die Abgrenzungsmerkmale zu anderen Risikoarten werden ausführlich im nachfolgenden Abschnitt 422. betrachtet. Der hiermit verbundene Risikotransfer besteht darin, dass dem Versicherungsnehmer eine vertraglich vereinbarte Entschädigung gewährt wird, sofern ein genau umschriebenes, ungewisses künftiges Ereignis einen Schaden beim Versicherten begründet.[379] Daraus abgeleitet erleidet der Versicherungsnehmer einen finanziellen Nachteil, der durch die in aller Regel monetäre Kompensation des Versicherers ausgeglichen wird. Es reicht also nicht aus, dass die Leistung lediglich vom Eintritt eines zuvor ungewissen Ereignisses abhängt, vielmehr muss der Versicherte hierdurch auch tatsächlich nachteilig betroffen sein.[380]

Kennzeichnend für die Übernahme von Versicherungsrisiken ist die mit dem Vertrag unweigerlich verbundene **Ungewissheit**. So steht bei Vertragsabschluss weder fest, ob bzw. mit welcher Wahrscheinlichkeit ein gedecktes Ereignis tatsächlich eintreten wird, noch liegen die Eintrittszeitpunkte

---

375 Vgl. IASB (Hrsg.), ED/2013/7: Insurance Contracts, Tz. 18 (a), Tz. 22 und Tz. BCA22 (d).

376 Vgl. IASB (Hrsg.), ED/2013/7: Insurance Contracts, Tz. 22 (b).

377 Dem Erfüllungsbetrag liegt definitionsgemäß eine Barwertbetrachtung zugrunde, so dass die einbezogenen künftigen Zahlungsströme bereits diskontiert wurden. Vgl. IASB (Hrsg.), ED/2013/7: Insurance Contracts, Tz. 18 (a) und Tz. BCA23 (a).

378 Vgl. zur konzeptionellen Einordnung des Erfüllungsbarwertes, der im Rahmen des ED/2013/7 nunmehr als Erfüllungsbetrag bezeichnet wird, Schweinberger, S./Horstkötter, M., Bilanzierung von Versicherungsverträgen gemäß ED/2010/8, S. 547. Vgl. auch Barth, M. E./Landsman, W. R., Using Fair Value Accounting for Financial Reporting, S. 103 f.

379 Vgl. IASB (Hrsg.), ED/2013/7: Insurance Contracts, Appendix A.

380 Vgl. IASB (Hrsg.), ED/2013/7: Insurance Contracts, Tz. B13 und Tz. BCA160-BCA162.

sowie die mit den konkreten Versicherungsfällen verbundenen Schadenzahlungen im Voraus deterministisch fest.[381] Es sind jedoch auch gerade im Bereich der Rückversicherung Vertragsgestaltungen anzutreffen, bei denen die aus bereits eingetretenen Versicherungsfällen resultierenden Schadenzahlungen für eigene Rechnung betragsmäßig begrenzt werden sollen. Wenngleich über den Eintritt des Versicherungsfalls kein Zweifel mehr bestehen kann, bezieht sich die abgesicherte Ungewissheit vielmehr auf eine potentiell nachteilige Schadenentwicklung.[382]

Indem auf jene definitorischen Anforderungen abgestellt wird, richtet sich sowohl die Bilanzierung von Erstversicherungsverträgen als auch diejenige von aktiven und passiven Rückversicherungsverträgen nach den neu konzipierten Regelungen.[383] Im Gegensatz zu dem institutionell geprägten aufsichtsrechtlichen Ansatz, wählt der IASB folglich eine **produktbezogene Abgrenzung** des Anwendungsbereiches.[384] So sind die Vorschriften des Standards für Versicherungsverträge ungeachtet der Branchenzugehörigkeit oder Rechtsform des jeweiligen bilanzierenden Unternehmens weithin anzuwenden, sofern die einschlägigen Definitionskriterien erfüllt sind.[385] Diese Abgrenzungssystematik bietet gegenüber dem institutionellen Ansatz, bei dem das Versicherungsunternehmen im Vordergrund steht, den Vorteil, dass identische Sachverhalte auch ihrem wirtschaftlichen Gehalt entsprechend identisch abgebildet werden. Hierdurch wird die angestrebte zwischenbetriebliche sowie branchenübergreifende Vergleichbarkeit gefördert, während sich eine trennscharfe Identifikation von Versicherungsunternehmen als hinfällig erweist.[386]

Im ED/2010/8 war noch vorgesehen, auch Finanzgarantien, bei denen die bedingte Zahlungsverpflichtung an einen Verlust des Sicherungsnehmers infolge eines Zahlungsausfalls geknüpft ist, in den Anwendungsbereich des künftigen Standards aufzunehmen.[387] Gleichwohl wird künftig weiterhin die Feststellung des Emittenten ausschlaggebend sein, ob dieser die Finanzgarantie als Versicherungsvertrag ansieht oder sie anderenfalls als Finanzinstrument zu behandeln ist, was dem produktbezogenen Ansatz tendenziell widerspricht.[388] Entscheidend für die Anwendbarkeit des Wahlrechtes dürfte hierbei weiterhin die Historie der bilanziellen Abbildung von Finanzgarantien des

---

381 Vgl. IASB (Hrsg.), ED/2013/7: Insurance Contracts, Tz. B3. Da Unfallversicherungsverträge jedoch als Summenversicherung gestaltet sind, steht für diesen Fall die Höhe der Schadenzahlungen bei Eintritt eines Versicherungsfalls fest.

382 Vgl. hierzu IASB (Hrsg.), ED/2010/8: Insurance Contracts, Tz. B5.

383 Vgl. IASB (Hrsg.), ED/2013/7: Insurance Contracts, Tz. 3 (a) und (b) sowie Tz. 4 (a).

384 Vgl. IASB (Hrsg.), ED/2013/7: Insurance Contracts, S. 6 und Tz. BCA151; Nguyen, T./Grosche, S., ED IFRS 4 aus aufsichtsrechtlicher Perspektive, S. 425 f.

385 Vgl. IASB (Hrsg.), ED/2013/7: Insurance Contracts, Tz. BCA152. Vgl. hierzu auch bereits IFRS 4.5.

386 Vgl. IASB (Hrsg.), ED/2013/7: Insurance Contracts, Tz. BCA151. So auch in IFRS 4.BC10 (a) und (b); Beck, C., Internationale Bilanzierung von Versicherungsverträgen, S. 68.

387 Vgl. IASB (Hrsg.), ED/2010/8: Insurance Contracts, Tz. B18 (g) i. V. m. BC193-195; Schweinberger, S./Horstkötter, M., Bilanzierung von Versicherungsverträgen gemäß ED/2010/8, S. 547; Ellenbürger, F./Husch, R., Bilanzierung von Versicherungsverträgen nach ED/2010/8, S. 265.

388 Vgl. IASB (Hrsg.), ED/2013/7: Insurance Contracts, Tz. B30 und Tz. BCA184-BCA186. Vgl. ausführlich zur bilanziellen Abbildung von Finanzgarantien nach IAS 39 bzw. IFRS 4 Phase I Ewelt-Knauer, C., Konzernabschluss als Berichtsinstrument der wirtschaftlichen Einheit, S. 167-180. Siehe ferner zur Einordnung von Finanzgarantien in die Anwendungsbereiche von IAS 39 bzw. IFRS 4 Phase I Waschbusch, G./Steiner, C./Thiemann, S., Ermessensspielräume mindern Informationsgehalt, S. 1894 sowie zusammenfassend zu der mit der Abgrenzungsentscheidung verbundenen Problematik IASB (Hrsg.), ED/2013/7: Insurance Contracts, Tz. BCA185 (a) und (b).

jeweiligen bilanzierenden Versicherers sein. Folglich müsste dieser Finanzgarantien für eine Anwendung der Regelungen des IFRS 4 bereits in der Vergangenheit als Versicherungsverträge identifiziert und auch als solche bilanziell abgebildet haben.[389] Wird von diesem Sonderfall abstrahiert, so ist zu beachten, dass auch Banken im Zuge des Allfinanzgedankens[390] und den daraus resultierenden Produktgestaltungen von der Anwendung der Rechnungslegungsvorschriften für Versicherungsverträge betroffen sein dürften. Das künftige Regelungsset gilt für sämtliche Versicherungszweige und Vertragsgestaltungen innerhalb der Komposit-, Lebens- oder auch Rückversicherung sowohl in der Vorschadenperiode als auch nach Eintritt eines Versicherungsfalls und folglich über die gesamte Dauer eines Versicherungsvertrages.[391]

Das neu konzipierte Bilanzierungs- und Bewertungsmodell wird künftig auch für bestimmte **Investmentverträge mit ermessensabhängiger Überschussbeteiligung**[392] anzuwenden sein, obwohl diese den an einen Versicherungsvertrag gestellten Anforderungen nicht genügen.[393] So wird durch Investmentverträge mit ermessensabhängiger Überschussbeteiligung kein Versicherungsrisiko auf den Versicherer übertragen.[394] Da jene Vertragsgestaltungen aufgrund ihrer zentralen Sparkomponente sowie der langfristigen Ausrichtung primär Lebensversicherungsverträgen ähneln und sie nicht zuletzt infolgedessen in den Anwendungsbereich des Standards aufgenommen wurden, sind sie für die Analyse der Vertragsgestaltungen im Schaden- und Unfallbereich nicht relevant. Ähnliches gilt auch für sog. *participating contracts*, bei denen zwar signifikante Versicherungsrisiken auf den Versicherer übertragen werden, die aus den Verträgen erwarteten Zahlungsströme jedoch zumindest teilweise von der (Rendite-)Entwicklung bestimmter zugrunde liegender Sachverhalte bzw. Vermögens- oder Schuldpositionen abhängen.[395] Vor allem im Lebensversicherungsbereich variieren die Versicherungsleistungen häufig abhängig von den jeweiligen Kapitalanlageergebnissen,[396] während jene Risikobeteiligungen der Versicherungsnehmer für die hier betrachteten

389 Vgl. IASB (Hrsg.), ED/2013/7: Insurance Contracts, Tz. B30 und Tz. BCA186; Ewelt-Knauer, C., Konzernabschluss als Berichtsinstrument der wirtschaftlichen Einheit, S. 167 f.; Lüdenbach, N./Hoffmann, W.-D./Freiberg, J., Haufe IFRS-Kommentar, § 28, Rn. 209.

390 Vgl. auch Farny, D., Versicherungsbetriebslehre, S. 382-384.

391 Vgl. IASB (Hrsg.), ED/2013/7: Insurance Contracts, Tz. BCA152; IASB (Hrsg.), ED/2010/8: Insurance Contracts, Tz. BC189.

392 Eine ermessensabhängige Überschussbeteiligung beschreibt das vertragliche Recht, neben nicht-ermessensbehafteten Leistungen zusätzliche, zeitlich und betragsmäßig vom Emittenten abhängige Leistungen zu erhalten. Diese machen einen wesentlichen Teil der Gesamtleistungen aus und orientieren sich an dem Ergebnis eines spezifizierten Bestandes an Versicherungsverträgen, den Investmenterträgen eines Pools gehaltener Vermögenswerte oder dem Gesamtergebnis des betrachteten Emittenten. Vgl. IASB (Hrsg.), ED/2013/7: Insurance Contracts, Appendix A.

393 Vgl. IASB (Hrsg.), ED/2013/7: Insurance Contracts, Tz. 3 (c), Tz. 4 (b) und Tz. BCA171. Als Voraussetzung für die Einordnung der Investmentverträge mit ermessensabhängiger Überschussbeteiligung in den Anwendungsbereich des IFRS 4 wird angeführt, dass das bilanzierende Unternehmen auch Versicherungsverträge ausgeben muss. Vgl. IASB (Hrsg.), ED/2013/7: Insurance Contracts, Tz. 3 (c).

394 Vgl. Schweinberger, S./Horstkötter, M., Bilanzierung von Versicherungsverträgen gemäß ED/2010/8, S. 548; IASB (Hrsg.), ED/2013/7: Insurance Contracts, Tz. 47.

395 Vgl. IASB (Hrsg.), ED/2013/7: Insurance Contracts, Tz. BC42. Vgl. ebenso für eine Übersicht, um welche zugrunde liegenden Sachverhalte bzw. Positionen es sich bei jenen Vertragsgestaltungen handeln kann, IASB/FASB (Hrsg.), Policyholder participation (agenda paper 7E), Tz. 11 (a).

396 Vgl. Schweinberger, S./Horstkötter, M., Bilanzierung von Versicherungsverträgen gemäß ED/2010/8, S. 550; IASB/FASB (Hrsg.), Policyholder participation (agenda paper 7E), Tz. B8; Grosen, A./Jørgensen, P. L., Fair valuation of life insurance liabilities, S. 37 und S. 39 f.

Schaden- und Unfallversicherungsverträge von deutlich geringerer Bedeutung sind.[397] Daher wird hier vom Anwendungsfall der *participating contracts* abstrahiert.

Ferner sei hervorgehoben, dass den Bilanzierungsvorschriften des neu entwickelten IFRS 4 neben Versicherungsverträgen und diesen explizit gleichgestellten Investmentverträgen keine weiteren Sachverhalte unterliegen.[398] So folgt bspw. die bilanzielle Abbildung von finanziellen Vermögenswerten, die die versicherungstechnischen Verpflichtungen decken, den für Finanzinstrumente einschlägigen Vorschriften des IFRS 9.[399] Zudem sind in Versicherungsverträge eingebettete Komponenten, die nicht eng mit der Versicherungsleistung verbunden sind und bei separater Veräußerung nach anderen Rechnungslegungsvorschriften zu behandeln wären, vom Versicherungsvertrag zu entflechten und entsprechend jener Regelungen zu bilanzieren.[400]

Ausgenommen vom Anwendungsbereich ist die Bilanzierung von Versicherungsverträgen seitens der Erstversicherungsnehmer, so dass lediglich im Bereich des Rückversicherungsschutzes auch die Bilanzierungskonsequenzen beim Versicherungsnehmer adressiert werden.[401] Weiterhin sind u. a. vom Hersteller oder Händler gewährte respektive in Leasingverträge eingebettete Restwertgarantien, vertragliche Rechte oder Verpflichtungen, die von der künftigen Nutzung nicht-finanzieller Posten abhängen, sowie mit Versorgungsplänen der Arbeitnehmer verbundene Vermögenswerte und Schulden explizit von der Versicherungsbilanzierung ausgenommen.[402] Dies gilt ebenso für Produktgarantien, die vom Hersteller oder einem Händler angeboten werden.[403]

422. Übertragung von Versicherungsrisiko als konstituierendes Merkmal von Versicherungsverträgen

422.1 Versicherungsrisiko und versicherungstechnisches Risiko

In der für den Anwendungsbereich maßgeblichen Definition von Versicherungsverträgen rekurriert der IASB auf die **Übertragung von Versicherungsrisiko**, das sich beim Eintritt eines Versicherungsfalls in einem finanziellen Nachteil für den Versicherten äußert.[404] Hierbei wird konsequent auf den Risikotransfer abgestellt, so dass das Risikogeschäft des Versicherers und die hiermit verbundenen Ausgleichsmechanismen nicht in die produktbezogene Definition einfließen.[405] Das Ver-

397 Gleichwohl existieren verwandte Vertragsgestaltungen auch im Nichtlebensbereich. Vgl. hierzu bspw. IASB/FASB (HRSG.), Participation features (agenda paper 5A), Tz. A6.

398 Vgl. IASB (HRSG.), ED/2013/7: Insurance Contracts, Tz. 6.

399 Vgl. IASB (HRSG.), IASB Update February 2011, S. 2 f.

400 Vgl. IASB (HRSG.), ED/2013/7: Insurance Contracts, Tz. 9 f.; HOMMEL, M./BIELKE, D./ZICKE, J., Gewinnglättung dominiert fair value, S. 404 sowie ausführlich hierzu Abschnitt 423.

401 Vgl. IASB (HRSG.), ED/2013/7: Insurance Contracts, Tz. 7 (h) und Tz. BCA154. Folglich widmet sich kein Standard den Besonderheiten der versicherungsnehmerseitigen Bilanzierung, so dass neben allgemeinen Vorschriften auf den Prozess zur Auslegung von Regelungslücken des IAS 8 zurückzugreifen ist.

402 Vgl. IASB (HRSG.), ED/2013/7: Insurance Contracts, Tz. 7 mit darüber hinausgehenden Ausgrenzungen vom Anwendungsbereich.

403 Vgl. IASB (HRSG.), ED/2013/7: Insurance Contracts, Tz. 7 (a) und Tz. BCA179 f.

404 Vgl. auch zur Definition des Versicherungsrisikos IASB (HRSG.), ED/2013/7: Insurance Contracts, Appendix A, nach der das Versicherungsrisiko klar von finanziellen Risiken abzugrenzen ist. Vgl. zu dieser Diskussion Abschnitt 422.2.

405 Vgl. den Einbezug der Risikotransformation in die Definition eines Versicherungsvertrages als nicht erforderlich erachtend IASC (HRSG.), DSOP, Tz. 1.40 (b).

sicherungsrisiko darf ferner nicht erst durch den Versicherungsvertrag begründet werden, sondern muss die jeweilige wirtschaftliche Einheit ohne Gewährung von Versicherungsschutz bedrohen und somit vor Vertragsabschluss bereits existieren.[406] Folglich wird für die Definition eines Versicherungsvertrages primär eine auf die Versicherungsnehmer ausgerichtete Perspektive eingenommen, indem auf das Risiko abgestellt wird, dessen sich der Versicherungsnehmer durch die Nachfrage nach einer Versicherungsschutzleistung entledigen konnte.[407]

Das Verständnis des **versicherungstechnischen Risikos** unterscheidet sich hingegen von der inhaltlichen Bedeutung des im Standard gewählten Versicherungsrisikos und bezieht sich auf das Risikogeschäft aus Sicht des Versicherungsgebers.[408] So wird das versicherungstechnische Risiko nach der Kollektivbildung und den Risikoausgleichseffekten durch die Streuung der Gesamtschadenverteilung erklärt.[409] Als Hauptursache sind hierbei vor allem die Unbestimmtheit der künftig zu entrichtenden Versicherungsleistungen sowie die frühzeitige Prämienfestsetzung zu Beginn der Versicherungsperiode zu nennen.[410] Durch das versicherungstechnische Risiko wird die Gefahr beschrieben, dass der kollektive Effektivwert des Schadens in einem definierten Zeitraum von dessen Erwartungswert abweicht und infolgedessen die vereinnahmte Gesamtrisikoprämie einschließlich einbezogener Sicherheitszuschläge übersteigen kann.[411] Potentielle Schadenabweichungen sind theoretisch auf das Zufalls-, Irrtums- oder Änderungsrisiko als Elemente des versicherungstechnischen Risikos zurückzuführen.[412]

Eng verbunden mit dem versicherungstechnischen Risiko des Erstversicherers ist auch dessen risikopolitische Entscheidung über den Abschluss von Rückversicherungsverträgen. Während der Einsatz des **Rückversicherungsschutzes** dazu beiträgt, das mit der Originalpolice verbundene Versicherungsrisiko aus Sicht des Erstversicherers zu begrenzen bzw. zu teilen, ist versicherungsgeberseitig die Reduzierung des versicherungstechnischen Risikos als Hauptmotiv der Rückversicherungsnahme auszumachen.[413]

406 Vgl. IASB (HRSG.), ED/2013/7: Insurance Contracts, Tz. B11.

407 Vgl. LÖW, S., Rückstellungsbilanzierung bei Versicherungsunternehmen, S. 150.

408 Vgl. LÖW, S., Rückstellungsbilanzierung bei Versicherungsunternehmen, S. 150; BECK, C., Internationale Bilanzierung von Versicherungsverträgen, S. 71 f.

409 Vgl. FARNY, D., Versicherungsbetriebslehre, S. 78.

410 Vgl. ALBRECHT, P./SCHWAKE, E., Versicherungstechnisches Risiko, S. 651.

411 Vgl. FARNY, D., Versicherungsbetriebslehre, S. 79-82; ALBRECHT, P./SCHWAKE, E., Versicherungstechnisches Risiko, S. 652. Siehe für eine detaillierte Herleitung einer Definition auch SCHWAKE, E., Versicherungstechnisches Risiko, S. 68-76. Indem das für den versicherten Bestand vorzuhaltende Sicherheitskapital von der Betrachtung ausgeschlossen wird, handelt es sich hierbei um ein versicherungstechnisches Teilrisiko, da die Existenz des Versicherungsunternehmens gefährdet ist, wenn auch jene Sicherheitsreserven aufgezehrt werden. Vgl. ALBRECHT, P./SCHWAKE, E., Versicherungstechnisches Risiko, S. 652.

412 Vgl. FARNY, D., Versicherungsbetriebslehre, S. 83 f. Vgl. ausführlich zu den Komponenten des versicherungstechnischen Risikos Abschnitt 212.4.

413 Vgl. SCHWAKE, E., Versicherungstechnisches Risiko, S. 62. Vgl. auch zu weiteren Zielen und Aufgaben der Rückversicherung Abschnitt 212.6.

422.2 Negativabgrenzung zu finanziellen Risiken

Das einen Versicherungsvertrag nach IFRS 4 konstituierende Versicherungsrisiko umfasst sämtliche Risiken, die der Versicherer vom Versicherungsnehmer übernimmt und die **keine Finanzrisiken** darstellen.[414] In Anlehnung an die Definition von Derivaten nach IFRS 9 werden finanzielle Risiken im Rahmen des künftigen IFRS 4 durch die Auslösung potentieller Wertänderungen aufgrund von Änderungen der Kapital- bzw. Gütermarktfaktoren beschrieben.[415] Beispielhaft seien hier Schwankungen spezifischer Zinssätze, der Preise von Rohstoffen oder Finanzinstrumenten sowie auch die Veränderung von Bonitätsratings oder Kreditindizes genannt. Unter die Parameter, deren Änderungen finanzielle Risiken begründen, sind neben finanziellen auch nicht-finanzielle Variablen zu fassen, sofern sie sich als nicht spezifisch für eine der Vertragsparteien erweisen.[416] Sind jene Finanzrisiken Gegenstand einer vertraglichen Vereinbarung, so ist diese bilanziell als Finanzinstrument nach den Regelungen des IFRS 9 zu behandeln. Handelt es sich bei dem übertragenen Risiko indes um ein Versicherungsrisiko, ist der entsprechende Vertrag gemäß dem Bilanzierungs- und Bewertungsmodell des IFRS 4 abzubilden, sofern das übertragene Risiko als signifikant einzustufen ist.[417]

Für eine zweckmäßige Abgrenzung des **Anwendungsbereiches** ist es erforderlich, dass die definitorischen Anforderungen an einen Versicherungsvertrag im Rahmen der Negativabgrenzung zu Finanzrisiken um den Bezug zur **Spezifität** für die jeweiligen wirtschaftlichen Einheiten ergänzt werden. Indem der Versicherte von einem potentiellen Schadenereignis nachteilig betroffen sein muss, bezieht sich das versicherte Risiko auf die Ausprägung einer (nicht-finanziellen) Variablen, die jedoch ohne die Negativabgrenzung zu Finanzrisiken nicht zwangsläufig spezifisch für den Versicherungsnehmer sein müsste. Indem der Versicherte Versicherungsschutz nachfragt, ist er um eine Verbesserung seiner Risikosituation in Form einer Absicherung seiner Güter bzw. seines Vermögens bemüht, wobei ausschließlich nachteilige Ereignisse Schadenzahlungen auslösen können und somit Chancen nicht Gegenstand eines Versicherungsvertrages sind. Dabei geht es weniger um den Schutz vor Wertänderungen, die aus den allgemeinen wirtschaftlichen oder geographischen Rahmenbedingungen resultieren,[418] sondern um den Transfer von Risiken, die spezifisch für den Versicherten sind und bei ihrem tatsächlichen Eintritt zu individuellen Schadenrealisationen führen. Das Abgrenzungsmerkmal der Spezifität ist somit zugleich eine erforderliche Definitionsvoraussetzung für (Schaden- und Unfall-)Versicherungsverträge, um der mit ihnen verfolgten wirtschaftlichen Zielsetzung gerecht zu werden. Wirkt sich bspw. ein Index über Schäden aufgrund von Naturkatastrophen potentiell negativ auf die Wertentwicklung von Finanzinstrumenten oder des nicht-

---

414 Vgl. IASB (Hrsg.), ED/2013/7: Insurance Contracts, Appendix A.

415 Vgl. IASB (Hrsg.), ED/2013/7: Insurance Contracts, Appendix A; Surrey, I., Bilanzierung von Versicherungsgeschäften nach IFRS, S. 87.

416 Vgl. IASB (Hrsg.), ED/2013/7: Insurance Contracts, Appendix A.

417 Vgl. für eine Übersicht über Vertragsarten, die vorbehaltlich der Signifikanz des übertragenen Versicherungsrisikos die Definitionsvoraussetzungen erfüllen, IASB (Hrsg.), ED/2013/7: Insurance Contracts, Tz. B26. Vgl. hinsichtlich der Anforderung der Signifikanz ferner Abschnitt 422.3.

418 Hiervon abzugrenzen sind bspw. für Kraftfahrzeuge gewährte Restwertgarantien, bei denen sich die Änderungen des beizulegenden Zeitwertes nicht nur auf Marktvariablen, sondern auch auf die spezifischen Verhältnisse des Versicherten beziehen. Bei dem im Rahmen dieser Verträge transferierten Risiko handelt es sich demnach um Versicherungsrisiko. Vgl. IASB (Hrsg.), ED/2013/7: Insurance Contracts, Tz. B8.

finanziellen Vermögens eines Individuums aus, so ist diese Gefahr nicht als Versicherungsrisiko einzustufen.[419] Vielmehr handelt es sich hierbei um ein Finanzrisiko, da jedes beliebige andere Individuum, dessen Finanzinstrumente bzw. Vermögen auf Änderungen des Indexwertes reagieren, von diesem Risiko betroffen ist.[420] Werden jedoch finanzielle Schäden einer Partei vertraglich abgesichert, die infolge einer Naturkatastrophe durch eine Beschädigung ihrer Vermögenswerte entstehen, ist das diesem Geschäft zugrunde liegende Risiko als Versicherungsrisiko anzusehen. Der Eintritt jener Naturkatastrophe und der hiermit verbundene individuelle Schaden lassen sich folglich als nicht-finanzielle Variable identifizieren, die i. S. d. Standards spezifisch für den Versicherungsnehmer ist.[421]

422.3 Anforderung der Signifikanz des übertragenen Versicherungsrisikos

Eine weitere Anforderung an das Vorliegen eines Versicherungsvertrages ist die **Signifikanz** des im Rahmen des Vertrages transferierten Versicherungsrisikos.[422] Hierbei kann jene geforderte Wesentlichkeit dann als gegebenen angesehen werden, sofern ein versichertes Ereignis in mindestens einer beliebigen, ökonomisch nicht zu vernachlässigenden Konstellation signifikante zusätzliche Leistungen des Versicherers begründet.[423] In diesem Zuge sind die Zahlungskonsequenzen mit und ohne den Eintritt des versicherten Ereignisses zu vergleichen.[424] Es wird seitens des IASB ferner explizit darauf hingewiesen, dass das Kriterium der Signifikanz bereits erfüllt ist, wenn die identifizierten verlustbringenden Umstände infolge des Eintritts des Versicherungsfalls lediglich mit einer außerordentlich geringen Wahrscheinlichkeit einhergehen.[425] Konkretisiert wird die Anforderung der Übertragung eines signifikanten Versicherungsrisikos durch einen zusätzlichen Test, nach dem kein (hinreichender) Risikotransfer vorliegt, falls der Versicherer in keiner Situation mit kommerzieller Bedeutung einem Verlust aus dem Vertrag ausgesetzt ist.[426] Als Beurteilungsmaßstäbe für einen

---

419 Vgl. IASB (Hrsg.), ED/2013/7: Insurance Contracts, Tz. B8.

420 Vgl. Surrey, I., Bilanzierung von Versicherungsgeschäften nach IFRS, S. 87.

421 Vgl. IASB (Hrsg.), ED/2013/7: Insurance Contracts, Tz. B8; Surrey, I., Bilanzierung von Versicherungsgeschäften nach IFRS, S. 88.

422 Vgl. IASB (Hrsg.), ED/2013/7: Insurance Contracts, Appendix A, Tz. B17.

423 Diese Konstellation muss einen wahrnehmbaren Effekt auf die ökonomische Beurteilung des Geschäftes entfalten und Entscheidungen der Parteien beeinflussen können. Vgl. IASB (Hrsg.), ED/2013/7: Insurance Contracts, Tz. B18; KPMG (Hrsg.), IFRS aktuell 2004, S. 136 f.

424 Vgl. IASB (Hrsg.), ED/2013/7: Insurance Contracts, Tz. B21; Schlüter, J./Bonin, C., in: Bohl et al., Beck'sches IFRS-Handbuch, § 40. Versicherungsverträge, Rn. 14. Im Bereich der Schaden- und Unfallversicherungen dürfte es genügen, das mögliche Schadenausmaß zu betrachten, da bei Nicht-Eintritt des Versicherungsfalls keine versicherungsbezogenen, monetären Leistungen zu erbringen sind. Vgl. auch Surrey, I., Bilanzierung von Versicherungsgeschäften nach IFRS, S. 85.

425 Vgl. IASB (Hrsg.), ED/2013/7: Insurance Contracts, Tz. B18.

426 Im Zuge des Redeliberationsprozesses wurde jüngst beschlossen, diesen zusätzlichen Test beizubehalten. Lediglich dessen Formulierung in den entsprechenden Regelungsbestandteilen soll angepasst werden, so dass künftig nur dann signifikante Versicherungsrisiken transferiert werden, falls in einer ökonomisch nicht zu vernachlässigenden Konstellation mit einem Verlust zu rechnen ist, wobei weiterhin eine Barwertbetrachtung maßgeblich sein soll. Vgl. IASB (Hrsg.), IASB Update May 2014, S. 2; IASB (Hrsg.), Non-targeted issues (agenda paper 2D), Tz. 20. Durch diese positive Formulierung des Tests sind jedoch keine materiellen Änderungen zu erwarten, da weiterhin nicht per se davon ausgegangen werden kann, dass Verträge stets signifikante Versicherungsrisiken transferieren, sofern in einer Konstellation die Verlustgrenze erreicht wird. Sollte eine solche Schlussfolgerung dennoch beabsichtigt sein, wäre die Formulierung entsprechend eindeutig anzupassen. In der Neuformulierung des Tests wird jedoch klargestellt, dass die Signifikanz des Versicherungsrisikos in die Negativabgrenzung einbezogen wird.

möglichen, zu erwartenden Verlust dienen der Barwert der aus dem Vertrag resultierenden Nettoauszahlungsströme[427] sowie der Barwert der Prämienzahlungen.[428] Sowohl der zusätzliche Test als auch die Beurteilung der Signifikanz der im Schadenfall zusätzlich zu erbringenden Leistungen basieren auf einer Barwertbetrachtung, so dass der Zeitwert des Geldes zu berücksichtigen ist.[429]

Gleichwohl wird die Signifikanz des Versicherungsrisikos und somit der zusätzlich zu erbringenden Leistungen in einem bestimmten Versicherungsfall nicht abschließend quantifiziert. Der auf die Verlustgrenze abstellende Test könnte allenfalls einen ersten Anhaltspunkt für eine mögliche Abgrenzung liefern. Allerdings wird bei wörtlicher Interpretation dieses zusätzlichen Tests in der Fassung des zweiten Standardentwurfes lediglich die Übertragung von Versicherungsrisiken adressiert, so dass bei strenger Auslegung auf dieser Basis im Regelfall keine direkten Rückschlüsse auf deren Signifikanz möglich wären. Auch wenn die Signifikanz – wie in den aktuellen, vorläufigen Entscheidungen des IASB vorgesehen –[430] dennoch in den Test mit einbezogen wird, so führt dessen avisierte Gestaltung ausschließlich zu einer Negativabgrenzung. Folglich kann ohnehin nicht unmittelbar auf einen hinreichenden Risikotransfer geschlossen werden, falls die mit einem Vertrag verbundenen Ansprüche und Verpflichtungen in einer spezifischen Situation die Verlustgrenze überschreiten können. Ungeachtet dessen wird der Versicherer im Schaden- und Unfallbereich i. d. R. ohne weitere Untersuchungen glaubhaft darlegen können, dass er für den betrachteten Vertrag zumindest in einer Situation die Verlustgrenze erreichen wird, zumal der Versicherte keinem Vertrag zustimmen dürfte, bei dem er im Schadenfall maximal seine Prämien als Entschädigung erhält. Folglich wird der zusätzliche Test weder i. S. e. Filters dazu führen, dass eine Vielzahl von Vertragsgestaltungen im Schaden- und Unfallbereich die Definitionskriterien nicht erfüllen, noch kann er zu einer zweckmäßigen Abgrenzung eines hinreichenden Risikotransfers beitragen.[431]

Sowohl die Neuregelungen als auch die Vorschriften des IFRS 4 Phase I sehen **keine Quantifizierung der Wesentlichkeit**[432] vor, um die Gefahr zu vermeiden, dass feste quantitative Grenzen

---

427 Im Rahmen der Nettobetrachtung werden den vom Versicherer zu leistenden Schadenzahlungen mögliche künftige Regresserlöse gegenübergestellt.

428 Vgl. IASB (HRSG.), ED/2013/7: Insurance Contracts, Tz. B19 und Tz. BCA156 (c); IASB (HRSG.), IASB Update March 2011, S. 4.

429 Vgl. auch IASB (HRSG.), ED/2013/7: Insurance Contracts, Tz. B20; IASB (HRSG.), ED/2010/8: Insurance Contracts, Tz. B26.

430 Vgl. IASB (HRSG.), IASB Update May 2014, S. 2. Diese Interpretationsmöglichkeit des Tests war wohl auch entgegen des exakten Wortlautes bereits zuvor auf Basis des zweiten Standardentwurfes beabsichtigt. Darauf deuten zumindest Hinweise in den Sitzungsunterlagen des IASB hin. Vgl. z. B. IASB/FASB (HRSG.), Reinsurance (agenda paper 3A), Tz. 16 (b) und Tz. 31 (b). Ferner wird in Tz. B17 des zweiten Standardentwurfes angekündigt, dass sich die hier analysierten Ausführungen auf die Bestimmung der Signifikanz des übertragenen Versicherungsrisikos beziehen.

431 Vgl. zu der mit diesem zusätzlichen Test primär verfolgten Zielsetzung, für bestimmte Vertragsarten weiterhin eine Bilanzierung als Finanzinstrument zuzulassen bzw. vorzuschreiben, IASB (HRSG.), Non-targeted issues (agenda paper 2D), Tz. 17.

432 International haben sich verschiedene Alternativen eines Risikotransfertests mit individuellen Stärken sowie Schwächen herausgebildet. So wurde ausgehend von der sog. „10-10-Regel", die einen Verlust i. H. v. 10 % der vereinnahmten Prämie bei einer Eintrittswahrscheinlichkeit von ebenfalls 10 % für einen signifikanten Risikotransfer verlangt, eine „Produktregel" entwickelt. Hierbei wird der kompensierenden Wirkung von potentieller Verlusthöhe und Eintrittswahrscheinlichkeit Rechnung getragen, indem diese miteinander multipliziert werden und auf dieser Basis ein Mindestmaß an übertragenem Versicherungsrisiko festgelegt werden kann. Darüber hinaus wurde bspw. für Rückversicherer der sog. *„expected reinsurer deficit"* entwickelt, bei dem auf den Erwar-

durch Sachverhaltsgestaltungen und bewusstes Ausfüllen von Ermessensspielräumen nahezu willkürlich umgangen werden können.[433] Auch wenn dieses Risiko unweigerlich bestünde, eröffnet der Verzicht auf eine Quantifizierung der Signifikanz ungleich größere bilanzpolitische Gestaltungsmöglichkeiten,[434] zumal die Einführung einer Grenze zumindest einen „Ankerpunkt" zur Auslegung des Kriteriums setzen würde. Im Ergebnis verbleiben somit die Auslegung der Signifikanz des übertragenen Versicherungsrisikos und deren Beurteilung im Einzelfall dem Bilanzierenden.[435] Hierbei ist zu beachten, dass die Anforderung der Signifikanz grds. auf Einzelvertragsebene zu prüfen ist, so dass Risikoausgleichseffekte innerhalb eines Kollektivs zweckmäßigerweise keinen Einfluss hierauf entfalten können.[436]

Die fehlende Quantifizierung der Signifikanz dürfte indes im Rahmen der Erstversicherung für Verträge aus dem Bereich der **Schaden- und Unfallversicherung** weder größere Abgrenzungsprobleme auslösen noch zu einer divergierenden Berichterstattungspraxis führen. Da bei Verträgen jener Versicherungszweige regelmäßig hohes Schadenpotential besteht, können die vom Versicherer zu erbringenden Leistungen bei Eintritt eines Schadenereignisses diejenigen bei unterbleibendem Eintritt bei weitem übersteigen.[437] Dass hohe Schadenrealisationen oftmals nur mit einer geringen Wahrscheinlichkeit einhergehen, ist für die Signifikanz des übertragenen Versicherungsrisikos unschädlich.[438] Beispielhaft sei auf Verträge der Privathaftpflicht verwiesen, durch die vielfältige Schadenereignisse abgesichert werden, die in Extremfällen, z. B. verschuldeten Beschädigungen wertvoller Güter Dritter, erhebliche Schadenzahlungen des Versicherers auslösen können.[439]

423. Pflicht zur Entflechtung nicht-versicherungsbezogener Vertragskomponenten

Vertragskomponenten, die nicht eng mit der Versicherungsleistung verbunden sind und bei einer separaten Veräußerung bzw. einem separaten Angebot in den Anwendungsbereich eines anderen Rechnungslegungsstandards fallen würden, müssen von der aus dem Vertrag resultierenden Gesamtheit an Rechten und Verpflichtungen separiert werden.[440] Diese Komponenten sind dann nach den jeweils einschlägigen Vorschriften für Finanzinstrumente bzw. für die Umsatzrealisierung zu bilanzieren. Als regelmäßig zu entflechtende Vertragskomponenten nennt der IASB bestimmte, explizit in Versicherungsverträgen enthaltene Sparkomponenten, eingebettete Derivate sowie Verpflichtungen zur Bereitstellung von Gütern oder Dienstleistungen, sofern diese klar abgrenzbare

tungswert jeglicher Verlustmöglichkeiten abgestellt wird. Vgl. SAUER, R., Hinreichender versicherungstechnischer Risikotransfer, S. 1817-1820. Vgl. darüber hinaus zum Ablauf des Risikotransfertests bei der Hannover Rückversicherung AG KÖNIG, E., Anwendungsprobleme des IFRS 4 für Rückversicherer, S. 356 f.

433 Vgl. IASB (HRSG.), ED/2013/7: Insurance Contracts, Tz. BCA165; IFRS 4.BC33; ENGELÄNDER, S./KÖLSCHBACH, J., IFRS 4 für Versicherungsverträge, S. 575.

434 Vgl. ähnlich WASCHBUSCH, G./STEINER, C./THIEMANN, S., Ermessensspielräume mindern Informationsgehalt, S. 1893.

435 Vgl. KÖNIG, E., Anwendungsprobleme des IFRS 4 für Rückversicherer, S. 356.

436 Vgl. IASB (HRSG.), ED/2013/7: Insurance Contracts, Tz. B22; BECK, C., Internationale Bilanzierung von Versicherungsverträgen, S. 73; HASENBURG, C./DRINHAUSEN, A., IFRS 4 Versicherungsverträge, S. 644.

437 Vgl. SURREY, I., Bilanzierung von Versicherungsgeschäften nach IFRS, S. 94 f.

438 Vgl. IASB (HRSG.), ED/2013/7: Insurance Contracts, Tz. B18.

439 Vgl. ähnlich SURREY, I., Bilanzierung von Versicherungsgeschäften nach IFRS, S. 95.

440 Vgl. IASB (HRSG.), ED/2013/7: Insurance Contracts, Tz. 9 f.

Leistungsverpflichtungen in Anlehnung an die Regelungen des IFRS 15 *Revenue from Contracts with Customers* darstellen.[441]

Sowohl **Sparkomponenten** als auch bestimmte **eingebettete Derivate** in Form von bspw. Mindestgarantieverzinsungen oder Rückkaufoptionen sind überwiegend im Bereich der Lebensversicherungsverträge anzutreffen.[442] In Analogie hierzu sind indes auch in Schaden- und Unfallversicherungsverträge eingebettete Optionen bzw. Derivate vorstellbar, die in Ausnahmefällen möglicherweise eine Separierung erfordern könnten.[443] Als **Anwendungsbeispiel** einer zu entflechtenden Verpflichtung zur Bereitstellung von Gütern oder Dienstleistungen im Schaden- und Unfallbereich führt der IASB einen Vertrag über die Veräußerung eines Kraftfahrzeuges einschließlich einer unkündbaren dreijährigen Unfallversicherung an. Da es sich bei dem Kraftfahrzeug um ein Gut handelt, das der Versicherungsnehmer separat bzw. in Kombination mit der Unfallversicherung eines anderen Anbieters nutzen kann, ist die Veräußerung des Gutes als klar abgrenzbare Vertragskomponente anzusehen, die sodann zwingend zu entflechten ist.[444] Wenngleich die zur Erfüllung der Versicherungsschutzleistung erforderlichen Tätigkeiten grds. nicht für eine abzugrenzende Leistungsverpflichtung qualifizieren, so sind – vornehmlich im Bereich der Rückversicherung – auch Konstellationen denkbar, in denen bspw. die Dienstleistung der Schadenabwicklung oder auch der Preiskalkulation eine Entflechtung vom Versicherungsvertrag erfordert.[445]

Da die vom Versicherungsvertrag abzugrenzenden Komponenten bei einer getrennten Veräußerung nicht nach den Regelungen des IFRS 4 zu behandeln sind, erscheint die Forderung nach einer Entflechtung dieser Komponenten transparenzfördernd sowie i. S. d. Vergleichbarkeit und des Grundsatzes *substance over form* zweckgerecht.[446] Wenngleich der **enge Bezug zur Gewährung von Versicherungsschutz** und damit der Übernahme des Versicherungsrisikos anders als im ED/2010/8 nicht mehr explizit als das maßgebliche Kriterium der Entflechtung definiert wird, so sind die Kriterien des Revised Exposure Draft im Ergebnis dennoch als dessen Konkretisierungen zu interpretieren.[447] In Übereinstimmung mit den Regelungen des IFRS 15 wird also künftig primär auf die

---

441 Vgl. IASB (Hrsg.), ED/2013/7: Insurance Contracts, Tz. 10 (a)-(c) und Tz. B31-B35.

442 Vgl. auch IASB (Hrsg.), ED/2010/8: Insurance Contracts, Tz. 8 (a); Nguyen, T./Grosche, S., Einfluss der IFRS-Bilanzierung auf Solvency II, S. 529; Rockel, W./Sauer, R., IFRS für Versicherungsverträge (I), S. 218; Surrey, I., Bilanzierung von Versicherungsgeschäften nach IFRS, S. 105. Für einen Überblick über weitere, in Versicherungsverträge eingebettete Optionen und Garantien IASB (Hrsg.), ED/2013/7: Insurance Contracts, Tz. BC4 (d).

443 Allerdings werden eingebettete Optionen, wie Optionen zur Erhöhung bzw. Verringerung der Versicherungsdeckung sowie darüber hinaus vielfältige weitere Optionen und Garantien regelmäßig keine Entflechtung auslösen. Dies gilt oftmals auch für eingebettete Derivate im Rahmen sog. *dual trigger contracts*, bei denen die Leistungspflicht an den Eintritt zweier Ereignisse geknüpft wird. Vgl. zur Beurteilung eingebetteter Derivate innerhalb von *dual trigger contracts* Aktuarvereinigung Österreichs (AVÖ), Leitfaden zur Umsetzung von IFRS 4, Tz. 2.19.

444 Vgl. zum Beispiel insgesamt IASB/FASB (Hrsg.), Unbundling (agenda paper 3D), Appendix A, Example 1.

445 Vgl. IASB/FASB (Hrsg.), Unbundling (agenda paper 3D), Appendix A.

446 Vgl. hierzu auch IASB (Hrsg.), ED/2013/7: Insurance Contracts, Tz. BCA190; IASB (Hrsg.), ED/2010/8: Insurance Contracts, Tz. BC212 und Tz. BC214 f.; CEIOPS (Hrsg.), CL on ED/2010/8, Tz. 72.

447 Vgl. IASB (Hrsg.), ED/2013/7: Insurance Contracts, Tz. BCA192 sowie zum Kriterium des engen Bezuges zur Versicherungsdeckung bspw. IASB (Hrsg.), ED/2010/8: Insurance Contracts, Tz. 8.

Abgrenzbarkeit der jeweiligen Leistungsverpflichtungen abgestellt,[448] während bei eingebetteten Derivaten weiterhin der enge Bezug zur Versicherungsdeckung adressiert wird.[449]

424. Passive Rückversicherungsverträge als Anwendungsfälle des IFRS 4

Jegliche Vertragsformen der passiven Rückversicherung fallen explizit in den Anwendungsbereich des künftigen Standards für Versicherungsverträge.[450] Maßgeblich für dessen Anwendbarkeit sind grds. gleichermaßen die an Erstversicherungsverträge gestellten Anforderungen.[451] Im Hinblick auf die geforderte **Signifikanz des übertragenen Versicherungsrisikos** wurde noch vor der Veröffentlichung des zweiten Standardentwurfes seitens des IASB indes eine **rückversicherungsspezifische Konkretisierung** in die Standardentwicklung aufgenommen. So wird unabhängig davon, ob der Rückversicherer aus dem jeweiligen Rückversicherungsvertrag in einer Konstellation einen Verlust erleiden kann, bereits dann ein hinreichender Risikotransfer angenommen, wenn der Rückversicherer im Wesentlichen das gesamte Versicherungsrisiko der zugrunde liegenden Originalpolicen übernimmt.[452]

Würde weiterhin zur (einseitigen) Abgrenzung von Versicherungsverträgen auch für den Bereich der Rückversicherung auf den potentiellen Verlust abgestellt, so wird die Gefahr gesehen, dass bei bestimmten Vertragsgestaltungen die zugrunde liegenden Erstversicherungsverträge zwar die Definitionsmerkmale eines Versicherungsvertrages erfüllen. Der korrespondierende aktive bzw. passive Rückversicherungsvertrag könnte hingegen aufgrund eines nur unwahrscheinlichen Verlustszenarios infolge einer vermeintlich mangelnden Signifikanz des übertragenen Versicherungsrisikos nicht als solcher zu behandeln sein. Ursächlich hierfür ist der Umstand, dass die Übertragung eines hinreichenden Versicherungsrisikos zwar auf einzelvertraglicher Ebene zu beurteilen ist, sich die Rückversicherungsverträge indes oftmals auf ein Portfolio zugrunde liegender Originalpolicen beziehen. Auf dieser Basis können u. U. **kollektive Ausgleichseffekte** erzielt werden, die einen Verlust für das Portfolio von Erstversicherungsverträgen und somit den einzelnen Rückversicherungsvertrag weitestgehend ausschließen bzw. zumindest sehr unwahrscheinlich werden lassen und das Gesamtergebnis verstetigen.[453]

Allerdings ist die Bedingung der Signifikanz des Versicherungsrisikos auch ohne die rückversicherungsbezogene Konkretisierung bereits erfüllt, wenn der Rückversicherer (bei passiver Rückversicherung aus Sicht des Zedenten) in einem Szenario, dem es nicht an wirtschaftlicher Substanz mangelt, wesentliche zusätzliche Leistungen zu erbringen hat. Da die Anforderung der Signifikanz c. p. auch dann eingehalten wird, wenn das versicherte Ereignis nur mit einer außerordentlich geringen Wahrscheinlichkeit eintritt, kann analog dazu gefolgert werden, dass das im Rahmen eines Rückversicherungsvertrages transferierte Versicherungsrisiko signifikant ist, falls eine Vielzahl zugrunde

448 Vgl. IFRS 15.26-30; IASB (Hrsg.), ED/2013/7: Insurance Contracts, Tz. 10.
449 Vgl. IASB (Hrsg.), ED/2013/7: Insurance Contracts, Tz. 10 (a).
450 Vgl. IASB (Hrsg.), ED/2013/7: Insurance Contracts, Tz. 3 (b).
451 Vgl. IASB (Hrsg.), ED/2013/7: Insurance Contracts, Tz. 4 (a) und Tz. BCA125.
452 Vgl. IASB (Hrsg.), ED/2013/7: Insurance Contracts, Tz. B19. Diese Originalpolicen müssen ihrerseits die definitorischen Anforderungen eines Versicherungsvertrages erfüllen.
453 Vgl. IASB/FASB (Hrsg.), Reinsurance (agenda paper 3A), Tz. 32; Hannover Re/Mapfre Re/Munich Re/Swiss Re (Hrsg.), CL on ED/2010/8, S. 5.

liegender Policen auch nur mit **äußerst geringer Wahrscheinlichkeit** einem Schadenereignis ausgesetzt ist. Hierdurch müssten sodann wesentliche zusätzliche Leistungen des Rückversicherers ausgelöst werden. Dennoch ist die Abgrenzung einer solchen Situation zum ***„lack of commercial substance“***[454] eine Gradwanderung, da die Risikoausgleichseffekte einen integralen Bestandteil des Rückversicherungsgeschäftes bilden und folglich auch bei der Beurteilung der Signifikanz nicht außer Acht gelassen werden dürfen. Insgesamt fördert die rückversicherungsspezifische Auslegung des Signifikanzkriteriums eine sachgerechte Abgrenzung des Anwendungsbereiches.

43 Kriterien zum Bilanzansatz und zur Ausbuchung von Versicherungsverträgen

431. Zeitpunkt des Bilanzansatzes

431.1 Überblick

Versicherungsverträge sind in Form der aus ihnen resultierenden versicherungstechnischen Rückstellungen anzusetzen, wenn die **Deckungsperiode** beginnt oder die erste Prämienzahlung fällig wird, falls diese dem Beginn der Deckungsperiode zeitlich vorgelagert ist.[455] Im Regelfall dürfte indes der Zeitpunkt der ersten Prämienzahlung mit dem Beginn der Deckungsperiode übereinstimmen, so dass der Beginn der Deckungsperiode den maßgeblichen Ansatzzeitpunkt darstellt.[456] Eine versicherungstechnische Rückstellung ist jedoch nach den Regelungen des zweiten Standardentwurfes bereits vor dem früheren der beiden Zeitpunkte zu erfassen, falls das Portfolio von Versicherungsverträgen, dem auch der anzusetzende Versicherungsvertrag zuzuordnen ist, durch das Management als belastend eingestuft wird.[457] Der Zeitpunkt, zu dem sich ein Vertragsportfolio als belastend erweist, ist demnach der frühest mögliche Ansatzzeitpunkt eines abgeschlossenen Versicherungsvertrages. Daher und aufgrund der Bedeutung des sog. *onerous test* für die Beurteilung der aktuell vorgesehenen Ansatzregelungen im Vergleich zu dem Zeitpunkt der Vertragsunterzeichnung als alternativem Bilanzansatzzeitpunkt im Standardentwicklungsprozess wird im Folgenden zunächst der Bilanzansatz bei belastenden Vertragsportfolios entsprechend den Vorschriften des ED/2013/7 betrachtet. Es sei jedoch bereits hier darauf hingewiesen, dass gemäß den vorläufigen Beschlüssen des IASB im Redeliberationsprozess künftig keine erwartungsgemäß defizitären mit erwartungsgemäß gewinnbringenden Verträgen zu einem Portfolio zusammengefasst werden dürfen.[458]

431.2 Bilanzansatz vor Beginn der Deckungsperiode bei belastendem Vertragsportfolio

Sofern ein Portfolio von Versicherungsverträgen im Einzelfall nach dem Abschluss der neuen, noch nicht bilanzierten Verträge als belastend identifiziert wird, muss bereits vor dem Beginn der Deckungsperiode als regelmäßigem Ansatzzeitpunkt unmittelbar erfolgswirksam eine Rückstellung gebildet werden.[459] Dies ist erforderlich, um die eingegangene, aktuelle Risikosituation adäquat

---

454 Vgl. zu diesem Begriff IASB (Hrsg.), ED/2010/8: Insurance Contracts, Tz. B24 sowie ähnlich IASB (Hrsg.), ED/2013/7: Insurance Contracts, Tz. B18.
455 Vgl. IASB (Hrsg.), ED/2013/7: Insurance Contracts, Tz. 12.
456 Vgl. IASB (Hrsg.), ED/2013/7: Insurance Contracts, Tz. BCA213.
457 Vgl. IASB (Hrsg.), ED/2013/7: Insurance Contracts, Tz. 12.
458 Vgl. IASB (Hrsg.), IASB Update June 2014, S. 3.
459 Vgl. IASB (Hrsg.), ED/2013/7: Insurance Contracts, Tz. 12 (c), Tz. 15 und Tz. BCA214.

abzubilden. In diesem Zuge sind auch die neu abgeschlossenen Versicherungsverträge in die Beurteilung einzubeziehen, ob das jeweilige Vertragsportfolio insgesamt defizitär ist.[460] Resultiert hieraus eine zusätzliche Rückstellungsbildung, so entspricht dies einem Bilanzansatz jener Verträge vor dem Beginn ihrer Deckungsperiode. Diese Regelung ist unabhängig davon anzuwenden, ob mehrere Verträge abgeschlossen werden, die zusammen ein neues Vertragsportfolio bilden oder aber neue Verträge in ein bestehendes Vertragsportfolio eintreten. Wenngleich im Standardentwurf keine konkreten Aussagen zur relevanten Perspektive getroffen werden, kann angesichts der vorläufigen Entscheidungen des Board davon ausgegangen werden, dass die Einschätzungen des Managements maßgeblich sind und ggf. einen *onerous test* auslösen.[461]

Ein neu gebildetes Portfolio von Versicherungsverträgen gilt ab dem Zeitpunkt der vertraglichen Bindung und bevor die ersten Prämienzahlungen geleistet wurden als **belastend**, wenn der Erfüllungsbetrag zzgl. jeglicher vor Beginn der Deckungsperiode anfallender Nettoauszahlungsströme einen positiven Wert annimmt.[462] Dies würde einer negativen vertragsbezogenen Servicemarge entsprechen, die jedoch nicht gebildet werden darf, sondern eine aufwandswirksame Rückstellungsbildung auslöst. Folglich wird im Zuge des ***onerous test*** der mit dem Vertragsportfolio verbundene erwartete Barwert künftiger Auszahlungsströme zzgl. der Risikomarge dem erwarteten Barwert künftiger Einzahlungsströme aus dem jeweiligen Portfolio gegenübergestellt.[463] Hierbei sind stets auch die vor Beginn der Deckungsperiode anfallenden Zahlungsströme zu beachten.

Werden die Portfolios jedoch nicht u. a. nach ähnlichen Abschlusszeitpunkten der Verträge gebildet, so ist ggf. zu beurteilen, ob die neu abgeschlossenen Versicherungsverträge in ein dann insgesamt defizitäres Portfolio eintreten. Daher ist die Definition eines belastenden Vertragsportfolios auf die Situation der bereits laufenden Deckungsperiode zu übertragen. Der Beurteilung, ob ein einzelner Vertrag bereits vor dessen Deckungsperiode anzusetzen ist, liegt die Überlegung zugrunde, dass die vereinbarte Vergütung im Zeitpunkt des Vertragsabschlusses ausreichen muss, um sämtliche künftig zu erfüllenden Leistungsverpflichtungen zu decken. Sofern die Vergütung nicht ausreicht, wäre auf Einzelvertragsebene in Höhe des Differenzbetrages unmittelbar aufwandswirksam eine Rückstellung zu bilden. Da somit die mit der künftigen Leistung zur Gewährung von Versicherungsschutz verbundene Belastung im Vordergrund steht, ist nach der hier vertretenen Ansicht ein Vertragsportfolio während der Deckungsperiode in diesem Zusammenhang als defizitär einzustufen, wenn für die künftige, noch verbleibende Deckung ein Verlust erwartet wird. Folglich muss dem Barwert[464] der auf diesen Zeitraum entfallenden noch zu zahlenden oder bereits erhaltenen

---

460 Vgl. ELLENBÜRGER, F./ENGELÄNDER, S./KÖLSCHBACH, J., IFRS für Versicherungsverträge, S. 817.

461 Vgl. IASB (HRSG.), IASB Update March 2011, S. 3.

462 Vgl. IASB (HRSG.), ED/2013/7: Insurance Contracts, Tz. 15.

463 Vgl. auch IASB (HRSG.), IASB Update December 2011, S. 4. Ein *onerous test* ist darüber hinaus auch bei Anwendung des vereinfachten Bewertungsmodells vorgesehen, falls Indizien darauf hindeuten, dass das Portfolio von Versicherungsverträgen belastend ist. Vgl. Abschnitt 462.5.

464 Um zu beurteilen, ob ein Vertragsportfolio defizitär ist, erscheint es geboten, bei den bereits in der Vorperiode geleisteten Prämien für die künftige Deckung auch den Zeitwert des Geldes zu berücksichtigen. Wenngleich Investitionserträge keine Zahlungsstromkomponenten darstellen, die in das Bewertungsmodell eingehen (vgl. IASB (HRSG.), ED/2013/7: Insurance Contracts, Tz. B67 (a)), so ist jene Erhöhung der erhaltenen Prämienzahlungen erforderlich, um sie mit dem Barwert der künftig erwarteten Auszahlungsströme vergleichbar zu

Prämien der nach aktuellen Verhältnissen bewertete Barwert künftiger Auszahlungsströme zzgl. der Risikomarge gegenübergestellt werden. Um zu beurteilen, ob die neu abgeschlossenen Verträge bereits vor Beginn deren jeweiliger Deckungsperiode eine Rückstellungsbildung auslösen, sind die mit diesen bisher nicht bilanzierten Verträgen verbundenen Erfüllungsbeträge sowie die vor der Deckung anfallenden Nettozahlungsströme stets in die Betrachtung einzubeziehen.[465] In der Höhe eines Überschusses des Barwertes der Auszahlungsströme und der Risikomarge für die künftige Deckung sowie etwaiger Nettoauszahlungsströme vor Beginn der Deckungsperiode über den Barwert der Einzahlungsströme ist unmittelbar erfolgswirksam eine Rückstellung zu bilden.[466]

Insofern wird jene Rückstellung konsistent zur Bewertung der versicherungstechnischen Rückstellung bei gewöhnlichem Bilanzansatz ermittelt.[467] Indem konsequent auf den Erfüllungsbetrag[468] als Bewertungsmaßstab zurückgegriffen wird, kann somit eine prinzipienkonforme und konsistente Bewertung der verschiedenen Rückstellungsarten gewährleistet werden. Die im Rahmen des Entwicklungsprozesses teils noch zur Disposition gestellte Einbeziehung der Risikomarge ist hierfür zwingend erforderlich, zumal sie eine zentrale Komponente des Bewertungsmodells darstellt, um die für das Versicherungsgeschäft typische Unsicherheit ausreichend zu berücksichtigen.[469] Dementsprechend wird die Risikomarge zweckmäßigerweise künftig sowohl in die Beurteilung, ob ein Vertragsportfolio als belastend einzustufen ist, als auch in die Bewertung einer hieraus erwachsenden Rückstellung zwingend einzubeziehen sein.[470]

Ein *onerous test* ist immer dann durchzuführen, wenn **Tatsachen** und **Gegebenheiten** darauf hinweisen, dass ein Portfolio gleichartiger Versicherungsverträge belastend ist.[471] Um zu konkretisieren, welche Ereignisse bzw. Umstände eine solche Prüfung auslösen könnten, stellt der Board zusätzliche Hinweise in den *application guidance* in Aussicht, die indes im ED/2013/7 (noch) nicht adressiert werden.[472] Bei der Anwendung des vereinfachten Bewertungsmodells wurde im Überarbeitungsprozess als Auslösetatbestand eines *onerous test* bspw. eine die 100 %-Grenze übersteigende, kombinierte Schaden-/Kostenquote, bezogen auf den Versicherungsbestand des betreffenden Jahres, vorgeschlagen.[473] Dieses Kriterium lässt sich auch auf die Beurteilung übertragen, ob ein *onerous test* erforderlich ist, um zu überprüfen, ob ein neu abgeschlossenes Vertragsportfolio bzw. ein bereits bestehendes Vertragsportfolio nach dem Abschluss neuer Versicherungsverträge belas-

machen. Zu betonen ist, dass es hierbei ausschließlich um die Identifikation und Bewertung belastender Vertragsportfolios in Bezug auf die künftige Deckung geht.

465 Vgl. Ellenbürger, F./Engeländer, S./Kölschbach, J., IFRS für Versicherungsverträge, S. 817.

466 Vgl. IASB (Hrsg.), ED/2013/7: Insurance Contracts, Tz. 15.

467 Diese konsistente Bewertungsbasis war in den vorläufigen Entscheidungen des Board noch explizit als Forderung enthalten. Vgl. IASB (Hrsg.), IASB Update December 2011, S. 5.

468 Vgl. ausführlich zu diesem Bewertungsmaßstab Abschnitt 441.

469 Vgl. zum grds. analog anzuwendenden *onerous test* im Rahmen des vereinfachten Bewertungsmodells IASB/FASB (Hrsg.), Onerous contracts (agenda paper 7D), Tz. 36 i. V. m. Tz. 37 sowie für die mit dem Ausschluss der Risikomarge verbundenen vermeintlichen Vorteile Tz. 35 i. V. m. Tz. 37.

470 Vgl. IASB (Hrsg.), ED/2013/7: Insurance Contracts, Tz. 15 sowie unterstützend IASB (Hrsg.), IASB Update February 2012, S. 7.

471 Vgl. IASB (Hrsg.), ED/2013/7: Insurance Contracts, Tz. 15 und Tz. BCA214.

472 Vgl. IASB (Hrsg.), IASB Update December 2011, S. 4 f.

473 Vgl. IASB/FASB (Hrsg.), Short Duration Contracts (agenda paper 1), Tz. 125 (a).

tend ist. Sofern also die kombinierte Schaden-/Kostenquote für ein vergleichbares bilanziertes Vertragsportfolio bzw. bei einem Portfolioeintritt neuer Verträge für dasselbe Portfolio ermittelt wird und die Verlustgrenze deutlich unterschreitet, kann dies als starkes Indiz gewertet werden, dass das neu zusammengesetzte Portfolio den Versicherer für die künftige Deckung höchst wahrscheinlich nicht belasten wird.[474] Wenngleich die individuellen Verhältnisse eine abweichende Beurteilung in Einzelfällen theoretisch plausibilisieren könnten, ist ein *onerous test* bei einer die Verlustgrenze überschreitenden kombinierten Schaden-/Kostenquote in aller Regel gerechtfertigt und erforderlich.

Ein weiterer Hinweis für ein ggf. belastendes Vertragsportfolio kann in einem signifikanten Anstieg der Schadeneintrittshäufigkeit bzw. der jeweiligen Schadenhöhen gesehen werden.[475] Eine derartige Veränderung der Umstände lässt darauf schließen, dass auch die kombinierte Schaden-/Kostenquote im Vergleich zu den bisherigen Einschätzungen für das jeweilige Portfolio bzw. ein Referenzportfolio deutlich steigen wird und sich das Vertragsportfolio somit der Verlustgrenze nähert. Darüber hinaus sollte auch eine strukturelle Veränderung des Risikoprofils der gezeichneten Versicherungsverträge des Portfolios einen *onerous test* auslösen, vor allem, sofern der Versicherer nur über geringe Erfahrungen in Bezug auf die geänderte Risikosituation verfügt.[476] In einem solchen Fall besteht zumindest die gesteigerte Gefahr, dass sich das Vertragsportfolio bspw. aufgrund von Änderungen der Eintrittsbedingungen oder der Häufigkeit schadenauslösender Ereignisse sowie potentieller Schadenhöhen so nachteilig für den Versicherer entwickelt, dass das Vertragsportfolio belastend sein könnte. Dies gilt in gleichem Maße für die Beurteilung, ob ein komplett neu abgeschlossenes Vertragsportfolio defizitär ist oder aber ein bestehendes Portfolio zum Zeitpunkt des Eintritts neuer Verträge die Verlustgrenze bezogen auf die künftige Deckung erreicht hat.

Zu berücksichtigen ist bei diesen möglichen Indikatoren bzw. auslösenden Ereignissen für einen *onerous test* stets die Ausgangssituation und somit die bisher erwartete Profitabilität des bestehenden Vertragsportfolios bzw. eines vergleichbaren Referenzportfolios. Hiervon hängt der Grad der Veränderung der zuvor genannten Parameter ab, durch den das Portfolio die Verlustgrenze erreichen könnte. Ferner impliziert die Portfoliodefinition des IASB in der Fassung des zweiten Standardentwurfes bereits, dass lediglich solche Verträge in einem Portfolio zusammengefasst werden dürfen, die im Hinblick auf die eingegangenen Risiken ähnlich bepreist werden und daher auch durch eine vergleichbare erwartete Profitabilität gekennzeichnet sind.[477] Hierdurch wird die Gefahr, dass im Voraus als profitabel erwartete Verträge mit neu abgeschlossenen, erwartungsgemäß belastenden Verträgen kombiniert werden, zumindest stark begrenzt.[478]

Wenngleich sich unterdessen in den vorläufigen Entscheidungen des IASB abzeichnet, dass die Bedingung der ähnlichen Bepreisung für die Portfoliobildung aufgegeben wird, so fordern jene Vorschläge sogar explizit, von einer Zusammenfassung belastender mit gewinnbringenden Versi-

---

474 Vgl. ähnlich IASB/FASB (Hrsg.), Short Duration Contracts (agenda paper 1), Tz. 125 (a).

475 Vgl. hierzu sowie im Folgenden IASB/FASB (Hrsg.), Short Duration Contracts (agenda paper 1), Tz. 125 (b).

476 Vgl. IASB/FASB (Hrsg.), Short Duration Contracts (agenda paper 1), Tz. 125 (c).

477 Vgl. IASB (Hrsg.), ED/2013/7: Insurance Contracts, Appendix A; IASB/FASB (Hrsg.), Unit of account (agenda paper 2A), Tz. 22-29.

478 Vgl. hierzu ausführlich Abschnitt 441.52.

cherungsverträgen im Zugangszeitpunkt abzusehen.[479] Dies impliziert zugleich, dass theoretisch auf Einzelvertragsebene geprüft werden müsste, ob eine mögliche Belastung vorliegt, so dass sich das Vorzeichen des Erfüllungsbetrages eines Versicherungsportfolios durch einen Portfolioeintritt nicht ändern kann. Gleichwohl dürfte eine gemeinsame Beurteilung auf Portfolioebene – auch bei Portfolioeintritten – weiterhin unschädlich sein, wenn die zusammengefassten Verträge die Definitionsmerkmale eines Portfolios erfüllen und keine Hinweise auf unterschiedliche Vorzeichen der Erfolgswirkungen aus den Verträgen schließen lassen.

431.3 Beginn der Deckungsperiode als regelmäßiger Ansatzzeitpunkt

Falls die ersten Prämienzahlungen nicht vor dem Startzeitpunkt der Leistung von Versicherungsschutz fällig werden, sind Versicherungsverträge grds. beim Beginn der vertraglich vereinbarten Deckungsperiode bilanziell anzusetzen.[480] Hiermit wählt der IASB nunmehr eine andere Ansatzkonzeption, als dies noch im ersten Standardentwurf vorgesehen war. So wurde im ED/2010/8 auf denjenigen Zeitpunkt abgestellt, zu dem der Versicherer Vertragspartner geworden ist.[481] Konkretisierend galt in diesem Sinne der frühere Zeitpunkt aus der Bindung an die vertraglichen Bestandteile und der erstmaligen Gewährung von Versicherungsschutz, ohne die Möglichkeit des Versicherers, sich seiner Verpflichtung noch zu entziehen bzw. den Preis vollständig an eine geänderte Risikosituation anzupassen, als maßgeblicher Ansatzzeitpunkt.[482] Sofern kein zusätzlicher Versicherungsschutz vor der Vertragsunterzeichnung vereinbart wurde, sollte diese den bilanziellen Ansatz des Vertrages begründen.[483] Der Beginn der Deckungsperiode und der Zeitpunkt der Vertragsunterzeichnung sind für die Bilanzierung von Versicherungsverträgen hierbei als die beiden wesentlichen, theoretisch möglichen Bilanzansatzzeitpunkte gegenüberzustellen.[484]

Schaden- und Unfallversicherer haben ihre Versicherungsverträge bisher mehrheitlich zu Beginn der Deckungsperiode angesetzt. Daher würde ein generell verpflichtender Ansatz zum Zeitpunkt des Vertragsabschlusses, falls dieser zeitlich vorgelagert ist, zusätzlichen Aufwand und Herausforderungen im Bereich der Datenbeschaffung und Systemumstellung auslösen.[485] Darüber hinaus wurde in den Stellungnahmen kritisiert, dass diese Kosten nicht durch einen durch den früheren Bilanzansatz hervorgerufenen Nutzengewinn in Form von besseren Informationen gerechtfertigt werden könnten. Bei gewinnbringenden Verträgen wäre zu diesem Zeitpunkt ohnehin keine versicherungstechnische Rückstellung anzusetzen. Vielmehr wäre einem möglichen Vermögenswert in Höhe des erwarteten Gewinns eine eigens geschaffene, betragsmäßig identische vertragsbezogene Servicemarge entgegenzusetzen, die den **Bilanzansatz auf Null** kalibriert. Eine andere Situation

---

479 Vgl. IASB (Hrsg.), IASB Update June 2014, S. 3; IASB (Hrsg.), Level of aggregation (agenda paper 2C), Tz. 3 (c) (i), Tz. 22 und Tz. 32 f.

480 Vgl. IASB (Hrsg.), ED/2013/7: Insurance Contracts, Tz. 12; Ellenbürger, F./Engeländer, S./Kölschbach, J., IFRS für Versicherungsverträge, S. 817.

481 Vgl. IASB (Hrsg.), ED/2010/8: Insurance Contracts, Tz. 13.

482 Vgl. IASB (Hrsg.), ED/2010/8: Insurance Contracts, Tz. 14.

483 Vgl. Schweinberger, S./Horstkötter, M., Bilanzierung von Versicherungsverträgen gemäß ED/2010/8, S. 548.

484 Dies gilt für den Fall, dass es sich nicht um belastende Vertragsportfolios handelt.

485 Vgl. Nguyen, T./Grosche, S., Einfluss der IFRS-Bilanzierung auf Solvency II, Fn. 17; IASB/FASB (Hrsg.), Timing of initial recognition (agenda paper 3I), Tz. 14. In den *comment letters* wurde der größte Umstellungsbedarf für die Bereiche der Rückversicherung und der Krankenversicherung identifiziert. Vgl. IASB/FASB (Hrsg.), Timing of initial recognition (agenda paper 3I), Tz. 13.

würde sich einstellen, sofern bereits bei Vertragsabschluss Prämienzahlungen geleistet wurden und infolgedessen ein Verpflichtungsüberschuss begründet wird.[486] Ist hingegen nach dem Vertragsabschluss ein Verlust aus dem Portfolio von Versicherungsverträgen zu erwarten, so wird dessen unmittelbar erfolgswirksame Erfassung und somit der direkte Ansatz des Vertrages auch durch die Bildung einer Rückstellung infolge des *onerous test* sichergestellt, sofern Hinweise und Indizien einen solchen Test auslösen. Eine Abkehr von dem Grundsatz, Versicherungsverträge bei Beginn der Deckungsperiode anzusetzen, ist hierfür im Regelfall nicht erforderlich. Zudem könnten Parameteränderungen zwischen dem Vertragsabschluss und dem Beginn der Deckungsperiode auf Basis der Bewertungsregelungen des zweiten Standardentwurfes Erfolgswirkungen auslösen, ohne dass der Versicherer bereits Leistungen i. S. d. Risikotragung erbracht hat und der Vertrag noch als vollständig schwebend einzustufen ist.[487] Sofern die vorläufige Entscheidung des IASB, dass Änderungen der Risikomarge für die künftige Deckung in die positive vertragsbezogene Servicemarge eingehen und nicht sofort erfolgswirksam erfasst werden,[488] in den finalen Standard übernommen wird, kann zumindest der letztgenannte Kritikpunkt entkräftet werden.

Ferner wird in den *comment letters* angemerkt, dass der Versicherer vor Beginn der Deckungsperiode noch keinen Risiken ausgesetzt sei, zumal das versicherte Objekt bis zum Startzeitpunkt der Gewährung von Versicherungsschutz noch untergehen könne und somit durch den Bilanzansatz unmittelbar bei Vertragsunterzeichnung keine entscheidungsnützlicheren Informationen vermittelt werden.[489] Wenngleich die Versicherungsleistung der Risikotragung über die Deckungsperiode noch vollständig aussteht, so ist durch den Vertragsabschluss und der damit i. d. R. verbundenen fehlenden Möglichkeit, den Preis an eine geänderte Risikosituation anzupassen, bereits das Risiko angelegt, dass die künftigen Schadenzahlungen die Prämienzahlungen übersteigen könnten. Dieser Gefahr wird jedoch auch im Rahmen des *onerous test* begegnet, indem im Fall eines erwarteten Überhangs risikoadjustierter künftiger Auszahlungsströme vor Beginn der Deckungsperiode der neu abgeschlossenen Verträge eine Rückstellung gebildet wird. Zudem sind die in das Bewertungsmodell eingehenden Erwartungen über künftige Zahlungsströme bei Vertragsabschluss bzw. der Bindung an den Vertragsinhalt vielfach eingeschränkter nachprüfbar als zu Beginn des Deckungszeitraumes. So kann bspw. die Einschätzung der Abschlussquote bei Kollektivversicherungen, die sich mitunter auf die Höhe der individuellen Prämien auswirken kann, noch nicht unmittelbar nach Abgabe eines bindenden Angebotes auf Gruppenebene und den ersten individuellen Bestätigungen der Versicherten validiert werden.[490] Insofern erscheint es zweckmäßig, für den Bilanzansatz in

---

486 Vgl. IASB/FASB (Hrsg.), Timing of initial recognition (agenda paper 3I), Tz. 15 (a) sowie Tz. 25 (b).

487 Vgl. IASB (Hrsg.), ED/2010/8: Insurance Contracts, Tz. 21; Ellenbürger, F./Husch, R., Bilanzierung von Versicherungsverträgen nach ED/2010/8, S. 265; Schweinberger, S./Horstkötter, M., Bilanzierung von Versicherungsverträgen gemäß ED/2010/8, S. 548. Vgl. auch IASB/FASB (Hrsg.), Timing of initial recognition (agenda paper 3I), Appendix, Tz. 2.

488 Vgl. IASB (Hrsg.), IASB Update March 2014, S. 2.

489 Vgl. IASB/FASB (Hrsg.), Timing of initial recognition (agenda paper 3I), Tz. 15 (c) und (d); a. A. Nguyen, T./Grosche, S., ED IFRS 4 aus aufsichtsrechtlicher Perspektive, S. 426.

490 Zunächst betrachtet der Versicherer das Kollektiv als Ganzes und legt hierfür die vertraglichen Bedingungen einschließlich der geforderten Prämien für die jeweilige Schutzleistung fest. Innerhalb eines gewissen Zeitraumes vor Beginn der Versicherungsdeckung können dann die Mitglieder jenes Kollektivs individuell entscheiden, ob sie den Versicherungsschutz annehmen. Vgl. IASB/FASB (Hrsg.), Timing of initial recognition (agenda paper 3I), Tz. 15 (e) und Tz. 16.

erster Linie auf den Beginn der Deckungsperiode abzustellen und zusätzlich einen *onerous test* zu fordern, wenn Hinweise auf ein defizitäres Portfolio schließen lassen.

Zu beachten ist ferner, dass lediglich versicherungstechnische Rückstellungen bzw. auch Vermögenswerte, die aus bestehenden Versicherungsverträgen resultieren, bilanziell abgebildet werden dürfen.[491] Die Vorwegnahme künftiger Ansprüche und Verpflichtungen aus noch abzuschließenden Verträgen wäre zu unsicher und würde sowohl einer neutralen und somit glaubwürdigen Darstellung entgegenstehen als auch deren Nachprüfbarkeit einschränken. Gleichwohl wurde im ED/2010/8 explizit darauf hingewiesen, dass im Zuge der Gewinnverwendung für künftig einzugehende Risiken Beträge in den Rücklagen angesammelt werden können.[492]

Da der im Vergleich zum ED/2010/8 tendenziell spätere Bilanzansatzzeitpunkt mit der Verpflichtung zur Erfassung von Verträgen im Zeitraum vor Beginn der Versicherungsdeckung im Fall belastender Vertragsportfolios kombiniert wird, kann eine Berichterstattung über die gravierenden, aus der Versicherungsleistung erwachsenden Risiken grds. auch mit diesem Konzept gewährleistet werden. Zudem führt die oftmals bessere Informationslage des Versicherers zu glaubwürdigeren Einschätzungen der künftig im Rahmen der Vertragserfüllung anfallenden Zahlungsströme, so dass die im ED/2013/7 umgesetzten Regelungsänderungen zu begrüßen sind.

432. Zeitpunkt der Ausbuchung

Eine versicherungstechnische Rückstellung ist aufzulösen, wenn sie **erlischt** und somit die aus dem Vertrag erwachsende Verpflichtung erfüllt bzw. gekündigt wird oder aber die Leistungsverpflichtung abgelaufen ist.[493] Diese Regelung impliziert also eine **Ausbuchung** der Rückstellung, wenn der Versicherer den vertraglichen Leistungsverpflichtungen nachkommt. Sofern ein Schadenereignis eingetreten ist, darf die entsprechende Rückstellung erst dann ausgebucht werden, wenn der Versicherungsfall endgültig reguliert und somit abgeschlossen wurde.[494]

Läuft die Deckungsperiode hingegen aus, ohne dass innerhalb dieses Zeitraumes künftige Schadenzahlungen des Versicherers begründet wurden, so wäre die versicherungstechnische Rückstellung theoretisch mit dem Ablauf der Gewährung des Versicherungsschutzes aufzulösen. Da der Versicherer jedoch mitunter erst einige Monate bzw. Jahre nach Ablauf der Deckungsperiode Kenntnis über Schäden erlangt, die durch einen Versicherungsvertrag gedeckt waren, stellt sich die Frage, ob versicherungstechnische Rückstellungen überhaupt gänzlich aufgelöst werden können.[495] Um die Auflösung der Verpflichtungen konsistent zu deren Bilanzansatz zu gestalten, ist für die Ausbuchung auf denjenigen Zeitpunkt abzustellen, zu dem der Versicherer keinen respektive lediglich vernachlässigbar geringen Risiken aus dem Versicherungsvertrag ausgesetzt ist. Da auch nach Ablauf der Deckungsperiode aus dem Vertrag vom Versicherer zu tragende Schadenzahlungen resultieren können, ist dieser gewissermaßen weiterhin einem Risiko und somit den potentiellen Fol-

---

491 Vgl. IASB (Hrsg.), ED/2013/7: Insurance Contracts, Tz. 16.
492 Vgl. IASB (Hrsg.), ED/2010/8: Insurance Contracts, Tz. 15.
493 Vgl. IASB (Hrsg.), ED/2013/7: Insurance Contracts, Tz. 50.
494 Vgl. Schweinberger, S./Horstkötter, M., Bilanzierung von Versicherungsverträgen gemäß ED/2010/8, S. 548.
495 Vgl. IASB (Hrsg.), ED/2013/7: Insurance Contracts, Tz. BCA223.

gen der ursprünglichen Versicherungsdeckung ausgesetzt. Die vertragliche Verpflichtung, diese möglicherweise fälligen Schadenzahlungen zu übernehmen, sollte nicht vernachlässigt werden, da anderenfalls eine vollständige Abbildung der Verpflichtungen nicht gewährleistet wäre.[496]

Theoretisch müssten die versicherungstechnischen Rückstellungen auch nach Ende des Versicherungszeitraumes weiterhin auf Basis des allgemein gültigen Bewertungsmodells bilanziell abgebildet werden, wobei auch hier auf die unternehmensspezifische Sichtweise zu rekurrieren ist.[497] Eine Ausbuchung der entsprechenden Rückstellung wäre dann vertretbar, wenn das mit dem korrespondierenden Vertrag verbundene Risiko vernachlässigbar ist. Maßgeblich hierfür ist wiederum die individuelle Einschätzung, so dass es im Ermessen der Abschlussersteller liegt, bei welcher Höhe des Erwartungswertes künftiger Schadenzahlungen und, daraus abgeleitet, zu welchem Zeitpunkt eine Ausbuchung gerechtfertigt erscheint. Als Anwendungsleitlinie könnten hierbei die Vergangenheitserfahrungen mit Verträgen über gleichartige Risiken dienen, so dass die Rückstellung mindestens so lange über die Dauer der Deckungsperiode hinaus in der Bilanz verbleibt, bis aufgrund der Erfahrungen nicht mehr mit der Meldung während des Versicherungszeitraumes verursachter, nicht nur unwesentlicher Schäden zu rechnen ist. Konkretisierend könnte für die Ausbuchung auf den spätesten Zeitpunkt nach Ende der Deckungsperiode abgestellt werden, zu dem in der Vergangenheit wesentliche Schäden gemeldet wurden. Sofern keine Vergleichsdaten zur Verfügung stehen, müsste auf verallgemeinerte Statistiken zurückgegriffen werden. Ferner ist zu beachten, dass die versicherungstechnischen Rückstellungen im Zeitablauf mit dem Verstreichen schadenfreier Jahre betragsmäßig abnehmen werden, da der Erwartungswert künftiger Schadenzahlungen infolge einer verringerten Wahrscheinlichkeit der Schadenmeldungen sinkt. Daher wird sich die Situation bei einer fortgeführten Bilanzierung der Verpflichtung derjenigen bei einer Ausbuchung stetig annähern.[498]

Sofern die Vertragsparteien eine Änderung der vertraglichen Konditionen beschließen, ist der ursprüngliche Versicherungsvertrag auszubuchen und stattdessen der neue Vertrag anzusetzen, falls dieser nicht in den Anwendungsbereich des IFRS 4 fällt, der originäre Vertrag nach den vereinfachten Bewertungsvorschriften behandelt wurde und diese nicht länger anwendbar sind oder der modifizierte Vertrag nunmehr einem anderen Portfolio zuzuordnen wäre.[499] Zu bewerten ist der Vertrag, indem jene Prämie zugrunde gelegt wird, die der Versicherer für einen Vertrag mit inhaltsgleichen Konditionen zum Zeitpunkt der Vertragsänderung verlangen würde.[500]

---

496 Vgl. IASB (Hrsg.), ED/2013/7: Insurance Contracts, Tz. BCA223.

497 Dabei müssten die für eingetretene, aber noch nicht gemeldete Schadenfälle erwartungsgemäß erforderlichen Auszahlungsströme für ein konzeptionell stimmiges Bewertungsmodell allerdings bereits in die Bestimmung des Erfüllungsbetrages im Zugangszeitpunkt einfließen.

498 Ähnlich IASB (Hrsg.), ED/2013/7: Insurance Contracts, Tz. BCA223. Zudem wird die Wahrscheinlichkeit einer verzögerten Schadenmeldung regelmäßig als gering einzustufen sein, sofern nicht bereits konkrete Hinweise vorliegen.

499 Vgl. IASB (Hrsg.), ED/2013/7: Insurance Contracts, Tz. 49 (a). Sind diese Bedingungen hingegen nicht erfüllt, so müssen zusätzlich eingegangene Leistungsverpflichtungen als neuer Vertrag behandelt werden, ohne dass die aus dem ursprünglichen Vertrag resultierende Rückstellung aufgelöst wird. Wird der Umfang der zu erbringenden Leistung reduziert, ist der entsprechende Anteil der Rückstellung aufzulösen. Vgl. IASB (Hrsg.), ED/2013/7: Insurance Contracts, Tz. 49 (b), Tz. BCA220 und Tz. BCA222.

500 Vgl. IASB (Hrsg.), ED/2013/7: Insurance Contracts, Tz. 49 (a) sowie Tz. BCA219.

433. Spezifika der Bilanzierung passiver Rückversicherungsverträge und Verknüpfung mit den zugrunde liegenden Erstversicherungsverträgen

433.1 Separate Abbildung

Die von einem Versicherer gehaltenen (passiven) Rückversicherungsverträge sind getrennt von den zugrunde liegenden Erstversicherungsverträgen in der Bilanz anzusetzen.[501] Dies schlägt sich auch im Ausweis nieder, so dass Erst- und passive Rückversicherungsverträge sowie die mit ihnen zusammenhängenden Aufwendungen und Erträge nicht verrechnet werden dürfen, sondern brutto auszuweisen sind.[502] Eine solche Konzeption einer **separaten bilanziellen Behandlung** vermag es in ihrer Grundausrichtung, den Adressaten einen deutlicheren Einblick in die Ansprüche und Verpflichtungen des Versicherers zu vermitteln, als es bei einer konsequenten Nettobetrachtung möglich wäre.[503] Durch den separaten Ansatz und Ausweis der versicherungstechnischen Rückstellungen sowie der Rückversicherungsvermögenswerte können die rechtlich weiterhin vollumfänglich ggü. dem Versicherungsnehmer bestehenden Verpflichtungen von den Adressaten eingesehen und den korrespondierenden Ansprüchen aus den Rückversicherungsverträgen gegenübergestellt werden. Folglich ist die vorgesehene **Bruttobetrachtung** für Bilanzansatz und Ausweis zu begrüßen. Eine zentrale Voraussetzung zur Vermittlung entscheidungsnützlicher Informationen ist jedoch zugleich, dass in einer **Nettobetrachtung**, d. h. nach dem Rückversicherungsschutz, die Differenz zwischen der versicherungstechnischen Rückstellung und dem korrespondierenden Rückversicherungsvermögenswert grds. die beim Zedenten wirtschaftlich verbleibende Verpflichtung repräsentiert.[504] Insofern muss stets gewährleistet werden, dass die Bewertungsregelungen zum identischen Ergebnis führen wie bei einer integrierten Bewertung von passiven Rück- und den zugrunde liegenden Erstversicherungsverträgen.

Maßgeblich für die abschließende Beurteilung der separaten Behandlung ist somit deren Umsetzung durch die Bewertungsregelungen. Abgesehen von einigen Besonderheiten sind passive Rückversicherungsverträge und die korrespondierenden Originalpolicen nach demselben Bewertungsmodell zu behandeln. Ob die gewählte Bruttoperspektive jedoch für sämtliche Bewertungsparameter und sowohl für die Erst- als auch die Folgebewertung dem Ergebnis einer Nettobetrachtung entspricht, gilt es im Rahmen des Bewertungsmodells zu untersuchen.[505]

Die separate Behandlung der beiden miteinander verknüpften Vertragsarten zeigt sich auch konsequent in den Vorschriften zur Ausbuchung der zugehörigen Erstversicherungsverträge. So sind diese zugrunde liegenden Erstversicherungsverträge ungeachtet des erworbenen Rückversicherungsschutzes auszubuchen, wenn die aus ihnen resultierenden Verpflichtungen (bzw. Ansprüche) abgelöst sind.[506] Eine teilweise Ausbuchung zum Zeitpunkt des Bilanzansatzes eines Rückversicherungsvermögenswertes bzw. -vertrages ist nicht zulässig. Dies kann damit begründet werden, dass der Rückversicherungsschutz keine Auswirkung auf die Leistungsverpflichtung des Erstversicherers

[501] Vgl. IASB (Hrsg.), ED/2013/7: Insurance Contracts, Tz. BCA126.
[502] Vgl. IASB (Hrsg.), ED/2013/7: Insurance Contracts, Tz. 54 f. sowie Tz. 63.
[503] Vgl. auch IASB (Hrsg.), ED/2013/7: Insurance Contracts, Tz. BCA126.
[504] So auch Hannover Re/Mapfre Re/Munich Re/Swiss Re (Hrsg.), CL on ED/2010/8, S. 7.
[505] Vgl. Abschnitte 442.9, 443.5, 444.5, 445.4 sowie 458.
[506] Vgl. IASB (Hrsg.), ED/2013/7: Insurance Contracts, Tz. 51 und Tz. BCA135.

ggü. dem ursprünglichen Versicherungsnehmer nimmt und somit der schutzbedürftige Versicherte weiterhin anspruchsberechtigt ggü. dem Erstversicherer ist.[507]

433.2 Zeitpunkt des Bilanzansatzes für passive Rückversicherungsverträge

Entgegen der allgemeinen Ansatzregelung, die einen Bilanzansatz des Versicherungsvertrages in erster Linie zum Zeitpunkt des Beginns der Deckungsperiode fordert, sieht der Standardentwurf für passive Rückversicherungsverträge eine **differenzierte Ansatzkonzeption** vor. Unterschieden wird hierbei zwischen passiven Rückversicherungsverträgen, deren Deckung sich auf den aggregierten Verlust eines Portfolios von Originalpolicen bezieht und solchen Verträgen, welche die individuellen Schäden aus Erstversicherungsverträgen rückversichern.[508] Bei den zuletzt genannten Vertragsgestaltungen ist der für einen Versicherungsvertrag zu übernehmende Rückversicherungsanteil unabhängig von den Schäden bzw. Verlusten, die aus den weiteren zugrunde liegenden Erstversicherungsverträgen innerhalb des jeweiligen Portfolios resultieren.[509]

Werden **aggregierte Verluste** eines Portfolios bspw. durch einen *stop loss* begrenzt, so ist dieser passive Rückversicherungsvertrag entsprechend der gewöhnlichen Ansatzregelung mit Beginn der Deckungsperiode anzusetzen.[510] Hierdurch wird konsequent auf denjenigen Zeitpunkt abgestellt, zu dem der Zedent dem teils rückversicherten Risiko aus den zugrunde liegenden Verträgen tatsächlich ausgesetzt ist. Die fälligen Schadenzahlungen werden ab dem Beginn der Deckungsperiode kumuliert und können innerhalb des vereinbarten Zeitraumes zu jedem beliebigen Zeitpunkt die jeweilige Verlustgrenze erreichen und somit finanzielle Leistungen des Rückversicherers auslösen.[511] Ein späterer Bilanzansatz eines derartigen passiven Rückversicherungsvertrages würde dem wirtschaftlichen Gehalt der Vereinbarung nicht gerecht und könnte infolge einer verzerrten Abbildung der Verpflichtungs- und Risikosituation einer glaubwürdigen Darstellung entgegenstehen.

Anders zu beurteilen ist die Ansatzkonzeption bei passiven Rückversicherungsverträgen, durch die **individuelle Verluste** innerhalb eines Portfolios von Erstversicherungsverträgen rückgedeckt werden. Der Ansatzzeitpunkt dieser Verträge wird strikt an den Beginn der Deckungsperiode bzw., falls früher, an den Zeitpunkt der ersten Prämienzahlung und somit an den Bilanzansatz der zugrunde liegenden Erstversicherungsverträge gebunden.[512] Würde auch hier – wie ursprünglich noch vorgesehen – unverändert auf den Beginn der Deckungsperiode des passiven Rückversicherungsvertrages abgestellt, so ergäben sich bei obligatorischen Rückversicherungsverträgen, die individuelle Verluste eines Portfolios von größtenteils noch abzuschließenden Originalpolicen rückversichern, Ansatzanomalien, die eine Vermittlung entscheidungsnützlicher Informationen konterkarierten. Ein Teil der eigentlich zugrunde liegenden Verträge wäre zu jenem Zeitpunkt noch nicht abgeschlossen, so

---

507 Mitunter aufgrund dieses Umstandes wurde im Rahmen des Entwicklungsprozesses die unmittelbare Erfassung eines Gewinns aus dem Rückversicherungsvertrag zu Vertragsbeginn abgelehnt. Vgl. IASB/FASB (Hrsg.), Reinsurance (agenda paper 3A), Tz. 77.

508 Vgl. IASB (Hrsg.), ED/2013/7: Insurance Contracts, Tz. 41 (a) und Tz. BCA132 f.

509 Siehe hierzu auch IASB/FASB (Hrsg.), Reinsurance (agenda paper 3A), Tz. 47.

510 Vgl. IASB (Hrsg.), ED/2013/7: Insurance Contracts, Tz. 41 (a) (i).

511 Vgl. IASB (Hrsg.), ED/2013/7: Insurance Contracts, Tz. BCA133 (b).

512 Vgl. IASB (Hrsg.), ED/2013/7: Insurance Contracts, Tz. 41 (a) (ii) und Tz. BCA133 (a). Von belastenden zugrunde liegenden Vertragsportfolios wird hier zunächst einmal abstrahiert.

dass dem ganzheitlich abzubildenden passiven Rückversicherungsvertrag bilanziell nicht vollumfänglich die korrespondierenden Erstversicherungsverträge gegenübergestellt werden könnten.[513] Gleichwohl wären die Folgen der Ansatzanomalie im Zugangszeitpunkt begrenzt, da ein passiver Rückversicherungsvertrag zunächst durch den Einsatz einer aktivischen bzw. passivischen vertragsbezogenen Servicemarge, die einen erwarteten Verlust bzw. einen erwarteten Gewinn abgrenzt, auf Null kalibriert wird und sich auch die Rückstellung für gewinnbringende Erstversicherungsverträge erst mit dem Erhalt von Prämienzahlungen aufbaut. Dennoch würden sich die Anomalien verstärkt in der Folgebewertung aufgrund (künstlich) voneinander abweichender Auflösungsmuster für die jeweiligen vertragsbezogenen Servicemargen äußern. Zudem werden durch einen Rückversicherungsvertrag nur dann Risiken transferiert, sofern die jeweiligen Originalpolicen existieren.[514] Die Forderung eines hinreichenden Risikotransfers ist zu erfüllen, damit überhaupt ein Rückversicherungsvertrag vorliegen kann, und darf bei der Beurteilung des Ansatzzeitpunktes nicht wieder ausgehebelt werden.

Um sowohl dem wirtschaftlichen Gehalt jener passiven Rückversicherungsverträge gerecht zu werden als auch die Vermögens-, Finanz- und Ertragslage in den Folgeperioden den tatsächlichen Verhältnissen entsprechend abzubilden, ist bei der Deckung individueller Verluste eine Anknüpfung an den Bilanzansatz der zugrunde liegenden Erstversicherungsverträge entscheidend. Obligatorische passive Rückversicherungsverträge sind demnach spiegelbildlich **sukzessive** mit dem Beginn der Deckungsperiode der jeweils neu abgeschlossenen Originalpolicen anzusetzen. Indem das rückversicherte Portfolio im Zeitablauf zunächst anwächst, ändern sich entsprechend die Ausprägungen der Bewertungsparameter, so dass der sukzessive Bilanzansatz in Kombination mit der konkreten Bewertung des passiven Rückversicherungsvertrages wirksam wird.

44 Zentrales Bewertungsmodell bei der erstmaligen Erfassung von Versicherungsverträgen

441. Konzeption des Bausteinansatzes zur Ermittlung eines unternehmensspezifischen Erfüllungsbetrages

441.1 Der unternehmensspezifische Erfüllungsbetrag als zentraler Wertmaßstab

Während des Erarbeitungsprozesses des Standards für Versicherungsverträge wurden zahlreiche Wertmaßstäbe diskutiert, die sich konzeptionell unterscheiden und z. T. voneinander abweichende Bilanzierungskonsequenzen nach sich ziehen.[515] Für die zweite Phase des Projektes ist dem in beiden Exposure Drafts vorgesehenen Wertmaßstab eines **unternehmensspezifischen Erfüllungsbetrages *(entity specific value)*** auf Barwertbasis vor allem der im Discussion Paper noch favorisierte ***current exit value*** gegenüberzustellen.

513 Vgl. hierzu auf Basis des ersten Standardentwurfes, bei dem im Zugangszeitpunkt zumindest bei gewinnbringenden passiven Rückversicherungsverträgen unmittelbar erfolgswirksam ein Vermögenswert anzusetzen war, IASB/FASB (Hrsg.), Reinsurance (agenda paper 3A), Tz. 46 sowie Tz. 47 (b) und (c). Vgl. zu dieser Kritik in den Stellungnahmen stellvertretend Hannover Re/Mapfre Re/Munich Re/Swiss Re (Hrsg.), CL on ED/2010/8, S. 9; ACLI (Hrsg.), CL on ED/2010/8, S. 8, wobei hier seitens des IASB neben dem Beginn der Deckungsperiode noch auf den zumeist zeitlich vorgelagerten Vertragsabschluss als Bilanzansatzzeitpunkt abgestellt wurde.

514 Vgl. IASB/FASB (Hrsg.), Reinsurance (agenda paper 3A), Tz. 47 (a).

515 Vgl. hierzu bereits Abschnitt 411.

Mit dem ***current exit value*** wird zur Bewertung von Versicherungsverträgen auf denjenigen Betrag abgestellt, den der Versicherer gemäß seinen Erwartungen am Abschlussstichtag aufzubringen hat, um das verbleibende Bündel an Rechten und Verpflichtungen unverzüglich auf einen Dritten zu übertragen.[516] Diese **veräußerungsmarktorientierte Sichtweise** entspricht der Definition eines Fair Value nach IFRS 13.[517] Da jedoch Versicherungsverträge und daraus resultierende versicherungstechnische Verpflichtungen i. d. R. mangels beobachtbarer Transaktionen nicht direkt anhand von Markwerten bepreist werden können,[518] ist der Bestimmung des beizulegenden Zeitwertes im Einklang mit den Regelungen des IFRS 13 eine hypothetische Transaktion zugrunde zu legen.[519] Zumal auch nicht auf einen Marktpreis ähnlicher Schulden zurückgegriffen werden kann, ist der *exit value* folglich anhand alternativer Bewertungsmethoden zu ermitteln.[520] Das Discussion Paper sieht hierfür bereits ein auf drei Bausteinen beruhendes Bewertungsmodell vor, das auf einem risikoangepassten Barwert der künftig im Rahmen der Verträge anfallenden Zahlungsströme basiert.[521] Unabhängig von der Fragestellung, ob der Bewertung ein *current exit value* oder ein *entity specific value* zugrunde gelegt wird, bedarf es also stets der synthetischen Wertermittlung mittels eines geeigneten Bewertungsmodells.

Wenngleich die Regelungen des Discussion Paper eine möglichst weitgehende Konsistenz der einzubeziehenden Bewertungsparameter zu beobachtbaren Marktpreisen fordern und grds. keine ausschließlich für das bilanzierende Unternehmen relevanten Umstände berücksichtigt werden,[522] basiert das Bewertungsmodell zur Bestimmung des *exit value* vor allem aufgrund der Schätzung der Zahlungsströme in hohem Maße auf nicht-beobachtbaren Inputfaktoren **(Level-3-Inputfaktoren)**.[523] Hierbei wird konsequent eine Übertragung der Verpflichtung unterstellt, so dass die unternehmensspezifischen Besonderheiten bei deren Erfüllung nicht in die Bewertung einbezogen werden dürfen.[524] Diese würden für das übernehmende Unternehmen nicht gelten und sind folglich nicht bewertungsnützlich. Der IASB erkennt zwar an, dass Versicherungsverträge regelmäßig nicht veräußert werden (können) und stattdessen die aus ihnen resultierenden versicherungstechnischen Verpflichtungen zur Vertragserfüllung tatsächlich beglichen werden.[525] Dennoch wird dieser konzeptionelle Unterschied vom IASB nicht als Widerspruch angesehen, da auch bei der synthetischen Ermittlung eines (hypothetischen) Übertragungswertes die zur Begleichung der Verpflichtung

516 Vgl. IASB (HRSG.), DP: Insurance Contracts, Tz. IN21 und Tz. 93.

517 Vgl. IFRS 13.9; KIRSCH, H.-J./KÖHLING, K./DETTENRIEDER, D./GALLASCH, F., in: Baetge et al., Rechnungslegung nach IFRS, IFRS 13, Rn. 14-17.

518 Vgl. IASB (HRSG.), DP: Insurance Contracts, Tz. 93; ENGELÄNDER, S./KÖLSCHBACH, J., Diskussionspapier zur Phase II des Versicherungsprojektes, S. 387 f.

519 Vgl. IFRS 13.21; KIRSCH, H.-J./KÖHLING, K./DETTENRIEDER, D./GALLASCH, F., in: Baetge et al., Rechnungslegung nach IFRS, IFRS 13, Rn. 29; GROßE, J.-V., IFRS 13 „Fair Value Measurement“, S. 288.

520 Vgl. IFRS 13.38 (c).

521 Vgl. IASB (HRSG.), DP: Insurance Contracts, Tz. 31.

522 Vgl. zur geforderten Konsistenz der jeweiligen Bewertungsparameter IASB (HRSG.), DP: Insurance Contracts, Tz. 36-38, Tz. 69 und Tz. 76 (c) sowie zum Ausschluss lediglich für das betrachtete Unternehmen relevanter Zahlungsströme Tz. 56-62. Demnach sollten keine Zahlungsströme einbezogen werden, die für einen Dritten, der eine vollkommen identische Verpflichtung eingeht, nicht zutreffend sind.

523 Vgl. hierzu IFRS 13.86 f. sowie KIRSCH, H.-J./KÖHLING, K./DETTENRIEDER, D./GALLASCH, F., in: Baetge et al., Rechnungslegung nach IFRS, IFRS 13, Rn. 87-93a.

524 Vgl. die beiden Wertmaßstäbe hinsichtlich des Einflusses unternehmensspezifischer Informationen vergleichend KREEB, M., Versicherungskonzernabschluss nach IFRS 4 Phase II, S. 74 f.

525 Vgl. IASB (HRSG.), DP: Insurance Contracts, Tz. 94.

erforderlichen Zahlungsströme maßgeblich sind.[526] Auch wenn Schätzungen der nicht am Markt beobachtbaren künftigen Zahlungsströme im Rahmen der Verträge nur schwer objektivierbar sind und angreifbarer im Hinblick auf deren glaubwürdige Darstellung sowie Nachprüfbarkeit erscheinen, wird dem Ermessen des Bilanzierenden insoweit Grenzen gesetzt, als dass für Dritte irrelevante, unternehmensspezifische Einflüsse von der Bewertung ausgeschlossen sind.

Konzeptionell unterscheidet sich der in den Exposure Drafts vorgesehene ***entity specific value*** also durch die konsequente unternehmensspezifische Erfüllungsperspektive vom veräußerungsmarktorientierten beizulegenden Zeitwert. Da auch der *current exit value* mangels verfügbarer Marktpreise synthetisch ermittelt werden muss und beide Wertmaßstäbe auf Basis des überwiegend identischen Bewertungsmodells bestimmt werden, sind indes keine wesentlichen Abweichungen aufgrund der divergierenden Perspektiven zu erwarten.[527] Unterschiede können sich bspw. bei der Schätzung der Ausprägungen der Level-3-Inputfaktoren ergeben, die sich auf die Ermittlung der künftig anfallenden Zahlungsströme sowie die Festlegung der Risikomarge beziehen.[528] Jedoch verlangt die beim *current exit value* geforderte Marktkonsistenz lediglich, dass die Schätzungen mit den hypothetischen Beurteilungen anderer Marktteilnehmer vereinbar sind und nicht aufgrund unternehmensbezogener Umstände voneinander abweichen. Als unschädlich im Hinblick auf die Marktkonsistenz werden indes die für den jeweiligen Vertrag bzw. das Vertragsportfolio spezifischen Charakteristika angesehen.[529] Zumal das Portfolio die (auch praktisch) relevante Bewertungsebene darstellt, lässt sich hieraus ableiten, dass die individuelle Portfoliozugehörigkeit der Verträge und damit verbundene Risikoausgleicheffekte der Konzeption eines *current exit value* mit den Konkretisierungen des Discussion Paper zweckmäßigerweise nicht entgegenstehen dürften, da diese auch von der übernehmenden Partei in identischer Situation berücksichtigt würden.[530] Insbesondere die für die Verwaltung und Abwicklung der Verträge erforderlichen Zahlungsströme, Wettbewerbsvorteile des jeweiligen Versicherungsunternehmens sowie die besonderen Fähigkeiten des Managements und der Administration dürften im zwischenbetrieblichen Vergleich für wertmäßige Diskrepanzen sorgen.[531] Aber auch die nunmehr ermöglichte Einbeziehung portfolioübergreifender Ausgleichseffekte[532] in den unternehmensspezifischen Erfüllungsbetrag dürfte weitergehende Abweichungen begründen.[533] Konzeptionell unterscheidet sich der *exit value* ferner durch die Einbeziehung des

---

526 Vgl. IASB (Hrsg.), DP: Insurance Contracts, Tz. 102 f. sowie IFRS 13.BC40.

527 Vgl. Geib, G., IFRS für Versicherungsgeschäfte, S. 122; Clark, P. K./Hinton, P. H./Nicholson, E. J./Storey, L./Wells, G. G./White M. G., Fair Value Accounting for General Insurance Companies, S. 1022 f.

528 Vgl. hierzu auch IASB (Hrsg.), Cover note (agenda paper 2), Tz. A2.

529 Vgl. IASB (Hrsg.), DP: Insurance Contracts, Tz. 56-58.

530 Vgl. analog hierzu auch Engeländer, S./Kölschbach, J., Diskussionspapier zur Phase II des Versicherungsprojektes, S. 393. Der Risikoausgleich im Kollektiv ist bei der Bestimmung der Höhe der Risikomarge zu berücksichtigen, was ebenfalls dafür spricht, dass auf die spezifische Portfoliozusammensetzung abzustellen ist. Vgl. hierzu auch König, E., Anwendungsprobleme des IFRS 4 für Rückversicherer, S. 366; Bacher, D. F./Hofmann, A., Versicherungsbilanzierung, quo vadis, S. 314.

531 Vgl. IASB (Hrsg.), DP: Insurance Contracts, Tz. 59-62; Widmann, R./Korkow, K., Spielräume bei der IAS-Bilanzierung noch zu groß, S. 1238; Rockel, W./Sauer, R., IFRS für Versicherungsverträge (II), S. 304.

532 Vgl. IASB (Hrsg.), ED/2013/7: Insurance Contracts, Tz. B77 (a) sowie Tz. BCA104.

533 Ähnlich bereits Rockel, W./Sauer, R., IFRS für Versicherungsverträge (II), S. 304.

Ausfallrisikos des bilanzierenden Versicherers.[534] Bei der Bestimmung des unternehmensspezifischen Erfüllungsbetrages wird dieses konsequent von der Wertermittlung ausgeschlossen.[535]

Die nunmehr gewählte Erfüllungskonzeption sowie die Berücksichtigung der ausschließlich für das bewertende Unternehmen relevanten Daten werden im Vergleich zum *current exit value* oftmals **nur zu geringen Unterschieden bezogen auf das Bewertungsergebnis sowie die Entscheidungsnützlichkeit** der vermittelten Informationen führen. Einer gesteigerten Relevanz durch den unternehmensspezifischen Erfüllungsbetrag, verglichen mit der modellbasierten, marktkonsistenten Wertermittlung, steht die Gefahr einer leicht eingeschränkten glaubwürdigen Darstellung sowie Nachprüfbarkeit gegenüber. Wenngleich mit der Ermittlung des unternehmensspezifischen Erfüllungsbetrages unweigerlich große subjektive Ermessensspielräume und das Risiko gezielter Bilanzpolitik verbunden sind,[536] so relativiert sich diese Kritik, da auch der veräußerungsmarktbezogene beizulegende Zeitwert modellgestützt mit Rückgriff auf individuell auszufüllende Bewertungsparameter zu bestimmen ist.[537] Auch trotz der nur geringfügigen Unterschiede im Ergebnis erscheint eine konsequente Orientierung an der unternehmensspezifischen Erfüllungsperspektive konzeptionell zweckmäßiger, da hierdurch der wirtschaftliche Gehalt sowie das Wesen des Versicherungsgeschäftes zutreffender bilanziell nachempfunden werden. Getrieben wurde die **Abkehr vom *current exit value*** neben der Betonung der Erfüllungskonzeption ferner durch die ablehnende Haltung gegenüber der Einbeziehung des eigenen Ausfallrisikos des Versicherers[538] sowie der Gewinnrealisation unmittelbar beim Bilanzansatz der Versicherungsverträge.[539] Würde der *current exit value* zum maßgeblichen Wertmaßstab erhoben und konsequent angewandt, so wären erwartete Gewinne unmittelbar erfolgswirksam zu erfassen sowie Wertänderungen in den Folgeperioden im Periodenergebnis auszuweisen.[540] Ein etwaiger, zum Zeitpunkt des Bilanzansatzes erwarteter Gewinn ist nunmehr in einer eigens konzipierten vertragsbezogenen Servicemarge abzugrenzen und über den Zeitraum der Deckungsperiode erfolgswirksam zu erfassen.[541] Wenngleich dieses Verbot des Gewinnausweises im Zugangszeitpunkt nicht direkt mit dem Wertmaßstab des *entity specific value* verbunden ist, erscheint eine derartige Erfolgsabgrenzung hiermit eher vereinbar als mit einem *exit value* i. S. d. IFRS 13.

---

534 Vgl. auch für weitere konzeptionelle Unterschiede IASB (Hrsg.), Cover note (agenda paper 2), Tz. A2; IASB (Hrsg.), DP: Insurance Contracts, Tz. 232.

535 Vgl. IASB (Hrsg.), ED/2013/7: Insurance Contracts, Tz. 21.

536 Vgl. Beck, C., Internationale Bilanzierung von Versicherungsverträgen, S. 96 f.; Perlet, H., Zeitwertbilanzierung von Versicherungsunternehmen, S. 298.

537 So auch Ellenbürger, F./Horbach, L./Kölschbach, J., Bewertung versicherungstechnischer Rückstellungen, S. 57.

538 Vgl. IASB (Hrsg.), ED/2010/8: Insurance Contracts, Tz. BC49 (a) (ii) sowie zur Diskussion des Einbeziehungsverbotes des Ausfallrisikos Abschnitt 442.8.

539 Vgl. IASB (Hrsg.), ED/2010/8: Insurance Contracts, Tz. BC49 (a) (iii) sowie zur Diskussion des Verbotes zum Ausweis anfänglicher Gewinne Abschnitt 445.2.

540 Vgl. bspw. Ludwig, F./Baumgärtner, R., Drohende Gefahr durch IFRS 4 Phase II (Teil I), S. 38; Ludwig, F./Baumgärtner, R., Drohende Gefahr durch IFRS 4 Phase II (Teil II), S. 113; Beck, C., Internationale Bilanzierung von Versicherungsverträgen, S. 95.

541 Vgl. IASB (Hrsg.), ED/2013/7: Insurance Contracts, Tz. 18 (b) und Tz. 28 sowie für eine detaillierte Analyse Abschnitt 445.

441.2 Einordnung des Bausteinansatzes in das Bewertungsmodell

Der im aktuellen Standardentwurf für die Bewertung von Versicherungsverträgen als relevanter Wertmaßstab identifizierte unternehmensspezifische Erfüllungsbetrag sowie die aus diesem resultierenden Bilanzierungskonsequenzen basieren auf einem **Bausteinansatz** *(building block approach)*.[542] Das Bewertungsmodell des ED/2013/7 sieht für die Bewertung von (Rück-)Versicherungsverträgen bzw. die hieraus erwachsenden versicherungstechnischen Rückstellungen respektive Vermögenswerte **vier aufeinander abgestimmte Bausteine** vor.[543] Auf Basis dieser Bausteine wird der Wertansatz des jeweiligen Postens sowohl im Zugangszeitpunkt als auch in der Folgebewertung determiniert. Einzig für bestimmte kurzlaufende Vertragsgestaltungen gewährt der IASB ein vereinfachtes Bewertungsmodell,[544] bei dem sich die Höhe der versicherungstechnischen Rückstellung in der Vorschadenperiode im Wesentlichen nach den bereits erhaltenen Prämienzahlungen richtet.[545]

441.3 Relevanz des Bausteinansatzes

Da Versicherungsverträge im Bereich der Schaden- und Unfallversicherung verglichen mit Lebensversicherungsverträgen mehrheitlich durch kurze Deckungsperioden gekennzeichnet sind[546] und infolgedessen oftmals für die Anwendung jenes vereinfachten Bewertungsmodells qualifizieren, gilt es zunächst, die Bedeutung des Bausteinansatzes auch für diese Vertragsarten deutlich zu machen. Zum einen handelt es sich bei der Möglichkeit, bestimmte Versicherungsverträge anhand eines vereinfachten Bewertungsmodells ***(premium allocation approach)*** zu bewerten, um ein **explizites Wahlrecht**,[547] so dass der Bilanzierende den gesamten Vertragsbestand einheitlich auf Grundlage des allgemeinen Bewertungsmodells abbilden kann. Zum anderen wird als eine Voraussetzung zur Anwendung des vereinfachten Ansatzes gefordert, dass dessen Ergebnis **das Bewertungsergebnis des allgemeinen Modells angemessen approximiert**.[548] Bei einer maximal einjährigen Deckungsperiode der Versicherungsverträge wird eine hinreichende Approximation generell als erfüllt angesehen.[549] Das Ziel des vereinfachten Modells besteht folglich darin, eine mit der Bestimmung des Erfüllungsbetrages im Ergebnis vereinbare Bewertung der Versicherungsverträge mit geringerem Aufwand sicherzustellen. Auch wenn das vereinfachte Bewertungsmodell häufig angewandt wird, ist für **belastende Vertragsportfolios** eine (zusätzliche) Rückstellung in Höhe der Differenz zwi-

---

542 Vgl. bereits IASB (Hrsg.), ED/2010/8: Insurance Contracts, Tz. IN3, Tz. 22 und Tz. BC45.

543 Vgl. den Bausteinansatz ebenfalls in vier Komponenten differenzierend Asche, B./Hartung, T., Auswirkungen von IFRS 4 Phase II und IFRS 9 auf die Ergebnisvolatilität, S. 1194; Ellenbürger, F./Husch, R., Bilanzierung von Versicherungsverträgen nach ED/2010/8, S. 265 f. Mitunter werden die Komponenten auch in drei Bausteinen zusammengefasst, indem die vertragsbezogene Servicemarge gewissermaßen als Konsequenz der vorherigen Schritte angesehen bzw. gemeinsam mit der Risikomarge betrachtet wird. Vgl. Bächler, R., Bilanzierung von Versicherungsverträgen, S. 381; Kreeb, M., Projekt Versicherungsverträge verzögert sich, S. 350. Im Rahmen dieser Arbeit wird der Bausteinansatz nicht lediglich auf die Ermittlung des Erfüllungsbetrages bezogen, sondern richtet sich auf das ganzheitliche Bewertungsmodell, so dass auch die Gewinnabgrenzung in einer eigens geschaffenen Marge einen separaten Baustein darstellt.

544 Vgl. zum vereinfachten Bewertungsmodell Abschnitt 46.

545 Vgl. IASB (Hrsg.), ED/2013/7: Insurance Contracts, Tz. 38 (a).

546 Vgl. IASB/FASB (Hrsg.), Short Duration Contracts (agenda paper 1), Tz. 33 f. und Tz. 39; Ellenbürger, F., Internationalisierung der Rechnungslegung, Rn. 61.

547 Vgl. IASB (Hrsg.), ED/2013/7: Insurance Contracts, Tz. 35, Tz. BCA116 und Tz. BCA119-BCA121.

548 Vgl. IASB (Hrsg.), ED/2013/7: Insurance Contracts, Tz. 35 (a).

549 Vgl. IASB (Hrsg.), ED/2013/7: Insurance Contracts, Tz. BCA119 und Tz. BCA121.

schen dem Buchwert der Rückstellung für die verbleibende Deckung und dem im Rahmen des allgemeinen Bewertungsmodells zu ermittelnden Erfüllungsbetrag zu bilden.[550] Trotz der Möglichkeit, vornehmlich kurzlaufende Versicherungsverträge im Schaden- und Unfallbereich mit dem *premium allocation approach* zu bewerten, ist die Relevanz des allgemeinen Bewertungsmodells somit auch in der Vorschadenperiode unverkennbar. So gilt es vor allem auch im weiteren Verlauf dieser Arbeit zu untersuchen, ob das allgemeine Bewertungsmodell zu entscheidungsnützlicheren Informationen führt, deren Nutzen die mit dem vereinfachten Modell erzielbare Kostenreduktion überkompensiert.[551]

Sobald ein Schadenereignis tatsächlich eingetreten ist, muss die **Schadenrückstellung** zwingend auf Basis des *building block approach* bemessen werden,[552] so dass spätestens bei Eintritt eines Versicherungsfalls ein unmittelbarer Bezug zum allgemeinen Bewertungsmodell besteht. Darüber hinaus sind auch im Kompositbereich **langfristige Vertragsgestaltungen** anzutreffen,[553] für die das vereinfachte Bewertungsmodell im Regelfall nicht anwendbar sein dürfte. Jene Versicherungsverträge sind unumgänglich auf Basis des Erfüllungsbetrages zzgl. einer ggf. zu bildenden vertragsbezogenen Servicemarge zu bewerten.

441.4 Überblick über den Bausteinansatz

441.41 Der Bausteinansatz aus der Perspektive der Bilanzierung von Erstversicherungsverträgen

Bei der Bewertung von Versicherungsverträgen gilt es in einem ersten Schritt, die im Rahmen der Vertragserfüllung anfallenden Zahlungsströme zu schätzen **(Baustein 1)**.[554] Um den Zeitwert des Geldes zu berücksichtigen und zu unterschiedlichen Zeitpunkten anfallende Prämien- und Schadenzahlungen sowie weitere Zahlungsstromkomponenten vergleichbar zu machen, sind diese mit einem marktkonsistenten Zinssatz zu diskontieren **(Baustein 2)**.[555] Dieser ermittelte Barwert der zur Begleichung der Rechte und Verpflichtungen erforderlichen Zahlungsströme ist um eine eigenständige Risikomarge zu adjustieren **(Baustein 3)**. Anhand dieses expliziten Risikoaufschlages auf die zu erwartenden Barwerte der Zahlungsströme soll die Entschädigung des Versicherers nachgebildet werden, die dieser verlangen würde, um die Konsequenzen der Unsicherheit des Betrages und des zeitlichen Anfalls der Zahlungsströme zu tragen.[556] Die Risikomarge repräsentiert folglich den Differenzbetrag, der die Indifferenz des Versicherers zwischen einer risikobehafteten Ergebnisverteilung aus den jeweiligen Versicherungsverträgen und fixierten Zahlungsströmen bei identischen erwarteten Barwerten begründet.[557] Das Resultat der ersten drei Bewertungsbausteine bildet den unternehmensspezifischen Erfüllungsbetrag. Dieser errechnet sich für Erstversicherungsverträge aus

---

550 Vgl. IASB (Hrsg.), ED/2013/7: Insurance Contracts, Tz. 36 und Tz. 39 (c).

551 Vgl. hierzu ausführlich Abschnitt 462.33.

552 Vgl. IASB (Hrsg.), ED/2013/7: Insurance Contracts, Tz. 39 (b).

553 Vgl. Graf von der Schulenburg, J.-M., Ökonomie langfristiger Versicherungsverhältnisse, S. 24; Hanekopf, S., Langfristige Individualversicherungsverhältnisse, S. 400; IASB/FASB (Hrsg.), Short Duration Contracts (agenda paper 1), Appendix A.

554 Vgl. IASB (Hrsg.), ED/2013/7: Insurance Contracts, Tz. 18 (a) i. V. m. Tz. 22.

555 Vgl. IASB (Hrsg.), ED/2013/7: Insurance Contracts, Tz. 18 (a) i. V. m. Tz. 25.

556 Vgl. IASB (Hrsg.), ED/2013/7: Insurance Contracts, Tz. 18 (a) i. V. m. Tz. 27 und Tz. B77.

557 Vgl. IASB (Hrsg.), ED/2013/7: Insurance Contracts, Tz. B76.

der Differenz zwischen dem erwarteten Barwert künftiger Auszahlungsströme zzgl. der expliziten Risikomarge und dem erwarteten Barwert künftiger Einzahlungsströme.[558] Definitionsgemäß entspricht demnach ein negativer Erfüllungsbetrag einem beim Bilanzansatz von Erstversicherungsverträgen erwarteten Gewinn, während ein positives Ergebnis der ersten drei Bewertungsbausteine im Zugang einem erwarteten Verlust entspricht und somit als belastend einzustufende Versicherungsverträge kennzeichnet.[559]

Um einen Gewinnausweis im Zugangszeitpunkt von Versicherungsverträgen zu verhindern, ist in Höhe der Summe aus dem (negativen) Erfüllungsbetrag sowie etwaiger im Zeitraum vor Beginn der Deckungsperiode angefallener Zahlungsströme eine (positive) vertragsbezogene Servicemarge zu bilden **(Baustein 4)**.[560] Diese Marge darf indes für Erstversicherungsverträge keinen negativen Wert annehmen, so dass ein positiver Erfüllungsbetrag, d. h. ein Überschuss der Summe des Barwertes künftiger Auszahlungsströme und der Risikomarge über den Barwert künftiger Einzahlungsströme, unmittelbar die erfolgswirksame Bildung einer versicherungstechnischen Rückstellung auslöst.[561] Sofern jedoch, wie üblich, ein Überhang der künftigen Einzahlungsströme erwartet wird, muss dieser in der vertragsbezogenen Servicemarge erfasst werden und reduziert den Wertansatz der Versicherungsverträge auf Null.[562]

Die Konzeption des *building block approach* für Erstversicherungsverträge sowie die hieraus resultierende versicherungstechnische Rückstellung wird in Abbildung 4-2 zusammenfassend für die Bewertung im Zugangszeitpunkt dargestellt, wobei die Situation gewinnbringender Versicherungsverträge (Fall a) wie auch diejenige belastender Verträge (Fall b) betrachtet wird. Hierbei zeigen die Vorzeichen an, ob die jeweiligen Bewertungselemente den Erfüllungsbetrag erhöhen oder senken und wie mit einem ggf. resultierenden negativen Erfüllungsbetrag umzugehen ist. Vorausgesetzt wird, dass der Diskontierungseffekt der künftigen Auszahlungsströme (vor allem Schadenzahlungen) größer ist als derjenige der künftigen Einzahlungsströme (vor allem Prämienzahlungen), so dass der Erfüllungsbetrag durch die Diskontierung c. p. verringert wird. Die bei den Einzahlungsströmen angesetzte gestrichelte Linie repräsentiert hierbei einen fiktiven Erfüllungsbetrag i. H. v. 0 GE.

---

558 Vgl. auch für ein konkretes Rechenbeispiel IASB (Hrsg.), ED/2013/7: Insurance Contracts, Tz. IE7.
559 Vgl. auch IASB (Hrsg.), ED/2013/7: Insurance Contracts, Tz. IE7.
560 Vgl. IASB (Hrsg.), ED/2013/7: Insurance Contracts, Tz. 18 (b) i. V. m. Tz. 28 sowie Tz. BCA105.
561 Vgl. auch IASB (Hrsg.), ED/2013/7: Insurance Contracts, Tz. BCA105.
562 Vgl. Nguyen, T./Grosche, S., Bewertungskonzept für versicherungstechnische Verpflichtungen, S. 30.

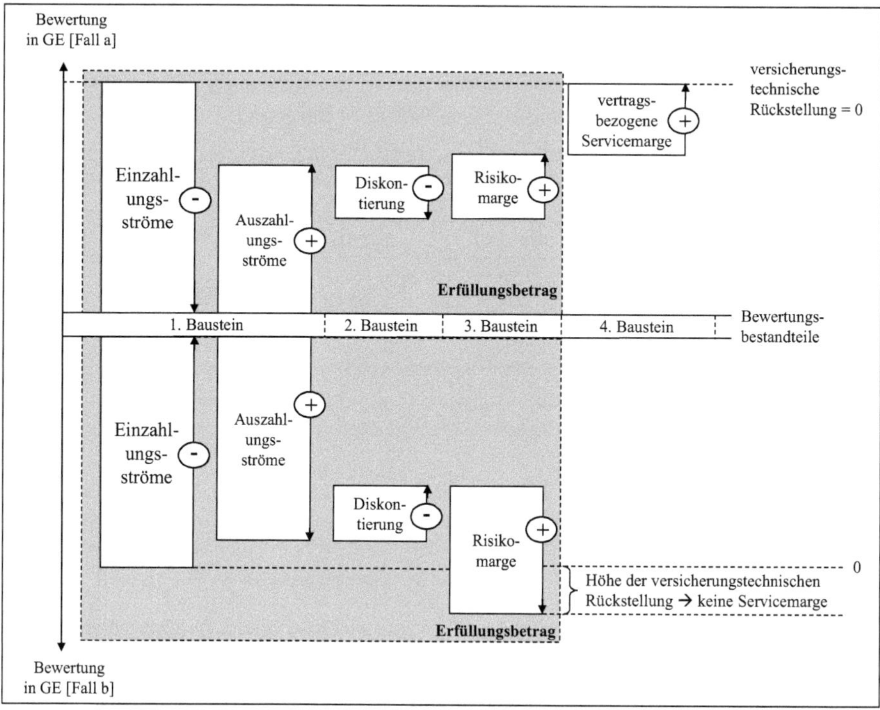

Abbildung 4-2: Der *building block approach* für Erstversicherungsverträge[563]

441.42 Beispiel zur Zugangsbewertung von Erstversicherungsverträgen

Im Folgenden soll die Grundkonzeption des Bewertungsmodells für Erstversicherungsverträge anhand eines Beispiels gezeigt werden.[564] Betrachtet wird ein Portfolio neu angesetzter Schadenversicherungsverträge[565] mit einem einheitlichen Deckungszeitraum von drei Perioden, innerhalb dessen erwartungsgemäß sämtliche Schadenzahlungen abgewickelt werden. Die Versicherungsdeckung beginnt direkt mit Vertragsabschluss und die Leistungen der Versicherungsnehmer werden in Form einer Einmalprämie i. H. v. 5.000 GE unmittelbar nach dem Bilanzansatz vertraglich fällig.[566] In jeder Periode der künftigen Deckung werden am Periodenende Schadenauszahlungen i. H. v. 1.200 GE erwartet, wobei diese Verteilung zugleich die gleichmäßige Leistungserbringung zur Vertragserfüllung repräsentiert. Es wird vereinfachend für alle Zahlungsströme und erwarteten Fällig-

---

563 In Anlehnung an ASCHE, B./HARTUNG, T., Auswirkungen von IFRS 4 Phase II und IFRS 9 auf die Ergebnisvolatilität, S. 1194.

564 In Anlehnung an IASB (HRSG.), ED/2013/7: Insurance Contracts, Tz. IE7; HOMMEL, M./BIELKE, D./ZICKE, J., Gewinnglättung dominiert fair value, S. 406 f.

565 Vgl. ausführlich zur Portfoliodefinition sowie der Diskussion der maßgeblichen *unit of account* für das Bewertungsmodell Abschnitt 441.51 sowie Abschnitt 441.52.

566 Vgl. zu einer solchen Konstellation auch das Beispiel in den *illustrative examples* des IASB, IASB (HRSG.), ED/2013/7: Insurance Contracts, Tz. IE7.

keitstermine ein einheitlicher Diskontierungszinssatz von 4 % zugrunde gelegt. Parallel zur Prämienzahlung fallen zudem Akquisitionskosten i. H. v. 100 GE an, die dem Portfolio direkt zugerechnet werden können. Darüber hinaus ist in Periode t = 1 eine Risikomarge i. H. v. 10 % des erwarteten Barwertes der Schadenauszahlungen jener Periode zu bemessen (t = 2: 12 %; t = 3: 14 %).

alle Angaben in GE	t = 0	t = 0*	t = 1		t = 2		t = 3		Σ
Akquisitionskosten	Zugangszeitpunkt	100							100
Schadenauszahlungen			1.200	: 1,04	1.200	: $1,04^2$	1.200	: $1,04^3$	3.600
erwarteter Barwert der Auszahlungsströme		100	1.153,85	• 10 %	1.109,47	• 12 %	1.066,80	• 14 %	3.430,12
Risikomarge			115,39		133,14		149,35		397,88
Prämienzahlungen		5.000							5.000

⟹ Erfüllungsbetrag = 3.330,12 + 397,88 + 100 - 5.000 = -1.172 [GE] ⟹ positive vertragsbezogene Servicemarge

⟹ Versicherungstechnische Rückstellung unmittelbar nach Zugang = 3.330,12 + 397,88 + 1.172 = 4.900 [GE]

* Kennzeichnet den Zeitpunkt unmittelbar nach der Zugangsbewertung, zu dem die ersten Zahlungen fällig werden.

Abbildung 4-3: Zugangsbewertung eines Erstversicherungsvertrages mit dem *building block approach*

Wie der Berechnungssystematik in Abbildung 4-3 zu entnehmen ist, beträgt der unternehmensspezifische Erfüllungsbetrag beim Bilanzansatz im Beispiel -1.172 GE. Das negative Vorzeichen dieses Erfüllungsbetrages ist Ausdruck insgesamt erwartungsgemäß gewinnbringender Versicherungsverträge. Dieser erwartete Gewinn darf im Zugangszeitpunkt nicht unmittelbar erfolgswirksam vereinnahmt werden, sondern ist in einer positiven vertragsbezogenen Servicemarge rückstellungserhöhend und damit passivisch abzugrenzen.[567] Das hier betrachtete Vertragsportfolio ist im Zugangszeitpunkt aufgrund der vertragsbezogenen Servicemarge in Höhe des negativen Erfüllungsbetrages demnach mit Null zu bewerten.

Im Beispiel verändert sich der Buchwert der versicherungstechnischen Rückstellung unmittelbar nach dem Zugangszeitpunkt nach Maßgabe der geleisteten Zahlungen. So erhöht sich der Erfüllungsbetrag um die bereits erhaltenen Prämien von 5.000 GE und verringert sich um die geleisteten Akquisitionskosten von 100 GE, da jene Zahlungen nicht mehr für die Zukunft zu erwarten sind. In Höhe des nunmehr positiven Erfüllungsbetrages (3.330,12 GE + 397,88 GE = 3.728 GE) zzgl. der vertragsbezogenen Servicemarge (1.172 GE) ist also eine versicherungstechnische Rückstellung (für die verbleibende Deckung) i. H. v. 4.900 GE auszuweisen. Da noch keine weiteren Leistungen i. S. d. Risikotragung bzw. zusätzliche Leistungen erbracht wurden, entspricht der Rückstellungszuwachs der Differenz zwischen den erhaltenen und geleisteten Zahlungsströmen. Zu beachten ist hierbei, dass weder im Zugangszeitpunkt (t = 0) noch unmittelbar danach (t = 0*) Erfolgswirkungen

567 Vgl. auch HOMMEL, M./BIELKE, D./ZICKE, J., Gewinnglättung dominiert fair value, S. 407, allerdings wird im Rahmen dieses Beitrages der Erfüllungsbetrag mit umgekehrtem Vorzeichen definiert, so dass ein negativer Wert einem erwarteten Verlust entspricht.

aus der Bewertung resultieren, so dass den erhaltenen Prämieneinzahlungen abzgl. der Akquisitionskosten erfolgsneutral eine entsprechende versicherungstechnische Rückstellung gegenübergestellt wird.

441.43 Der Bausteinansatz aus der Perspektive der Bilanzierung von passiven Rückversicherungsverträgen

Auch die Bewertung passiver Rückversicherungsverträge richtet sich grds. nach dem allgemeinen, vier Bausteine umfassenden Bewertungsmodell.[568] Obgleich die Komponenten zur Ermittlung des Erfüllungsbetrages nominell mit denjenigen zur Bewertung von Erstversicherungsverträgen übereinstimmen, ergeben sich **aufgrund des Wesens passiver Rückversicherungsverträge einige Besonderheiten**. So ist zunächst zu beachten, dass die im Rahmen der Vertragserfüllung erwarteten Zahlungsströme **(Baustein 1)** und folglich vor allem die Prämien- sowie Schadenzahlungen im Vergleich zur Situation bei Erstversicherungsverträgen ein jeweils umgekehrtes Vorzeichen aufweisen. Während der Zedent gegen die Leistung von Prämienzahlungen Rückversicherungsschutz erwirbt, werden ihm entsprechend der vertraglichen Vereinbarungen im Schadenfall Leistungen seitens des Rückversicherers erstattet. Ferner ist in den Erfüllungsbetrag auch das Risiko der Nicht-Leistung des Rückversicherers aufgrund dessen Ausfall bzw. infolge von Rechtsstreitigkeiten einzubeziehen.[569] Die explizite Risikomarge **(Baustein 3)**, die auf Ebene der Erstversicherungsverträge eine Kompensation für die Unsicherheit über den zeitlichen Anfall und den Betrag der künftig erforderlichen Zahlungsströme darstellt, erhöht die aus den passiven Rückversicherungsverträgen erwarteten Ansprüche des Zedenten.[570] Der ökonomische Wert des Rückversicherungsschutzes wächst mit dem Ausmaß des Risikos aus den zugrunde liegenden Originalpolicen, so dass die zedierten Anteile der jeweiligen Risikomarge die passiven Rückversicherungsverträge auch für die bilanzielle Abbildung wertmäßig erhöhen müssen.[571] Zentral ist hierbei, dass der dritte Bewertungsbaustein bei passiven Rückversicherungsverträgen stets das Risiko repräsentiert, dessen sich der Zedent durch den Vertragsabschluss entledigen konnte.[572]

Spiegelbildlich zur Berechnungssystematik bei Erstversicherungsverträgen ist der Erfüllungsbetrag definiert als Differenz zwischen dem erwarteten Barwert künftiger Einzahlungsströme zzgl. der Risikomarge und dem erwarteten Barwert künftiger Auszahlungsströme.[573] Im Regelfall werden passive Rückversicherungsverträge im Zeitpunkt des Bilanzansatzes mit einem negativen Erfüllungsbetrag einhergehen, der dem Nettoaufwand zum Erwerb des Rückversicherungsschutzes ent-

568 Vgl. auch SCHWEINBERGER, S./HORSTKÖTTER, M., Bilanzierung von Versicherungsverträgen gemäß ED/2010/8, S. 551.

569 Vgl. IASB (HRSG.), ED/2013/7: Insurance Contracts, Tz. 41 (b) (iii), Tz. BCA136 (c) und Tz. BCA137. Wenngleich es auch denkbar ist, das Ausfallrisiko des Rückversicherers im Zuge der Diskontierung zu berücksichtigen, wird es im Rahmen dieser Arbeit innerhalb des ersten Bewertungsbausteins behandelt – zumal das Ausfallrisiko ebenfalls auf der Grundlage eines Erwartungswertes einzubeziehen ist. Vgl. Abschnitt 442.92.

570 Vgl. IASB (HRSG.), ED/2010/8: Insurance Contracts, Tz. BC234 (b).

571 Vgl. IASB (HRSG.), ED/2010/8: Insurance Contracts, Tz. BC234 (b).

572 Vgl. IASB (HRSG.), ED/2013/7: Insurance Contracts, Tz. 41 (b) (iv).

573 Vgl. auch für ein konkretes Berechnungsbeispiel IASB (HRSG.), ED/2013/7: Insurance Contracts, Tz. IE8.

spricht.[574] Ein seltener auftretender positiver Erfüllungsbetrag repräsentiert hingegen einen erwarteten Gewinn aus dem Rückversicherungsengagement.

Sowohl positive als auch negative Erfüllungsbeträge sind im Zugangszeitpunkt in einer vertragsbezogenen Servicemarge **(Baustein 4)** zu erfassen, wobei auch hier wiederum vor Beginn der Deckungsperiode geleistete Zahlungsströme zu berücksichtigen sind.[575] Anders als bei den zugrunde liegenden Erstversicherungsverträgen kann die Marge somit nicht nur positive, sondern auch negative Werte annehmen und gewährleistet stets einen Wertansatz der aus den passiven Rückversicherungsverträgen resultierenden Rechte und Verpflichtungen i. H. v. Null. Diese Zusammenhänge sowie die resultierenden Bilanzierungskonsequenzen werden in Abbildung 4-4 sowohl für Verträge, die mit einem Nettoaufwand zum Erwerb des Rückversicherungsschutzes verbunden sind (Fall a), als auch für entsprechend den Erwartungen gewinnbringende Verträge (Fall b) zusammengefasst.

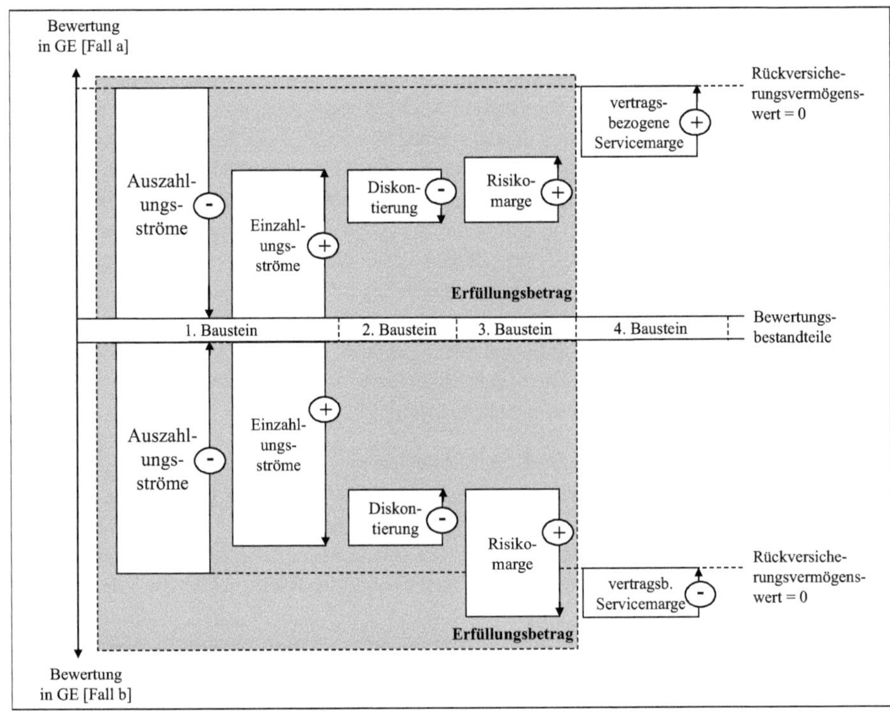

Abbildung 4-4: Der *building block approach* für passive Rückversicherungsverträge[576]

[574] Vgl. IASB (Hrsg.), ED/2013/7: Insurance Contracts, Tz. BCA139.

[575] Vgl. IASB (Hrsg.), ED/2013/7: Insurance Contracts, Tz. 41 (c) (i). Als Voraussetzung wird indes angeführt, dass sich die für den Erwerb des Rückversicherungsschutzes erforderlichen Nettoaufwendungen nicht auf bereits vergangene Ereignisse beziehen dürfen. Vgl. IASB (Hrsg.), ED/2013/7: Insurance Contracts, Tz. 41 (c) (ii).

[576] Auch dieser Abbildung liegt die Annahme zugrunde, dass der erwartete Diskontierungseffekt der Einzahlungsströme denjenigen der Auszahlungsströme übersteigt und somit den Erfüllungsbetrag c. p. verringert.

441.5 *unit of account*

441.51 Aggregationsniveau der Versicherungsverträge im Bausteinansatz

Während Versicherungsverträge einzelvertraglich bilanziell anzusetzen sind,[577] sieht der aktuelle Standardentwurf für Bewertungszwecke ein hiervon abweichendes Aggregationsniveau der Verträge vor. Zwar stellt der IASB in der jüngeren Diskussion klar, dass ein Modell zur Bewertung individueller Versicherungsverträge bereitgestellt werden soll und somit der Einzelvertrag als Quelle der entstehenden Ansprüche und Verpflichtungen die ***unit of account*** darstellt.[578] Jedoch wird das Aggregationsniveau der Verträge und somit die *unit of account* für die jeweiligen Bewertungsbausteine im zweiten Standardentwurf separat definiert, um eine praktikable und möglichst einfache Anwendung des Modells zu gewährleisten. Dabei beziehen sich die Bewertungsbausteine und die damit verbundenen Regelungen überwiegend auf die Ebene von Vertragsportfolios.[579] Dies wird auch nach dem Abschluss des Redeliberationsprozesses weiterhin zumindest als zulässig erachtet werden. Im Rahmen dieser Arbeit wird letztlich darauf abgestellt, welche dominierende Bewertungsebene dem Bausteinansatz auch in seiner praktischen Anwendung zugrunde liegt bzw. zugrunde liegen sollte. Demnach ist das **Portfolio von Versicherungsverträgen** als zentrale *unit of account* für die Umsetzung des Bewertungsmodells auszumachen. Dies bedeutet selbstverständlich nicht, dass von den Besonderheiten der Einzelverträge abstrahiert werden darf, sondern diese werden nach Maßgabe ähnlicher Charakteristika lediglich für Bewertungs- und Ausweiszwecke in einem Portfolio zusammengefasst. Auch wenn der erwartete Barwert der Zahlungsströme sowie die Risikomarge letztlich für die Auflösung der vertragsbezogenen Servicemarge theoretisch auf die Einzelvertragsebene heruntergebrochen werden müsste, würde auch dies auf einer Bewertung basieren, die auf Ebene des jeweiligen Vertragsportfolios durchgeführt wurde.[580]

So ist im zweiten Standardentwurf grds. vorgesehen, dass die im Rahmen der Vertragserfüllung zu erwartenden Zahlungsströme auf Portfolioebene zu ermitteln sind (Baustein 1).[581] Letztlich richtet sich konsistent hierzu auch die konkrete Bilanzierungskonsequenz einer aufwandswirksamen Rückstellungsbildung bzw. einer Abgrenzung erwarteter Gewinne in einer vertragsbezogenen Servicemarge (Baustein 4) in ihrer Höhe nach dem Ergebnis des Bewertungsmodells für ein komplettes Vertragsportfolio.[582] Auch ein ggf. erforderlicher *onerous test* vor Beginn der Deckungsperiode eines Versicherungsvertrages bzw. im Rahmen des vereinfachten Bewertungsmodells ist gemäß ED/2013/7 auf Portfolioebene durchzuführen.[583] Sofern die vorläufigen Entscheidungen des IASB

---

577 Vgl. IASB (HRSG.), ED/2013/7: Insurance Contracts, Tz. 12 sowie ausführlich zum Bilanzansatz Abschnitt 431.

578 Vgl. IASB (HRSG.), IASB Update June 2014, S. 3; IASB (HRSG.), Level of aggregation (agenda paper 2C), Tz. 3 (a), Tz. 12 und Tz. 30 (a).

579 Vgl. IASB (HRSG.), ED/2013/7: Insurance Contracts, Tz. B37.

580 Die Bestimmung der erwarteten Profitabilität auf Ebene der Einzelverträge könnte im Extremfall erforderlich sein, falls der IASB für die Auflösung der Servicemarge eine Gruppierung der Verträge nach der Höhe der jeweils erwarteten Profitabilität vorschreibt. Vgl. zu diesem Ansatz IASB (HRSG.), Level of aggregation (agenda paper 2C), Tz. 25-28 sowie Tz. 33 (b).

581 Vgl. IASB (HRSG.), ED/2013/7: Insurance Contracts, Tz. B37 (a); WIPF, D./GRIMM, T./BIBER, R., IFRS 4 Phase II, S. 143. Vgl. hierzu auch Abschnitt 442.4.

582 Vgl. IASB (HRSG.), ED/2013/7: Insurance Contracts, Tz. B37 (c) und Tz. BCA113; IASB (HRSG.), Level of aggregation (agenda paper 2C), Tz. 22.

583 Vgl. IASB (HRSG.), ED/2013/7: Insurance Contracts, Tz. 12 i. V. m. Tz. 15 sowie Tz. 36; IASB/FASB (HRSG.), Unit of account (agenda paper 7B), Tz. 66-68.

in den finalen Standard eingehen, dürfen indes künftig keine erwartungsgemäß defizitären Verträge mit erwartungsgemäß gewinnbringenden Verträgen in einem Portfolio aggregiert werden.[584] Dies führt wiederum dazu, dass die vom IASB identifizierte einzelvertragliche *unit of account* mit der für die praktische Anwendung vorteilhaften Portfoliobetrachtung im Zugangszeitpunkt per definitionem im Ergebnis übereinstimmt.

Für die Bestimmung der Risikomarge (Baustein 3) wird hingegen kein bestimmtes Aggregationsniveau der Zahlungsströme mehr vorgeschrieben, so dass die einbeziehbaren Diversifikationseffekte nicht auf ein einzelnes Vertragsportfolio beschränkt werden.[585] Gleichwohl führt die mögliche Berücksichtigung portfolioübergreifender Ausgleichseffekte keineswegs dazu, dass das Portfolio nicht als Ausgangsbasis bzw. als Zielgröße für die Bestimmung der Risikomarge gewählt werden sollte.[586] Dem Bilanzierenden freigestellt wird gemäß ED/2013/7 ferner das Aggregationsniveau der Versicherungsverträge für eine sachgerechte Verteilung einer für das Portfolio ermittelten vertragsbezogenen Servicemarge über die jeweilige Deckungsperiode.[587] Es ist jedoch stets zu gewährleisten, dass die Servicemarge und somit der erwartete Gewinn nach Maßgabe der mit den Versicherungsverträgen des Portfolios verbundenen Leistungserbringung vereinnahmt wird. Entsprechend muss die Marge mit dem Ende der Deckungsperiode der jeweiligen Verträge vollständig aufgelöst sein.[588] Dies gilt sowohl für die Gesamtheit der Verträge innerhalb des Portfolios als auch im Idealfall für den theoretisch einem einzelnen Vertrag zuzuordnenden Anteil der vertragsbezogenen Servicemarge, um dessen leistungsbezogene Vereinnahmung sicherzustellen.[589] Aufgrund dieser Anforderung dürften bzw. sollten Vertragsportfolios oftmals nach ähnlichen Abschlusszeitpunkten und Deckungsperioden, aber auch nach ähnlichen Profilen der Leistungserbringung, falls diese nicht gleichmäßig im Zeitablauf verteilt ist, (weiter) differenziert werden.[590]

441.52 Die Portfoliodefinition

Die Beurteilung, ob ein Verlust bzw. ein vermeintlicher Gewinn aus einem Vertragsportfolio erwartet wird, kann theoretisch u. a. auch von dem konkreten Portfoliozuschnitt abhängen, so dass die **definitorischen Anforderungen** an ein Portfolio sowie damit verbundene **Gestaltungsmöglichkeiten** zu untersuchen sind. Je nach dem, wie die Portfoliogrenzen im Einzelfall gewählt werden,

---

584 Vgl. IASB (Hrsg.), IASB Update June 2014, S. 3.

585 Vgl. IASB (Hrsg.), ED/2013/7: Insurance Contracts, Tz. B37 (b) und Tz. BCA103 f.; Ellenbürger, F./Engeländer, S./Kölschbach, J., IFRS für Versicherungsverträge, S. 819 sowie ausführlich hierzu Abschnitt 444.3. Im ED/2010/8 wurde auch für diesen Bewertungsbaustein das Portfolio als maßgebliche *unit of account* definiert. Vgl. IASB (Hrsg.), ED/2010/8: Insurance Contracts, Tz. 36.

586 Vgl. Abschnitt 444.4.

587 Vgl. IASB (Hrsg.), ED/2013/7: Insurance Contracts, Tz. B37 (d) sowie Tz. BCA113.

588 Vgl. IASB (Hrsg.), ED/2013/7: Insurance Contracts, Tz. B37 (d) i. V. m. Tz. 32 sowie Tz. BCA113. Indes stellt der IASB in den aktuellen Diskussionen Beispiele für Kriterien in Aussicht, nach denen die Verträge aggregiert werden könnten, um eine zweckgerechte Auflösung der vertragsbezogenen Servicemarge zu gewährleisten. Vgl. IASB (Hrsg.), IASB Update June 2014, S. 3 sowie Abschnitt 454.

589 Vgl. IASB (Hrsg.), ED/2013/7: Insurance Contracts, Tz. BCA113.

590 Vgl. IASB (Hrsg.), ED/2013/7: Insurance Contracts, Tz. BCA113; IASB/FASB (Hrsg.), Unit of account (agenda paper 2A), Tz. 3 (b) und Tz. 11 (c); IASB (Hrsg.), ED/2010/8: Insurance Contracts, Tz. BC130. Diese Kriterien dominieren auch die jüngsten Diskussionen des IASB über ein angemessenes Aggregationsniveau der Verträge für die Bestimmung der vertragsbezogenen Servicemarge in den Folgeperioden. Vgl. IASB (Hrsg.), Level of aggregation (agenda paper 2C), Tz. 33 (b).

könnten positive Erfolgsbeiträge bestimmter Vertragsarten Verluste aus anderen Teilbereichen kompensieren, wohingegen eine engere Abgrenzung ggf. einen unmittelbaren Verlustausweis erfordern würde.[591] Gemäß dem zweiten Standardentwurf besteht ein Portfolio aus einer Gruppe von Versicherungsverträgen, die vergleichbare Risiken bedecken, relativ zum eingegangenen Risiko ähnlich bepreist werden und einer gemeinsamen Steuerung als einziger Pool unterliegen.[592] Jedes dieser drei definitorischen Elemente ist unvermeidbar mit subjektivem Ermessen des Bilanzierenden verbunden.[593]

Da die Bedeutung der geforderten **ähnlichen Bepreisung** der Verträge innerhalb eines Portfolios **in Relation zum eingangenen Risiko** wichtig ist, um die Konsequenzen eines Verstoßes gegen die Ähnlichkeit zusammenzufassender Risiken zu verdeutlichen, soll zunächst dieses Kriterium betrachtet werden. Hiermit wird seitens des IASB beabsichtigt, dass ausschließlich solche Verträge zu einem Portfolio gruppiert werden, die eine vergleichbare, beim Bilanzansatz erwartete Profitabilität aufweisen.[594] Bei einer im Rahmen dieser Arbeit befürworteten strengen Auslegung der Anforderung sollten Portfolios so gebildet werden, dass im Regelfall möglichst keine im Zugangszeitpunkt erwartungsgemäß belastenden Verträge mit erwartungsgemäß gewinnbringenden Verträgen zusammengefasst werden. So sollte es bspw. nicht zulässig sein, verlustbringende Verträge, die ganz bewusst zur Akquise weiterer gewinnbringender Verträge kalkuliert und abgeschlossen werden *(loss leaders)*, mit jenen Verträgen zu einem Portfolio zu aggregieren.[595] Wenngleich die ähnliche Bepreisung in Abhängigkeit des zugrunde liegenden Risikos zweifelsohne mit subjektiven Ermessensspielräumen verbunden ist, wird hier empfohlen, zumindest angesichts der abweichenden Bilanzierungskonsequenzen bei der Verlustgrenze einen strengen Maßstab zur Beurteilung der Portfoliozugehörigkeit anzulegen. Im Sinne der durch den Standard angestrebten imparitätischen Behandlung von Erfolgswirkungen beim Bilanzansatz, ist es grds. positiv zu beurteilen, wenn die Möglichkeiten zur individuellen Verlustverrechnung weitestgehend eingeschränkt bzw. sogar gänzlich vermieden werden.[596] Gleichwohl gibt die strenge Auslegung des hier diskutierten Kriteriums lediglich die anzustrebende Richtung und somit eine Tendenz vor, von der in der praktischen Anwendung der Regelungen des zweiten Standardentwurfes in Ausnahmefällen abgewichen werden könnte. So könnten bspw. bei geringen im Zuge der Preissetzung erwarteten Profitabilitätsunterschieden der Verträge, die einer Gruppierung zu einem Portfolio i. S. d. Standards nicht entgegenstehen, nachteilige Ereignisse vor dem Bilanzansatz dazu führen, dass ein Anteil der neu abgeschlossenen Verträge die Verlustgrenze soeben unterschreitet und belastend wird.[597] Auch eine strenge Auslegung des Kriteriums wird also nicht für jedes Vertragsportfolio gewährleisten können, dass keine erwartungsgemäß gewinnbringenden mit defizitären Verträgen zusammengefasst werden.

---

[591] Vgl. IASB/FASB (HRSG.), Unit of account (agenda paper 7B), Tz. 6; IASB/FASB (HRSG.), Portfolio definition (agenda paper 7A), Tz. 19.

[592] Vgl. IASB (HRSG.), ED/2013/7: Insurance Contracts, Appendix A.

[593] Vgl. bereits zu Ermessensspielräumen bei der Portfoliodefinition i. S. d. Diskussionspapiers, insbesondere bei der geforderten Ähnlichkeit von Risiken, HELLER, S., Bilanzierung von Versicherungsverträgen nach IFRS, S. 200.

[594] Vgl. IASB/FASB (HRSG.), Unit of account (agenda paper 2A), Tz. 21 f. sowie Tz. 25.

[595] Vgl. hierzu auch IASB/FASB (HRSG.), Unit of account (agenda paper 2A), Tz. 22 (a).

[596] Vgl. hierzu IASB/FASB (HRSG.), Portfolio definition (agenda paper 7A), Tz. 29; IASB/FASB (HRSG.), Unit of account (agenda paper 7B), Tz. 22.

[597] Vgl. zu dieser Ursache für belastende Verträge IASB/FASB (HRSG.), Unit of account (agenda paper 7B), Tz. 21 (d).

Jenseits der Verlustgrenze könnte konkretisierend darauf abgestellt werden, dass nur solche Versicherungsverträge zu einem Portfolio zusammengefasst werden, die erfahrungsgemäß und voraussichtlich auch künftig keine strukturell signifikant voneinander abweichende Schaden-/Kostenquoten *(combined loss ratios)* aufweisen.[598] Die Anforderung der ähnlichen Bepreisung ist jedoch nicht dahingehend misszuverstehen, dass über den Versicherungszeitraum tatsächlich profitable tendenziell nicht mit letztlich verlustbringenden Verträgen zu einem Portfolio zusammengefasst werden dürfen.[599] Es geht hierbei vielmehr ausschließlich um die beim Bilanzansatz erwartete Profitabilität der Versicherungsverträge.

Auslegungsbedürftig ist ferner, was unter der **Ähnlichkeit der zusammenzufassenden Risiken** zu verstehen ist und auf welches Aggregationsniveau sich diese Anforderung bezieht. So wäre es denkbar, lediglich zwischen dem Lebens- sowie dem Schaden- und Unfallversicherungsgeschäft zu differenzieren und folglich nur zwei Portfolios zu unterscheiden. Andererseits könnte das betriebene Versicherungsgeschäft auch deutlich feingliedriger nach den entsprechenden Versicherungszweigen sowie den jeweiligen Risikocharakteristika in Portfolios gruppiert werden.[600] Die Zahl der in der Praxis unterschiedenen Portfolios richtet sich hierbei nicht nur nach dem Produktangebot, sondern vor allem auch danach, wie der Versicherer den Risikobestand für seine internen Zwecke disaggregiert.[601]

Eine Interpretation der Ähnlichkeit zusammenzufassender Risiken, die zu einer sehr weiten Portfoliobildung führt, begünstigt zwar aufgrund der geforderten, vergleichbaren erwarteten Profitabilität zunächst nur sehr begrenzt die Verlustverrechnung zwischen verschiedenen Versicherungsverträgen. Umfassende Verrechnungsmöglichkeiten innerhalb des Portfolios würden sich jedoch in der Folgebewertung ergeben. So würden veränderte Einschätzungen der Zahlungsströme für die künftige Deckung bzw. der Risikosituation für verschiedene Teilversicherungsbestände innerhalb eines Portfolios aggregiert und bei entgegengerichteter Entwicklung saldiert. Dies könnte bei einem sehr groben Portfoliozuschnitt dazu führen, dass dem Adressaten bewertungsnützliche Informationen über unterschiedliche Entwicklungen von Teilversicherungsbeständen vorenthalten werden. Im Zuge der Folgebewertung wäre es sogar möglich, dass nachteilige Schätzungsänderungen, die dazu führen, dass bestimmte Verträge des Portfolios defizitär werden, mit positiven Schätzungsänderungen anderer Verträge bzw. mit der vertragsbezogenen Servicemarge verrechnet werden.[602] Durch eine zu grobe Portfoliozusammenstellung würde demnach die erfolgswirksame Bildung einer zusätzlichen Rückstellung unterbleiben, obwohl diese bei einer weiteren Differenzierung, die den unterschiedlichen Risikocharakteristika der Verträge hinreichend gerecht wird, zwingend erforderlich wäre. Diese Gefahr könnte zumindest teilweise gebannt werden, indem die Ähnlichkeit der Risiken hinreichend eng definiert wird, so dass die in einem Portfolio zusammenzufassenden Verträge ähnlich auf veränderte Umweltbedingungen reagieren. Hierbei bedarf es **objektivierender**

598 Vgl. IASB/FASB (HRSG.), Unit of account (agenda paper 2A), Tz. 22 (b) sowie analog zur Bewertungsebene für den *onerous test* IASB/FASB (HRSG.), Unit of account (agenda paper 7B), Tz. 64.

599 Vgl. IASB/FASB (HRSG.), Unit of account (agenda paper 2A), Tz. 19 (b) und Tz. 26.

600 Vgl. zum möglicherweise stark variierenden Differenzierungsgrad IASB/FASB (HRSG.), Portfolio definition (agenda paper 7A), Tz. 13 f.; IASB/FASB (HRSG.), Unit of account (agenda paper 2A), Tz. 23.

601 Vgl. IASB/FASB (HRSG.), Portfolio definition (agenda paper 7A), Tz. 14.

602 Vgl. hierzu auch IASB (HRSG.), Level of aggregation (agenda paper 2C), Tz. 28.

Leitlinien, um die mit dem Portfoliozuschnitt verbundenen Gestaltungsmöglichkeiten zu begrenzen. So könnte auf diejenigen Faktoren zurückgegriffen werden, die sich im Zuge des Feldtests als in der Praxis maßgeblich für die Festlegung der Portfoliogrenzen erwiesen haben.[603] Die dort genannten Eigenschaften wurden zwar im Entwicklungsprozess als mögliche Kriterien zur Abgrenzung ähnlicher versicherter Risiken und damit der zu unterscheidenden Portfolios genannt.[604] Indes wurden sie nicht in den aktuellen Standardentwurf aufgenommen.

Als Unterscheidungsmerkmale werden in erster Linie die Art des versicherten Risikos (z. B. Diebstahl- oder Brandrisiken), die Produktlinie (z. B. Automobil-, Wohnungs- oder Einkommensschutzversicherungen), hoch aggregierte Charakteristika der Versicherungsnehmer (z. B. gewerbliche oder private bzw. Einzel- oder Gruppenversicherungen) sowie geographische Merkmale genannt.[605] Darüber hinaus wäre es bspw. auch denkbar, nach verschiedenen Vertriebswegen zu unterscheiden.[606] Nach der hier vertretenen Auffassung wäre es zielführend, zumindest eine Auswahl dieser Kriterien zur Abgrenzung ähnlicher Risiken verbindlich vorzuschreiben, um ein **Mindestmaß an Differenzierung** zu gewährleisten. Wenngleich ein solcher Ansatz der ansonsten konsequent einzunehmenden unternehmensspezifischen Sichtweise Grenzen auferlegt, würde eine weitestgehend dem Versicherer überlassene Gruppierung die gesteigerte Gefahr einer weniger glaubwürdigen, nachprüfbaren und vergleichbaren Informationsbereitstellung mit sich bringen.

Falls der Versicherer indes intern für Risikosteuerungszwecke neben den genannten noch weitere Unterscheidungsmerkmale heranzieht, wird hier angeregt, dass stets die **kleinstmögliche Steuerungseinheit** das für die bilanzielle Abbildung maßgebliche Portfolio bilden sollte. Im Rahmen des vorgestellten Ansatzes wäre es demnach geboten, eine über die de lege ferenda identifizierten Anforderungen hinausgehende Differenzierung bilanziell nachzuvollziehen, wohingegen ein höherer Aggregationsgrad nicht zulässig sein sollte. Um ein möglichst hohes Maß an Bewertungsnützlichkeit der Informationen für die Adressaten gewährleisten zu können, ist ferner zu fordern, dass die Ergebnisse der Bewertungsbausteine für die einzelnen Portfolios separat berichtet werden und somit auch für Ausweiszwecke eine hinreichende Disaggregation erreicht wird.[607]

Weiterhin wird gefordert, dass die Versicherungsverträge innerhalb eines Portfolios gemeinsam **als ein Pool gesteuert** werden.[608] Um diese Anforderung auszulegen, wurde im Standardsetzungsprozess vorgeschlagen, die Art der Vertriebswege, die Art der Betreuung bzw. Pflege der Verträge, die jeweilige Organisationseinheit sowie den geographischen Standort als Kriterien für eine gemeinsame Steuerung heranzuziehen.[609] Es wäre jedoch zielführend, erst dann auf die Gruppierung im

---

603 Vgl. IASB/FASB (Hrsg.), Portfolio definition (agenda paper 7A), Tz. 15.

604 Vgl. IASB/FASB (Hrsg.), Unit of account (agenda paper 2A), Tz. B2.

605 Vgl. IASB/FASB (Hrsg.), Unit of account (agenda paper 2A), Tz. B2; IASB/FASB (Hrsg.), Portfolio definition (agenda paper 7A), Tz. 15.

606 Vgl. IASB/FASB (Hrsg.), Portfolio definition (agenda paper 7A), Tz. 15 (f).

607 Vgl. hierzu IASB (Hrsg.), ED/2013/7: Insurance Contracts, Tz. 71 f. Es sollten indes ausschließlich Basisangaben zu den reinen Ergebnissen der Bewertungsbausteine und den zentralen Erfolgswirkungen je Portfolio gefordert werden. Überleitungsrechnungen und dergleichen sind auf Ebene dieses Differenzierungsgrades nicht erforderlich.

608 Vgl. IASB (Hrsg.), ED/2013/7: Insurance Contracts, Appendix A.

609 Vgl. IASB/FASB (Hrsg.), Unit of account (agenda paper 2A), Tz. B3. Indes wurden auch diese Unterscheidungskriterien nicht in den aktuellen Standardentwurf aufgenommen.

Rahmen der internen Steuerung zurückzugreifen, sofern die identifizierten Anforderungen an die Ähnlichkeit versicherter Risiken erfüllt sind. Konkretisierende Merkmale zur Identifikation der gemeinsamen Steuerung erscheinen nicht zwingend erforderlich. Dies ist darauf zurückzuführen, dass ein Mindestdifferenzierungsgrad durch die hier vorgeschlagene Auslegung der weiteren definitorischen Anforderungen sichergestellt wird. Folglich sollte die Beurteilung der gemeinsamen Steuerung dem Bilanzierenden überlassen werden. Zentral ist hierbei jedoch, dass es nicht zulässig sein sollte, durch die interne Steuerung einen höheren Aggregationsgrad zu rechtfertigen, als sich dieser aufgrund der Anforderungen der Ähnlichkeit des versicherten Risikos sowie der Preissetzung ergibt.[610] Die geäußerte Befürchtung, die Steuerung als ein gemeinsamer Pool könne die Zusammenfassung von Portfolios legitimieren,[611] gilt es bis zum finalen Standard daher zu widerlegen.

Für die nachfolgenden Analysen und Beispiele wird – falls nicht explizit auf einen Portfolioeintritt abgestellt wird – aus Gründen der Anschaulichkeit jeweils die Bewertung eines Portfolios betrachtet, das ausschließlich aus zeitgleich angesetzten Versicherungsverträgen besteht. Wird hingegen nur ein einzelner Vertrag abgeschlossen, der in ein bereits bestehendes Versicherungsportfolio eintritt, so wird durch dessen Bilanzansatz die Servicemarge des Portfolios erhöht, falls dieser einzeln betrachtet erwartungsgemäß gewinnbringend ist. Bei einem erwarteten Defizit ist die für das Vertragsportfolio passivierte Rückstellung entsprechend zu erhöhen. Da das Kriterium der vergleichbaren erwarteten Profitabilität vor allem in Bezug auf die Verlustgrenze im Rahmen dieser Arbeit streng ausgelegt wird, sind entgegengerichtete Bilanzierungskonsequenzen für den in das Portfolio eintretenden Einzelvertrag sowie das Vertragsportfolio beim Bilanzansatz auch auf Basis der Regelungen des zweiten Standardentwurfes auf Ausnahmefälle begrenzt.[612] Indem somit auch auf Portfolioebene im Zugangszeitpunkt möglichst keinerlei Verlustverrechnungsmöglichkeiten gewährt werden sollen, erwachsen hieraus keine Unterschiede zu einer Betrachtung auf Einzelvertragsebene.

Im Zugangszeitpunkt ist es ferner nicht zwingend erforderlich, die Ergebnisse der ersten drei Bewertungsbausteine explizit stets auf die Einzelvertragsebene herunterzubrechen. So dürfte es bei der hier vertretenen, strengen Auslegung der Portfoliodefinition, die das Kriterium der vergleichbaren erwarteten Profitabilität umfasst, ausreichen, auch die Auswirkungen eines Portfolioeintritts ausschließlich auf der Portfolioebene zu beurteilen. Die gewonnenen Erkenntnisse sind somit i. d. R. direkt auf den möglichen Fall eines Portfolioeintritts übertragbar.

441.53 Die Portfoliodefinition im Lichte der vorläufigen Entscheidungen des IASB

Gemäß den vorläufigen Entscheidungen des IASB vom Juni 2014 zur Überarbeitung der Portfoliodefinition soll künftig die Anforderung der ähnlichen Bepreisung der Verträge in Relation zum eingegangenen Risiko, d. h. der ähnlichen erwarteten Profitabilität, aufgegeben werden.[613] Anstatt dessen wird voraussichtlich die Anforderung in den Regelungskanon aufgenommen, dass erwartungs-

---

610 Diese Interpretation würde zugleich dazu führen, dass für die Auflösung der vertragsbezogenen Servicemarge in den Folgeperioden nicht unbedingt eine weitere aufwändige Untergliederung des Portfolios erforderlich scheint, die über eine Differenzierung nach dem Zeitraum der jeweiligen Deckungsperioden hinausgeht. Vgl. Abschnitt 455.

611 Vgl. Wipf, D./Grimm, T./Biber, R., IFRS 4 Phase II, S. 145; CEIOPS (Hrsg.), CL on ED/2010/8, S. 5.

612 Diese sollen im Rahmen dieser Arbeit indes nicht näher betrachtet werden.

613 Vgl. IASB (Hrsg.), IASB Update June 2014, S. 3.

gemäß gewinnbringende Versicherungsverträge nicht mit erwartungsgemäß belastenden Verträgen zu einem Portfolio aggregiert werden dürfen.[614] Hierdurch werden zum einen die Verständnisprobleme und Interpretationsspielräume bei der Beurteilung einer vergleichbaren erwarteten Profitabilität eingegrenzt. Zum anderen erweitert der IASB die vom Board zunächst als zu restriktiv eingeschätzten Möglichkeiten der Portfoliobildung, indem nunmehr im Hinblick auf die erwartete Profitabilität lediglich die Verlustgrenze als zwingendes Differenzierungskriterium in die Portfoliobildung eingeht.[615]

Bezogen auf die Verlustgrenze entspricht dies in der Konsequenz der im Rahmen dieser Arbeit geforderten strengen Auslegung des Kriteriums der ähnlichen Bepreisung im Verhältnis zum eingegangenen Risiko. Jedoch muss fortan bei identischem Vorzeichen des Erfüllungsbetrages nicht mehr weitergehend nach verschiedenen erwarteten Profitabilitäten differenziert werden. Hiermit ist indes bei dem im Rahmen dieser Arbeit geforderten Ausweis auf Portfolioebene unweigerlich ein Informationsverlust verbunden. Anders als bei der bisher verfolgten Differenzierung lassen die Ergebnisse der einzelnen Bewertungsbausteine durch das mögliche höhere Aggregationsniveau und die damit verbundene Durchschnittsbildung weniger detailliert auf die Risiken, die Zahlungsströme sowie die erwartete Rendite aus den abgeschlossenen Verträge schließen. Um diese Problematik zu minimieren, bedarf es zumindest einer strengen Auslegung des Kriteriums der Ähnlichkeit zusammenzufassender Risiken, so dass die in Abschnitt 441.52 identifizierten Konkretisierungen nochmals an Bedeutung gewinnen. Hierdurch wird zudem deutlich, dass auch nach den vorläufig beschlossenen Neuregelungen sowohl die Bewertung als auch der Ausweis der reinen Bewertungsergebnisse auf Portfolioebene bei einer restriktiven und möglichst objektivierten Portfoliodefinition äußerst hilfreich sind, um entscheidungsnützliche Informationen zu vermitteln. Eine willkürliche, durch das Bewertungslevel bedingte Durchschnittsbildung innerhalb der einzelnen Bewertungsbausteine, welche die Entscheidungsnützlichkeit der vermittelten Informationen mindert, kann damit eingeschränkt werden. Unklar ist derzeit jedoch noch, ob der Vorschlag des IASB *staff* zur Gruppierung von Verträgen mit u. a. einer ähnlichen Höhe der vertragsbezogenen Servicemarge im Zuge der Folgebewertung für den finalen Standard angenommen wird.[616]

441.54 Spezifika passiver Rückversicherungsverträge

Für die Bewertung passiver Rückversicherungsverträge ist grds. das identische Aggregationsniveau maßgeblich, das auch die *unit of account* für die Bewertung von Erstversicherungsverträgen bildet.[617] Obligatorische Rückversicherungsverträge sowie bspw. auch *Stop-loss*-Verträge beziehen sich bereits mindestens auf ein (Teil-)Portfolio von Originalpolicen.[618] Werden derartige passive Rückversicherungsverträge ihrerseits zu (praktischen) Bewertungszwecken wiederum zu einem Portfolio aggregiert, so könnten diesem theoretisch mehrere separate Portfolios von rückgedeckten Erstversicherungsverträgen zugrunde liegen. Gleichwohl sind auch hier die definitorischen Anfor-

[614] Vgl. IASB (Hrsg.), IASB Update June 2014, S. 3.
[615] Vgl. IASB (Hrsg.), Level of aggregation (agenda paper 2C), Tz. 22 und Tz. 32 (b).
[616] Vgl. IASB (Hrsg.), Level of aggregation (agenda paper 2C), Tz. 25-28 sowie Tz. 33 (b). Vgl. zu einer Diskussion dieses Ansatzes Abschnitt 455.
[617] Vgl. IASB (Hrsg.), ED/2013/7: Insurance Contracts, Tz. B37 i. V. m. Tz. 4 (a).
[618] Vgl. zu den verschiedenen Formen und Techniken der Rückversicherung Abschnitt 223.

derungen der Ähnlichkeit zusammenzufassender Risiken sowie der ähnlichen Bepreisung in Relation zum eingegangenen Risiko zu beachten.[619]

Als unproblematisch anzusehen ist zunächst eine Portfoliobildung i. S. d. Definition gleichartiger passiver Rückversicherungsverträge, die sich auf Teilbereiche desselben Portfolios von Originalpolicen beziehen. Anders zu beurteilen ist jedoch eine Gruppierung von Rückversicherungsverträgen, bei der mehrere zugrunde liegende Portfolios betroffen sind. Sofern der Versicherer seine Portfolios von Erstversicherungsverträgen nicht in Anlehnung an die interne Steuerung auf einer niedrigeren als der in Abschnitt 441.52 mindestens geforderten Aggregationsebene bildet, ist nach der hier vertretenen Auffassung eine Portfoliobildung für passive Rückversicherungsverträge, durch die implizit mehrere Portfolios zugrunde liegender Originalpolicen kombiniert werden, grds. kritisch zu sehen. So darf die Aggregation nicht dazu führen, dass nicht hinreichend gleichartige versicherte Risiken in einem Portfolio zusammengefasst werden. Dies wäre nicht mit der allgemein gültigen Portfoliodefinition vereinbar. Zulässig wäre eine (implizite) Aggregation von Erstversicherungsportfolios durch die Gruppierung passiver Rückversicherungsverträge allenfalls in bestimmten Fällen, wenn die jeweiligen Portfolios von Originalpolicen ähnliche Risiken versichern und ausschließlich aufgrund einer abweichenden Bepreisung entsprechend den Regelungen des zweiten Standardentwurfes nicht aggregiert werden durften. Hierfür ist dann jedoch erforderlich, dass die jeweiligen passiven Rückversicherungsverträge, die letztlich gruppiert werden sollen, eine ähnliche Bepreisung in Abhängigkeit der Risiken vorsehen.

Würden die Erstversicherungsverträge hingegen infolge der internen Steuerung auf einem niedrigeren als dem geforderten Niveau aggregiert, könnten mehrere gleichartige passive Rückversicherungsverträge soweit in einem Portfolio zusammengefasst werden, bis die Grenze der geforderten Mindestdifferenzierung bei den zugrunde liegenden Verträgen erreicht ist. Eine Zusammenfassung passiver Rückversicherungsverträge zu Portfolios erscheint jedoch bei gleichartigen, fakultativen Rückversicherungsgestaltungen, die sich auf die Risiken aus einzelnen Erstversicherungsverträgen beziehen, möglich und sachgerecht. Die in den jüngsten Entscheidungen des IASB vorgesehene Aufhebung des Kriteriums der ähnlichen Bepreisung in Relation zum eingegangenen Risiko zugunsten einer klaren Differenzierung anhand der Verlustgrenze ist unverändert auch auf den Fall passiver Rückversicherungsverträge zu übertragen.[620] Folglich ist bei der möglichen Aggregation passiver Rückversicherungsverträge zu beachten, dass durch eine solche Portfoliobildung indirekt auch nur hinsichtlich des Risikos gleichartige Originalpolicen aggregiert werden sollten.

Im Folgenden wird angenommen, dass ein Portfolio zugrunde liegender Erstversicherungsverträge durch einen Rückversicherungsvertrag gedeckt wird und dieser mit keinen anderen Rückversicherungsverträgen zu einem Portfolio zusammengefasst wird. Hierdurch kann anschaulicher beurteilt werden, ob die separate Bilanzierung von Erstversicherungsverträgen und dem jeweiligen passiven Rückversicherungsvertrag auch in der Nettobetrachtung zu einer sachgerechten Abbildung führt.

---

[619] Vgl. IASB (Hrsg.), ED/2013/7: Insurance Contracts, Appendix A sowie Abschnitt 441.52. Das Kriterium der ähnlichen Bepreisung wird jedoch durch die Forderung ersetzt, dass keine erwartungsgemäß defizitären Verträge mit erwartungsgemäß profitablen Verträgen zusammengefasst werden dürfen. Vgl. hierzu Abschnitt 441.53.

[620] Vgl. IASB (Hrsg.), IASB Update June 2014, S. 3; Abschnitt 441.53.

442. Erwartungswert künftiger Zahlungsströme im Rahmen der Vertragserfüllung

442.1 Die Erwartungswertkonzeption

Die den ersten Bewertungsbaustein konstituierenden Schätzungen der Zahlungsströme sind zur Bestimmung des Erfüllungsbetrages in einem **Erwartungswert** zu verdichten, so dass es sowohl die Höhe der künftigen Zahlungsströme für verschiedene Parameterkonstellationen als auch deren Eintrittswahrscheinlichkeiten zu ermitteln gilt.[621] Konsequent abgelehnt wird seitens des IASB zugleich die Wahl eines wahrscheinlichen bzw. des **wahrscheinlichsten Wertes** der Zahlungsströme.[622] Wird wie hier kein Einzelsachverhalt, sondern ein Portfolio von Versicherungsverträgen betrachtet, handelt es sich aggregiert bei der wahrscheinlichsten Konstellation zwar nicht um den kompletten Nicht-Eintritt möglicher Versicherungsfälle und damit verbundene Gesamtschadenzahlungen von Null,[623] indes würde dieser Wertmaßstab keinen angemessenen Einblick in die gegenwärtige Finanz- und Ertragslage sowie die tatsächliche Risikosituation gewähren.

Entgegen der Erwartungswertkonzeption, bei der idealtypisch sämtliche relevanten Parameterkonstellationen berücksichtigt werden, konzentriert sich der wahrscheinlichste Wert auf einen der möglichen Zustände, so dass den Adressaten im Regelfall nur sehr eingeschränkte Informationen über die Verteilung der Ergebnisse vermittelt werden können.[624] Übertragbar erscheint diese Kritik auch auf andere Punktschätzer, die nicht unmittelbar an einer Wahrscheinlichkeitsverteilung der möglichen Ergebnisse künftiger Zahlungsströme anknüpfen. Um den Adressaten relevante Informationen vermitteln zu können, sollte vielmehr die dem Versicherungsgeschäft inhärente Unsicherheit der künftig erforderlichen Zahlungsströme in die Bewertung der Versicherungsverträge einfließen.[625] Konzeptionell überlegen ist zu diesem Zweck der Erwartungswert der künftig anfallenden Zahlungsströme, da sich die Verteilung der Ergebnisse unmittelbar im konkreten Wertansatz widerspiegelt und nicht lediglich – wie bspw. beim wahrscheinlichsten Wert – zur Identifizierung des Wertes dient.[626]

Hieran schließt sich zugleich die Frage an, ob das gesamte Bewertungsmodell im Ergebnis zu einer Bilanzierung von Versicherungsverträgen auf Basis der bei der Erfüllung erwarteten Zahlungsströme führt. Zur Beantwortung dieser Frage ist zu berücksichtigen, dass der Standardentwurf als dritten Bewertungsbaustein eine explizite Risikomarge vorsieht, um in die Bewertung der Versicherungsverträge auch das Risiko einzubeziehen, dass die tatsächlichen Zahlungsströme von den zuvor erwarteten abweichen könnten. Wenngleich nicht konzeptionell, so ist dieser Ansatz dennoch im

---

621 Vgl. IASB (Hrsg.), ED/2013/7: Insurance Contracts, Tz. B40.

622 Vgl. IASB (Hrsg.), ED/2013/7: Insurance Contracts, Tz. B40.

623 Vgl. zu dieser Problematik bezogen auf Einzelverpflichtungen Haaker, A., Wahrscheinlichkeitsproblem bei der Rückstellungsbilanzierung, S. 13.

624 Vgl. ähnlich Mujkanovic, R., Fair Value im Financial Statement, S. 298 f.; Wüstemann, J./Bischof, J., Fair Value-Bewertung von Schulden, S. 94 f.; Schruff, L./Haaker, A., Wahrscheinlichkeiten bei der Rückstellungsbilanzierung nach IFRS, S. 551.

625 Hier wird zunächst ausschließlich darauf rekurriert, dass die künftigen Zustände im Voraus nicht bekannt sind und der Bewertung somit verschiedene mögliche Parameterkonstellationen zugrunde zu legen sind. Das Risiko einer Abweichung der tatsächlichen von den erwarteten Zahlungsströmen hingegen wird explizit in einer Risikomarge (Baustein 3) erfasst.

626 Vgl. hierzu auch IASB (Hrsg.), ED/2013/7: Insurance Contracts, Tz. BCA31 sowie im Ergebnis ähnlich Schruff, L./Haaker, A., Wahrscheinlichkeiten bei der Rückstellungsbilanzierung nach IFRS, S. 537.

Ergebnis vergleichbar mit der Schätzung eines **mit hinreichender Wahrscheinlichkeit zur Vertragserfüllung ausreichenden Betrages.**[627] Indem im Rahmen des ersten Bewertungsbausteins auf den Erwartungswert künftiger Zahlungsströme abgestellt und das Abweichungsrisiko explizit in einer eigenen Marge erfasst wird, bietet der vom IASB gewählte Ansatz jedoch den Vorteil, dass der Adressat über das Ausmaß der als Risikokompensation anzusehenden „Unsicherheitskomponente" im Anhang informiert werden kann, wodurch ein differenzierterer Einblick in die Vermögens-, Finanz- und Ertragslage sowie die Risikosituation gewährt wird.[628] Durch die Pflicht zur Offenlegung der verschiedenen Bewertungskomponenten einschließlich zugehöriger Überleitungen der Beträge vom Periodenbeginn zum Ende der Berichtsperiode wird der Adressat befähigt, die Risikoeinschätzung des Managements nachzuvollziehen und individuell in seine Entscheidungsfindung einfließen zu lassen.[629] Eine integrierte Berücksichtigung des Risikozuschlages unmittelbar bei der Schätzung der Zahlungsströme würde die Informationslage des Adressaten hingegen tendenziell verschlechtern. Daher ist bei der Schätzung der künftigen Zahlungsströme zunächst eine risikoneutrale Sichtweise einzunehmen, die in die Bestimmung des Erwartungswertes mündet.[630]

Eine derartige Erwartungswertkonzeption, die zur Bemessung der Rückstellungshöhe als eine der wesentlichen Komponenten die Schätzung künftiger Schadenzahlungen umfasst, ist zudem **konform** mit der Bilanzierung von Rückstellungen nach dem **bisherigen IAS 37** sowie dessen vorübergehend ausgesetztem **Überarbeitungsprojekt**[631]. Da die Versicherungsverträge nicht nur im Zuge des Bewertungsmodells des IFRS 4 Phase II, sondern (hypothetisch) auch nach den Regelungen des IAS 37 auf Portfolioebene zu berücksichtigen sind, erfüllen diese die Ansatzvoraussetzungen einer Rückstellung, da u. a. auf Portfolioebene ein Ressourcenabfluss in Form von künftigen Schadenzahlungen wahrscheinlich ist.[632] Für Portfolios zugrunde liegender Sachverhalte wird in der geltenden Fassung des IAS 37 bei der Bewertung der Rückstellung bereits auf den statistischen Erwartungswert abgestellt, da dieser als bestmögliche Schätzung angesehen wird.[633] Die wahrscheinlichkeitsgewichtete Berücksichtigung voneinander abweichender Zahlungsstromgrößen ent-

[627] Vgl. auch einen derartigen Wertmaßstab ablehnend IASB (HRSG.), ED/2013/7: Insurance Contracts, Tz. BCA31.

[628] Vgl. analog hierzu im handelsrechtlichen Kontext BAETGE, J./KIRSCH, H.-J./THIELE, S., Bilanzen, S. 443.

[629] Vgl. ähnlich zum Ausweis des Mittelwertes sowie zu den Extrema der Bandbreiten BAETGE, J., Objektivierung des Jahreserfolges, S. 156. Die Angabepflicht der Beträge der einzelnen Bewertungskomponenten richtet sich mitunter nach Tz. 76 des ED/2013/7.

[630] Vgl. zu dem Zusammenhang eines risikoneutralen Erwartungswertes mit einer Risikoprämie bspw. ELLENBÜRGER, F./HORBACH, L./KÖLSCHBACH, J., Bewertung versicherungstechnischer Rückstellungen, S. 52; KREEB, M./ROHLFS, T. J. W., Ermittlung von Risikozuschlägen, S. 352 und S. 362.

[631] Vgl. zum gegenwärtig ausgesetzten Überarbeitungsprojekt http://www.ifrs.org/Current-Projects/IASB-Projects/Liabilities/Pages/Liabilities.aspx# (Stand: 19.11.2014).

[632] Vgl. IAS 37.24. Jedoch ist zu beachten, dass den erwarteten Schadenzahlungen die künftigen Prämienzahlungen gegenübergestellt werden, so dass aufgrund der Nettobetrachtung bei mindestens ausgeglichenen Verträgen zunächst keine von Null verschiedene Rückstellung auszuweisen ist. Auf Ebene der Einzelverträge hingegen wäre der Ressourcenabfluss regelmäßig nicht hinreichend wahrscheinlich, so dass die an eine Rückstellung gestellten Ansatzkriterien nicht erfüllt wären.

[633] Vgl. IAS 37.39; KEITZ, I. VON/WOLLMERT, P./OSER, P./WADER, D., in: Baetge et al., Rechnungslegung nach IFRS, IAS 37, Rn. 101.

spricht hierbei zugleich den geplanten Neuregelungen für die Bewertung von Rückstellungen im Allgemeinen.[634]

Die im aktuellen Standardentwurf vorgesehene Erwartungswertkonzeption verknüpft die **unbedingte Verpflichtung** zur Gewährung von Versicherungsschutz mit der **bedingten Verpflichtung** zur Leistung von Schadenzahlungen, sofern ein versichertes Ereignis tatsächlich eintritt. Durch eine derart gebildete Einheit für Bewertungszwecke, in der die potentiell entstehenden Schadenzahlungen wahrscheinlichkeitsgewichtet berücksichtigt werden, können den Adressaten entscheidungsnützliche Informationen über die gegenwärtige und künftige Vermögens-, Finanz- und Ertragslage sowie die Risikosituation vermittelt werden.[635]

442.2 Schätzung künftiger Zahlungsströme im Rahmen einer Szenariobetrachtung

Um den Erwartungswert der zur Vertragserfüllung erforderlichen Zahlungsströme zu ermitteln, sieht der Board als Basis ein **Set von Szenarien**[636] vor, das die gesamte Bandbreite möglicher Ergebnisse von künftigen Zahlungsströmen widerspiegeln soll. Dem Wortlaut des Standardentwurfes entsprechend wären demgemäß jedem identifizierten Szenario ein geschätzter Betrag und der zeitliche Anfall der Zahlungsströme sowie die Eintrittswahrscheinlichkeit der jeweiligen Konstellation zuzuordnen.[637] Die diskontierten Zahlungsstromergebnisse der einzelnen Szenarien werden anschließend wahrscheinlichkeitsgewichtet zum Erwartungswert aggregiert und in die Bewertung der Versicherungsverträge einbezogen.[638]

Wenngleich idealtypisch eine **Verteilungsfunktion** aus der Gesamtheit jeglicher ökonomisch nicht zu vernachlässigender Szenarien abgeleitet werden sollte,[639] um eine größtmögliche Präzision zu erreichen und der Anforderung einer glaubwürdigen Darstellung stets gerecht zu werden,[640] ist sich der IASB der Umsetzungsschwierigkeiten sowie einer ggf. abweichenden Ermittlungsmethodik in der Praxis durchaus bewusst. Die Identifizierung und Einbeziehung sämtlicher Szenarien in die Bewertung ist folglich vielmehr als Referenz zu verstehen, die auch durch alternative Vorgehensweisen ersetzt werden kann, falls diese zu einem vergleichbaren und somit akzeptablen Ergebnis führen.[641] Daher stellt der IASB ebenfalls in den *application guidance* klar, dass nicht zwingend jedes mögliche Szenario betrachtet werden muss, zumal häufig unendlich viele Konstellationen

634 Vgl. zum geplanten Erwartungswertkonzept IASB (Hrsg.), ED/2010/1: Measurement of Liabilities in IAS 37, Tz. 36A f. i. V. m. Tz. B1-B3 sowie für ein Berechnungsbeispiel Schruff, L./Haaker, A., Wahrscheinlichkeiten bei der Rückstellungsbilanzierung nach IFRS, S. 544-549.

635 Vgl. zum im Regelfall untrennbaren Zusammenhang zwischen unbedingter und bedingter Verpflichtung Kühne, M./Nerlich, C., Vorschläge für eine geänderte Rückstellungsbilanzierung nach IAS 37, S. 1840.

636 Bei den hier adressierten Szenarien handelt es sich um eine überwiegend quantitative bzw. hybride Ausprägung, da die Einflussfaktoren in Zahlenwerte zu transformieren sind und als Ergebnis quantitative Zielgrößen abgeleitet werden. Vgl. zu einer Differenzierung quantitativer, qualitativer sowie hybrider Szenarien Kosow, H./Gaßner, R., Methoden der Zukunfts- und Szenarioanalyse, S. 25 f.

637 Vgl. hierzu insgesamt IASB (Hrsg.), ED/2013/7: Insurance Contracts, Tz. B40.

638 Vgl. IASB (Hrsg.), ED/2013/7: Insurance Contracts, Tz. B40.

639 Vgl. IASB (Hrsg.), ED/2013/7: Insurance Contracts, Tz. B40.

640 Bei der idealtypischen Betrachtung wird zunächst von der Kostenbegrenzung abstrahiert.

641 Vgl. IASB (Hrsg.), ED/2013/7: Insurance Contracts, Tz. B41 sowie ferner IASB/FASB (Hrsg.), Cash flows (agenda paper 3F), Tz. 20-23.

denkbar sind.[642] Es ist hingegen sicherzustellen, dass sämtliche relevanten Informationen in den Erwartungswert einfließen und nicht lediglich aufgrund eines vermeintlich zu aufwändigen Prozesses der Informationsgenerierung vernachlässigt werden.[643]

So ist es zum einen zulässig, zur Schätzung der künftigen Zahlungsströme nur eine begrenzte Zahl möglicher Zustände heranzuziehen, falls eine Erhöhung der Komplexität nicht mit einer gesteigerten Glaubwürdigkeit des Bewertungsergebnisses einhergeht. Sollte es also gelingen, die Verteilungsfunktion der Zahlungsstromergebnisse mittels weniger Parameter oder auf Basis eines festen Umfangs an Szenarien zu ermitteln bzw. hinreichend zu approximieren, sind diese Vorgehensweisen grds. als zulässig anzusehen.[644] Allerdings dürfte es im Einzelfall äußerst schwierig und stark ermessensbehaftet sein, im Voraus zu beurteilen, ob durch einen geringeren Detaillierungsgrad keine relevanten Informationen vorenthalten und der Erwartungswert gleichermaßen glaubwürdig dargestellt wird. Der erforderliche **Detailgrad der Untersuchung bzw. Projektion** hängt hierbei maßgeblich von den zugrunde liegenden Sachverhalten ab und ist einzelfallspezifisch auszulegen.[645] Sofern jedoch im Rahmen der internen Kalkulation eine derartige komplexitätsreduzierende Vorgehensweise gewählt wird, erscheint es i. S. d. Vermittlung bewertungsnützlicher Informationen ausreichend, auch für bilanzielle Zwecke an diesen internen Ergebnissen anzuknüpfen. Zum anderen kann der Erwartungswert mangels verfügbarer präziser, portfoliospezifischer Informationen auch auf der Grundlage verallgemeinerter Einschätzungen über die Bandbreite künftiger Zahlungsströme sowie die zugehörigen Wahrscheinlichkeiten ermittelt werden.[646] Gleichwohl birgt diese Alternative aufgrund eines höheren Abstraktionsgrades die Gefahr einer verzerrten, nicht der geforderten Glaubwürdigkeit entsprechenden Darstellung.[647] Eine solche Ermittlungsmethode sollte daher nur als zulässig angesehen werden, sofern sie auch für interne Zwecke herangezogen wird. Ferner sollten hiermit zumindest strengere Angabevorschriften zu den Inputparametern der Schätzung künftiger Zahlungsströme verbunden werden, als wenn eine Verteilungsfunktion aufgrund umfassender Datengrundlagen und Szenariobetrachtungen glaubwürdiger dargestellt werden kann.[648]

---

642 Vgl. zu dieser Problematik IASB/FASB (Hrsg.), Cash flows (agenda paper 3F), Tz. 13 (a).

643 Vgl. IASB (Hrsg.), ED/2013/7: Insurance Contracts, Tz. B41.

644 Vgl. hierzu insgesamt IASB (Hrsg.), ED/2013/7: Insurance Contracts, Tz. B41; IASB/FASB (Hrsg.), Cash flows (agenda paper 3F), Tz. 21. Vgl. zu einem diskreten Ansatz der Schätzung der Zahlungsströme bereits Engeländer, S./Kölschbach, J., Diskussionspapier zur Phase II des Versicherungsprojektes, S. 392. Falls ausschließlich Szenarien identifiziert werden, deren Ergebnisse innerhalb einer relativ engen Bandbreite liegen, wird es mitunter als zulässig erachtet, lediglich eines der Szenarien zur Schätzung heranzuziehen. Vgl. Asche, B., Jahresabschlussanalyse von Schaden-/Unfallversicherern, S. 172-174. Wenngleich diese Auslegung konsistent zu der in einigen Fällen zulässigen einfachen Modellierung erscheint, so ist diese Vorgehensweise konzeptionell stark zu kritisieren, da das Ziel explizit in der Ermittlung des Erwartungswertes der Zahlungsströme besteht, in die sämtliche bereits identifizierten Szenarien einbezogen werden sollten. Diese Methode ist indes nicht nur dann äußerst kritisch zu sehen, wenn die Ergebnisse der anderen Szenarien dem Bilanzierenden vorliegen, sondern auch, wenn im Voraus nur eines der potentiellen Szenarien betrachtet wird.

645 Vgl. hierzu auch IASB (Hrsg.), ED/2013/7: Insurance Contracts, Tz. B41.

646 Vgl. IASB (Hrsg.), ED/2013/7: Insurance Contracts, Tz. B40.

647 Da sich der IASB der Gefahr einer verzerrten und somit interessengetriebenen Schätzung der Zahlungsströme samt deren Eintrittswahrscheinlichkeiten bewusst ist, betont er in den *basis for conclusions* nochmals deutlich, dass jedwede Verzerrung eine glaubwürdige Darstellung unmöglich macht. Vgl. IASB (Hrsg.), ED/2013/7: Insurance Contracts, Tz. BCA32.

648 Eine solche Forderung ließe sich mit den bisher vorgesehenen Angaberegelungen vereinen. Vgl. IASB (Hrsg.), ED/2013/7: Insurance Contracts, Tz. 83.

Diese Angaben müssen den Adressaten vor allem auch darüber informieren, dass sich die zur Bewertung herangezogenen Inputparameter nicht originär auf das zu bewertende Portfolio beziehen. Ferner erscheint es erforderlich, dass in besonderem Maße über die Auswirkungen möglicher Parameteränderungen auf den Erwartungswert der geschätzten Zahlungsströme berichtet wird.

Es ist also stets das Ziel, einen Erwartungswert der im Rahmen der Vertragserfüllung anfallenden Zahlungsströme zu bestimmen, der den qualitativen Anforderungen an die IFRS-Rechnungslegung gerecht wird. Die Wahl der **konkreten Ermittlungsmethode** wird hierbei weitestgehend dem Bilanzierenden überlassen.[649] Zwar nennt der Board in den *basis for conclusions* alternative Verfahren, um den Erwartungswert zu ermitteln. Diese basieren entweder auf einer Szenariobetrachtung, zielen auf die Herleitung einer Formel ab, die den geschätzten Verlauf der Wahrscheinlichkeitsverteilung nachzeichnet oder sehen Simulationen vor.[650] Hierbei handelt es sich indes um eine nicht abschließende Aufzählung von möglichen Ermittlungsmethoden. Wenngleich durch die gewährte Methodenfreiheit praktische Umsetzungsschwierigkeiten reduziert und die Besonderheiten sowie Limitierungen des spezifischen Versicherungsgeschäftes besser berücksichtigt werden können, sind mit diesem Ansatz auch gewisse Risiken verbunden. Auch wenn eine verzerrte Informationsvermittlung ausdrücklich unzulässig ist und sämtliche relevanten Informationen in die Beurteilung einbezogen werden sollen, besteht dennoch die Gefahr, dass nicht der theoretisch verfügbare Detailgrad abgebildet wird. Zu fordern ist daher zumindest, dass die Versicherer bei der Schätzung der Zahlungsströme sowie deren Eintrittswahrscheinlichkeiten sämtliche für Zwecke der internen Kalkulation eingesetzte Daten und Informationen nutzen und dieser Detailgrad nicht unterschritten werden darf. Unvermeidlich ist hiermit jedoch auch verbunden, dass die zwischenbetriebliche Vergleichbarkeit durch die Vielzahl möglicher Ermittlungsverfahren zusätzlich eingeschränkt wird.[651]

Im Bereich der Schaden- und Unfallversicherung ist nach der hier vertretenen Auffassung methodenunabhängig sicherzustellen, dass der (schiefe) Rand der Verteilung und somit extreme Schadenrealisationen einbezogen werden, auch wenn diese im Einzelfall mit geringer Wahrscheinlichkeit eintreten.[652] Dies ist erforderlich, um der eingegangenen Risikoposition und dem Wesen des Versicherungsgeschäftes hinreichend gerecht zu werden.

442.3 Anforderungen an die Schätzung einzubeziehender Zahlungsströme

442.31 Überblick

Damit Schätzungen der zur Vertragserfüllung erforderlichen Zahlungsströme in den Erfüllungsbetrag eingehen können, haben sie **genau spezifizierten Anforderungen** zu genügen, die nachfolgend näher untersucht werden sollen. So müssen die Schätzungen explizit i. S. v. unabhängig von den weiteren Bewertungsbausteinen sein, die unternehmensspezifische Sichtweise bei gleichzeitiger Marktkonsistenz widerspiegeln und sämtliche verfügbaren Informationen über die gesuchten Zielgrößen unverzerrt berücksichtigen. Darüber hinaus müssen sie aktuell sein und dürfen nur diejeni-

---

649 Vgl. zu jener Methodenfreiheit IASB/FASB (Hrsg.), Cash flows (agenda paper 3F), Tz. 22 f.

650 Vgl. IASB (Hrsg.), ED/2013/7: Insurance Contracts, Tz. BCA33.

651 Vgl. zu dieser kritischen Sichtweise insgesamt Nguyen, T./Molinari, P., Bilanzierung von Versicherungsverträgen nach ED/2010/8 (Teil I), S. 21 f.

652 Vgl. hierzu auch IASB/FASB (Hrsg.), Cash flows (agenda paper 3F), Tz. 19.

gen Zahlungsströme umfassen, die für das jeweilige Portfolio innerhalb der Vertragsgrenzen anfallen.[653]

442.32 Unabhängigkeit von den weiteren Bewertungsbausteinen

Die Forderung nach einer **expliziten Schätzung** der Zahlungsströme i. S. d. Standards impliziert, dass diese nicht von den weiteren Bewertungsbausteinen des Erfüllungsbetrages beeinflusst wird. Weder die Diskontierung noch das Abweichungsrisiko der Zahlungsströme darf sich in den Schätzungen niederschlagen,[654] so dass zunächst von einer Barwertbetrachtung abgesehen wird und eine risikoneutrale Sichtweise einzunehmen ist. Die Diskontierung wird indes insoweit vorbereitet, als dass auch der zeitliche Anfall der Zahlungen zu schätzen ist.

Da sowohl die Risikoadjustierung als auch die Diskontierung separate Bausteine innerhalb des Bewertungsmodells bilden, muss die Schätzung der Zahlungsströme zwingend von diesen Effekten freigehalten werden, um eine schwer zu interpretierende **Vermischung der Bewertungselemente** oder gar deren **doppelte Erfassung zu vermeiden**. Die explizite Schätzung setzt ferner voraus, dass sich der Abschlussersteller intensiv mit jeder einzelnen Komponente befasst und begünstigt zudem, dass erforderliche Schätzungsänderungen bezogen auf die Zahlungsströme in der Folge frühzeitig erkannt werden.[655] Indem auch gegenläufige oder sich überlagernde Effekte auf den Erfüllungsbetrag durch den Bilanzierenden separat zu beurteilen sind und dem Adressaten zumindest teilweise zugängig gemacht werden,[656] kann durch den hohen Detaillierungsgrad die Relevanz der Informationen gesteigert werden. Zugleich fördert die differenzierte Beurteilung der einzelnen Parameter innerhalb des Bausteinansatzes eine glaubwürdige Darstellung des Erfüllungsbetrages.[657]

442.33 Maxime der unternehmensspezifischen Sichtweise bei gleichzeitiger Marktkonsistenz

Bei der Schätzung der künftigen Zahlungsströme ist konsequent die **Perspektive des jeweiligen Unternehmens** einzunehmen, so dass die spezifischen Umstände des Versicherungsgeschäftes in die Bewertung mit einfließen.[658] Hierdurch können theoretisch zwar bewertungsnützlichere Informationen als bei einer verallgemeinernden Marktperspektive vermittelt werden, jedoch gehen diese mit gesteigerten Ermessensspielräumen einher.[659] Zumal aber auch bei einer konsequenten Marktsicht auf das nahezu identische Bewertungsmodell zurückzugreifen wäre, sind im Ergebnis nur geringfügige Unterschiede zu erwarten.[660]

---

653 Vgl. die Anforderungen insgesamt normierend IASB (HRSG.), ED/2013/7: Insurance Contracts, Tz. 22.

654 Vgl. IASB (HRSG.), ED/2013/7: Insurance Contracts, Tz. 22 (a).

655 Vgl. hierzu IASB (HRSG.), ED/2013/7: Insurance Contracts, Tz. BCA27.

656 So sind zumindest der erwartete Barwert der Zahlungsströme sowie die Risikomarge explizit getrennt anzugeben. Vgl. IASB (HRSG.), ED/2013/7: Insurance Contracts, Tz. 76. Aufgrund der Zielsetzung, die Adressaten auch über den zeitlichen Anfall der Zahlungsströme zu informieren, empfiehlt es sich ferner, den Effekt der Diskontierung ebenfalls offenzulegen.

657 Vgl. hierzu auch STEINER, C., Bilanzierung versicherungstechnischer Rückstellungen, S. 480.

658 Vgl. IASB (HRSG.), ED/2013/7: Insurance Contracts, Tz. 22 (b); SCHWEINBERGER, S./HORSTKÖTTER, M., Bilanzierung von Versicherungsverträgen gemäß ED/2010/8, S. 549.

659 Vgl. ASCHE, B., Jahresabschlussanalyse von Schaden-/Unfallversicherern, S. 172; HELLER, S., Bilanzierung von Versicherungsverträgen nach IFRS, S. 177.

660 Vgl. hierzu bereits Abschnitt 441.1.

Es ist jedoch zugleich darauf zu achten, dass die Ausprägungen der einbezogenen Marktvariablen den tatsächlichen **Markdaten am Ende der Berichtsperiode nicht widersprechen**. Dies bedeutet zum einen, dass beobachtbare Markdaten – von den in IFRS 13.79 normierten Ausnahmen abgesehen – nicht zugunsten eigener Schätzungen vernachlässigt werden dürfen, und zum anderen, dass Schätzungen nicht direkt beobachtbarer Parameter möglichst **konsistent zu verfügbaren Marktdaten** sein müssen.[661] Die unveränderte Übernahme beobachtbarer **Marktvariablen** in das Bewertungsmodell und die geforderte Konsistenz nicht unmittelbar ablesbarer Markvariablen sind zu begrüßen und dienen zweifelsohne sowohl der Relevanz als auch der glaubwürdigen Darstellung.[662] Indes handelt es sich bei den adressierten beobachtbaren Marktvariablen vornehmlich um Zinssätze, die sich eher im Lebens-Bereich unmittelbar auf die Höhe des Erwartungswertes der Zahlungsströme auswirken können. Bei der Bewertung der Schaden- und Unfallversicherungsverträge gehen diese in erster Linie in die Diskontierung der künftigen Zahlungsströme und somit in den zweiten Bewertungsbaustein ein, wobei ebenfalls möglichst konsequent auf Marktdaten zurückzugreifen ist.[663] Analog hierzu und i. V. m. den nachfolgenden Ausführungen zu nicht-marktbezogenen Variablen sollte aber bspw. bei potentiellen Schäden, deren Auszahlungshöhe signifikant durch Rohstoffpreise getrieben wird, auf eine hinreichende Konsistenz zu den entsprechenden Markterwartungen über die Preisentwicklung geachtet werden.

Da die Schätzung der Zahlungsströme jedoch vor allem im Schaden- und Unfallbereich von **nicht-marktbezogenen Variablen** dominiert wird,[664] stellt sich die Frage, welche Konsequenzen sich aufgrund der Regelungen für diese Variablen ergeben. So sieht der Standardentwurf für die nicht am Markt beobachtbaren Parameter, bei denen es sich primär um potentielle Schadenhöhen oder auch um die Eintrittshäufigkeit der Schadenereignisse handelt,[665] eine konsequente unternehmensspezifische Sichtweise vor. Gleichwohl wird in den *basis for conclusions* ausgeführt, dass Schätzungen von Zahlungsströmen i. S. d. vom Board befürworteten Konsistenz mit beobachtbaren Marktdaten mit den hypothetischen Einschätzungen anderer Marktteilnehmer vereinbar sein müssten.[666] Hierbei wird nicht deutlich genug zwischen Marktvariablen und nicht-marktbezogenen Variablen differenziert. Dies birgt die Gefahr einer Fehlinterpretation in sich, indem die unternehmensspezifische Sichtweise speziell für nicht-marktbezogene Variablen mit der zuvor noch im Diskussionspapier verfolgten Veräußerungsmarktkonzeption[667] vermischt werden könnte. Hier sollte die Gelegenheit genutzt werden, die zentrale Stellung der unternehmensspezifischen Erfüllungsperspektive zu betonen und deren Bedeutung für die geforderte Marktkonsistenz klarzustellen. So darf sich die Marktkonsistenz nur auf verfügbare Markdaten beziehen und keineswegs dazu führen, dass ausschließlich für das spezifische Unternehmen relevante Informationen für nicht-marktbezogene

661 Vgl. IASB (Hrsg.), ED/2013/7: Insurance Contracts, Tz. B44.

662 Vgl. für eine Übersicht über die Vorteile, die mit der geforderten Marktkonsistenz aus Sicht des IASB verbunden sind, IASB (Hrsg.), ED/2013/7: Insurance Contracts, Tz. BCA29.

663 Vgl. IASB (Hrsg.), ED/2013/7: Insurance Contracts, Tz. 25 (a).

664 Vgl. zur Dominanz nicht-beobachtbarer Variablen Bächler, R., Bilanzierung von Versicherungsverträgen, S. 382.

665 Vgl. IASB (Hrsg.), ED/2013/7: Insurance Contracts, Tz. B43 (b).

666 Vgl. IASB (Hrsg.), ED/2013/7: Insurance Contracts, Tz. BCA30 (b).

667 Vgl. zur auf Basis des Diskussionspapiers geforderten Marktkonsistenz IASB (Hrsg.), DP: Insurance Contracts, Tz. 38.

Variablen ausgeblendet werden und somit ein nicht gerechtfertigter Perspektivenwechsel stattfindet.[668] Um die nicht-marktbezogenen Variablen auszufüllen, sind ausdrücklich sämtliche verfügbaren Daten heranzuziehen, die sowohl aus internen als auch aus externen Datenquellen stammen können. Ihre Gewichtung hängt maßgeblich davon ab, welche Informationen den spezifischen Charakteristika des Portfolios am besten gerecht werden und welche Datengrundlage ggf. verlässlicher und aktueller ist.[669]

Auch bei der Schätzung der nicht-marktbezogenen Parameter sind Widersprüche zu verfügbaren Marktdaten zwingend zu vermeiden. Die Höhe der künftigen Schadenzahlungen wird bspw. auch durch Preis- und Kostensteigerungen getrieben, die neben technologischen Entwicklungen und der Ressourcenknappheit mitunter durch die Inflation begründet werden. Die Beurteilung des Inflationseinflusses sollte hierbei möglichst konform mit den Implikationen sein, die sich u. a. aus den Markterwartungen über die Zinsentwicklung ableiten lassen.[670] Hierdurch können Ermessensspielräume bzgl. der zugrunde gelegten jährlichen Preissteigerungsrate, die sich bei langen Abwicklungsdauern stark auf das Bewertungsergebnis auswirken können, zumindest eingeschränkt werden.[671]

Sollte es gelingen, bestimmte Zahlungsstromkomponenten hinsichtlich des Betrages, des zeitlichen Anfalls sowie der inhärenten Unsicherheit mittels anderer Vermögenswerte zu **replizieren**, so kann deren Fair Value unmittelbar als Teil des Erfüllungsbetrages angesetzt werden.[672] Falls auch die replizierbaren Elemente ausgehend vom allgemeinen Modell bewertet werden, muss das Ergebnis zumindest konsistent zum beizulegenden Zeitwert des Replikationsportfolios sein.[673] Da die Zahlungsstromergebnisse im Schaden- und Unfallbereich oftmals stark schwanken können und somit durch eine hohe Unsicherheit geprägt sind, dürfte die Replikationstechnik indes allenfalls in abgegrenzten Teilbereichen einsetzbar sein.

442.34 Berücksichtigung sämtlicher verfügbarer Informationen

Bei den Schätzungen ist zudem sicherzustellen, dass **sämtliche verfügbaren Informationen** über den Betrag, den zeitlichen Anfall sowie die inhärente Unsicherheit der im Rahmen der Vertragserfüllungen anfallenden Zahlungsströme ausgewertet und **unverzerrt** einbezogen werden.[674] Zwischen dieser Anforderung und der Maßgabe, bei der Ermittlung des Erwartungswertes möglichst die gesamte Bandbreite potentieller Ergebnisse abzubilden, besteht ein enger Zusammenhang. Wie in Abschnitt 442.2 erläutert, ist die Berücksichtigung sämtlicher denkbarer Szenarien als theoretisch ideale Referenz anzusehen, die auch mittels vereinfachter Methoden approximiert werden kann.

---

668 Wenngleich dies auch der Intention des IASB entspricht (vgl. ELLENBÜRGER, F./ENGELÄNDER, S./KÖLSCHBACH, J., IFRS für Versicherungsverträge, S. 818), so sollten die Ausführungen in den *basis for conclusions* klarer gestaltet werden, um möglichen Missverständnissen vorzubeugen.

669 Vgl. IASB (HRSG.), ED/2013/7: Insurance Contracts, Tz. B50 und Tz. BCA30 (b).

670 Vgl. zu der generellen Anforderung sowie zum Beispiel der Inflationsrate IASB (HRSG.), ED/2013/7: Insurance Contracts, Tz. B51.

671 Vgl. zur Wertrelevanz der Inflationsrate im Schaden- und Unfallbereich sowie den hiermit verbundenen Ermessensspielräumen BACHER, D. F., Leistungsfähigkeit des Jahresabschlusses deutscher Erstversicherer, S. 191 f.

672 Vgl. IASB (HRSG.), ED/2013/7: Insurance Contracts, Tz. B46.

673 Vgl. IASB (HRSG.), ED/2013/7: Insurance Contracts, Tz. B47.

674 Vgl. IASB (HRSG.), ED/2013/7: Insurance Contracts, Tz. 22 (c).

Zentral ist hierbei jedoch stets, dass keine relevanten Informationen vernachlässigt werden, was durch die hier betrachtete Anforderung nochmals konkretisiert wird.

Entgegen des Wortlautes, alle verfügbaren Informationen zu berücksichtigen, könnte die Auffassung vertreten werden, dass auf solche Informationen verzichtet werden kann, die den Erwartungswert nachweislich nicht oder nur geringfügig verändern.[675] Dies ließe sich mit der in Tz. B41 des ED/2013/7 als zulässig erachteten, vereinfachten Modellierung begründen, sofern der „tatsächliche" Erwartungswert hinreichend approximiert wird. Da durch eine derart **selektive Auswahl der Datenquellen** die Gefahr einer verzerrten und somit durch die eigene Interessenlage gelenkten Abbildung verstärkt würde, ist eine derartige Interpretation zumindest kritisch zu sehen. Eine Vereinfachung ergäbe sich ohnehin nur dann, wenn im Voraus bestimmte Informationen ausgegrenzt würden. Auch wenn hier Erfahrungen der Vergangenheit erste Hinweise über wertrelevante Informationen geben können, dürfte oftmals erst im Nachhinein abzuleiten sein, welche Daten keinen signifikanten Einfluss auf den Erwartungswert haben.[676] Um subjektive Ermessensspielräume einzugrenzen und zu gewährleisten, dass jegliche relevanten Informationen bei der Wertermittlung berücksichtigt werden, sollten somit grds. sämtliche **verfügbaren** Datenquellen, die der Bewertung des spezifischen Vertragsportfolios dienen können, ausgeschöpft werden. Hierzu verweist der IASB explizit auf Informationen über berichtete Schäden, die Charakteristika des jeweiligen Vertragsportfolios oder aber auf die aktuellen Preise eines entsprechenden Rückversicherungsschutzes bzw. vergleichbarer Konstruktionen.[677] Eine weitere bedeutende Informationsquelle bildet die unternehmensspezifische historische Datenbasis, die ggf. an veränderte Trends bzw. abweichende Charakteristika des Portfolios oder des Versicherungsgeschäftes insgesamt angepasst werden muss.[678] Um den Umfang der einzubeziehenden Datenquellen jedoch praktikabel zu gestalten, sollte als Mindestanforderung formuliert werden, dass zumindest sämtliche für die interne Steuerung bzw. Prämienkalkulation genutzten Informationsgrundlagen auch für bilanzielle Zwecke herangezogen werden. Hierdurch wird zugleich der Gefahr einer (bewusst verzerrenden) selektiven Datenauswahl insofern Einhalt geboten, als dass der Versicherer auch für interne Zwecke an möglichst neutralen Schätzungen interessiert sein dürfte.

442.35 Aktualität der Schätzungen

Schätzungen der Zahlungsströme, die in die Bewertung eines Versicherungsvertrages eingehen, müssen **stets aktuell** sein und daher auf sämtlichen **am Bewertungsstichtag verfügbaren Informationen** basieren.[679] Die für die Folgebewertung hiermit verbundenen Herausforderungen eines möglichst glaubwürdigen und objektivierten Umgangs mit Schätzungsänderungen aufgrund geänderter Umstände während des Betrachtungszeitraumes werden in Abschnitt 451. behandelt.

---

675 Vgl. analog zu der Möglichkeit, ganze Szenarien von der Betrachtung auszuschließen, ASCHE, B., Jahresabschlussanalyse von Schaden-/Unfallversicherern, S. 172-174.

676 Sollte indes anhand langjähriger Auswertungen nachgewiesen werden können, dass bestimmte Informationen den Erwartungswert der Zahlungsströme strukturell nicht verändern, wäre der Verzicht auf ihre Einbeziehung vertretbar.

677 Vgl. IASB (HRSG.), ED/2013/7: Insurance Contracts, Tz. B54 (a), (b) und (d).

678 Vgl. IASB (HRSG.), ED/2013/7: Insurance Contracts, Tz. B54 (c).

679 Vgl. IASB (HRSG.), ED/2013/7: Insurance Contracts, Tz. 22 (d).

Die Anforderung, der Bewertung aktuelle Schätzungen zugrunde zu legen, bedeutet keineswegs, dass ausschließlich die jüngsten Erfahrungen bzw. Daten einbezogen werden dürfen.[680] So sind aktuelle Veränderungen immer im **Gesamtzusammenhang** der historischen sowie der erwarteten künftigen Entwicklung zu sehen.[681] Um einen möglichst unverzerrten Erwartungswert der Zahlungsströme ermitteln zu können, gilt es vor allem auch, die Ursachen für stark von den bisherigen Erfahrungen abweichende Parameterausprägungen zu untersuchen und verzerrende Effekte herauszurechnen.[682] Wenngleich aktuelle Informationen in die Schätzung der Zahlungsströme einbezogen werden müssen, da sie c. p. relevant sind, werden die im Rahmen der Vertragserfüllung anfallenden Zahlungsströme nicht alleine durch die aktuelle Situation determiniert. Folglich ist es entscheidend, sich auf unterschiedliche Zeitpunkte bzw. Perioden beziehende Informationen auszuwerten, miteinander zu verknüpfen und dabei entsprechend ihrer eingeschätzten Bedeutung für den Erwartungswert zu gewichten.

Die Zielsetzung, die künftig zur Vertragserfüllung erforderlichen Zahlungsströme erwartungsgetreu zu schätzen, impliziert zudem, dass bei nicht-marktbezogenen Variablen auch **Trends** in die Schätzung mit einbezogen werden müssen.[683] Sofern sich auf der Basis vergangener sowie aktueller Informationen für bestimmte Zahlungsstromkomponenten eine gewisse strukturelle Entwicklung abzeichnet, soll diese in ihren unterschiedlichen, potentiellen Ausprägungen wahrscheinlichkeitsgewichtet in den Erwartungswert einfließen.[684] Die geforderte Aktualität bezieht sich hierbei auf die Vollständigkeit der Datengrundlage und den (Referenz-)Zeitpunkt der Schätzung, so dass auch die Abbildung von Trends diesem Grundsatz nicht entgegensteht. Neben Trends sind auch solche künftigen Ereignisse zu berücksichtigen, die sich auf die Höhe oder den zeitlichen Anfall der Zahlungsströme bzw. die hiermit verbundene Unsicherheit auswirken, sofern sie die gegenwärtige Verpflichtung nicht verändern bzw. keine neuen Verpflichtungen begründen.[685] Um den Einfluss dieser künftigen Ereignisse auf die Bewertung zu bestimmen, ist die Bandbreite hieraus möglicherweise resultierender Konsequenzen in die Szenariobetrachtung einzubeziehen.[686]

442.36 Konzept der Vertragsgrenzen

Die Schätzungen dürfen nur diejenigen Zahlungsströme umfassen, die sich auf bereits bestehende Versicherungsverträge beziehen und innerhalb deren **Vertragsgrenzen** anfallen.[687] Das Konzept der Vertragsgrenzen sieht hierbei Kriterien vor, um künftige Versicherungsverträge von den existie-

680 Vgl. IASB (Hrsg.), ED/2013/7: Insurance Contracts, Tz. B57.

681 Vgl. auch Heller, S., Bilanzierung von Versicherungsverträgen nach IFRS, S. 178.

682 Vgl. IASB (Hrsg.), ED/2013/7: Insurance Contracts, Tz. B58 sowie für ein Beispiel, in dem mögliche Ursachen für aktuelle Veränderungen adressiert werden, Tz. B57.

683 Vgl. IASB (Hrsg.), ED/2013/7: Insurance Contracts, Tz. B59. Um wiederum möglichen Verzerrungen vorzubeugen, müssen die Trends eindeutig von zufälligen Schwankungen abgrenzbar sein. Vgl. Engeländer, S./Kölschbach, J., Diskussionspapier zur Phase II des Versicherungsprojektes, S. 393.

684 Vgl. IASB (Hrsg.), ED/2013/7: Insurance Contracts, Tz. B59.

685 Vgl. IASB (Hrsg.), ED/2013/7: Insurance Contracts, Tz. B61. Als Beispiel für nicht mehr zu berücksichtigende Ereignisse wird hier eine Veränderung in der Gesetzgebung angeführt.

686 Vgl. IASB (Hrsg.), ED/2013/7: Insurance Contracts, Tz. B61.

687 Vgl. IASB (Hrsg.), ED/2013/7: Insurance Contracts, Tz. 22 (e) und Tz. B62. Allenfalls Zahlungsströme, die auf rechtlich durchsetzbaren Ansprüchen des Versicherers basieren, sind auch außerhalb der definitionsgemäßen Vertragsgrenzen einzubeziehen. Vgl. hierzu Nguyen, T./Grosche, S., Bewertungskonzept für versicherungstechnische Verpflichtungen, S. 31.

renden abzugrenzen und definiert somit den Zeitpunkt, ab dem die Erwartungen weiterer Prämien und hierdurch gedeckter potentieller Schadenzahlungen nicht mehr in die bilanzielle Abbildung von Versicherungsverträgen einfließen. Die jeweiligen Zahlungsströme liegen hierbei innerhalb der Vertragsgrenzen, sofern der Versicherer den Versicherungsnehmer theoretisch zwingen könnte, die Prämienzahlungen zu leisten,[688] oder er dazu verpflichtet ist, substanziellen Versicherungsschutz bzw. weitere Dienstleistungen zu gewähren.[689] Die Vertragsgrenze ist hingegen erreicht, wenn der Versicherer nicht mehr länger zur Versicherungsdeckung verpflichtet ist (Kriterium 1) oder aber dieser den Preis für die künftige Deckung für einen spezifischen Versicherungsnehmer vollständig an eine geänderte Risikosituation anpassen kann (Kriterium 2).[690] Dieses Preisanpassungskriterium gilt ferner auch auf Portfoliobasis, falls die bisherigen Prämien keine Vergütungsbestandteile für die Risiken künftiger Perioden umfassen.[691]

Maßgeblich für die Grenze des Versicherungsvertrages nach Kriterium 1 ist derjenige Zeitpunkt, zu dem die Verpflichtung zur Gewährung von Versicherungsdeckung vertragsgemäß bzw. faktisch endet. Sollte der Versicherer vertraglich nicht mehr zur Schutzleistung verpflichtet sein und der Versicherungsnehmer somit auch keine Verlängerungsoption innehaben, fallen die weiteren Prämien und damit verbundene künftige Schadenzahlungen außerhalb der Vertragsgrenzen an und sind folglich nicht in die Bewertung einzubeziehen.[692] Wenngleich die verschiedenen Kriterien zur Abgrenzung bestehender von neuen Versicherungsverträgen i. d. R zum identischen Ergebnis führen dürften, bietet sich das **vertragsgemäße Ende des Versicherungsschutzes** als Grenze für Verträge an, die eine einmalige Prämienzahlung vorsehen.[693] Im Bereich der Schaden- und Unfallversicherung werden zwar mehrheitlich Vereinbarungen getroffen, die eine einjährige Versicherungsdeckung verbriefen,[694] dennoch sind häufig auch Vertragsgestaltungen mit (automatischen) Verlängerungsoptionen anzutreffen, so dass die weiteren Elemente des Konzeptes der Vertragsgrenzen heranzuziehen sind.

Die Vertragsgrenze ist auch bereits dann erreicht, wenn der Versicherer das Recht oder die Möglichkeit innehat, die Risiken des spezifischen Versicherungsnehmers neu zu bemessen und infolgedessen den **Preis oder die künftigen Versicherungsleistungen so anpassen kann, dass die Risiken vollständig berücksichtigt werden.**[695] Dieses zweite Kriterium zur Identifikation der Vertragsgrenzen operationalisiert das Ende der ursprünglich eingegangenen Versicherungsdeckung für Vertragsarten, die durch laufende Prämienzahlungen und Verlängerungsoptionen gekennzeichnet

688 Eine derartige Möglichkeit, künftige Prämien einzufordern, liegt jedoch im Regelfall nicht vor. Vgl. IASB (HRSG.), DP: Insurance Contracts, Tz. 155.

689 Vgl. IASB (HRSG.), ED/2013/7: Insurance Contracts, Tz. 23.

690 Vgl. IASB (HRSG.), ED/2013/7: Insurance Contracts, Tz. 23 und Tz. BCA41; ähnlich bereits auf Basis des ED/2010/8 bspw. SCHWEINBERGER, S./HORSTKÖTTER, M., Bilanzierung von Versicherungsverträgen gemäß ED/2010/8, S. 549 f.

691 Vgl. IASB (HRSG.), ED/2013/7: Insurance Contracts, Tz. 23 (b) und Tz. BCA41 (c).

692 Vgl. IASB (HRSG.), ED/2013/7: Insurance Contracts, Tz. BCA41 (a).

693 Vgl. IASB (HRSG.), ED/2010/8: Insurance Contracts, Tz. BC59.

694 Vgl. KÖLSCHBACH, J., Bilanzierung von Kundenverhalten, S. 246.

695 Vgl. IASB (HRSG.), ED/2013/7: Insurance Contracts, Tz. 23 (a). Die theoretische Möglichkeit der Anpassung an das (geänderte) individuelle Risiko ist ausreichend, so dass eine tatsächliche Änderung des Preises bzw. der Versicherungsleistung nicht erforderlich ist. Vgl. IASB/FASB (HRSG.), Contract boundary (agenda paper 12C), Tz. 47.

sind.[696] Als Referenz gilt hierbei derjenige Preis, der von einem neuen Versicherungsnehmer mit identischen vertragsrelevanten Merkmalen gefordert bzw. diejenige Versicherungsleistung, die bei dem Abschluss eines c. p. inhaltsgleichen Vertrages gewährt würde. Falls der Versicherer im Zuge der Vertragsverlängerung exakt dieselben Konditionen fordern kann und hierbei keinen regulatorischen oder rechtlichen Beschränkungen unterliegt, ist das Vertragsende erreicht.[697] Da in diesem Fall ökonomisch keine wesentlichen Unterschiede zu einem neuen Vertragsabschluss mit einem Dritten bestehen, dürfen auch bilanziell keine Abweichungen fingiert werden. Im Sinne der Vergleichbarkeit und der wirtschaftlichen Betrachtungsweise muss eine mit entsprechenden Preisanpassungsoptionen verbundene Vertragsverlängerung identisch zu einem erstmalig abgeschlossenen Versicherungsvertrag behandelt werden. Kritisiert werden könnte indes, dass als Konsequenz Verlängerungsoptionen des Versicherungsnehmers und damit verbundene bedingte Verpflichtungen zur Leistung von Versicherungsschutz bilanziell nicht abgebildet werden. Da in diesen Fällen jedoch der künftige Preis an eine geänderte Risikosituation vollständig angepasst werden kann, ist durch die Optionsausübung zunächst ohnehin keine (zusätzliche) Belastung zu erwarten, so dass nicht die Gefahr einer unterbewerteten Rückstellung besteht.

Sofern der Versicherungsnehmer aufgrund seines Vertrages verglichen mit den neuen Vertragsgestaltungen indes über **einen zusätzlichen, nicht zu vernachlässigenden Vorteil** verfügt, liegen die Zahlungsströme weiterhin innerhalb der Vertragsgrenzen.[698] Dies erscheint zweckmäßig, da dem Versicherten sodann ein in den ursprünglichen Vertrag eingebettetes, besonderes Recht zusteht und der Versicherer spiegelbildlich eine besondere Verpflichtung zu erfüllen hat, der er sich nicht ohne weiteres einseitig entziehen kann. Eine bilanzielle Gleichbehandlung mit dem neu abgeschlossenen Versicherungsgeschäft würde die besondere Stellung des bisherigen Versicherungsnehmers verkennen und suggerieren, dass die zuvor begründete Risikoposition des Versicherers erst gänzlich zum Zeitpunkt der Vertragsverlängerung eingegangen wurde.

Ist der Versicherer also durch den Versicherungsvertrag weiterhin gebunden und daher verglichen mit einem vollständigen Neuabschluss einem zusätzlichen Risiko ausgesetzt, müssen die zugehörigen Zahlungsströme zwingend in die Bewertung einbezogen werden. Dementsprechend wird – vorbehaltlich der nachfolgenden Portfoliobetrachtung – grds. keine Vertragsgrenze erreicht, falls die individuelle Risikosituation des Versicherungsnehmers zum Zeitpunkt der Vertragsverlängerung nicht vollständig durch Änderungen in den vertraglichen Konditionen neu bepreist werden kann.[699] Das hiermit verbundene zusätzliche Risiko des Versicherers darf indes nicht so gering sein, dass es den wirtschaftlichen Gehalt des Versicherungsgeschäftes nicht merklich verändert.[700]

---

696 Vgl. IASB (Hrsg.), ED/2010/8: Insurance Contracts, Tz. BC59.

697 Vgl. IASB (Hrsg.), ED/2013/7: Insurance Contracts, Tz. B65.

698 Vgl. auch IASB (Hrsg.), ED/2013/7: Insurance Contracts, Tz. BCA39 (c) sowie IASB/FASB (Hrsg.), Contract boundary (agenda paper 12C), Tz. 29.

699 So sind Anpassungen an veränderte allgemeine Rahmenbedingungen des Versicherungsgeschäftes unschädlich für den Umfang einzubeziehender Zahlungsströme. Vgl. IASB (Hrsg.), ED/2013/7: Insurance Contracts, Tz. BCA38 (c) i. V. m. Tz. BCA39 (c).

700 Vgl. IASB (Hrsg.), ED/2013/7: Insurance Contracts, Tz. BCA38 (c).

Ferner sind keine künftigen Prämien und damit verbundene Schadenzahlungen länger einzubeziehen, falls der Versicherer die Risikosituation für das gesamte **Portfolio** neu bewerten kann und er eine abweichende Beurteilung vollständig durch geänderte Konditionen einzupreisen vermag. Dies gilt allerdings nur, sofern den Prämien bis zum Zeitpunkt der erneuten Beurteilung keine Einschätzungen über Risiken zugrunde liegen, die künftigen Perioden zuzuordnen sind.[701] Somit darf eine jährlich anfallende Prämie ausschließlich die für das entsprechende Jahr eingegangene Risikosituation des Versicherers vergüten. Verglichen mit dieser Vertragsgestaltung würden tendenziell höhere Prämien anfallen, wenn unmittelbar auch die Risiken der künftigen versicherten Jahre in der Preissetzung berücksichtigt werden, so dass sie ein i. d. R. **nicht unwesentliches Finanzierungselement** enthalten. Mit dieser Finanzierungsleistung erwirbt der Versicherte neben der Versicherungsdeckung das zusätzliche Recht, künftig im Verhältnis zum versicherten Risiko geringere Prämien zu leisten.[702] Um das Bündel an Rechten und Verpflichtungen aufgrund des Versicherungsvertrages sowie die besondere Bindung des Versicherungsgebers auch im Rahmen der Bewertung nachzuzeichnen, erscheint dieses Abgrenzungskriterium sachgerecht.

Da der Preis indes nicht vollständig an das individuelle Risiko eines Versicherungsnehmers angepasst werden kann, bestehen **einzelvertraglich** weiterhin zusätzliche Rechte, die einer Gleichbehandlung mit dem neu abgeschlossenen Geschäft im Grunde entgegenstehen.[703] Diese Kritik wird dadurch genährt, dass das Konzept der Vertragsgrenzen als Instrumentarium zur Abgrenzung gegenwärtiger von künftigen Verträgen vom IASB eher dem Ansatzbereich zuzuordnen ist. Anders als bei der praktischen Bewertung der Versicherungsverträge ist hierfür die einzelvertragliche Ebene maßgeblich.[704] Aus der für die bilanzielle Abbildung relevanten Perspektive des Versicherers besteht allerdings auf Portfolioebene durch die mögliche Preisanpassung kein Unterschied zwischen einem komplett neu gezeichneten Portfolio und einer kollektiven Verlängerung der bisherigen Verträge. Um der Zielsetzung der Vermittlung bewertungsnützlicher Informationen gerecht zu werden, sollte in diesem Fall eine Vertragsgrenze greifen, so dass i. S. d. tatsächlichen wirtschaftlichen Verhältnisse folglich keine Differenzen fingiert werden.[705] Es sei jedoch nochmals darauf hingewiesen, dass Schaden- und Unfallversicherungsverträge mehrheitlich für einen einjährigen Deckungszeitraum abgeschlossen werden. Darüber hinaus sehen sie nur selten eine garantierte Versicherbarkeit für den Versicherungsnehmer ohne erneute Preisanpassung an eine geänderte Risikosituation vor, so dass die Vertragsgrenze regelmäßig bereits erreicht sein dürfte.[706] Die Verlängerung jener Verträge fällt somit mehrheitlich nicht innerhalb der Vertragsgrenzen an, so dass die hiermit verbundenen Zahlungsströme i. d. R. nicht in den ersten Bewertungsbaustein einzubeziehen sind.

---

701 Vgl. IASB (HRSG.), ED/2013/7: Insurance Contracts, Tz. 23 (b), Tz. B65 und Tz. BCA40.

702 Vgl. zum Finanzierungselement sowie zu dessen Bedeutung für das Konzept der Vertragsgrenzen IASB/FASB (HRSG.), Contract boundary (agenda paper 12C), Tz. 37-39 und Tz. 42.

703 Vgl. IASB/FASB (HRSG.), Contract boundary (agenda paper 12C), Tz. 41.

704 Vgl. IASB/FASB (HRSG.), Contract boundary (agenda paper 12C), Tz. 34. Im Rahmen dieser Arbeit wird das Konzept der Vertragsgrenzen dennoch innerhalb des ersten Bewertungsbausteins betrachtet, da es als fünfte Anforderung an die Schätzung einzubeziehender Zahlungsströme einen sehr engen Bezug zur Bewertung aufweist und auch erst dort für die Anwender relevant werden dürfte.

705 Vgl. zum unveränderten Wert des Portfolios IASB/FASB (HRSG.), Contract boundary (agenda paper 12C), Tz. 31.

706 Vgl. KÖLSCHBACH, J., Bilanzierung von Kundenverhalten, S. 246.

Auch Vertragsverlängerungen jenseits der ursprünglichen Vertragsgrenzen werden oftmals durch die gewonnene **Kundenbindung** begründet. Zwar wird die bilanzielle Gleichbehandlung derartig erneuerter und erstmalig abgeschlossener Versicherungsverträge befürwortet, doch dürfte eine Information über den Wert der erreichten Kundenbindung aus Adressatensicht durchaus relevant sein.[707] Ein Bilanzansatz dieses selbsterstellten immateriellen Vorteils scheidet jedoch angesichts des konkreten Aktivierungsverbotes des IAS 38.63 aus.[708] Falls die Vertragsgrenze noch nicht erreicht ist, geht der Wert der Kundenbeziehung in die Bewertung des Versicherungsvertrages ein, indem auch die Vertragsverlängerungen auf Basis des Erwartungswertes einbezogen werden.[709] Ist die Verlängerungsoption indes aufgrund des Konzeptes der Vertragsgrenzen nicht mehr zu berücksichtigen, so wäre eine Berichterstattung über die erreichte Kundenbindung im Anhang wünschenswert. Um deren Wert besser einschätzen zu können, wäre bspw. eine Angabe darüber hilfreich, welcher Anteil der neu angesetzten Versicherungsverträge auf ausgeübte Vertragsverlängerungen zurückgeht.[710]

442.4 Aggregationsniveau der Zahlungsströme

In die Bewertung sind sämtliche Zahlungsströme einzubeziehen, die direkt erforderlich sind, um den aus einem **Portfolio von Versicherungsverträgen** resultierenden Ansprüchen und Verpflichtungen gerecht zu werden.[711] Die hierbei adressierte direkte Zurechenbarkeit zu einem Portfolio beschreibt zugleich die maßgebliche *unit of account*. Der IASB stellt jedoch klar, dass der Erwartungswert der dem Portfolio zuzuordnenden Zahlungsströme exakt der Summe der Erwartungswerte auf Einzelvertragsebene entspricht und somit das Ergebnis des ersten Bewertungsbausteins nicht vom gewählten Aggregationsniveau abhängt.[712] Gleichwohl lassen sich einige Zahlungsstromkomponenten – allen voran die künftigen Schadenzahlungen – nur auf Ebene eines Kollektivs hinreichend verlässlich schätzen und könnten anschließend den einzelnen Verträgen zugewiesen werden.[713] Die Zahlungsströme direkt für jeden einzelnen Vertrag zu schätzen, gestaltet sich aufgrund

---

707 Vgl. auch IASB (Hrsg.), DP: Insurance Contracts, Tz. 136 (e).

708 Für eine Diskussion des Bilanzansatzes der Kundenbeziehung auf Basis der Regelungen des Diskussionspapieres zu einem künftigen Standard für Versicherungsverträge siehe Heller, S., Bilanzierung von Versicherungsverträgen nach IFRS, S. 134 f.

709 Vgl. zur bilanziellen Abbildung des Wertes der Kundenbeziehung bereits IASB (Hrsg.), DP: Insurance Contracts, Tz. 136 (e); Varain, T. C., Bilanzierung versicherungstechnischer Verpflichtungen von Schaden- und Unfallversicherungsunternehmen, S. 116. Vgl. zur Berücksichtigung des Verhaltens der Versicherungsnehmer Abschnitt 442.7. Hierdurch kann indes nicht der gesamte mit der Kundenbindung verbundene wertmäßige Vorteil abgebildet werden. Vgl. Nguyen, T./Molinari, P., Bilanzierung von Versicherungsverträgen nach ED/2010/8 (Teil I), S. 22.

710 Vgl. zu weitergehenden Indikatoren, die für eine Berichterstattung über den Wert der Kundenbeziehung herangezogen werden könnten, Arbeitskreis „Immaterielle Werte im Rechnungswesen" der Schmalenbach-Gesellschaft für Betriebswirtschaft e. V., Berichterstattung über immaterielle Werte, S. 1236.

711 Vgl. IASB (Hrsg.), ED/2013/7: Insurance Contracts, Tz. 22.

712 Vgl. IASB (Hrsg.), ED/2013/7: Insurance Contracts, Tz. B36 und Tz. B38. So auch Rockel, W./Sauer, R., Bilanzierung von Versicherungsverträgen nach DP, S. 747; Ellenbürger, F./Horbach, L./Kölschbach, J., Bewertung versicherungstechnischer Rückstellungen, S. 49 sowie in Abgrenzung zum Handelsrecht Kreeb, M., Projekt Versicherungsverträge verzögert sich, S. 350. Die Bewertungsebene ist hingegen von entscheidender Bedeutung für die Bemessung der Risikomarge, da hiervon abhängt, bis zu welchem Maß Ausgleichseffekte berücksichtigt werden dürfen. Vgl. hierzu ausführlich Abschnitt 444.3.

713 Vgl. Heller, S., Bilanzierung von Versicherungsverträgen nach IFRS, S. 196. Dieser Umstand wird auch vom IASB aufgegriffen. Vgl. IASB (Hrsg.), ED/2013/7: Insurance Contracts, Tz. B37.

der großen Bandbreite potentieller Schadenausprägungen als ungleich schwieriger und entspricht nicht dem Wesen des Versicherungsgeschäftes. Wenngleich sich theoretisch keine unterschiedlichen Ergebnisse einstellen dürften, fördert eine Bewertung auf Portfolioebene dennoch die glaubwürdige Darstellung des Erwartungswertes, da die Gefahr methodenbedingter Verzerrungen eingedämmt und das Versicherungsgeschäft realitätsgetreuer abgebildet wird.[714] Ferner führt der Board aus, dass es einfacher und mitunter erforderlich sei, Auszahlungen, die nur auf Portfolioebene anfallen, auch auf diesem Aggregationsniveau zu erfassen.[715]

Entgegen den noch im ersten Standardentwurf vorgesehenen Regelungen[716] sind nunmehr nicht nur vertragsvariable **Akquisitionskosten**, sondern auch solche zu erfassen, die nur einem Portfolio von Versicherungsverträgen direkt zugerechnet werden können.[717] Bisher war vorgesehen, diese Kostenbestandteile unmittelbar erfolgswirksam zu vereinnahmen, anstatt sie in die Schätzung der Zahlungsströme einzubeziehen. Aus den Empfehlungen des *staff* unmittelbar vor Veröffentlichung des ED/2010/8 lässt sich ableiten, dass jenen Akquisitionskosten auch keine entsprechenden Prämienbestandteile ertragswirksam gegenüberzustellen waren,[718] so dass im Zugangszeitpunkt unmittelbar ein Verlust ausgewiesen werden musste.

Durch den jetzt **konsequent vorgesehenen Portfoliobezug** kann gewährleistet werden, dass verschiedene Vertriebstechniken und damit verbundene Vergütungsstrukturen keinen Einfluss auf den Wertansatz von Versicherungsverträgen entfalten.[719] Zuvor wären bspw. auf den Abschluss von Verträgen bezogene Provisionen im ersten Bewertungsbaustein abzubilden gewesen, während bspw. das fixe Gehalt eines Vertriebsmitarbeiters, der für ein bestimmtes Portfolio zuständig ist bzw. dessen Gehalt dem Portfolio direkt zugerechnet werden kann, sofort in der Erfolgsrechnung hätte ausgewiesen werden müssen.[720] Indem die zuordenbaren Akquisitionskosten nun in das Bewertungsmodell eingehen, werden sie zunächst erfolgsneutral behandelt. In der Folge werden dann sowohl die Abschlusskosten als auch die korrespondierenden Prämienbestandteile über die Deckungsperiode erfolgswirksam erfasst, so dass sich die jeweiligen Aufwendungen und Erträge in gleicher Höhe gegenüberstehen.[721] Dieses Vorgehen trägt dem Umstand Rechnung, dass die Abschlusskosten bei der Prämienfestsetzung berücksichtigt wurden, so dass sich die Erfolgswirkungen aus den Abschlusskosten und den diese bedeckenden Prämien neutralisieren.[722] Würden die Abschlusskosten hingegen nicht vollständig in die Schätzung der Zahlungsströme eingehen, so müssten sie z. T. unmittelbar aufwandswirksam erfasst werden, die vertragsbezogene Servicemarge würde c. p. höher ausfallen und der jeweilige Ertrag könnte nicht gänzlich den Abschlusskosten zugeordnet werden. Vielmehr müssten alle Abschlusskosten vergütenden Prämienbestandteile über die Deckungsperiode verteilt erfasst werden, was zu einer verzerrten Erfolgswirkung führen würde.

---

714 So auch HELLER, S., Bilanzierung von Versicherungsverträgen nach IFRS, S. 196.

715 Vgl. IASB (HRSG.), ED/2013/7: Insurance Contracts, Tz. B37.

716 Vgl. IASB (HRSG.), ED/2010/8: Insurance Contracts, Tz. B61 (f).

717 Vgl. IASB (HRSG.), ED/2013/7: Insurance Contracts, Tz. B66 (c).

718 Vgl. IASB/FASB (HRSG.), Acquisition costs (agenda paper 1B), Tz. 13 sowie Tz. 15 f.

719 Vgl. zu dieser Problematik WIPF, D./GRIMM, T./BIBER, R., IFRS 4 Phase II, S. 143.

720 Vgl. ähnlich IASB (HRSG.), ED/2013/7: Insurance Contracts, Tz. BCA53 (a).

721 Vgl. IASB (HRSG.), ED/2013/7: Insurance Contracts, Tz. B89 (a), Tz. BC95 sowie für ein Anwendungsbeispiel Tz. IE16-IE18.

722 Vgl. hierzu bereits IASB (HRSG.), ED/2013/7: Insurance Contracts, Tz. BC94.

442.5 Typische Zahlungsströme von Erstversicherungsverträgen als Elemente des Bewertungsmodells

Grundsätzlich sind jegliche, direkt zur Erfüllung des Vertragsportfolios erforderlichen Zahlungsströme, die innerhalb der Vertragsgrenzen anfallen, in die Schätzung mit einzubeziehen, wobei stets die zuvor erläuterten Anforderungen an eine Schätzung erfüllt sein müssen. Die im ersten Standardentwurf vorgesehene Maßgabe, dass grds. portfoliovariable Auszahlungsströme, indes lediglich vertragsvariable Abschlusskosten in das Bewertungsmodell eingehen dürfen,[723] wurde unterdessen modifiziert. So sind nun konsequenterweise auch Akquisitionskosten einzubeziehen, die einem Portfolio von Versicherungsverträgen direkt zugeordnet werden können.[724] Ferner umfassen die Schätzungen nun auch jegliche fixe und variable Gemeinkosten, die erforderlich sind, um die Verpflichtungen aus den Versicherungsverträgen des Portfolios zu erfüllen und somit der Vertragstätigkeit direkt zuzuordnen sind.[725] Im ersten Standardentwurf wurde noch unzutreffend angenommen, dass Gemeinkosten wie bspw. Aufwendungen für die Rechnungslegung, Gebäudemieten oder die Informationstechnologie per se in keinem direkten Zusammenhang mit den Versicherungsverträgen und der damit verbundenen Geschäftstätigkeit stehen können und daher nicht zu berücksichtigen sind.[726] Da sich auch jene Aufwendungen in der Höhe der vereinbarten Prämie widerspiegeln, erscheint es zweckmäßig, sie bei den künftigen Auszahlungsströmen zu erfassen, sofern sie dem Portfolio und dem hiermit verbundenen Vertragsgeschäft direkt zugerechnet werden können. Hierdurch kann verhindert werden, dass die vertragsbezogene Servicemarge ungerechtfertigt hoch ausgewiesen wird und somit nicht mehr ausschließlich den aus Sicht des Versicherers noch unverdienten Erfolg repräsentiert.[727] Würden jene Gemeinkosten nicht ganzheitlich im Rahmen des ersten Bewertungsbausteins erwartungsgetreu geschätzt, so wären sie in der Periode ihrer Verursachung aufwandswirksam zu erfassen, während die korrespondierenden Prämienbestandteile mit der Auflösung der vertragsbezogenen Servicemarge erfolgswirksam vereinnahmt würden. Hieraus könnte ein zeitlicher *mismatch* zwischen der Erfassung der Aufwendungen und der sie alimentierenden Erträge resultieren, der nicht den tatsächlichen wirtschaftlichen Verhältnissen entspricht.[728]

Konkret bedeutet dies, dass den Prämienzahlungen sämtliche künftigen, **dem Vertragsportfolio direkt zurechenbaren Auszahlungen**[729] gegenüberzustellen sind, die der Vertragserfüllung dienen

---

723 Vgl. IASB (Hrsg.), ED/2010/8: Insurance Contracts, Tz. B61; Schweinberger, S./Horstkötter, M., Bilanzierung von Versicherungsverträgen gemäß ED/2010/8, S. 549.

724 Vgl. IASB (Hrsg.), ED/2013/7: Insurance Contracts, Tz. B66 (c). Zuvor waren nur die vertragsindividuell anfallenden Abschlusskosten zu erfassen. Vgl. IASB (Hrsg.), ED/2010/8: Insurance Contracts, Tz. B61 (f). Für eine Diskussion des Portfoliobezuges auch von Akquisitionskosten vgl. Abschnitt 442.4.

725 Vgl. IASB (Hrsg.), ED/2013/7: Insurance Contracts, Tz. B66 (l).

726 Vgl. IASB (Hrsg.), ED/2010/8: Insurance Contracts, Tz. B62 (f); IASB/FASB (Hrsg.), Cash flows (agenda paper 3F), Tz. 27.

727 Vgl. IASB/FASB (Hrsg.), Cash flows (agenda paper 3F), Tz. 47.

728 Vgl. hierzu insgesamt IASB/FASB (Hrsg.), Cash flows (agenda paper 3F), Tz. 28 und Tz. 47.

729 Vgl. für eine Negativabgrenzung einschließlich zugehöriger Beispiele IASB/FASB (Hrsg.), Cash flows (agenda paper 3F), Tz. 37. Es ist jedoch davon auszugehen, dass auch den Zahlungsströmen äquivalente Aufwendungen zu berücksichtigen sind, die bspw. entstehen, wenn der Versicherer intern Leistungen zur „Behebung" eines eingetretenen Schadens erbringt. Vgl. IASB (Hrsg.), ED/2010/8: Insurance Contracts, Tz. B64 sowie Ellenbürger, F./Kölschbach, J., Schritt zu neuen Bilanzierungsstandards, S. 1303.

und nicht auf übermäßige Ineffizienzen des Unternehmens zurückzuführen sind.[730] Den bedeutendsten Posten bilden hierbei jegliche erwarteten Schadenzahlungen, die sich in den Folgeperioden auf berichtete, aber noch nicht abschließend regulierte Schadenereignisse, dem Versicherer noch unbekannte, bereits eingetretene Schäden oder aber auf die potentiellen Folgen künftiger, gedeckter Schadenereignisse beziehen.[731] Als weitere Auszahlungskomponenten sind u. a. diejenigen erwarteten, direkt zurechenbaren Zahlungen zu erfassen, die durch Akquisitionsanstrengungen, auf die Policen bezogene Verwaltungs- und Bestandskosten, transaktionsbezogene Steuern und Abgaben oder durch Schadenregulierungsaufwendungen begründet werden.[732] Als Einzahlungsströme sind neben den Prämien erwartete Regresserlöse zu berücksichtigen, sofern sich diese auf gedeckte Versicherungsfälle beziehen und nicht bereits als separate Vermögenswerte angesetzt werden.[733] Jegliche Zahlungsströme, die aus einem erworbenen Rückversicherungsschutz resultieren, sind von der Bewertung der Erstversicherungsverträge auszuschließen, da sie in den Wertansatz des getrennt zu erfassenden passiven Rückversicherungsvertrages eingehen.[734]

Bereits hier sei darauf hingewiesen, dass grds. jegliche Auszahlungsströme, die dem Vertragsportfolio zugeordnet werden können und letztlich dessen Profitabilität bestimmen, im Rahmen des ersten Bewertungsbausteins zu berücksichtigen sind.[735] Dies lässt sich bei einer strengen Auslegung aus der Definition der **vertragsbezogenen Servicemarge** seitens des IASB ableiten, wonach die Servicemarge den **noch unverdienten Erfolg** repräsentiert, der nicht durch die Risikomarge widergespiegelt wird.[736] Konsistent zu dieser Interpretation führt der IASB in den *application guidance* eine Liste der hierfür zu berücksichtigenden Zahlungsströme auf, die zudem vorsieht, dass der Versicherer neben den explizit genannten Bestandteilen auch weitere Elemente einbeziehen kann, die vom Versicherten mit vergütet werden.[737] Eine derartige ganzheitliche Abgrenzung der zur Vertragserfüllung erforderlichen Zahlungsströme sowie der erwarteten Profitabilität dürfte auf Basis der internen Kalkulation des Versicherers gewährleistet werden können. Gleichwohl handelt es sich bei dem *„unearned profit“*[738] als Substanz der vertragsbezogenen Servicemarge um eine Größe, die der Versicherer bilanzpolitisch gestalten kann, indem er bestimmte, nicht ganz eindeutig zuordenbare Zahlungsstromkomponenten in die Bewertung einbezieht oder aber darauf verzichtet. Darüber hinaus ist die Höhe des unverdienten Erfolges abhängig von der Einschätzung des Versicherers über

730 Vgl. für eine Auflistung der nicht einzubeziehenden Auszahlungsströme IASB (HRSG.), ED/2013/7: Insurance Contracts, Tz. B67. Mit der Abgrenzung übermäßiger Ineffizienzen sind indes wiederum Ermessensspielräume verbunden. Vgl. ASCHE, B., Jahresabschlussanalyse von Schaden-/Unfallversicherern, S. 176.

731 Vgl. IASB (HRSG.), ED/2013/7: Insurance Contracts, Tz. B66 (b).

732 Vgl. auch für darüber hinaus zu berücksichtigende Zahlungsstromkomponenten IASB (HRSG.), ED/2013/7: Insurance Contracts, Tz. B66.

733 Vgl. IASB (HRSG.), ED/2013/7: Insurance Contracts, Tz. B66 (j).

734 Vgl. IASB (HRSG.), ED/2013/7: Insurance Contracts, Tz. B67 (b). Vgl. für einen Überblick über die hierbei zu beachtenden Zahlungsströme Abschnitt 442.91.

735 So auch bereits IASB/FASB (HRSG.), Release of residual margins (agenda paper 6F), Tz. 37.

736 Vgl. IASB (HRSG.), ED/2013/7: Insurance Contracts, Appendix A. Vgl. ausführlich zum Charakter der vertragsbezogenen Servicemarge Abschnitt 445.1.

737 Vgl. IASB (HRSG.), ED/2013/7: Insurance Contracts, Tz. B66.

738 IASB (HRSG.), ED/2013/7: Insurance Contracts, Appendix A.

u. a. Schadenausmaße, Schadeneintrittszeitpunkte, -wahrscheinlichkeiten sowie dem mit den Zahlungsströmen verbundenen Abweichungsrisiko.[739]

442.6 Berücksichtigung von Akquisitionskosten vor dem Bilanzansatz der Versicherungsverträge

Neben den Zahlungsströmen, die zur Vertragserfüllung beim Bilanzansatz künftig noch zu erwarten sind und explizit in die Bestimmung des Erfüllungsbetrages eingehen, stellt sich die Frage, wie Zahlungsströme und hierbei insbesondere Akquisitionskosten zu behandeln sind, die **vor dem eigentlichen Bilanzansatz** von Versicherungsverträgen anfallen. Solche **Akquisitionskosten** können bspw. aus einem Anteil von Mitarbeitervergütungen bestehen, die direkt den zum Abschluss von Versicherungsverträgen erforderlichen Tätigkeiten zuzuordnen sind.[740] Sofern von dem Beginn der Deckungsperiode als regelmäßigem Bilanzansatzzeitpunkt eines Versicherungsvertrages ausgegangen wird, handelt es sich bei diesen Abschlusskosten folglich um sog. *pre-coverage cash flows*, deren Behandlung der IASB explizit adressiert.[741] Falls jedoch Prämien bereits vor dem Beginn der Deckungsperiode gezahlt werden, ist der jeweilige Vertrag bereits zu jenem Zeitpunkt anzusetzen, so dass hier verallgemeinert die Einbeziehung von Abschlusskosten diskutiert wird, die vor dem Bilanzansatz der korrespondierenden Verträge anfallen. Da es sich indes unabhängig vom konkreten Ansatzzeitpunkt um die identische bilanzielle Fragestellung handelt, sind die Regelungen des IASB analog anzuwenden.

So sind vor dem Bilanzansatz fällige Zahlungsströme zum Zeitpunkt ihres Anfalls bereits als **Bestandteile des Portfolios von Versicherungsverträgen** zu behandeln, dem der Vertrag beim künftigen Bilanzansatz zugeordnet wird.[742] Wenngleich diese Vorgehensweise bei strenger Auslegung dem Grundsatz entgegensteht, dass Versicherungsverträge und damit verbundene Verpflichtungen bzw. Ansprüche nicht vor dem Beginn der Deckungsperiode oder einer früheren Prämienzahlung angesetzt werden, entspricht die Lösung des IASB einer konsequent umgesetzten Portfoliobewertung.[743] Diesem Ansatz liegt die Überlegung zugrunde, dass die hier betrachteten Akquisitionskosten auf rollierender Basis für ein Portfolio von Versicherungsverträgen berücksichtigt werden.[744] Übertragen auf die bilanzielle Abbildung muss der auf Portfolioebene ermittelte Erfüllungsbetrag für die bereits angesetzten Versicherungsverträge desselben Portfolios folglich auch die Akquisitionskosten des nächsten abzuschließenden Versicherungsvertrages umfassen, die vor dessen Bilanzansatz anfallen. Da jedoch auch solche nicht-vertragsvariablen Akquisitionskosten auf diese Weise zu berücksichtigen sind, die nur dem Portfolio direkt zugeordnet werden können und diese Kosten im Regelfall nicht auf Vertragsebene nachverfolgt werden, sind jene *pre-coverage cash flows* zeitanteilig für das gesamte Portfolio einzubeziehen.[745] Um indes den Verstoß gegen den Grundsatz,

---

739 Vgl. insgesamt zu bilanzpolitischen Gestaltungsmöglichkeiten ASCHE, B., Jahresabschlussanalyse von Schaden-/Unfallversicherern, S. 203.

740 Vgl. IASB/FASB (HRSG.), Acquisition costs (agenda paper 2A), Tz. 4, Tz. 8 sowie Tz. 14.

741 Vgl. IASB (HRSG.), ED/2013/7: Insurance Contracts, Tz. 13.

742 Vgl. IASB (HRSG.), ED/2013/7: Insurance Contracts, Tz. 13 sowie Tz. BCA215; IASB/FASB (HRSG.), Acquisition costs (agenda paper 2A), Tz. 7 (d) und Tz. 20.

743 Vgl. IASB/FASB (HRSG.), Acquisition costs (agenda paper 2A), Tz. 7 (d) und Tz. 20.

744 Vgl. IASB/FASB (HRSG.), Acquisition costs (agenda paper 2A), Tz. 20.

745 Vgl. IASB/FASB (HRSG.), Acquisition costs (agenda paper 2A), Tz. 20.

Verträge grds. nicht vor dem Beginn deren Deckungsperiode anzusetzen, möglichst gering zu halten, sollten bei vertragsvariablen *pre-coverage cash flows* nur die Zahlungsströme des nächsten anzusetzenden Vertrages in den Erfüllungsbetrag des bereits bestehenden Portfolios eingehen. Für diese konzeptionell zielführende Differenzierung der *pre-coverage cash flows* wäre eine praktische Vereinfachung aber zumindest denkbar, bei der sämtliche vor Beginn der jeweiligen Deckungsperiode anfallenden Zahlungsströme für einen gewissen Zeitraum bereits im Erfüllungsbetrag des Portfolios abgebildet werden. Indem die mit diesen Abschlusskosten verbundenen Auszahlungen bei einem bereits bestehenden Portfolio die hierfür gebildete versicherungstechnische Rückstellung erfolgsneutral mindern, werden Akquisitionskosten unabhängig von ihrem zeitlichen Anfall bilanziell grds. gleich behandelt. Wenngleich diese Regelung eigentlich nicht mit dem Konzept der Vertragsgrenzen vereinbar ist,[746] so ist sie dennoch erforderlich, um zu einer i. S. d. Bewertungsmodells konsistenten Lösung zu führen und zugleich bewertungsnützliche Informationen zu vermitteln.

Bei einem Portfolioeintritt eines neu abgeschlossenen Vertrages wären konzeptionell nach der hier vertretenen Auffassung im Zugangszeitpunkt implizit auch die vertragsvariablen *pre-coverage cash flows* des nächsten anzusetzenden Vertrages in die Bestimmung des Erfüllungsbetrages einzubeziehen. Die Veränderung einer vertragsbezogenen Servicemarge für das Gesamtportfolio ergäbe sich folglich, indem auf Einzelvertragsebene der Barwert künftiger Auszahlungsströme einschließlich der vor dem Bilanzansatz des nächsten Vertrages anfallenden Akquisitionskosten[747] zzgl. der Risikomarge dem Barwert künftiger Einzahlungsströme gegenübergestellt wird. Die künftig anfallenden, nicht-vertragsvariablen, dem Portfolio jedoch direkt zurechenbaren Akquisitionskosten sind hingegen rollierend für einen bestimmten Zeitraum bereits im Erfüllungsbetrag des bestehenden Portfolios zu berücksichtigen.

Klärungsbedürftig erscheint indes die mit dem konkreten **Wortlaut des Standards** im Zugangszeitpunkt verbundene Bilanzierungskonsequenz für Verträge bzw. Portfolios, bei denen Akquisitionskosten bereits vor dem Bilanzansatz angefallen sind. So ist ein Versicherungsvertrag in Höhe des Erfüllungsbetrages zzgl. einer vertragsbezogenen Servicemarge zu bilanzieren, die ihrerseits mit umgekehrtem Vorzeichen der Summe aus dem Erfüllungsbetrag und den vor dem Bilanzansatz angefallenen Zahlungsströmen entspricht.[748] Unklar bleibt jedoch, inwiefern bzw. an welcher Stelle die *pre-coverage cash flows* in dieser Systematik in den Erfüllungsbetrag eingehen sollten und welche Wechselwirkungen sich hierdurch mit der Bestimmung der vertragsbezogenen Servicemarge ergeben. Zur Veranschaulichung wird im Folgenden auf den Fall eines Vertragsportfolios abgestellt, in den ein neu abgeschlossener, gerade ausgeglichener Versicherungsvertrag (erwarteter Gewinn = 0 GE)[749] eintritt. Hierbei beziehen sich die Ausführungen in erster Linie auf die hergeleitete,

[746] Vgl. zu dieser Anforderung IASB (HRSG.), ED/2013/7: Insurance Contracts, Tz. 22 (e), Tz. 23 f. und Tz. B62-B67 sowie Abschnitt 442.36.

[747] Hierfür wird angenommen, dass die vor dem Bilanzansatz anfallenden Akquisitionskosten pro Vertrag konstant bleiben. Dementsprechend muss nicht zwischen den für den anzusetzenden Vertrag angefallenen und den künftig für einen neuen Vertrag anfallenden Abschlusskosten unterschieden werden.

[748] Vgl. IASB (HRSG.), ED/2013/7: Insurance Contracts, Tz. 18 i. V. m. Tz. 28.

[749] Im Sinne der strengen Auslegung der Portfoliodefinition wird angenommen, dass das Gesamtportfolio ebenfalls ausgeglichen ist bzw. eine geringe erwartete Profitabilität aufweist. Vgl. zu dieser Anforderung bereits Abschnitt 441.52. Dies entspricht im Wesentlichen auch den jüngst vom IASB getroffenen vorläufigen Entscheidungen, welche die definitorischen Merkmale eines Portfolios betreffen.

konzeptionell zielführendere Behandlung vertragsvariabler *pre-coverage cash flows*,[750] wobei die Ergebnisse gleichermaßen auf die Einbeziehung nicht vertragsvariabler *pre-coverage cash flows* auf Portfolioebene übertragbar sind.

Zunächst gilt es, die Regelung zu beurteilen, dass die vor dem Bilanzansatz angefallenen Zahlungsströme in die Bestimmung der vertragsbezogenen Servicemarge einfließen. Da die vertragsbezogene Servicemarge den erwarteten, noch nicht verdienten Gewinn abgrenzen und über den Zeitraum der Leistungserbringung verteilen soll und zudem die Abschlusskosten nicht direkt bei ihrem Anfall aufwandswirksam zu erfassen sind,[751] müssen in die Marge auch die vor dem Bilanzansatz angefallenen Zahlungsströme einbezogen werden. Nur so kann die im Zugangszeitpunkt erwartete Profitabilität – vorbehaltlich der Analyse des Charakters der Servicemarge in Abschnitt 445.1 – möglichst ganzheitlich erfasst werden. Für den betrachteten Fall bedeutet dies, dass die vertragsbezogene Servicemarge des Gesamtportfolios durch den Zugang des ausgeglichenen Vertrages nicht verändert wird. Würden die jeweiligen Akquisitionskosten nicht mit einbezogen, ergäbe sich ein im Zugangszeitpunkt erwarteter Gewinn, der indes nicht den tatsächlichen wirtschaftlichen Verhältnissen entspricht.

Aus der im Standard gewählten Berechnungssystematik geht hervor, dass die *pre-coverage cash flows* explizit getrennt von dem Erfüllungsbetrag in die Bestimmung der Servicemarge eingehen.[752] Dies wirft z. B. die Frage auf, ob die für den nächsten abzuschließenden Versicherungsvertrag vor dessen Bilanzansatz anfallenden, vertragsvariablen Zahlungsströme in die Ermittlung des Anteils des Erfüllungsbetrages einzubeziehen sind, der auf den anzusetzenden Vertrag entfällt und somit zu einer Veränderung des Erfüllungsbetrages für das Portfolio führt. Falls die vor dem Bilanzansatz anfallenden Akquisitionskosten des nächsten Vertrages nicht berücksichtigt würden, wäre der auf den einzelnen, eigentlich ausgeglichenen Vertrag bezogene Erfüllungsbetrag infolge des erwarteten künftigen Einzahlungsüberschusses negativ. Da die auf den Einzelvertrag bezogene Servicemarge jedoch Null beträgt, müsste aufgrund des künftig erwarteten Einzahlungsüberschusses erfolgswirksam ein Vermögenswert erfasst werden. Dies ist jedoch keineswegs mit der tatsächlichen wirtschaftlichen Situation vereinbar, da der Vertrag insgesamt ausgeglichen ist und noch keine Leistungsverpflichtungen erfüllt wurden, so dass die *pre-coverage cash flows* des nächsten Vertrages zwingend rollierend zu berücksichtigen sind. In die Bemessung der vertragsbezogenen Servicemarge dürfen diese hingegen nicht eingehen, da hier definitionsgemäß die vor dem Bilanzansatz des anzusetzenden Versicherungsvertrages angefallenen Zahlungsströme bereits als separater Bestandteil die Höhe der Servicemarge beeinflussen.[753] Anderenfalls würde eine nicht gerechtfertigte doppelte Erfassung von *pre-coverage cash flows* resultieren, die im hier betrachteten Fall sogar fälschlicherweise dazu führen könnte, dass der Vertrag als belastend einzustufen wäre. Dieselbe Proble-

750 Für den betrachteten Beispielsachverhalt wird vereinfachend angenommen, dass ausschließlich vertragsvariable *pre-coverage cash flows* anfallen.

751 Vgl. zur erfolgswirksamen Berücksichtigung von Abschlusskosten im Zeitablauf IASB (Hrsg.), ED/2013/7: Insurance Contracts, Tz. B89 (a) und Tz. BCA57 (b).

752 Vgl. IASB (Hrsg.), ED/2013/7: Insurance Contracts, Tz. 28.

753 Vgl. IASB (Hrsg.), ED/2013/7: Insurance Contracts, Tz. 28 (b).

matik ergäbe sich auch auf Portfolioebene für die Einbeziehung auch nicht-vertragsvariabler *pre-coverage cash flows*.

Angesichts der nicht ganz konsistenten Berechnungssystematik für die hier betrachteten Versicherungsverträge wäre es wünschenswert, wenn die Berücksichtigung von *pre-coverage cash flows* bei der Zugangsbewertung im endgültigen Standard klargestellt wird. Nach dem hier favorisierten Ansatz sollten jene Zahlungsströme (rollierend) bereits im Erfüllungsbetrag abgebildet werden, wodurch letztlich auch die vertragsbezogene Servicemarge in der richtigen Höhe ausgewiesen wird.

442.7 Berücksichtigung künftiger Entscheidungen der Versicherungsnehmer

Versicherungsverträge können auch im Schaden- und Unfallbereich Optierungsmöglichkeiten enthalten, die es den Versicherungsnehmern ermöglichen, den wirtschaftlichen Gehalt des eingegangenen Versicherungsgeschäftes zu verändern.[754] So können sie je nach Vertragsgestaltung bspw. über Verlängerungs- oder Kündigungsoptionen verfügen oder aber die vereinbarte Deckungssumme erhöhen bzw. den Deckungsumfang erweitern.[755] Sofern die durch diese Optionen bedingten Zahlungsströme innerhalb der zuvor erläuterten Vertragsgrenzen anfallen, sind sie auf Basis der vom Versicherer erwarteten Inanspruchnahme einzubeziehen. Maßgeblich für die Einschätzung der Zahlungsströme ist somit bei jeglichen Gestaltungsmöglichkeiten das **erwartete Verhalten der Versicherungsnehmer**.[756] Mit Hilfe dieses *look through approach*[757] fließen demnach auch die Zahlungskonsequenzen der denkbaren Handlungsalternativen der Versicherten wahrscheinlichkeitsgewichtet in die Bewertung der Versicherungsverträge ein.[758]

Im Standardentwurf wird klarstellend explizit darauf hingewiesen, dass der Bewertung der Versicherungsverträge nicht ausschließlich ein für den Versicherer **nachteiliges Verhalten der Versicherungsnehmer**[759] zugrunde gelegt werden darf.[760] Vielmehr ist das Risiko einer vom Erwartungswert abweichenden und somit potentiell nachteiligen Optionsausübung separat in der Risikomarge zu erfassen.[761] Hierdurch wird wie bei den weiteren Zahlungsstromkomponenten eine konsequente Erwartungswertkonzeption verfolgt und eine Vermischung der risikoneutralen Schätzung der Zahlungsströme mit der expliziten Risikomarge verhindert.

Im Sinne der Relevanz ist es unerlässlich, innerhalb der identifizierten Vertragsgrenzen sämtliche erwarteten Ein- und Auszahlungsströme in die Bewertung mit einzubeziehen.[762] Dies kann nur dann

754 Gleichwohl dominieren einseitige Anpassungsoptionen vor allem im Bereich der Lebensversicherung. Vgl. KÖLSCHBACH, J., Bilanzierung von Kundenverhalten, S. 243.

755 Vgl. auch zu darüber hinausgehenden Optionen des Versicherungsnehmers IASB/FASB (HRSG.), Policyholder behaviour (agenda paper 6C), Tz. 6.

756 Vgl. IASB (HRSG.), ED/2013/7: Insurance Contracts, Tz. B63.

757 Dieser *look through approach* ist wiederum erforderlich, da regelmäßig keine Marktpreise für bspw. Verlängerungsoptionen des Versicherungsnehmers vorliegen und deren Werte auch nicht anderweitig direkt abgeleitet werden können. Vgl. IASB/FASB (HRSG.), Policyholder behaviour (agenda paper 6C), Tz. 9.

758 Vgl. ELLENBÜRGER, F./KÖLSCHBACH, J., Schritt zu neuen Bilanzierungsstandards, S. 1303.

759 Vgl. für die Abgrenzung nachteiligen und vorteilhaften Verhaltens IASB (HRSG.), DP: Insurance Contracts, Tz. 127.

760 Vgl. IASB (HRSG.), ED/2013/7: Insurance Contracts, Tz. B63 (a) und (b).

761 Vgl. IASB (HRSG.), ED/2013/7: Insurance Contracts, Tz. B63.

762 Vgl. HELLER, S., Bilanzierung von Versicherungsverträgen nach IFRS, S. 189.

gewährleistet werden, wenn sowohl vermeintlich nachteiliges als auch vorteilhaftes Verhalten der Versicherungsnehmer berücksichtigt wird.[763] Indem die möglichen Entscheidungen der Versicherten erwartungsgetreu geschätzt werden, kann zudem eher ein den tatsächlichen wirtschaftlichen Verhältnissen entsprechendes Bild vermittelt werden als bei einer übersteigert vorsichtigen Beurteilung. Da das Verhalten der Versicherungsnehmer indes durch starke subjektive Einflüsse geprägt ist und auf keiner allgemeingültigen Gesetzmäßigkeit basiert, dürfte es problematischer sein, dieses aus den Vergangenheitserfahrungen des Versicherers wahrscheinlichkeitsgewichtet abzuleiten als bspw. bei der Schätzung der Schadenzahlungen. Jene Herausforderung stellt sich gleichermaßen, wenn es das Abweichungsrisiko des Verhaltens der Versicherungsnehmer im Rahmen der Risikoadjustierung zu bemessen gilt.[764]

442.8 Ausschluss des eigenen Kreditrisikos des Versicherers

Das **Nicht-Erfüllungsrisiko** des Versicherers sowie dessen Veränderungen dürfen weder bei der Diskontierung der Zahlungsströme noch bei deren Schätzung berücksichtigt werden, so dass es konsequent von der Zugangs- sowie der Folgebewertung ausgeschlossen wird.[765] Da Versicherungsverträge im Schaden- und Unfallbereich in aller Regel nicht vorzeitig veräußert werden und bei der Bewertung eine unternehmensspezifische Erfüllungsperspektive einzunehmen ist, wäre hier vor allem eine Berücksichtigung des eigenen **Ausfallrisikos** zu diskutieren.[766] Mit dem eigenen Ausfallrisiko wird die Gefahr bezeichnet, dass der Versicherer den aus den Verträgen resultierenden Zahlungsverpflichtungen überhaupt nicht, nur teilweise oder nicht rechtzeitig nachkommen kann.[767] Auf Basis des Diskussionspapiers, bei dem zu Bewertungszwecken eine Veräußerung der Versicherungsverträge fingiert werden müsste, wären die Kreditrisikocharakteristika in Analogie zu IFRS 13[768] vollständig in die Bewertung einzubeziehen.[769] Angesichts der fiktiven Veräußerung müsste sodann auch das eigene **Bonitätsrisiko** als weitere Komponente des Kreditrisikos berücksichtigt werden. Das eigene Bonitätsrisiko adressiert die Möglichkeit von Wertänderungen der versicherungstechnischen Verpflichtungen aufgrund einer geänderten Kreditwürdigkeit während der Deckungsperiode.[770]

Wenngleich es bei dem im Diskussionspapier verfolgten *Exit-value*-Konzept systemkonform erscheint, das eigene Bonitätsrisiko des Versicherers in die Bewertung einzubeziehen, steht diesem Ansatz die Tatsache entgegen, dass Versicherungsverträge regelmäßig weder übertragbar sind noch

---

763 Vgl. ähnlich HELLER, S., Bilanzierung von Versicherungsverträgen nach IFRS, S. 133 f.

764 Vgl. hierzu insgesamt KÖLSCHBACH, J., Bilanzierung von Kundenverhalten, S. 247.

765 Vgl. IASB (HRSG.), ED/2013/7: Insurance Contracts, Tz. 21 und Tz. B70 (iii) sowie in aller Deutlichkeit bereits IASB (HRSG.), ED/2010/8: Insurance Contracts, Tz. 38.

766 In Analogie zu OLBRICH, A., Wertminderung finanzieller Vermögenswerte nach IFRS 9, S. 19 f.; HARTMANN-WENDELS, T./PFINGSTEN, A./WEBER, M., Bankbetriebslehre, S. 420.

767 Vgl. zur Definition des Ausfallrisikos allgemein ALBRECHT, P./MAURER, R., Investment- und Risikomanagement, S. 909; HARTMANN-WENDELS, T./PFINGSTEN, A./WEBER, M., Bankbetriebslehre, S. 413 f. sowie OLBRICH, A., Wertminderung finanzieller Vermögenswerte nach IFRS 9, S. 18 f.

768 Vgl. IFRS 13.42 f.; KIRSCH, H.-J./KÖHLING, K./DETTENRIEDER, D./GALLASCH, F., in: Baetge et al., Rechnungslegung nach IFRS, IFRS 13, Rn. 138 f.

769 Vgl. IASB (HRSG.), DP: Insurance Contracts, Tz. 232.

770 Vgl. VARAIN, T. C., Bilanzierung versicherungstechnischer Verpflichtungen von Schaden- und Unfallversicherungsunternehmen, S. 138 sowie allgemein zum Bonitätsrisiko JACKSON, P./PERRAUDIN, W., The nature of credit risk, S. 129; BACHMANN, U., Komponenten des Kreditspreads, S. 46 f.

eine Übertragung i. S. d. Geschäftsmodells angestrebt wird. Aufgrund des vollzogenen konzeptionellen Wandels zur Erfüllungsperspektive dürfen rein bonitätsbedingte Wertänderungen der versicherungstechnischen Rückstellungen, die sich bis zur Begleichung möglicher Schadenzahlungen ohnehin umkehren würden, nicht in die Bewertung eingehen.

Zudem würde die Berücksichtigung des eigenen Kreditrisikos dazu führen, dass im Zugangszeitpunkt profitabler Versicherungsverträge vor allem bei einer hohen Prämienvorauszahlung ein geringerer Barwert künftiger Auszahlungsströme und somit ein höherer Gewinn erwartet wird, der in einer vertragsbezogenen Servicemarge abzugrenzen wäre. Wenngleich die Einbeziehung des eigenen Kreditrisikos bei erwartungsgemäß gewinnbringenden Vertragsportfolios beim Bilanzansatz weder Erfolgswirkungen auslösen noch den Wertansatz in der Bilanz beeinflussen würde, resultierten hieraus dennoch oft kontraintuitive Effekte. So würde die mit zunehmendem eigenen Kreditrisiko c. p. steigende vertragsbezogene Servicemarge eine umso höhere erwartete Profitabilität aus dem Vertragsportfolio suggerieren, je stärker der Versicherer ausfallgefährdet, d. h. je schlechter letztlich dessen wirtschaftliche Situation einzuschätzen ist. Noch deutlicher zeigen sich die kontraintuitiven Effekte bei hohen Prämienvorauszahlungen und belastenden Vertragsportfolios, da in diesem Fall die tatsächlich aufgrund des Versicherungsgeschäftes bestehenden Verpflichtungen nicht zutreffend widergespiegelt werden könnten. So müssten bonitätsstarke Versicherer, die ihre künftigen Zahlungsverpflichtungen aller Voraussicht nach erfüllen können, für den identischen zugrunde liegenden Sachverhalt aufwandswirksam eine höhere Verpflichtungsposition bilden als bonitätsschwächere Versicherer, bei denen im Extremfall ein möglicher Zahlungsausfall droht.[771]

Es wäre allenfalls theoretisch mit dem im erneuten Standardentwurf vorgesehenen Wertmaßstab – entgegen den tatsächlichen Regelungen – vereinbar, das auf die Erfüllung der Verpflichtung bezogene **Ausfallrisiko** in die Bewertung einzubeziehen. Indes wäre stets zu berücksichtigen, dass die Ansprüche der Versicherungsnehmer in besonderem Maße schutzbedürftig sind und daher zumindest im europäischen Rechtsraum durch strenge aufsichtsrechtliche Anforderungen gesichert werden. Derartige Sicherungsmaßnahmen müssten bei der Bemessung des Ausfallrisikos berücksichtigt werden, so dass nur selten realistisch damit zu rechnen ist, dass der Versicherer seinen Verpflichtungen zumindest teilweise nicht nachkommen könnte,[772] wenngleich das Ausfallrisiko dennoch von Null verschieden ist. Gestützt wird diese Ansicht ferner durch die Fortführungsannahme, die der bilanziellen Abbildung zugrunde liegt und impliziert, dass der Versicherer im Schadenfall die vereinbarten Leistungen erbringen kann.[773]

Falls ein in Ausnahmefällen ggf. verbleibendes, geringes Ausfallrisiko in die Bewertung der versicherungstechnischen Rückstellung einbezogen würde, ergäben sich gleichermaßen die zuvor

[771] Vgl. allgemein zur Berücksichtigung der eigenen Kreditwürdigkeit bei der Bewertung von Rückstellungen BECKER, K./WIECHENS, G., Eigenes Kreditrisiko bei der Bewertung von Schulden, S. 231 f.

[772] Vgl. IASC (HRSG.), DSOP, Tz. 4.161; VARAIN, T. C., Bilanzierung versicherungstechnischer Verpflichtungen von Schaden- und Unfallversicherungsunternehmen, S. 147. Vgl. ähnlich ROCKEL, W., Fair Value-Bilanzierung versicherungstechnischer Verpflichtungen, S. 176 f. Sogar bei einer Berücksichtigung des Bonitätsrisikos werden die bilanziellen Konsequenzen tendenziell als gering eingestuft. Vgl. ROCKEL, W./SAUER, R., Bilanzierung von Versicherungsverträgen nach DP, S. 748.

[773] Vgl. HELLER, S., Bilanzierung von Versicherungsverträgen nach IFRS, S. 211.

beschriebenen Effekte trotz eigentlich unveränderter künftiger Leistungsverpflichtungen. In der Folgebewertung dürften sich die kontraintuitiven Effekte noch deutlich verstärken, da davon auszugehen ist, dass Änderungen des geschätzten Barwertes der künftigen Zahlungsströme, die auf eine veränderte Einschätzung des eigenen Kreditrisikos zurückzuführen sind, unmittelbar erfolgswirksam ausgewiesen werden müssten. Dies lässt sich aus den Folgebewertungsregelungen für passive Rückversicherungsverträge ableiten, bei denen das Ausfallrisiko des Rückversicherers in die Bewertung einzubeziehen ist und entsprechende Änderungen des erwarteten Ausfallrisikos direkt ergebniswirksam werden.[774] Folglich würden sich Veränderungen des eigenen Kreditrisikos unmittelbar erfolgswirksam auf die Rückstellungshöhe auswirken, so dass der IASB letztlich von einer Berücksichtigung des eigenen Kreditrisikos absieht.[775]

Realiter ist mit einem höheren Ausfallrisiko vielmehr sogar eine Verschlechterung der wirtschaftlichen Situation verbunden, die nicht durch eine verminderte versicherungstechnische Verpflichtung verschleiert werden sollte.[776] So wird ein höheres Ausfallrisiko auch dazu führen, dass der Versicherer künftig ein geringeres Vertragsvolumen zeichnen kann, da die potentiellen Versicherungsnehmer auf andere Anbieter ausweichen werden.[777] Dieser negative Effekt könnte der vermeintlich verbesserten Eigenkapitalausstattung infolge c. p. reduzierter versicherungstechnischer Rückstellungen in der Folgebewertung indes nicht gegenübergestellt werden, da bilanziell keine künftigen Verträge erfasst werden dürfen.[778] Theoretisch begründet ein erhöhtes Ausfallrisiko des Schuldners zwar einen wirtschaftlichen Vorteil der Eigenkapitalgeber aufgrund eines Vermögenstransfers von den Gläubigern.[779] Jedoch erscheint es mehr als fragwürdig, ob speziell beim Schaden- und Unfallversicherungsgeschäft bereits bei nicht-insolventen Unternehmen frühzeitig ein solcher Vermögenstransfer abgebildet werden sollte, obwohl der Versicherte nicht primär an einer Verzinsung seiner Prämien, sondern am originären Versicherungsschutz interessiert ist. Den Adressaten werden relevantere und folglich bewertungsnützlichere Informationen vermittelt, wenn sie über die Schuldensituation des Versicherers bei unterstellter, vertragskonformer künftiger Erfüllung der Verpflichtung informiert werden.[780] Die für die Adressaten entscheidungsnützliche Information über das Ausfallrisiko bzw. die Bonität des Versicherers sollte daher gesondert im Anhang offengelegt werden, so

[774] Vgl. IASB (HRSG.), ED/2013/7: Insurance Contracts, Tz. 41 (d) (iii) sowie Tz. BCA138.

[775] Vgl. IASB/FASB (HRSG.), Reinsurance (agenda paper 3A), Tz. 105.

[776] Vgl. analog zur Ausübung der Fair value-Option für finanzielle Verbindlichkeiten BECKER, K./WIECHENS, G., Eigenes Kreditrisiko bei der Bewertung von Schulden, S. 236. Für einen Überblick über Vor- und Nachteile, die mit einer Einbeziehung der unternehmensindividuellen Bonität verbunden sind, vgl. ROHLFS, T. J. W., Unternehmensspezifische Bonität beim Fair Value versicherungstechnischer Verpflichtungen, S. 89.

[777] Vgl. hierzu auch SWISS RE (HRSG.), The economics of insurance, S. 12.

[778] Vgl. VARAIN, T. C., Bilanzierung versicherungstechnischer Verpflichtungen von Schaden- und Unfallversicherungsunternehmen, S. 145.

[779] Vgl. zu diesem Zusammenhang und der damit verbundenen Insolvenzoption ausführlich KREEB, M., Versicherungskonzernabschluss nach IFRS 4 Phase II, S. 116 f.; VARAIN, T. C., Bilanzierung versicherungstechnischer Verpflichtungen von Schaden- und Unfallversicherungsunternehmen, S. 142 f. Indes ist zu beachten, dass Veränderungen der eigenen Bonität bzw. des eigenen Ausfallrisikos keine verwertbaren Vermögenswerte begründen. Vgl. THUROW, C., Eigenbonitätseffekt bei Verbindlichkeiten, S. 92.

[780] Vgl. ähnlich hinsichtlich der Berücksichtigung der Bonität HELLER, S., Bilanzierung von Versicherungsverträgen nach IFRS, S. 210.

dass auch der Versicherungsnehmer bei einem potentiellen Vertragsabschluss die Kreditwürdigkeit des Versicherers einschätzen kann.[781]

Auch wenn in der Folgebewertung die Auswirkungen eines veränderten eigenen Kreditrisikos für erwartungsgemäß profitable Vertragsportfolios zunächst in die vertragsbezogene Servicemarge einfließen würden, könnte nicht die tatsächliche Schuldenlast gezeigt werden, falls im Zeitraum nach Abschluss der Deckungsperiode noch Schadenzahlungen erwartet werden. Auch der Barwert jener Schadenauszahlungen wäre erwartungsgetreu in die Zugangsbewertung einzubeziehen und hierbei um das eigene Kreditrisiko zu adjustieren. Da die vertragsbezogene Servicemarge jedoch lediglich über den Zeitraum der Deckungsperiode erfolgswirksam aufgelöst wird,[782] würde die versicherungstechnische Rückstellung vor allem nach Abschluss der Deckungsperiode, aber auch zuvor kontraintuitiv wiederum umso niedriger ausgewiesen, je höher das erwartete eigene Kreditrisiko ausfällt. Dieser Effekt ist darauf zurückzuführen, dass der Anteil des vermeintlichen Vorteils aus den Minderungen der Zahlungsströme, der sich auf den Zeitraum nach Abschluss der Deckungsperiode bezieht, durch die Auflösung der Servicemarge zu früh rückstellungsmindernd erfasst wird. Hierdurch stünden bei der unterstellten Vertragserfüllung zu hohen Erträgen während der Deckungsperiode zu hohe Aufwendungen während der darüber hinausgehenden Schadenabwicklung gegenüber, falls die erwarteten Schadenzahlungen tatsächlich eintreten. Falls jedoch Zahlungsströme aufgrund bereits eingetretener Versicherungsfälle von der Veränderung des eigenen Kreditrisikos betroffen sind, so müssten die hieraus resultierenden Effekte ohnehin bereits unmittelbar erfolgswirksam erfasst werden. Die Einbeziehung des eigenen Kreditrisikos wurde aus den genannten Gründen sowie angesichts der konsequenten Erfüllungskonzeption folgerichtig abgelehnt.

442.9 Spezifika der Bilanzierung passiver Rückversicherungsverträge und Verknüpfung mit den zugrunde liegenden Erstversicherungsverträgen

442.91 Typische Zahlungsströme eines passiven Rückversicherungsvertrages als Elemente des Bewertungsmodells

Die für die Bewertung eines passiven Rückversicherungsvertrages maßgeblichen Schätzungen der Zahlungsströme müssen den allgemeinen Anforderungen genügen und zudem auf den identischen Annahmen basieren, die auch der Bewertung der korrespondierenden Erstversicherungsverträge zugrunde liegen.[783] Um im Regelfall die ökonomisch tatsächlich beim Zedenten verbleibende Verpflichtungsposition abbilden zu können und eine **konsistente Bewertung** zu gewährleisten, müssen die potentiellen Schadenhöhen, deren Eintrittswahrscheinlichkeiten und sämtliche weitere Parameter bei beiden Vertragsarten einheitlich beurteilt werden. Die im Rahmen eines passiven Rückversicherungsvertrages zu übernehmenden Schadenzahlungen lassen sich gleichermaßen aus dem Schätzprozess der Zahlungskonsequenzen des zugrunde liegenden Erstversicherungsvertrages bzw. eines Vertragsportfolios ableiten. Die in die Bewertung des passiven Rückversicherungsvertrages

---

781 Vgl. zu dieser Möglichkeit GUTTERMAN, S./CHAMBERS, M., Credit Standing in the Fair Value of Liabilities, S. 15; ROHLFS, T. J. W., Unternehmensspezifische Bonität beim Fair Value versicherungstechnischer Verpflichtungen, S. 100 sowie kritisch MUJKANOVIC, R., Fair Value im Financial Statement, S. 198 f.; ROHLFS, T. J. W., Unternehmensspezifische Bonität beim Fair Value versicherungstechnischer Verpflichtungen, S. 111 f.

782 Vgl. IASB (HRSG.), ED/2013/7: Insurance Contracts, Tz. 32 sowie Tz. BCA109 (b).

783 Vgl. IASB (HRSG.), ED/2013/7: Insurance Contracts, Tz. 41 (b).

eingehenden Zahlungsströme müssen hierbei stets widerspiegeln, wie sie von den Zahlungsströmen der zugrunde liegenden Erstversicherungsverträge abhängen.[784] Während bei einem Quotenrückversicherungsvertrag die geschätzten Zahlungsströme mit umgekehrten Vorzeichen unterhalb der Haftungshöchstgrenze grds. einem festen Prozentsatz des Erwartungswertes der Zahlungsströme aus den zugrunde liegenden Erstversicherungsverträgen entsprechen,[785] sind bei den anderen Vertragsgestaltungen i. d. R. Erwartungswerte für Schadenzahlungen innerhalb geschlossener Intervalle abzuleiten, die bei positiven Schadenzahlungen beginnen. So ist bspw. bei Summenexzedenten, aber auch bei nicht-proportionalen Vertragsgestaltungen der Erwartungswert der Schadenzahlungen zu bestimmen, die oberhalb des Selbstbehaltes des Erstversicherers, jedoch unterhalb der Haftungsbegrenzung des Rückversicherers anfallen. Bei *Stop-loss*-Verträgen bezieht sich das Intervall hierbei regelmäßig auf die Schadenquote, anhand derer Selbstbehalt und Höchsthaftung festgelegt werden.[786] Da mithilfe von Kumulschadenexzedenten oder auch *Stop-loss*-Rückversicherungsverträgen vor allem der riskante Rand der Schadenverteilung abgesichert werden soll, gilt es zur Bewertung jener passiven Rückversicherungsverträge diesen Bereich möglichst differenziert zu schätzen.[787] Hierfür wird es i. d. R. nicht ausreichen, nur wenige Parameterkonstellationen heranzuziehen, da die Variabilität der Zahlungsströme gerade im Rand der Verteilung hoch ist und die Schätzungen durch große Unsicherheit sowie die Abhängigkeit von vielfältigen möglichen Umweltzuständen gekennzeichnet sind.

Bei Vertragsgestaltungen der **nicht-proportionalen passiven Rückversicherung** stehen den Einzahlungen in Form von durch den Rückversicherer getragenen Schadenzahlungen Auszahlungen in Höhe der Rückversicherungsprämie gegenüber. Diese wird individuell kalkuliert und umfasst, anders als die zu zedierende Prämie bei proportionalen Verträgen, Entschädigungen für administrative Leistungen und bspw. die Akquisitionstätigkeit. Gegebenenfalls gewährt der Rückversicherer zusätzlich einen Gewinnanteil aus dem zedierten Geschäft.[788] Bei Verträgen der **proportionalen passiven Rückversicherung** hingegen entsprechen die Auszahlungen einem Prozentsatz der vereinnahmten Originalprämien, während die Einzahlungen neben Schadenzahlungen in jenem Verhältnis auch Rückversicherungsprovisionen und ggf. Gewinnbeteiligungen vorsehen.

Rückversicherungsprovisionen und weitere Zahlungsstromkomponenten, die von den Versicherungsleistungen der zugrunde liegenden Originalpolicen abhängen, sind als Bestandteile der zu erstattenden Schadenzahlungen auf Basis des Erwartungswertes anzusehen.[789] Aufgrund ihrer Abhängigkeit von dem Ergebnis aus dem zugrunde liegenden Erstversicherungsgeschäft dürften hierunter u. a. auch Gewinnbeteiligungen zu fassen sein.[790] Falls Rückversicherungsprovisionen nicht durch den Eintritt eines Schadenereignisses und die damit verbundenen Zahlungsverpflichtungen bedingt sind, müssen sie von den Rückversicherungsprämien abgezogen werden.[791] Dies sollte

784 Vgl. IASB (Hrsg.), ED/2013/7: Insurance Contracts, Tz. BCA128.
785 Vgl. IASB/FASB (Hrsg.), Reinsurance (agenda paper 1A), Tz. 10 (a).
786 Vgl. Liebwein, P., Formen der Rückversicherung, S. 185-188.
787 Vgl. Abschnitt 223.3.
788 Vgl. Rockel, W./Helten, E./Ott, P./Sauer, R., Versicherungsbilanzen, S. 280.
789 Vgl. IASB (Hrsg.), ED/2013/7: Insurance Contracts, Tz. 41 (b) (i) und Tz. BCA136 (a).
790 Vgl. IASB/FASB (Hrsg.), Reinsurance Accounting (agenda paper 2F), Tz. 21 und Tz. 38.
791 Vgl. IASB (Hrsg.), ED/2013/7: Insurance Contracts, Tz. 41 (b) (ii) und Tz. BCA136 (b).

entsprechend auch für Aufwandsentschädigungen gelten, welche die administrativen Tätigkeiten des Zedenten vergüten.

Nach Ansicht des IASB werden durch diese Vorgehensweise die ökonomischen Charakteristika der jeweiligen Zahlungen zutreffend wiedergegeben.[792] Dem kann zwar im Ergebnis zugestimmt werden, doch besteht die Gefahr, dass die Rückversicherungsprovisionen bzw. Aufwandsentschädigungen den Erstversicherer auch für solche Kostenbestandteile entschädigen, die explizit nicht in die Schätzung der Zahlungsströme der Originalpolice aufzunehmen sind.[793] Beispielhaft seien hier dem Portfolio nicht direkt zuordenbare Akquisitionskosten oder Produktentwicklungskosten genannt.[794] Um eine konsistente Bewertung zu gewährleisten, müssten jene Bestandteile der Rückversicherungsprovision theoretisch extrahiert und ebenso von der Bewertung des passiven Rückversicherungsvertrages ausgeschlossen werden. Da jedoch die allgemeinen Anforderungen an die Schätzungen der Zahlungsströme auch für passive Rückversicherungsverträge gelten, sind sämtliche auf Portfolioebene direkt zuordenbaren Zahlungsströme zwingend in die Bewertung einzubeziehen. Nach der hier vertretenen Auffassung erscheint es daher zweckdienlich, diese Bestandteile und weitere Komponenten, die nicht vom Schadenverlauf der Originalpolicen abhängen, von den zu zedierenden Prämien abzuziehen und somit gewissermaßen einem Preisnachlass gleichzusetzen. Dies führt dazu, dass ansonsten ökonomisch identische Verträge, die anstelle einer Rückversicherungsprovision eine geringere Prämie vorsehen, auch identisch behandelt werden.[795] Würden sie im Rahmen der Einzahlungsströme erfasst, könnte dies einen zu umfangreichen Rückversicherungsschutz im Schadenfall suggerieren.

442.92 Berücksichtigung des Risikos der Nicht-Leistung von Rückversicherern auf Basis des *expected loss*

442.921. Ausfallrisiko des Rückversicherers

Der Erfüllungsbetrag eines passiven Rückversicherungsvertrages muss stets das Nicht-Erfüllungsrisiko des Rückversicherers widerspiegeln, das zum einen aus dem Ausfallrisiko des Rückversicherers und zum anderem aus dem Risiko einer unterbleibenden Leistung des Rückversicherers infolge von (Rechts-)Streitigkeiten mit dem Erstversicherer resultiert.[796] Um das Risiko, dass der Rückversicherer seine Zahlungsverpflichtungen aus dem Rückversicherungsgeschäft nicht, nur teilweise oder aber verspätet erfüllt, in der Bewertung eines passiven Rückversicherungsvertrages abzubilden, ist der **vom Zedenten erwartete Kreditverlust** bei der Schätzung der Zahlungsströme zu berücksichtigen. Entsprechend ist der potentielle Kreditverlust als weiterer Einflussfaktor in die Szenariobetrachtung bzw. alternative Methoden einzubeziehen, so dass dessen möglichen Zahlungskonsequenzen wahrscheinlichkeitsgewichtet in den Erwartungswert künftiger Zahlungs-

[792] Vgl. IASB (Hrsg.), ED/2013/7: Insurance Contracts, Tz. BCA136 (a) und (b).
[793] Vgl. IASB/FASB (Hrsg.), Reinsurance (agenda paper 3A), Tz. 96.
[794] Vgl. IASB (Hrsg.), ED/2013/7: Insurance Contracts, Tz. B67 (d).
[795] Vgl. zu diesem Ansatz auch IASB (Hrsg.), ED/2013/7: Insurance Contracts, Tz. BCA136 (b). Allerdings wird hierdurch der Anteil der zu zedierenden Prämie verändert dargestellt, so dass von den Auszahlungsströmen nicht mehr unmittelbar auf den Grad des proportionalen Rückversicherungsschutzes geschlossen werden kann. Vgl. auch IASB/FASB (Hrsg.), Reinsurance (agenda paper 3A), Tz. 99.
[796] Vgl. IASB (Hrsg.), ED/2013/7: Insurance Contracts, Tz. 41 (b) (iii).

ströme eingehen.[797] Hierbei setzt sich der erwartete Kreditverlust multiplikativ aus der Höhe der zu leistenden Zahlungen des Rückversicherers, der Verlustquote sowie der Ausfallwahrscheinlichkeit zusammen. Werden die zu erstattenden Leistungen des Rückversicherers über mehrere Perioden hinweg fällig, sind die jeweils periodenspezifisch ermittelten Kreditverluste entsprechend zu aggregieren.[798] Der IASB verweist darauf, dass der Ansatz konsistent zu den Regelungen des Exposure Draft (ED/2013/3) sei.[799] Diese Konsistenz bezieht sich in erster Linie auf die Erwartungswertkonzeption ***(Expected-loss*-Modell*)***. Wenngleich die konkreten Wertminderungsvorschriften für finanzielle Vermögenswerte, die zu fortgeführten Anschaffungskosten oder erfolgsneutral zum beizulegenden Zeitwert bewertet werden, wohl nicht unverändert auf Rückversicherungsvermögenswerte anzuwenden sind, bleibt abzuwarten, ob eine weitergehende Konsistenz auch hinsichtlich der Ermittlungsmethodik erreicht werden kann.[800] Indem das Ausfallrisiko des Rückversicherers durch den erwarteten Kreditverlust bemessen wird, können passive Rückversicherungsverträge zwar nicht identisch zu den korrespondierenden Erstversicherungsverträgen bewertet werden.[801] Denn bei diesen darf das eigene Kreditrisiko des Erstversicherers nicht in die Bewertung der versicherungstechnischen Rückstellungen eingehen, was einer vollständig kongruenten Abbildung entgegensteht. Jedoch steht dieser Ansatz im Einklang mit dem Grundkonzept der erwartungsgetreuen Schätzung, der für sämtliche Zahlungsstromelemente anzuwenden ist.

Würde indes das ***Incurred-loss*-Modell** angewandt, d. h. Wertminderungen erst dann erfasst, wenn objektive Hinweise darauf schließen lassen, dass ein verlustbringendes Ereignis nach dem Erstansatz tatsächlich eingetreten ist und dieses Änderungen der erwarteten Zahlungsströme auslöst,[802] könnte die Konsistenz zur bilanziellen Abbildung der zugrunde liegenden Erstversicherungsverträge eher gewahrt werden, da bei der Bewertung nicht per se ein potentieller Kreditverlust zu berücksichtigen ist. Ein derartiger Ansatz wäre jedoch weder mit dem Bewertungskonzept für Versicherungsverträge vereinbar noch würde er zur Vermittlung entscheidungsnützlicher Informationen beitragen. Da der Bemessung des Wertminderungsbedarfs bei diesem Konzept nur bereits eingetretene Ausfallereignisse zugrunde zu legen sind, würde eine zuvor absehbare Wertminderung verspätet erfasst.[803] Ferner könnte diese nicht in ausreichender Höhe angesetzt werden, da noch nicht realisierte Ausfälle von Zahlungsströmen, die jedoch als sehr wahrscheinlich eingestuft werden, nicht berücksichtigt werden dürfen.[804] Somit wäre die Wertminderung von Vermögenswerten mittels des

---

797 Vgl. IASB (Hrsg.), ED/2013/7: Insurance Contracts, Tz. BCA137.

798 Vgl. analog zu den Regelungen des *Impairment*-Projektes für finanzielle Vermögenswerte Olbrich, A., Wertminderung finanzieller Vermögenswerte nach IFRS 9, S. 71; Flick, P./Gehrer, J./Krakuhn, J., ED/2009/12 zur *Impairment*-Ermittlung, S. 548.

799 Vgl. IASB (Hrsg.), ED/2013/7: Insurance Contracts, Tz. BCA137.

800 Vgl. hierzu in den vorläufigen Entscheidungen IASB (Hrsg.), IASB Update December 2012, S. 5 f. Indem jedoch Veränderungen des erwarteten Kreditverlustes unmittelbar erfolgswirksam erfasst werden, kann nach Ansicht des IASB wiederum ein konsistentes Vorgehen zu demjenigen bei finanziellen Vermögenswerten erreicht werden. Vgl. IASB (Hrsg.), ED/2013/7: Insurance Contracts, Tz. BCA138.

801 Vgl. IASB/FASB (Hrsg.), Reinsurance (agenda paper 3A), Tz. 112 sowie kritisch hierzu ACLI (Hrsg.), CL on ED/2010/8, S. 2.

802 Vgl. IAS 39.59; Olbrich, A., Wertminderung finanzieller Vermögenswerte nach IFRS 9, S. 63.

803 Vgl. Große, J.-V./Schmidt, M., ED/2013/3 Expected Credit Losses, S. 529; Financial Crisis Advisory Group (Hrsg.), Report 2009, S. 4; Schaber, M./Märkl, H./Kroh, T., ED zu Wertminderungen, S. 241.

804 Vgl. Olbrich, A., Wertminderung finanzieller Vermögenswerte nach IFRS 9, S. 67.

Incurred-loss-Ansatzes ***„too little, too late“***[805], was einer prospektiven und bewertungsnützlichen Informationsvermittlung entgegenstünde.[806] Auch die Möglichkeit, mit dem *Incurred-loss*-Ansatz ein höheres Maß an Objektivität zu erreichen und somit die Information über die Wertminderung glaubwürdiger und nachprüfbarer darzustellen, erscheint nicht ausreichend, um diesen Nachteil zu kompensieren. Anders als bei den versicherungstechnischen Rückstellungen, bei denen die Einbeziehung des eigenen Kreditrisikos kontraintuitive Effekte mit sich bringt, sollte das erwartete Ausfallrisiko vor allem für den Fall einer hohen Vorauszahlung der Rückversicherungsprämie beim Bilanzansatz eines passiven Rückversicherungsvertrages berücksichtigt werden und sich in der Folge im Wertansatz eines Rückversicherungsvermögenswertes niederschlagen. Hierdurch wird auch in den Folgeperioden die Vermögens-, Finanz- und Ertragslage zukunftsorientiert abgebildet und ökonomisch bereits begründete Risiken werden dem Adressaten nicht vorenthalten.

Wenn der Erstversicherer das Ausfallrisiko des Rückversicherers erwartungsgetreu schätzt, sind hierbei sämtliche **Sicherheiten** einzubeziehen, mit denen die Wirkung eines Zahlungsausfalls des Rückversicherers abgeschwächt wird.[807] Zum einen betrifft dies zurückbehaltene Prämien, die zunächst als Sicherheit im Besitz des Zedenten verbleiben und im Fall eines Ausfalls des Rückversicherers als Ausgleich dienen. Aber auch *letters of credit* oder Treuhandvermögen, auf das der Zedent zurückgreifen kann, wenn der Rückversicherer nicht den geschuldeten Betrag leistet, sind in die Schätzung des *expected loss* einzubeziehen.[808] Zum anderen wird ein absichernder Effekt auch erreicht, indem das **Rückversicherungsgeschäft oftmals netto abgewickelt** wird. So werden die an den Rückversicherer zu leistenden Beträge u. a. mit den zu erstattenden Schadenzahlungen verrechnet, so dass der Erstversicherer zumindest in denjenigen Perioden keinem Ausfallrisiko ausgesetzt ist, in denen die Auszahlungsströme aus dem passiven Rückversicherungsvertrag die Einzahlungen übersteigen.[809] Das zu berücksichtigende Ausfallrisiko sollte sich dann stets auf den Nettobetrag beziehen, den der Rückversicherer erwartungsgemäß zur Vertragserfüllung zu leisten hat.

Idealerweise ist zu fordern, dass das für den spezifischen passiven Rückversicherungsvertrag maßgebliche Ausfallrisiko bestimmt wird und hierbei die vertraglichen Besonderheiten einschließlich vereinbarter Sicherheiten möglichst ganzheitlich widerspiegelt werden.[810] Um den erwarteten Kreditverlust zu bestimmen, schreibt der IASB im Standardentwurf weder eine konkrete Ermittlungsmethode vor noch verweist er auf bestimmte **Datenquellen**. Es kann jedoch einerseits auf die in der *application guidance* für die Schätzung der Wahrscheinlichkeiten künftiger Zahlungsströme aufgeführte, allgemeine Informationsgrundlage abgestellt werden. So können bspw. die historischen Erfahrungen des Zedenten mit der Zahlungsfähigkeit des Zessionars Hinweise auf dessen Kreditwürdigkeit liefern.[811] Diese Vergangenheitsdaten sind stets an den aktuellen sowie den erwarteten künftigen Verhältnissen zu spiegeln und ggf. anzupassen, um Verzerrungen zu vermeiden und das

805 EDELMANN, M., Bilanzierung von Finanzinstrumenten, S. 16.

806 Vgl. in Abgrenzung zum *Expected-loss*-Ansatz SCHABER, M./MÄRKL, H./KROH, T., ED zu Wertminderungen, S. 241.

807 Vgl. IASB (HRSG.), ED/2013/7: Insurance Contracts, Tz. 41 (b) (iii).

808 Vgl. IASB/FASB (HRSG.), Reinsurance (agenda paper 3A), Tz. 115 f.

809 Vgl. ACLI (HRSG.), CL on ED/2010/8, S. 2 f.; IASB/FASB (HRSG.), Reinsurance (agenda paper 3A), Tz. 104 (a).

810 Vgl. ACLI (HRSG.), CL on ED/2010/8, S. 2.

811 In Analogie zu IASB (HRSG.), ED/2013/7: Insurance Contracts, Tz. B54 (c).

Ausfallrisiko prospektiv zu beurteilen. Aber auch ein Vergleich des vereinbarten Rückversicherungspreises mit „fremdüblichen“ Preisgestaltungen bzw. im Zeitablauf kann zur Einschätzung herangezogen werden.[812] Da die Rückversicherungsprämien jedoch von vielfältigen Einflussfaktoren wie u. a. der Kostenstruktur des Rückversicherers, dessen Bestandszusammensetzung oder absatzpolitischen Zielen abhängen, sind diese Beurteilungen zwingend durch weitere Informationen zu unterlegen.

Andererseits sollten auch jene Datenquellen herangezogen werden, die in dem für bestimmte Finanzinstrumente künftig einschlägigen Wertminderungsmodell vorgesehen sind. Auch wenn die künftig anzuwendenden *Impairment*-Vorschriften letztlich nicht unverändert übernommen werden sollten, kann angesichts der einheitlichen Erwartungswertkonzeption als Anhaltspunkt auf die dort adressierten Datenquellen zurückgegriffen werden. Neben historischen Erfahrungen über realisierte Kreditverluste mit dem Kontrahenten sind hierfür auch interne sowie externe Ratings des spezifischen Instrumentes bzw. des Emittenten und darüber hinausgehende Berichte oder Statistiken maßgeblich.[813] Auch bei der Kreditverlustschätzung auf der Basis von **Ratingurteilen** und vergleichbaren Marktdaten sind jedoch stets die Besonderheiten des Versicherungsgeschäftes zu beachten. So ist zu berücksichtigen, dass die Zahlungsverpflichtungen des Zessionars aus passiven Rückversicherungsverträgen vorrangig bedient werden. Zudem gilt es, sämtliche Sicherheiten und regulatorischen Vorkehrungen, die den Zahlungsausfall des Rückversicherers verhindern bzw. dessen Ausmaß reduzieren, in die Bewertung einzubeziehen.[814]

Als weitere Datenquelle könnten überdies ***Credit-default-swap*-Prämien des Rückversicherers** genutzt werden.[815] Bei einem *credit default swap* (CDS) handelt es sich um ein derivatives Instrument, mit dem der Sicherungsgeber als Gegenleistung für eine von der absicherungswilligen Partei zu entrichtenden Prämie Schutz vor einem möglichen Ausfall des zugrunde liegenden Kreditengagements gewährt.[816] Die auf einen Rückversicherer bezogenen CDS-Informationen gelten als die am häufigsten beobachtbaren Inputparameter, um die erwarteten Zahlungsausfälle aus einem passiven Rückversicherungsvertrag zu beurteilen.[817] Wenngleich Spekulationseffekte gerade in turbulenten Marktphasen die Beurteilung des Ausfallrisikos verzerren können,[818] liefern CDS-Prämien im

---

812 Vgl. auf den Rückversicherungspreis als Datenquelle rekurrierend IASB (Hrsg.), ED/2013/7: Insurance Contracts, Tz. B54 (d).

813 Vgl. IFRS 9.B5.5.49-B5.5.54 sowie auch bereits IASB (Hrsg.), ED/2013/3: Expected Credit Losses, Tz. 17 (b) und Tz. B6; Brixner, J./Schaber, M./Bosse, M., ED/2013/3 „Expected Credit Losses“, S. 222.

814 Vgl. hierzu insgesamt IASB/FASB (Hrsg.), Reinsurance (agenda paper 3A), Tz. 110 (b). Ansonsten würde das erwartete Ausfallrisiko des Rückversicherers tendenziell überzeichnet. Vgl. ACLI (Hrsg.), CL on ED/2010/8, S. 3.

815 Vgl. Olbrich, A., Wertminderung finanzieller Vermögenswerte nach IFRS 9, S. 82 sowie in Anlehnung an IFRS 9.B5.5.17; IASB (Hrsg.), ED/2013/3: Expected Credit Losses, Tz. B20.

816 Vgl. Deutsche Bundesbank (Hrsg.), Der Markt für Kreditausfall-Swaps, S. 48; Olbrich, A., Wertminderung finanzieller Vermögenswerte nach IFRS 9, S. 90 f.

817 Vgl. IASB/FASB (Hrsg.), Reinsurance (agenda paper 3A), Tz. 110 (a).

818 Vgl. Olbrich, A., Wertminderung finanzieller Vermögenswerte nach IFRS 9, S. 113 f. Darüber hinaus kann die Höhe der CDS-Prämie auch durch das Gegenparteirisiko des Sicherungsgebers bedingt werden. Vgl. Olbrich, A., Wertminderung finanzieller Vermögenswerte nach IFRS 9, S. 112 f. Indem CDS-Transaktionen nunmehr vermehrt über *Clearing*-Stellen abgewickelt werden, konnte dieser Einfluss stark vermindert werden. Vgl. auch Cecchetti, S. G./Gyntelberg, J./Hollanders, M., Central counterparties, S. 56; Banh, M./Cluse, M./Schwake, D., Quantitative Behandlung von Kontrahentenausfallrisiken, S. 499.

Regelfall aktuelle Informationen über das im Markt wahrgenommene Risiko eines Kreditverlustes.[819] Indes ist zu berücksichtigen, dass CDS-Prämien nicht nur den erwarteten Kreditverlust einpreisen, sondern zudem – entsprechend der im Markt vorherrschenden Risikoaversion – auch den unerwarteten Kreditverlust in die Preisfindung einbeziehen.[820] Da in den ersten Bewertungsbaustein ausschließlich das erwartete Ausfallrisiko eingeht, wäre letzteres Element theoretisch zu extrahieren.[821] Allerdings wird dies i. d. R. nicht eindeutig gelingen, so dass zumindest die jeweils zugrunde liegende Risikoeinstellung in die Beurteilung einbezogen werden muss.[822] Insgesamt sollten marktbezogene Bewertungen des Ausfallrisikos, die sich in CDS-Prämien oder auch in Ratings widerspiegeln, die unternehmensspezifischen und vergangenheitsbezogenen Daten ergänzen bzw. ggf. Korrekturen auslösen. Hierdurch wird der Anforderung Rechnung getragen, dass die Schätzungen der Zahlungsströme beobachtbaren Markdaten nicht widersprechen dürfen, auch wenn grds. eine unternehmensspezifische Sicht einzunehmen ist.

442.922. Ausfallrisiko aufgrund von Rechtsstreitigkeiten

Neben den Kreditverlusten sind auch mögliche Zahlungsausfälle des Rückversicherers aufgrund von **(Rechts-)Streitigkeiten mit dem Erstversicherer** in die Schätzung der Zahlungsströme einzubeziehen. Der Wortlaut des Standards suggeriert hierbei, dass auch diese Komponente des Nicht-Erfüllungsrisikos konsequent mit ihrem Erwartungswert aus Sicht des Zedenten zu bewerten ist.[823] So wird in Tz. 41 (b) (iii) des zweiten Standardentwurfs ausgeführt, dass der Erfüllungsbetrag auf Basis des erwarteten Barwertes auch das Risiko der Nicht-Leistung des Rückversicherers umfassen muss, worunter ausdrücklich auch das Ausfallrisiko aufgrund von (Rechts-)Streitigkeiten zu fassen ist. Gleichwohl enthalten die *basis for conclusions* ausschließlich Erläuterungen zur erwartungsgetreuen Einbeziehung des Kreditrisikos, was die Zielrichtung der Vorschriften zum Ausfallrisiko aufgrund von Streitigkeiten verschleiert.[824] Da der Rückversicherer den Entscheidungen des Erstversicherers über die Leistungspflicht bei einem bestimmten Schadenereignis i. d. R. folgt, sofern sie mit dem vereinbarten Haftungsumfang vereinbar sind, ist nur in Ausnahmefällen mit solchen Konflikten zu rechnen.[825] Dennoch sind Fälle denkbar, bei denen Auseinandersetzungen aufgrund divergierender Auffassungen darüber entstehen, ob ein spezifischer Schaden durch den Rückversicherungsvertrag gedeckt ist. Als einen möglichen Konfliktfall nennt der IASB rückgedeckte Hurrikan-Versicherungen.[826] Streitigkeiten über die Versicherungsdeckung beziehen sich hierbei u. a. auf die Frage, ob ein Sturm, der mehrmals auf Land trifft, ein oder mehrere Schadenereignisse begründet. Hieraus können je nach Vertragsgestaltung unterschiedliche Leistungsumfänge für den Rückversicherer resultieren.

---

819 Vgl. OLBRICH, A., Wertminderung finanzieller Vermögenswerte nach IFRS 9, S. 111 f.

820 Vgl. DUFFIE, D./SINGLETON, K. J., Credit Risk, S. 104; OLBRICH, A., Wertminderung finanzieller Vermögenswerte nach IFRS 9, S. 119; AMATO, J. D., Risikoaversion und Risikoprämien am CDS-Markt, S. 68; GRÜNBERGER, D./SOPP, G., Kredit- und Liquiditätsrisiko, S. 442.

821 Vgl. für die Beurteilung, ob der unerwartete Verlust in der Risikomarge zu erfassen ist, Abschnitt 444.51.

822 Vgl. OLBRICH, A., Wertminderung finanzieller Vermögenswerte nach IFRS 9, S. 119 f.

823 Vgl. IASB (HRSG.), ED/2013/7: Insurance Contracts, Tz. 41 (b) (iii) und Tz. BCA137.

824 Vgl. IASB (HRSG.), ED/2013/7: Insurance Contracts, Tz. BCA137.

825 Vgl. MAHR, W., Einführung in die Versicherungswirtschaft, S. 254; PFEIFFER, C., Einführung in die Rückversicherung, S. 28.

826 Vgl. für dieses Beispiel IASB/FASB (HRSG.), Reinsurance (agenda paper 1A), Tz. 15.

Nicht nur wegen der Konsistenz zum allgemeinen Bausteinansatz wurde es seitens des *staff* noch vor der Veröffentlichung des ED/2010/8 befürwortet, diese Komponente des Nicht-Erfüllungsrisikos – wie derzeit vom IASB vorgesehen – auf Basis des Erwartungswertes einzubeziehen, sondern auch, weil vielfältige Faktoren Meinungsverschiedenheiten zwischen Zedent und Zessionar auslösen können.[827] Diese primär auf die Zahl der Einflussfaktoren abstellende Begründung kann indes nicht überzeugen, zumal die mit einer prospektiven Ermittlung verbundenen Schwierigkeiten vollständig ausgeklammert werden. Anders als beim Kontrahentenausfallrisiko sind Streitigkeiten über die Versicherungsdeckung **in hohem Maße einzelfallabhängig**,[828] so dass nach der hier vertretenen Auffassung zu bezweifeln ist, ob sie auf Portfoliobasis hinreichend glaubwürdig und nachprüfbar erwartungsgetreu geschätzt werden können. Für die Einzelverträge wie auch aggregiert dürfte es schwer fallen, potentielle Meinungsverschiedenheiten bereits bei der Zugangsbewertung hinreichend verlässlich zu antizipieren, ohne dass konkrete Hinweise auf einen Zahlungsausfall schließen lassen. Dies dürfte regelmäßig nur dann gelingen, wenn belastbare Indizien auf einen solchen Ausfall des Rückversicherers hindeuten. Angesichts der starken Einzelfallabhängigkeit ist somit zu bezweifeln, ob entscheidungsnützliche Informationen vermittelt werden können, wenn einzig auf Vergangenheitserfahrungen zurückgegriffen wird. Anders als beim Schadenverlauf kann für das Ausfallrisiko durch (Rechts-)Streitigkeiten keine Gesetzmäßigkeit identifiziert werden, die auf das neu abgeschlossene Versicherungsgeschäft übertragbar ist. Zudem ist davon auszugehen, dass Vertragsgestaltungen mit einem Rückversicherer für das Neugeschäft angepasst werden, wenn diese in der Vergangenheit Auseinandersetzungen über den Deckungsumfang ausgelöst haben. Ferner erscheint es nicht zweckmäßig, eine bestimmte Ausfallrate in Anlehnung an eine pauschale Wertberichtigung[829] bzw. eine Pauschalrückstellung[830] für das gesamte Portfolio einzelfallunabhängig festzusetzen.

Daher wäre im Gegensatz zu dem entsprechend des Wortlautes im aktuellen Regelungsentwurf verfolgten Erwartungswertkonzept zu empfehlen, das Ausfallrisiko aufgrund von (Rechts-)Streitigkeiten erst dann in die Schätzung der Zahlungsströme einzubeziehen, wenn dem Bilanzierenden **konkrete Hinweise** vorliegen, dass der Rückversicherer seine Leistungspflicht anzweifelt. Ein ähnlicher Ansatz wurde im Zuge des Entwicklungsprozesses des zweiten Standardentwurfes seitens des *staff* bereits vorgeschlagen und vom IASB vorläufig beschlossen, dann jedoch nicht weiter verfolgt.[831] Falls ein Rückversicherer bspw. seine vermeintliche Zahlungsverpflichtung bei bestimmten Verträgen aktuell anders einschätzt als der Erstversicherer, wäre es nach dem hier vorgeschlagenen Ansatz gerechtfertigt – mithin sogar geboten –, den Erwartungswert künftiger Einzahlungsströme

827 Vgl. IASB/FASB (Hrsg.), Reinsurance (agenda paper 1A), Tz. 16. Im ersten Standardentwurf sollte das Ausfallrisiko aufgrund von (Rechts-)Streitigkeiten auf Erwartungswertbasis einbezogen werden. Vgl. IASB (Hrsg.), ED/2010/8: Insurance Contracts, Tz. 44 i. V. m. Tz. BC240 und Tz. IN28.

828 Vgl. Ernst & Young (Hrsg.), CL on DP Insurance Contracts, S. 16.

829 Vgl. allgemein zur pauschalen Wertberichtigung auf Basis eines Portfolios Oertzen, C. von, in: Bohl et al., Beck'sches IFRS-Handbuch, § 10, Rn. 33.

830 Vgl. zur Möglichkeit, Pauschalrückstellungen zu bilden, Schrimpf-Dörges, C. E., in: Bohl et al., Beck'sches IFRS-Handbuch, § 13, Rn. 157.

831 Vgl. IASB/FASB (Hrsg.), Reinsurance (agenda paper 3A), Tz. 118 f.; IASB (Hrsg.), IASB Update May/June 2011, S. 3.

auch für inhaltsgleiche Verträge mit demselben Rückversicherer zu mindern.[832] Oftmals werden konkrete Hinweise jedoch erst dann vorliegen, wenn ein Schadenereignis bei den rückgedeckten Originalpolicen bereits eingetreten ist. Indem auf auslösende Ereignisse abgestellt wird, kann der mit einer Erwartungswertkonzeption verbundene Ermessensspielraum zumindest begrenzt werden, so dass die Gefahr einer verzerrten, nur eingeschränkt nachprüfbaren Informationsvermittlung abnimmt.

443. Diskontierung der Zahlungsströme

443.1 Pflicht zur Diskontierung der Zahlungsströme

Die im Rahmen des ersten Bewertungsbausteins geschätzten Zahlungsströme sind mit einem kreditrisikolosen Zinssatz zu diskontieren, um den Zeitwert des Geldes widerzuspiegeln und somit dem abweichenden zeitlichen Anfall vor allem der erwarteten Schadenzahlungen gerecht zu werden.[833] Hierbei bezieht sich die **Diskontierungspflicht** grds. auf sämtliche Versicherungsverträge und folglich sowohl auf Vertragsgestaltungen des Lebens- als auch des Schaden- und Unfallbereiches. Eine Ausnahme von der verpflichtenden Diskontierung sieht der IASB indes für die Schadenrückstellungen solcher Verträge vor, die mit dem vereinfachten Modell *(premium allocation approach)* bewertet werden, falls die hiermit verbundenen Zahlungen erwartungsgemäß innerhalb höchstens eines Jahres abgewickelt werden.[834] Die eingeführte Diskontierungspflicht begründet für Schaden- und Unfallversicherungsverträge einen Paradigmenwechsel, da in der praktischen Anwendung bisher entsprechend den US-GAAP Regelungen[835] von einer Diskontierung des in der Schadenrückstellung zurückzustellenden Betrages abgesehen wird.[836] Als Reaktion auf die Vorschläge im Diskussionspapier sowie im ersten Standardentwurf wurde seitens einiger stellungnehmender Institutionen angeregt, für Nicht-Lebensversicherungsverträge von einer Diskontierungspflicht abzusehen. Begründet wird diese Forderung mit der im Vergleich zu Lebensversicherungsverträgen gesteigerten Unsicherheit über den Schadeneintritt, die Höhe der künftig zur Vertragserfüllung erforderlichen Zahlungen sowie vor allem mit der Unsicherheit über deren zeitlichen Anfall.[837]

Wenngleich der **zeitliche Schadenverlauf** nicht exakt prognostiziert werden kann und dadurch mit der Diskontierung eine größere Variabilität des Bewertungsergebnisses – je nach geschätztem zeitlichen Anfall der Zahlungsströme – verbunden ist, würde ein kompletter Verzicht auf die Diskontierung einen möglichen Fehler aufgrund tatsächlich von den Erwartungen abweichender Zahlungszeitpunkte i. d. R. verstärken. So würden sämtliche Zahlungsströme gleich behandelt, ungeachtet

[832] Vergangenheitsbezogene Daten dürften auch hierfür nur in Ausnahmefällen heranzuziehen sein, da zu erwarten ist, dass Rückversicherungsverträge mit einem bestimmten Zessionar entsprechend modifiziert werden, wenn sie in der Vergangenheit zu Streitigkeiten geführt haben.

[833] Vgl. IASB (Hrsg.), ED/2013/7: Insurance Contracts, Tz. 25; Wipf, D./Grimm, T./Biber, R., IFRS 4 Phase II, S. 143.

[834] Vgl. IASB (Hrsg.), ED/2013/7: Insurance Contracts, Tz. 39 (b) sowie Tz. BCA70.

[835] IFRS 4 Phase I sah noch kein eigenständiges Bewertungsmodell für Versicherungsverträge vor, so dass die deutschen kapitalmarktorientierten Versicherungsunternehmen die Versicherungstechnik mehrheitlich nach den US-GAAP bilanzierten. Vgl. Asche, B./Hartung, T., Auswirkungen von IFRS 4 Phase II und IFRS 9 auf die Ergebnisvolatilität, S. 1189.

[836] Vgl. Sanner, A./Oecking, S., Bilanzierung und Rechnungslegung, S. 53; SEC Staff, Accounting, Bulletin 62.

[837] Vgl. IASB (Hrsg.), ED/2013/7: Insurance Contracts, Tz. BCA66.

dessen, wann sie faktisch anfallen. Die Abweichung der tatsächlichen Anfallzeitpunkte der Schadenzahlungen vom Zeitpunkt der Zugangsbewertung im Fall eines Verzichts auf die Diskontierung wird hierbei regelmäßig die Abweichung der tatsächlichen von den erwarteten Zahlungszeitpunkten deutlich übersteigen. Ferner dürfte die Unsicherheit des zeitlichen Anfalls der Zahlungsströme durch eine Bewertung auf Portfolioebene zumindest relativiert werden. Falls vom zeitlichen Anfall der jeweiligen Zahlungen abstrahiert wird, kann die ökonomische Realität des Versicherungsgeschäftes nur stark vereinfacht abgebildet werden, wodurch lediglich eingeschränkt bewertungsnützliche Informationen vermittelt werden können.[838] Denn aus Sicht der Adressaten hängt der Wert einer Zahlung auch von deren zeitlichen Anfall ab, so dass weiter in der Zukunft liegenden Auszahlungsverpflichtungen ein geringerer Wert beigemessen wird als unmittelbar fälligen Leistungen in identischer nominaler Höhe.[839] Folglich stellen der zeitliche Schadenverlauf sowie die Anfallzeitpunkte jeglicher weiterer Zahlungen Einflussfaktoren dar, die in die Bewertung einzubeziehen sind, um relevante Informationen zu vermitteln und die ökonomische Belastung der künftigen Auszahlungsverpflichtungen glaubwürdig darzustellen.[840] Die hiermit verbundene Unsicherheit ist in der Bewertung zu berücksichtigen, indem verschiedene potentielle Zahlungszeitpunkte wahrscheinlichkeitsgewichtet berücksichtigt werden und das Abweichungsrisiko ferner in die Risikomarge eingeht.[841] Der vorgebrachten Kritik einer erhöhten Subjektivität durch die Schätzung des zeitlichen Anfalls der Zahlungsströme und der Gefahr der Ergebnissteuerung[842] ist zu entgegnen, dass auch diese Komponente auf Portfolioebene grds. hinreichend objektiv, nachprüfbar und glaubwürdig ermittelt werden kann.[843] Daher ist eine Diskontierung gleichermaßen für Portfolios mit vergleichsweise sicherem bzw. stärker schwankendem Schadenverlauf unerlässlich.[844]

Als Kritik an der Diskontierungspflicht wurde im Standardsetzungsprozess ferner zum einen die Gefahr angeführt, dass sie zu strukturell unterbewerteten Rückstellungen führt und zum anderen, dass in der Zukunft noch zu erwirtschaftende Kapitalerträge frühzeitig vereinnahmt werden.[845] Wenngleich eine vermeintliche Unterbewertung durch den Effekt der Diskontierung verstärkt wird, da die künftigen Schadenauszahlungen nunmehr mit ihrem Barwert einzubeziehen sind und dieser Effekt denjenigen aus der Diskontierung der Prämien oftmals übersteigt, dürfte es sich bei einer Unterbewertung regelmäßig um eine unmittelbare Folge unterschätzter künftiger Auszahlungsströme respektive ggf. auch überschätzter künftiger Einzahlungsströme handeln. Eine retrospektiv festzustellende Unterbewertung kann zudem durch einen geschätzten Schadenverlauf begründet werden, nach dem die Auszahlungsverpflichtungen deutlich später fällig werden als dies tatsächlich zutrifft. Diese Abweichungen – seien sie bilanzpolitisch motiviert oder das Resultat eines unverzerrt

838 Gleichermaßen gilt es auch, die in der Zukunft im Rahmen der Vertragsgrenzen noch anfallenden Einzahlungsströme zu diskontieren und hiermit um den Zeitwert des Geldes anzupassen.

839 Vgl. IASB (Hrsg.), ED/2013/7: Insurance Contracts, Tz. BCA65; Varain, T. C., Bilanzierung versicherungstechnischer Verpflichtungen von Schaden- und Unfallversicherungsunternehmen, S. 120 f.

840 Vgl. IASB (Hrsg.), ED/2013/7: Insurance Contracts, Tz. BCA65 und Tz. BCA68.

841 Vgl. IASB (Hrsg.), ED/2013/7: Insurance Contracts, Tz. B40 sowie Tz. B76.

842 Vgl. ausführlich Asche, B., Jahresabschlussanalyse von Schaden-/Unfallversicherern, S. 179-181.

843 Vgl. IASB (Hrsg.), ED/2013/7: Insurance Contracts, Tz. BCA67 f.

844 Vgl. IASB (Hrsg.), ED/2013/7: Insurance Contracts, Tz. 25, wobei lediglich auf eine generelle Diskontierungspflicht abgestellt wird.

845 Vgl. IASB (Hrsg.), DP: Insurance Contracts, Tz. 65 (b) und (c); Rockel, W./Sauer, R., Bilanzierung von Versicherungsverträgen nach DP, S. 744.

angewandten Schätzprozesses – sind explizit in der Risikomarge (Baustein 3) zu erfassen und folglich keine Begründung für eine unterlassene Diskontierung.[846] Die Diskontierung kann allenfalls dann eine Unterbewertung der versicherungstechnischen Rückstellung auslösen, wenn der Zinssatz, der zur Diskontierung herangezogen wird, nicht durch die Kapitalanlagen erwirtschaftet werden kann.[847] Aber auch die anderen angeführten Ursachen wie bspw. eine Unterschätzung künftiger Auszahlungsströme führen in erster Linie bei ansonsten defizitären Vertragsportfolios zu einer Unterbewertung der Rückstellung.[848]

Indem die Auszahlungsströme diskontiert werden, kann es zwar zu einer zeitlich vorgezogenen Erfassung der Erträge aus der Anlage der Mittel kommen, welche die Verpflichtungen aus den Versicherungsverträgen decken.[849] Jedoch sind hierbei kreditrisikolose Zinssätze heranzuziehen, so dass nicht per se auf die spezifische Kapitalanlageperformance abgestellt wird. Hierdurch wird die unmittelbare Vereinnahmung unsicherer Erträge begrenzt und zudem eine hinreichende Objektivierung erreicht. Ferner ergibt sich die Problematik der vorzeitigen, ertragswirksamen Vereinnahmung der Zinsen überwiegend bei defizitären Portfolios sowie bei der Bewertung von Schadenrückstellungen nach Abschluss der Deckungsperiode. Bei gewinnbringenden Vertragsportfolios wird der regelmäßig profitabilitätssteigernde Diskontierungseffekt ohnehin in der vertragsbezogenen Servicemarge erfasst und über die Deckungsperiode aufgelöst. So wird bei erwartungsgemäßem Anfall der Zahlungsströme dem Ertrag aus der Auflösung der Servicemarge, der auch den anteiligen Vorteil aus der Diskontierung umfasst, der Zinsaufwand aus der Aufzinsung der Schadenzahlungen gegenübergestellt, so dass es grds. nicht zu einer verfrühten Vereinnahmung der Zinserträge kommt.[850]

Diskussionswürdig erscheint indes die **Ausnahme von der Diskontierungspflicht** für die Schadenrückstellungen derjenigen Verträge, die mit dem vereinfachten Ansatz *(premium allocation approach)* bewertet werden und deren Zahlungen vollständig innerhalb eines Jahres anfallen.[851] Zumal die Schadenrückstellung oftmals einen der größten Schuldenposten eines Versicherers darstellt, kann der Diskontierungseffekt für die Gesamtheit der Verträge wesentlich sein, auch wenn sämtliche Schäden innerhalb von maximal zwölf Monaten abgewickelt werden und folglich unterjährig diskontiert wird.[852] So kann sich der Diskontierungseffekt durch den Einfluss auf die Höhe der auszuweisenden Rückstellung für eingetretene Schäden bspw. gerade bei Portfolios, deren Profitabilität sehr gering ist, wesentlich auf das Ergebnis des jeweiligen Portfolios auswirken. Aus kon-

---

846 Vgl. ähnlich bereits IASB (Hrsg.), DP: Insurance Contracts, Tz. 66 (b).

847 Vgl. Rockel, W./Sauer, R., Bilanzierung von Versicherungsverträgen nach DP, S. 744.

848 Falls es sich hingegen um ein gewinnbringendes Vertragsportfolio handelt, dessen vertragsbezogene Servicemarge entsprechend der erwarteten Zahlungsströme aufgelöst wird, resultiert auch aus der Fehleinschätzung der Zahlungsströme im Regelfall keine Unterbewertung der Rückstellung.

849 Vgl. Perlet, H., Rückstellungen, S. 148; Varain, T. C., Bilanzierung versicherungstechnischer Verpflichtungen von Schaden- und Unfallversicherungsunternehmen, S. 121.

850 Hierbei ist zu berücksichtigen, dass auch die Servicemarge aufgezinst und letztlich mit einer steigenden Nettoerfolgswirkung aufgelöst wird, während die Zinsaufwendungen aus der Aufzinsung der Schadenzahlungen im Zeitablauf abnimmt. Vgl. hierzu auch Abschnitt 455. sowie Abschnitt 456.

851 Vgl. IASB (Hrsg.), ED/2013/7: Insurance Contracts, Tz. 39 (b) sowie Tz. BCA70 i. V. m. Tz. BCA 123 (b).

852 Vgl. analog zum Beispiel eines Krankenversicherers IASB/FASB (Hrsg.), Discounting (agenda paper 7H), Tz. 24.

zeptioneller Sicht sollte daher nicht unreflektiert angenommen werden, dass der Effekt der Diskontierung unwesentlich ist, sondern es müsste portfoliospezifisch beurteilt werden, ob der Verzicht auf eine Diskontierung nach Relevanzgesichtspunkten gerechtfertigt erscheint.[853] Da dies jedoch die Vergleichbarkeit bilanzierter Portfolios zusätzlich erschweren würde, ist die vereinfachende und zugleich objektivierende Lösung des IASB auch im Hinblick auf den i. d. R. nicht zu stark eingeschränkten Informationsnutzen vertretbar. Wird weiterhin an dieser Diskontierungserleichterung festgehalten, wäre es aus Gründen der Konsistenz de lege ferenda vorstellbar, auch bei einer Anwendung des *building block approach* von einer Diskontierung kurzlaufender Verträge abzusehen, sofern erwartungsgemäß sämtliche Zahlungen zur Vertragserfüllung innerhalb eines Jahres abgewickelt werden.

443.2 Anforderungen an den Diskontierungszinssatz

443.21 Bezug zu beobachtbaren Marktinformationen

Um den zur Vertragserfüllung erforderlichen Betrag zum Bewertungsstichtag zu bestimmen, sind die geschätzten Zahlungsströme mit laufzeitadäquaten Zinssätzen zu diskontieren und wahrscheinlichkeitsgewichtet zu aggregieren. Hierbei sind **marktkonsistente Zinssätze** zu verwenden. Diese spiegeln nicht die erwirtschaftete Rendite der deckenden Kapitalanlagen wider, sofern die Versicherungsleistung nicht von dem Ergebnis der Kapitalanlage abhängt,[854] was für Schaden- und Unfallversicherungsverträge i. d. R. zutrifft.[855] Der Zinssatz darf zudem keine Risikoprämie enthalten, unabhängig davon, ob er auf Basis einer risikolosen Zinsstrukturkurve *(bottom-up approach)*[856] oder ausgehend von der Verzinsung eines Referenzportfolios von Vermögenswerten *(top-down approach)*[857] ermittelt wird.[858]

Die in den einzelnen Perioden möglicherweise anfallenden Zahlungsströme sind entsprechend ihrer geschätzten Fälligkeit zunächst zu diskontieren und anschließend mit der dem jeweiligen Szenario zugeordneten Wahrscheinlichkeit zu aggregieren. Da im Zuge der Erwartungswertkonzeption sämtliche potentiellen Fälligkeiten zu berücksichtigen sind, ist für die Bewertung eines Portfolios von Versicherungsverträgen nahezu die **gesamte Zinsstrukturkurve** heranzuziehen.[859] Konzeptionell wäre es nicht vertretbar, von dem unterschiedlichen zeitlichen Anfall der Zahlungsströme zu abstrahieren und der Bewertung einen konstanten, von den jeweiligen Laufzeiten unabhängigen Diskontierungszins zugrunde zu legen.[860] Verglichen mit der bisher unterbliebenen Diskontierung wird hierdurch nochmals eine deutliche Komplexitätssteigerung ausgelöst. Im Gegensatz zu der Zeit-

---

853 Vgl. auch HELLER, S., Bilanzierung von Versicherungsverträgen nach IFRS, S. 180 sowie IASB (HRSG.), DP: Insurance Contracts, Tz. 68.

854 Vgl. IASB (HRSG.), ED/2013/7: Insurance Contracts, Tz. 25 (a) und Tz. 26 (a). Vgl. für eine Diskussion der nicht zulässigen Diskontierung mit unternehmens- bzw. portfoliospezifischen Kapitalanlagerenditen Abschnitt 443.3.

855 Vgl. ASCHE, B., Jahresabschlussanalyse von Schaden-/Unfallversicherern, S. 179.

856 Vgl. Abschnitt 443.41.

857 Vgl. Abschnitt 443.42.

858 Vgl. IASB (HRSG.), ED/2013/7: Insurance Contracts, Tz. B70.

859 Vgl. ENGELÄNDER, S./KÖLSCHBACH, J., Diskussionspapier zur Phase II des Versicherungsprojektes, S. 394.

860 Diese Auslegung ist zudem konsistent zu der Regelung in IAS 37.47, nach der die aktuellen Markterwartungen hinsichtlich des Zinseffektes nachvollzogen werden müssen. Vgl. auch VARAIN, T. C., Bilanzierung versicherungstechnischer Verpflichtungen von Schaden- und Unfallversicherungsunternehmen, S. 123.

struktur der Diskontierungszinssätze, die für die meisten Laufzeiten anhand von Marktdaten bestimmt werden kann, sind die Zahlungszeitpunkte aus Schaden- und Unfallversicherungsverträgen mit einer Unsicherheit behaftet. Nicht zuletzt aufgrund dieser Herausforderung werden bei einer Fair Value-Bewertung versicherungstechnischer Rückstellungen in der Praxis bis dato meist keine laufzeitspezifischen Zinssätze verwandt.[861] Der unterschiedliche zeitliche Anfall der Zahlungsströme ist jedoch bewertungsrelevant und darf im Rahmen des neu konzipierten Bewertungsmodells nicht durch die Wahl eines einheitlichen Zinssatzes wieder teilweise nivelliert werden. Der Schätzunsicherheit, die sich auf potentiell abweichende Fälligkeitstermine der Zahlungen bezieht, ist vielmehr explizit im Rahmen der Risikomarge zu begegnen, wodurch differenziertere und zugleich relevantere Informationen vermittelt werden können.

Sofern zur Diskontierung weit in der Zukunft erwarteter Schadenzahlungen keine beobachtbaren Marktdaten verfügbar sind, müssen die Zinssätze mittels Schätzverfahren bestimmt werden.[862] Verstärkt durch den Umstand, dass bisher kein Konsens über die geeignetste Methode zur **Extrapolation von Zinsstrukturkurven** besteht, sind mit diesen Schätzungen Ermessensspielräume verbunden.[863] Grundsätzlich gilt jedoch, dass auch für die Diskontierung der Zahlungsströme nach Möglichkeit ausschließlich beobachtbare Marktdaten bzw. Inputfaktoren zu verwenden sind. Nicht beobachtbare Inputs sind stets auf Basis der besten verfügbaren Informationen zu bestimmen, wobei bei der Ermittlung der Zinsstrukturkurve darauf abzustellen ist, wie die Marktteilnehmer die Parameter beurteilen.[864]

443.22 Auswahl von Finanzinstrumenten mit identischen Zahlungsstromeigenschaften

Bei der Wahl der Diskontierungszinssätze zur Bestimmung des Erfüllungsbetrages ist stets darauf zu achten, dass die **Charakteristika der Zahlungsströme des Portfolios von Versicherungsverträgen** angemessen widergespiegelt werden.[865] Daher und angesichts der geforderten Marktkonsistenz müssen die Zinssätze konsistent zu am Markt beobachtbaren aktuellen Preisen von (Finanz-)Instrumenten sein, deren Zahlungsströme möglichst übereinstimmende Eigenschaften mit denjenigen der Versicherungsverträge aufweisen. Beispielhaft nennt der IASB den **zeitlichen Anfall, die Währung sowie die Liquidität** als relevante Charakteristika.[866] Darüber hinaus sind die Einflüsse jeglicher Faktoren des beobachtbaren Marktpreises, die nicht auf die aus dem Portfolio von Versicherungsverträgen resultierenden Zahlungsströme einwirken, herauszurechnen.[867] Dies betrifft u. a. den in den Marktwert eingepreisten erwarteten Kreditverlust sowie die Risikoprämie für die hiermit

861 Vgl. CARR, D. L., Fair Value of insurance liabilities, S. 130; VARAIN, T. C., Bilanzierung versicherungstechnischer Verpflichtungen von Schaden- und Unfallversicherungsunternehmen, S. 123.

862 Vgl. IASB (HRSG.), ED/2013/7: Insurance Contracts, Tz. B71.

863 Vgl. IASB/FASB (HRSG.), Discounting for ultra long duration cash flows (agenda paper 12E), Tz. 16. Vgl. bspw. zur Extrapolation von Zinsstrukturkurven unter Solvency II GDV (HRSG.), Bestimmung der risikofreien Zinsstrukturkurve, S. 22-40.

864 Vgl. IASB (HRSG.), IASB Update June 2014, S. 2 f.; IASB (Hrsg.), Discount rates (agenda paper 2A), Tz. 4 und Tz. 22 (b).

865 Vgl. IASB (HRSG.), ED/2013/7: Insurance Contracts, Tz. 25.

866 Vgl. IASB (HRSG.), ED/2013/7: Insurance Contracts, Tz. 25 (a). Diese Anforderung wurde in den jüngsten vorläufigen Entscheidungen des IASB nochmals bestätigt. Vgl. IASB (HRSG.), IASB Update June 2014, S. 2.

867 Vgl. IASB (HRSG.), ED/2013/7: Insurance Contracts, Tz. 25 (b).

verbundene Unsicherheit, d. h. eine Prämie für unerwartete Verluste.[868] Da diese Spreadkomponenten keine Charakteristika der versicherungstechnischen Verpflichtung widerspiegeln, und zumal auch das eigene Kreditrisiko nicht in die Bewertung von Versicherungsverträgen eingehen darf, sind diese Elemente aus der marktkonsistenten Verzinsung zu extrahieren.

Die Höhe des erforderlichen Zinsab- bzw. aufschlages hängt davon ab, welches Instrument als Ausgangsbasis gewählt wird, wobei sich strukturelle Unterschiede bereits durch die Wahl der Ermittlungsmethodik *(top-down approach* vs. *bottom-up approach)* ergeben. Auch wenn vermeintlich risikolose Instrumente wie bspw. Staatsanleihen höchster Bonität als Referenz dienen, sind hiermit noch immer gewisse Ausfallwahrscheinlichkeiten verbunden, die der Diskontierung der Zahlungsströme theoretisch nicht zugrunde gelegt werden dürfen.[869]

Der IASB schreibt nicht vor, **welche Instrumente** heranzuziehen sind, um die Diskontierungszinssätze zu bestimmen. So können je nach gewählter Methode Portfolios von Vermögenswerten oder aber risikolose Zinsstrukturkurven als Ausgangsbasis dienen.[870] Werden die Diskontierungszinssätze auf der Basis der Zinsstrukturkurve eines gehaltenen Portfolios von Vermögenswerten bestimmt, bietet es sich jedoch an, Marktpreise von Instrumenten zu wählen, die möglichst ganzheitlich mit den Zahlungsstromcharakteristika der Versicherungsverträge bzw. den Charakteristika der Verpflichtung übereinstimmen. Hierdurch kann der Umfang der erforderlichen Anpassungen minimiert werden. Durch eine bewusste Zusammensetzung bzw. Wahl des Referenzportfolios kann also der Berechnungsaufwand im Voraus begrenzt werden. Falls die zu verwendenden Zinssätze aus einer risikolosen Zinsstrukturkurve abgeleitet werden, ist nicht näher spezifiziert, ob bspw. *Swap-* oder Bondkurven als Startpunkt zu wählen sind.[871]

Für die Bestimmung der zu verwendenden Diskontierungszinssätze sind zunächst **keine expliziten Vereinfachungen** vorgesehen, so dass auch keine standardisierten Zinsstrukturkurven verwendet werden dürfen, die bspw. ausschließlich auf der nicht-adjustierten Rendite von Staatsanleihen bzw. von Industrieanleihen mit hoher Bonität basieren.[872] Hierbei würden die für ein Portfolio von Versicherungsverträgen spezifischen Charakteristika nahezu vollkommen ausgeblendet und entsprechend nur eingeschränkt relevante Informationen vermittelt. Zudem könnte ein derartiger Ansatz auch nur z. T. seine vereinfachende Wirkung entfalten, da nicht in sämtlichen Jurisdiktionen Staats- bzw. Industrieanleihen einwandfreier Bonität verfügbar sind. Würde hier näherungsweise auf Instrumente benachbarter Jurisdiktionen zurückgegriffen, müssten die risikofreien Zinssätze zumindest um Währungseffekte sowie abweichende makroökonomische Nebenbedingungen bereinigt werden.[873] Die vermeintlich eingesparte Komplexität durch den Verzicht auf die Anpassungen an die Zah-

868 Vgl. hierzu und für die Begründung, warum die Verzinsung um diese Effekte zu bereinigen ist, IASB/FASB (HRSG.), Discounting (agenda paper 17D), Tz. 18.

869 Vgl. ASCHE, B., Jahresabschlussanalyse von Schaden-/Unfallversicherern, S. 182.

870 Vgl. IASB (HRSG.), ED/2013/7: Insurance Contracts, Tz. B70 i. V. m. Tz. B74.

871 Vgl. ELLENBÜRGER, F./KÖLSCHBACH, J., Schritt zu neuen Bilanzierungsstandards, S. 1303.

872 Vgl. IASB/FASB (HRSG.), Practical expedient for the discount rate (agenda paper 3G), Tz. 9 i. V. m. Tz. 49 und Tz. 58.

873 Vgl. hierzu sowie den damit verbundenen Problemen IASB/FASB (HRSG.), Practical expedient for the discount rate (agenda paper 3G), Tz. 41-45 und Tz. 55-57.

lungsstromeigenschaften der Versicherungsverträge würde in diesen Fällen also wieder durch zusätzliche Anstrengungen aufgewogen.

Sofern die Charakteristika der Zahlungsströme derjenigen Instrumente, die zur Bestimmung der Zinsstrukturkurve herangezogen werden, nicht mit den Eigenschaften der Zahlungsströme aus dem Portfolio von Versicherungsverträgen bzw. den Eigenschaften der Verpflichtung übereinstimmen, sind **Anpassungen** erforderlich. Diese können wie folgt systematisiert werden:[874]

- **Typ Ia-Anpassungen** zielen darauf ab, den unterschiedlichen zeitlichen Anfall der Zahlungsströme des Referenzportfolios an den zeitlichen Verlauf der Zahlungen aus den Versicherungsverträgen anzugleichen.
- **Typ Ib-Anpassungen** dienen dazu, bestehende Währungsunterschiede auszugleichen.
- **Typ II-Anpassungen** sollen gewährleisten, dass den Instrumenten inhärente Risiken, die jedoch nicht auf die Zahlungsströme aus den Versicherungsverträgen einwirken, wie bspw. das Kreditrisiko aus der Referenzverzinsung herausgerechnet werden. Diese Anpassungen sind regelmäßig erforderlich, wenn ein Portfolio aus (gehaltenen) Vermögenswerten als Referenz zur Herleitung der maßgeblichen Zinsstrukturkurve dient.
- **Typ III-Anpassungen** adressieren schließlich voneinander abweichende Liquiditätseigenschaften der Versicherungsverträge und der als Basis dienenden Instrumente.

Welche Adjustierungen erforderlich sind, um mit der Diskontierung die angestrebte Zielsetzung zu erreichen und somit die Charakteristika (der Zahlungsströme) der versicherungstechnischen Rückstellung möglichst exakt widerzuspiegeln, hängt auch maßgeblich davon ab, ob zur Ermittlung der *Bottom-up-* bzw. der *Top-down-*Ansatz gewählt wird. Es werden jedoch keine Methoden vorgegeben, wie ein etwaiger Anpassungsbedarf technisch umzusetzen ist.[875]

443.3 Verbot der Diskontierung mit der erwarteten Verzinsung deckender Kapitalanlagen

Falls die aus einem Portfolio von Versicherungsverträgen resultierenden Zahlungsströme betragsmäßig nicht von der Rendite der deckenden Kapitalanlagen abhängen, darf deren Verzinsung nicht unangepasst zur Diskontierung herangezogen werden.[876] Gleichwohl kann die Verzinsung jener

874 Vgl. insgesamt zur Systematisierung IASB/FASB (Hrsg.), Top down approaches (agenda paper 5A), Tz. 3 (b) und (c), wobei primär auf den *Top-down-*Ansatz eingegangen wird. Bei der hier gewählten Systematisierung werden abweichend vom IASB/FASB *staff* auch Adjustierungen aufgrund abweichender Währungen unter die Typ I-Anpassungen subsumiert.

875 Vgl. IASB (Hrsg.), ED/2013/7: Insurance Contracts, Tz. B69.

876 Vgl. IASB (Hrsg.), ED/2013/7: Insurance Contracts, Tz. BCA86 sowie Tz. B73. Dies trifft i. d. R. für Schaden- und Unfallversicherungsverträge zu. Vgl. Asche, B./Hartung, T., Auswirkungen von IFRS 4 Phase II und IFRS 9 auf die Ergebnisvolatilität, Fn. 57; Schweinberger, S./Horstkötter, M., Bilanzierung von Versicherungsverträgen gemäß ED/2010/8, S. 550. Bereits in den Regelungen des IFRS 4 Phase I wurde eine kritische Haltung ggü. der Diskontierung mit individuellen Kapitalanlagerenditen eingenommen. So wurde widerlegbar davon ausgegangen, dass weniger relevante und verlässliche Informationen vermittelt werden können, wenn jene Kapi-

Instrumente als Ausgangsbasis dienen, die sodann an die spezifischen Charakteristika des Portfolios von Versicherungsverträgen anzupassen ist *(top down approach)*.[877] Auch wenn die Kapitalanlagepolitik bis zu einem gewissen Grad durch die erwarteten Zahlungsströme aus den Versicherungsverträgen sowie dem Abweichungsrisiko determiniert wird, um sicherzustellen, dass fällige Schadenzahlungen jederzeit beglichen werden können, rechtfertigt dieser Zusammenhang **keine unreflektierte Vermengung beider Sachverhalte** in der bilanziellen Abbildung.[878] Das Ziel des IASB besteht darin, im Diskontierungszinssatz die Eigenschaften der versicherungstechnischen Verpflichtung und nicht ausschließlich die Spezifika der korrespondierenden Kapitalanlagen widerzuspiegeln.[879]

Wenn die Zahlungsströme hingegen mit der unternehmens- bzw. falls ermittelbar portfoliospezifischen Kapitalanlagerendite diskontiert würden, könnte zumindest die Volatilität im Wertansatz aufgrund kurzfristiger Veränderungen der Zinskomponenten weitestgehend eingedämmt werden, da sowohl die Aktiv- als auch die Passivseite bei einer Fair Value-Bewertung der deckenden Vermögenswerte gleichermaßen betroffen wäre.[880] Da der Diskontierungszinssatz jedoch den Eigenschaften der Versicherungsverträge im Portfolio entsprechen muss, dürften derartige Volatilitäten bei ansonsten idealer Übereinstimmung der Zahlungsstromcharakteristika auch der deckenden Kapitalanlagen vor allem durch kreditrisikoinduzierte ökonomische *mismatches* ausgelöst werden. Ökonomische *mismatches* sind darauf zurückzuführen, dass die Versicherungsverträge und die jeweiligen Kapitalanlagen unterschiedlich von sich ändernden Bedingungen betroffen sind.[881] Sofern diese beiden Sachverhalte ökonomisch nicht identisch auf Veränderungen reagieren, sollte auch bilanziell kein Gleichklang fingiert werden.[882] Die Kapitalanlageentscheidung, die aus den Versicherungsverträgen resultierenden Verpflichtungen mit Instrumenten zu decken, deren Rendite einen Risikozuschlag für mögliche Kreditausfälle umfasst, wird von den Versicherern bewusst getroffen.[883] Dieses Ausfallrisiko ist indes nicht unmittelbar mit den Zahlungsströmen aus den Versicherungsverträgen verbunden und wirkt sich vor allem i. d. R. nicht auf den Umfang der Leistungspflicht aus. Die Höhe des Kreditrisikos jener Instrumente spiegelt folglich weder die Charakteristika der Versicherungsverträge noch die hieraus resultierenden Risiken wider. Insofern scheint es geboten, das Kreditrisiko ausschließlich bei der Bewertung der Kapitalanlagen zu berücksichtigen, um relevante Informationen vermitteln zu können.

---

talanlageerträge als Diskontierungszins dienen, obwohl kein unmittelbares Abhängigkeitsverhältnis besteht. Vgl. IFRS 4.27; SURREY, I./WERTHMANN, M., in: Baetge et al., Rechnungslegung nach IFRS, IFRS 4, Rn. 90.

877 Vgl. Abschnitt 443.42.

878 A. A., indes bezogen auf die Diskontierung von Versicherungsverträgen im Lebensbereich GNAIE (HRSG.), CL on ED/2010/8, S. 11.

879 Vgl. IASB (HRSG.), ED/2013/7: Insurance Contracts, Tz. B69 und Tz. BCA86 sowie bereits IASB/FASB (HRSG.), Discounting (agenda paper 3D), Tz. 12-18.

880 Vgl. IASB (HRSG.), ED/2013/7: Insurance Contracts, Tz. BCA84 (b). Da Zinsänderungseffekte künftig auch erfolgswirksam erfasst werden können (vgl. IASB (HRSG.), IASB Update March 2014, S. 2), wäre auch eine Reduktion ergebnisseitiger Volatilitäten möglich.

881 Vgl. ASCHE, B./HARTUNG, T., Auswirkungen von IFRS 4 Phase II und IFRS 9 auf die Ergebnisvolatilität, S. 1197.

882 Vgl. analog ASCHE, B./HARTUNG, T., Auswirkungen von IFRS 4 Phase II und IFRS 9 auf die Ergebnisvolatilität, S. 1197.

883 Vgl. ASCHE, B./HARTUNG, T., Auswirkungen von IFRS 4 Phase II und IFRS 9 auf die Ergebnisvolatilität, S. 1197.

Anderenfalls würde mit einer riskanteren Anlage der Prämien c. p. ein höherer Diskontierungszins und somit regelmäßig ein beim Bilanzansatz höherer erwarteter Gewinn für profitable Vertragsportfolios einhergehen, der in einer vertragsbezogenen Servicemarge zu erfassen ist.[884] Bei belastenden Vertragsportfolios wäre der Effekt noch gravierender, so dass mit zunehmendem Kreditrisiko der Kapitalanlagen eine niedrigere versicherungstechnische Rückstellung ausgewiesen würde. In Extremfällen könnte ein hoher Diskontierungszinssatz sogar dazu führen, dass sonst als belastend einzustufende Vertragsportfolios als erwartungsgemäß profitabel bewertet werden. Auch angesichts der strengen aufsichtsrechtlichen Sicherungsmechanismen sollte nicht per se ohne konkrete Hinweise indirekt ein möglicher, durch zu riskante Kapitalanlagen ausgelöster Zahlungsausfall des Versicherers in die Bewertung der Verpflichtungen einbezogen werden. Hierdurch würde vielmehr die Gefahr erhöht, dass die Informationsempfänger irregeleitet werden, was einer entscheidungsnützlichen Informationsvermittlung entgegensteht.[885]

Auch die Begründung, dass ggf. zu Vertragsbeginn unmittelbar ein Verlust ausgewiesen werden müsse, falls nicht mit der Rendite der Kapitalanlagen diskontiert werde, vermag nicht zu überzeugen.[886] Zwar beziehen einige Versicherer die erwartete Verzinsung der Kapitalanlagen in die Preisfindung mit ein,[887] so dass die Gewinnschwelle u. U. nur erreicht werden kann, falls ein höherer als der risikolose Zinssatz durch die Kapitalanlage erwirtschaftet wird. Hierfür gilt jedoch wiederum, dass die Höhe der Verpflichtung des Versicherers nicht von der erwarteten bzw. tatsächlich erzielten Rendite der Kapitalanlagen abhängt.[888] Ferner dürfte es im Regelfall ohnehin nur selten möglich sein, die Kapitalanlagen sowie deren Verzinsung einzelnen Vertragsportfolios im Schaden- und Unfallbereich eindeutig zuzuordnen.[889] Falls die Beiträge der Versicherungsnehmer – losgelöst von der Verzinsung der Kapitalanlagen – zunächst nicht ausreichen, um den Erfüllungsbetrag bereitzuhalten, muss dieser Umstand bilanziell gezeigt werden.[890] Anderenfalls würden bei ansonsten defizitären Portfolios die erwarteten Zinsgewinne implizit ungerechtfertigt bereits am Bewertungsstichtag realisiert, wenn auf die erwartete Kapitalanlagerendite abgestellt würde.[891] Im Rahmen der Barwertermittlung geht es jedoch ausschließlich darum, den Zeitwert des Geldes abzubilden, der seinerseits nicht von der individuellen Kapitalanlagepolitik abhängt. Zinsbestandteile, die nur für die deckenden Kapitalanlagen maßgeblich sind, würden – vorbehaltlich der Diskussion um die einzubeziehende Illiquiditätsprämie –[892] den Wertansatz bzw. die Zusammensetzung der versicherungstechnischen Rückstellung vielmehr verzerren und deren glaubwürdige Darstellung einschränken.[893]

---

884 Diesen Ausführungen liegt wiederum die realistische Annahme zugrunde, dass der Diskontierungseffekt der künftigen Schadenzahlungen denjenigen der künftigen Prämieneinnahmen übersteigt.

885 Vgl. DURAN, J. P., Comment, S. 135; VARAIN, T. C., Bilanzierung versicherungstechnischer Verpflichtungen von Schaden- und Unfallversicherungsunternehmen, S. 122.

886 Vgl. IASB (HRSG.), ED/2013/7: Insurance Contracts, Tz. BCA84 (a) und Tz. BCA85 (a).

887 Vgl. IASB/FASB (HRSG.), Discounting (agenda paper 3D), Tz. 13.

888 Vgl. EFRAG (HRSG.), CL on ED/2010/8, Tz. 22 (a).

889 Vgl. bspw. bereits ALBRECHT, P., Asset-Liability-Management, S. 227 f.

890 Vgl. IASB (HRSG.), ED/2013/7: Insurance Contracts, Tz. BCA85 (a).

891 Vgl. zu dieser Problematik auch KÖLSCHBACH, J., Zeitwerte auf dem Vormarsch, S. 436.

892 Vgl. hierzu ausführlich Abschnitt 443.412.21.

893 Vgl. hierzu insgesamt auch IASB (HRSG.), ED/2013/7: Insurance Contracts, Tz. BCA86. HELLER zufolge liefert jedoch der Barwert aus der Perspektive des Versicherers relevantere Informationen, so dass individuelle Kapitalanlagerenditen als Zinssatz zu wählen wären. Vgl. HELLER, S., Bilanzierung von Versicherungsverträgen nach

Im Folgenden soll untersucht werden, ob die **unternehmensspezifische Erfüllungsperspektive** bei der Schätzung der Zahlungsströme (Zählergröße) mit der **marktorientierten Diskontierung** (Nennergröße), bei der von der unternehmensspezifischen Kapitalanlage abstrahiert wird, vereinbar ist. Im Rahmen des ersten Bewertungsbausteins können zugleich relevante und glaubwürdig dargestellte Informationen vermittelt werden, wenn die zur Vertragserfüllung erforderlichen Zahlungsströme aus der Perspektive des jeweiligen Versicherers geschätzt werden.[894] Der Bezug zur unternehmensspezifischen Vertragserfüllung ist unerlässlich, um dem wirtschaftlichen Gehalt der jeweiligen Verträge gerecht werden zu können, zumal oftmals ohnehin keine spezifischen Marktdaten verfügbar sind.[895] Gleichwohl ist hierbei eine hinreichende Marktkonsistenz zu gewährleisten, so dass Widersprüche der internen Schätzungen zu beobachtbaren Marktdaten zu vermeiden sind.

Beim Diskontierungszinssatz hingegen bildet eine am Markt beobachtbare Aktivverzinsung den Ausgangspunkt. Diese ist in einem weiteren Schritt an die Zahlungsstromcharakteristika und somit an die individuellen Eigenschaften der Versicherungsverträge anzupassen, so dass zumindest ein gewisser Grad an Unternehmensspezifität erreicht wird. Dennoch werden der Zeitwert des Geldes und damit zusammenhängend die Illiquidität als die einzigen beiden Bewertungskomponenten angesehen, bei denen keine konsequent unternehmensindividuelle Sicht einzunehmen ist.[896] Gleichwohl wird mit der Diskontierung der Zahlungsströme auch keine Abbildung eines für den jeweiligen Versicherer spezifischen Sachverhaltes verfolgt. Vielmehr gilt es einzig, das ökonomische Zeitwertkalkül zu berücksichtigen, das nicht von der konkreten Kapitalanlageentscheidung des Versicherers abhängt, so dass in diesem Fall die unternehmensspezifische Sichtweise der Marktsicht entspricht. Folglich dürfen – abgesehen von den Zahlungsstromcharakteristika der zu bewertenden Versicherungsverträge – auch keine Besonderheiten des Versicherungsgeschäftes sowie der spezifischen Kapitalanlage auf die Diskontierung einwirken. Ob bei der Einbeziehung einer Illiquiditätsprämie indes dennoch zumindest teilweise auf die Eigenschaften der korrespondierenden Kapitalanlagen abgestellt werden sollte, wird in Abschnitt 443.412.21 diskutiert.

IFRS, S. 180. Jene Ausführungen basieren jedoch auf dem Bewertungsmodell des Discussion Paper, das als Wertmaßstab noch einen *exit value* vorsah.

894 Diese Einschätzung deckt sich mit den jüngsten Erwägungen des IASB zur Wahl der unternehmensspezifischen Sichtweise bei in hohem Maße unsicheren Zahlungsströmen. Vgl. IASB (Hrsg.), DP/2013/1 Conceptual Framework, Tz. 6.127.

895 So hängt die Wahl zwischen der Markt- und der unternehmensspezifischen Perspektive aus Sicht des IASB von der Datenverfügbarkeit sowie der Relevanz der jeweiligen Perspektive ab. Vgl. IASB (Hrsg.), DP/2013/1 Conceptual Framework, Tz. 6.125.

896 Vgl. IASB (Hrsg.), DP/2013/1 Conceptual Framework, Tz. 6.123.

443.4 Ermittlung des Diskontierungszinssatzes

443.41 bottom up approach

443.411. Ermittlungsmethode

Beim ***Bottom-up*-Ansatz** bildet eine **risikolose Zinsstrukturkurve**,[897] die bspw. aus der Verzinsung von Staats- oder Industrieanleihen höchster Bonität bzw. aus Swapsätzen abgeleitet wird, den Ausgangspunkt. Diese Zinsstruktur ist um den Einfluss sämtlicher Faktoren, die nicht auf die am Markt beobachtete Zinsstrukturkurve einwirken, jedoch die (Zahlungsstrom-)Charakteristika des Vertragsportfolios widerspiegeln, zu adjustieren.[898] So verweist der IASB explizit auf voneinander abweichende Liquiditätseigenschaften zwischen den Versicherungsverträgen und den Finanzinstrumenten, die der beobachteten Zinsstrukturkurve zugrunde liegen (Typ III-Anpassungen).[899] Die verfolgte Zielsetzung besteht hierbei darin, durch geeignete Anpassungen der risikolosen Zinsstrukturkurve eine möglichst starke Äquivalenz zu den Eigenschaften der Versicherungsverträge herzustellen und zugleich die Marktkonsistenz zu wahren.

443.412. Erforderliche Anpassungen und Grenzen

443.412.1 Anpassungen an den zeitlichen Anfall, die Währung sowie die Risikoneutralität

Bevor die für den *Bottom-up*-Ansatz kennzeichnende Anpassung der Zinsstrukturkurve an die mangelnde Liquidität der Versicherungsverträge adressiert wird, soll zunächst betrachtet werden, ob es ggf. weiterer Anpassungen bedarf. Wenngleich die Schadenzahlungen im Schaden- und Unfallbereich zu einem Großteil innerhalb eines Zeitraumes von maximal zehn Jahren abgewickelt werden,[900] sind dennoch auch hier Versicherungsfälle anzutreffen, bei denen über eine weit längere Zeitspanne signifikante Leistungen zu erbringen sind. Auch in diesem Fall ist zu gewährleisten, dass sämtliche Schadenzahlungen mit **laufzeitkongruenten und marktkonsistenten Zinssätzen** diskontiert werden. Für Laufzeiten zwischen zehn und 30 Jahren muss die hierfür als Ausgangsbasis dienende Zinsstrukturkurve bspw. mittels der Svensson-Methode geschätzt werden, da nicht für sämtliche Laufzeiten am Markt beobachtbare Anleihen entsprechender Bonität verfügbar sind.[901] Für den seltenen Fall, dass Schadenzahlungen erwartungsgemäß nach einem Zeitraum von 30 Jahren noch zu erbringen sind, muss die verwandte Zinsstrukturkurve ferner extrapoliert werden.[902]

Da diejenige **Währungsstruktur** nachgezeichnet werden soll, die für die jeweilige Verpflichtung charakteristisch ist, ergibt sich ggf. ein weiterer Anpassungsbedarf. Falls in einem vergleichsweise

---

897 Vollkommen risikofrei sind indes keine am Markt notierten Instrumente, so dass als Näherung auf Instrumente höchster Bonität zurückgegriffen werden muss. Vgl. GDV (Hrsg.), Bestimmung der risikofreien Zinsstrukturkurve, S. 10.

898 Vgl. insgesamt IASB (Hrsg.), ED/2013/7: Insurance Contracts, Tz. B70 (b).

899 Vgl. IASB (Hrsg.), ED/2013/7: Insurance Contracts, Tz. B70 (b) sowie Tz. BCA75 f.

900 Vgl. IASB/FASB (Hrsg.), Discounting non-life contracts liabilities (agenda paper 3E), Appendix A.

901 Vgl. Pfaff, D./Kukule, W., Wie fair ist der fair value, S. 547; Franken, L./Schulte, J./ Dörschell, A., Kapitalkosten für die Unternehmensbewertung, S. 24-29.

902 Für einen Überblick über Techniken, die dazu dienen, die Zinsstrukturkurve fortzuschreiben, siehe beispielhaft Dörschell, A./Franken, L./Schulte, J., Kapitalisierungszinssatz in der Unternehmensbewertung, S. 65-73. Diese Schätzungen aufgrund nur eingeschränkt vorhandener Marktdaten können bereits als Typ Ia-Anpassungen deklariert werden.

politisch instabilen bzw. finanziell defizitären Währungsraum operiert wird, sind die dortigen Anleihen durch ein c. p. erhöhtes Ausfallrisiko geprägt. Um den Anforderungen an einen Diskontierungssatz für Versicherungsverträge gerecht zu werden, besteht zum einen die Möglichkeit, als Näherungslösung auf Instrumente hoher Bonität in benachbarten Staaten zurückzugreifen. Indes müsste die Zinsstrukturkurve um sämtliche Währungseffekte (Typ Ib-Anpassungen) sowie jegliche Unterschiede aufgrund abweichender gesamtwirtschaftlicher Rahmenbedingungen bereinigt werden. Wird die Zinsstrukturkurve weiterhin auf Basis inländischer Instrumente bestimmt, so gilt es, diese um das inhärente Ausfallrisiko zu berichtigen (Typ II-Anpassungen).[903]

443.412.2 Anpassung an die Liquiditätseigenschaften

443.412.21 Die Illiquiditätsdefinition

Für den *Bottom-up*-Ansatz ist kennzeichnend, dass die Zinsstrukturkurve an die **Illiquidität der Versicherungsverträge** anzugleichen ist (Typ III-Anpassungen).[904] Klärungsbedürftig ist hier zunächst, was unter der Illiquidität einer versicherungstechnischen Verpflichtung zu verstehen ist. Deutlich eingängiger ist der Einfluss der (Il-)Liquidität auf die Staats- bzw. Industrieanleihen höchster Bonität, die beim *Bottom-up*-Ansatz herangezogen werden, um eine risikolose Zinsstrukturkurve abzuleiten und bei der Zinsermittlung hierauf aufsetzen zu können.[905] So lässt sich ein Investment in derartige hoch liquide Anleihen hypothetisch in zwei Komponenten zerlegen. Zum einen hält der Investor ein nicht-handelbares Instrument, dessen Verzinsung über der am Markt beobachtbaren Rendite liegt. Zum anderen verfügt er gleichzeitig über die eingebettete Option, das Instrument jederzeit vorzeitig veräußern zu können, wofür ein Abschlag von der Rendite des theoretischen Konstruktes eines ansonsten identischen, nicht-handelbaren Instrumentes fällig wird.[906]

Hinsichtlich der **Definition der Illiquidität** von Versicherungsverträgen werden im Rahmen dieser Arbeit zwei konzeptionelle Ansätze unterschieden. Einerseits kann die Illiquidität transferorientiert begründet werden, so dass die Existenz eines Marktes für Ansprüche oder Verpflichtungen aus Versicherungsverträgen sowie der Grad der Marktaktivität entscheidend sind.[907] Andererseits kann die Bestimmtheit der aus den Versicherungsverträgen resultierenden Zahlungsverpflichtungen als Beurteilungskriterium dienen. Gemäß diesem Ansatz, der in seiner ursprünglichen Form von den Mitgliedern der CEIOPS Task Force[908] zur Liquiditätsprämie mehrheitlich unterstützt wird, beschreibt die Illiquidität, inwiefern der Betrag sowie der zeitliche Anfall der Zahlungsströme prognostizierbar

---

903 Vgl. ASCHE, B., Jahresabschlussanalyse von Schaden-/Unfallversicherern, S. 182.

904 Vgl. IASB (HRSG.), ED/2013/7: Insurance Contracts, Tz. 25 (a) sowie Tz. B70 (b).

905 Hinzu kommt der Umstand, dass sich die Forschung bislang auf die (wertmäßige) Bedeutung der Liquidität von Vermögenswerten konzentrierte. Vgl. auch IASB/FASB (HRSG.), Discounting (agenda paper 3D), Tz. 36; CLARK, D./MITCHELL, S., Illiquidity in the valuation of insurance liabilities, S. 5.

906 Vgl. insgesamt zu den beiden Komponenten eines hoch liquiden Finanzinstrumentes IASB (HRSG.), ED/2013/7: Insurance Contracts, Tz. BCA75 sowie ASCHE, B., Jahresabschlussanalyse von Schaden-/Unfallversicherern, S. 183.

907 Vgl. auch für den Begriff der „Transferorientierung" SOPP, G., Liquiditätsprämien von Policen, S. 272 sowie CLARK, D./MITCHELL, S., Illiquidity in the valuation of insurance liabilities, S. 5.

908 Bei der CEIOPS *(Committe of European Insurance and Occupational Pensions Supervisors)* handelt es sich um eine Organisation, in der sich die europäischen Aufsichtsbehörden für Versicherer und Pensionsfonds vereinigt haben. Die CEIOPS wurde mittlerweile durch die EIOPA *(European Insurance and Occupational Pensions Authority)* ersetzt.

sind.[909] Demzufolge gilt eine versicherungstechnische Verpflichtung als liquide, wenn die mit ihr verbundenen Zahlungsströme nicht vernünftigerweise vorhersehbar sind.[910] Sofern die Zahlungsströme auch hinsichtlich ihres zeitlichen Anfalls weitestgehend feststehen, kann der Versicherer die erhaltenen Prämien in illiquidere Anlageformen investieren, ohne in die Gefahr zu geraten, kurzfristig durch die Versicherungsnehmer in Anspruch genommen zu werden.[911] Die hier differenzierten Ansätze weisen jedoch auch eine zentrale Überschneidung auf, da die Rückgabemöglichkeiten der Versicherten beim versicherungsnehmerseitig interpretierten transferorientierten Ansatz auch Auswirkungen auf die Bestimmtheit der Zahlungsströme für den Versicherungsgeber haben.[912] Während jedoch die jederzeitige Rückgabemöglichkeit ohne signifikante Abschläge bei der versicherungsnehmerseitigen Transferorientierung eine hohe Liquidität der Versicherungsverträge begründet, kann sich auf Basis der Bestimmtheit der Zahlungsströme ein anderes Urteil ergeben. So wird die reine Rückgabemöglichkeit auf Portfolioebene nicht zu einer vollkommenen Unbestimmtheit der Zahlungsströme führen, so dass die Verträge auch nicht unbedingt als hoch liquide einzustufen sind.[913] Zumal das Kriterium der Bestimmtheit der Zahlungen im Rahmen dieser Untersuchung modifiziert wird, sind die beiden Ansätze folglich nicht als identisch anzusehen.

Wenngleich der IASB seinen Ausführungen keine eindeutige Definition der Illiquidität für Versicherungsverträge voranstellt, ist aufgrund der Begründungen in den *basis for conclusions* von einem transferorientierten Ansatz auszugehen.[914] So wird die Illiquidität eines Portfolios von Versicherungsverträgen vor allem damit begründet, dass die Versicherten die Verträge i. d. R. weder an Dritte veräußern noch an den Versicherer zurückgeben können.[915] Dies suggeriert, dass die Illiquidität aus der Perspektive der Versicherungsnehmer zu beurteilen ist, wenngleich in Tz. BCA76 und auch in Tz. B70 (b) wiederum der Transfer der versicherungstechnischen Verpflichtung adressiert wird.[916] Nach der versicherungsnehmerseitigen Interpretation sind Versicherungsverträge bereits dann als liquide einzustufen, wenn die hiermit verbundenen Ansprüche nicht direkt an den Versicherer zurückgegeben, sondern lediglich an Dritte veräußert werden können. Im Hinblick auf die Kapitalanlageentscheidung für illiquide Instrumente, welche die Verpflichtungen aus den Versicherungsverträgen decken, ist dabei in erster Linie relevant, ob die Versicherungsnehmer ihre Ansprüche direkt oder indirekt an den Versicherer ohne signifikante Abschläge zurückgeben und somit bspw. ihre Prämien zurückfordern können. Dieser Definitionsbestandteil wirkt sich demnach auch auf die Bestimmtheit der Zahlungen aus den Versicherungsverträgen aus, so dass beide Ansätze hier

909 Vgl. CEIOPS (HRSG.), Task Force Report on the Liquidity Premium, S. 5. So auch bereits CFO FORUM (HRSG.), Market Consistent Embedded Value Principles, S. 23.

910 Vgl. CFO FORUM (HRSG.), Market Consistent Embedded Value Principles, S. 23.

911 Vgl. GDV (HRSG.), Bestimmung der risikofreien Zinsstrukturkurve, S. 46; CLARK, D./MITCHELL, S., Illiquidity in the valuation of insurance liabilities, S. 5 f.

912 Vgl. CLARK, D./MITCHELL, S., Illiquidity in the valuation of insurance liabilities, S. 5 f.

913 Da bei der Interpretation der Illiquidität als Grad der Bestimmtheit der Zahlungsströme auf die Möglichkeit der Anlage der Mittel in illiquide (deckende) Finanzinstrumente abgestellt wird, erscheint das Portfolio auch für diese Fragestellung als konzeptionell zutreffendes Aggregationsniveau. Eine Argumentation, die sich ausschließlich auf den Einzelvertrag bezieht, würde dem Wesen des Versicherungsgeschäftes nicht hinreichend gerecht.

914 Vgl. SOPP, G., Liquiditätsprämien von Policen, S. 272 sowie S. 275.

915 Vgl. IASB (HRSG.), ED/2013/7: Insurance Contracts, Tz. BCA75.

916 Vgl. auch IASB/FASB (HRSG.), Discount Rate for non-participating contracts (agenda paper 3D), Tz. 21 sowie Tz. 34 f.; SOPP, G., Liquiditätsprämien von Policen, S. 272.

eine Überschneidung aufweisen. Zwar stellt der IASB bei der gewählten Transferorientierung nicht auf die Investitionsmöglichkeiten in illiquide Anlageformen ab. Indem bei der versicherungsnehmerseitig interpretierten Liquiditätsdefinition die Rückgabemöglichkeit an den Versicherer aber als zentrales Element der Liquidität anzusehen ist, erscheint diese Sichtweise auch im Hinblick auf die im Rahmen dieser Arbeit favorisierte Definition relevanter als eine Interpretation, die einzig auf die Veräußerungsmöglichkeit der Verpflichtung auf einen Dritten durch den Versicherer abstellt.

Da der IASB jedoch wohl gleichermaßen auch die Handelbarkeit der versicherungstechnischen Verpflichtung als Charakteristikum der Illiquidität von Versicherungsverträgen ansieht,[917] wäre es wünschenswert, wenn klargestellt würde, ob die Transferorientierung versicherungsgeber- oder versicherungsnehmerseitig begründet wird. Vor allem gilt es, das Verhältnis dieser beiden Interpretationsrichtungen in den Regelungen des zweiten Standardentwurfes zu klären. Nach der hier vertretenen Auffassung wird die Illiquidität der Versicherungsverträge derzeit allerdings in erster Linie *asset*-seitig begründet.[918] Indem jedoch auch auf die Liquidität als Zahlungsstromcharakteristikum hingedeutet wird, enthalten die Ausführungen des IASB zumindest Elemente der Interpretationsrichtung, welche die Bestimmtheit der Zahlungsströme in den Vordergrund stellt. Nicht zuletzt aus diesem Grund wäre eine konzeptionell eindeutigere Herleitung der Illiquidität von Versicherungsverträgen zu begrüßen.

Der Zinssatz zur Diskontierung eines als illiquide eingestuften Portfolios von Versicherungsverträgen soll stets der Rendite des zugrunde liegenden, nicht-handelbaren Investments entsprechen.[919] Dies impliziert, dass der Barwert der künftigen (bedingten) Auszahlungsverpflichtung c. p. umso geringer ausfällt, je illiquider die Versicherungsverträge des Portfolios sind. Der dieser Überlegung zugrunde liegende **transferorientierte Ansatz** basiert konzeptionell darauf, dass die Versicherungsnehmer angesichts der Illiquidität ihrer Ansprüche einen geringeren Verkaufspreis erzielen werden und der Versicherer somit von einem Rückerwerb der Verträge profitieren würde.[920] Allerdings existiert für diese theoretisch unterstellte Transaktion kein Markt, wodurch die Illiquidität der Versicherungsverträge überhaupt erst begründet wird. Außerdem müsste die an der Transaktion interessierte Partei die mit der Illiquidität verbundenen Kosten tragen. Da hier die Bilanzierung des Versicherungsunternehmens betrachtet wird, ist für bilanzielle Fragestellungen auf dessen Interesse an der Transaktion abzustellen, so dass der vermeintliche Vorteil nicht mehr vom Versicherer realisiert werden kann.[921]

Jener bei der transferorientierten Illiquiditätsdefinition theoretisch unterstellte Rückkauf ist auch nur schwer mit der ansonsten verfolgten **Erfüllungsperspektive** vereinbar.[922] So ist für die Bewertung der Versicherungsverträge stets davon auszugehen, dass der Versicherer die mit den Verträgen verbundenen Verpflichtungen erfüllt. Auch die Fähigkeit der Versicherungsnehmer, ihre Ansprüche auf Dritte übertragen zu können, hat also zunächst keine direkten Auswirkungen auf die Höhe die-

[917] Vgl. IASB (Hrsg.), ED/2013/7: Insurance Contracts, Tz. B70 (b) und Tz. BCA76.
[918] So auch Sopp, G., Liquiditätsprämien von Policen, S. 272.
[919] Vgl. IASB (Hrsg.), ED/2013/7: Insurance Contracts, Tz. BCA76.
[920] Vgl. Sopp, G., Liquiditätsprämien von Policen, S. 272 f.
[921] Vgl. insgesamt Sopp, G., Liquiditätsprämien von Policen, S. 273.
[922] Vgl. Sopp, G., Liquiditätsprämien von Policen, S. 273.

ser Verpflichtungen.[923] Durch die Übernahme des transferorientierten Ansatzes darf das Wesen des Versicherungsgeschäftes, das vor allem im Schaden- und Unfallbereich deutlich von dem einer bloßen Kapitalanlage abweicht, nicht vernachlässigt werden. Demnach ist nicht der Handel mit Ansprüchen oder Verpflichtungen aus Versicherungsverträgen das primäre Ziel des Engagements, sondern der Schutz vor unsicheren künftigen Ereignissen, die die Versicherungsnehmer potentiell nachteilig betreffen.[924] Da die Versicherten regelmäßig ohnehin keinen Transfer ihrer erworbenen Ansprüche beabsichtigen, ist deren mangelnde Liquidität somit für sie auch nicht von gesteigerter Bedeutung.[925] Die vom IASB vorgesehene, primär transferorientierte Illiquiditätsdefinition vermag folglich nicht zu überzeugen und würde vielmehr zu dem Analyseergebnis führen, dass die vermeintliche Illiquidität der Versicherungsverträge nicht berücksichtigt werden sollte. Aus den genannten Gründen und um ein konzeptionell in sich konsistentes Bewertungsmodell für Versicherungsverträge bereitzustellen, wird daher de lege ferenda empfohlen, von einer Illiquiditätsprämie, die transferorientiert begründet wird, abzusehen. Diese Beurteilung würde gleichermaßen für eine versicherungsgeberseitig interpretierte Transferorientierung gelten, da bei der Bewertung von Versicherungsverträgen eine konsequente Erfüllungsperspektive zu wahren ist.

Es ist jedoch zu untersuchen, ob sich ein anderes Urteil ergäbe, sofern die Illiquidität konsequent durch die **Bestimmtheit der künftig anfallenden Zahlungen** beschrieben würde. Bei jenem Kriterium wird bisher vor allem die Frage betont, ob den Versicherungsnehmern im Rahmen des Vertrages Optionen gewährt werden, die möglicherweise zu früheren Auszahlungsverpflichtungen führen als bei der unterstellten Vertragserfüllung bzw. die größere Unsicherheiten hinsichtlich des Betrages der Zahlungsströme auslösen.[926] Hierbei ist aber wiederum zu berücksichtigen, dass das Verhalten der Versicherungsnehmer bereits erwartungsgetreu in die Schätzung der Zahlungsströme eingeht und die hiermit verbundene Unsicherheit in der Risikomarge abgebildet wird.

Bei jener Definition der Illiquidität sollte nach der hier vertretenen Auffassung in erster Linie darauf abgestellt werden, inwiefern der Versicherer in **illiquide Anlageformen** investieren kann, um die versicherungstechnischen Verpflichtungen zu decken.[927] Daher sollte das Kriterium der Bestimmtheit der Zahlungen konsequent auf **sämtliche Komponenten künftiger Schadenzahlungen** ausgedehnt werden, um die versicherungstechnischen Vorgaben für die Kapitalanlageentscheidungen möglichst ganzheitlich zu berücksichtigen. Während ein einzelner Schaden- bzw. Unfallversicherungsvertrag diesem Ansatz folgend theoretisch als liquide einzustufen wäre, ist mit einem Portfolio von Versicherungsverträgen ein höherer Illiquiditätsgrad verbunden. Sowohl der Betrag als auch der zeitliche Anfall der aus dem Portfolio insgesamt resultierenden Zahlungen sind besser vorhersehbar als dies aufgrund der größeren Schwankungen für einen einzelnen Versicherungsvertrag

923 Vgl. CEIOPS (Hrsg.), CL on ED/2010/8, Tz. 23 (b) (1). Überdies wird das Verhalten der Versicherungsnehmer z. B. hinsichtlich etwaiger Kündigungs- oder Verlängerungsoptionen ohnehin bereits erwartungsgetreu in die Schätzung der Zahlungsströme einbezogen.

924 Vgl. auch CEIOPS (Hrsg.), CL on ED/2010/8, Tz. 23 (b) (1).

925 Vgl. Sopp, G., Liquiditätsprämien von Policen, S. 272.

926 Vgl. Clark, D./Mitchell, S., Illiquidity in the valuation of insurance liabilities, S. 5; CEIOPS (Hrsg.), Task Force Report on the Liquidity Premium, S. 5 f.

927 Vgl. hierzu auch GDV (Hrsg.), Bestimmung der risikofreien Zinsstrukturkurve, S. 46; Clark, D./Mitchell, S., Illiquidity in the valuation of insurance liabilities, S. 5 f.

möglich erscheint. Falls die Versicherten jedoch die Möglichkeit besitzen, die Verträge vorzeitig zu beenden, ist hiermit c. p. wiederum eine gesteigerte Liquidität verbunden, wobei auch dieser Effekt auf Portfolioebene beurteilt werden sollte.

Um den Grad der Illiquidität des Vertragsportfolios zu beurteilen, könnte auf die **Liquiditätseigenschaften der deckenden Vermögenswerte** abgestellt werden, die nach der hier vertretenen Auffassung die ideale Referenz darstellen. Dies gilt allerdings nur, sofern ein hinreichendes *matching* der erwarteten Zahlungsströme aus den Finanzinstrumenten und den Versicherungsverträgen gewährleistet ist und eine höhere Liquidität der Versicherungsverträge nicht bspw. per se durch kürzere Laufzeiten illiquider Finanzinstrumente ausgeglichen wird. Falls die deckenden Vermögenswerte – wie es für den Schaden- und Unfallbereich oftmals der Fall sein dürfte – dem zu bewertenden Vertragsportfolio indes nicht eindeutig zugeordnet werden können, müsste ausgehend von der niedrigsten Aggregationsebene, auf der das zu bewertende Portfolio mit den deckenden Vermögenswerten gesteuert wird, ein für die Eigenschaften der Versicherungsverträge repräsentatives Kapitalanlageportfolio identifiziert werden.[928] Entsprechend könnten näherungsweise die Liquiditätseigenschaften jenes (fiktiven) Portfolios von Vermögenswerten herangezogen werden, um die Illiquidität der Versicherungsverträge zu beurteilen.

Dies entspräche zumindest teilweise einer bilanziellen Abbildung einer direkten bzw. modifizierten Aktiv-Passiv-Steuerung, indem die versicherungstechnischen Implikationen für die Kapitalanlageentscheidung in illiquide Instrumente abgebildet und die bilanziellen Folgen von Liquiditätsschwankungen z. T. abgeschwächt werden. Da im Schaden- und Unfallbereich (auch künftig) Finanzinstrumente dominieren dürften, die zu fortgeführten Anschaffungskosten oder aber erfolgsneutral zum beizulegenden Zeitwert *(Fair Value through other comprehensive income)* bewertet werden, dürften sich jene Schwankungen zumeist jedoch ohnehin nicht auf das Periodenergebnis auswirken.[929] Zudem sind Zinsänderungseffekte aus der Bewertung versicherungstechnischer Rückstellungen nach den Regelungen des aktuellen Standardentwurfes stets im OCI auszuweisen,[930] so dass lediglich Wertschwankungen der Vermögenswerte ausgeglichen werden könnten, die im OCI zu erfassen sind.[931] Sofern jedoch die vorläufige Entscheidung, dass Zinsänderungseffekte auch im Periodenergebnis gezeigt werden können,[932] für den finalen Standard beibehalten wird, könnten theoretisch auch ergebnisseitige Volatilitäten eingedämmt werden. Eine unmittelbare Folge der Abbildung der Aktiv-Passiv-Steuerung wäre jedoch, dass ein Portfolio von Versicherungsverträgen abhängig vom Asset Management unterschiedlich bewertet werden könnte. Wenngleich hierdurch ökonomische Entscheidungen des Versicherers abgebildet würden und die Kapitalanlageentschei-

928 Hierbei ist indes wiederum die zuvor erwähnte Voraussetzung des *matching* der erwarteten Zahlungsströme aus den Versicherungsverträgen sowie der Finanzinstrumente zu beachten.

929 Vgl. zur Dominanz jener Kategorien im Schaden- und Unfallbereich IASB/FASB (HRSG.), Use of OCI for changes in assumptions (agenda paper 2I), Tz. 24 (a).

930 Vgl. IASB (HRSG.), ED/2013/7: Insurance Contracts, Tz. 64 und Tz. BC119 f.

931 Liquiditätsbedingte Wertänderungen jener Vermögenswerte und damit verbundene Veränderungen des Gesamtergebnisses könnten theoretisch auch nur dann vollständig kompensiert werden, falls auch die Höhe der Liquiditätsprämie für das Portfolio von Versicherungsverträgen derjenigen der Kapitalanlagen entspricht. Vgl. SOPP, G., Liquiditätsprämien von Policen, S. 273.

932 Vgl. IASB (HRSG.). IASB Update March 2014, S. 2.

dung auch bilanziell stärker an das Versicherungsgeschäft geknüpft würde, trüge dies zumindest nicht zu einer objektivierten Bewertung bei.

Der Rückgriff auf die Liquiditätseigenschaften der Vermögenswerte wäre allerdings gleichbedeutend mit einer teilweisen Übernahme der Verzinsung der Kapitalanlagen für Diskontierungszwecke. Dies steht indes im Widerspruch zu den Anforderungen des Bewertungsmodells, nach denen die Verzinsung der gehaltenen Aktiva nicht unmittelbar für die Diskontierung der Zahlungsströme aus den Versicherungsverträgen herangezogen werden dürfen.[933] Gleichwohl formuliert der IASB als Anforderung an die Diskontierung, dass die Zahlungsstromcharakteristika des Vertragsportfolios möglichst ganzheitlich widerzuspiegeln sind. Dieser Grundsatz wird im Hinblick auf die (Il-)Liquiditätseigenschaften bei der hier verfolgten Konzeption theoretisch bestmöglich erreicht, indem auf die (Il-)Liquiditätseigenschaften der deckenden Kapitalanlagen abgestellt wird. Zudem wird mit dem *top down approach* ein im Ergebnis zumindest vergleichbarer Ansatz eingeführt,[934] so dass die vorgeschlagene Interpretation der Illiquidität für Versicherungsverträge zumindest bilanztheoretisch gerechtfertigt erscheint.

Wenngleich eine Interpretation der Illiquidität von Versicherungsverträgen anhand des modifizierten Kriteriums der Bestimmtheit der Zahlungsströme konzeptionell überlegen erscheint, gilt es zu untersuchen, ob die Berücksichtigung eines so verstandenen Liquiditätsgrades im Diskontierungszinssatz eine **strukturelle Doppelerfassung der Liquiditätscharakteristika** begründet.[935] Hierbei ist aufgrund ihrer Ausrichtung vor allem die Risikomarge zu betrachten. Da die Höhe der Risikomarge denjenigen Betrag repräsentiert, der den Versicherer für die eingegangene Unsicherheit vollständig entschädigt,[936] müsste die Kompensation für die Liquidität der Versicherungsverträge, d. h. die eingeschränkte Möglichkeit der Investition in illiquide Anlagen, bereits implizit berücksichtigt werden. So wird der Versicherer in der Berechnungssystematik der Risikomarge zum einen für das Risiko betragsmäßig höherer künftiger Auszahlungsströme bis zu einem der individuellen Risikoeinstellung entsprechenden Sicherheitsniveau kompensiert. Zum anderen wird der Versicherer gleichermaßen für die drohende Barwertänderung der Auszahlungsverpflichtung aufgrund eines zeitlich früheren Anfalls der Auszahlungsströme entschädigt.[937] Indem hierbei stets laufzeitabhängige Diskontierungszinssätze zu verwenden sind, kann die Risikokompensation aus Sicht des Versicherers ganzheitlich abgebildet werden.[938] Dies setzt voraus, dass bei der Wahl des Konfidenzniveaus zur Bestimmung der Risikomarge das Erfordernis einer Kapitalanlage in liquide Instrumente vollständig berücksichtigt wird. Somit umfasst die Risikomarge bereits die Entschädigung für den Nachteil im Vergleich zu einer vollkommen feststehenden Verpflichtung, dass der Versicherer die deckenden Mittel zu einem gewissen Grad in relativ liquidere Instrumente investieren muss. Folglich würde eine Abbildung der unterschiedlichen Liquiditätsgrade von Versicherungsverträgen im

933 Vgl. IASB (Hrsg.), ED/2013/7: Insurance Contracts, Tz. BCA86.
934 Vgl. Abschnitt 443.42.
935 Vgl. zu dieser Gefahr Sopp, G., Liquiditätsprämien von Policen, S. 274.
936 Vgl. IASB (Hrsg.), ED/2013/7: Insurance Contracts, Tz. B76 f. sowie ausführlich Abschnitt 444.1.
937 Vgl. IASB (Hrsg.), ED/2013/7: Insurance Contracts, Tz. B76 sowie Tz. B78.
938 Vgl. Sopp, G., Liquiditätsprämien von Policen, S. 274.

Diskontierungszinssatz unweigerlich zu einer Doppelerfassung der Liquiditätscharakteristika führen, die es jedoch zu vermeiden gilt.[939]

So würden deterministisch feststehende im Vergleich zu unsicheren Auszahlungsströmen aufgrund der Illiquidität zum einen mit einem höheren Zinssatz diskontiert, so dass ein niedrigerer Barwert künftiger Auszahlungsströme resultiert als bei unbestimmteren Zahlungsströmen. Zum anderen würde die Bestimmtheit der Zahlungen zusätzlich zu einer niedrigeren Risikomarge führen, so dass der Erfüllungsbetrag im Vergleich zu Versicherungsverträgen mit unbestimmteren Zahlungen doppelt gesenkt würde.[940] Von einer Einbeziehung der Unterschiede zwischen den Liquiditätscharakteristika von Versicherungsverträgen im Diskontierungszins ist daher abzusehen. Zu berücksichtigen ist jedoch, dass die Risikomarge die für den Versicherer relevanten Unsicherheiten aus der Unbestimmtheit der Zahlungsströme bereits abbildet und somit die Versicherungsverpflichtung wertmäßig in eine vollkommen bestimmte, d. h. illiquide Verpflichtung transformiert. Liegt der Illiquiditätsdefinition die Bestimmtheit der Zahlungen zugrunde, erscheint es daher nach der hier vertretenen Auffassung geboten, zur Diskontierung stets die **Zinssätze höchst illiquider Instrumente** heranzuziehen. Die zu vermeidende Doppelerfassung bezieht sich somit auf die Effekte einer Einbeziehung unterschiedlicher Liquiditätscharakteristika auf den jeweiligen Erfüllungsbetrag.

Ein Illiquiditätszuschlag wäre ferner sachlogisch begründbar, wenn die durch die Unsicherheit künftiger Auszahlungsverpflichtungen bedingte Kapitalanlagepolitik nachvollzogen werden soll, um infolgedessen mögliche **Auswirkungen liquiditätsbedingter Wertänderungen der Vermögenswerte** zu kompensieren. Auch zu diesem Zweck müsste aufgrund der Verknüpfung mit den Kapitalanlagen des Versicherers anstelle der transferorientierten Illiquiditätsdefinition auf das hier konkretisierte Kriterium der Bestimmtheit der Zahlungsströme abgestellt werden. Da jedoch durch die liquiditätsbedingten Wertänderungen der deckenden Finanzinstrumente im Schaden- und Unfallbereich künftig überwiegend keine Erfolgswirkungen resultieren dürften und Zinsänderungen bei der Bewertung versicherungstechnischer Rückstellungen nach den Regelungen des ED/2013/7 ohnehin im OCI abzubilden sind,[941] könnte eine so verstandene Illiquiditätsprämie allenfalls im Gesamtergebnis abgebildete Wertschwankungen ausgleichen. Allerdings könnten durch die konsequente Berücksichtigung einer Illiquiditätsprämie auch zusätzliche erfolgsneutrale *accounting mismatches* entstehen, falls der Wertansatz der deckenden Finanzinstrumente nicht durch Liquiditätsschwankungen beeinflusst wird.

Auch wenn künftig Zinsänderungseffekte bei der Bewertung von Versicherungsverträgen im Periodenergebnis ausgewiesen werden können,[942] ist eine Abbildung der Illiquiditätseigenschaften der deckenden Vermögenswerte zur Vermeidung von *accounting mismatches* weiterhin konzeptionell kritisch zu sehen. Einerseits kann ein ergebnisseitiges *matching* vor allem bei Schaden- und Unfallversicherern – wie erläutert – oftmals bereits durch die Klassifizierung der Finanzinstrumente erreicht werden. Andererseits könnten für den Teil der deckenden Finanzinstrumente, der erfolgs-

939 So auch SOPP, G., Liquiditätsprämien von Policen, S. 274.
940 Vgl. ähnlich SOPP, G., Liquiditätsprämien von Policen, S. 274.
941 Vgl. hierzu Abschnitt 451. und Abschnitt 457.3.
942 Vgl. IASB (HRSG.), IASB Update March 2014, S. 2.

wirksam zum Fair Value zu bewerten ist, zwar theoretisch erfolgswirksame *accounting mismatches* durch die Einbeziehung einer Illiquiditätsprämie in die Bewertung der Versicherungsverträge vermieden werden, sofern die Option eines Ausweises von Zinsänderungseffekten im Periodenergebnis gewählt wird. Gleichwohl würde auch diese Lösung zu einer nicht gerechtfertigten und verzerrenden Doppelerfassung der Liquiditätscharakteristika führen. Daher sollte auch die Wahlmöglichkeit, Zinsänderungseffekte anstatt im OCI im Periodenergebnis abzubilden, nicht zur Berücksichtigung einer Illiquiditätsprämie führen.

Insgesamt wird hier demnach zwar empfohlen, eine Illiquiditätsprämie in den Zinssatz einzubeziehen. Diese sollte **de lege ferenda** indes über das neu eingeführte, modifizierte Kriterium der Bestimmtheit der Zahlungsströme konzeptionell hergeleitet werden. Dieser Ansatz erfordert eigentlich die Abbildung unterschiedlicher Liquiditätsgrade der Versicherungsverträge im Diskontierungszinssatz. Da jene Eigenschaften allerdings bereits ganzheitlich in der Risikomarge berücksichtigt werden und somit über einen Zuschlag die Indifferenz zu einer feststehenden Verpflichtung hergestellt wird, würde eine Abbildung der Liquiditätsunterschiede zu einer Doppelerfassung führen. Da die unsicheren Auszahlungsströme indirekt über die Risikomarge in für den Versicherer hinreichend sichere Zahlungen transformiert werden, bedarf es zur Diskontierung letztlich eines hoch illiquiden Zinssatzes. Eine Einbeziehung der Liquiditätsprämie in den Zinssatz, die entgegen der verfolgten Erfüllungskonzeption transferorientiert begründet wird oder aber einzig auf die Kompensation liquiditätsbedingter Wertänderungen von Finanzinstrumenten abstellt, ist hingegen konzeptionell abzulehnen.

443.412.22 Bestimmung der Illiquiditätsprämie

Wenngleich die Herleitung der vom IASB avisierten Illiquiditätsprämie zumindest konzeptionell fragwürdig erscheint, wird der Diskontierungszins auch für Schaden- und Unfallversicherungsverträge mangels einer Transfermöglichkeit regelmäßig um einen Illiquiditätszuschlag zu erhöhen sein.[943] Problematisch gestaltet sich hierbei die konkrete **Ermittlung des Zuschlages**, für die der IASB keine Anwendungshinweise bereithält.[944] Die Herausforderung besteht darin, eine möglichst marktkonsistente Prämie für die Besonderheit eines Instrumentes abzuleiten, dass es nicht oder lediglich auf einem illiquiden Markt transferiert werden kann.[945] So gilt es zunächst, den Illiquiditätsaufschlag zwischen dem risikolosen Basisinstrument und einem nicht-handelbaren Pendant zu ermitteln, das ansonsten identische Eigenschaften aufweist.[946] Bislang existiert jedoch keine allgemein anerkannte Methode, um den Illiquiditätszuschlag zu quantifizieren.[947] Das *Committee of European Insurance and Occupational Pensions Supervisors* (CEIOPS) hat sich mit dieser Fragestellung bereits im Zuge der Solvency II-Entwicklungen befasst und die drei hauptsächlich genutz-

943 Dem Wortlaut des IASB entsprechend ist davon auszugehen, dass sämtliche Versicherungsverträge als illiquide anzusehen sind. So heißt es bspw. in BCA76 des ED/2013/7: *„Thus, the discount rate should equal the return on the underlying non-tradable investment, because the holder cannot sell or put the liability without significant cost."* Dieselbe Schlussfolgerung ergibt sich ferner aufgrund der Ausführungen des IASB in Tz. B72.

944 Vgl. IASB (Hrsg.), ED/2013/7: Insurance Contracts, Tz. BCA78 (b).

945 Vgl. Nguyen, T./Molinari, P., Bilanzierung von Versicherungsverträgen nach ED/2010/8 (Teil I), S. 23.

946 Vgl. Sopp, G., Liquiditätsprämien von Policen, S. 274.

947 Vgl. IASB (Hrsg.), ED/2013/7: Insurance Contracts, Tz. BCA77; IAIS (Hrsg.), CL on ED/2010/8, Tz. 172.

ten Methoden zur **Bestimmung des Illiquiditätszuschlages für finanzielle Vermögenswerte** herausgestellt.[948]

Zum einen wird die *CDS-negative-basis*-Methode erwähnt, bei der der Spread einer Unternehmensanleihe (oberhalb der Rendite eines risikolosen, liquiden Instrumentes) mit demjenigen eines CDS für dasselbe Unternehmen mit möglichst identischen Charakteristika verglichen wird. Entsprechend ergibt sich die Illiquiditätsprämie als Differenz zwischen dem Spread der Unternehmensanleihe und der zugehörigen CDS-Prämie.[949] Vorteilhaft ist an dieser Methode, dass die Illiquiditätsprämie theoretisch marktkonsistent und relativ einfach bestimmt werden kann, jedoch hängt sie stark von der Datenverfügbarkeit ab.[950]

Eine weitere Methode, mit der die Illiquiditätsprämie direkt ermittelt werden kann, ist die *Covered-bond*-Methode. Prinzipiell sollen bei diesem Ansatz Finanzinstrumente gegenübergestellt werden, die sich nur hinsichtlich ihrer Liquidität unterscheiden und davon abgesehen zu äquivalenten Zahlungsströmen führen. Indem die Preisunterschiede bzw. abweichende Renditen verglichen werden, ist es möglich, einen Zuschlag für die relative Illiquidität eines Vermögenswertes zu bemessen. Als Vergleichsinstrumente dienen oftmals *covered bonds* und *swaps*.[951] Neben der z. T. mangelnden Datenverfügbarkeit können auch differierende Kreditrisikocharakteristika der Vergleichsobjekte zu Anwendungsproblemen führen.[952]

Ferner wird die Möglichkeit angeführt, die Illiquiditätsprämie synthetisch anhand des *Structural-Merton-style*-Modells zu bestimmen. Hierbei wird der Marktspread einer Unternehmensanleihe mit dem theoretisch ermittelten Spread einer äquivalenten, liquiden Anleihe verglichen, der nur das jeweilige Kreditrisiko vergütet. Die Illiquiditätsprämie wird durch die Differenz zwischen dem tatsächlichen Marktspread und dem mittels Optionspreisverfahren ermittelten, theoretischen Spread bestimmt.[953] Die Güte des Bewertungsergebnisses hängt hierbei maßgeblich von den gewählten Modellparametern sowie den jeweiligen Annahmen ab.[954]

Wenngleich der IASB das Spektrum erlaubter Methoden keineswegs auf diese Auswahl beschränkt, hängen die Ergebnisse der Illiquiditätsprämie bereits erheblich davon ab, welche der drei Methoden gewählt wird. So variierten die Ergebnisse für den Euroraum Ende Dezember 2008 bspw. je nach

---

948 Vgl. hierzu sowie im Folgenden CEIOPS (HRSG.), Task Force Report on the Liquidity Premium, S. 12.

949 Vgl. auch HIBBERT, J./KIRCHNER, A./KRETZSCHMAR, G./LI, R./MCNEIL, A./STARK, J., Liquidity Premium Estimation Methods, S. 5.

950 Die erforderliche Kongruenz der Fälligkeiten stellt hierbei eine große Herausforderung dar und kann den Anwendungsbereich dieser Methode z. T. einschränken. Vgl. HIBBERT, J./KIRCHNER, A./KRETZSCHMAR, G./LI, R./MCNEIL, A./STARK, J., Liquidity Premium Estimation Methods, S. 5-7.

951 Vgl. zur *covered-bond*-Methode HIBBERT, J./KIRCHNER, A./KRETZSCHMAR, G./LI, R./MCNEIL, A./STARK, J., Liquidity Premium Estimation Methods, S. 9 f.; CEIOPS (HRSG.), Task Force Report on the Liquidity Premium, S. 12.

952 Vgl. HIBBERT, J./KIRCHNER, A./KRETZSCHMAR, G./LI, R./MCNEIL, A./STARK, J., Liquidity Premium Estimation Methods, S. 10.

953 Vgl. HIBBERT, J./KIRCHNER, A./KRETZSCHMAR, G./LI, R./MCNEIL, A./STARK, J., Liquidity Premium Estimation Methods, S. 7-9; CEIOPS (HRSG.), Task Force Report on the Liquidity Premium, S. 12.

954 Vgl. HIBBERT, J./KIRCHNER, A./KRETZSCHMAR, G./LI, R./MCNEIL, A./STARK, J., Liquidity Premium Estimation Methods, S. 9.

zugrunde liegender Methode zwischen rund 50 und rund 175 Basispunkten.[955] Die vom IASB gewährte, **vollkommene Methodenfreiheit** verstärkt folglich das subjektive Ermessen des Bilanzierenden und steht einer Vergleichbarkeit der Bewertungsergebnisse entgegen.[956] Obgleich sich bisher keine konzeptionell überlegene Ermittlungsmethodik herausgebildet hat, wäre es auch aus Standardisierungs- und Objektivierungsgründen zu begrüßen, die Methodenfreiheit des Bilanzierenden einzuschränken.[957] Hierbei wäre indes eine ggf. eingeschränkte Datenverfügbarkeit zu berücksichtigen. Zumindest ist aber zu fordern, dass im Zuge der Angabevorschriften auch die Ermittlung des Illiquiditätszuschlages näher beschrieben wird und überdies die Methoden stetig angewandt werden.[958]

Weiterhin ist fraglich, ob die mit Hilfe der genannten Methoden gewonnenen Ergebnisse unmittelbar zur Diskontierung der Zahlungsströme aus den Versicherungsverträgen herangezogen werden sollten oder **weitere Anpassungen** erforderlich sind.[959] So gewährleisten die zuvor genannten Methoden nicht, dass stets eine Prämie für die höchstmögliche Illiquidität eines Instrumentes bestimmt werden kann.[960] Entsprechend wären Adjustierungen erforderlich, um als Ausgangspunkt jene Prämie für die maximale Illiquidität eines Finanzinstrumentes zu erhalten.

Indes würde es der Zielsetzung, die Liquiditätseigenschaften der Versicherungsverträge i. S. e. Transfermöglichkeit widerzuspiegeln, entsprechen, nicht nur zwischen Liquidität und Illiquidität zu unterscheiden, sondern den jeweiligen Liquiditätsgrad in einem Kontinuum möglicher Ausprägungen zur Bewertung heranzuziehen. Die Ausführungen in Tz. B72 und Tz. BCA76 des ED/2013/7 lassen jedoch vermuten, dass grds. von einer hohen Illiquidität der Versicherungsverträge ausgegangen wird und somit keine weitere Differenzierung erforderlich scheint.[961] Falls im Einzelfall allerdings ein eingeschränkter Handel der Versicherungsverträge möglich ist, wäre es konsequent, wenn sich dies bei der transferorientierten Liquiditätsdefinition auch in der Höhe der Illiquiditätsprämie niederschlägt. Zudem kann die Höhe des vom Versicherungsnehmer zu akzeptierenden Abschlages bei einer Rückgabemöglichkeit an den Versicherer einen Hinweis auf unterschiedliche Liquiditätsgrade liefern.

Wenngleich mit dem vom IASB offenbar verfolgten Ansatz regelmäßig eine hohe Objektivierung erreicht werden kann, erfordert die mit den Adjustierungen verfolgte Zielsetzung eigentlich einen höheren Differenzierungsgrad. Eine Berücksichtigung unterschiedlicher Liquiditätsgrade würde sich hierbei im Zugangszeitpunkt auf die Höhe der versicherungstechnischen Rückstellung für

[955] Vgl. CEIOPS (HRSG.), Task Force Report on the Liquidity Premium, S. 30; ähnlich auch ASCHE, B., Jahresabschlussanalyse von Schaden-/Unfallversicherern, S. 185.
[956] Vgl. NGUYEN, T./GROSCHE, S., ED IFRS 4 aus aufsichtsrechtlicher Perspektive, S. 428; KREEB, M., Projekt Versicherungsverträge verzögert sich, S. 351; ASCHE, B., Jahresabschlussanalyse von Schaden-/Unfallversicherern, S. 184 und S. 187.
[957] So ASCHE, B., Jahresabschlussanalyse von Schaden-/Unfallversicherern, S. 185 und S. 187.
[958] Dies lässt sich konkretisierend aus Tz. 83 (a) und (b) (ii) des ED/2013/7 ableiten, die auch für den Diskontierungszins die Offenlegung der in die Bewertung eingehenden Parameter und Methoden verlangt. So auch DELOITTE (HRSG.), IFRS-Newsletter zur Versicherungsbilanzierung 08/2010, S. 3.
[959] Vgl. ASCHE, B., Jahresabschlussanalyse von Schaden-/Unfallversicherern, S. 186.
[960] Vgl. SOPP, G., Liquiditätsprämien von Policen, S. 275.
[961] Vgl. auch CEIOPS (HRSG.), Task Force Report on the Liquidity Premium, S. 16; ASCHE, B., Jahresabschlussanalyse von Schaden-/Unfallversicherern, S. 186.

belastende Portfolios bzw. auf den Betrag der vertragsbezogenen Servicemarge für erwartungsgemäß gewinnbringende Vertragsportfolios auswirken. Die abgeleitete Marktilliquiditätsprämie wäre dann entsprechend zu gewichten. Zumindest aber sollte der IASB bei einer bewussten Entscheidung gegen die Abbildung des Liquiditätsgrades eine Begründung in die Materialien aufnehmen, aus der die Zielrichtung der Regelungen klar erkennbar wird.

Es sei jedoch nochmals betont, dass die hier als überlegen eingestufte Illiquiditätsdefinition aufgrund der drohenden strukturellen Doppelerfassung unterschiedlicher Liquiditätscharakteristika für die Diskontierung konzeptionell die Einbeziehung einer Prämie für die maximale Illiquidität eines Instrumentes in den Zinssatz erfordert.[962] Folglich darf bei dieser Auslegung der Illiquidität nicht zwischen abweichenden Liquiditätsgraden unterschieden werden.

443.42 top down approach

443.421. Ermittlungsmethode

Während beim *Bottom-up*-Ansatz eine risikolose Zinsstrukturkurve an die Zahlungsstromcharakteristika des Vertragsportfolios angepasst wird, sind beim ***Top-down*-Ansatz** aus einer **gewählten Aktivverzinsung** jegliche Zinskomponenten bzw. Effekte herauszurechnen, die für die versicherungstechnischen Verpflichtungen nicht relevant sind.[963] Als Ausgangspunkt kann die gegenwärtige Marktrendite eines Portfolios von Vermögenswerten dienen, die der Versicherer zur Deckung seiner Verpflichtungen hält. Es kann aber auch auf ein (ideales) Referenzportfolio von Vermögenswerten abgestellt werden, bei dem die Zusammensetzung des Portfolios direkt so gewählt wird, dass die Zahlungsstromcharakteristika der Instrumente möglichst mit denjenigen der Versicherungsverträge übereinstimmen.[964] Das Ausmaß der erforderlichen Anpassungen hängt hierbei im Wesentlichen von der Wahl des Ausgangsportfolios ab, so dass bereits auf dieser Ebene der Berechnungsaufwand minimiert werden kann. Sofern jedoch von einer „vollkommenen" Illiquidität der Versicherungsverträge auszugehen ist,[965] würden sich zur Ableitung der Zinssätze theoretisch möglichst illiquide Finanzinstrumente anbieten, um den vermeintlichen Fehler aufgrund abweichender Liquiditätseigenschaften gering zu halten.[966] Hierbei ist zu berücksichtigen, dass bei illiquiden Instrumenten zunächst deren Fair Value, übereinstimmend mit den Regelungen des IFRS 13, synthetisch zu ermitteln ist.[967] Diese konsequent zu verfolgende Marktperspektive ist unabhängig davon, ob das jeweilige Instrument tatsächlich zum beizulegenden Zeitwert oder zu fortgeführten Anschaffungskosten bilanziert wird.[968] Als kritisch zu sehen sind jedoch die mit einer solchen Fair Value-Ermittlung einhergehenden Ermessensspielräume. Folglich wird der vermeintliche Vorteil aus der Nutzung illiquider Finanzinstrumente als Referenzobjekte durch den Nachteil einer nur eingeschränkt nachprüfbaren und neutralen Wertermittlung aufgewogen.

---

962 Vgl. hierzu ausführlich Abschnitt 443.412.21.

963 Vgl. IASB (HRSG.), ED/2013/7: Insurance Contracts, Tz. B70 (a) und Tz. BCA79 (b); WENG, A., Stand der Entwicklung des IFRS 4, S. 30.

964 Vgl. zu den möglichen Ausgangsverzinsungen IASB (HRSG.), ED/2013/7: Insurance Contracts, Tz. B70 (a); IASB/FASB (HRSG.), Discount Rate for non-participating contracts (agenda paper 3D), Tz. 50 (a) und (b).

965 Vgl. IASB (HRSG.), ED/2013/7: Insurance Contracts, Tz. B72 und Tz. BCA76 sowie Abschnitt 443.412.22.

966 Vgl. auch IASB/FASB (HRSG.), Top down approaches (agenda paper 5A), Tz. 7 (b).

967 Vgl. IASB/FASB (HRSG.), Top down approaches (agenda paper 5A), Tz. 7 (b).

968 Vgl. IASB/FASB (HRSG.), Top down approaches (agenda paper 5A), Tz. 11 (a).

Theoretisch führen der *Top-down-* und der *Bottom-up*-Ansatz zu identischen Ergebnissen, wenn sämtliche Bereinigungen durchgeführt werden, um letztlich in der Zinsstruktur ausschließlich die Eigenschaften der Zahlungsströme aus den Versicherungsverträgen bzw. die der Verpflichtungen widerzuspiegeln.[969] Gleichwohl gewährt der IASB beim *Top-down*-Ansatz eine Vereinfachung, indem die Zinssätze nicht um verbleibende Liquiditätsunterschiede zwischen den Versicherungsverträgen und den Referenzaktiva bereinigt werden müssen.[970] Zu kritisieren ist jedoch, dass die Ausführungen des IASB hierzu im zweiten Standardentwurf nicht hinreichend differenziert sind und teilweise der mit dem *Top-down*-Ansatz verfolgten Zielsetzung widersprechen. So suggerieren die Tz. B70 (a) (i) und vor allem Tz. B74 (a), dass die gesamte Marktrisikoprämie, die folglich auch die Prämie für den jeweiligen Liquiditätsgrad der Finanzinstrumente umfasst, zu eliminieren sei.[971] Dies würde indes dazu führen, dass eine Zinskurve für kreditrisikolose, liquide Finanzinstrumente abgeleitet wird, die ihrerseits vielmehr die Ausgangsbasis für den *Bottom-up*-Ansatz darstellt. Eine so ermittelte Zinskurve dürfte jedoch nicht unangepasst zur Diskontierung der Versicherungsverträge gewählt werden, da sie nicht deren Liquiditätseigenschaften widerspiegelt. Hier wäre eine weitergehende Klarstellung seitens des IASB wünschenswert, dass der Illiquiditätsgrad der zur Bestimmung des Zinssatzes herangezogenen Finanzinstrumente für die Bewertung der Versicherungsverträge beibehalten werden soll und nur darüber hinausgehende Liquiditätsunterschiede nicht berücksichtigt werden müssen.

443.422. Erforderliche Anpassungen und Grenzen

Bevor die beim *Top-down*-Ansatz erforderlichen Anpassungen betrachtet werden, sei nochmals darauf hingewiesen, dass die Zahlungsstromcharakteristika der Versicherungsverträge bereits ex ante möglichst gut durch das als Referenz dienende Portfolio von Vermögenswerten repräsentiert werden sollten. Sofern die Kapitalanlagestrategie des Versicherers ein hinreichendes *matching* der Zahlungsströme gewährleistet, dürfte das Portfolio von Vermögenswerten, das die versicherungstechnischen Verpflichtungen deckt, eine angemessene Ausgangsbasis bilden.[972] Kann ein solches Portfolio – wie oftmals im Schaden- und Unfallbereich zu erwarten – den Versicherungsverträgen nicht direkt zugeordnet werden, könnte ausgehend von dem individuellen Kapitalanlagemix ein fiktives Portfolio erstellt werden, das den Eigenschaften der zu bewertenden Versicherungsverträge bestmöglich gerecht wird. Auch wenn weiterhin von der größtmöglichen Illiquidität der Versicherungsverträge ausgegangen wird, sollte beim *Top-down*-Ansatz nicht ausschließlich auf möglichst illiquide Referenzaktiva als Ausgangsbasis abgestellt werden, um der unterstellten Illiquidität Rechnung zu tragen.[973]

Neben den Anpassungen aufgrund zu unterschiedlichen Zeitpunkten anfallender Zahlungsströme aus den Versicherungsverträgen im Vergleich zu der Zahlungsstruktur der Vermögenswerte

---

969 Vgl. IASB/FASB (HRSG.), Discount Rate for non-participating contracts (agenda paper 3D), Tz. 41.

970 Vgl. IASB (HRSG.), ED/2013/7: Insurance Contracts, Tz. B70 (a) (iii).

971 Dieser vermeintliche, inhärente Widerspruch wird auch durch die geplante Neuformulierung der Textpassagen nicht aufgelöst. Vgl. IASB (Hrsg.), Discount rates (agenda paper 2A), Appendix A, Tz. B70D.

972 Vgl. IASB/FASB (HRSG.), Discount Rate for non-participating contracts (agenda paper 3D), Tz. 51. Wird von den tatsächlich gehaltenen Vermögenswerten abstrahiert und ein Referenzportfolio als Basis gewählt, ist dieses *matching* ein Kriterium für die Zusammenstellung des Portfolios.

973 Vgl. hierzu Abschnitt 443.421.

(Typ Ia-Anpassungen)[974] und Anpassungen an mögliche Währungsunterschiede (Typ Ib-Anpassungen), sind beim *Top-down*-Ansatz vor allem **Typ II-Anpassungen** erforderlich. Diese beziehen sich vornehmlich auf das Kreditrisiko, das den Kapitalanlagen anhaftet und zwingend extrahiert werden muss, um eine risikolose Diskontierung der Zahlungsströme aus den Versicherungsverträgen zu gewährleisten. So ist die Aktivverzinsung sowohl um die Vergütung für den erwarteten Kreditverlust als auch um die Risikoprämie für den unerwarteten Kreditverlust zu kürzen.[975] Die auf den Kreditverlust zurückzuführende Komponente des Spread kann – sofern diese am Markt verfügbar sind – mithilfe des Marktwertes von CDS, mit denen der Ausfall der vertraglichen Zahlungen abgesichert wird, identifiziert werden.[976] Gleichwohl darf nicht verkannt werden, dass dieser Marktwert auch durch das Gegenparteiausfallrisiko des CDS-Emittenten bedingt wird, so dass nur Näherungslösungen zu erreichen sind.[977]

Um der Anforderung des IASB gerecht zu werden, die **Liquiditätseigenschaften** der Versicherungsverträge im Diskontierungszinssatz nachzuzeichnen, müssten die so erhaltenen Zinssätze theoretisch um einen Illiquiditätszuschlag erhöht werden (Typ III-Anpassungen).[978] Jedoch gewährt der IASB mit dem *Top-down*-Ansatz explizit eine praktische Vereinfachung, so dass die zugrunde gelegte Verzinsung nicht mehr um verbleibende Liquiditätsunterschiede zu bereinigen ist.[979] Verglichen mit dem *Bottom-up*-Ansatz, bei dem jene Korrektur das Kernstück des Ansatzes darstellt, dürften die Unterschiede beim *Top-down*-Ansatz zumindest geringer sein. So geht mit Instrumenten, die durch eine hohe Kreditqualität gekennzeichnet sind, tendenziell eine höhere Liquidität einher als mit Instrumenten, die ein höheres Kreditrisiko aufweisen.[980] Folglich dürfte – auch angesichts der herausfordernden Ermittlung der Illiquiditätsprämie – der *Top-down*-Ansatz regelmäßig zu i. S. d. Board akzeptableren Ergebnissen führen, als wenn die Illiquidität aufgrund der Ermittlungsschwierigkeiten bereits beim *Bottom-up*-Ansatz vernachlässigt würde. Gleichwohl wird beim *Top-down*-Ansatz angenommen, dass sämtliche Spread-Komponenten, die nicht dem Kreditrisiko zuordenbar sind, auf die Liquiditätscharakteristika zurückzuführen sind.[981] Diese nicht eindeutig identifizierbaren Bestandteile werden nicht auf einen etwaigen Anpassungsbedarf hin untersucht, so dass die gewährte Vereinfachung nicht zwingend auf reine Liquiditätsunterschiede beschränkt sein muss.

Zudem hängt die Beurteilung auch davon ab, wie die Illiquidität von Versicherungsverträgen definiert wird. So führt die Vereinfachung des *Top-down*-Ansatzes zwar per se zu Fehlern, wenn die

---

974 Vgl. auch IASB/FASB (Hrsg.), Top down approaches (agenda paper 5A), Tz. 12 (a).

975 Vgl. bspw. IASB/FASB (Hrsg.), Top down approaches (agenda paper 5A), Tz. 16 (a) und (b) sowie IASB/FASB (Hrsg.), Discount Rate for non-participating contracts (agenda paper 3D), Tz. 47 und Tz. 58.

976 Vgl. CEIOPS (Hrsg.), Task Force Report on the Liquidity Premium, S. 5.

977 Vgl. Gruber, W., Bepreisung von Credit Default Swaps, S. 98; Olbrich, A., Wertminderung finanzieller Vermögenswerte nach IFRS 9, S. 112 f.

978 Vgl. IASB/FASB (Hrsg.), Top down approaches (agenda paper 5A), Tz. 16 (c). Unter die Illiquiditätskomponente werden auch weitere, nicht identifizierte Effekte, die bspw. aus Marktunvollkommenheiten resultieren, subsumiert. Vgl. IASB/FASB (Hrsg.), Top down approaches (agenda paper 5A), Tz. 17.

979 Vgl. IASB (Hrsg.), ED/2013/7: Insurance Contracts, Tz. B70 (a) (iii); IASB/FASB (Hrsg.), Top down approaches (agenda paper 5A), Tz. 3 (c) und Tz. 12 (c).

980 Vgl. IASB/FASB (Hrsg.), Discounting (agenda paper 3D), Tz. 33.

981 Vgl. IASB (Hrsg.), ED/2013/7: Insurance Contracts, Tz. BCA80.

vom IASB gewählte transferorientierte Definition der Liquidität zugrunde gelegt wird, da bei diesem Ansatz die Liquiditätseigenschaften der deckenden Vermögenswerte nicht entscheidend sind. Gleichermaßen resultieren unabhängig von der Liquiditätsdefinition auch dann immer Fehler aus einer Anwendung des *Top-down*-Ansatzes, sofern Versicherungsverträge per se als höchst illiquide angesehen werden.

Falls hingegen die **Bestimmtheit der Zahlungen** das maßgebliche Kriterium darstellen würde und hierbei jegliche Auszahlungsverpflichtungen aufgrund von Schadenfällen berücksichtigt werden,[982] ergäbe sich zunächst ein anderes Urteil. Die Illiquidität von Versicherungsverträgen würde nach jenem Ansatz in erster Linie dadurch begründet, dass der Versicherer z. T. in illiquide Anlageformen investieren kann, um die versicherungstechnischen Verpflichtungen zu decken. Sofern also die Verzinsung desjenigen Portfolios von Vermögenswerten als Basis dient, das von dem Versicherer für das Vertragsportfolio gehalten wird bzw. bei einer auf die Portfolioebene heruntergebrochenen Aktiv-Passiv-Steuerung gehalten würde, spiegelt sich der Liquiditätsgrad jener Kapitalanlagen implizit im Diskontierungszins für die Zahlungsströme aus den Versicherungsverträgen wider. Folglich könnte der *Top-down*-Ansatz nicht nur als eine Vereinfachung angesehen werden, um die herausfordernde Bemessung der Illiquiditätsprämie zu umgehen.[983] Dieser Ansatz wäre vergleichbar mit einer konsequent umgesetzten Liquiditätsdefinition, die auf die hier neu eingeführte Bestimmtheit sämtlicher Zahlungsströme aus den Versicherungsverträgen abstellt.[984] Letztlich wird der vermeintliche konzeptionelle Vorteil jedoch durch die Problematik der Doppelerfassung unterschiedlicher Liquiditätsgrade im Zinssatz sowie in der Risikomarge aufgewogen. Wie bereits hergeleitet, müsste auch bei diesem Ansatz mit Zinssätzen diskontiert werden, welche die theoretisch vollkommene Illiquidität der Versicherungsverträge widerspiegeln.[985]

Der ***Bottom-up*-Ansatz** mit einer expliziten Erfassung der Illiquiditätsprämie wird hingegen zum einen eher der vom IASB unterstellten Liquiditätsdefinition gerecht, die indes im Rahmen der Analyse aufgrund ihrer konzeptionellen Schwächen bereits abgelehnt wurde. Zum anderen ist jener Ansatz abgesehen von den gravierenden Ermittlungsproblemen konzeptionell eher geeignet, den Zuschlag für eine hohe bzw. sogar größtmögliche Illiquidität zu bestimmen. Die Berücksichtigung dieses Zuschlages ist auch bei einer Illiquiditätsdefinition anhand der Bestimmtheit der Zahlungsströme erforderlich, um der Tatsache Rechnung zu tragen, dass unterschiedliche Liquiditätsgrade bereits in der Risikomarge abgebildet werden.

---

982 Vgl. hierzu bereits Abschnitt 443.412.2.

983 Gleichwohl ist diese Beurteilung zu relativieren, wenn verallgemeinernd als Ausgangsbasis auf Kapitalanlagen abgestellt wird, die in keinem direkten bzw. indirekten Zusammenhang mit der spezifischen Deckung des zu bewertenden Portfolios stehen. So können die Instrumente einem Portfolio von Versicherungsverträgen oftmals nicht eindeutig zugeordnet werden. Vgl. KÜHNBERGER, M., Drohverlustrückstellungen, S. 702; VARAIN, T. C., Bilanzierung versicherungstechnischer Verpflichtungen von Schaden- und Unfallversicherungsunternehmen, S. 122. Diesem Problem könnte jedoch begegnet werden, indem ein Referenzportfolio gewählt wird, das die Zahlungsstromcharakteristika der Verträge des Portfolios möglichst gut widergespiegelt oder aber die Instrumente als Ausgangsbasis dienen, die der kleinstmöglichen, das betreffende Portfolio umfassenden Aggregationsebene zugeordnet werden können.

984 Auch hier ist wieder zu beachten, dass ein hinreichendes *matching* auf Basis der erwarteten Zahlungsströme aus den Finanzinstrumenten sowie den Versicherungsverträgen erforderlich ist. Vgl. Abschnitt 443.412.21.

985 Vgl. Abschnitt 443.412.21.

443.5 Spezifika der Bilanzierung passiver Rückversicherungsverträge und Verknüpfung mit den zugrunde liegenden Erstversicherungsverträgen

Um den Erfüllungsbetrag eines passiven Rückversicherungsvertrages zu ermitteln, sind dieselben Regelungen anzuwenden wie für die zugrunde liegenden Erstversicherungsverträge.[986] Auch bei der Diskontierung der Zahlungsströme ist zu gewährleisten, dass identische Annahmen getroffen werden, auf denen auch die Barwertbestimmung der korrespondierenden Erstversicherungsverträge basiert.[987] Soweit abweichende Ausprägungen diskontierungsrelevanter Parameter nicht durch wirtschaftliche Unterschiede begründbar sind, kann grds. nur die Wahl **derselben Zinsstrukturkurve** dazu führen, dass die beim Zedenten verbleibende Verpflichtung und die damit verbundene Risikosituation den wirtschaftlichen Verhältnissen entsprechend abgebildet werden. Insofern trägt die vom IASB vorgesehene Verknüpfung der Rechnungsannahmen zur Vermittlung entscheidungsnützlicher Informationen bei.

Indes sind immer dann Zinsunterschiede zu erwarten, wenn die bewertungsrelevanten Charakteristika des passiven Rückversicherungsvertrages von denjenigen der rückgedeckten Erstversicherungsverträge abweichen. Je nach konkreter Vertragsgestaltung sind ausgehend von der Referenzverzinsung ggf. andere Anpassungen erforderlich, falls die Zahlungen bspw. in einer anderen Währung abgewickelt werden. Aber auch Liquiditätsunterschiede können zu unterschiedlichen Diskontierungszinssätzen führen, sofern nicht von der Einbeziehung eines Illiquiditätszuschlages abgerückt werden sollte oder aber per se von einer vollkommenen Illiquidität sämtlicher Verträge ausgegangen wird.

Bei denjenigen Verträgen, für die der IASB die Möglichkeit einräumt, von einer Diskontierung der Zahlungsströme abzusehen, sollte streng auf eine konsistente Vorgehensweise geachtet werden. So ist zu fordern, dass die Diskontierungsentscheidung für die Erstversicherungsverträge und den darauf bezogenen passiven Rückversicherungsvertrag einheitlich ausfällt.[988]

444. Einbeziehung des Abweichungsrisikos in einer expliziten Risikomarge

444.1 Zielsetzung und konzeptionelle Ausrichtung

Um den unternehmensspezifischen Erfüllungsbetrag zu bestimmen, sind die erwartungsgetreu geschätzten (1. Baustein) und an den Zeitwert des Geldes angepassten (2. Baustein) Zahlungsströme in einem dritten Schritt um eine Risikomarge zu ergänzen (3. Baustein).[989] Folglich setzt die Risikomarge unmittelbar auf dem Barwert der erwarteten Zahlungsströme auf.[990] Definitionsgemäß handelt es sich bei der Risikoadjustierung um eine **Kompensation**, die der Versicherer verlangt, um die Unsicherheit zu tragen, die mit dem Betrag und dem zeitlichen Anfall der zur Vertragserfüllung

986 Vgl. IASB (Hrsg.), ED/2013/7: Insurance Contracts, Tz. 3 (b) i. V. m. Tz. 4 (a) sowie Tz. BCA126.

987 Vgl. IASB (Hrsg.), ED/2013/7: Insurance Contracts, Tz. 41 (b) und Tz. BCA128.

988 In Anlehnung an die im Rahmen der Kommentierungsphase des ED/2010/8 hervorgebrachte Forderung, dass Erst- und passive Rückversicherungsverträge mit demselben Modell bewertet werden, vgl. IASB/FASB (Hrsg.), Short Duration Contracts (agenda paper 1), Tz. 28. Diese Forderung lässt sich auf die Diskontierungsentscheidung übertragen.

989 Vgl. IASB (Hrsg.), ED/2013/7: Insurance Contracts, Tz. 18 (a) i. V. m. Tz. 27.

990 Vgl. IASB (Hrsg.), ED/2013/7: Insurance Contracts, Tz. 27.

erforderlichen Zahlungsströme einhergeht.[991] Hierbei ist die Kompensation so zu bemessen, dass der Versicherer indifferent ist, entweder die aus dem Portfolio von Versicherungsverträgen resultierenden Verpflichtungen mit ungewissem Ausgang zu erfüllen oder aber feststehenden Verpflichtungen nachzukommen, die durch den identischen erwarteten Barwert der Zahlungsströme gekennzeichnet sind.[992]

Der IASB stellt ferner klar, dass die Risikomarge nicht als ein *shock absorber*, d. h. als ein Puffer zum Ausgleich künftiger nachteiliger Entwicklungen bzw. Schätzungsänderungen, anzusehen ist.[993] Der verfolgte Kompensationsansatz führt vielmehr dazu, dass sich veränderte Schätzungen der Zahlungsströme für die künftige Deckung unmittelbar auf die erwartete Profitabilität, d. h. auf die Servicemarge, und somit auch auf die Zusammensetzung der Rückstellung bzw. bei defizitären Portfolios auf die Höhe der Verpflichtung auswirken.[994] Bei Änderungen der erwarteten Zahlungsströme, die sich auf bereits eingetretene Schäden beziehen, ist mit dem Kompensationsansatz – anders als bei einer konsequenten Interpretation als *shock absorber* – ebenfalls stets eine veränderte Höhe der versicherungstechnischen Rückstellung verbunden. Zudem basiert die vom IASB gewählte Risikomarge auf einer klaren Konzeption, die das inhärente Risiko der Verträge und dessen Veränderungen im Zeitablauf deutlich erkennen lässt.[995]

Konsistent zur unternehmensspezifischen Erfüllungsperspektive ist die Risikomarge auf Basis der Einschätzung des jeweiligen Versicherers zu bemessen. Dies impliziert zugleich, dass die Anpassung aufgrund der Unsicherheit der Zahlungsströme maßgeblich von der individuellen Risikoeinstellung des Bilanzierenden abhängt.[996] Die Kompensation, die ein unabhängiger Marktteilnehmer verlangen würde, hat keinen Einfluss auf die Höhe der Risikoadjustierung.[997] Im ED/2013/7 wird demnach eine Risikomarge gebildet, die konzeptionell mit der unternehmensspezifischen Erfüllungsperspektive im Einklang steht. Im ED/2010/8 hingegen wurde die Risikomarge noch als derjenige Betrag definiert, den der Versicherer maximal zu zahlen bereit wäre, um sich von dem Risiko abweichender Zahlungsströme zu befreien.[998] Durch die Abkehr von der Veräußerungsperspektive ist jener Ansatz indes nicht mehr mit dem Bewertungsmodell vereinbar.

Mit der expliziten, d. h. in einem eigenen Baustein separat zu erfassenden Risikomarge wird die **Zielsetzung** verfolgt, die Bedeutung der Unsicherheit zu erfassen, die aus den zur Vertragserfüllung

---

991 Vgl. IASB (Hrsg.), ED/2013/7: Insurance Contracts, Appendix A.

992 Vgl. IASB (Hrsg.), ED/2013/7: Insurance Contracts, Tz. B76.

993 Vgl. IASB (Hrsg.), ED/2013/7: Insurance Contracts, Tz. BCA93 (c); Ellenbürger, F./Kölschbach, J., Schritt zu neuen Bilanzierungsstandards, S. 1304. Vgl. erläuternd zum Begriff des *shock absorber* Steiner, C., Bilanzierung versicherungstechnischer Rückstellungen, S. 501; Rockel, W./Sauer, R., Bilanzierung von Versicherungsverträgen nach DP, S. 745.

994 Vgl. ähnlich, allerdings auf Basis des Discussion Paper Heller, S., Bilanzierung von Versicherungsverträgen nach IFRS, S. 181

995 Vgl. IASB (Hrsg.), DP: Insurance Contracts, Tz. 75 (c) und (d) sowie für eine übersichtliche Gegenüberstellung beider Grundkonzeptionen Steiner, C., Bilanzierung versicherungstechnischer Rückstellungen, S. 501 f.

996 Vgl. ähnlich zur Abhängigkeit der Berücksichtigung von Unsicherheit von der individuellen Risikohaltung des Abschlusserstellers im handelsrechtlichen Kontext Krüger, G., Bewertung, S. XV; Naumann, K.-P., Bewertung von Rückstellungen, S. 232 f.

997 Vgl. IASB (Hrsg.), ED/2013/7: Insurance Contracts, Tz. BCA93 (a).

998 Vgl. IASB (Hrsg.), ED/2010/8: Insurance Contracts, Tz. 35.

erforderlichen Zahlungsströmen erwächst.[999] Im Gegensatz zu den aufsichtsrechtlichen Bestrebungen soll mit der Risikomarge indes grds. kein hohes Maß an Erfüllungssicherheit gewährleistet werden.[1000] Vielmehr ist das Bewertungsmodell einschließlich der Risikoanpassung darauf ausgerichtet, den Adressaten entscheidungsnützliche Informationen zu vermitteln. Für den Adressaten sind Informationen über die individuelle Risikosituation eines Versicherers und dessen Risikoeinschätzung für ein bestimmtes Vertragsportfolio **höchst relevant**,[1001] da sie einen zentralen Parameter für die Beurteilung künftiger Einzahlungsüberschüsse darstellen. Die Einschätzung und die Akzeptanz von Risiken sowie deren Management ist eine der kennzeichnenden Aufgaben des Versicherungsgeschäftes und darf nicht ausgeblendet werden, um den wirtschaftlichen Gehalt von Versicherungsverträgen angemessen abzubilden.[1002] Dem Grad der mit einem Vertragsportfolio verbundenen Unsicherheit ist folglich ein hoher Prognosewert zu bescheinigen.[1003] Angesichts der bei Versicherern vorherrschenden Risikoaversion[1004] wird einem sicheren, positiven versicherungstechnischen Ergebnis ein höherer Wert beigemessen als einem unsicheren Ergebnis, das denselben Erwartungswert aufweist. Hieraus folgt unmittelbar, dass die den Versicherungsverträgen inhärente Unsicherheit wertrelevant ist und daher zwingend in die Bewertung einbezogen werden muss.[1005]

Die Anforderung, das mit den Versicherungsverträgen verbundene Risiko **explizit** zu berücksichtigen, verhindert eine integrierte Bewertung der Unsicherheit innerhalb der ersten beiden Bewertungsbausteine.[1006] Indem die Risikoadjustierung separat durchzuführen und im Anhang über die Risikomarge zu berichten ist,[1007] wird den Adressaten der Effekt der Unsicherheit transparenter und offensichtlicher dargestellt.[1008] So kann der für die Kapitalvergabeentscheidung relevante Parameter der portfolioinhärenten Unsicherheit – unter Berücksichtigung auch portfolioübergreifender Ausgleichseffekte – sowie dessen Wahrnehmung durch den Versicherer einzeln beurteilt werden, ohne dass weitere wertrelevante Effekte die Auswirkung der Unsicherheit überdecken. Ferner würden mit einer risikoadjustierten Diskontierung bei der Verwendung einheitlicher Risikozuschläge oftmals nicht zutreffende Annahmen einhergehen. So müsste das Risiko proportional zur Höhe der Verpflichtung und der verbleibenden Zeit bis zur Fälligkeit sein, da der risikoadjustierte Zinssatz grds. denselben Risikoeinfluss unterstellt.[1009] Eine explizit anzusetzende Risikomarge erfordert hingegen eine differenzierte Auseinandersetzung mit der Unsicherheit des Barwertes der Zahlungsströme und vermeidet verallgemeinernde Annahmen, die den wirtschaftlichen Gehalt nicht zutreffend abbilden könnten.[1010]

---

999 Vgl. IASB (Hrsg.), ED/2013/7: Insurance Contracts, Tz. B78.
1000 Vgl. IASB (Hrsg.), ED/2013/7: Insurance Contracts, Tz. BCA93 (b).
1001 So auch Heller, S., Bilanzierung von Versicherungsverträgen nach IFRS, S. 182.
1002 Vgl. IASB (Hrsg.), ED/2013/7: Insurance Contracts, Tz. BC13 (b); IASB/FASB (Hrsg.), Explicit risk adjustment (agenda paper 3G), Tz. 18. Dies gilt ebenso für die jeweilige Risikoeinstellung. Vgl. Rockel, W./Helten, E./Ott, P./Sauer, R., Versicherungsbilanzen, S. 88.
1003 Vgl. insgesamt zur Relevanz der expliziten Risikomarge IASB/FASB (Hrsg.), Risk adjustment (agenda paper 3B), Tz. 11 sowie Tz. 14.
1004 Vgl. IASB/FASB (Hrsg.), Risk adjustment (agenda paper 3A), Tz. 29.
1005 Im Ergebnis zustimmend IASB/FASB (Hrsg.), Risk adjustment (agenda paper 3A), Tz. 23 (a) (i) sowie zur Wertrelevanz der Unsicherheit im Kontext der US-GAAP SFAC 7, Tz. 21.
1006 Vgl. IASB (Hrsg.), ED/2013/7: Insurance Contracts, Tz. B79.
1007 Vgl. IASB (Hrsg.), ED/2013/7: Insurance Contracts, Tz. 76 (b).
1008 Vgl. IASB/FASB (Hrsg.), Risk adjustment (agenda paper 3B), Tz. 14. Vgl. die separate Abbildung des Risikos ebenfalls als sinnvoll erachtend Asche, B., Jahresabschlussanalyse von Schaden-/Unfallversicherern, S. 200.
1009 Vgl. IASB (Hrsg.), ED/2013/7: Insurance Contracts, Tz. BCA96.
1010 Vgl. ähnlich bereits IASB (Hrsg.), DP: Insurance Contracts, Tz. 75 (d).

Damit die anhand der Risikomarge vermittelten Informationen entscheidungsnützlich sind, müssen sie zugleich **glaubwürdig dargestellt** werden. Zunächst sei jedoch auch anhand des Sekundärgrundsatzes der Vollständigkeit nochmals die Bedeutung der Risikoinformationen für die bilanzielle Abbildung von Versicherungsverträgen hergeleitet. Zumal das Abweichungsrisiko der Zahlungsströme zur Vertragserfüllung ein wesentliches Charakteristikum des Versicherungsgeschäftes darstellt und die Höhe der vertragsbezogenen Servicemarge bzw. der versicherungstechnischen Verpflichtung mitbegründet, wäre der Grundsatz der **Vollständigkeit** nur unzureichend erfüllt, wenn dieses Risiko nicht (explizit) erfasst und darüber berichtet würde.[1011] So muss das Risiko als wertrelevanter Parameter unmittelbar in die Bewertung der Versicherungsverträge einfließen.[1012] Zum anderen erfordert eine vollständige Berichterstattung im Zuge der Risikomarge, dass die Adressaten anhand der bereitgestellten Informationen das Risikoausmaß, dessen Veränderungen im Zeitablauf sowie die vom Management zur Risikoquantifizierung gewählten Methoden und dabei getroffenen Annahmen nachvollziehen können.[1013] Durch die explizite Erfassung des Risikos werden die Adressaten in die Lage versetzt, den Einfluss der Unsicherheit in der Erstbewertung auf die Höhe der vertragsbezogenen Servicemarge für erwartungsgemäß gewinnbringende Portfolios bzw. auf die Höhe der Rückstellung für belastende Portfolios sowie die späteren Auswirkungen veränderter Risikoeinschätzungen direkt beurteilen zu können.[1014] Diese Veränderungen wirken sich nach den Regelungen des ED/2013/7 noch unmittelbar auf die Rückstellungshöhe aus. Die unlängst vom IASB getroffenen vorläufigen Entscheidungen sehen hingegen vor, auch die Effekte aus einer veränderten Einschätzung der Risikomarge bezogen auf die künftige Deckung mit der positiven vertragsbezogenen Servicemarge zu verrechnen.[1015]

Um der glaubwürdigen Darstellung zu genügen, müssen die mit der Risikomarge vermittelten Informationen zudem **neutral** und somit unverzerrt sein. Vorbehaltlich einer bewussten Gestaltung der Informationen durch den Bilanzierenden könnte die Neutralität vor allem durch eine systematisch vorsichtige Bewertung infolge der Risikomarge gefährdet sein. Der IASB weist jedoch explizit darauf hin, dass mit der Risikoadjustierung kein möglichst hoher Grad an Erfüllungssicherheit erreicht werden soll. Vielmehr gilt es, die Einschätzung des Versicherers über die mit den künftigen Zahlungsströmen verbundene Unsicherheit in die Bewertung einfließen zu lassen.[1016] Folglich ist mit der Risikomarge keine übermäßig vorsichtige bzw. konservative Bewertung der künftigen Zahlungsverpflichtungen verbunden, die nicht mit der Anforderung einer neutralen Darstellung vereinbar wäre.[1017] Gleichwohl kann die Gefahr einer bewusst durch den Versicherer verzerrten Darstellung niemals gänzlich ausgeschlossen werden.

[1011] Vgl. IASB/FASB (Hrsg.), Risk adjustment (agenda paper 3B), Tz. 17; IASB/FASB (Hrsg.), Risk adjustment or composite margin (agenda paper 3H), Tz. 18.

[1012] Vgl. IASB/FASB (Hrsg.), Risk adjustment or composite margin (agenda paper 3H), Tz. 18.

[1013] Vgl. IASB/FASB (Hrsg.), Risk adjustment (agenda paper 3B), Tz. 17.

[1014] Vgl. IASB/FASB (Hrsg.), Risk adjustment or composite margin (agenda paper 3H), Tz. 19.

[1015] Vgl. IASB (Hrsg.), IASB Update March 2014, S. 2. Diese darf im Zuge der Verrechnung allerdings nicht negativ werden.

[1016] Vgl. zur Abgrenzung der Zielsetzung IASB (Hrsg.), ED/2013/7: Insurance Contracts, Tz. B78 i. V. m. Tz. BCA93 (b).

[1017] Vgl. hierzu insgesamt IASB/FASB (Hrsg.), Risk adjustment (agenda paper 3B), Tz. 19-21 sowie Abschnitt 332.2. Im Standardentwicklungsprozess wurde die Risikomarge mitunter auch durch eine vorsichtige Bewertung begrün-

Die Schätzung der Risikomarge durch den Bilanzierenden kann weiterhin als **frei von Fehlern** angesehen werden, wenn die Ermittlungsmethodik einwandfrei ausgewählt und angewandt wird. Überdies muss die Schätzung eindeutig als solche gekennzeichnet sein und das vom Versicherer eingesetzte Verfahren ist angemessen zu beschreiben.[1018] Bei der Vermittlung von Informationen über die Unsicherheit der Zahlungsströme innerhalb der expliziten Risikomarge ist nicht per se eine gesteigerte Gefahr einer fehlerbehafteten Berichterstattung auszumachen, wenngleich in der Anwendung gegen diesen Grundsatz verstoßen werden könnte. Indem das mit den Versicherungsverträgen verbundene Abweichungsrisiko explizit in die Bewertung eingeht und gesondert hierüber berichtet wird, schafft der IASB die regulatorischen Voraussetzungen, um entscheidungsnützliche Informationen bereitzustellen.[1019]

Weiterhin bietet die explizite Risikomarge den Vorteil, dass die Erfolgsvereinnahmung differenzierter an die ökonomischen Treiber und deren Entwicklung gekoppelt wird.[1020] So zeigt die (zumindest im Vorschadenfall) normalerweise im Zeitablauf abnehmende Risikomarge, welchem Anteil des ursprünglichen Risikos der Versicherer nicht mehr ausgesetzt ist. Die Veränderung der Risikomarge spiegelt demnach den Leistungsfortschritt der Risikotragung im Sinne des für den Versicherer maßgeblichen versicherungstechnischen Risikos[1021] wider und ermöglicht eine leistungsgerechte Erfolgserfassung. Würde keine explizite Risikomarge angesetzt, so ginge der Effekt der Unsicherheit unmittelbar in die vertragsbezogene Servicemarge ein.[1022] Da die Servicemarge vollständig über die Deckungsperiode erfolgswirksam aufgelöst wird, bedeutete dies, dass im Zeitraum der Schadenabwicklung außerhalb der Deckungsperiode kein Erfolg mehr ausgewiesen würde, falls die Auszahlungsströme wie erwartet anfallen, obwohl der Versicherer während der andauernden Schadenabwicklung regelmäßig weiterhin dem Risiko abweichender Zahlungsströme ausgesetzt ist. Ferner wird mit Hilfe der Risikomarge aufgedeckt, bei welchen Portfolios von Versicherungsverträgen die Prämien nicht ausreichen, um das Risiko nachteilig abweichender Auszahlungsströme zu decken.[1023] In diesen Fällen müsste bereits im Zugangszeitpunkt eine versicherungstechnische Rückstellung aufwandswirksam gebildet werden.

Als Argumente gegen eine explizite Risikomarge werden mitunter die mit deren Ermittlung verbundenen Schwierigkeiten angeführt.[1024] So schreibt der IASB keine konkrete Methode vor, um die

det. Vgl. NGUYEN, T./GROSCHE, S., ED IFRS 4 aus aufsichtsrechtlicher Perspektive, S. 428; KOTTKE, T., Fair Value Bilanzierung versicherungstechnischer Verpflichtungen, S. 259. Indem im ersten Standardentwurf auf den „maximalen Betrag" abgestellt wurde, den der Versicherer zu zahlen bereit wäre, um sich von den vertragsinhärenten Risiken zu befreien, fand der Vorsichtsgedanke zumindest Eingang in die Regelungen. Vgl. IASB/FASB (HRSG.), Objective for an explicit risk adjustment (agenda paper 12D), Tz. 16 (a).

1018 Vgl. zu diesen Anforderungen bereits Abschnitt 332.2 sowie IASB/FASB (HRSG.), Risk adjustment (agenda paper 3B), Tz. 23.

1019 So auch IASB/FASB (HRSG.), Risk adjustment (agenda paper 3B), Tz. 26.

1020 Vgl. IASB (HRSG.), ED/2013/7: Insurance Contracts, Tz. BCA95 (b).

1021 Vgl. zum Begriff sowie den Komponenten des versicherungstechnischen Risikos Abschnitt 212.4, Abschnitt 422.1 sowie Abschnitt 444.41.

1022 Vgl. auch folgend IASB/FASB (HRSG.), Risk adjustment (agenda paper 6D), Tz. 66 f.

1023 Vgl. IASB (HRSG.), ED/2013/7: Insurance Contracts, Tz. BCA95 (d).

1024 Vgl. IASB (HRSG.), ED/2013/7: Insurance Contracts, Tz. BCA94; ROCKEL, W./HELTEN, E./OTT, P./SAUER, R., Versicherungsbilanzen, S. 88.

Unsicherheit in dem geschätzten Barwert der Zahlungsströme zu bemessen, wodurch die Vergleichbarkeit der Bewertungsergebnisse erschwert und das ohnehin bestehende Gestaltungspotential vergrößert wird.[1025] Zudem wird angemahnt, dass Verluste aufgrund der Neubewertung der Risikomarge entstehen können, obwohl sich diese künftig wieder umkehren werden.[1026] Auch wenn sich retrospektiv herausstellen sollte, dass die als verschlechtert eingestufte Risikosituation zu keinen zusätzlichen Auszahlungen geführt hat, ist dies im Zeitpunkt der (Neu-)Bewertung noch nicht absehbar, so dass i. S. d. Entscheidungsnützlichkeit eine aktuelle Einschätzung des Risikos unumgänglich ist.[1027] Ferner wird die Auswirkung einer veränderten Risikoeinschätzung infolge der vorläufigen Entscheidungen des IASB voraussichtlich künftig abgeschwächt, da diese zunächst in die vertragsbezogene Servicemarge aufzunehmen sind.[1028] Folglich würden zumindest bei Veränderungen der Risikomarge bezogen auf die noch ausstehende Deckung nur dann Erfolgswirkungen resultieren, wenn das Vertragsportfolio nach der Neubewertung als belastend einzustufen ist.

444.2 Identifikation explizit zu berücksichtigender Risiken

Zunächst gilt es, diejenigen Risiken zu identifizieren, die in der Risikomarge explizit abzubilden sind. Der IASB führt hierzu aus, dass sämtliche mit den Versicherungsverträgen verbundenen Risiken einzubeziehen sind, die nicht bereits durch marktkonsistente Bewertungsparameter abgedeckt werden.[1029] Risiken indes, die nicht originär aus den zu bewertenden Versicherungsverträgen resultieren, dürfen sich nicht auf die Höhe der Risikomarge auswirken. Dies betrifft bspw. Risiken, die ausschließlich mit der Kapitalanlage zusammenhängen, sofern die künftigen Auszahlungsströme nicht von der erwirtschafteten Rendite abhängen.[1030] Aber auch das generelle Geschäftsrisiko bezogen auf künftige Transaktionen sowie das eigene Bonitätsrisiko sind nicht zu berücksichtigen.[1031] Durch diese Abgrenzung wird konsequent die Zielsetzung verfolgt, die Unsicherheit der zur Vertragserfüllung bzw. zur Erfüllung des Vertragsportfolios erforderlichen Zahlungsströme abzubilden.

Die in der Risikomarge **zu erfassenden Abweichungsrisiken** beziehen sich unmittelbar auf die im Rahmen der ersten beiden Bewertungsbausteine geschätzten Parameter. Zu nennen ist hier insbesondere die Unsicherheit hinsichtlich des Betrages der geschätzten Schadenauszahlungen.[1032] Aber

---

1025 Vgl. IASB/FASB (HRSG.), Risk adjustment (agenda paper 3A), Tz. 19 (a). Vgl. für eine kritische Gegenüberstellung einer Auswahl von Verfahren, die vom IASB beispielhaft genannt werden, Abschnitt 444.4.

1026 Vgl. IASB (HRSG.), ED/2013/7: Insurance Contracts, Tz. BCA94 (f).

1027 Vgl. für weitere Argumente gegen eine Risikomarge IASB (HRSG.), ED/2013/7: Insurance Contracts, Tz. BCA94; IASB/FASB (HRSG.), Risk adjustment (agenda paper 3A), Tz. 19.

1028 Vgl. IASB (HRSG.), IASB Update March 2014, S. 2.

1029 Vgl. IASB (HRSG.), ED/2013/7: Insurance Contracts, Tz. B78.

1030 Hierunter ist auch das Risiko eines *asset liability mismatch* zu fassen. Vgl. IASB (HRSG.), ED/2013/7: Insurance Contracts, Tz. B78.

1031 Vgl. zu den von der Risikomarge ausgeschlossenen Risiken IASB (HRSG.), ED/2013/7: Insurance Contracts, Tz. B78; NGUYEN, T./GROSCHE, S., Bewertungskonzept für versicherungstechnische Verpflichtungen, S. 32; HELLER, S., Bilanzierung von Versicherungsverträgen nach IFRS, S. 182.

1032 Ungeachtet der möglichen Optionen der Versicherungsnehmer, wie z. B. Kündigungsoptionen, dürften die Einzahlungsströme bei Erstversicherungsverträgen bereits aufgrund der vertraglich festgelegten Zahlungsverpflichtungen eine geringere Unsicherheit in sich bergen. Gleichwohl können sich auch Optionen der Versicherungsnehmer auf die mit den Verträgen verbundenen Einzahlungsströme auswirken, wovon dann jedoch i. d. R. auch die Auszahlungsströme betroffen sind. Unsicherheiten in Bezug auf die Einzahlungsströme sind hierbei gleichermaßen in der Risikomarge abzubilden.

auch das Risiko nicht zutreffend einbezogener Trends, eines abweichenden Kundenverhaltens und vor allem eines von den Erwartungen abweichenden zeitlichen Anfalls der Zahlungsströme sind Komponenten, die in die Risikomarge einfließen.[1033] Entsprechend ist auch die Gefahr von Schätzfehlern bei der Ermittlung des jeweils anzuwendenden Diskontierungszinssatzes zu berücksichtigen.[1034] Hierbei sind ausdrücklich sowohl für den Versicherer **vorteilhafte** als auch **nachteilige potentielle Abweichungen** in der Risikomarge zu erfassen. Indes werden diese Risiken regelmäßig nicht gleichgewichtet, sondern nachteilige Abweichungen sind entsprechend des Grades der individuellen Risikoaversion stärker zu betonen.[1035] Die Erfassung beidseitiger Abweichungsrisiken ist unerlässlich, um eine übervorsichtige, verzerrte Darstellung der mit dem Portfolio von Versicherungsverträgen verbundenen Risiken zu vermeiden.

Obgleich der IASB ausführt, dass grds. alle originär aus den Versicherungsverträgen resultierenden Risiken in der Risikomarge abzubilden sind, ist zu hinterfragen, ob dies für sämtliche Elemente des versicherungstechnischen Risikos gelten sollte.[1036] Hierbei ist vor allem zu klären, ob lediglich für den Adressaten **nicht-diversifizierbare** oder auch vermeintlich **diversifizierbare Risiken** in den dritten Bewertungsbaustein eingehen sollten. Da sich die auf das Zufallsrisiko zurückzuführenden relativen Abweichungen der Zahlungsströme vom Erwartungswert mit zunehmender Kollektivgröße c. p. reduzieren, handelt es sich – bis zu einem gewissen Grad – um ein für den Kapitalgeber theoretisch diversifizierbares Risiko.[1037] Zum Teil wurde die Auffassung vertreten, dass aus der Sicht der Adressaten vornehmlich nicht-diversifizierbare Risiken entscheidungsrelevant sind, so dass in einer Welt vollkommener Informationen und höchst effizienter Kapitalmärkte ohne zusätzliche Transaktionskosten die durch einen Risikoausgleich diversifizierbaren Risiken bzw. sogar das gesamte Zufallsrisiko streng genommen von der Risikomarge auszuschließen wäre.[1038]

Jene Sichtweise basiert jedoch auf der Annahme, dass die Adressaten tatsächlich in der Lage sind, das jeweilige auf das Vertragsportfolio bezogene Zufallsrisiko einzuschätzen und vollständig durch Investitionen in bspw. weitere Versicherer zu diversifizieren. Dies scheitert allerdings bereits an dem Umstand, dass das Zufallsrisiko mit wachsender Kollektivgröße nicht gänzlich eliminiert werden kann. So kann das Zufallsrisiko durch eine entsprechende Diversifikation bzw. Vergrößerung des Kollektivs nur relativ verringert werden.[1039] Aber auch hierfür werden in der Realität die Voraussetzungen mangels verfügbarer Informationen i. d. R. jedoch nicht erfüllt sein, so dass für den Adressaten stets das gesamte Zufallsrisiko als faktisch nicht-diversifizierbar gilt und somit in

---

1033 Vgl. ELLENBÜRGER, F./KÖLSCHBACH, J., Schritt zu neuen Bilanzierungsstandards, S. 1304.

1034 Vgl. ELLENBÜRGER, F./KÖLSCHBACH, J., Schritt zu neuen Bilanzierungsstandards, S. 1304.

1035 Vgl. IASB (HRSG.), ED/2013/7: Insurance Contracts, Tz. B77 (b) sowie analog zur Beurteilung durch externe Marktteilnehmer VARAIN, T. C., Bilanzierung versicherungstechnischer Verpflichtungen von Schaden- und Unfallversicherungsunternehmen, S. 124.

1036 Dieser Meinung folgen z. B. ELLENBÜRGER, F./KÖLSCHBACH, J., Schritt zu neuen Bilanzierungsstandards, S. 1304.

1037 Vgl. KOTTKE, T., Fair Value Bilanzierung versicherungstechnischer Verpflichtungen, S. 260 f.; ELLENBÜRGER, F./HORBACH, L./KÖLSCHBACH, J., Bewertung versicherungstechnischer Rückstellungen, S. 53. Das Änderungs- und das Irrtumsrisiko können in aller Regel nicht oder nicht vollumfänglich diversifiziert werden. Vgl. kritisch hierzu LUDWIG, F., Zum Konzept der künftigen Finanzaufsicht, S. 198.

1038 Vgl. auf Basis einer unterstellten Fair Value-Bewertung von versicherungstechnischen Verpflichtungen IASC (HRSG.), Issues Paper, Tz. 235; VARAIN, T. C., Bilanzierung versicherungstechnischer Verpflichtungen von Schaden- und Unfallversicherungsunternehmen, S. 127 f.

1039 Vgl. LUDWIG, F., Zum Konzept der künftigen Finanzaufsicht, S. 198.

die Risikomarge aufzunehmen ist.[1040] Aber nicht nur die Marktunvollkommenheiten führen dazu, dass sämtliche Elemente des versicherungstechnischen Risikos in die Risikomarge eingehen. Da im gesamten Bewertungsmodell – mit Ausnahme des zu verwendenden Zinssatzes – eine konsequent unternehmensspezifische Perspektive eingenommen wird, sind auch im Rahmen der Risikomarge die für den Versicherer relevanten Risiken abzubilden.[1041] Hierdurch werden die Adressaten befähigt, die maßgebliche Risikosituation angemessen zu beurteilen. Ferner kann nur auf diese Weise gewährleistet werden, dass die vertragsbezogene Servicemarge die vom Versicherer tatsächlich erwartete Profitabilität abbildet bzw. eine resultierende Rückstellung die tatsächliche wirtschaftliche Belastung für den Versicherer ausweist.[1042] Genau hierin besteht das mit der Bewertung von Versicherungsverträgen primär verfolgte Informationsziel. Eine Unterscheidung zwischen für die Adressaten diversifizierbaren und nicht-diversifizierbaren Risiken ist somit bereits konzeptionell äußerst kritisch zu sehen und würde zugleich einen nicht beabsichtigten Perspektivenwechsel hin zu einer marktbezogenen Sichtweise implizieren.

444.3 Aggregationsniveau zur Bestimmung der Risikomarge

444.31 Bewertungslevel

Entgegen den noch im ersten Standardentwurf vorgesehenen Regelungen ist die Risikomarge nunmehr nicht ausschließlich auf Ebene des Vertragsportfolios zu bestimmen,[1043] sondern richtet sich konsequent danach, wie der Versicherer die wirtschaftliche Belastung aufgrund des zu tragenden Risikos einschätzt.[1044] Daher wird das Bewertungslevel für die Risikomarge nicht näher spezifiziert und ist einzelfallspezifisch auszulegen.[1045] Falls ein bestimmtes Aggregationsniveau für die Risikomarge verbindlich festgelegt würde, könnte der **individuellen Risikowahrnehmung** des Versicherers nicht ausreichend Rechnung getragen werden.[1046] Jedoch besteht das mit der Risikoadjustierung verfolgte Ziel explizit darin, diejenige Kompensation abzubilden, die der spezifische Versicherer verlangt, um das jeweilige Risiko zu tragen.[1047] Ein zentral vorgegebenes, verallgemeinerndes Bewertungsniveau könnte diese Zielsetzung gefährden, da darüber hinausgehende Einflüsse, wie auf einer höheren Ebene erzielte Risikoausgleichseffekte, gänzlich ausgeblendet würden.[1048] Diese können sich durchaus auf die Höhe der vom Versicherer geforderten Kompensation auswirken und dürfen folglich nicht vernachlässigt werden, um die Zielkonformität zu gewährleisten. Da der IASB

1040 Vgl. IASC (Hrsg.), DSOP, Tz. 5.59; Rockel, W., Fair Value-Bilanzierung versicherungstechnischer Verpflichtungen, S. 58 f.; Kreeb, M., Versicherungskonzernabschluss nach IFRS 4 Phase II, S. 98; Varain, T. C., Bilanzierung versicherungstechnischer Verpflichtungen von Schaden- und Unfallversicherungsunternehmen, S. 129. So war aufgrund der Marktunvollkommenheiten bereits im DSOP vorgesehen, sowohl vermeintlich diversifizierbare als auch nicht-diversifizierbare Risiken innerhalb der Risikomarge abzubilden. Vgl. IASC (Hrsg.), DSOP, Tz. 5.42.

1041 Im Ergebnis grds. zustimmend Heller, S., Bilanzierung von Versicherungsverträgen nach IFRS, S. 183, nach der für die Berichtsempfänger all diejenigen Risiken relevant sind, die sich für den Versicherer aufgrund des abgeschlossenen Versicherungsgeschäftes ergeben.

1042 Ähnlich Heller, S., Bilanzierung von Versicherungsverträgen nach IFRS, S. 182 f.

1043 So jedoch IASB (Hrsg.), ED/2010/8: Insurance Contracts, Tz. 36, Tz. BC119 (c) und Tz. BC120.

1044 Vgl. IASB (Hrsg.), ED/2013/7: Insurance Contracts, Tz. BCA98 (b).

1045 Vgl. Schlüter, J./Bonin, C., in: Bohl et al., Beck'sches IFRS-Handbuch, § 40. Versicherungsverträge, Rn. 83.

1046 Vgl. IASB (Hrsg.), ED/2013/7: Insurance Contracts, Tz. BCA98 (b).

1047 Vgl. IASB (Hrsg.), ED/2013/7: Insurance Contracts, Tz. B77.

1048 Vgl. IASB/FASB (Hrsg.), Unit of account (agenda paper 7C), Tz. 29.

keinerlei Einschränkungen vorsieht, stellt die **Konzernebene das höchstmögliche Aggregationsniveau** dar.[1049] Gleichwohl sollten nur solche Verträge bei der Beurteilung der Ausgleichseffekte herangezogen werden, die der Kontrolle der berichtenden Einheit unterliegen.[1050] Um den mit der Bestimmung der Risikomarge verbundenen Gestaltungsspielraum des Versicherers einzuschränken, sollten die Risikoausgleichseffekte stets auf derjenigen Ebene berücksichtigt werden, auf der auch die Risikoeinschätzung für interne Zwecke basiert.

Unabhängig vom ursprünglich gewählten Bewertungslevel für die Risikoadjustierung, muss diese auf die **Ebene des jeweiligen Vertragsportfolios**[1051] heruntergebrochen werden, da an das Vorzeichen und die Höhe des Erfüllungsbetrages Bilanzierungskonsequenzen geknüpft werden. Ergibt sich auf Portfolioebene ein negativer Erfüllungsbetrag, d. h. ein Überschuss des erwarteten Barwertes künftiger Einzahlungsströme über den erwarteten Barwert künftiger Auszahlungsströme zzgl. der Risikomarge, so ist dieser Betrag in der vertragsbezogenen Servicemarge abzugrenzen, um einen unmittelbaren Gewinnausweis zu verhindern.[1052] Ein positiver Erfüllungsbetrag löst indes in gleicher Höhe eine erfolgswirksam zu bildende versicherungstechnische Rückstellung aus.[1053] Es sei jedoch darauf hingewiesen, dass sowohl die hier favorisierte strenge Auslegung der ähnlichen erwarteten Profitabilität der Verträge innerhalb eines Portfolios als auch eine unlängst vom IASB explizit erlassene Anforderung die Zusammenfassung erwartungsgemäß gewinn- und verlustbringender Verträge weitestgehend verhindern.[1054]

Wenngleich der IASB die Bewertungsregelungen nunmehr primär auf die Einzelvertragsebene bezieht, erscheint das Portfolio von Versicherungsverträgen auch für die Ermittlung der Risikomarge als das treffendere Zielobjekt. In Kombination mit der im Rahmen dieser Arbeit favorisierten Portfoliodefinition ist auch für die Folgebewertung grds. keine Aufteilung der Risikomarge auf die Einzelverträge erforderlich. Zwar erwägt der IASB für die Auflösung der vertragsbezogenen Servicemarge eine Gruppierung der Versicherungsverträge nach der Höhe der jeweiligen Servicemarge, d. h. der erwarteten vertragsbezogenen Profitabilität.[1055] Jedoch gewährleistet eine enge Auslegung der Ähnlichkeit zusammenfassender Risiken sowie der ähnlichen Bepreisung in Relation zum Risiko als Elemente der Portfoliodefinition eine hinreichende Differenzierung auch für die Folgebewertung. So weisen die derart zusammengestellten Verträge eine vergleichbare Profitabilität auf und sollten zumindest ähnlich auf veränderte Bedingungen reagieren. Folglich können **ungerecht-**

1049 Vgl. ELLENBÜRGER, F./ENGELÄNDER, S./KÖLSCHBACH, J., IFRS für Versicherungsverträge, S. 819. Der Bilanzierende ist bei der Festlegung der Bewertungseinheit auch nicht an die Abgrenzung aufgrund anderer Standards, z. B. infolge der Segmentberichterstattung gebunden. Vgl. SCHLÜTER, J./BONIN, C., in: Bohl et al., Beck'sches IFRS-Handbuch, § 40. Versicherungsverträge, Rn. 83.

1050 Vgl. IASB/FASB (HRSG.), Unit of account (agenda paper 7C), Tz. A16 sowie Tz. 22, wonach bspw. durchsetzbare Unternehmensverträge als Voraussetzung vorgeschlagen werden, um auch Diversifikationseffekte über die Unternehmensgrenze hinweg zu berücksichtigen.

1051 Das Vertragsportfolio wurde sowohl auf Basis des zweiten Standardentwurfes als auch im Hinblick auf die darüber hinausgehenden Diskussionen des IASB als das auch für die praktische Anwendung maßgebliche Aggregationsniveau identifiziert. Vgl. Abschnitt 441.5.

1052 Hierbei ist zu berücksichtigen, dass erwartungsgemäß profitable Verträge nicht mit erwartungsgemäß verlustbringenden Verträgen zusammengefasst werden dürfen. Vgl. IASB (Hrsg.), IASB Update June 2014, S. 3.

1053 Vgl. hierzu insbesondere IASB (HRSG.), ED/2013/7: Insurance Contracts, Tz. IE7.

1054 Vgl. Abschnitt 441.52 sowie IASB (HRSG.), IASB Update June 2014, S. 3.

1055 Vgl. IASB (HRSG.), Level of aggregation (agenda paper 2C), Tz. 25-28 sowie Tz. 33 (b).

fertigte Verrechnungsmöglichkeiten[1056] aufgrund voneinander abweichender Schätzungsänderungen auf ein akzeptables Maß reduziert werden.[1057] Ferner dürfte eine Zuordnung der Gesamtrisikomarge auf die einzelnen Verträge mit einem nochmals erhöhten Ermessensspielraum einhergehen, so dass die **Vertragsportfolios als Zielobjekte** angemessen erscheinen. Dies bedeutet allerdings keineswegs, dass das Bewertungslevel fixiert wird. Die Risikomarge soll lediglich für das jeweilige Vertragsportfolio ermittelt werden, ohne die zulässigen Ausgleichseffekte auf ein bestimmtes Niveau zu beschränken.

Für die hier unterstellten, zeitgleich abgeschlossenen Portfolios ist auch für die Auflösung der Servicemarge in der Folgebewertung keine weitergehende Differenzierung der Risiko- sowie der Servicemarge nach ähnlichen Abschlusszeitpunkten erforderlich.[1058] Um eine systematische Auflösung der vertragsbezogenen Servicemarge zu gewährleisten, sollten die Portfolios allerdings möglichst nur Verträge mit ähnlichen Deckungsperioden umfassen.[1059] Auch für den Fall eines **Portfolioeintritts von Versicherungsverträgen** ist nach der hier vertretenen Auffassung eine Zuordnung der Risikomarge zu den Einzelverträgen und somit letztlich eine Ermittlung der Servicemarge auf Ebene der Einzelverträge entbehrlich. Zur Auflösung der Servicemarge sind die Verträge des Portfolios zwar nach ähnlichen Abschlusszeitpunkten zu aggregieren.[1060] Hierfür dürfte es jedoch ausreichen, für ein entsprechendes Zeitintervall die Veränderung der Servicemarge auf Portfolioebene durch die Portfolioeintritte zu betrachten und diese sodann in der Folgebewertung zeitanteilig aufzulösen. Somit erscheint es zweckmäßig, die Risikomarge unter Einbeziehung portfolioübergreifender Ausgleichseffekte für ein Portfolio von Versicherungsverträgen zu ermitteln.

Insofern könnte die Risikomarge einerseits zunächst nur auf Basis des zu bewertenden Portfolios bestimmt werden, um sie anschließend um weitere für den Versicherer relevante Diversifikationseffekte zu bereinigen. Die **portfolioübergreifenden Ausgleichseffekte** könnten durch einen Vergleich der Gesamtrisikomarge mit der Summe der Risikomargen für die einzelnen Portfolios quantifiziert und sodann auf die Portfolios aufgeteilt werden. Andererseits könnte der auf das Portfolio entfallende Teil der Risikomarge auch ermittelt werden, indem die Gesamtrisikomarge des Versicherers mit und ohne das entsprechende Vertragsportfolio bestimmt wird, so dass aus der Differenz der Ergebnisse die Höhe der Risikomarge abgeleitet werden kann. Es sei jedoch klargestellt, dass die Ausgangsbasis für eine derartige Differenzbetrachtung davon abhängt, welche Diversifikationseffekte der Versicherer auch intern einbezieht. Ferner ist für beide Ansätze mitentscheidend, wie die wechselseitigen, portfolioübergreifenden Ausgleichseffekte den jeweiligen Portfolios zugeordnet werden sollen.

[1056] Diese könnten im Extremfall dazu führen, dass nachteilige Schätzungsänderungen, die einen erwarteten Verlust aus einem Teilbestand des Portfolios begründen von der erwarteten Profitabilität der anderen Verträge des Portfolios kompensiert werden. Somit würde die erfolgswirksame Bildung einer zusätzlichen Rückstellung unterbleiben.

[1057] Weiterhin wird die Problematik angeführt, dass bei einer unterbleibenden Differenzierung des Portfolios nach der Höhe der Servicemarge bei einer vorzeitigen Beendigung eines Vertrages nicht exakt der auf diesen entfallende Anteil der Marge aufgelöst werden kann. Als Lösungsmöglichkeit bietet sich jedoch die separate Beurteilung des Effektes aus der Vertragsauflösung an. Vgl. IASB (HRSG.), Level of aggregation (agenda paper 2C), Tz. 25 (b).

[1058] Vgl. ähnlich IASB/FASB (HRSG.), Unit of account (agenda paper 7B), Tz. 37.

[1059] Vgl. auch Abschnitt 441.51.

[1060] Vgl. bspw. IASB (HRSG.), Level of aggregation (agenda paper 2C), Tz. 33 (b) sowie Abschnitt 455.

444.32 Berücksichtigung von Diversifikationseffekten

Die Bestimmung der Bewertungsebene geht unmittelbar mit der Frage einher, welche **Diversifikationseffekte**, d. h. welche **Risikoausgleichseffekte** innerhalb des (Teil-)Versicherungsbestandes, in die Risikomarge einfließen sollen und somit deren Höhe bedingen.[1061] Indem die Bewertungsebene nicht starr vorgegeben, sondern an das mit der Risikomarge verfolgte Ziel gekoppelt wird, schafft der IASB die Voraussetzung, um sämtliche für das Versicherungsgeschäft kennzeichnenden Ausgleichseffekte in die Bewertung der Versicherungsverträge einbeziehen zu können. Je nachdem, bis zu welchem Grad der Versicherer jene Effekte in die Kompensation für die Übernahme der Unsicherheit in den künftigen Zahlungsströmen einfließen lässt, sind sie auch bei der Bestimmung der Risikomarge zu berücksichtigen.[1062] Diese Ausweitung der Einbeziehung von Diversifikationseffekten im Vergleich zum ersten Standardentwurf[1063] ist positiv zu beurteilen, da diese einen zentralen Bestandteil des Versicherungsgeschäftes darstellen.[1064] Sofern sie auch in die Entscheidungsfindung des Versicherers eingehen, müssen die Risikoausgleichseffekte auch auf die Höhe der Risikomarge wirken, um den wirtschaftlichen Gehalt des abgeschlossenen Versicherungsgeschäftes möglichst realitätsgetreu abzubilden.

Diskussionswürdig ist indes, ob die zu berücksichtigenden Diversifikationseffekte durch den Umstand beschränkt werden, ob die Überschüsse in einem Portfolio tatsächlich genutzt werden können, um Defizite in anderen Portfolios zu kompensieren **(Fungibilität)**.[1065] Derartige Einschränkungen sind indes vor allem durch aufsichtsrechtliche Regelungen und Erfordernisse des Kapitalmanagements begründet.[1066] Für die Adressaten ist primär entscheidend, welche Ausgleichseffekte und Risikoeinschätzungen der Versicherer der Prämienkalkulation zugrunde legt, unabhängig davon, ob Kapital zwischen den Portfolios tatsächlich transferiert werden kann. Das mit einem Vertragsportfolio zusammenhängende Risiko für den Versicherer kann also nur dann glaubwürdig dargestellt werden, wenn grds. sämtliche aus Sicht des Versicherers relevanten Effekte in der Risikomarge abgebildet werden dürfen.[1067] Gleichwohl sollte die Grenze eingehalten werden, dass die berichterstattende Einheit die Kontrolle über die jeweiligen Versicherungsverträge besitzen sollte bzw. dass auf Ebene der Einzelunternehmen unternehmensübergreifende Diversifikationseffekte nur einbezogen werden dürfen, wenn entsprechende Übereinkünfte bestehen, die einen Ausgleich zulassen.[1068] Auf

---

1061 Vgl. BACHER, D. F./HOFMANN, A., Versicherungsbilanzierung, quo vadis, S. 314; ZIMMERMANN, J./SCHWEINBERGER, S., IFRS Zukunftsperspektiven, S. 2158 und S. 2160; HELLER, S., Bilanzierung von Versicherungsverträgen nach IFRS, S. 182 f.

1062 Vgl. IASB (HRSG.), ED/2013/7: Insurance Contracts, Tz. B77 (a) und Tz. BCA104; ELLENBÜRGER, F./ENGELÄNDER, S./KÖLSCHBACH, J., IFRS für Versicherungsverträge, S. 819. Allerdings wird angemahnt, dass weiterhin Zweifel bestehen, ob die Versicherer portfolioübergreifende Diversifikationseffekte tatsächlich in ihre Preisfindung mit einbeziehen. Vgl. IASB/FASB (HRSG.), Unit of account (agenda paper 7C), Tz. 21 (d). Indem die Bewertungsebene dynamisch definiert wird, kann dieser Befürchtung ausreichend Rechnung getragen werden.

1063 Vgl. IASB (HRSG.), ED/2010/8: Insurance Contracts, Tz. 36 sowie Tz. BC119 f.

1064 Vgl. MÜLLER, H./OSTER, A., IFRS für Versicherungsverträge aus aufsichtsrechtlicher Sicht, S. 254; ASCHE, B., Jahresabschlussanalyse von Schaden-/Unfallversicherern, S. 190.

1065 Vgl. zu dieser Diskussion IASB (HRSG.), ED/2010/8: Insurance Contracts, Tz. BC119 (b); IASB/FASB (HRSG.), Unit of account (agenda paper 7C), Tz. 14 und Tz. 23.

1066 Vgl. IASB/FASB (HRSG.), Unit of account (agenda paper 7C), Tz. 23.

1067 Gleichwohl ist zu empfehlen, die Grenze einzuhalten, dass die berichterstattende Einheit die Kontrolle über die jeweiligen Versicherungsverträge besitzen sollte.

1068 Vgl. IASB/FASB (HRSG.), Unit of account (agenda paper 7C), Tz. 22.

Konzernebene sind jedoch für den Kreis der einbezogenen Unternehmen keine Beschränkungen erforderlich. Folglich sollte die Fungibilität das Ausmaß der einzubeziehenden Diversifikationseffekte nicht per se beschränken.[1069] Zu einer anderen Einschätzung gelangt der *staff* des IASB, nach dem Diversifikationsvorteile nur soweit einbezogen werden sollten, wie sie auch tatsächlich als fungibel eingestuft werden. Anderenfalls sei ihnen kein Wert für den Versicherer beizumessen.[1070]

Die zu erfassenden Risikoausgleichseffekte auf die **Portfolioebene** zu beschränken, würde regelmäßig zu einer strukturellen Überbewertung der Risikomarge führen. In der Zugangsbewertung wäre hiermit c. p. ein als zu niedrig einzustufender erwarteter Gewinn und entsprechend auch eine zu niedrigere vertragsbezogene Servicemarge für profitable Portfolios bzw. eine Überbewertung der versicherungstechnischen Rückstellung für belastende Vertragsportfolios verbunden.[1071] Als Konsequenz könnte bei der Zugangsbewertung ein Verlust auszuweisen sein, obwohl dieser wirtschaftlich aufgrund weitergehender Diversifikationseffekte nicht begründet ist.[1072] In der Folgebewertung könnten jene Effekte auf Basis der Regelungen des zweiten Standardentwurfes verstärkt werden, da sich sämtliche Änderungen in der Risikobeurteilung hier noch unmittelbar erfolgswirksam auf die Rückstellungshöhe auswirken.[1073]

Es erscheint vielmehr nicht mit dem Ziel der Entscheidungsnützlichkeit vereinbar, dass ein Versicherer, der nur über ein einzelnes Portfolio verfügt, eine Risikomarge in identischer Höhe ausweist wie ein anderer, stark diversifizierter Versicherer mit einer Vielzahl unterschiedlicher Portfolios.[1074] In der Nettobetrachtung sind die beiden Versicherer nicht demselben versicherungstechnischen Risiko bezogen auf das Portfolio ausgesetzt und dementsprechend sollte sich dieser Unterschied auch in der bilanziellen Abbildung der Versicherungsverträge niederschlagen. Der Adressat dürfte ferner ein berechtigtes Interesse an Informationen haben, die Aufschluss darüber geben, wie effizient der Versicherer mit den vertragsinhärenten Risiken umgeht und wie er diese einschätzt bzw. in seine Entscheidungsfindung einbezieht.[1075] Dies kann jedoch nur gewährleistet werden, wenn der Versicherer die Diversifikationseffekte entsprechend seiner internen Kalkulation berücksichtigen kann und keine künstliche Grenze durch ein fixes Aggregationsniveau definiert wird. Zudem sieht die Portfoliodefinition des IASB vor, dass ausschließlich Verträge mit gleichartigen Risiken zu einem Portfolio zusammengefasst werden können.[1076] Indes werden Risikoausgleichseffekte nicht nur zwischen Verträgen mit gleichartigen Risiken erzielt, sondern können sich auch bei negativ bzw.

1069 Vgl. hierzu auch IASB/FASB (HRSG.), Unit of account (agenda paper 7C), Tz. 23.

1070 Vgl. IASB/FASB (HRSG.), Unit of account (agenda paper 7C), Tz. A17 (a).

1071 So auch ASCHE, B., Jahresabschlussanalyse von Schaden-/Unfallversicherern, S. 190. Gleichwohl wäre es zumindest konsistent mit den weiteren Bewertungsbausteinen, die Risikomarge ebenfalls auf Ebene der jeweiligen Vertragsportfolios zu bestimmen. Dies wurde mitunter in den Stellungnahmen gefordert. Vgl. IASB/FASB (HRSG.), Unit of account (agenda paper 7C), Tz. 21 (c).

1072 Vgl. IASB/FASB (HRSG.), Unit of account (agenda paper 7C), Tz. 15 (a) und (b).

1073 Künftig werden diese voraussichtlich zunächst in die vertragsbezogene Servicemarge eingehen, sofern sich die Änderungen auf die noch ausstehende Deckung beziehen und die Servicemarge hierdurch nicht negativ wird. Vgl. IASB (HRSG.), IASB Update March 2014, S. 2.

1074 Vgl. NGUYEN, T./MOLINARI, P., Bilanzierung von Versicherungsverträgen nach ED/2010/8 (Teil II), S. 66.

1075 In Anlehnung an IASB/FASB (HRSG.), Unit of account (agenda paper 7C), Tz. 15 (c).

1076 Vgl. IASB (HRSG.), ED/2013/7: Insurance Contracts, Appendix A sowie Abschnitt 441.52.

partiell korrelierten Risiken einstellen.[1077] Auch daher wäre es sachlich nicht gerechtfertigt, die zu berücksichtigenden Diversifikationseffekte auf die Portfolioebene zu beschränken.[1078]

444.4 Beurteilung der Modelle zur Berechnung der Risikomarge

444.41 Anforderungen an die Risikomarge

Anders als noch im ersten Standardentwurf spezifiziert der IASB nicht mehr, anhand welcher Methoden die Risikomarge zu bemessen ist.[1079] Anstatt dessen werden konkretisierende Anforderungen definiert, denen die vom Versicherer ermittelte Risikomarge und damit letztlich auch die zu deren Bestimmung eingesetzten Methoden in ihrer Gesamtheit gerecht werden müssen. Damit eine vom Versicherer abgeleitete Risikoadjustierung zielkonform ist und somit den Regelungen zur Risikomarge entspricht, muss sie den folgenden **fünf vom IASB definierten Anforderungen** genügen:[1080]

(1) Risiken, die selten eintreten und mit hohen Schadenauszahlungen einhergehen, bedingen eine höhere Risikomarge als häufig eintretende Risiken, die nur zu geringen Schadenauszahlungen führen.

(2) Bei gleichartigen Risiken ist die Höhe der Risikomarge positiv korreliert mit der Länge der Vertragslaufzeit.

(3) Risiken, die durch eine breite Wahrscheinlichkeitsverteilung gekennzeichnet sind, führen zu einer höheren Risikoanpassung als bei einer erwartungsgemäß vergleichsweise engen Wahrscheinlichkeitsverteilung.

(4) Ein zunehmender Grad an Unsicherheit über die aktuellen Schätzungen und etwaige Trends erfordert eine höhere Risikomarge.

(5) Das Ausmaß an spezifischen Erfahrungen wirkt sich insofern senkend auf die Höhe der Risikoadjustierung aus, als dass mit zunehmender Kenntnis über Schadengesetzmäßigkeiten, Abwicklungsprozesse etc. die Unsicherheit reduziert werden kann.

Sofern die vom Bilanzierenden eingesetzten Techniken zur Bestimmung der Risikomarge Ergebnisse generieren, die diesen Anforderungen gerecht werden, können sie als grds. vereinbar mit der ver-

---

1077 Vgl. beispielhaft für Lebensversicherungsverträge IASB/FASB (Hrsg.), Unit of account (agenda paper 7C), Tz. 16. Jedoch wird von den Befürwortern der Beschränkung auf ähnliche Risiken angeführt, dass Industrieunternehmen auch keine ausgleichenden Effekte zwischen verschiedenen Produktgruppen für bilanzielle Zwecke geltend machen können. Ferner handele es sich bei den Diversifikationsvorteilen in Bezug auf verschiedenartige Risiken um einen intern generierten Goodwill, der bilanziell nicht abzubilden ist. Vgl. IASB/FASB (Hrsg.), Unit of account (agenda paper 7C), Tz. A8 (b). Dem stehen nach der hier vertretenen Auffassung indes die Besonderheiten des Versicherungsgeschäftes entgegen.

1078 Vgl. IASB/FASB (Hrsg.), Unit of account (agenda paper 7C), Tz. A5 f.

1079 Vgl. IASB (Hrsg.), ED/2013/7: Insurance Contracts, Tz. B81 und Tz. BCA97-BCA99.

1080 Vgl. IASB (Hrsg.), ED/2013/7: Insurance Contracts, Tz. B81 (a)-(e); Steiner, C., Bilanzierung versicherungstechnischer Rückstellungen, S. 504.

folgten Zielsetzung der Risikomarge angesehen werden.[1081] Gleichwohl ist explizit auf die unternehmensspezifische Wahrnehmung der Unsicherheit und deren Quantifizierung abzustellen, so dass nach der hier vertretenen Auffassung auf diejenigen Verfahren zurückgegriffen werden sollte, die am ehesten der internen Risikoeinschätzung entsprechen, sofern sie insgesamt den Anforderungen genügen.[1082] Auch wenn diese Kriterien dem Ziel der Risikomarge zuträglich erscheinen, sind sie z. T. mit großem individuellen Ermessen behaftet.[1083] So dürfte es aufgrund der subjektiven Perspektive vor allem bei den Eigenschaften (4) und (5) schwer fallen, der Nachprüfbarkeit gerecht zu werden, woraus letztendlich eine eingeschränkte Auditierbarkeit der Anforderungen resultiert.[1084]

Von entscheidender Bedeutung ist es stets, das für ein Portfolio von Versicherungsverträgen spezifische Risikoprofil der Schadenverteilung durch die Risikoadjustierung in die Bewertung der Versicherungsverträge bzw. der versicherungstechnischen Verpflichtung einfließen zu lassen. Dies äußert sich vor allem in den Anforderungen (1) und (3). Wenngleich nicht explizit im Standardentwurf angesprochen, dürfen hierbei das Risiko extremer Schadenzahlungen im (äußeren) Rand der Verteilung sowie auch Risikokonzentrationen nicht vernachlässigt werden.[1085]

Es sei jedoch darauf hingewiesen, dass sich die Anforderungen auf die Höhe der Risikoadjustierung beziehen und nicht zwangsläufig unmittelbar durch die drei untersuchten Techniken erfüllt sein müssen. Differenziert werden sollte hierbei zwischen den Komponenten des versicherungstechnischen Risikos. Das **Zufallsrisiko**, das die Möglichkeit einer zufallsbedingten Abweichung der tatsächlichen Schadenrealisationen von ihrem Erwartungswert beschreibt,[1086] kann auf Basis der Gesamtschadenverteilung und folglich anhand der hier analysierten Verfahren quantifiziert werden. Gleiches gilt für das **Änderungsrisiko**, welches das Risiko einer zeitlichen Instabilität der Gesamtschadenverteilung adressiert, da mögliche Änderungen der Schadengesetzmäßigkeiten bspw. durch die Einbeziehung von Trends in der Schätzung der Verteilungsfunktion berücksichtigt werden.

Beim **Irrtumsrisiko**, das sich auf die mangelnde Kenntnis der wahren zugrunde liegenden Gesetzmäßigkeiten bezieht, sollte hingegen auf Methoden der statistischen Testtheorie zurückgegriffen werden, sofern ein bestimmter Verteilungstyp angenommen wurde.[1087] Irrtumsrisiken hinsichtlich der konkreten Parameterschätzungen lassen sich mit Konzepten bewerten, die der statistischen Schätztheorie bzw. der nicht-parametrischen Statistik entstammen. Neben der statischen Komponente des Irrtumsrisikos kann auch derjenige Bestandteil, der sich auf eine fehlerhafte Einschätzung künftiger Entwicklungen und Trends bezieht, mittels statistischer Verfahren quantifiziert und sepa-

1081 Vgl. IASB (Hrsg.), ED/2013/7: Insurance Contracts, Tz. B81 i. V. m. Tz. B76; IASB/FASB (Hrsg.), Risk adjustment: techniques and inputs (agenda paper 3C), Tz. 41.

1082 Vgl. bereits ähnlich IASB/FASB (Hrsg.), Risk adjustment (agenda paper 2B), Tz. 7 (g).

1083 Vgl. Asche, B., Jahresabschlussanalyse von Schaden-/Unfallversicherern, S. 191.

1084 Vgl. Steiner, C., Bilanzierung versicherungstechnischer Rückstellungen, S. 504.

1085 Diese konkretisierende Anforderung wurde im Standardentwicklungsprozess bereits aufgegriffen. Vgl. IASB/FASB (Hrsg.), Risk adjustment (agenda paper 2B), Tz. 7 (e). Im Schaden- und Unfallbereich sind als Beispielfälle eines bedeutsamen Randes der Verteilung u. a. Risiken aufgrund potentieller Elementarschäden, z. B. infolge eines Erdbebens bzw. extremer Stürme, zu nennen.

1086 Vgl. hierzu sowie zur ausführlichen Beschreibung der weiteren Komponenten des versicherungstechnischen Risikos Abschnitt 212.4.

1087 Vgl. hierzu sowie im Folgenden Albrecht, P./Schwake, E., Versicherungstechnisches Risiko, S. 654 f.

rat bei der Bemessung der Risikomarge berücksichtigt werden.[1088] Das so verstandene Irrtumsrisiko wird in den Anforderungen (2), (4) und (5) adressiert, so dass diesen Kriterien durch eine separate Erfassung der Risikokomponente nachgekommen werden sollte.

444.42 Überblick über die Modelle

Der IASB sieht derzeit keine bestimmten Modelle zur Ermittlung der Risikomarge vor. Sofern die zuvor betrachteten Anforderungen an die Risikomarge erfüllt sind, kann folglich theoretisch jedes Verfahren zu deren Bestimmung herangezogen werden. Die konkrete **Methodenwahl** verbleibt also im Ermessen des Bilanzierenden,[1089] wobei stets diejenige Methode gewählt werden sollte, die dem verfolgten Oberziel am ehesten gerecht wird und somit der unternehmensspezifischen Risikowahrnehmung bzw. -einschätzung entspricht. Hierbei sind speziell auch die Besonderheiten des jeweiligen Versicherungsgeschäftes zu beachten, so dass abhängig von der Art der zu bewertenden Portfolios von Versicherungsverträgen ggf. unterschiedliche Methoden einzusetzen sind.[1090]

Wenngleich mit der gewährten Methodenfreiheit vermehrt die Gefahr einer verringerten Vergleichbarkeit verbunden wird,[1091] so dürfte die konsequente Orientierung am Bewertungsziel zu relevanten Informationen über die individuelle Risikobeurteilung des Versicherers führen, die zugleich potentiell glaubwürdig abbildbar sind.[1092] Der Kritik an der mangelnden Vergleichbarkeit ist ferner zu entgegnen, dass auch eine **Limitierung der anzuwendenden Verfahren** dieses Problem nicht ganzheitlich lösen kann, sofern nicht sämtliche Inputparameter extern vorgegeben werden.[1093] Dies würde jedoch dazu führen, dass es nicht mehr gelingen kann, die als höchst relevant eingestufte individuelle Risikoeinschätzung des Versicherers bilanziell nachzuzeichnen, und ist daher abzulehnen. Zudem erscheint es nur schwerlich mit dem angestrebten prinzipienorientierten Ansatz des IASB vereinbar, eine bestimmte Bewertungstechnik vorzugeben, zumal je Sachverhaltsgruppe ggf. getrennte Vorgaben erforderlich wären.[1094] Indem die Wahl der Bewertungsmethode strikt an die Zielerreichung geknüpft wird, schließt der Board auch keine künftigen aktuariellen Neuentwicklungen aus, die den allgemeinen Anforderungen besser gerecht werden als die bisher bekannten Methoden und die individuelle Risikosituation zutreffender abbilden.[1095]

1088 Vgl. für einen Überblick über die vorherrschenden Prognosegütemaße BARROT, C., Prognosegütemaße, S. 547-560.

1089 Vgl. IASB (HRSG.), ED/2013/7: Insurance Contracts, Tz. B82.

1090 Vgl. auch IASB/FASB (HRSG.), Risk adjustment (agenda paper 2B), Tz. 7 f.

1091 Mitunter diese Befürchtung veranlasste den IASB, die Wahlmöglichkeiten bei den anwendbaren Verfahren im ersten Standardentwurf zu beschränken. Vgl. IASB (HRSG.), ED/2013/7: Insurance Contracts, Tz. BCA97 (a).

1092 Die Vergleichbarkeit soll also vielmehr dadurch erreicht werden, dass jeder Versicherer bestrebt ist, das Ziel der Risikomarge bestmöglich zu erreichen. Vgl. IASB/FASB (HRSG.), Risk adjustment: techniques and inputs (agenda paper 3C), Tz. 3 (a).

1093 So auch IASB/FASB (HRSG.), Risk adjustment (agenda paper 3C), Tz. 12 (c). Wenngleich im ersten Standardentwurf verbindlich eines von drei Verfahren zur Bestimmung der Risikomarge anzuwenden war, wurden die Einflussfaktoren nicht näher spezifiziert, so dass auch hiermit erhebliche Ermessensspielräume verbunden waren. Vgl. NGUYEN, T./GROSCHE, S., ED IFRS 4 aus aufsichtsrechtlicher Perspektive, S. 429; ROCKEL, W./SAUER, R., IFRS für Versicherungsverträge (II), S. 305.

1094 Vgl. IASB (HRSG.), ED/2013/7: Insurance Contracts, Tz. BCA98 (a); WIPF, D./GRIMM, T./BIBER, R., IFRS 4 Phase II, S. 143.

1095 Vgl. IASB/FASB (HRSG.), Risk adjustment: techniques and inputs (agenda paper 3C), Tz. 11 (a).

Wenngleich die gegenwärtigen Regelungsvorschläge die anwendbaren Techniken nicht eingrenzen, sollen im Folgenden die im ersten Standardentwurf noch vorgeschriebenen Methoden näher konkretisiert und dahingehend beurteilt werden, ob sie den identifizierten Anforderungen entsprechen und zur Vermittlung entscheidungsnützlicher Informationen beitragen. Im ED/2010/8 wurde ein explizites Wahlrecht zwischen

- der **Konfidenzintervallmethode** *(confidence level)*,
- der **bedingten Erwartungswertmethode** *(conditional tail expectation)* und
- der **Kapitalkostenmethode**[1096] *(cost of capital)* gewährt.[1097]

Obwohl zunächst einstimmig beschlossen wurde, diese Methoden als Beispiele in die *application guidance* aufzunehmen,[1098] enthält der aktuelle Entwurf keine entsprechenden Ausführungen.

Bei der Anwendung der Methoden ist jedoch zu beachten, dass nunmehr, anders als nach den Regelungen des ED/2010/8, auch portfolioübergreifende Ausgleichseffekte berücksichtigt werden müssen, sofern sie für die Bemessung der Risikokompensation für den Versicherer relevant sind.[1099] Wie in Abschnitt 444.31 ausgeführt, könnte hierfür die Risikomarge zunächst auf Portfolioebene ermittelt werden, bevor sie in einem zweiten Schritt um den Effekt des portfolioübergreifenden Risikoausgleichs korrigiert wird. Alternativ könnte die Risikomarge auf Basis einer Differenzbetrachtung auch auf derjenigen höheren Aggregationsebene bestimmt werden, auf der die für den Versicherer relevanten Ausgleichseffekte erzielt werden können. Für die nachfolgende Beurteilung der im ED/2010/8 noch verbindlich vorgeschriebenen Methoden wird allerdings zunächst von einer Betrachtung portfolioübergreifender Ausgleichseffekte abstrahiert.

444.43 Konfidenzintervallmethode

Mit Hilfe der **Konfidenzintervallmethode** bzw. dem ***value at risk*** **(VaR)** zum Konfidenzniveau (1-α) wird einer versicherungstechnischen Verpflichtung (exklusive der Servicemarge) derjenige Betrag zugeordnet, der mit einer Wahrscheinlichkeit von (1-α) im betrachteten Zeitraum durch die Realisationen nicht überschritten wird.[1100] Allgemein lässt sich ein *value at risk*, der gewöhnlich auf

1096 Die Kapitalkostenmethode ist aufsichtsrechtlich zwingend anzuwenden und stellt die in der Praxis bevorzugte Methode dar, zumal sie auch intern im Rahmen der Prämienkalkulation eingesetzt wird. Vgl. zur Praxisrelevanz Ernst & Young (Hrsg.), Market Value Margins, S. 4 und S. 6; The European Insurance CFO Forum (Hrsg.), CL on IASB Insurance Contracts, S. 4; Nguyen, T./Molinari, P., Fair Value-Bewertung von Versicherungsverträgen, S. 1011. Vgl. zu den aufsichtsrechtlichen Vorgaben Richtlinie 2009/138/EG des Europäischen Parlaments und des Rates vom 25.11.2009, Art. 77, Abs. 5.

1097 Vgl. IASB (Hrsg.), ED/2010/8: Insurance Contracts, Tz. B73.

1098 Vgl. IASB (Hrsg.), IASB Update September 2011, S. 5.

1099 Vgl. IASB (Hrsg.), ED/2013/7: Insurance Contracts, Tz. B37 (b) und Tz B77 (a).

1100 Vgl. IASB (Hrsg.), ED/2010/8: Insurance Contracts, Tz. B75; IAA (Hrsg.), Measurement of Liabilities for Insurance Contracts, S. 76; Hanisch, J., Risikomessung mit dem *conditional value at risk*, S. 22; Rockel, W., Fair Value-Bilanzierung versicherungstechnischer Verpflichtungen, S. 88.

die Verlusthöhe und somit auf den Saldo der Zahlungsströme (CF) abstellt, für das Konfidenzniveau$_{(1-\alpha)}$ ($Q_{1-\alpha}$) auf Basis der Verteilungs- bzw. Dichtefunktion wie folgt beschreiben:[1101]

$$VaR = Q_{1-\alpha}(CF) \Rightarrow p(CF \leq -VaR) = \alpha \Leftrightarrow \int_{-\infty}^{-VaR} f(cf)\, dcf = \alpha$$

Formel 4-1: Allgemeine Version des *value at risk* zum Konfidenzniveau (1-α)

Es wäre folglich eine Verteilung der Nettozahlungsströme zugrunde zu legen, die sowohl die künftigen Prämieneinnahmen als auch vor allem die Schadenauszahlungen berücksichtigt. Da die Einzahlungsströme mit geringeren Unsicherheiten behaftet und – abgesehen von möglichen Optionen der Versicherungsnehmer – i. d. R. deterministisch vorgegeben sind, wird im Folgenden für die Beurteilung der Methoden zur Bestimmung der Risikomarge einzig auf die Verteilung der Schadenauszahlungen (S) abgestellt:[1102]

$$VaR = Q_{1-\alpha}(S) \Rightarrow p(S \geq VaR) = \alpha \Leftrightarrow \int_{VaR}^{\infty} f(s)\, ds = \alpha$$

Formel 4-2: Modifizierte Version des *value at risk* zum Konfidenzniveau (1-α)

Die Differenz zwischen dem *value at risk* zu einem wählbaren Konfidenzniveau und dem Erwartungswert der künftigen Schadenauszahlungen ist – vorbehaltlich der Berücksichtigung portfolioübergreifender Diversifikationseffekte –[1103] als Bestandteil der Risikomarge anzusetzen und erhöht letztlich den Erfüllungsbetrag, an dessen Vorzeichen und Betrag die Bilanzierungskonsequenz geknüpft ist.[1104] Nicht nur die Methodenwahl, sondern auch die Wahl der Parameter, wie hier des Konfidenzniveaus, liegen vollständig im Ermessen des Bilanzierenden, so dass das Bewertungsergebnis theoretisch bewusst gestaltet werden könnte.[1105] Gleichwohl ist zu fordern, dass für bilanzi-

1101 Vgl. ZONS, M., Value Based Management, S. 96; HANISCH, J., Risikomessung mit dem *conditional value at risk*, S. 23 sowie für eine verlustbezogene Definition LINSMEIER, T. J./PEARSON, N. D., *Value at risk*, S. 48; KORYCIORZ, S., Sicherheitskapitalbestimmung, S. 24; LEHRBAß, F. B./BOLAND, I./THIERBACH, R., Risikomessung, S. 285. Der *value at risk* wird hierbei als Intervallgrenze mit einbezogen, zumal es bei einer unterstellten stetigen Verteilungsfunktion unbedeutend ist, ob p(CF < -VaR) oder aber p(CF ≤ -VaR) betrachtet wird. Dies gilt auch für die folgenden Formeln zur Berechnung der Risikomaße.

1102 In Anlehnung an den Ansatz in IASB/FASB (HRSG.), Risk adjustment techniques (agenda paper 1B), Tz. 12 (a). Wenngleich auch ein abweichendes Kundenverhalten zu berücksichtigen ist, wird sich dieses regelmäßig nicht verstärkt im Rand der Verteilung niederschlagen. In die Bestimmung der Höhe der Risikomarge sind diese Zahlungsstromkomponenten jedoch gleichermaßen einzubeziehen, zumal sie sich vor allem auch auf die künftigen Auszahlungsströme auswirken. Dies gilt ebenso für weitere Auszahlungsströme, die neben den Schadenzahlungen im Rahmen des ersten Bewertungsbausteins zu berücksichtigen sind. Da die Schadenauszahlungen die dominierende Komponente darstellen und sie für die Beurteilung der Angemessenheit der Modelle maßgeblich sind, beziehen sich die Ausführungen zur Risikomarge hier und im Folgenden schwerpunktmäßig auf diese Komponente.

1103 Wie im Laufe der Analyse innerhalb dieses Abschnittes gezeigt wird, sollte das Irrtumsrisiko separat quantifiziert werden und in einem zweiten Schritt in die Bestimmung der Risikomarge eingehen.

1104 Vgl. IASB (HRSG.), ED/2010/8: Insurance Contracts, Tz. B75; IAA (HRSG.), Measurement of Liabilities for Insurance Contracts, S. 76.

1105 Vgl. ASCHE, B., Jahresabschlussanalyse von Schaden-/Unfallversicherern; S. 194; STEINER, C., Bilanzierung versicherungstechnischer Rückstellungen, S. 517. Auch im ersten Standardentwurf, der die Konfidenzintervallmethode

elle Zwecke die auch intern eingesetzte Methode möglichst einheitlich zu verwenden ist bzw. eine hinreichende Konsistenz hierzu gewahrt werden sollte, sofern eine Risikomarge resultiert, die den vom IASB definierten Anforderungen genügt. Ferner ist wie auch bei anderen Bewertungsfragestellungen grds. eine stetige Methodenwahl geboten, wobei zusätzlich Angaben zur Ermittlungsmethodik der Risikomarge im Anhang verbindlich vorgeschrieben sind.[1106] Hierdurch könnten die Folgen des bestehenden Gestaltungsspielraumes zumindest abgeschwächt werden. Dennoch kann eine im Zeitablauf veränderte Schadenverteilung auch zur Wahl eines von der bisherigen Beurteilung abweichenden Konfidenzniveaus führen, so dass eine hiervon abhängige Veränderung der Risikomarge wiederum im Ermessen des Bilanzierenden liegt.[1107] Der Vorteil der **Konfidenzintervallmethode** besteht darin, dass das (portfolio)inhärente Risiko für die Adressaten verständlich in einen Geldbetrag transformiert werden kann und mit der Methode ein überschaubarer Ermittlungsaufwand verbunden ist.[1108] Um jedoch die Angemessenheit des Verfahrens für Vertragsarten im Schaden- und Unfallbereich zu beurteilen, sind die vom IASB definierten Anforderungen zu überprüfen.

Anforderung (1) stellt darauf ab, dass mit schieferen Verteilungen ein c. p. höheres Risikomaß einhergehen sollte.[1109] Insbesondere bei **rechtsschiefen Schadenverteilungen** ist der Rand der Verteilung regelmäßig strukturell durch höhere Schadenausprägungen als bei einer unterstellten Standardnormalverteilung gekennzeichnet. Derart schiefe Schadenverteilungen stellen bei den aus Versicherungsverträgen resultierenden Schadenzahlungen keine Seltenheit dar und sind im Schaden- und Unfallbereich mitunter im Haftpflichtbereich anzutreffen.[1110] Wird als Konfidenzintervall nicht entsprechend des besonderen Risikoprofils eines solchen Vertragsportfolios eine höhere Grenze gewählt, so kann das Abweichungsrisiko, das sich im äußeren Rand der Verteilung widerspiegelt, mit der Konfidenzintervallmethode nicht angemessen berücksichtigt werden. Der Erwartungswert der nicht einbezogenen Schadenausprägungen wäre hierbei bspw. ungleich höher als bei einer nicht modifizierten Normalverteilung, so dass ein höheres Risikoausmaß unberücksichtigt bliebe. Die Form der Verteilungsfunktion und hierbei insbesondere deren Schiefe ist bei der Wahl des Konfidenzniveaus daher zwingend zu berücksichtigen.[1111] Bei gegebenem Konfidenzintervall ist diese Methode umso schlechter geeignet, die individuelle Risikosituation abzubilden, je schiefer die Gesamtschadenverteilung ist.[1112] Im Extremfall ist es sogar theoretisch denkbar, dass bei einer sehr

noch explizit als eines der zulässigen Verfahren ausmachte, wurden die relevanten Parameter nicht weiter spezifiziert. Vgl. NGUYEN, T./GROSCHE, S., Bewertungskonzept für versicherungstechnische Verpflichtungen, S. 32. Gleichwohl wurde seitens des IASB ausgeführt, dass der Bilanzierende bei seiner Entscheidung diejenigen Faktoren berücksichtigen sollte, die für die Verteilung maßgeblich sind. Vgl. IASB (HRSG.), ED/2010/8: Insurance Contracts, Tz. B79.

1106 Vgl. IASB (HRSG.), ED/2013/7: Insurance Contracts, Tz. 83 (b) (i).

1107 Vgl. IASB (HRSG.), ED/2010/8: Insurance Contracts, Tz. B79.

1108 Vgl. IASB (HRSG.), ED/2010/8: Insurance Contracts, Tz. B76; HANISCH, J., Risikomessung mit dem *conditional value at risk*, S. 23; sowie auch für weitergehende Vorteile diese Ansatzes DOWD, K., Measuring Market Risk, S. 11-13; MANGO, D. F./MULVEY, J. M., Capital Adequacy, S. 58.

1109 Vgl. zu dieser sowie den weiteren Anforderungen IASB (HRSG.), ED/2013/7: Insurance Contracts, Tz. B81 sowie Abschnitt 444.41.

1110 Vgl. ASCHE, B., Jahresabschlussanalyse von Schaden-/Unfallversicherern, S. 195; IASB (HRSG.), ED/2010/8: Insurance Contracts, Tz. B76; IASB/FASB (HRSG.), Risk adjustment techniques (agenda paper 1B), Tz. 15 (a).

1111 Vgl. IASB (HRSG.), ED/2010/8: Insurance Contracts, Tz. B76.

1112 Vgl. IASB (HRSG.), ED/2010/8: Insurance Contracts, Tz. B95.

schiefen Verteilungsfunktion und einem niedrig gewählten Konfidenzniveau der entsprechende *value at risk* unterhalb des Erwartungswertes der Schadenrealisationen liegt. Dies würde eine negative Risikomarge implizieren, die den Erfüllungsbetrag c. p. verringert und somit in der Zugangsbewertung zu einer höheren vertragsbezogenen Servicemarge für gewinnbringende Portfolios bzw. einer niedrigeren versicherungstechnischen Rückstellung für erwartungsgemäß defizitäre Portfolios führt. Hierdurch würde das mit der Risikoadjustierung ursprünglich verfolgte Ziel ad absurdum geführt.[1113]

Eine weitere Schwäche der Konfidenzintervallmethode, welche die **Anforderungen (1) und (3)** betrifft, ist die z. T. fehlende Berücksichtigung von **Großschadenrisiken** innerhalb der Risikoadjustierung.[1114] So fordert das dritte Kriterium, dass mit breiteren Wahrscheinlichkeitsverteilungen höhere Risikomargen einhergehen.[1115] Die bei breiteren Verteilungen tendenziell eher vorhandenen Großschadenrisiken dürften verstärkt auch mit rechtsschiefen Schadenverteilungen verbunden sein. Da sich der *value at risk* stets auf einen bestimmten Punkt der Verteilung bezieht, hat der darüber hinausgehende Verlauf keinerlei Einfluss auf das Risikomaß.[1116] Vielmehr ist der *value at risk* zum Konfidenzniveau (1-α) die kleinstmögliche Schadenausprägung der α % höchsten Realisationen, was zu einer unzureichenden Erfassung der inhärenten Risiken führen kann.[1117] Die Breite der Wahrscheinlichkeitsverteilung fließt also nur unterhalb des Konfidenzniveaus in die Höhe der Risikomarge ein.[1118] Dies kann dazu führen, dass z. B. bei versicherten Naturereignissen, die mit einer geringen Wahrscheinlichkeit extreme Schadenzahlungen auslösen, signifikante Risiken für den Versicherer nicht bei der Bestimmung des Erfüllungsbetrages berücksichtigt werden.[1119] Folglich würde im Zugangszeitpunkt eine zu hohe erwartete Profitabilität in der Servicemarge abgegrenzt oder gar eine zu geringe versicherungstechnische Rückstellung bei belastenden Vertragsportfolios gebildet.[1120] Auch bei in den Folgeperioden eintretenden, nachteiligen Veränderungen der Risiken, die im Zuge dieses Verfahrens nicht berücksichtigt werden, würde die Zusammensetzung der versicherungstechnischen Rückstellung nicht die tatsächlichen wirtschaftlichen Verhältnisse widerspiegeln oder die Rückstellung würde gar zu niedrig ausgewiesen.[1121] Der Effekt einer unterschätzten versicherungstechnischen Rückstellung zeigt sich ferner ganz deutlich im Zeitraum der Schadenab-

---

1113 Vgl. IAA (HRSG.), Measurement of Liabilities for Insurance Contracts, S. 77.

1114 Dieser Kritikpunkt ist auch eng mit der Problematik der rechtsschiefen Verteilungen verbunden, allerdings nicht auf diese begrenzt.

1115 Vgl. IASB (HRSG.), ED/2013/7: Insurance Contracts, Tz. B81 (c).

1116 Vgl. HANISCH, J., Risikomessung mit dem *conditional value at risk*, S. 24.

1117 Vgl. HANISCH, J., Risikomessung mit dem *conditional value at risk*, S. 24; ZONS, M., Value Based Management, S. 97 sowie kritisch zu dieser Konzeption ACERBI, C./NORDIO, C./SIRTORI, C., Expected Shortfall, S. 4. Folglich können auch extrem voneinander abweichende Risikostrukturen bei gegebenem Konfidenzniveau den identischen *value at risk* aufweisen. Vgl. auch HANISCH, J., Risikomessung mit dem *conditional value at risk*, S. 25; JOHANNING, L., Eignung des *value at risk*, S. 286 f.

1118 Vgl. IASB (HRSG.), ED/2010/8: Insurance Contracts, Tz. B99.

1119 Vgl. ASCHE, B., Jahresabschlussanalyse von Schaden-/Unfallversicherern, S. 194. Hanisch attestiert dem *value at risk* daher „eine fehlende Sensibilität für 'Tail Losses'". Vgl. HANISCH, J., Risikomessung mit dem *conditional value at risk*, S. 25; DOWD, K., Measuring Market Risk, S. 31.

1120 Gleichwohl ist zu beachten, dass ggf. zusätzlich noch portfolioübergreifende Ausgleichseffekte in die Bewertung einzubeziehen sind.

1121 Zudem ist durch die Einbeziehung der eigentlichen Risikobestandteile in die vertragsbezogene Servicemarge die sachgerechte erfolgswirksame Auflösung dieses Bestandteils entsprechend der Befreiung vom eingegangenen Risiko gefährdet.

wicklung, wenn die vertragsbezogene Servicemarge und somit der zu hoch erwartete, zunächst abgegrenzte Gewinn bereits erfolgswirksam erfasst wurde. Eine glaubwürdige Darstellung der individuellen Risikosituation könnte aus den genannten Gründen so nicht gewährleistet werden.[1122]

Hinsichtlich **Anforderung (2)** geht der IASB davon aus, dass die geforderte positive Korrelation zwischen der Vertragslaufzeit und der Höhe der Risikomarge erfüllt werden kann, wenn dieser Zusammenhang bereits in der Schadenverteilung abgebildet wird. Hiermit verbundene Probleme wären daher nicht originär auf die Technik der Konfidenzintervallmethode zurückzuführen.[1123] Auch wenn das mit dieser Anforderungen u. a. adressierte Änderungsrisiko durch die Einbeziehung von Trends und Entwicklungen in der Verteilungsfunktion abgebildet wird, kann hieraus keine eindeutige Aussage über die Auswirkungen auf die Höhe der Risikomarge getroffen werden. Mit zunehmender Länge der Vertragslaufzeit geht jedoch zusätzlich ein steigendes Irrtumsrisiko einher, das sich c. p. grds. in einer höheren Risikomarge niederschlagen sollte. Um diesen Effekt zu berücksichtigen, wird im Rahmen dieser Arbeit indes empfohlen, jenes Risikoelement nicht unmittelbar in der Schadenverteilung abzubilden, sondern mittels geeigneter statistischer Verfahren separat zu beurteilen.[1124]

Ferner führt der IASB aus, dass **Anforderung 4**, d. h. eine höhere Risikoadjustierung bei größerer Unsicherheit in den Schätzungen aufgrund mangelnder Kenntnis, Rechnung getragen werden kann, indem ein höheres Konfidenzniveau gewählt wird.[1125] Indes wäre es wiederum als konzeptionell zielführender zu erachten, das hierdurch angesprochene Irrtumsrisiko separat zu beurteilen, so dass die Konfidenzintervallmethode davon unabhängig zu würdigen ist.[1126] Eine wie in Abschnitt 444.41 empfohlene, getrennte Berücksichtigung dieser Komponenten des versicherungstechnischen Risikos stellt eine differenziertere Auseinandersetzung mit den Risiken sowie deren Quantifizierung sicher, als wenn pauschal ein höheres Konfidenzniveau gewählt wird. Im Hinblick auf **Anforderung 5** geht der IASB davon aus, dass diese grds. als erfüllt angesehen werden kann, da sich verbesserte, unsicherheitsreduzierende Erfahrungen unmittelbar in der Schadenverteilung niederschlagen und somit die erforderliche Risikoanpassung verringern.[1127] Wenngleich sich ein höherer Grad an Erfahrungen über die tatsächlichen Schadengesetzmäßigkeiten auf die angenommene Verteilungsfunktion auswirken kann, lässt sich indes auch hierfür keine eindeutige Aussage über die Richtung einer Veränderung der Risikomarge treffen. Jedoch rechtfertigt eine verbesserte Erfahrungssituation des Versicherers für ein spezifisches Portfolio eine Reduktion der Anpassung aufgrund des Irrtumsrisikos, die getrennt erfolgen sollte. Es sei jedoch darauf hingewiesen, dass sich der Zusammenhang der Höhe der Risikomarge mit dem Grad der Erfahrung des Versicherers unabhängig vom gewählten Bewertungsverfahren in besonderem Maße zur Bilanzpolitik eignet.[1128]

1122 Vgl. ähnlich ASCHE, B., Jahresabschlussanalyse von Schaden-/Unfallversicherern, S. 198; ZONS, M., Value Based Management, nach dem die Anwendung des *value at risk* zu einem wesentlichen Informationsverlust für die Versicherungsnehmer führt.

1123 Vgl. hierzu insgesamt IASB (HRSG.), ED/2010/8: Insurance Contracts, Tz. B98.

1124 Vgl. Abschnitt 444.41 sowie zur Definition des Änderungsrisikos Abschnitt 212.4.

1125 Vgl. IASB (HRSG.), ED/2010/8: Insurance Contracts, Tz. B100.

1126 Vgl. Abschnitt 444.41.

1127 Vgl. IASB (HRSG.), ED/2010/8: Insurance Contracts, Tz. B101.

1128 Vgl. ASCHE, B., Jahresabschlussanalyse von Schaden-/Unfallversicherern, S. 191.

Um entscheidungsnützliche Informationen zu vermitteln und die erforderliche Kompensation aus Sicht des Versicherers abzubilden, sollten die rein quantilsbasierten Ansätze[1129] auf eine Verteilung der **Barwerte der künftigen Schadenzahlungen** angewandt werden.[1130] Auch bei der Quantifizierung des Abweichungsrisikos dürften die Versicherer i. d. R. nicht indifferent hinsichtlich des zeitlichen Anfalls der Schadenauszahlungen sein, so dass dieser Parameter in der Bewertung berücksichtigt werden sollte. Eine Risikomarge auf der Basis undiskontierter Schadenauszahlungen könnte die tatsächliche Risikosituation überzeichnen und somit eine übervorsichtige, nicht mit der Neutralität vereinbare Bewertung begründen. Ferner soll in der Risikomarge explizit auch das Risiko abgebildet werden, dass der zeitliche Anfall der Zahlungsströme von dem ursprünglich Erwarteten abweicht.[1131] Wenn die Verteilung der Barwerte der Schadenzahlungen zugrunde gelegt wird, kann eine Abweichung des tatsächlichen vom erwarteten Barwert durch ein höheres Schadenvolumen oder einen früheren zeitlichen Zahlungstermin begründet sein. Diese beiden Komponenten des Abweichungsrisikos würden sodann – wenngleich sie nicht mehr separiert werden können – zusammengefasst mit Hilfe der quantilsbasierten Ansätze in die Risikomarge eingehen.

Ein wesentlicher Kritikpunkt an der Konfidenzintervallmethode ist im Gegensatz zur bedingten Erwartungswertmethode ferner dessen **fehlende Subadditivität**.[1132] Es ist also nicht in jedem Fall gewährleistet, dass bei einer Zusammenlegung von Kollektiven das Gesamtrisiko die Summe der jeweiligen Einzelrisiken nicht überschreitet. Eng hiermit verbunden können mit dem *value at risk* auch nicht sämtliche relevanten Risikoausgleichseffekte abgebildet werden, sofern es sich um keinen zumindest annähernd normalverteilten Schadenverlauf handelt. Ein solcher Schadenverlauf dürfte indes im Schaden- und Unfallbereich häufig nicht vorliegen.[1133]

444.44 Bedingte Erwartungswertmethode

Zumal die Konfidenzintervallmethode kein geeignetes Risikomaß für schiefe Schadenverteilungen bzw. bedeutsame Großschadenrisiken darstellt,[1134] wird mit der bedingten **Erwartungswertmethode (*conditional value at risk*, CVaR)** ein Verfahren vorgestellt, das speziell dem Rand der Verteilung Rechnung tragen soll. Mit Hilfe des CVaR zum Konfidenzniveau[1135] (1-α) wird dem portfolioinhärenten Risiko der Erwartungswert der α % höchsten Schadenrealisationen beigemessen.[1136] All-

[1129] Zu den reinen quantilsbasierten Ansätzen zählen die vom IASB genannten Methoden der Konfidenzintervallmethode sowie der bedingten Erwartungswertmethode.

[1130] Vgl. hinsichtlich des Bezuges quantilsbasierter Ansätze zu einer diskontierten Größe BROWN, A., Demystifying the Risk Margin, S. 7; ASCHE, B., Jahresabschlussanalyse von Schaden-/Unfallversicherern, S. 188.

[1131] Vgl. IASB (HRSG.), ED/2013/7: Insurance Contracts, Tz. B76.

[1132] Vgl. DIERS, D., Wirkung unterschiedlicher Risikokapital-Allokationsmethoden, S. 8; HANISCH, J., Risikomessung mit dem *conditional value at risk*, S. 25 f. sowie für eine differenzierte Beurteilung der Subadditivität, S. 85-87.

[1133] Vgl. hierzu insgesamt DIERS, D., Wirkung unterschiedlicher Risikokapital-Allokationsmethoden, S. 8.

[1134] Vgl. IASB (HRSG.), ED/2010/8: Insurance Contracts, Tz. B95 und Tz. B99.

[1135] Teilweise wird hierbei auch vom *CTE level* bzw. *band* gesprochen. Vgl. bspw. IASB (HRSG.), ED/2010/8: Insurance Contracts, Tz. B83 und IAA (HRSG.), Measurement of Liabilities for Insurance Contracts, S. 76. Für die Vergleichbarkeit mit dem *Value-at-risk*-Ansatz wird im Rahmen dieser Arbeit bei beiden Verfahren der Terminus „Konfidenzniveau“ verwandt.

[1136] Vgl. HANISCH, J., Risikomessung mit dem *conditional value at risk*, S. 34 f.

gemein kann ein auf die potentielle Verlusthöhe abstellender *conditional value at risk* wie folgt beschrieben werden:[1137]

$$CVaR = E(-CF|CF \leq -VaR) = \frac{\int_{-\infty}^{-VaR} -cf\, f(cf)dcf}{\int_{-\infty}^{-VaR} f(cf)dcf}$$

Formel 4-3: Allgemeine Version des *conditional value at risk* zum Konfidenzniveau (1-α)

Bezogen auf die hier zur Beurteilung der Methoden zur Bemessung der Risikomarge betrachtete Verteilung der Schadenauszahlungen bzw. deren Barwerte ist die Definition des *conditional value at risk* – analog zum *value at risk* – wiederum wie folgt zu modifizieren:

$$CVaR = E(S|S \geq VaR) = \frac{\int_{VaR}^{\infty} s\, f(s)ds}{\int_{VaR}^{\infty} f(s)ds}$$

Formel 4-4: Modifizierte Version des *conditional value at risk* zum Konfidenzniveau (1-α)[1138]

Indem der *conditional value at risk* dem bedingten Erwartungswert derjenigen Schadenrealisationen entspricht, die den *value at risk* und somit ein bestimmtes Perzentil übersteigen,[1139] wird der Ansatz der Konfidenzintervallmethode um die Quantifizierung des (extremen) Randes der Verteilung ergänzt.[1140] Der *conditional value at risk* kann daher den *value at risk* nicht unterschreiten und führt i. d. R. zu einer höheren Risikoadjustierung.[1141] Die Höhe der Risikomarge ergibt sich – vorbehaltlich portfolioübergreifender Ausgleichseffekte, des separat zu erfassenden Irrtumsrisikos sowie der Berücksichtigung weiterer Zahlungsstromkomponenten – als Differenz zwischen dem *conditional value at risk* zum Konfidenzniveau (1-α) und dem Erwartungswert bzw. unter Berücksichtigung der zeitlichen Verteilung dem erwarteten Barwert der Schadenzahlungen.[1142] Ähnlich wie beim *value at risk* steigt der Wert der Risikomarge mit zunehmendem Konfidenzniveau (1-α).[1143] Kennzeichnend für den *conditional value at risk* ist also, dass ab einer definierten Grenze jegliche extremen Schadenrealisationen in das Risikomaß eingehen und somit auch der Rand der Verteilung die Höhe der Risikomarge determiniert.[1144] Folglich trägt dieses Risikomaß dem Umstand Rechnung, dass gerade

---

1137 Vgl. ZONS, M., Value Based Management, S. 106; HANISCH, J., Risikomessung mit dem *conditional value at risk*, S. 36 sowie in abgewandelter Notation ALBRECHT, P./MAURER, R., Investment- und Risikomanagement, S. 133.

1138 Abgeleitet von KORYCIORZ, S., Sicherheitskapitalbestimmung, S. 61; LANDSMAN, Z./VALDEZ, E. A., Tail Conditional Expectations, S. 190.

1139 Vgl. ZONS, M., Value Based Management, S. 105; KORYCIORZ, S., Sicherheitskapitalbestimmung, S. 60 f.; STEINER, C., Bilanzierung versicherungstechnischer Rückstellungen, S. 514.

1140 Vgl. PHILBRICK, S. W./PAINTER, R. A., Capital Adequacy, S. 12; ROCKEL, W., Fair Value-Bilanzierung versicherungstechnischer Verpflichtungen, S. 89; IASB (HRSG.), ED/2010/8: Insurance Contracts, Tz. B80; IAA (HRSG.), Measurement of Liabilities for Insurance Contracts, S. 76.

1141 Vgl. ZONS, M., Value Based Management, S. 106.

1142 Vgl. auch ASCHE, B., Jahresabschlussanalyse von Schaden-/Unfallversicherern, S. 196.

1143 Vgl. mit diversen Beispielen IAA (HRSG.), Measurement of Liabilities for Insurance Contracts, S. 76 f. sowie S. 80 f.

1144 Vgl. IASB (HRSG.), ED/2010/8: Insurance Contracts, Tz. B80; ZONS, M., Value Based Management, S. 108.

der Verteilungsrand von großer Unsicherheit geprägt ist, was vor allem für Verträge im Schaden- und Unfallbereich aufgrund der regelmäßig vorherrschenden Indeterminiertheit der Schadenhöhen charakteristisch ist.[1145] Hiermit ist indes auch die Herausforderung verbunden, die extremen Schadenszenarien wahrscheinlichkeitsgetreu zu schätzen. Dies dürfte vermehrt subjektive Beurteilungen des Bilanzierenden erfordern und eine Berechnung der Risikomarge erschweren, die nachprüfbare und glaubwürdig dargestellte Informationen über die Risikosituation gewährleistet.[1146]

Wird die Risikomarge mit Hilfe der bedingten Erwartungswertmethode ermittelt, so ist **Anforderung (1)** erfüllt, da hohe Schadenauszahlungen mit geringer Eintrittswahrscheinlichkeit im Vergleich zu dominierenden geringen Schadenauszahlungen mit hoher Eintrittswahrscheinlichkeit strukturell zu höheren Risikoanpassungen führen. Der *conditional value at risk* bildet die Schiefe der Verteilung und den damit verbundenen Verteilungsrand unabhängig von deren Ausmaß – ausgehend vom gewählten Konfidenzniveau – in der Risikobeurteilung ab.[1147] Versicherte Schadenereignisse, die mit Naturkatastrophen einhergehen, sind bspw. oftmals durch eine nur geringe Eintrittswahrscheinlichkeit bei gleichzeitig potentiell enormen Schadenvolumen gekennzeichnet.[1148] Während ein solches Risiko durch den *value at risk* nicht ganzheitlich berücksichtigt wird, gehen in den *conditional value at risk* sämtliche erwarteten Schadenausmaße oberhalb des Konfidenzniveaus und daher auch existenzbedrohende Risiken wahrscheinlichkeitsgewichtet ein.[1149] Dieses Element der Unsicherheit zu vernachlässigen, würde eine glaubwürdige Darstellung der individuellen Risikosituation verhindern. Denn der Versicherer würde ein derartiges Risiko auch in die Kompensation einbeziehen, die er verlangt, um indifferent zwischen einer Verpflichtung mit feststehendem Auszahlungsbetrag und einer Verpflichtung mit unsicherem Ausgang zu sein.[1150] Ferner verhindert die Konzeption des *conditional value at risk*, dass bei sehr schiefen Schadenverteilungen negative Risikomargen entstehen können.[1151]

Eng mit den vorherigen Ausführungen verbunden, wird der *conditional value at risk* auch **Anforderung (3)** gerecht, indem eine breitere Verteilungsfunktion mit einer höheren Risikoadjustierung einhergeht. Im Gegensatz zum *value at risk*, der sich nur auf einen festgelegten Punkt der Verteilung bezieht, gehen in den bedingten Erwartungswert oberhalb einer bestimmten, indes frei wählbaren Grenze alle Schadenrealisationen in die Höhe der Risikoanpassung ein.[1152]

1145 Vgl. IASB (HRSG.), ED/2010/8: Insurance Contracts, Tz. B82; ASCHE, B., Jahresabschlussanalyse von Schaden-/Unfallversicherern, S. 195.

1146 Vgl. IAA (HRSG.), Measurement of Liabilities for Insurance Contracts, S. 108; ZONS, M., Value Based Management, S. 108; ZÖBISCH, M., Risikoadäquanz von Standardmodellen, S. 173; IASB/FASB (HRSG.), Risk adjustment (agenda paper 6D), Tz. 32.

1147 Vgl. IASB (HRSG.), ED/2010/8: Insurance Contracts, Tz. B96.

1148 Bei derartigen Verträgen kann die Schiefe der Verteilung oftmals nicht durch die Portfoliozusammensetzung gesteuert werden, und ist somit unweigerlich mit dem Versicherungsgeschäft verbunden. Vgl. IAA (HRSG.), Measurement of Liabilities for Insurance Contracts, S. 74.

1149 Vgl. IASB (HRSG.), ED/2010/8: Insurance Contracts, Tz. B82 und Tz. B102; HANISCH, J., Risikomessung mit dem *conditional value at risk*, S. 33.

1150 In Anlehnung an IASB (HRSG.), ED/2010/8: Insurance Contracts, Tz. B82.

1151 Vgl. IAA (HRSG.), Measurement of Liabilities for Insurance Contracts, S. 77.

1152 Vgl. IASB (HRSG.), ED/2010/8: Insurance Contracts, Tz. B99.

Hinsichtlich der **Anforderungen (2), (4) und (5)** gelten grds. die Ausführungen für die Konfidenzintervallmethode.[1153] Gleichwohl kann zumindest für den Einfluss des Grades an Unsicherheit (Anforderung (4))[1154] auf die Höhe der Risikoanpassung ein Vorteil der bedingten Erwartungswertmethode konstatiert werden, falls entgegen der hier favorisierten differenzierten Vorgehensweise entsprechend des Vorschlages des IASB[1155] ein höheres Konfidenzniveau gewählt wird. Tendenziell werden sämtliche Anforderungen, die sich auf die Abbildung der portfoliospezifischen Unsicherheit beziehen, durch die bedingte Erwartungswertmethode besser erfüllt, da diese auch das Risiko im äußeren Rand der Verteilung einbezieht.[1156] Sofern Portfolios von Versicherungsverträgen durch schiefe Schadenverteilungen gekennzeichnet sind bzw. der Rand der Verteilung eine besondere Bedeutung einnimmt, ist die bedingte Erwartungswertmethode der Konfidenzintervallmethode konzeptionell überlegen.

Bei der Wahl des zugrunde gelegten **Konfidenzniveaus** ist zum einen der Form der jeweiligen Schadenverteilung Rechnung zu tragen.[1157] Zum anderen ist zu beachten, dass durch die Methode grds. nur negative Abweichungen der Schadenzahlungen bzw. deren Barwerte berücksichtigt werden. Da allerdings ausdrücklich sowohl positive als auch negative Ergebnisse entsprechend der individuellen Risikoeinstellung des Versicherers zu berücksichtigen sind, sollte dieser Aspekt bei der Wahl des Konfidenzniveaus für beide Methoden berücksichtigt werden.[1158] Hierdurch ließe sich ein c. p. niedrigeres Level des Konfidenzniveaus begründen.

Positiv sei nochmals hervorgehoben, dass der hier vorgestellte *conditional value at risk* bei stetigen Schadenverteilungen kohärent sowie im Speziellen subadditiv ist, so dass Diversifikations- bzw. Risikoausgleichseffekte möglichst ganzheitlich berücksichtigt werden können.[1159]

444.45 Kapitalkostenmethode

Die eng mit der Konfidenzintervallmethode verbundene **Kapitalkostenmethode** ***(cost of capital)*** komplettierte die Bandbreite der im ED/2010/8 zulässigen Verfahren zur Bestimmung der Risikomarge.[1160] Angesichts der für den finalen Standard vorgesehenen Methodenfreiheit und der Tatsa-

[1153] Vgl. Abschnitt 444.43.

[1154] Gleichwohl gilt auch hier, dass sowohl Irrtums- als auch Änderungsrisiken separat beurteilt werden sollten.

[1155] Vgl. IASB (HRSG.), ED/2010/8: Insurance Contracts, Tz. B100.

[1156] Vgl. im Ergebnis IAA (HRSG.), Measurement of Liabilities for Insurance Contracts, S. 104. Gleichwohl gilt weiterhin die hier ausgesprochene Empfehlung, das Irrtumsrisiko jeweils separat zu berücksichtigen.

[1157] Vgl. IASB (HRSG.), ED/2010/8: Insurance Contracts, Tz. B83.

[1158] Bei der Konfidenzintervallmethode würde indes durch ein niedrigeres Konfidenzniveau die Problematik verstärkt, dass nicht die gesamte Schadenverteilung in die Risikobeurteilung einbezogen wird.

[1159] Vgl. DIERS, D., Wirkung unterschiedlicher Risikokapital-Allokationsmethoden, S. 9; DÖLKER, A., Operationelles Risiko in Versicherungsunternehmen, S. 103.

[1160] Gleichwohl war die Kapitalkostenmethode auf Seiten der Standardsetter nicht unumstritten, da sie der tatsächlichen Risikobeurteilung nur bedingt nahekommt. Vgl. ELLENBÜRGER, F./KÖLSCHBACH, J., Schritt zu neuen Bilanzierungsstandards, S. 1304 sowie ferner IASB/FASB (HRSG.), Risk adjustment techniques (agenda paper 1B), Tz. 17. Jede der drei untersuchten Methoden basiert in gewisser Weise auf einem *Value-at-risk*-Ansatz. Vgl. IASB/FASB (HRSG.), Risk adjustment techniques (agenda paper 1B), Tz. 13 (b).

che, dass für aufsichtsrechtliche Zwecke nach Solvency II ausschließlich eine Kapitalkostenmethode zugelassen wird, ist deren Relevanz weiterhin gegeben.[1161]

Die Kapitalkostenmethode basiert auf dem Grundsatz, dass der Versicherer einen ausreichenden Kapitalbetrag vorhalten muss, um zu gewährleisten, dass er seinen Verpflichtungen ggü. den Versicherten jederzeit nachkommen kann.[1162] Beim Kapitalkostenansatz ist zunächst für jede künftige Periode die Schadenverteilung abzuleiten und anschließend ein Konfidenzniveau festzusetzen, das einem Kapitalbetrag entspricht, der mit hohem Sicherheitsgrad ausreichen wird, um die Ansprüche der Versicherten zu begleichen.[1163] Dies zeigt sich unmittelbar in der Höhe des zugrunde zu legenden Konfidenzniveaus, so dass Grenzen von 99,5 % üblich sind.[1164] Die Differenz zwischen dem so ermittelten Betrag und dem Erwartungswert der gesamten Schadenzahlungen[1165] bildet die Basis, die mit einem jährlichen Kapitalkostensatz abzgl. des risikolosen Zinssatzes zu multiplizieren ist.[1166] Hierbei ist zu berücksichtigen, dass der Kapitalkostensatz ausschließlich diejenigen Risiken vergüten darf, die spezifisch und relevant für die versicherungstechnische Verpflichtung sind.[1167] Grundsätzlich hängt mit einem höheren Konfidenzniveau ein niedrigerer Kapitalkostensatz zusammen, da ein gesteigertes Maß an Sicherheit gewährt wird.[1168] Um den auf die Unsicherheit in den Schadenzahlungen entfallenden Teil der Risikomarge im Zugangszeitpunkt zu erhalten, sind die jeweiligen Ergebnisse mit dem risikolosen Zinssatz zu diskontieren und zu summieren.[1169] Sowohl die Festlegung des jeweiligen Konfidenzniveaus als auch die Wahl des Kapitalkostensatzes ist mit subjektivem Ermessen verbunden, wobei stets die spezifischen Charakteristika des Vertragsportfolios zu beachten sind.[1170] Dies könnte auch dazu führen, dass abhängig von den jeweiligen Vertragsgestaltungen andere Parameterausprägungen gewählt werden, um die Eigenschaften der versicherungstechnischen Verpflichtung angemessen widerzuspiegeln.[1171] Es ist jedoch stets zu beachten, dass neben den portfolioinhärenten ggf. auch portfolioübergreifende Ausgleichseffekte in der

---

1161 Vgl. zu der aufsichtsrechtlich vorgeschriebenen Methode zur Bemessung der Risikomarge Art. 77, Abs. 5 der Richtlinie 2009/138/EG des Europäischen Parlaments und des Rates vom 25.11.2009; NGUYEN, T./GROSCHE, S., ED IFRS 4 aus aufsichtsrechtlicher Perspektive, S. 429. Vgl. auch zu den weiteren Einsatzgebieten dieser Methode bspw. im Rahmen der Preisfindung IASB (HRSG.), ED/2010/8: Insurance Contracts, Tz. B84; ERNST & YOUNG (HRSG.), Market Value Margins, S. 4.

1162 Vgl. IASB (HRSG.), ED/2010/8: Insurance Contracts, Tz. B85; ASCHE, B., Jahresabschlussanalyse von Schaden-/Unfallversicherern, S. 196.

1163 Vgl. IASB (HRSG.), ED/2010/8: Insurance Contracts, Tz. B86 (a) und (b); ELLENBÜRGER, F./KÖLSCHBACH, J., Schritt zu neuen Bilanzierungsstandards, S. 1304.

1164 Vgl. IASB (HRSG.), ED/2010/8: Insurance Contracts, Tz. B87; ASCHE, B., Jahresabschlussanalyse von Schaden-/Unfallversicherern, S. 196 f.

1165 Indem der Kapitalbedarf für jede Periode ermittelt und anschließend diskontiert wird, bedarf es hier keiner Verteilung der Barwerte der Schadenzahlungen, um eine konzeptionell stimmige Risikomarge abzuleiten.

1166 Vgl. IASB (HRSG.), ED/2010/8: Insurance Contracts, Tz. B86 (b) und (c).

1167 Vgl. IASB (HRSG.), ED/2010/8: Insurance Contracts, Tz. B88 (b). Hiervon abzugrenzen sind bspw. Kapitalanlagerisiken oder Risiken, die sich auf das künftige Versicherungsgeschäft beziehen. So auch IAA (HRSG.), Measurement of Liabilities for Insurance Contracts, S. 79.

1168 Vgl. ASCHE, B., Jahresabschlussanalyse von Schaden-/Unfallversicherern, S. 197.

1169 Vgl. IASB (HRSG.), ED/2010/8: Insurance Contracts, Tz. B86 (c); IASB/FASB (HRSG.), Risk adjustment (agenda paper 6D), Tz. 36 sowie in Anlehnung an BROWN, A., Demystifying the Risk Margin, S. 19 f., der indes vordergründig die aufsichtsrechtliche Perspektive einnimmt.

1170 Vgl. ASCHE, B., Jahresabschlussanalyse von Schaden-/Unfallversicherern, S. 196-198; IASB/FASB (HRSG.), Risk adjustment (agenda paper 6D), Tz. 39.

1171 Vgl. IASB (HRSG.), ED/2010/8: Insurance Contracts, Tz. B90; ELLENBÜRGER, F./KÖLSCHBACH, J., Schritt zu neuen Bilanzierungsstandards, S. 1304.

Risikomarge zu berücksichtigen sind, wodurch die mittels der Kapitalkostenmethode in einem ersten Schritt bestimmte Risikomarge reduziert wird. Der hierfür erforderliche Vergleich zwischen der Risikomarge für das Portfolio sowie derjenigen auf einem höheren Aggregationsniveau sollte bei der Parameterwahl nicht außer Acht gelassen werden, wobei jedoch immer die individuell geforderte Risikokompensation abgebildet werden soll.

Wenngleich mit der Kapitalkostenmethode nicht der gesamte Rand der Schadenverteilung quantifiziert wird, gewährleistet die Wahl eines hohen Konfidenzniveaus dennoch, dass die Form der Verteilung i. d. R. angemessen berücksichtigt wird. Insofern kann **Anforderung (1)** als erfüllt angesehen werden, falls der außerhalb der gewählten Grenze liegende Rand der Verteilung vernachlässigbar gering ist, so dass deren Schiefegrad direkt auf die Höhe der Risikomarge wirkt.[1172] Einzuschränken ist diese Beurteilung indes für Großschäden, die nur sehr selten eintreten und sich daher außerhalb des betrachteten Intervalls befinden.[1173] Diese Gefahr kann jedoch minimiert werden, indem das Konfidenzniveau an den spezifischen Charakteristika des jeweiligen Versicherungsgeschäftes ausgerichtet wird. Eng hiermit verbunden wird auch **Anforderung (3)** in dem Maße erfüllt, wie das Konfidenzintervall die zusätzliche Breite der Verteilung umfasst.[1174]

Für die **Anforderungen (2), (4) und (5)** sei auf die vorherigen Ausführungen zur Konfidenzintervallmethode verwiesen, da diese im Ergebnis auch auf den Kapitalkostenansatz übertragbar sind.[1175] Ähnlich wie für die bedingte Erwartungswertmethode ist zu konstatieren, dass auch die Kapitalkostenmethode dem Konfidenzniveauansatz vorzuziehen ist, wenn eine schiefe Schadenverteilung vorliegt. Die Höhe der nach diesem Verfahren ermittelten Risikomarge ist sensibel hinsichtlich der konkreten Form der Schadenverteilung, sofern der Methode tatsächlich ein entsprechend hohes Konfidenzniveau zugrunde liegt, durch das nahezu die gesamte Schadenverteilung berücksichtigt wird.[1176] Zudem bietet die Kapitalkostenmethode den Vorteil, dass sie sowohl für rechnungslegungsbezogene als auch aufsichtsrechtliche Zwecke einsetzbar ist.[1177] Ferner kann durch diesen Ansatz einer sich im Zeitablauf verändernden Schadenverteilung ausreichend Rechnung getragen werden.[1178] Gleichwohl ist die Anwendung dieser Methode nicht vollends mit der konzeptionellen Grundausrichtung der Risikomarge für Rechnungslegungszwecke vereinbar, da durch die Einbeziehung der Risikomarge explizit kein hohes Maß an Erfüllungssicherheit gewährleistet werden

---

1172 Vgl. IASB (Hrsg.), ED/2010/8: Insurance Contracts, Tz. B89 i. V. m. Tz. B88 (a) und Tz. B97.

1173 Vgl. IASB (Hrsg.), ED/2010/8: Insurance Contracts, Tz. B89; Kreeb, M./Rohlfs, T. J. W., Ermittlung von Risikozuschlägen, S. 361.

1174 Vgl. IASB (Hrsg.), ED/2010/8: Insurance Contracts, Tz. B99 sowie für beide bisher betrachteten Anforderungen IAA (Hrsg.), Measurement of Liabilities for Insurance Contracts, S. 104.

1175 Vgl. Abschnitt 444.43.

1176 Vgl. IASB (Hrsg.), ED/2010/8: Insurance Contracts, Tz. B102; IASB/FASB (Hrsg.), Risk adjustment (agenda paper 6D), Tz. 50.

1177 Vgl. IASB/FASB (Hrsg.), Risk adjustment (agenda paper 6D), Tz. 37. Wenngleich die Wahl der Inputparameter bei dieser Methode z. T. stark ermessensbehaftet ist, können dennoch entscheidungsnützliche Informationen vermittelt werden. Eine angemessene Vergleichbarkeit bzw. Konsistenz zu der Vorgehensweise bei anderen Versicherern sollte vielmehr durch eine detaillierte Offenlegung der Parameterwahl sowie der Modellumsetzung erreicht werden.

1178 Vgl. IASB (Hrsg.), ED/2010/8: Insurance Contracts, Tz. B102.

soll.[1179] Dieser Ansatz liegt jedoch der Kapitalkostenmethode zugrunde. Zudem stellt der *value at risk* den zentralen Ausgangspunkt dieser Methode dar, so dass auch hier die Probleme der Subadditivität nicht außer Acht gelassen werden dürfen.

Die Zweckmäßigkeit der jeweiligen Verfahren hängt davon ab, welche Risiken im spezifischen Fall versichert werden und richtet sich hierbei vor allem nach der Form der Schadenverteilung. Sofern der Rand der Verteilung bspw. bei rechtsschiefen Schadenverteilungen oder erhöhten Großschadenrisiken von besonderer Bedeutung ist, wird hier empfohlen, in erster Linie die bedingte Erwartungswertmethode oder – abgestuft aufgrund der konzeptionellen Schwächen – die Kapitalkostenmethode mit entsprechend hohem Konfidenzniveau anzuwenden. Auch die Subadditivität der bedingten Erwartungswertmethode lässt deren weitreichende Anwendung vorteilhaft erscheinen. Es ist jedoch zu beachten, dass bei der hier gewählten Differenzierung das Irrtumsrisiko explizit zu berücksichtigen ist und überdies auch die Effekte des portfolioübergreifenden Risikoausgleichs in die Ermittlung der Risikomarge einzubeziehen sind. Um den Effekt des portfolioübergreifenden Risikoausgleichs nicht durch eine abweichende Methodenwahl bei den einzelnen Portfolios zu verzerren, ist bei der individuellen Risikokompensation grds. derselbe Maßstab anzulegen.

444.46 Pflicht zum Ausweis des Konfidenzniveaus

Ungeachtet dessen, welche Technik der Versicherer anwendet, um die Risikomarge zu ermitteln, ist das jeweilige Bewertungsergebnis in ein **äquivalentes Konfidenzniveau** zu übersetzen.[1180] Hiermit bezweckt der IASB, sicherzustellen, dass den Adressaten Informationen vermittelt werden, anhand derer sie die unternehmensspezifisch unterschiedliche Risikoeinstellung und die damit verbundenen bewertungstechnischen Konsequenzen nachvollziehen können. Da die Risikomarge nicht auf einer objektivierenden Marktsicht basiert, bedarf es eines Anhaltspunktes, um die Höhe der Risikomarge beurteilen zu können.[1181]

Gleichwohl kann durch den Ausweis des Konfidenzniveaus nur scheinbar eine hinreichende **Vergleichbarkeit** gewährleistet werden. So hängt auch dieser Wert in hohem Maße von den zugrunde liegenden Annahmen und Inputfaktoren ab, die unternehmensspezifisch ausgefüllt wurden.[1182] Um dieses Problem zu minimieren und den allgemeinen Anforderungen gerecht zu werden, ist darauf zu achten, dass die Risikoadjustierung und deren Übersetzung in ein Konfidenzintervall alle Komponenten des versicherungstechnischen Risikos berücksichtigen. Neben dem Zufalls- und dem Änderungsrisiko ist in diesem Zusammenhang vor allem auch das Irrtumsrisiko zu nennen, so dass die unterstellte Wahrscheinlichkeitsverteilung für die Risikomarge streng genommen nicht als deterministisch vorgegeben angesehen werden kann. Hierdurch fließt zumindest das Risiko in die Bestim-

---

1179 Vgl. IASB (Hrsg.), ED/2013/7: Insurance Contracts, Tz. BCA93 (b). Hiermit ist auch die Kritik verbunden, dass die Kapitalkostenmethode eher die Solvabilität des Versicherers abbildet, als die versicherungstechnische Rückstellung möglichst objektiv zu bewerten. Vgl. IASB/FASB (Hrsg.), Risk adjustment (agenda paper 6D), Tz. 52.

1180 Vgl. IASB (Hrsg.), ED/2013/7: Insurance Contracts, Tz. B82 i. V. m. Tz. 84. Folglich gilt es, dem Output das korrespondierende Konfidenzniveau zuzuordnen, so dass nicht die Inputfaktoren adressiert werden. Vgl. IASB/FASB (Hrsg.), Risk adjustment: disclosure (agenda paper 3D), Tz. 16; Deloitte (Hrsg.), CL on ED/2010/8, S. 13.

1181 Vgl. zum Erfordernis einer solchen Angabe IASB (Hrsg.), ED/2013/7: Insurance Contracts, Tz. BCA100.

1182 Vgl. IASB/FASB (Hrsg.), Risk adjustment: disclosure (agenda paper 3D), Tz. 17.

mung der Risikomarge ein, dass die zugrunde liegenden Schadengesetzmäßigkeiten nicht richtig eingeschätzt wurden. Indes geht hiermit wiederum großes individuelles Ermessen des Bilanzierenden einher, das die Nachprüfbarkeit i. S. d. Conceptual Framework gefährdet, sofern die Beurteilung nicht hinreichend transparent dargestellt wird.

Die Angabe des Konfidenzniveaus kann grds. nur dann als sinnvoll angesehen werden, wenn das Risikoprofil einer Anwendung der Konfidenzintervallmethode nicht entgegensteht.[1183] Bei der hier vorgeschlagenen, differenzierten Einbeziehung des Irrtumsrisikos wären ferner Angaben darüber erforderlich, wie dessen Beurteilung die Risikomarge erhöht. Falls jedoch gerade der Rand der Verteilung für die Beurteilung der vertragsinhärenten Risiken wesentlich ist, liefert eine solche Angabe nur eingeschränkt entscheidungsnützliche Informationen.[1184] Hiermit verbunden besteht zudem die Gefahr, dass die Abschlussersteller die Konfidenzintervallmethode zur Bestimmung der Risikomarge heranziehen, um zusätzlichen Ermittlungsaufwand zu vermeiden, obwohl konzeptionell eine andere Methode zielführender wäre.[1185] Für andere Methoden ergibt sich jedoch das Problem, dass bislang noch kein allgemein anerkanntes Vorgehen existiert, um das jeweilige Ergebnis glaubwürdig in ein Konfidenzniveau zu übersetzen.[1186] Dies würde dazu führen, dass eine subjektive Risikobewertung in einem Prozess, der seinerseits wiederum durch Unsicherheit und subjektives Ermessen geprägt ist, in eine andere Ergebnisgröße transformiert wird. Daher ist stark zu bezweifeln, dass im Zuge der beschriebenen Angabepflicht die Bewertung insgesamt vergleichbarer und transparenter gestaltet werden kann.[1187] Neben dem Irrtumsrisiko müssten auch die Auswirkungen des portfolioübergreifenden Risikoausgleichs auf die Risikomarge für das jeweilige Portfolio bei der Angabe des Konfidenzniveaus berücksichtigt werden, falls die Angabe ebenfalls für die Portfolioebene gefordert wird. Sofern indes der identische Maßstab zur Beurteilung der individuellen Risikosituation angelegt wird, dürfte eine Angabe auf aggregierter Ebene – unter dem Vorbehalt der hier vorgebrachten Kritik – ausreichen. Gleichwohl darf auch hier das dem *value at risk* inhärente Problem der Subadditivität in der Interpretation der verpflichtenden Angabe nicht ausgeblendet werden.

Anstatt wie im aktuellen Standardentwurf per se den Ausweis des korrespondierenden Konfidenzniveaus zu fordern, sollten vielmehr die **Angabepflichten des IFRS 13** für nicht-beobachtbare Inputfaktoren **(Level-3-Inputfaktoren)** analog auf die Risikomarge übertragen werden.[1188] Bei der Bewertung von Versicherungsverträgen ist zwar stets die unternehmensspezifische Sichtweise einzunehmen. Aufgrund der Gemeinsamkeit mit Level-3-Bewertungen, dass die Inputfaktoren nicht am Markt beobachtet werden können, sollten jedoch die bei der Erarbeitung von IFRS 13 gewonnenen Erkenntnisse über die Gestaltung der Angabepflichten genutzt werden, um entscheidungsnützliche und in diesem Sinne auch nachprüfbare und vergleichbare Informationen zu vermitteln. Bei einem Vergleich der Angabevorschriften des ED/2013/7 mit denjenigen des IFRS 13 für Level-3-

---

[1183] Vgl. auch DELOITTE (HRSG.), CL on ED/2010/8, S. 13.

[1184] Vgl. IASB/FASB (HRSG.), Risk adjustment: disclosure (agenda paper 3D), Tz. 17 (a).

[1185] Vgl. IASB/FASB (HRSG.), Risk adjustment: disclosure (agenda paper 3D), Tz. 18 (c) sowie für weitere Kritikpunkte Tz. 18; ASCHE, B., Jahresabschlussanalyse von Schaden-/Unfallversicherern, S. 199.

[1186] Vgl. IASB/FASB (HRSG.), Risk adjustment: disclosure (agenda paper 3D), Tz. 19 sowie Tz. 24.

[1187] Im Ergebnis ähnlich IASB/FASB (HRSG.), Risk adjustment: disclosure (agenda paper 3D), Tz. 25-27.

[1188] Vgl. IASB/FASB (HRSG.), Risk adjustment: disclosure (agenda paper 3D), Tz. 29.

Bewertungen lässt sich feststellen, dass diese bereits weitestgehend übereinstimmen.[1189] So sehen beide Regelungen vor, die angewandten Bewertungsverfahren und hierbei eingesetzten Inputfaktoren offenzulegen sowie möglichst quantitative Informationen über die Inputfaktoren bereitzustellen.[1190] Die zuletzt genannte Angabepflicht bezieht sich gemäß IFRS 13 indes lediglich auf wesentliche Parameter.[1191] Bei der Bewertung von Versicherungsverträgen ist darüber hinaus auch auf den Einfluss von Änderungen der Methoden bzw. Inputfaktoren einzugehen sowie deren Ursache zu erläutern.[1192] Beiden Regelungsbereichen ist weiterhin gemein, dass die Anfangswerte (der Risikomarge) in die Schlussbilanzwerte überzuleiten sind.[1193] Für nicht-beobachtbare Inputfaktoren fordert IFRS 13 ferner, dass die Sensitivität der Fair Value-Bewertung hinsichtlich potentieller Veränderungen jener Inputfaktoren beschrieben wird.[1194] Wenngleich eine derartige Sensitivitätsanalyse nicht auf Ebene der Risikomarge gefordert wird, sieht sie der IASB für das übernommene Versicherungsrisiko und dessen Einfluss auf die Erfolgsrechnung sowie das Eigenkapital vor.[1195] Dennoch könnte den Adressaten ein besserer Einblick in die individuelle Risikoeinschätzung geboten werden, wenn eine Sensitivitätsanalyse auch separat für die Risikomarge gefordert würde.[1196]

Anhand dieser Angabevorschriften, die mit den Regelungen des IFRS 13 für Level-3-Bewertungen im Einklang stehen, werden die Adressaten befähigt, die der Bewertung zugrunde liegenden Annahmen und das Ausmaß des subjektiven Ermessens beurteilen zu können.[1197] Eine darüber hinausgehende Angabe des korrespondierenden Konfidenzniveaus erscheint nicht mit der Zielsetzung der Risikomarge vereinbar und würde nicht zu aussagekräftigeren Informationen führen, sofern u. a. aufgrund der Bedeutung des Randes der Verteilung die Anwendung einer anderen Technik als der Konfidenzintervallmethode geboten ist.

444.5 Spezifika der Bilanzierung passiver Rückversicherungsverträge und Verknüpfung mit den zugrunde liegenden Erstversicherungsverträgen

444.51 Grundkonzeption und Ermittlung des zedierten Anteils der Risikomarge

Die in die Bewertung von passiven Rückversicherungsverträgen einzubeziehende Risikomarge ist auf der Seite der diskontierten Einzahlungsströme zu berücksichtigen und erhöht somit den Erfüllungsbetrag, der die erwartete Profitabilität aus dem Rückversicherungsgeschäft repräsentiert.[1198] Je größer das Risiko und somit auch die Risikomarge ausfällt, die dem passiven Rückversicherungsvertrag beizumessen ist, desto stärker wird der Erstversicherer von seinen den Versicherten ggü.

[1189] Vgl. IASB/FASB (Hrsg.), Risk adjustment: disclosure (agenda paper 3D), Tz. 33 sowie Appendix A für eine detaillierte Gegenüberstellung der Regelungen auf Basis des ersten Standardentwurfes.

[1190] Vgl. IASB (Hrsg.), ED/2013/7: Insurance Contracts, Tz. 83(a) sowie IFRS 13.91, IFRS 13.93 (d) und IFRS 13.93 (g).

[1191] Vgl. IFRS 13.93 (d).

[1192] Vgl. IASB (Hrsg.), ED/2013/7: Insurance Contracts, Tz. 83 (c).

[1193] Vgl. IASB (Hrsg.), ED/2013/7: Insurance Contracts, Tz. 76 (b) sowie IFRS 13.93 (e).

[1194] Vgl. IFRS 13.93 (h).

[1195] Vgl. IASB (Hrsg.), ED/2013/7: Insurance Contracts, Tz. 89 (a).

[1196] Vgl. IASB/FASB (Hrsg.), Risk adjustment: disclosure (agenda paper 3D), Tz. 20 (d).

[1197] Vgl. zu diesen Anforderungen IASB/FASB (Hrsg.), Risk adjustment: disclosure (agenda paper 3D), Tz. 31 f.

[1198] Vgl. IASB (Hrsg.), ED/2013/7: Insurance Contracts, Tz. IE8.

eingegangenen Risiken befreit.[1199] Dies sollte sich folglich auch in einer Nettobetrachtung der bilanziellen Abbildung des passiven Rückversicherungsvertrages sowie der zugrunde liegenden Erstversicherungsverträge ausdrücken. Zentral ist hierbei, dass die **zedierte Risikomarge**, d. h. die auf den passiven Rückversicherungsvertrag bezogene Risikoadjustierung, jenes Risiko verkörpert, von dem sich der Erstversicherer durch den Rückversicherungsschutz befreien konnte.[1200] Infolgedessen muss die Bemessung der Risikomarge zwischen den beiden miteinander verknüpften Vertragsarten aufeinander abgestimmt sein, um netto die tatsächlich beim Zedenten verbleibende Risikosituation zu zeigen. Dies gilt unabhängig davon, ob es sich bei der Rückversicherung um eine proportionale oder eine nicht-proportionale Vertragsgestaltung handelt. Zu beachten ist bei dieser Unterscheidung, dass die Risikocharakteristika des Versicherungsgeschäftes möglichst realitätsgetreu abgebildet werden. So darf die zedierte Risikomarge nicht per se proportional ausgehend vom Bruttobetrag vor Rückversicherungsschutz heruntergebrochen werden, wenn die Risikoteilung nicht-proportional gestaltet ist.[1201]

Eine konkrete **Ermittlungsmethode**, um diesen ökonomischen Zusammenhang zwischen dem passiven Rückversicherungsvertrag und den zugrunde liegenden Erstversicherungsverträgen bilanziell nachzuzeichnen, gibt der IASB indes nicht vor. Theoretisch dürfte grds. kein Ergebnisunterschied daraus resultieren, ob die zedierte Risikomarge unmittelbar aus dem Bruttobetrag für die korrespondierenden Erstversicherungsverträge abgeleitet wird,[1202] oder ob die Situation mit Rückversicherungsschutz mit derjenigen ohne jegliche Rückdeckung (*With-without*-Ansatz) verglichen wird.[1203] Dennoch entspricht eine *With-without*-Analyse eher der konsequent umgesetzten Forderung, dass netto die tatsächlich beim Zedenten verbleibende Verpflichtung und die damit verbundene Risikosituation abzubilden ist. Eine so verstandene Differenzbetrachtung, die auch als ***gross less net equals ceded approach***[1204] bezeichnet wird, gewährleistet konzeptionell – unabhängig von der Preissetzung des Rückversicherers –, dass die tatsächliche Nettorisikosituation des Erstversicherers widergespiegelt werden kann, so dass dieser Ansatz vorziehenswert erscheint.[1205] Vor allem bei nicht-proportionalen Vertragsgestaltungen wird die Volatilität des Versicherungsgeschäftes und somit auch das Abweichungsrisiko oftmals erheblich reduziert. Daher dürfte es zweckmäßig sein, die Nettobetrachtung in die Beurteilung der erforderlichen Risikoadjustierung mit einzubeziehen.[1206]

[1199] Vgl. zur Begründung, warum die Risikomarge auf der Seite der Einzahlungsströme zu erfassen ist, bereits Abschnitt 441.43; IASB (HRSG.), ED/2010/8: Insurance Contracts, Tz. BC234 (b).

[1200] Vgl. IASB (HRSG.), ED/2013/7: Insurance Contracts, Tz. 41 (b) (iv). Die Bedeutung dieses Grundsatzes wurde bereits in einigen Stellungnahmen zum ED/2010/8 betont. Vgl. EUROPEAN INSURANCE CFO-FORUM/CEA (HRSG.), CL on ED/2010/8, S. 16; HANNOVER RE/MAPFRE RE/MUNICH RE/SWISS RE (HRSG.), CL on ED/2010/8, S. 7.

[1201] Vgl. IASB/FASB (HRSG.), Reinsurance (agenda paper 3A), Tz. 19. Bei proportionalen Rückversicherungsverträgen hingegen muss der proportionale Zusammenhang mit den zugrunde liegenden Erstversicherungsverträgen auch bei der Risikomarge gewahrt werden. Vgl. IASB/FASB (HRSG.), Reinsurance (agenda paper 1A), Tz. 10 (a).

[1202] Diese Möglichkeit ist primär darauf zurückzuführen, dass rückversicherbare Risikosegmente nicht einheitlich bepreist werden und somit das abgetretene Risiko quantifiziert werden kann. Vgl. IASB/FASB (HRSG.), Reinsurance (agenda paper 3A), Tz. 58.

[1203] Vgl. IASB/FASB (HRSG.), Reinsurance (agenda paper 3A), Tz. 61 f. Gegebenenfalls muss diese Aussage eingeschränkt werden, wenn die rückversicherten Originalpolicen unterschiedlichen Portfolios angehören.

[1204] IASB/FASB (HRSG.), Reinsurance (agenda paper 3A), Tz. 19.

[1205] Vgl. IASB/FASB (HRSG.), Reinsurance (agenda paper 3A), Tz. 19.

[1206] Vgl. IASB/FASB (HRSG.), Reinsurance (agenda paper 3A), Tz. 59 f.

Abweichungsrisiken, die sich auf die Nicht-Leistung des Rückversicherers beziehen, gehen nicht in die Risikomarge eines passiven Rückversicherungsvertrages ein.[1207] Im Gegensatz zu der zedierten Risikomarge wäre dieses für den Erstversicherer nachteilige Abweichungsrisiko nicht auf der Seite der künftig erwarteten Einzahlungsströme zu berücksichtigen, sondern würde die zuvor betrachtete Risikomarge für passive Rückversicherungsverträge verringern. Alternativ wäre auch denkbar, eine zweite Risikomarge gewissermaßen als Aufschlag auf die erwarteten Auszahlungsströme zu bilden und diese der zedierten Risikomarge gegenüberzustellen. Einen derartigen **unerwarteten Ausfall**[1208] zu quantifizieren, wäre jedoch nicht nur mit großem subjektiven Ermessen verbunden, sondern würde zugleich eine mitunter deutliche Reduktion des Erfüllungsbetrages auslösen und somit im Regelfall die abzugrenzenden Nettokosten des Rückversicherungsschutzes erhöhen,[1209] ohne dass ein konkreter Hinweis für einen möglichen Ausfall vorliegt. Es wäre zwar konsistent i. S. d. Bewertungsmodells, auch dieses Abweichungsrisiko zu berücksichtigen. Allerdings ist der zusätzliche Entscheidungsnutzen dieser Information zu gering, um deren Ermittlungsaufwand zu rechtfertigen.[1210]

444.52 Implikationen vertraglicher Besonderheiten

Bei der Wahl der Methode, die zur Berechnung der Risikomarge bei passiven Rückversicherungsverträgen herangezogen wird, sind die vertraglichen Besonderheiten der passiven Rückversicherungsverträge wie auch diejenigen der korrespondierenden Erstversicherungsverträge zu beachten. Um netto möglichst die tatsächliche Risiko- bzw. Verpflichtungssituation des Zedenten abzubilden, ist es in vielen Fällen unerlässlich, die Techniken der Risikoadjustierung für beide Vertragsarten aufeinander abzustimmen.

Nur falls die Haftungshöchstgrenze nahezu den gesamten relevanten Rand der Verteilung umfasst, könnte die **proportionale Aufteilung** des Risikos sowohl bei der Quotenrückversicherung als auch beim Summenexzedenten dazu führen, dass grds. unabhängig von der gewählten Berechnungsmethode das beim Zedenten verbleibende Risiko im Verhältnis einigermaßen angemessen widergespiegelt wird. Zwar gelten nach wie vor die bereits identifizierten Einschränkungen für Verfahren, welche den (äußeren) Rand der Verteilung unberücksichtigt lassen.[1211] Doch wäre dieser „Bewertungsfehler“ sowohl in der Risikomarge des Portfolios von Erstversicherungsverträgen als auch anteilig in derjenigen des passiven Rückversicherungsvertrages enthalten. Die Bewertungsungenauigkeit würde folglich konsequent fortgeführt, so dass in der Nettobetrachtung die erwartete Befreiung vom ursprünglich eingegangenen Risiko zumindest nicht durch große Verzerrungen gekennzeichnet wäre. Um dies zu gewährleisten und methodenseitige Verzerrungen auszuschließen, ist indes zu fordern, dass für beide miteinander verknüpfte Vertragsarten stets das identische Verfahren angewandt wird. Sofern jedoch das Risiko im Rand der Verteilung nicht gleichermaßen zwischen

1207 Einen expliziten Hinweis hierzu enthält ED/2010/8, wobei keine Indizien für eine unterdessen geänderte Auffassung des Board erkennbar sind. Vgl. IASB (HRSG.), ED/2010/8: Insurance Contracts, Tz. BC241.

1208 Vgl. zu dem Begriff des unerwarteten Verlustes OLBRICH, A., Wertminderung finanzieller Vermögenswerte nach IFRS 9, S. 22-24.

1209 Vgl. ausführlich zu den Bilanzierungskonsequenzen für Rückversicherungsverträge Abschnitt 445.4.

1210 Vgl. hierzu bereits IASB (HRSG.), ED/2010/8: Insurance Contracts, Tz. BC241.

1211 Vgl. hierzu die Ausführungen in Abschnitt 444.43. Ähnliches gilt für die Kritik an der fehlenden Subadditivität der Verfahren, die im Wesentlichen durch den *value at risk* dominiert werden.

Erst- und Rückversicherer aufgeteilt wird, suggeriert die Anwendung der Konfidenzintervallmethode strukturell eine zu große Befreiung vom Risiko aus den Erstversicherungsverträgen.

Nicht-proportionale Rückversicherungsverträge hingegen bieten regelmäßig Schutz vor Risiken, die den (äußeren) Rand der Schadenverteilung begründen. Um die im Rahmen dieser Verträge transferierten Risiken glaubwürdig darstellen zu können, bedarf es Verfahren, mit denen die erwarteten Schadenrealisationen in jenem Bereich quantifiziert werden können. Hierbei hängt es sowohl von dem Vertragstypus als auch der jeweiligen Gestaltung ab, wie breit der zedierte Rand der Verteilung ist bzw. welches Intervall im Rand der Verteilung transferiert wird, falls eine Haftungsbegrenzung des Rückversicherers vereinbart wurde. So wird mit Hilfe eines *stop loss* i. d. R. der extreme **Rand der Verteilung** abgesichert, um übermäßige Verluste in einem Teilbereich des gesamten Versicherungsgeschäftes zu begrenzen.[1212] Auch durch Kumulschadenexzedenten werden tendenziell Risiken rückgedeckt, die vornehmlich im äußeren Bereich der Gesamtschadenverteilung des Portfolios anzusiedeln sind. Mit diesen Vertragsgestaltungen werden die Folgen von Schadenereignissen geteilt, die eine Vielzahl von Originalpolicen betreffen und somit hohe Verluste auf Portfolioebene begründen können. Zumal Einzelschadenexzedenten vorwiegend in Versicherungszweigen eingesetzt werden, die sich durch vergleichsweise niedrige Schäden im Einzelfall auszeichnen, bewirkt diese Vertragsart u. a. auch einen Transfer der Risiken des äußeren Randes.[1213] Da jedoch Einzelschäden adressiert werden, ist eine aus Sicht des Erstversicherers positive Veränderung der Schadenverteilung für das Portfolio nicht nur im äußeren Rand zu erwarten. Dies gilt es bei der Berechnung der Risikomarge zu berücksichtigen, so dass bspw. ein entsprechend niedrigeres Konfidenzniveau für die bedingte Erwartungswertmethode zu wählen ist, um den Grad der Risikoreduktion durch die Rückversicherungsnahme möglichst ganzheitlich abbilden zu können. Gleichwohl ist zu beachten, dass ein niedrigeres Konfidenzniveau für den *conditional value at risk* zugleich eine geringere Risikomarge begründet.

Vor allem für nicht-proportionale Vertragsgestaltungen ist es folglich elementar, gerade die Schadenrealisationen im Rand der Verteilung heranzuziehen, um den Wert der Risikomarge zu ermitteln.[1214] Hierfür bietet sich in erster Linie die bedingte Erwartungswertmethode und mit Abstrichen aufgrund der identifizierten konzeptionellen Schwächen ggf. auch die Kapitalkostenmethode bei entsprechend hoch gewähltem Konfidenzniveau an.[1215] Um jedoch sachgerecht das Risiko zeigen zu können, von dem der Erstversicherer durch den jeweiligen passiven Rückversicherungsvertrag befreit wurde, ist es erforderlich, das Risiko extremer Schadenszenarien auch in die Bewertung der Risikomarge der jeweiligen Erstversicherungsverträge einzubeziehen. Ohne eine **konsistente Methodenwahl** wäre die Gefahr zu groß, dass die risikoreduzierende Wirkung der Rückversiche-

1212 Vgl. zum *stop loss* sowie den weiteren nicht-proportionalen Vertragsarten Abschnitt 223.3.

1213 Vgl. PFEIFFER, C., Einführung in die Rückversicherung, S. 56; LIEBWEIN, P., Formen der Rückversicherung, S. 169.

1214 Vgl. auch ASCHE, B., Jahresabschlussanalyse von Schaden-/Unfallversicherern, S. 210; IASB/FASB (HRSG.), Reinsurance (agenda paper 3A), Tz. 57. Daher wird die zedierte Risikomarge regelmäßig einen hohen Anteil des Bruttobetrages ausmachen.

1215 Vgl. Abschnitte 444.44 und 444.45. Auch wenn sich diese Ausführungen auf die drei explizit im ED/2010/8 adressierten Methoden beschränken, sind darüber hinausgehende Verfahren einsetzbar, sofern sie die Unsicherheit aufgrund von extremen Schadenrealisationen einbeziehen.

rung verzerrt und somit nicht glaubwürdig dargestellt würde. Diese Forderung deckt sich mit dem Hinweis des IASB, dass konsistente Prämissen für die Bewertung beider miteinander verknüpften Vertragsarten zu wählen sind.[1216] Anderenfalls würde die Risikosituation nicht den tatsächlichen Verhältnissen entsprechend dargestellt. Falls bspw. die Konfidenzintervallmethode für die zugrunde liegenden Erstversicherungsverträge angewandt würde, so könnte eine Risikomarge auf Basis der bedingten Erwartungswertmethode für den passiven Rückversicherungsvertrag dazu führen, dass eine (auf Ebene der Erstversicherungsverträge) als zu niedrig eingestufte Risikosituation in der Nettobetrachtung wiederholt reduziert würde. So könnten keine entscheidungsnützlichen Informationen über die Höhe der Nettoverpflichtung sowie das beim Zedenten verbleibende Risiko vermittelt werden. Dieser Umstand wird hauptsächlich durch die Methodenwahl auf Ebene der Erstversicherungsverträge begründet und durch die mangelnde Konsistenz zu der für die Rückversicherung zu wählenden Methode verstärkt. Folglich ist zu fordern, dass auch die Risikomarge der zugrunde liegenden Erstversicherungsverträge mit Methoden ermittelt werden, die den Rand der Schadenverteilung hinreichend berücksichtigen.[1217]

445. Konstrukt einer vertragsbezogenen Servicemarge im Zugangszeitpunkt

445.1 Zielsetzung und Bestandteile der Servicemarge

Nach der Berechnungssystematik des IASB ist im Zeitpunkt der Zugangsbewertung im Rahmen des vierten Bausteins eine **vertragsbezogene Servicemarge**[1218] in Höhe des Erfüllungsbetrages des Vertragsportfolios mit umgekehrtem Vorzeichen zzgl. ggf. vor Beginn der Deckungsperiode angefallener Zahlungsströme anzusetzen,[1219] wenn das Portfolio als profitabel erwartet wird.[1220] Abgesehen von den vor Bilanzansatz geleisteten Zahlungen entspricht die Servicemarge folglich dem erwarteten Barwert künftiger Einzahlungsströme abzgl. der Summe aus dem erwarteten Barwert künftiger Auszahlungsströme sowie der Risikomarge.[1221] Die vertragsbezogene Servicemarge dient also dazu, einen **negativen Erfüllungsbetrag** zu neutralisieren und die Bewertung profitabler Portfolios von Versicherungsverträgen auf Null zu kalibrieren.[1222] Zu beachten ist hierbei, dass die Servicemarge selbst niemals negativ werden kann, da hiermit ein erwarteter Verlust verbunden wäre,

---

1216 Vgl. IASB (Hrsg.), ED/2013/7: Insurance Contracts, Tz. 41 (b) und Tz. BCA128.

1217 Im Ergebnis ähnlich ACLI (Hrsg.), CL on ED/2010/8, S. 10.

1218 Inhaltlich ist die vertragsbezogene Servicemarge mit der noch im ED/2010/8 adressierten Residualmarge gleichzusetzen und unterscheidet sich konzeptionell eindeutig von der noch im Discussion Paper vorgesehenen Servicemarge. Vgl. IASB (Hrsg.), ED/2013/7: Insurance Contracts, S. 5; IASB (Hrsg.), ED/2010/8: Insurance Contracts, Tz. 17 (b) und Tz. BC124-BC133; IASB (Hrsg.), DP: Insurance Contracts, Tz. 87-89 sowie für eine Gegenüberstellung der Konzepte IASB (Hrsg.), ED/2013/7: Insurance Contracts, Tz. BC34.

1219 Vgl. zur Diskussion der Berücksichtigung von Akquisitionskosten in Form von sog. *pre-coverage cash flows* innerhalb des Bewertungsmodells sowie im Speziellen bei der Ermittlung der vertragsbezogenen Servicemarge Abschnitt 442.6. Dort wird ferner jener Begriff auf die vor dem Bilanzansatz anfallenden (Aus-)Zahlungsströme ausgeweitet.

1220 Vgl. IASB (Hrsg.), ED/2013/7: Insurance Contracts, Tz. 28 i. V. m. Tz. 18 (b).

1221 Vgl. IASB (Hrsg.), ED/2013/7: Insurance Contracts, Tz. BC27. Da sich die Servicemarge definitorisch als Restbetrag aus den vorherigen Bewertungsbausteinen ergibt, handelt es sich hierbei ebenfalls um einen Barwert. Vgl. Asche, B., Jahresabschlussanalyse von Schaden-/Unfallversicherern, S. 201.

1222 Vgl. Fischer, D. T., Standardentwurf „Insurance Contracts“, S. 263.

der stets durch die Bildung bzw. Erhöhung einer Rückstellung zu erfassen ist.[1223] Die vertragsbezogene Servicemarge wird nicht als separater Bilanzposten behandelt, sondern wirkt sich in der Berechnungstechnik des Bausteinansatzes implizit auf den Rückstellungswert aus.[1224] Die versicherungstechnische Rückstellung wird hierbei in der Folge durch die vertragsbezogene Servicemarge erhöht, während beim Bilanzansatz definitionsgemäß ein Wert von Null resultiert. Die Höhe der Servicemarge sowie eine Überleitung der Beträge vom Periodenbeginn zum -ende sind verpflichtend im Anhang anzugeben, sofern nicht das vereinfachte Bewertungsmodell angewandt wird.[1225]

Die mit der vertragsbezogenen Servicemarge verfolgte Zielsetzung besteht darin, jeglichen Ertrags- bzw. **Gewinnausweis** aus den Versicherungsverträgen im Zugangszeitpunkt zu verhindern.[1226] Der in der Servicemarge erfasste Betrag soll hierbei die **noch nicht verdienten Gewinnbestandteile** repräsentieren, die erst im Laufe der Deckungsperiode entsprechend der tatsächlichen Leistungserbringung vereinnahmt werden.[1227] Indem die Bewertung der Versicherungsverträge bei einer unterstellten Gewinnerwartung an den künftigen Prämieneinnahmen ausgerichtet wird, können beim Bilanzansatz keine positiven Erfolgswirkungen resultieren. Negative Erfolgswirkungen sind hingegen unmittelbar zu erfassen, so dass im Zugangszeitpunkt im Ergebnis eine imparitätische Vereinnahmung erwarteter Erfolge vorgesehen ist.[1228] Neben der noch ausstehenden Verpflichtung zur Leistung der Komponenten, deren Gewinnbestandteile in der Sevicemarge erfasst werden, könnte die Gewinnabgrenzung mitunter auch durch die hohe Unsicherheit und Subjektivität der Bewertung begründet werden.[1229] Diesem Ansatz ist indes zu entgegnen, dass Unsicherheiten und Abweichungsrisiken bereits explizit durch die Risikomarge in die Bewertung einfließen. Das Bewertungsergebnis aufgrund dort bereits adressierter Einflüsse nachträglich in Frage zu stellen, erscheint nicht zweckgerecht und würde die explizite Beurteilung des Risikos hinfällig werden lassen.[1230]

Um zu beurteilen, ob eine Abgrenzung der Prämienüberschüsse gerechtfertigt ist, gilt es zu untersuchen, welche **Leistungskomponenten in die vertragsbezogenen Servicemarge** einfließen und ob diese noch in der Zukunft zu erbringen sind oder aber ein Gewinn aus der Vergütung bereits erbrachter Leistungen resultiert. Hierbei geht es grds. um die Gewinnbestandteile, die mit der Vergütung der Leistungskomponenten verbunden sind und nicht um die zur Leistungserfüllung erfor-

---

1223 Vgl. auch IASB (Hrsg.), ED/2013/7: Insurance Contracts, Tz. BC32 (b) sowie auch im Hinblick auf die Folgebewertung Tz. BCA109 (a); Weng, A., Stand der Entwicklung des IFRS 4, S. 25. Vgl. ferner IASB/FASB (Hrsg.), Day one gains and losses (agenda paper 3B), Tz. 6.

1224 Vgl. Ellenbürger, F./Kölschbach, J., Schritt zu neuen Bilanzierungsstandards, S. 1231; IASB/FASB (Hrsg.), Application of residual margin (agenda paper 3A), Tz. 5 (a) i. V. m. Tz. 41.

1225 Vgl. IASB (Hrsg.), ED/2013/7: Insurance Contracts, Tz. 76 f. Diese Ausweispflicht wurde auch im aktuellen Redeliberationsprozess nochmals bestätigt. Vgl. IASB (Hrsg.), IASB Update April 2014, S. 8.

1226 Vgl. IASB (Hrsg.), ED/2013/7: Insurance Contracts, Tz. BCA105.

1227 Vgl. hierzu sowie im Folgenden IASB (Hrsg.), ED/2013/7: Insurance Contracts, S. 5, Appendix A und Tz. BCA105.

1228 Vgl. Nguyen, T./Grosche, S., Bewertungskonzept für versicherungstechnische Verpflichtungen, S. 32.

1229 Vgl. zu diesem Aspekt bspw. Nguyen, T./Grosche, S., ED IFRS 4 aus aufsichtsrechtlicher Perspektive, S. 429 sowie Ellenbürger, F./Kölschbach, J., Schritt zu neuen Bilanzierungsstandards, S. 1304, bezogen auf die korrespondierende Begründung im *Revenue-Recognition*-Projekt. Vgl. für einen Überblick, wie die Höhe der vertragsbezogene Servicemarge und somit auch die Erfolgswirkungen der jeweiligen Perioden bilanzpolitisch gestaltet werden können, Asche, B., Jahresabschlussanalyse von Schaden-/Unfallversicherern, S. 203-206 und S. 208.

1230 Vgl. Nguyen, T./Grosche, S., ED IFRS 4 aus aufsichtsrechtlicher Perspektive, S. 429.

derlichen, erwarteten Auszahlungsströme.[1231] Die Identifikation jener Leistungsbestandteile ist ferner für die Folgebewertung maßgeblich, um der Servicemarge einen möglichst sachgerechten Auflösungsmechanismus zugrunde legen zu können.

Die Elemente der vertragsbezogenen Servicemarge sind zunächst konzeptionell von dem **versicherungstechnischen Risiko des Versicherers** abzugrenzen, das in der Risikomarge explizit adressiert wird. So enthält die Servicemarge keinerlei Gewinne, die unmittelbar auf die Risikotragung des Versicherers i. S. d. Konfrontation mit drohenden Abweichungsrisiken zurückzuführen sind. Hiermit verbundene Erfolgswirkungen ergeben sich ausschließlich aus der Neubewertung der Risikomarge zum Bewertungsstichtag.[1232] Überraschenderweise schlägt sich dies auf Basis des zweiten Standardentwurfes auch in der Folgebewertung der Risikomarge für die künftige Deckung nieder, so dass jegliche Schätzungsänderungen nach diesen Vorschriften noch unmittelbar erfolgswirksam zu erfassen sind.[1233] Eine Verrechnung der vorteilhaften bzw. nachteiligen Abweichungen mit der Servicemarge ist nach Maßgabe des ED/2013/7 in keinem Fall zulässig.[1234] Dies gilt demnach nicht nur für Veränderungen der Risikomarge für die in der abgelaufenen oder in vergangenen Perioden geleistete Versicherungsdeckung, sondern auch für prospektive Schätzungsänderungen, die sich auf die Leistungen künftiger Perioden beziehen.[1235] Unterdessen wurde allerdings im Zuge des Redeliberationsprozesses vorläufig beschlossen, dass auch Schätzungsänderungen in Bezug auf die Risikomarge für die künftige Deckung in eine positive vertragsbezogene Servicemarge eingehen und somit mit dieser verrechnet werden.[1236]

Die Servicemarge repräsentiert also vielmehr diejenigen Vergütungsbestandteile, die über eine erwartungsgetreue Bewertung der risikoadjustierten Barwerte künftiger Auszahlungsströme hinausgehen.[1237] Somit entspricht sie dem vom Versicherer aus dem Vertragsportfolio **erwarteten, noch nicht verdienten positiven Erfolg**.[1238] Hierbei ist das Vertragsportfolio aus Sicht des Versicherers erst dann als profitabel einzustufen, wenn sowohl die zur jeweiligen Vertragserfüllung erwarteten Auszahlungsströme als auch ein Zuschlag für die mit dem Portfolio verbundene Unsicherheit entsprechend der Risikoeinstellung des Versicherers vergütet werden und ein Überschuss verbleibt.[1239]

Bereits aus ED/2010/8 lässt sich ableiten, dass die vertragsbezogene Servicemarge die Gewinnbestandteile für eine Vielzahl von Leistungskomponenten bzw. weitere Faktoren umfasst.[1240] Wenn-

---

1231 So auch bereits IASB/FASB (Hrsg.), Release of residual margins (agenda paper 6F), Tz. 37.

1232 Vgl. hierzu insgesamt Nguyen, T./Grosche, S., ED IFRS 4 aus aufsichtsrechtlicher Perspektive, S. 429; Asche, B., Jahresabschlussanalyse von Schaden-/Unfallversicherern, S. 202; a. A. Schweinberger, S./Horstkötter, M., Bilanzierung von Versicherungsverträgen gemäß ED/2010/8, S. 547, nach denen kein Gewinn unmittelbar bei der Zugangsbewertung ausgewiesen werden darf, da noch keine Risiken durch den Versicherer getragen wurden.

1233 Vgl. IASB (Hrsg.), ED/2013/7: Insurance Contracts, Tz. 60 (b) und Tz. BC36.

1234 Vgl. IASB (Hrsg.), ED/2013/7: Insurance Contracts, Tz. BC36 f.

1235 Für eine kritische Auseinandersetzung mit jenen Folgebewertungsregelungen sei auf Abschnitt 457.1 verwiesen.

1236 Vgl. IASB (Hrsg.), IASB Update March 2014, S. 2 sowie auch Abschnitt 452.

1237 Vgl. IASB (Hrsg.), ED/2013/7: Insurance Contracts, Tz. BC26.

1238 Vgl. IASB (Hrsg.), ED/2013/7: Insurance Contracts, Appendix A.

1239 Hierbei ist indes wiederum zu berücksichtigen, dass ggf. auch portfolioübergreifende Effekte in die Risikomarge einfließen.

1240 Vgl. IASB (Hrsg.), Residual margin – two approaches (agenda paper 6B), Tz. 17 sowie bereits ausführlich IASB (Hrsg.), ED/2010/8: Insurance Contracts, Tz. BC125.

gleich diese Komponente in den dortigen Ausführungen nicht explizit aufgeführt wird, seien hier an erster Stelle die *„stand-ready-obligation"* des Versicherers und unmittelbar damit zusammenhängende Gewinnbestandteile erwähnt.[1241] So wird die Leistung des Versicherers, genügend Kapital vorzuhalten bzw. dieses so anzulegen, dass er den Versicherten jederzeit im Versicherungsfall entschädigen kann, im Regelfall gewinnbringend vergütet.

Eng hiermit verbunden resultiert ein Teil des Vergütungsüberschusses aus der Leistung des Versicherers, Verträge in einem Portfolio zusammenzufassen und dieses zu steuern, um Risikotransformationseffekte erzielen zu können.[1242] Hierbei handelt es sich um eine Leistung, die mindestens über den gesamten **Zeitraum der Deckungsperiode** zu erbringen ist, so dass eine Abgrenzung und spätere zeitanteilige Erfassung der hierauf entfallenden Gewinnbestandteile erforderlich ist, um entscheidungsnützliche Informationen zu vermitteln. Ähnlich verhält es sich mit dem Prämienbestandteil, der das mögliche Ausfallrisiko des Versicherers sowie dessen allgemeines Geschäftsrisiko abdeckt.[1243] Die hiermit verbundenen Risiken sind vom Versicherer wiederum sukzessive im Zeitablauf zu tragen und erstrecken sich über die Deckungsperiode sowie den ggf. anschließenden Zeitraum der Schadenabwicklung. Für diese Komponenten ist es demnach schlüssig und erforderlich, dass beim Bilanzansatz noch keine positiven Erfolgsbeiträge ausgewiesen werden, da das Fortbestehen des Versicherer sowie seiner Leistungsfähigkeit im Einzelfall erst noch nachgewiesen werden müssen. Folglich sind die hierauf entfallenden Prämienbestandteile bzw. der hiermit verbundene Gewinnanteil noch nicht verdient.

Weiterhin repräsentiert der Betrag der Servicemarge Gewinnbestandteile für über den eigentlichen, reinen Versicherungsschutz hinausgehende Serviceleistungen, die nicht vom Vertragsportfolio entkoppelt werden und ebenfalls im Zeitablauf zu erbringen sind und daher einer unmittelbar erfolgswirksamen Erfassung des negativen Erfüllungsbetrages entgegenstehen.[1244] Beispielhaft hierfür seien Beratungsleistungen, administrative Unterstützungen oder auch Verhandlungen über die Höhe zu erstattender Schadenzahlungen genannt.[1245]

Gleichwohl entsprechen die Leistungen, die der Versicherer intern zur Vorbereitung und Organisation des Versicherungsschutzes erbringen muss, nicht dem Leistungsverständnis aus dem ***Revenue-Recognition*-Projekt**.[1246] Hiernach ist für die Umsatzrealisation und die damit einhergehende Reduktion der Verpflichtung erforderlich, dass ein Vermögenswert auf den Versicherungsnehmer übertragen wird und dieser fortan Kontrolle über den Vermögenswert ausüben kann.[1247] Die inter-

---

1241 Vgl. hierzu auch IASB (HRSG.), Recognising the contractual service margin in profit or loss (agenda paper 2C), Tz. 24.

1242 Vgl. ferner zur Dauer dieser Leistungserbringung IASB (HRSG.), Residual margin – two approaches (agenda paper 6B), Tz. 17 (a); IASB (HRSG.), ED/2010/8: Insurance Contracts, Tz. BC125 (a).

1243 Vgl. IASB (HRSG.), ED/2010/8: Insurance Contracts, Tz. BC125 (e); IASB/FASB (HRSG.), Unlock the residual margin (agenda paper 3B), Tz. 10; NGUYEN, T./GROSCHE, S., Bewertungskonzept für versicherungstechnische Verpflichtungen, S. 32.

1244 Vgl. IASB (HRSG.), ED/2010/8: Insurance Contracts, Tz. BC125 (b). In diesem Zusammenhang werden Serviceleistungen adressiert, die für Rechnungslegungszwecke nicht vom eigentlichen Versicherungsvertrag abgespalten werden müssen.

1245 Vgl. IASB (HRSG.), Residual margin – two approaches (agenda paper 6B), Tz. 17 (b) i. V. m. Tz. 19 (b).

1246 Vgl. HOMMEL, M./BIELKE, D./ZICKE, J., Gewinnglättung dominiert fair value, S. 408.

1247 Vgl. IFRS 15.31; SCHOO, L., Umsatzrealisierung nach IFRS, S. 42-44.

nen, primär organisatorisch geprägten Leistungen des Versicherers gelangen jedoch nicht unmittelbar unter die Kontrolle des Versicherungsnehmers.[1248] Gleichwohl handelt es sich bei jenen Leistungen regelmäßig um nicht einzeln abgrenzbare Leistungsverpflichtungen, die in ihrer Gesamtheit dazu beitragen, den Versicherten den auf sie abgestimmten Versicherungsschutz zu den vereinbarten Konditionen zu gewähren.[1249] Sie sind folglich eng mit der nutzenstiftenden Leistung des Versicherungsschutzes verbunden und generieren bspw. durch die erzielte Risikotransformation auch einen Mehrwert für die Versicherten. Daher ist es zu begrüßen, dass auch jene Leistungskomponenten samt ihrer Gewinnbestandteile in die Berechnung der versicherungstechnischen Rückstellung eingehen.

Zudem spiegelt die vertragsbezogene Servicemarge auch Prämienbestandteile wider, die nicht mit einem **Leistungsrückstand** verbunden sind bzw. **keine Gewinnmarge für ausstehende Verpflichtungen** des Versicherers bilden.[1250] Da für jene Prämienelemente bereits in der Vergangenheit Teilleistungen zu erbringen waren, könnte argumentiert werden, dass deren Abgrenzung dazu führt, dass die erwirtschafteten Erträge zumindest teilweise zeitlich mit den korrespondierenden Aufwendungen auseinanderfallen.[1251] Hierunter zu subsumieren sind bspw. Erstattungen für die Produktentwicklung, aber auch Preisunterschiede, die der Versicherer aufgrund seiner langfristig aufgebauten Marktmacht erzielen kann.[1252]

Ein konsequent umgesetzter *asset liability approach* würde indes implizieren, dass der erwartete Gewinn nicht passivisch abgegrenzt werden darf, sondern unmittelbar in der Erfolgsrechnung zu zeigen ist.[1253] Ferner erscheint es nicht mit den im Conceptual Framework identifizierten **Anforderungen an eine Schuld** vereinbar, reine Gewinnbestandteile als separate Rückstellung zu erfassen. So handelt es sich hierbei nicht um eine gegenwärtige Verpflichtung, deren Erfüllung mit dem Abfluss von Ressourcen einhergeht, die einen wirtschaftlichen Nutzen für den Bilanzierenden

---

1248 Vgl. HOMMEL, M./BIELKE, D./ZICKE, J., Gewinnglättung dominiert fair value, S. 408.

1249 Vgl. IASB (HRSG.), Residual margin – two approaches (agenda paper 6B), Tz. 20 (b). Allerdings kann die in der Servicemarge abgebildete residuale Verpflichtung als abgrenzbar von der Verpflichtung, Zahlungen an den Versicherten zu leisten, angesehen werden. Vgl. IASB (HRSG.), Residual margin – two approaches (agenda paper 6B), Tz. 21. Vgl. für Kriterien, die auf identifizierbare Leistungsverpflichtungen hindeuten IFRS 15.29 bzw. zuvor für eine Negativabgrenzung abgrenzbarer Leistungsverpflichtungen IASB (HRSG.), ED/2011/6: Revenue from Contracts with Customers, Tz. 29; SCHOO, L., Umsatzrealisierung nach IFRS, S. 39 f.

1250 Vgl. VARAIN, T. C., Bilanzierung versicherungstechnischer Verpflichtungen von Schaden- und Unfallversicherungsunternehmen, S. 179.

1251 Vgl. zu der Forderung, dass Erträge und die diese alimentierenden Aufwendungen in derselben Periode zu erfassen sind, WAWRZINEK, W., in: Bohl et al., Beck'sches IFRS-Handbuch, § 2, Rn. 53.

1252 Vgl. IASB (HRSG.), ED/2010/8: Insurance Contracts, Tz. BC125 (c) und (d). Vgl. zu den Differenzierungsmöglichkeiten, die es einem Versicherer erlauben, Gewinnzuschläge zu veranschlagen, die nicht mehr an künftige Leistungsverpflichtungen gebunden sind, VARAIN, T. C., Bilanzierung versicherungstechnischer Verpflichtungen von Schaden- und Unfallversicherungsunternehmen, S. 178. Zudem wird die Servicemarge auch Kompensationen für dem Portfolio nicht direkt zurechenbare Kosten wie bspw. bestimmte Akquisitionskosten enthalten.

1253 Vgl. VARAIN, T. C., Bilanzierung versicherungstechnischer Verpflichtungen von Schaden- und Unfallversicherungsunternehmen, S. 179; GEIB, G., IFRS für Versicherungsgeschäfte, S. 118; LÖW, S., Rückstellungsbilanzierung bei Versicherungsunternehmen, S. 154-156. Für eine detaillierte Auseinandersetzung mit den unterschiedlichen Konsequenzen eines *Asset-liability-* bzw. *Defferal-matching*-Ansatzes siehe ZIMMERMANN, J./SCHWEINBERGER, S., Gestaltungsformen der Bilanzierung von Versicherungsverträgen, S. 58-73.

begründen.[1254] Gleichwohl können die Gewinne zum Zeitpunkt des Vertragsabschlusses noch nicht als erwirtschaftet angesehen werden, da sie sich unmittelbar auf die noch zu erfüllenden Leistungsverpflichtungen beziehen und theoretisch zurückgefordert werden könnten, wenn der Versicherer seinen Verpflichtungen nicht nachkommt oder der Vertrag vorzeitig aufgelöst wird.[1255] Analog zur bilanziellen Abbildung langfristiger Fertigungsaufträge ist es daher erforderlich, dass auch der Gewinn entsprechend des Leistungsfortschrittes vereinnahmt wird, um entscheidungsnützliche Informationen über die Leistung des Versicherers vermitteln zu können.[1256] Daher sind die vorgesehene, verpflichtungserhöhende Abgrenzung des Prämienüberschusses sowie die erfolgswirksame Auflösung der Servicemarge nach Maßgabe der Leistungserbringung zu begrüßen.

445.2 Bilanzierungskonsequenz bei negativem Erfüllungsbetrag

Ein aus dem Bewertungsmodell resultierender negativer Erfüllungsbetrag, der in einer (positiven) vertragsbezogenen Servicemarge abzugrenzen ist,[1257] entspricht einem **Prämienüberschuss** über den mit dem Portfolio von Versicherungsverträgen verbundenen risikoadjustierten Barwert künftiger Auszahlungsströme. Diesen gilt es im Zugangszeitpunkt erfolgsneutral zu behandeln und erst in den Folgeperioden gemäß dem Fortschritt der zur Vertragserfüllung erforderlichen Leistungen des Versicherers erfolgswirksam zu vereinnahmen.[1258] Ein solcher Prämienüberschuss resultiert unmittelbar aus dem Umstand, dass die Prämien bei profitorientierten Versicherungsunternehmen in aller Regel nicht nur kostendeckend, sondern mit einem Gewinnanteil kalkuliert werden.[1259] Weiterhin ist es denkbar, dass die der Prämienkalkulation zugrunde liegenden Annahmen vorsichtiger gewählt werden als für die Bestimmung des risikoangepassten Barwertes künftiger Auszahlungsströme und daher ein Prämienüberschuss erwartet wird.[1260]

Die vertragsbezogene Servicemarge ist hierbei als ein **in der Berechnung der versicherungstechnischen Rückstellung zu berücksichtigender Bestandteil** anzusehen und somit nicht als separater Schuldenposten zu behandeln, wobei die versicherungstechnische Rückstellung im Zugangszeitpunkt bei profitablen Vertragsportfolios noch stets einen Wert von Null aufweist.[1261] Der Ansatz einer separaten Rückstellung in Höhe des Prämienüberschusses wäre konzeptionell zu hinterfragen, da der einen Prämienüberschuss bestimmende Gewinnanteil den an eine Schuld gestellten Definitionsanforderungen nicht standhalten würde.[1262] So begründet dieser keine zusätzliche vergangen-

---

1254 Vgl. zu den an eine Schuld gestellten Definitionsanforderungen IASB (HRSG.), CF, Tz. 4.4 (b). Vgl. hierzu ferner Abschnitt 445.2.

1255 A. A. NGUYEN, T./MOLINARI, P., Bilanzierung von Versicherungsverträgen nach ED/2010/8 (Teil I), S. 25.

1256 Vgl. GEIB, G., IFRS für Versicherungsgeschäfte, S. 118; ABBING, M./SAKER, M., Fair Value, S. 15. Im Ergebnis a. A. HOMMEL, M./BIELKE, D./ZICKE, J., Gewinnglättung dominiert fair value, S. 408, nach denen die vertragsbezogene Servicemarge vielmehr eine Art *„dummy"* darstellt, der nicht rückstellungserhöhend wirken sollte.

1257 Von der Betrachtung von *pre-coverage cash flows* wird hier abstrahiert.

1258 Vgl. IASB (HRSG.), ED/2013/7: Insurance Contracts, Tz. 28, Tz. 32, Tz. BCA105 sowie Tz. BCA109; IASB (HRSG.), IASB Update May 2014, S. 2; HOMMEL, M./BIELKE, D./ZICKE, J., Gewinnglättung dominiert fair value, S. 407.

1259 Vgl. BÄCHLER, R., Bilanzierung von Versicherungsverträgen, S. 383.

1260 Vgl. SCHWEINBERGER, S./HORSTKÖTTER, M., Bilanzierung von Versicherungsverträgen gemäß ED/2010/8, S. 550.

1261 Vgl. IASB/FASB (HRSG.), Application of residual margin (agenda paper 3A), Tz. 41. Hierbei wird bei einer Prämienzahlung direkt zu Beginn der Deckungsperiode der Zeitpunkt unmittelbar vor Erhalt der Prämien betrachtet.

1262 Vgl. IASB/FASB (HRSG.), Application of residual margin (agenda paper 3A), Tz. 41 (b).

heitsgeborene Verpflichtung, die zu künftigen Ressourcenabflüssen führen wird.[1263] Eine eigenständige Rückstellung wäre allenfalls für die künftig noch zu erbringenden Leistungsverpflichtungen anzusetzen, die den in der Servicemarge erfassten Gewinnbestandteilen zugrunde liegen. Da jedoch die erwarteten Gewinne aus den in Abschnitt 445.1 genannten Gründen beim Bilanzansatz passivisch abzugrenzen sind und entsprechend des Grades der Leistungserbringung vereinnahmt werden sollten, ist die Servicemarge als Bestandteil der Gesamtverpflichtung zu behandeln.[1264]

Die Höhe der vertragsbezogenen Servicemarge sowie die hiermit verbundene Erfolgsvereinnahmung in den Folgeperioden kann indes auch **bilanzpolitisch** motiviert gestaltet werden.[1265] Von besonderer Bedeutung sind hierbei auf Basis des zweiten Standardentwurfes die Wahl des Diskontierungszinssatzes bzw. dessen Anpassung an die spezifischen Charakteristika des Portfolios von Versicherungsverträgen sowie die Bemessung der Risikomarge. Da Veränderungen in der Einschätzung der Risikomarge nach den Regelungen des ED/2013/7 im Zuge der Folgebewertung unmittelbar erfolgswirksam erfasst werden und die Servicemarge erst im Zeitablauf ergebniswirksam wird, könnte der jeweilige Periodenerfolg durch die Beurteilung der Risikomarge tendenziell in die gewünschte Richtung gesteuert werden.[1266] Indem indes hier gefordert wird, eine möglichst weitgehende Konsistenz zu der für interne Zwecke genutzten Risikobeurteilung zu erreichen und da explizit über die Höhe der Risikomarge sowie deren Veränderungen im Anhang zu berichten ist,[1267] kann diese Gefahr auch auf Basis jener Vorschriften zumindest teilweise eingeschränkt werden.[1268] Die mit den Zahlungsstromschätzungen verbundenen bilanzpolitischen Spielräume wurden weiterhin dahingehend begrenzt, dass auf die künftige Deckung bezogene Schätzungsänderungen nunmehr in die vertragsbezogene Servicemarge eingehen, sofern diese weiterhin positiv ist.[1269] Die jüngsten Entscheidungen des IASB im Laufe des Redeliberationsprozesses sehen zudem vor, dass künftig auch Schätzungsänderungen der Risikomarge für die künftige Deckung mit der vertragsbezogenen Servicemarge zu verrechnen sind, solange diese positiv bleibt.[1270] Hierdurch kann die Wirkung der zuvor dargelegten bilanzpolitischen Spielräume reduziert werden. Gleichwohl verbleibt in Bezug auf die Risikomarge aufgrund des ggf. abweichenden Auflösungsmusters von Risiko- und Servicemarge sowie der unterschiedlichen Betrachtungszeiträume (Deckungsperiode für die Servicemarge bzw. Deckungsperiode zzgl. Zeitraum der Schadenabwicklung für die Risikomarge) weiterhin bilanzpolitisches Gestaltungspotential.

1263 Vgl. IASB (Hrsg.), Residual margin – two approaches (agenda paper 6B), Tz. 48(a). Vgl. zu den an eine Schuld gestellten Definitionsanforderungen IASB (Hrsg.), CF, Tz. 4.4 (b).

1264 Vgl. IASB/FASB (Hrsg.), Application of residual margin (agenda paper 3A), Tz. 41.

1265 Vgl. hierzu sowie im Folgenden Asche, B., Jahresabschlussanalyse von Schaden-/Unfallversicherern, S. 203-208 wie auch bereits die Ausführungen in Abschnitt 442.5.

1266 Vgl. Asche, B., Jahresabschlussanalyse von Schaden-/Unfallversicherern, S. 203-206.

1267 Vgl. IASB (Hrsg.), ED/2013/7: Insurance Contracts, Tz. B76 (b).

1268 Ferner ist zu fordern, dass die Methoden grds. stetig angewandt werden, sofern sich die relevanten Umstände nicht (wesentlich) verändert haben.

1269 Vgl. IASB (Hrsg.), ED/2013/7: Insurance Contracts, Tz. 30 (c) und (d) sowie Tz. BC27; IASB (Hrsg.), Residual margin – two approaches (agenda paper 6B), Tz. 7.

1270 Vgl. IASB (Hrsg.), IASB Update March 2014, S. 2 sowie Abschnitt 452. und Abschnitt 457.4.

445.3 Bilanzierungskonsequenz bei positivem Erfüllungsbetrag

Ein positiver Erfüllungsbetrag ergibt sich immer dann, wenn die Summe aus dem erwarteten Barwert künftiger Auszahlungsströme und der Risikomarge den erwarteten Barwert künftiger Einzahlungsströme übersteigt.[1271] Jene positive Differenz impliziert im Zugangszeitpunkt ein **belastendes Vertragsportfolio**, sofern dem Versicherer nicht in entsprechender Höhe bereits Prämienzahlungen der Versicherten zugeflossen sind.[1272] Diese Differenz darf jedoch weder in der Zugangs- noch in der Folgebewertung durch eine negative Servicemarge ausgeglichen und folglich nicht erfolgsneutral behandelt werden.[1273] Stattdessen löst ein erwarteter, indes noch nicht realisierter Verlust in Höhe des positiven Erfüllungsbetrages die erfolgswirksame Bildung einer versicherungstechnischen Rückstellung aus.[1274] Im Gegensatz zu den i. d. R. erwarteten Gewinnen sind also erwartete Verluste im Zugangszeitpunkt imparitätisch bereits zu antizipieren.[1275]

Wenngleich belastende Vertragsportfolios im Zugangszeitpunkt bei gewinnstrebenden Versicherern nur selten vorliegen dürften, kann ein solches Prämiendefizit durch **wettbewerbsbedingte Überlegungen** eingegangen werden.[1276] So ist es denkbar, dass wettbewerbsbedingt bewusst intern als zu niedrig eingeschätzte Prämien bemessen werden, um den eigenen Marktanteil zu vergrößern.[1277] Weiterhin wären kalkulierte Verluste innerhalb eines Vertragsportfolios durch hiermit verbundene *Cross-selling*-Effekte begründbar, die den zunächst eingegangenen Nachteil überkompensieren.[1278] Auch in Kombination mit diesen Gründen könnte der Versicherer ggf. i. S. d. Bewertungsmodells zu niedrige Prämien von Versicherungsnehmern verlangen, wenn er davon ausgeht, diesen Nachteil durch entsprechend hohe Kapitalanlageerträge auszugleichen.[1279] Eine Belastung könnte jedoch auch aus veränderten Einschätzungen zwischen dem Zeitpunkt des Vertragsabschlusses und dem möglicherweise späteren Bilanzansatz resultieren.[1280]

Unabhängig davon, ob beim Bilanzansatz bereits die erste Prämienzahlung geleistet wurde, ist somit bei einem belastenden Vertragsportfolio im Zugangszeitpunkt eine versicherungstechnische

---

[1271] Vgl. IASB (HRSG.), ED/2013/7: Insurance Contracts, Tz. 18 (a) i. V. m. Tz. IE7; SCHWEINBERGER, S./HORSTKÖTTER, M., Bilanzierung von Versicherungsverträgen gemäß ED/2010/8, S. 549.

[1272] Vgl. SCHWEINBERGER, S./HORSTKÖTTER, M., Bilanzierung von Versicherungsverträgen gemäß ED/2010/8, S. 549; IASB/FASB (HRSG.), Residual margins (agenda paper 6B), Tz. 12; LÖW, S., Rückstellungsbilanzierung bei Versicherungsunternehmen, S. 165.

[1273] Vgl. IASB (HRSG.), ED/2013/7: Insurance Contracts, Tz. 30 (d) (ii), Tz. BC32 (b) und Tz. BCA109 (a). Im Ergebnis ähnlich auch IASB (HRSG.), ED/2010/8: Insurance Contracts, Tz. BC122.

[1274] Vgl. IASB (HRSG.), ED/2013/7: Insurance Contracts, Tz. 28 und Tz. BCA109 (a); HOMMEL, M./BIELKE, D./ZICKE, J., Gewinnglättung dominiert fair value, S. 407, die indes den Erfüllungsbetrag mit jeweils umgekehrten Vorzeichen definieren; WENG, A., Stand der Entwicklung des IFRS 4, S. 25. Auch im Zuge der Kommentierungsschreiben wurde dieses Vorgehen nicht kritisiert. Vgl. IASB/FASB (HRSG.), Day one gains and losses (agenda paper 3B), Tz. 12. Beanstandet wurde anstatt dessen, wie ein derartiger positiver Erfüllungsbetrag zustande kommt, wobei sich die Kritik speziell an der expliziten Risikomarge entzündete.

[1275] Vgl. SCHWEINBERGER, S./HORSTKÖTTER, M., Bilanzierung von Versicherungsverträgen gemäß ED/2010/8, S. 547.

[1276] Vgl. hierzu sowie im Folgenden IASB/FASB (HRSG.), Residual margins (agenda paper 6B), Tz. 12; KREEB, M., Versicherungskonzernabschluss nach IFRS 4 Phase II, S. 131 f.

[1277] Vgl. IASB/FASB (HRSG.), Residual margins (agenda paper 6B), Tz. 12.

[1278] Vgl. ZONS, M., Value Based Management, S. 332.

[1279] Vgl. KREEB, M., Versicherungskonzernabschluss nach IFRS 4 Phase II, S. 132.

[1280] Zu berücksichtigen ist indes, dass Versicherungsverträge bereits dann anzusetzen sind, wenn das jeweilige Portfolio als belastend eingestuft wird. Vgl. IASB (HRSG.), ED/2013/7: Insurance Contracts, Tz. 12 (c).

Rückstellung ungleich Null anzusetzen.[1281] Bei gewinnbringenden Verträgen hingegen wird die Bewertung der Versicherungsverträge zunächst durch die vertragsbezogene Servicemarge auf Null kalibriert, so dass sich die Rückstellung mit den Prämienzahlungen aufbaut. Auch die einen drohenden Verlust repräsentierende Rückstellung ist im weiteren Verlauf nach Maßgabe der erhaltenen Prämien zu ergänzen, sofern die Einschätzungen der künftigen Schadenauszahlungen unverändert fortbestehen.[1282]

445.4 Spezifika der Bilanzierung passiver Rückversicherungsverträge und Verknüpfung mit den zugrunde liegenden Erstversicherungsverträgen

445.41 Bedeutung der vertragsbezogenen Servicemarge für passive Rückversicherungsverträge

Bevor die Bilanzierungskonsequenzen für einen passiven Rückversicherungsvertrag bei angewandtem *building block approach* kritisch betrachtet werden, soll zunächst die Bedeutung der vertragsbezogenen Servicemarge sowie deren Auflösung für passive Rückversicherungsverträge geklärt werden. Auch wenn sich die Deckungsperiode eines Rückversicherungsvertrages auf ein Jahr beschränkt, wie es oftmals bei fakultativen Vertragsgestaltungen der Fall sein dürfte,[1283] ist es für die unterjährige Berichterstattung relevant, ob ein Gewinn bzw. ein Verlust bereits im Zugangszeitpunkt zu zeigen ist. Zudem werden gerade bei solchen Gestaltungen Verträge nicht zwingend über ein Kalenderjahr laufen, so dass sich die vom IASB geforderte Bilanzierungskonsequenz im Zugangszeitpunkt auf die Abschlüsse zweier Perioden auswirkt. Wenngleich passive Rückversicherungsverträge im Schaden- und Unfallbereich regelmäßig über ein Jahr laufen, so kann die Deckungsperiode bei obligatorischen Vertragsgestaltungen, bei denen das Zeichnungsjahr als Zessionsbasis dient, einen längeren Zeitraum umfassen.[1284] So können bspw. die innerhalb eines Jahres eingegangenen einjährigen Erstversicherungsverträge eines definierten Bereiches rückgedeckt werden, so dass sich die Deckungsperiode des Rückversicherungsvertrages wirtschaftlich bereits auf einen zweijährigen Zeitraum ausdehnt.[1285] Ferner können durch einen Rückversicherungsvertrag mit einer Laufzeit von einem Jahr auch langfristige Erstversicherungsverträge rückgedeckt werden, wobei sich die Deckungsperiode wiederum nach den Originalpolicen richtet. Darüber hinaus sind auch in Anbetracht der weitgehenden Vertragsautonomie in Einzelfällen unabhängig von der Deckungsperiode der Originalpolicen längerfristige Rückversicherungsverträge vorstellbar.[1286]

[1281] Vgl. IASB (Hrsg.), ED/2013/7: Insurance Contracts, Tz. 12 (c) i. V. m. Tz. 15.

[1282] Vgl. einleitend zu dieser Systematik Abschnitt 441.41; Schweinberger, S./Horstkötter, M., Bilanzierung von Versicherungsverträgen gemäß ED/2010/8, S. 547 sowie zur Veränderung einer versicherungstechnischen Rückstellung im Zeitablauf beispielhaft IASB (Hrsg.), ED/2013/7: Insurance Contracts, Tz. IE11.

[1283] Vgl. Stettler, H./Eugster, F./Kuhn, M., Reinsurance matters, S. 62.

[1284] Vgl. hierzu Abschnitt 223.1.

[1285] Vgl. IASB/FASB (Hrsg.), Short Duration Contracts (agenda paper 1), Tz. 29 (a).

[1286] Vgl. bspw. Stettler, H./Eugster, F./Kuhn, M., Reinsurance matters, S. 70 f. Vgl. ferner zur Existenz passiver Rückversicherungsverträge mit mehrjähriger Deckungsperiode RAA (Hrsg.), CL on FASB ED Insurance Contracts, S. 17 f.

445.42 Bilanzierungskonsequenz bei negativem Erfüllungsbetrag

Definitionsgemäß entspricht ein negativer Erfüllungsbetrag bei passiven Rückversicherungsverträgen einem **Überschuss des erwarteten Barwertes künftiger Auszahlungsströme**, d. h. der zu zedierenden Prämien bzw. des vereinbarten Rückversicherungspreises, über die Summe aus dem erwarteten Barwert künftiger Einzahlungsströme und der zedierten Risikomarge.[1287] Auch hierbei sind analog zu den Erstversicherungsverträgen wiederum die ggf. vor dem Bilanzansatz angefallenen Zahlungsströme zu beachten.[1288] Zumal auch Rückversicherer gewinnorientiert agieren und der Zedent als Versicherungsnehmer auftritt, ist mehrheitlich mit einem negativen Erfüllungsbetrag zu rechnen.[1289] Jener Auszahlungsüberschuss repräsentiert hierbei die **erwarteten Nettokosten** des erworbenen Rückversicherungsschutzes, die nicht sofort aufwandswirksam erfasst, sondern in einer positiven vertragsbezogenen Servicemarge abgegrenzt und über die Deckungsperiode nach Maßgabe der Leistungserbringung erfolgswirksam verteilt werden.[1290] Dies gilt allerdings nur, sofern sich die Nettoauszahlungsströme auf ein rückgedecktes künftiges Schadenereignis beziehen. Anderenfalls ist ein erwarteter Verlust unmittelbar auszuweisen.[1291]

Den erwarteten Auszahlungsüberschuss nicht unmittelbar aufwandswirksam zu erfassen, widerspricht konzeptionell auch nicht dem Grundsatz, jeglichen im Zugangszeitpunkt erwarteten Verlust direkt zu zeigen.[1292] Auf Ebene der Erstversicherungsverträge ist dieses Prinzip strikt zu befolgen, damit belastende Vertragsportfolios auch als verlustbringend gekennzeichnet werden und ein hinreichender Betrag zur Vertragserfüllung zurückgestellt wird. Ein negativer Erfüllungsbetrag repräsentiert bei passiven Rückversicherungsverträgen hingegen die **Akquisitionskosten des risikopolitischen Instrumentariums** eines Rückversicherungsschutzes. Ein solcher Vertrag ist daher nicht per se als belastend einzustufen.[1293] Vielmehr erscheint es zweckgerecht, diese Kosten entsprechend des durch die erworbene Rückdeckung künftig generierten Nutzens in der Erfolgsrechnung zu zeigen und folglich über den Verlauf der Deckungsperiode zu verteilen. Hierdurch wird ferner begünstigt, dass ein aus dem passiven Rückversicherungsvertrag erwarteter Verlust in gleicher Weise erfolgswirksam wird wie ein Gewinn aus dem Portfolio zugrunde liegender Erstversicherungsverträge, insbesondere sofern die Deckungsperioden übereinstimmen.[1294] Diskussionswürdig ist indes, ob der erwartete Verlust vollständig oder nur bis zur Höhe eines aus dem korrespondierenden Erstversicherungsgeschäft erwarteten Gewinns abgegrenzt werden sollte.[1295]

[1287] Vgl. IASB (HRSG.), ED/2013/7: Insurance Contracts, Tz. 41 (c) und Tz. IE8 sowie bereits IASB (HRSG.), ED/2010/8: Insurance Contracts, Tz. 45 (a).

[1288] Vgl. IASB (HRSG.), ED/2013/7: Insurance Contracts, Tz. 41 (c) (i).

[1289] Vgl. stellvertretend IASB (HRSG.), ED/2013/7: Insurance Contracts, Tz. BCA143; ACLI (HRSG.), CL on ED/2010/8, S. 4.

[1290] Vgl. IASB (HRSG.), Sweep issues (agenda paper 2C), Tz. 54 sowie in Bezug auf die Folgebewertungsregelungen IASB (HRSG.), ED/2013/7: Insurance Contracts, Tz. 41 (d) (ii) i. V. m. Tz. 32.

[1291] Vgl. IASB (HRSG.), ED/2013/7: Insurance Contracts, Tz. 41 (c) (ii) und Tz. BCA141.

[1292] Vgl. IASB/FASB (HRSG.), Reinsurance (agenda paper 3A), Tz. 79 sowie für die Anforderung, einen Verlust unmittelbar auszuweisen, Tz. 69; IASB (HRSG.), ED/2013/7: Insurance Contracts, Tz. BCA105.

[1293] Vgl. IASB/FASB (HRSG.), Reinsurance (agenda paper 3A), Tz. 79.

[1294] Vgl. auch IASB/FASB (HRSG.), Reinsurance (agenda paper 3A), Tz. 80.

[1295] Vgl. Abschnitt 445.44.

Die Notwendigkeit einer aufeinander abgestimmten Behandlung der Bewertungsergebnisse für passive Rückversicherungsverträge und die korrespondierenden Erstversicherungsverträge sei beispielhaft anhand eines Quotenrückversicherungsvertrages verdeutlicht. Hierbei wird ein gewinnbringendes Portfolio von Erstversicherungsverträgen unterstellt, für das der Rückversicherer gegen zu zedierende Prämien ausschließlich künftige Schadenzahlungen gemäß der vereinbarten Proportion übernimmt.[1296] Da unter diesen Annahmen sämtliche im Rahmen des Vertrages anfallenden Zahlungsströme im gleichen Verhältnis geteilt werden und die Einzahlungsströme aus den Erstversicherungsverträgen anteilig den Auszahlungsströmen aus dem passiven Rückversicherungsvertrag entsprechen, ist aus der Rückversicherung ein Verlust zu erwarten. In der **Nettobetrachtung** nach Rückversicherung ist indes noch immer mit einem Gewinn für die Gesamtheit dieser Verträge aus Sicht des Zedenten zu rechnen. Da ein Prämienüberschuss bei den Erstversicherungsverträgen im Zeitablauf erfolgswirksam zu erfassen ist,[1297] muss auch ein Auszahlungsüberschuss für den passiven Rückversicherungsvertrag abgegrenzt werden.[1298] Nur so gelingt es, die Erfolgswirkungen in den jeweiligen Perioden unverzerrt und somit glaubwürdig darzustellen. Den im Laufe der Deckungsperiode erwirtschafteten Erträgen aus den Erstversicherungsverträgen werden die Aufwendungen aus dem zugehörigen Rückversicherungsvertrag zugeordnet, so dass netto der ökonomische Erfolg der Periode gezeigt werden kann. Da der Prämienüberschuss aus den Originalpolicen in der Berechnungssystematik des Bausteinansatzes verpflichtungserhöhend in einer (passivischen) vertragsbezogenen Servicemarge erfasst wird, ist es erforderlich, den Auszahlungsüberschuss aus dem passiven Rückversicherungsvertrag aktivisch in einer Servicemarge abzugrenzen. Nachdem die Prämien anteilig bzw. vollständig gezahlt wurden, kann in der Gesamtbetrachtung somit die netto beim Erstversicherer verbleibende Verpflichtung gezeigt werden, indem der Bruttoverpflichtung ein Aktivposten in entsprechender Höhe gegenübergestellt wird.

Die Bildung einer Drohverlustrückstellung im Zugangszeitpunkt mit anschließender erfolgsneutraler Auflösung bei der Zession der eingehenden Prämien würde hingegen die tatsächlichen wirtschaftlichen Verhältnisse im Zusammenspiel zwischen passiver Rückversicherung und zugrunde liegender Erstversicherung verzerrt darstellen. Somit ist die Abgrenzung des erwarteten Verlustes aus dem passiven Rückversicherungsvertrag sowohl für sich betrachtet zu rechtfertigen als auch im Hinblick auf die Wechselwirkung mit den zugrunde liegenden Erstversicherungsverträgen – vorbehaltlich der Diskussion in Abschnitt 445.44 – geboten.

1296 Aus Gründen der Anschaulichkeit wird hier von Rückversicherungsprovisionen abstrahiert. Die abgeleiteten Konsequenzen sind indes grds. auch auf andere Vertragsgestaltungen übertragbar.

1297 Vgl. für eine ausführliche Begründung Abschnitt 445.1.

1298 Die vertragsbezogenen Servicemargen aus dem Portfolio von Erstversicherungsverträgen und dem zugehörigen passiven Rückversicherungsvertrag gleichen sich hierbei z. T. aus. Vgl. IASB/FASB (Hrsg.), Reinsurance (agenda paper 3A), Tz. 66 (a); zustimmend ACLI (Hrsg.), CL on ED/2010/8, S. 4.

445.43 Bilanzierungskonsequenz bei positivem Erfüllungsbetrag

Ein positiver Erfüllungsbetrag repräsentiert bei passiven Rückversicherungsverträgen einen Überschuss des erwarteten Barwertes künftiger Einzahlungsströme zzgl. der zedierten Risikomarge über den erwarteten Barwert künftiger Auszahlungsströme.[1299] Ein derartiger **erwarteter Nettogewinn** aus der passiven Rückversicherung darf ebenfalls nicht direkt in der Erfolgsrechnung gezeigt werden, sondern ist in einer negativen Servicemarge abzugrenzen und wird nach Maßgabe der erhaltenen Leistungen über die Deckungsperiode erfolgswirksam.[1300]

Im Regelfall wird die Bewertung eines passiven Rückversicherungsvertrages zwar in einem negativen Erfüllungsbetrag resultieren. Indes kann in selteneren Fällen auf Basis des Bewertungsmodells auch ein **Überschuss künftiger Einzahlungsströme** erwartet werden.[1301] Zum einen kann sich dieser aus einer zu hoch bewerteten (bedingten) künftigen Auszahlungsverpflichtung für das zugrunde liegende Portfolio von Erstversicherungsverträgen ergeben, so dass auch der Wert des Rückversicherungsschutzes überschätzt wird. In diesem Fall wäre jedoch zu fordern, dass die rückgedeckten Erstversicherungsverträge auf der Grundlage des geänderten Kenntnisstandes erneut bewertet und die veränderten Einschätzungen auch für den passiven Rückversicherungsvertrag übernommen werden.[1302] Ferner kann ein erwarteter Einzahlungsüberschuss auch ökonomisch durch eine für den Erstversicherer vorteilhafte Preisforderung des Rückversicherers begründet sein. So könnte der Zessionar das übernommene Risiko im Vergleich zum Zedenten als weniger schwerwiegend einstufen oder aber größere Risikoausgleichseffekte erzielen und infolgedessen einen für den Erstversicherer gewinnversprechenden Rückversicherungsvertrag anbieten.[1303]

Diskussionswürdig erscheint jedoch, ob ein im Zugangszeitpunkt erwarteter Gewinn aus dem passiven Rückversicherungsvertrag stets in einer vertragsbezogenen Servicemarge abgegrenzt oder aber – zumindest in ausgewählten Situationen – unmittelbar erfolgswirksam erfasst werden sollte. Der **Abkehr vom sofortigen Gewinnausweis**, der im ersten Standardentwurf noch vorgesehen war,[1304] liegt nunmehr die Ansicht des IASB zugrunde, dass ein solcher erwarteter Gewinn einer Reduktion der Kosten des Rückversicherungsschutzes gleichkommt.[1305] Folglich ist auch diese Kostenredukti-

---

[1299] Vgl. IASB (Hrsg.), ED/2013/7: Insurance Contracts, Tz. BCA139 und Tz. IE8 sowie anschaulich, jedoch mit abweichender Bilanzierungskonsequenz IASB (Hrsg.), ED/2010/8: Insurance Contracts, Tz. 45 (b). Auch hierbei sind grds. wiederum vor dem Bilanzansatz angefallene Zahlungsströme zu berücksichtigen.

[1300] Vgl. IASB (Hrsg.), ED/2013/7: Insurance Contracts, Tz. 41 (c) (i) und Tz. BCA140.

[1301] Vgl. hierzu insgesamt IASB (Hrsg.), ED/2013/7: Insurance Contracts, Tz. BCA139 i. V. m. Tz. BCA130 (b).

[1302] Vgl. zu dieser Entstehungsursache eines positiven Erfüllungsbetrages sowie der geforderten Neubewertung IASB (Hrsg.), ED/2013/7: Insurance Contracts, Tz. BCA139 (a); IASB/FASB (Hrsg.), Reinsurance (agenda paper 2E), Tz. 15 (a). Eine Überprüfung der Bewertung der zugrunde liegenden Erstversicherungsverträge wurde vor allem gefordert, als noch eine unmittelbar erfolgswirksame Erfassung eines positiven Erfüllungsbetrages vorgesehen war. Vgl. IASB/FASB (Hrsg.), Reinsurance (agenda paper 2E), Tz. 2 (a) (ii). Nunmehr werden die Auswirkungen auf die Erfolgsrechnung deutlich abgefedert, indem der Erfüllungsbetrag eines passiven Rückversicherungsvertrages unabhängig von seinem Vorzeichen zunächst in einer vertragsbezogenen Servicemarge erfasst wird.

[1303] Vgl. zur vorteilhaften Preissetzung als mögliche Ursache eines erwarteten Einzahlungsüberschusses IASB (Hrsg.), ED/2013/7: Insurance Contracts, Tz. BCA139 (b); IASB/FASB (Hrsg.), Reinsurance (agenda paper 2E), Tz. 15 (b) und (c); IASB/FASB (Hrsg.), Reinsurance (agenda paper 3A), Tz. 68.

[1304] Vgl. IASB (Hrsg.), ED/2010/8: Insurance Contracts, Tz. 45 (b).

[1305] Vgl. IASB (Hrsg.), ED/2013/7: Insurance Contracts, Tz. BCA140.

on analog zu einem negativen Erfüllungsbetrag nach Maßgabe der erhaltenen Leistung über die Deckungsperiode zu verteilen.[1306] Einen Gewinn ausschließlich als reduzierte Einkaufskosten des Rückversicherungsschutzes anzusehen, wirkt indes nicht nur kontraintuitiv, sondern setzt sich auch zu wenig mit den ökonomischen Ursachen und Konsequenzen auseinander. Im Kommentierungsprozess wurde weiterhin angeführt, dass auch aus dem passiven Rückversicherungsvertrag beim Zugang noch kein positiver Erfolgsbeitrag erfasst werden sollte, da der Erstversicherer durch den Rückversicherungsschutz nicht vom Risiko aus den zugrunde liegenden Originalpolicen befreit wird.[1307] Rechtlich bleibt die eingegangene Verpflichtung des Erstversicherers ggü. den Versicherten zwar unverändert bestehen, doch bewirkt der Rückversicherungsschutz in der Nettobetrachtung wirtschaftlich eine Risikoreduktion, die letztlich auch den wesentlichen Nutzen der Rückversicherung für den Zedenten begründet.

Eine Abgrenzung des erwarteten Gewinns scheint vielmehr geboten, da dieser regelmäßig noch **nicht hinreichend sicher** ist, sondern erst im Zuge der Leistungserbringung durch den Rückversicherer realisiert wird.[1308] Analog zur Situation beim Erstversicherungsvertrag könnte die Vertragsbeziehung bspw. vorzeitig beendet werden, z. B. da der rückversicherte Vertrag wegfällt. Folglich würden die künftigen Leistungen des Rückversicherers, auf deren Bewertung auch der erwartete Gewinn basiert, nicht bzw. nur teilweise erbracht und ein zuvor bereits antizipierter Erfolgsausweis würde die wirtschaftlichen Verhältnisse nicht zutreffend abbilden. Es erscheint nur dann theoretisch mit der Entscheidungsnützlichkeit vereinbar, einen Einzahlungsüberschuss sofort erfolgswirksam zu erfassen, sofern dieser unwiderruflich tatsächlich eintreten wird.[1309] Dies hängt indes nicht nur mit der unbedingten Leistungspflicht des Rückversicherers zusammen, der er sich nicht mehr entziehen kann. Die wirtschaftliche Gewinnrealisation hängt auch von dem tatsächlichen Eintritt eines Schadenfalls ab, aus dem isoliert für den passiven Rückversicherungsvertrag betrachtet vorteilhafte Zahlungen für den Erstversicherer resultieren. Den Gewinn erst dann zu vereinnahmen, wenn Schadenzahlungen vom Rückversicherer erstattet werden, ist jedoch als zu vorsichtig einzustufen und würde den Prognosewert der Informationen reduzieren. Um zugleich relevante und glaubwürdig dargestellte Informationen zu vermitteln, ist die Regelung grds. zu begrüßen, den erwarteten Gewinn über die Deckungsperiode des Rückversicherungsvertrages zu verteilen. Auch wenn de facto kein Schadenfall eintreten sollte, repräsentiert dieser Erfolgsausweis den Nutzenzufluss aus dem erworbenen Rückversicherungsschutz und somit den im Vergleich zum vereinbarten Preis höherwertigen Risikotransfer. Diese Beurteilung gilt allerdings zunächst losgelöst von den zugrunde liegenden Originalpolicen.

1306 Vgl. IASB (HRSG.), ED/2013/7: Insurance Contracts, Tz. BCA140.

1307 Vgl. IASB/FASB (HRSG.), Reinsurance (agenda paper 3A), Tz. 70; IASB (HRSG.), Reinsurance assets (agenda paper 8), Tz. 21 (a).

1308 Vgl. ähnlich auch IASB/FASB (HRSG.), Reinsurance (agenda paper 3A), Tz. 77.

1309 Vgl. EUROPEAN INSURANCE CFO-FORUM/CEA (HRSG.), CL on ED/2010/8, S. 17, das einem unmittelbaren Gewinnausweis in diesem Fall positiv gegenübersteht. Ein direkter Erfolgsausweis im Zugangszeitpunkt wurde noch im Standardsetzungsprozess mit der Forderung begründet, dass eine vertragsbezogene Servicemarge weder für Erstversicherungsverträge noch für die sie bedeckenden passiven Rückversicherungsverträge negativ werden darf. Vgl. IASB (HRSG.), ED/2013/7: Insurance Contracts, Tz. BCA140; IASB/FASB (HRSG.), Reinsurance (agenda paper 2E), Tz. 16 f.

Ferner könnten bei einem unmittelbaren Gewinnausweis sowohl der Periodenerfolg als auch die Höhe der Nettoverpflichtung nach Rückversicherung durch Sachverhaltsgestaltungen verzerrt dargestellt werden. So wäre es denkbar, einen passiven Rückversicherungsvertrag einzugehen und das Rückversicherungsengagement kurz nach dem Bilanzstichtag wieder zu beenden, nur um das Periodenergebnis des abzuschließenden Geschäftsjahres zu verbessern.[1310]

Es ist jedoch zu prüfen, ob die vom IASB vorgesehene und bei isolierter Betrachtung befürwortete Bilanzierungskonsequenz auch das **Zusammenwirken der passiven Rückversicherung mit den zugrunde liegenden Erstversicherungsverträgen** sachgerecht abbildet. Um die Auswirkungen auf die anzustrebende, möglichst realitätsgetreue Darstellung der Nettoerfolgswirkung, Nettoverpflichtung sowie der Nettorisikosituation anschaulich zu zeigen, wird der Fall eines erwartungsgemäß verlustbringenden Portfolios von Erstversicherungsverträgen und eines gewinnbringenden zugehörigen Rückversicherungsvertrages betrachtet. Diese Konstellation kann z. B. entstehen, wenn ein belastendes Portfolio von Erstversicherungsverträgen quotal rückversichert wird, der Zessionar die Konditionen aus den Originalpolicen für das Rückversicherungsgeschäft akzeptiert und darüber hinaus entsprechend hohe Rückversicherungsprovisionen gewährt werden. Gleichwohl dürfte eine solche Konstellation nicht zuletzt aufgrund der Gewinnorientierung beider Parteien einen Ausnahmefall darstellen. Während für die belastenden Erstversicherungsverträge unmittelbar bei Zugang in Höhe des erwarteten Verlustes aufwandswirksam eine Drohverlustrückstellung zu bilden ist, muss der aus dem passiven Rückversicherungsvertrag erwartete Gewinn in einer negativen vertragsbezogenen Servicemarge abgegrenzt werden. Wird jedoch die ökonomische Einheit beider Versicherungsengagements betrachtet, so sieht sich der Erstversicherer wirtschaftlich lediglich einem um den erwarteten Gewinn aus dem Rückversicherungsgeschäft reduzierten erwarteten Gesamtverlust ausgesetzt.[1311]

Um die Wirkung des erworbenen Rückversicherungsgeschäftes den tatsächlichen Verhältnissen entsprechend abzubilden, ist nach der hier vertretenen Auffassung de lege ferenda zu fordern, dass der aus dem passiven Rückversicherungsvertrag erwartete Gewinn im Zugangszeitpunkt zumindest bis zur Höhe des erwarteten Verlustes aus den zugrunde liegenden Verträgen vereinnahmt werden darf.[1312] Der für das belastende Vertragsportfolio gebildeten Drohverlustrückstellung wäre sodann in Höhe des erwarteten Gewinns ein Aktivposten gegenüberzustellen,[1313] so dass netto regelmäßig die wirtschaftlich tatsächlich beim Zedenten verbleibende Verpflichtung abgebildet wird. Zumal die Rückversicherungsverträge eindeutig den zugrunde liegenden Erstversicherungsverträgen zugeordnet werden können und aus Sicht des Erstversicherers ökonomisch eine Art Bewertungseinheit bilden, ist zu fordern, dass das wirtschaftliche Zusammenwirken beider Vertragsarten auch bilanziell nachgezeichnet wird. Nach den gegenwärtig vorgesehenen Regelungen würden die Nettoerfolgswirkung sowie die Nettoverpflichtungssituation hingegen verzerrt dargestellt, so dass nur einge-

---

1310 Vgl. IASB/FASB (Hrsg.), Reinsurance (agenda paper 3A), Tz. 71.

1311 In der Regel wird netto aus beiden derartigen Geschäften indes ein Verlust für den Erstversicherer resultieren. Vgl. Schweinberger, S./Horstkötter, M., Bilanzierung von Versicherungsverträgen gemäß ED/2010/8, S. 551.

1312 Vgl. auch IASB/FASB (Hrsg.), Reinsurance (agenda paper 3A), Tz. 23 (a).

1313 Vgl. für die Diskussion, ob jener Aktivposten die an einen Vermögenswert gestellten Anforderungen erfüllt, Abschnitt 458.

schränkt glaubwürdige Informationen bereitgestellt werden können. Bei einer konsequenten Orientierung an der Vermittlung entscheidungsnützlicher Informationen bedarf es einer kompensierenden erfolgswirksamen Erfassung erwarteter Gewinne aus dem eingegangenen Rückversicherungsgeschäft.[1314]

445.44 Bemessung der vertragsbezogenen Servicemarge auf Basis der Rückversicherungsprämie und Änderungsvorschläge

Die Höhe der vertragsbezogenen Servicemarge für einen passiven Rückversicherungsvertrag richtet sich stets nach dem vereinbarten Rückversicherungspreis bzw. den zu zedierenden Prämienzahlungen abzgl. möglicher Rückversicherungsprovisionen sowie ggf. weiterer Erstattungen.[1315] Die Bewertung eines passiven Rückversicherungsvertrages wird demnach im Zugangszeitpunkt durch eine positive oder negative vertragsbezogene Servicemarge per Definition **auf Null kalibriert**, so dass Erfolgswirkungen zunächst vermieden werden.[1316] Fließen dann (unmittelbar nach Zugang) die Rückversicherungsprämien ab, ist in identischer Höhe – unabhängig von den erwarteten Erfolgswirkungen aus dem Vertrag – ein Rückversicherungsvermögenswert auszuweisen.[1317] Folglich ist die vertragsbezogene Servicemarge für den passiven Rückversicherungsvertrag im letzten Schritt losgelöst von dem Erfüllungsbetrag aus dem Portfolio zugrunde liegender Erstversicherungsverträge und der hiermit verbundenen Bilanzierungskonsequenz zu behandeln.[1318] Dies zeigt sich auch in der Möglichkeit, positive wie auch negative Schätzungsänderungen der Zahlungsströme unbegrenzt in der vertragsbezogenen Servicemarge eines passiven Rückversicherungsvertrages aufzunehmen.[1319]

In zahlreichen Stellungnahmen zum ED/2010/8 wurde die strikte Ausrichtung der vertragsbezogenen Servicemarge an der vereinbarten Rückversicherungsprämie bereits als Schwäche des Bewertungsmodells ausgemacht. Kritisiert wurde hierbei vor allem, dass durch die Servicemarge nicht der Grad der Risikobefreiung aufgrund des Rückversicherungsschutzes repräsentiert wird.[1320] Wenngleich dieser Effekt explizit durch die Schätzung der Risikomargen in die Bewertung einfließt und folglich keiner gesonderten Abbildung im Rahmen der vertragsbezogenen Servicemargen bedarf, sollten die gegenwärtigen Regelungsvorschläge, wie nachfolgend erörtert, dennoch bis zum finalen Standard nochmals überdacht werden.

Um im Zuge der Bewertung passiver Rückversicherungsverträge Informationen zu vermitteln, die der hier konkretisierten Zielsetzung der **Vermittlung entscheidungsnützlicher Informationen**

1314 Vgl. IASB/FASB (Hrsg.), Reinsurance (agenda paper 3A), Tz. 23 (a); mit Bezug auf ED/2010/8 IASB (Hrsg.), ED/2013/7: Insurance Contracts, Tz. BCA140.

1315 Auch bei der Bestimmung der vertragsbezogenen Servicemarge für passive Rückversicherungsverträge sind *pre-coverage cash flows* zu berücksichtigen. Vgl. IASB (Hrsg.), ED/2013/7: Insurance Contracts, Tz. 41 (c) (i).

1316 Vgl. IASB (Hrsg.), ED/2013/7: Insurance Contracts, Tz. BCA127.

1317 Vgl. IASB (Hrsg.), ED/2013/7: Insurance Contracts, Tz. BCA127 (b).

1318 Vgl. IASB (Hrsg.), ED/2013/7: Insurance Contracts, Tz. BCA127 (b); Ernst & Young (Hrsg.), Boards discuss reinsurance topics, S. 2.

1319 Vgl. IASB (Hrsg.), ED/2013/7: Insurance Contracts, Tz. BCA143. Vgl. für eine kritische Auseinandersetzung mit den unbegrenzten Anpassungsmöglichkeiten IASB (Hrsg.), Sweep issues (agenda paper 2C), Tz. 56-58.

1320 Vgl. IASB/FASB (Hrsg.), Reinsurance (agenda paper 3A), Tz. 20 f. sowie Tz. 67; European Insurance CFO-Forum/CEA (Hrsg.), CL on ED/2010/8, S. 16.

über den Zusammenhang von passiver Rückversicherung und zugrunde liegender Erstversicherung gerecht werden,[1321] ist die **ökonomische Wirkung des Rückversicherungsschutzes** möglichst realitätsgetreu abzubilden. Dies betrifft zum einen die bereits adressierte Fragestellung, welche Bilanzierungskonsequenz mit einem positiven bzw. negativen Erfüllungsbetrag eines passiven Rückversicherungsvertrages einhergehen sollte.[1322] Zum anderen gilt es nunmehr zu beurteilen, ob die Höhe der positiven bzw. negativen vertragsbezogenen Servicemarge auch von dem Bewertungsergebnis für die zugrunde liegenden Erstversicherungsverträge abhängen sollte. Eine solche **begrenzende Wirkung des Bilanzierungsergebnisses für die Originalpolicen** ist ferner für den im Rahmen dieser Arbeit geforderten, kompensierenden Gewinnausweis im Zugangszeitpunkt zu untersuchen.[1323] Im Folgenden werden daher für die vier möglichen Kombinationen aus Gewinnen und Verlusten für den passiven Rückversicherungsvertrag sowie das Portfolio korrespondierender Erstversicherungsverträge (Abbildung 4-5) zweckgerechte Abbildungsregelungen entwickelt.[1324] Hierbei handelt es sich indes um neu konzipierte Regelungsvorschläge, die größtenteils nicht mit den bisher vorgesehenen Vorschriften vereinbar sind.

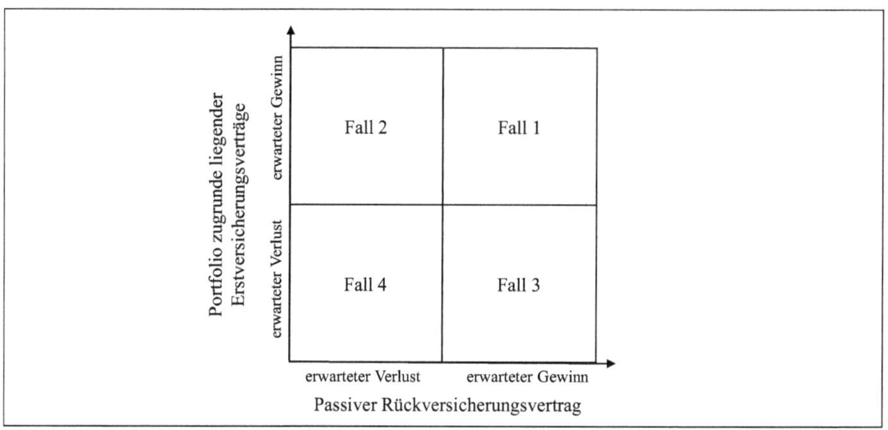

Abbildung 4-5: Systematisierung der Kombination von Bewertungsergebnissen zwischen Erst- und Rückversicherung

Um die wirtschaftliche Situation in **Fall 1** sachgerecht abzubilden, sollten beide Gewinnbestandteile – wie derzeit vom IASB vorgesehen – jeweils in einer vertragsbezogenen Servicemarge abgegrenzt werden. Dies erscheint geboten, da die hiermit verbundenen Leistungsverpflichtungen noch nicht erfüllt wurden bzw. die Gewinne als nicht hinreichend sicher einzustufen sind. Da durch das Rückversicherungsengagement keine Verluste aus dem zugrunde liegenden Geschäft teilweise kompensiert werden, ist in diesem Fall keine Abweichung von den Vorschriften des zweiten Standardent-

1321 Vgl. zu dem für diesen Zusammenhang ausgelegten Würdigungsmaßstab Abschnitt 34.
1322 Vgl. hierzu die Abschnitte 445.42 und 445.43.
1323 Vgl. zur Notwendigkeit und zur Begründung jener vorgeschlagenen Regelungsänderung Abschnitt 445.43.
1324 Vgl. zu den vier Szenarien ACLI (Hrsg.), CL on ED/2010/8, S. 6 und Appendix A.

wurfes erforderlich. Auch bei einer integrierten Abbildung beider Verträge würde der Nettogewinn vollständig abgegrenzt und erfolgswirksam über die Deckungsperiode verteilt.

Für die Konstellation im **Fall 2** ist zwar grds. zu fordern, dass der erwartete Gewinn bzw. Verlust aus beiden verknüpften Vertragsarten jeweils in einer positiven vertragsbezogenen Servicemarge abgegrenzt und erst im Zeitablauf erfasst wird. Gleichwohl sollte, anders als bisher vom IASB vorgesehen, de lege ferenda eine Grenze eingeführt werden, so dass der erwartete Verlust aus dem Rückversicherungsgeschäft maximal bis zur Höhe des erwarteten Gewinns aus dem korrespondierenden Erstversicherungsgeschäft als Akquisitionskosten abgegrenzt werden darf.[1325] Ein darüber hinaus aus dem passiven Rückversicherungsvertrag erwarteter Verlust wäre unmittelbar erfolgswirksam auszuweisen. Hierdurch würde verhindert, dass ein netto aus der ökonomischen Bewertungseinheit insgesamt erwarteter Verlust für die Kombination beider Vertragsarten zeitlich verzögert erfasst wird.[1326] Einen insgesamt drohenden Verlust dennoch über die Deckungsperiode zu verteilen, erscheint nicht mit dem Ziel der Vermittlung entscheidungsnützlicher Informationen vereinbar, da eine insgesamt erwartete bzw. drohende Belastung nicht vollständig abgebildet würde.[1327] In den Kommentierungsschreiben wurde gar ein Vorschlag unterbreitet, durch den die Abgrenzung eines aus dem passiven Rückversicherungsvertrag erwarteten Verlustes noch weiter eingeschränkt würde. So wurde angedacht, die vertragsbezogene Servicemarge für den Rückversicherungsvertrag derjenigen aus dem Portfolio zugrunde liegender Erstversicherungsverträge, gewichtet mit dem Grad der Risikobefreiung durch den Rückversicherungsschutz, gleichzusetzen.[1328] Diesem Ansatz wird hier allerdings nicht gefolgt, da es in erster Linie als Zweck der Risikomarge anzusehen ist, die risikoreduzierende Wirkung der Rückversicherung realitätsgetreu in die Bewertung einfließen zu lassen. Ferner würde hierdurch kein Gleichklang mit der hypothetischen Bewertung der Nettoposition beider Vertragsarten erreicht.

Um das Zusammenwirken von Erst- und Rückversicherung im **Fall 3** sachgerecht abzubilden, wird hier entgegen dem aktuellen Regelungsentwurf gefordert, dass ein im Zugangszeitpunkt aus dem passiven Rückversicherungsvertrag erwarteter Gewinn nicht per se in einer vertragsbezogenen Servicemarge abzugrenzen ist. Vielmehr sollte dieser unmittelbar erfolgswirksam vereinnahmt werden, sofern hierdurch erwartete Verluste aus dem zugrunde liegenden Erstversicherungsgeschäft ausgeglichen werden. Diese **kompensierende Wirkung** sollte auch bilanziell nachvollzogen werden, um die Nettoverpflichtung zu zeigen, der sich der Erstversicherer noch ausgesetzt sieht, und den Periodenerfolg nicht verzerrt darzustellen. Die Höhe der Gewinnrealisation im Zugangszeitpunkt sollte allerdings betragsmäßig auf die Höhe des erwarteten Verlustes aus den Originalpolicen beschränkt werden.[1329] Hierdurch wird gewährleistet, dass ein identisches Ergebnis erzielt wird wie bei einer

---

1325 Vgl. IASB/FASB (Hrsg.), Reinsurance (agenda paper 3A), Tz. 73 (a).

1326 Vgl. einem solchen Ansatz zustimmend ACLI (Hrsg.), CL on ED/2010/8, S. 5.

1327 Der IASB hingegen sieht offenbar ungeachtet der Höhe sämtliche Zahlungen an den Rückversicherer als Akquisitionskosten an, die es ganzheitlich abzugrenzen gilt. Vgl. IASB (Hrsg.), ED/2013/7: Insurance Contracts, Tz. BCA142.

1328 Vgl. European Insurance CFO-Forum/CEA (Hrsg.), CL on ED/2010/8, S. 17; Hannover Re/Mapfre Re/Munich Re/Swiss Re (Hrsg.), CL on ED/2010/8, S. 8.

1329 Vgl. IASB/FASB (Hrsg.), Reinsurance (agenda paper 3A), Tz. 73 (b).

konsequenten Nettobetrachtung.[1330] Der ökonomischen Wirkung der Rückversicherung entsprechend könnte sodann der aufwandswirksam gebildeten Drohverlustrückstellung für den erwarteten Verlust aus dem Erstversicherungsgeschäft ein Vermögenswert in gleicher Höhe erfolgswirksam gegenübergestellt werden. Ein darüber hinausgehender erwarteter Gewinn aus dem passiven Rückversicherungsvertrag sollte hingegen in einer negativen vertragsbezogenen Servicemarge über die Deckungsperiode abgegrenzt werden.[1331] Gleichwohl können sich auch bei diesem Ansatz Probleme ergeben, wenn der Rückversicherungsvertrag nicht zeitgleich mit dem zugrunde liegenden Originalgeschäft abgeschlossen wird. So könnte ein Gewinn aus dem Rückversicherungsgeschäft auch bei unmittelbarer Realisation dem bereits ausgewiesenen Verlust aus dem Originalgeschäft ggf. erst in einer späteren Periode gegenübergestellt werden.[1332]

Im i. d. R. seltenen **Fall 4** sollte der aggregierte Verlust aus beiden Vertragsarten unmittelbar gezeigt werden. Der Standardentwurf sieht jedoch vor, dass auch bei dieser Konstellation der erwartete Verlust aus dem passiven Rückversicherungsvertrag in einer positiven vertragsbezogenen Servicemarge zu erfassen und über die Deckungsperiode aufwandswirksam aufzulösen ist.[1333] Wird wiederum die Nettobetrachtung beider Vertragsarten als Referenz herangezogen, so erscheint es eher mit der Vermittlung entscheidungsnützlicher Informationen vereinbar, in Höhe des insgesamt erwarteten Verlustes aufwandswirksam eine Rückstellung zu bilden, um die gesamte wirtschaftlich drohende Belastung zu zeigen. Diese Sichtweise wird hier im Vergleich zur konsequenten Interpretation des erwarteten Verlustes als Akquisitionskosten als zweckmäßiger erachtet.

Im Ergebnis zielen die dargelegten Änderungsvorschläge zum aktuellen Regelungsentwurf somit darauf ab, dass jeweils die identische Bilanzierungskonsequenz bei einer separaten Abbildung des passiven Rückversicherungsvertrages sowie der zugrunde liegenden Erstversicherungsverträge erzielt wird, wie bei einer konsequenten Nettobetrachtung. Hierdurch kann für den Regelfall erreicht werden, dass die tatsächlich beim Zedenten verbleibende Nettoverpflichtung gezeigt wird und zudem die Erfolgswirkungen aus dem passiven Rückversicherungsvertrag sowie den korrespondierenden Erstversicherungsverträgen unverzerrt in den richtigen Perioden gegenübergestellt werden.

445.45 Bemessung der vertragsbezogenen Servicemarge im Lichte der vorläufigen Entscheidungen des IASB

Die Kritik an einer mangelnden **Abbildung der ökonomischen Beziehung** zwischen einem passiven Rückversicherungsvertrag und den zugrunde liegenden Erstversicherungsverträgen aufgrund der Berücksichtigung sämtlicher nicht zinsbedingter Wertänderungen in der Servicemarge eines Rückversicherungsvertrages hat den IASB veranlasst, die bisherigen Regelungen zu adjustieren.[1334] So werden künftig wohl Wertänderungen des passiven Rückversicherungsvertrages, die auf ergebniswirksame Schätzungsänderungen der korrespondierenden Erstversicherungsverträge zurückzu-

[1330] Vgl. ähnlich ACLI (Hrsg.), CL on ED/2010/8, S. 5.
[1331] Vgl. IASB/FASB (Hrsg.), Reinsurance (agenda paper 3A), Tz. 73 (b).
[1332] Vgl. auch im Hinblick auf weitere, mit dieser Regelungsalternative verbundene, operative Schwierigkeiten IASB/FASB (Hrsg.), Reinsurance (agenda paper 3A), Tz. 75.
[1333] Vgl. IASB (Hrsg.), ED/2013/7: Insurance Contracts, Tz. 41 (c), und Tz. BCA141.
[1334] Vgl. IASB (Hrsg.), Asymmetrical treatment of gains (agenda paper 2B), Tz. 2 f. sowie Tz. 11.

führen sind, unmittelbar im Periodenergebnis auszuweisen sein.[1335] Dies bezieht sich vor allem auch auf Wertänderungen, die nach dem erstmaligen Bilanzansatz eintreten und dazu führen, dass die zugrunde liegenden Erstversicherungsverträge defizitär werden.[1336]

Die im Rahmen dieser Arbeit zusätzlich kritisierte, asymmetrische Behandlung von Gewinnen und Verlusten im **Zugangszeitpunkt** bleibt somit von jenen vorläufigen Regelungsänderungen unberührt.[1337] Wenngleich diese avisierte Änderung der Vorschriften für die Folgebewertung zu begrüßen ist,[1338] wäre eine konsequente Übertragung auf die Situation im Zugangszeitpunkt wünschenswert gewesen, um auch hier der ökonomischen Wirkung der Rückversicherung hinreichend Rechnung zu tragen. Begründet wird die Beschränkung der symmetrischen Abbildung auf Wertänderungen in der Folgebewertung durch die Entscheidung, im Zugangszeitpunkt generell keine positiven Erfolgswirkungen zu zeigen. Ferner wird betont, dass es sich bei den Erst- und den passiven Rückversicherungsverträgen um separat anzusetzende und zu bewertende Verträge handelt.[1339] Dies sollte indes nicht zu einer verzerrten Abbildung des ökonomischen Gehaltes der Kombination aus Erst- und passiver Rückversicherung führen, so dass die vorläufig beschlossenen Entscheidungen hier als nicht weitreichend genug angesehen werden.

45 Folgebewertung von Versicherungsverträgen

451. Aktualisierung der Schätzungen des Erfüllungsbetrages

In den Folgeperioden richtet sich die Bewertung eines Portfolios von Versicherungsverträgen nach dem aktualisierten, auf den Bilanzstichtag bezogenen Erfüllungsbetrag sowie dem ggf. verbleibenden Betrag der vertragsbezogenen Servicemarge.[1340] Konsistent zu der Maßgabe, dass stets aktuelle Schätzungen der Zahlungsströme zu verwenden sind,[1341] gilt es, die Bewertungsparameter am Bilanzstichtag erneut zu beurteilen und an veränderte Verhältnisse anzupassen.[1342]

Im Rahmen des **ersten Bewertungsbausteins** sind die potentiellen Schadenhöhen samt zugehöriger Eintrittswahrscheinlichkeiten und -zeitpunkte auf Basis der aktuell verfügbaren Informationen erneut zu schätzen. Eine Veränderung des Erfüllungsbetrages stellt sich ein, indem vertragsbezogene Zahlungen in der abgelaufenen Periode geleistet wurden und folglich nicht mehr für die Zukunft zu erwarten sind.[1343] Zudem können sich auch Schätzungsänderungen bezogen auf die künftige sowie die bereits gewährte Deckung im Einklang mit den Regelungen des IAS 8[1344] auf die Höhe der versicherungstechnischen Rückstellung auswirken. Diejenigen Adjustierungen der erwarteten Zahlungsströme zur Vertragserfüllung, die sich auf die künftig zu leistende Versicherungsdeckung

1335 Vgl. IASB (Hrsg.), IASB Update June 2014, S. 3.
1336 Vgl. hierzu ausführlich IASB (Hrsg.), Asymmetrical treatment of gains (agenda paper 2B), Tz. 19 sowie Tz. 23.
1337 Vgl. IASB (Hrsg.), Asymmetrical treatment of gains (agenda paper 2B), Tz. 3 sowie Tz. 22 f.
1338 Vgl. Abschnitt 458. sowie Abschnitt 459.
1339 Vgl. IASB (Hrsg.), Asymmetrical treatment of gains (agenda paper 2B), Tz. 22.
1340 Vgl. IASB (Hrsg.), ED/2013/7: Insurance Contracts, Tz. 29.
1341 Vgl. IASB (Hrsg.), ED/2013/7: Insurance Contracts, Tz. 22 (d), Tz. B55-B58 und Tz. BCA26.
1342 So auch mit Ausnahme der ehemaligen Residualmarge Nguyen, T./Grosche, S., Bewertungskonzept für versicherungstechnische Verpflichtungen, S. 32.
1343 Vgl. auch Kreeb, M., Versicherungskonzernabschluss nach IFRS 4 Phase II, S. 135 und S. 139 f.
1344 Vgl. IAS 8.36-38.

beziehen, sind jedoch zunächst mit der vertragsbezogenen Servicemarge zu verrechnen und somit bilanz- und erfolgsneutral zu behandeln.[1345] Während für den Versicherer vorteilhafte Änderungen die positive Servicemarge unbegrenzt erhöhen können, dürfen nachteilige Anpassungen nur insoweit mit der Marge verrechnet werden, als dass diese keinen negativen Wert annimmt.[1346] Hierdurch wird gewährleistet, dass ein nach der Neubewertung insgesamt erwarteter Verlust nicht in die vertragsbezogene Servicemarge eingeht, die ihrerseits den noch nicht verdienten Erfolg aufgrund des Versicherungsgeschäftes repräsentiert,[1347] sondern unmittelbar rückstellungserhöhend ausgewiesen wird.[1348]

Generell ist jedoch bei Schätzungsänderungen der künftigen Zahlungsströme zu beachten, dass stets die Verhältnisse am Abschussstichtag glaubwürdig abgebildet werden müssen und Schätzungsänderungen auch tatsächlich durch geänderte Umstände während der Periode begründet sind.[1349] Dies impliziert allerdings keineswegs, dass ausschließlich auf den Stichtag bezogene Informationen berücksichtigt werden dürfen. Vielmehr ist eine ganzheitliche Informationsauswertung gefordert, die sämtliche relevanten, am Bewertungsstichtag verfügbaren Informationen umfasst.[1350] Im Hinblick auf die Einbeziehung von Schätzungsänderungen erscheint es nicht zulässig, bestehende Ermessensspielräume im Zeitablauf abweichend auszufüllen, ohne dass sich die Verhältnisse tatsächlich geändert haben. Dies würde fälschlicherweise eine geänderte Situation suggerieren, die einer abweichenden Beurteilung bedarf, und wäre somit nicht mit einer neutralen, glaubwürdigen Darstellung vereinbar.[1351] Um diese Problematik möglichst abzuschwächen, ist somit bei unveränderter bzw. bei nur unwesentlich veränderter Informationslage eine stetige Beurteilung der Bewertungsparameter unerlässlich. Diese Sichtweise ist konsistent zur Zielsetzung des IAS 8, nach dem Schätzungsänderungen stets so zu berücksichtigen sind, dass die Anforderungen der Relevanz, der glaubwürdigenden Darstellung wie auch der Vergleichbarkeit bestmöglich erfüllt werden, so dass implizit auch hier der Grundsatz der Stetigkeit zu beachten ist.[1352]

Bei der Diskontierung der geschätzten Zahlungsströme im Rahmen des **zweiten Bewertungsbausteins** sind zwar stets aktuelle Zinssätze zu verwenden, indes wird eine Änderung des Rückstellungswertes, die auf einen von dem der Vorperiode abweichenden Zinssatz zurückzuführen ist, nach

1345 Vgl. IASB (Hrsg.), ED/2013/7: Insurance Contracts, Tz. 30 (c) und (d), Tz. BC27 und Tz. BC31.

1346 Vgl. IASB (Hrsg.), ED/2013/7: Insurance Contracts, Tz. 30 (c) und (d); Ellenbürger, F./Engeländer, S./Kölschbach, J., IFRS für Versicherungsverträge, S. 814.

1347 Vgl. IASB (Hrsg.), ED/2013/7: Insurance Contracts, Appendix A, Tz. BC30, Tz. BC31 (a) und Tz. BC32.

1348 Vgl. IASB (Hrsg.), ED/2013/7: Insurance Contracts, Tz. 31.

1349 Vgl. IASB (Hrsg.), ED/2013/7: Insurance Contracts, Tz. B55 (a) und (b); Nguyen, T./Molinari, P., Bilanzierung von Versicherungsverträgen nach ED/2010/8 (Teil I), S. 22.

1350 Vgl. IASB (Hrsg.), ED/2013/7: Insurance Contracts, Tz. B57 f.

1351 Vgl. IASB (Hrsg.), ED/2013/7: Insurance Contracts, Tz. B55 (b). Indes beziehen sich jene beispielhaften Ausführungen in den *application guidance* in erster Linie auf die Eintrittswahrscheinlichkeiten der jeweiligen Zahlungsstromszenarien. Gleichwohl fordert bereits die Primäranforderung der glaubwürdigen Darstellung eine Ausweitung dieser Hinweise auf jegliche Schätzungen innerhalb des ersten Bewertungsbausteins. Im ersten Standardentwurf (ED/2010/8) wurde in diesem Zusammenhang auch noch eindeutiger die Gesamtheit der Schätzungsänderungen adressiert. Vgl. IASB (Hrsg.), ED/2010/8: Insurance Contracts, Tz. 48.

1352 Vgl. IAS 8.1. Wenngleich sich der explizit in IAS 8.13 adressierte Grundsatz der Stetigkeit der Rechnungslegungsmethoden nicht auf Schätzungsänderungen bezieht, lässt sich die Ausweitung dieser Anforderungen unmittelbar aus der Zielsetzung des IAS 8 ableiten. Vgl. ähnlich auch in Bezug auf die angewandten Schätzverfahren Blaum, U./Holzwarth, J., in: Baetge et al., Rechnungslegung nach IFRS, IAS 8, Rn. 120.

den Regelungen des ED/2013/7 nicht erfolgswirksam erfasst.[1353] So wird die Differenz zwischen der mit dem aktuellen sowie der mit dem zum Zugangszeitpunkt eingelockten Diskontierungszins bewerteten versicherungstechnischen Rückstellung im OCI ausgewiesen.[1354] Ergebniswirksam ist lediglich der Aufzinsungseffekt innerhalb des Erfüllungsbetrages zu erfassen, der sich mit dem historischen Zinssatz zum Zeitpunkt des Bilanzansatzes ergibt.[1355]

Die Risikomarge als **dritter Bewertungsbaustein** ist ebenfalls am Abschlussstichtag neu zu bewerten, wobei sowohl positive als auch negative Schätzungsänderungen auf Basis des zweiten Standardentwurfes unmittelbar erfolgswirksam zu erfassen sind.[1356] Es wird auf der Grundlage dieser Vorschriften also noch nicht zwischen Margenbestandteilen unterschieden, die sich auf die künftige Deckung beziehen und solchen, die auf bereits eingetretene Schäden zurückzuführen sind.[1357]

Noch im ersten Standardentwurf war vorgesehen, sämtliche Schätzungs- und Parameteränderungen unmittelbar erfolgswirksam zu erfassen, unabhängig davon, ob sie für den Versicherer vorteilhaft oder nachteilig sind.[1358] Neben der inkonsistenten Behandlung zwischen Erst- und Folgebewertung[1359] wurde vor allem die erhöhte Ergebnisvolatilität angemahnt, die dem auf Erfüllung ausgerichteten Geschäftsmodell eines Versicherers oftmals nicht hinreichend gerecht wird.[1360] Dem steht jedoch die – vom IASB noch im Diskussionspapier vertretene – Auffassung gegenüber, dass stets aktuelle Schätzungen der Parameter in die Bewertung einfließen sollten und hiermit verbundene Änderungen des Rückstellungswertes unmittelbar erfolgswirksam gezeigt werden.[1361] Nach der hier vertretenen Auffassung besteht indes nicht zwangsläufig ein Widerspruch zwischen der geforderten Aktualität der Schätzungen und der zunächst erfolgsneutralen Behandlung von Schätzungsänderungen in der Folgebewertung. Für eine Vermittlung relevanter und letztlich entscheidungsnützlicher Informationen ist es zweifelsohne erforderlich, aktualisierte Parameter zu verwenden. Ob jedoch die Schätzungsänderungen im Periodenergebnis bzw. im OCI ausgewiesen werden sollten oder aber zunächst mit einer positiven vertragsbezogenen Servicemarge zu verrechnen sind, hängt von der Konzeption des Bewertungsmodells, dessen konsistenter Anwendung und somit auch der Behand-

---

1353 Vgl. für die hierauf bezogenen, unlängst beschlossenen vorläufigen Änderungen, die auch eine erfolgswirksame Erfassung von Zinsänderungseffekten erlauben, Abschnitt 452.

1354 Vgl. IASB (Hrsg.), ED/2013/7: Insurance Contracts, Tz. 64 und Tz. BC119 f.; Hommel, M./Bielke, D./Zicke, J., Gewinnglättung dominiert fair value, S. 410.

1355 Vgl. IASB (Hrsg.), ED/2013/7: Insurance Contracts, Tz. 60 (h).

1356 Vgl. IASB (Hrsg.), ED/2013/7: Insurance Contracts, Tz. 60 (b). Auch in diesem Bereich der Folgebewertung wurde – wie bereits angedeutet – eine wesentliche Modifikation seitens des IASB beschlossen. So sind auch künftig Schätzungsänderungen in Bezug auf die Risikomarge für die künftige Deckung in die vertragsbezogene Servicemarge aufzunehmen, sofern diese nicht negativ wird. Vgl. IASB (Hrsg.), IASB Update March 2014, S. 2 sowie Abschnitt 452.

1357 Vgl. hierzu auch Hommel, M./Bielke, D./Zicke, J., Gewinnglättung dominiert fair value, S. 411.

1358 Vgl. Ellenbürger, F./Husch, R., Bilanzierung von Versicherungsverträgen nach ED/2010/8, S. 266; IASB (Hrsg.), ED/2010/8: Insurance Contracts, Tz. 72 (d) (ii).

1359 Vgl. hierzu die Ausführungen in Abschnitt 457.1 und Abschnitt 457.2.

1360 Vgl. Bonin, C./Kreeb, M., Wirbel um ED IFRS 4, S. 194; Ellenbürger, F./Kölschbach, J., Volatilität wie beim Fair Value, S. 1145. Vgl. darüber hinaus auch zum Einfluss einer erhöhten Volatilität auf die Prognosefähigkeit des Periodenerfolges Zimmermann, J./Schweinberger, S., IFRS Zukunftsperspektiven, S. 2162.

1361 Vgl. IASB (Hrsg.), DP: Insurance Contracts, Tz. 52 f.; Heller, S., Bilanzierung von Versicherungsverträgen nach IFRS, S. 114 f.

lung des Erfüllungsbetrages im Zugangszeitpunkt ab.[1362] Daher gilt es in Abschnitt 457. zu untersuchen, ob es sich bei den vom IASB vorgesehenen Lösungen lediglich um „bilanzielle Kunstgriffe" handelt oder diese Regelungsänderungen auch konzeptionell gerechtfertigt erscheinen. Im Rahmen dieser Untersuchung wird differenziert nach den möglichen Bilanzierungskonsequenzen analysiert, wie die jeweiligen Parameter- bzw. Schätzungsänderungen zur Vermittlung entscheidungsnützlicher Informationen und zur Wahrung der Konsistenz innerhalb des Bewertungsmodells im Rahmen der Folgebewertung behandelt werden sollten.

452. Aktualisierung der Schätzungen des Erfüllungsbetrages im Lichte der vorläufigen Entscheidungen des IASB

Vor allem die Regelungen zur Folgebewertung von Versicherungsverträgen wurden im Zuge des **Redeliberationsprozesses** durch die vorläufigen Entscheidungen des IASB nochmals umfassend modifiziert. Diese Anpassungen beziehen sich auf die Abbildung von Schätzungsänderungen der Risikomarge für die künftige Deckung, die Berücksichtigung positiver Erfolgswirkungen bei vorherigen Verlusten, die Erfassung von Zinsänderungseffekten sowie auf die Auflösung der vertragsbezogenen Servicemarge über die jeweilige Deckungsperiode.[1363]

Entgegen den Regelungen des ED/2013/7 sieht der IASB im Rahmen seiner vorläufigen Entscheidungen vor, dass künftig auch **Schätzungsänderungen der Risikomarge** bezogen auf die noch ausstehende Deckung zur Servicemarge hinzuaddiert oder von dieser abgezogen werden, solange diese weiterhin eine positiven Wert annimmt.[1364] Dies gilt allerdings ausschließlich für Schätzungsänderungen, die den künftig erwarteten, noch nicht verdienten Erfolg determinieren. Folglich sind Anpassungen der erwarteten Zahlungsströme bzw. der Risikomarge für bereits eingetretene Ereignisse weiterhin unmittelbar erfolgswirksam zu erfassen.[1365]

Derzeit ist ferner vorgesehen, dass für den Versicherer vorteilhafte Schätzungsänderungen unmittelbar erfolgswirksam zu erfassen sind, sofern hierdurch vorherige nachteilige Schätzungsänderungen, die zu einem Verlustausweis geführt haben, kompensiert werden.[1366] Dies gilt gleichermaßen, falls bereits im Zugangszeitpunkt aufwandswirksam eine Rückstellung für belastende Versicherungsverträge gebildet werden musste.[1367] Auch hier sind die direkt zu erfassenden positiven Erfolgswirkungen auf die Höhe des vorherigen Verlustes begrenzt. Die teils **kompensierende Erfolgsvereinnahmung** ist ferner nur dann zulässig, wenn sich auch die bereits ausgewiesenen Verluste noch immer auf die künftige Deckung beziehen.[1368] Sind die positiven Schätzungsände-

[1362] Vgl. auch ELLENBÜRGER, F./ENGELÄNDER, S./KÖLSCHBACH, J., IFRS für Versicherungsverträge, S. 820.

[1363] Die Konkretisierungen zur Auflösung der vertragsbezogenen Servicemarge sollen indes gesondert in Abschnitt 455. betrachtet werden.

[1364] Vgl. IASB (HRSG.), IASB Update March 2014, S. 2.

[1365] Vgl. IASB (HRSG.), ED/2013/7: Insurance Contracts, Tz. 30 (d) i. V. m. Tz. 31 sowie Tz. BC32 (c); IASB (HRSG.), IASB Update March 2014, S. 2. Vgl. für eine differenzierte Diskussion ferner IASB (HRSG.), Unlocking the contractual service margin (agenda paper 2A), Tz. 30.

[1366] Vgl. hierzu insgesamt IASB (HRSG.), IASB Update March 2014, S. 2.

[1367] Vgl. IASB (HRSG.), Treatment of previously recognised losses (agenda paper 2B), Tz. 14. Vgl. für eine Diskussion dieser Regelungsänderung Abschnitt 457.4.

[1368] Vgl. IASB (HRSG.), IASB Update March 2014, S. 2.

rungen hingegen betragsmäßig höher als die zuvor realisierten Verluste, ist der Differenzbetrag wiederum in die vertragsbezogene Servicemarge einzustellen.[1369]

Anders als bisher vorgesehen können **Zinsänderungseffekte** entsprechend den vorläufigen Entscheidungen des IASB nun auch unmittelbar im Periodenergebnis ausgewiesen werden, sofern diese Vorgehensweise als *accounting policy* festgelegt wird.[1370] Gefordert werden jedoch eine einheitliche Abbildung von Zinsänderungseffekten innerhalb eines Portfolios sowie eine stetige Anwendung der jeweiligen *accounting policy* auf zumindest gleichartige Portfolios von Versicherungsverträgen.[1371] Hierdurch soll u. a. zumindest die Möglichkeit eröffnet werden, nicht gerechtfertigte *accounting mismatches* mit den korrespondierenden finanziellen Vermögenswerten zu reduzieren bzw. zu vermeiden.[1372] Dabei kann die festgelegte *accounting policy* in Übereinstimmung mit IAS 8 in der Folge auch geändert werden, sofern dies dazu beiträgt, relevantere und zugleich glaubwürdige Informationen zu vermitteln.[1373]

453. Behandlung von Akquisitionskosten in der Folgebewertung

In der Folgebewertung ist hinsichtlich der **Akquisitionskosten** zum einen zu betrachten, wie diese den auf die Zukunft bezogenen Erfüllungsbetrag verändern und zum anderen gilt es zu klären, welche Erfolgswirkungen mit den angefallenen Akquisitionskosten im Zeitablauf verbunden sind. Während sich der Erfüllungsbetrag nach Maßgabe der geleisteten, einbezogenen Akquisitionskosten verringert, ist für die Erfolgsrechnung ein periodisierender Ansatz vorgesehen. So sind die direkt dem Portfolio zuordenbaren Abschlusskosten entsprechend dem Leistungsfortschritt der gesamtvertraglichen Verpflichtungen über die Deckungsperiode verteilt aufwandswirksam zu erfassen.[1374] Dies gilt auch, falls sämtliche inkrementellen Akquisitionskosten bereits zu Beginn der Deckungsperiode zu leisten sind.[1375] Nicht direkt zuordenbare Abschlusskosten hingegen sind unmittelbar aufwandswirksam zu berücksichtigen.[1376] Kritisch zu beurteilen ist jedoch, dass die Akquisitionskosten im Zeitpunkt ihres Anfalls die versicherungstechnische Rückstellung mindern, ohne dass eine vertraglich vereinbarte Leistung bereits erbracht wurde.[1377] Dies resultiert unmittelbar aus der

---

1369 Vgl. IASB (HRSG.), Treatment of previously recognised losses (agenda paper 2B), Tz. 2 und Tz. 4.

1370 Vgl. IASB (HRSG.), IASB Update March 2014, S. 2. Vgl. für eine Diskussion der vermeintlichen Vorteile einer solchen Option Abschnitt 457.3 und Abschnitt 457.4 sowie IASB (HRSG.), Use of OCI for changes in discount rates (agenda paper 2D), Tz. 13-20. Zudem wurden jüngst umfassende Angabepflichten vorläufig beschlossen, um die Berücksichtigung jeglicher Zinseffekte möglichst anschaulich nachvollziehen zu können. Vgl. IASB (HRSG.), IASB Update March 2014, S. 3; IASB (HRSG.), Disclosure of the effect of changes in discount rates (agenda paper 2F), Tz. 4.

1371 Vgl. IASB (HRSG.), IASB Update March 2014, S. 2; IASB (HRSG.), IASB Update June 2014, S. 3. Vgl. für eine Diskussion dieser Neuregelung Abschnitt 457.4.

1372 Vgl. z. B. IASB (HRSG.), Option for changes in discount rates (agenda paper 2E), Tz. 8 (b). Zudem wird durch die konsequente Verwendung aktueller Zinssätze die Komplexität tendenziell verringert, da keine historischen Zinssätze vorgehalten werden müssen. Vgl. IASB (HRSG.), Rate used to accrete interest (agenda paper 2B), Tz. 24.

1373 Vgl. IASB (HRSG.), Changes in accounting policy (agenda paper 2C), Tz. 7f.; IASB (HRSG.), Option for changes in discount rates (agenda paper 2E), Tz. 29 (b) und (c); IASB (HRSG.), IASB Update July 2014, S. 4.

1374 Vgl. IASB (HRSG.), ED/2013/7: Insurance Contracts, Tz. B89 (a); HOMMEL, M./BIELKE, D./ZICKE, J., Gewinnglättung dominiert fair value, S. 408.

1375 Vgl. IASB (HRSG.), ED/2013/7: Insurance Contracts, Tz. IE 18.

1376 Vgl. IASB (HRSG.), ED/2013/7: Insurance Contracts, Tz. IE 18.

1377 Vgl. HOMMEL, M./BIELKE, D./ZICKE, J., Gewinnglättung dominiert fair value, S. 408.

Entscheidung, die Abschlusskosten im Rahmen des ersten Bausteins zu schätzen und somit explizit in das Bewertungsmodell für das Portfolio von Versicherungsverträgen einzubeziehen.

Die Verteilung der mit den Akquisitionskosten verbundenen Erfolgswirkungen ist erforderlich, da der Versicherer durch den Prozess des Vertragsabschlusses keine nutzenstiftenden Leistungen für den Versicherten erbringt.[1378] Würden die Akquisitionskosten direkt bei ihrem Entstehen aufwandswirksam, so müssten oftmals bereits vor der Leistung des Versicherungsschutzes Erträge vereinnahmt werden, um ihnen diejenigen Prämienbestandteile ertragswirksam gegenüberstellen zu können, die zu ihrer Deckung kalkuliert wurden.[1379] Dies wäre jedoch weder mit den Regelungen zur Umsatzrealisierung vereinbar noch würde es zu einer leistungsgerechten Erfassung von Erträgen führen und ist daher abzulehnen.[1380] Da jene Prämienbestandteile die vertragsbezogene Servicemarge erhöhen würden, falls die Abschlusskosten nicht in die Schätzung der Zahlungsströme einbezogen würden, erscheint es zweckmäßig, die aufwandswirksame Erfassung der Akquisitionskosten an den Auflösungsmechanismus der Servicemarge zu koppeln.[1381] Hierdurch kann ferner gewährleistet werden, dass der erfolgswirksame Ausweis der Prämieneinnahmen unabhängig von den angefallenen Abschlusskosten ist. Um ein möglichst ganzheitliches *matching* der Abschlusskosten und der korrespondierenden Prämienbestandteile zu gewährleisten, erscheint es erforderlich, dass analog zu der vertragsbezogenen Servicemarge auch die künftig zu erfassenden Abschlusskosten aufgezinst werden. Da den im Zeitablauf aufwandswirksam zu erfassenden Abschlusskosten i. d. R. in gleicher Höhe ertragswirksam Prämien gegenübergestellt werden, ist der Zinseffekt zu berücksichtigen, damit die Abbildung der Abschlusskosten keinen Einfluss auf den Erfolgsausweis aus den Prämien entfaltet. Ferner entspricht diese Lösung – wenngleich nicht vom IASB explizit adressiert – einer konsequent umgesetzten Verteilung der Akquisitionskosten nach dem Auflösungsmechanismus der vertragsbezogenen Servicemarge.

454. Auflösung und Aufzinsung der vertragsbezogenen Servicemarge

Die im Zugangszeitpunkt ermittelte vertragsbezogene Servicemarge wird in den Folgeperioden in erster Linie durch ihre ertragswirksame Auflösung nach Maßgabe der Leistungserbringung reduziert.[1382] Im Zuge der Folgebewertung ist die Servicemarge hierbei aufzuzinsen, um den Zeitwert des Geldes zu berücksichtigen, wodurch ihr Betrag in den Folgeperioden c. p. erhöht wird.[1383] Mit den im zweiten Standardentwurf vorgesehenen Regelungsänderungen ist sie nunmehr um für den Versicherer vorteilhafte Schätzungsänderungen, die sich auf die Zahlungsströme der künftigen Versicherungsdeckung beziehen, unbegrenzt zu erhöhen. Analog hierzu wird die Servicemarge um nachteilige Adjustierungen der geschätzten Zahlungsströme für die künftige Deckung verringert,

1378 Vgl. IASB/FASB (Hrsg.), Presentation of acquisition costs (agenda paper 2C), Tz. 27. Der Wert der Versicherungsverträge für die Versicherungsnehmer besteht regelmäßig einzig in dem gewährten Versicherungsschutz. Vgl. IASB (Hrsg.), Recognition of acquisition costs (agenda paper 2D), Tz. 15 (a).

1379 Vgl. IASB (Hrsg.), ED/2013/7: Insurance Contracts, Tz. BC93.

1380 Vgl. IASB (Hrsg.), ED/2013/7: Insurance Contracts, Tz. BC95; IFRS 15.31.

1381 Vgl. auch IASB (Hrsg.), Recognition of acquisition costs (agenda paper 2D), Tz. 13; IASB/FASB (Hrsg.), Presentation of acquisition costs (agenda paper 2C), Tz. 28 und Appendix B, Tz. A2.

1382 Vgl. IASB (Hrsg.), ED/2013/7: Insurance Contracts, Tz. 30 (b) i. V. m. Tz. 32.

1383 Vgl. IASB (Hrsg.), ED/2013/7: Insurance Contracts, Tz. 30 (a).

solange sie keinen negativen Wert annimmt.[1384] Die vorläufigen Entscheidungen des IASB sehen zudem vor, dass die vertragsbezogene Servicemarge um positive wie auch negative Schätzungsänderungen der Risikomarge angepasst wird, solange die Servicemarge weiterhin positiv bleibt.[1385]

Für eine zweckgerechte Folgebehandlung der vertragsbezogenen Servicemarge gilt es auf Basis des zweiten Standardentwurfes zunächst, einen **Auflösungsmechanismus** zu identifizieren, welcher der geforderten erfolgswirksamen Auflösung über die Deckungsperiode nach Maßgabe der Erbringung der verbleibenden Leistungsverpflichtungen bestmöglich gerecht wird.[1386] Da die Servicemarge jedoch die Gewinnbestandteile für vielfältige Leistungskomponenten sowie Vergütungen für eng mit der Deckung verbundene Elemente umfasst,[1387] dürfte der „tatsächliche Leistungstransfer" für die verschiedenen Bestandteile oftmals nicht willkürfrei abzubilden sein.[1388]

Wenngleich eine erfolgswirksame Auflösung der Servicemarge entsprechend der „tatsächlichen Leistungserbringung" höchst relevant wäre, so erscheint eine strenge Auslegung dieser Regelung aufgrund großer Ermessensspielräume weder objektiviert umsetzbar noch mit der Anforderung der glaubwürdigen Darstellung vereinbar. Da es im Einzelfall äußerst schwer fallen dürfte, die in der Servicemarge erfassten Komponenten vollständig zu identifizieren, zu separieren und auf dieser Basis ein Leistungsmuster zu erstellen, wäre eine willkürfreie und somit unverzerrte Auflösung der Servicemarge stark gefährdet. Es ist daher zu befürworten, in Anlehnung an den ersten Standardentwurf des IASB (ED/2010/8) den **primären Leistungstreiber des Versicherungsgeschäftes als Maßstab** auch für die Auflösung der Servicemarge heranzuziehen.[1389] Hierdurch wird zudem eine hinreichende Konsistenz zum Verständnis der Leistungsverpflichtungen i. S. d. IFRS 15 gewahrt. Bei Schaden- bzw. Unfallversicherungsverträgen handelt es sich bei jenem primären Leistungstreiber um die Gewährung von Versicherungsschutz, da dieser die nutzenstiftende Leistung für den Versicherten darstellt und die weiteren Leistungsbestandteile aus der Versicherungsdeckung resultieren.[1390] Es sei jedoch betont, dass der IASB im Zuge der Erarbeitung des zweiten Standardentwurfes von dem generellen Bezug zur Versicherungsdeckung als Leistungstreiber abrückte, um

1384 Vgl. IASB (Hrsg.), ED/2013/7: Insurance Contracts, Tz. 30 (c) und (d).

1385 Vgl. IASB (Hrsg.), IASB Update March 2014, S. 2 sowie Abschnitt 452.

1386 Vgl. zu dieser Anforderung IASB (Hrsg.), ED/2013/7: Insurance Contracts, Tz. 32. Wenngleich gewisse mit den Verträgen verbundene Leistungen wie z. B. Preisverhandlungen auch über die Periode der Schadenabwicklung erbracht werden können, ist die im Standardentwurf vorgesehene Beschränkung der Auflösung über die Deckungsperiode positiv zu beurteilen. So dient diese Regelung einer objektivierten Erfolgsermittlung und trägt zudem dem Umstand Rechnung, dass der aus den Verträgen erwartete Erfolg in erster Linie auf die Versicherungsdeckung zurückzuführen ist und diese Leistung den Versicherten unmittelbaren Nutzen stiftet. Vgl. IASB (Hrsg.), Allocation of residual margin (agenda paper 6C), Tz. 8 sowie zur Diskussion der Auflösungsperiode bspw. IASB/FASB (Hrsg.), Release of residual margin (agenda paper 17C), Tz. 27.

1387 Vgl. bereits Abschnitt 445.1.

1388 Vgl. IASB/FASB (Hrsg.), Allocation of the residual margin (agenda paper 3D), Tz. 16; IASB/FASB (Hrsg.), Unlocking the margin (agenda paper 1A), Tz. 12 f. Vgl. für die Diskussion, dass diese Elemente regelmäßig nicht die definitorischen Anforderungen einer Leistungsverpflichtung i. S. d. IFRS 15 erfüllen, Abschnitt 445.1.

1389 Vgl. IASB (Hrsg.), ED/2010/8: Insurance Contracts, Tz. 50 i. V. m. Tz. BC127; IASB (Hrsg.), ED/2013/7: Insurance Contracts, Tz. BCA109 (b); IASB/FASB (Hrsg.), Allocation of the residual margin (agenda paper 3D), Tz. 18 sowie bereits IASB/FASB (Hrsg.), Release of residual margins (agenda paper 6F), Tz. 35; IASB/FASB (Hrsg.), Residual margins (agenda paper 6B), Tz. 18 f.

1390 Vgl. IASB (Hrsg.), Allocation of residual margin (agenda paper 6C), Tz. 8 (b); IASB (Hrsg.), ED/2010/8: Insurance Contracts, Tz. 50 i. V. m. Tz. BC127; IASB/FASB (Hrsg.), Release of residual margins (agenda paper 6F), Tz. 18; IASB/FASB (Hrsg.), Release of residual margin (agenda paper 17C), Tz. 23 (b).

einen prinzipienbasierteren Ansatz zu wählen und einzig auf den Leistungstransfer als Maßstab abzustellen.[1391]

Zu unterscheiden von der Gewährung von Versicherungsschutz ist indes die Befreiung des Versicherers vom eingegangenen Risiko. Während letzteres die Auflösung der Risikomarge treibt, geht es bei der **Leistung des Versicherungsschutzes** als maßgeblichem Parameter vielmehr darum, in welchem zeitlichen Ablauf der Versicherer dem übernommenen Risiko ausgesetzt ist.[1392] Die Befreiung vom (Abweichungs-)Risiko wird hier nicht als zweckmäßiger Auflösungsmechanismus für die Servicemarge angesehen, da dieser Parameter die in der Servicemarge erfassten Komponenten nicht dominiert, sondern ursächlich für die Veränderungen der Risikomarge ist.[1393] Als sachgerechtes Muster für die Auflösung entsprechend des Versicherungsschutzes sollte der Verlauf der erwarteten Schadenleistungen dienen.[1394] Der zeitliche Verlauf dieser Leistungen wird hierbei durch den erwarteten Wert der Schadenleistungen pro Periode ausgedrückt.[1395] Falls diese erwartungsgemäß gleichverteilt sind oder nicht wesentlich von einer Gleichverteilung abweichen, erscheint übereinstimmend mit den Regelungen des ersten Standardentwurfes eine zeitproportionale Auflösung der vertragsbezogenen Servicemarge zweckmäßig.[1396] Diesem Auflösungsmuster sollte gefolgt werden, sofern keine Hinweise für einen ungleichmäßigen Verlauf künftiger Leistungen vorliegen.[1397]

Gleichwohl wurde dieses Auflösungsmuster stark kritisiert, da eine zeitproportionale bzw. an dem erwarteten zeitlichen Schadenverlauf des Versicherers ausgerichtete Auflösung der vertragsbezogenen Servicemarge nicht immer dem tatsächlichen Leistungsverlauf entspreche.[1398] Dies trifft zweifelsohne für viele Vertragsgestaltungen im Lebensbereich sowie für Verträge zu, bei denen die Kapitalanlageperformance des Versicherers für den Versicherten einen Nutzen stiftet. Für die hier betrachteten Schaden- und Unfallversicherungsverträge hingegen ist der reine Versicherungsschutz als dominierender Faktor auszumachen. Wenngleich einzelne in der Servicemarge erfasste Komponenten durch einen abweichenden Leistungsverlauf gekennzeichnet sein könnten, so ist i. S. e. möglichst **neutralen und objektivierten Erfolgsvereinnahmung** auf den Versicherungsschutz als treibenden Faktor abzustellen. Im Sinne der Entwicklung eines prinzipienorientierten Standards für

1391 Vgl. IASB (Hrsg.), ED/2013/7: Insurance Contracts, Tz. BCA109 (b).

1392 Vgl. IASB/FASB (Hrsg.), Release of residual margins (agenda paper 6F), Tz. 21-23.

1393 Vgl. IASB/FASB (Hrsg.), Release of residual margins (agenda paper 6F), Tz. 22; IASB/FASB (Hrsg.), Residual margins (agenda paper 6B), Tz. 21.

1394 Vgl. IASB (Hrsg.), ED/2013/7: Insurance Contracts, Tz. BCA109 (b) i. V. m. IASB (Hrsg.), ED/2010/8: Insurance Contracts, Tz. 50 sowie IASB/FASB (Hrsg.), Release of residual margins (agenda paper 6F), Tz. 26 (b). Mitunter wurde diese Regelung auch so interpretiert, dass auf den zeitlichen Verlauf der Schadeneintrittszeitpunkte abzustellen sei. Vgl. Asche, B., Jahresabschlussanalyse von Schaden-/Unfallversicherern, S. 202. Indes bildet der zeitliche Schadenverlauf – übereinstimmend mit den Ausführungen des IASB staff – den Leistungsverlauf des Versicherungsschutzes sachgerechter ab. Vgl. IASB/FASB (Hrsg.), Release of residual margins (agenda paper 6F), Tz. 5 sowie Tz. 26 (b). Vgl. ähnlich auch Bächler, R., Bilanzierung von Versicherungsverträgen, S. 383; Ellenbürger, F./Husch, R., Bilanzierung von Versicherungsverträgen nach ED/2010/8, S. 266.

1395 Vgl. IASB/FASB (Hrsg.), Release of residual margins (agenda paper 6F), Tz. 26 (b).

1396 Vgl. IASB (Hrsg.), ED/2013/7: Insurance Contracts, Tz. BCA109 (b) mit Verweis auf IASB (Hrsg.), ED/2010/8: Insurance Contracts, Tz. 50 und Tz. BC128.

1397 In Anlehnung an IASB (Hrsg.), Allocation of residual margin (agenda paper 6C), Tz. 9.

1398 Vgl. IASB/FASB (Hrsg.), Allocation of the residual margin (agenda paper 3D), Tz. 17-22; IASB/FASB (Hrsg.), CL Summary (agenda paper 3E), Tz. 95-97.

sämtliche Versicherungsverträge kann der nicht weiter spezifizierte Bezug zum Leistungstransfer indes nachvollzogen werden.

Der eingangs ermittelte Wert der vertragsbezogenen Servicemarge ist in den Folgeperioden nicht nur an bestimmte Schätzungsänderungen der Zahlungsströme sowie künftig wohl auch der Risikomarge anzupassen[1399] und über die Deckungsperiode erfolgswirksam aufzulösen. Der jeweilige Buchwert der Marge ist ferner zur Berücksichtigung des Zeitwertes des Geldes **aufzuzinsen.**[1400] Dies ist grds. konsistent zur Konzeption des Bewertungsmodells und führt konsequent fort, dass der Diskontierungseffekt zuvor auch im Erfüllungsbetrag abgebildet wurde.[1401] Sofern Leistung und Gegenleistung in Form der Prämienzahlungen sowie der Verpflichtung zur Leistung von Versicherungsschutz und damit zusammenhängender Dienstleistungen zeitlich auseinanderfallen, ist der Aufzinsungseffekt konzeptionell zu berücksichtigen. Hierdurch wird der Tatsache Rechnung getragen, dass – bei unterstellter Wesentlichkeit des Effektes[1402] – ein anderer Prämienbetrag verlangt worden wäre, falls der Erfolg durch die Auflösung der Servicemarge zu einem anderen Zeitpunkt ausgewiesen würde.[1403] Durch die Aufzinsung wird letztlich derjenige Betrag nachgebildet, den der Versicherungsnehmer tatsächlich im Zeitpunkt der Leistungserbringung zahlen müsste.[1404] Somit wird durch die Aufzinsung implizit ebenfalls berücksichtigt, dass von den Versicherten abhängig von dem jeweiligen Zahlungszeitpunkt bei Wesentlichkeit ein unterschiedlicher Prämienbetrag verlangt werden dürfte.[1405] Gerade bei längerfristigen Vertragsgestaltungen würde ein Verzicht auf die Aufzinsung bedeuten, dass künftig durch die Auflösung der Servicemarge zu geringe positive Erfolgsbeiträge vereinnahmt werden.[1406] Tendenziell führt die Aufzinsung im Ergebnis dazu, dass im Zeitablauf eine zunehmende Profitabilität ausgewiesen wird.[1407] Auch in Anbetracht der im Rahmen der Kommentierungsphase geäußerten Kritik[1408] erscheint es zweckmäßig, auf eine Aufzinsung der Servicemarge zu verzichten, wenn der Effekt als unwesentlich einzustufen ist und zeitliche Unterschiede keine alternative Preissetzung des Versicherers auslösen würden.[1409] Eine derartige Komplexitätsreduktion ist jedoch aktuell nicht vorgesehen.

1399 Vgl. Abschnitt 457.2 sowie Abschnitt 457.4.

1400 Vgl. IASB (Hrsg.), ED/2013/7: Insurance Contracts, Tz. 30 (a) und Tz. BC40 (b).

1401 Vgl. IASB (Hrsg.), ED/2013/7: Insurance Contracts, Tz. BCA71 (b); Hommel, M./Bielke, D./Zicke, J., Gewinnglättung dominiert fair value, S. 408.

1402 Der Effekt ist vor allem dann als wesentlich zu erwarten, sofern die vertragsbezogene Servicemarge einen großen Betrag ausmacht und über eine Vielzahl von Perioden aufgelöst wird. Vgl. IASB/FASB (Hrsg.), Release of residual margins (agenda paper 6F), Tz. 13 (c).

1403 Vgl. IASB (Hrsg.), ED/2013/7: Insurance Contracts, Tz. BCA72.

1404 Vgl. IASB (Hrsg.), ED/2013/7: Insurance Contracts, Tz. BCA71 (a).

1405 Vgl. IASB (Hrsg.), Interest accretion on residual margin (agenda paper 6D), Tz. 12.

1406 Vgl. IASB (Hrsg.), Accretion of Interest (agenda paper 16B), Tz. 10 (b).

1407 Vgl. IASB (Hrsg.), Accretion of Interest (agenda paper 16B), Tz. A4 (c).

1408 Vgl. auch für darüber hinausgehende Kritik in den Stellungnahmen, die sich sowohl auf die Komplexität als auch auf konzeptionelle Bedenken beziehen, IASB (Hrsg.), Accretion of Interest (agenda paper 16B), Tz. 11.

1409 Vgl. ähnlich auch DRSC (Hrsg.), CL on ED/2013/7, Tz. 4.

Um die vertragsbezogene Servicemarge im Zeitablauf aufzuzinsen, ist **der im Zugangszeitpunkt gültige Diskontierungszinssatz** heranzuziehen und nicht an die aktuellen Verhältnisse anzupassen.[1410] Begründet wird dies durch den Umstand, dass die vertragsbezogene Servicemarge nicht an Wertänderungen des Erfüllungsbetrages, die auf Zinsänderungen zurückzuführen sind, angepasst werden darf.[1411] Ferner entspreche ein eingelockter Zinssatz eher den Regelungen des *Revenue-Recognition*-Projektes.[1412] Jedoch ist diese Vorgehensweise nicht konsistent zur Abbildung des Zinseffektes bei der Bestimmung des Erfüllungsbetrages.[1413] Um nachzubilden, dass die Höhe des verlangten Prämienbetrages auch vom jeweiligen Zahlungszeitpunkt abhängt, sollte stets der aktuelle Zinssatz zur Aufzinsung herangezogen werden, zumal auch künftig erwartete Prämieneinnahmen mit dem Diskontierungszins zum jeweiligen Bewertungsstichtag diskontiert werden.[1414]

Sofern der IASB indes doch noch – wie hier für den aktuellen Regelungskanon befürwortet – die Verwendung aktueller Zinssätze vorschreiben sollte, müsste für die Konsistenz zu den Regelungen des ED/2013/7 zwischen einer OCI-Komponente sowie einer unmittelbar erfolgswirksamen Komponente unterschieden werden. Letztlich wäre demnach die Differenz zwischen der Aufzinsung mit dem aktuellen Zinssatz sowie dem im Zugangszeitpunkt vorherrschenden Zins im OCI abzubilden, so dass der eingelockte Zinssatz wie bei der Diskontierung der erwarteten Zahlungsströme die Erfolgswirkung determiniert.[1415]

Neben dem Ermittlungsaufwand ist hierbei indes zu kritisieren, dass die im OCI erfassten Beträge nur eingeschränkt wirtschaftlich interpretierbar wären und in erster Linie eine technische Differenz darstellten.[1416] Ferner würden sich jene OCI-Bestandteile im Zeitablauf nicht automatisch umkehren, da die vertragsbezogene Servicemarge keine künftigen Zahlungsströme auslöst, die im Zahlungszeitpunkt exakt dem Buchwert der Position entsprechen. Anders verhält es sich bei den Schätzungen erwarteter Auszahlungsströme und der hierauf bezogenen Verpflichtung, die exakt übereinstimmen, wenn die Verpflichtung erwartungsgemäß beglichen wird und sich folglich jegliche zuvor im OCI erfassten Bestandteile automatisch auflösen.[1417] Als Möglichkeit, diese Problematik zu umgehen, führt der IASB sog. *catch-up adjustments* an, bei denen die vertragsbezogene Servicemarge so behandelt wird, als würde sie zu künftigen Zahlungsströmen führen.[1418] Es sei jedoch bereits hier angedeutet, dass die Verwendung eines aktuellen Zinssatzes mit entsprechender OCI-

---

1410 Vgl. IASB (HRSG.), ED/2013/7: Insurance Contracts, Tz. 30 (a) und Tz. BCA72; ELLENBÜRGER, F./ENGELÄNDER, S./KÖLSCHBACH, J., IFRS für Versicherungsverträge, S. 814; HOMMEL, M./BIELKE, D./ZICKE, J., Gewinnglättung dominiert fair value, S. 411.

1411 Vgl. IASB (HRSG.), Rate of accretion of interest (agenda paper 16C), Tz. 23 (a).

1412 Vgl. IASB (HRSG.), Rate of accretion of interest (agenda paper 16C), Tz. 23 (c).

1413 Vgl. auch IASB (HRSG.), Rate of accretion of interest (agenda paper 16C), Tz. 9 (a) und Tz. 14.

1414 Vgl. IASB (HRSG.), Interest accretion on residual margin (agenda paper 6D), Tz. 20 (a). Die Verwendung unterschiedlicher Zinssätze für verschiedene Bewertungsbestandteile wird von HOMMEL/BIELKE/ZICKE vehement kritisiert. So führen sie aus: „Der Einsatz unterschiedlicher Zinssätze belegt zwar die Kreativität des IASB; eine aussagekräftige, marktgerechte Bewertung der Verbindlichkeit lässt sich damit nicht erreichen." HOMMEL, M./BIELKE, D./ZICKE, J., Gewinnglättung dominiert fair value, S. 411.

1415 Vgl. hierzu insgesamt IASB (HRSG.), Rate of accretion of interest (agenda paper 16C), Tz. 17 f.

1416 Vgl. IASB (HRSG.), Rate of accretion of interest (agenda paper 16C), Tz. 18.

1417 Vgl. zur Problematik der nicht-unmittelbaren Umkehr im OCI erfasster Zinskomponenten IASB (HRSG.), Rate of accretion of interest (agenda paper 16C), Tz. 19. Entsprechend müsste sich der IASB bei der Wahl dieses Ansatzes mit der Frage auseinandersetzen, ob und nach welchem Muster der im OCI erfasste Betrag zu *recyclen* ist.

1418 Vgl. IASB (HRSG.), Rate of accretion of interest (agenda paper 16C), Tz. 20.

Komponente nur dann befürwortet wird, wenn dies auch weiterhin für die Berücksichtigung des Zinseffektes im Erfüllungsbetrag vorgesehen ist.[1419] Hält der IASB hingegen auch für den finalen Standard weiterhin an der Verwendung eingelockter Diskontierungszinssätze fest, so wäre es zumindest als vertretbar anzusehen, für Versicherungsverträge mit ähnlichen Abschlusszeitpunkten auch einheitliche Diskontierungszinssätze zu verwenden. Hierdurch könnte zugleich der entstehende Ermittlungsaufwand eingeschränkt werden.

455. Auflösung und Aufzinsung der vertragsbezogenen Servicemarge im Lichte der vorläufigen Entscheidungen des IASB

Wie bereits mehrfach angedeutet, sieht die derzeit vorgesehene zentrale Änderung der Folgebewertung für die Servicemarge vor, dass diese auch um positive sowie negative Änderungen der **Risikomarge für die künftige Deckung** anzupassen ist. Während positive Schätzungsänderungen unbegrenzt in die vertragsbezogene Servicemarge aufzunehmen sind, können für den Versicherer nachteilige Anpassungen nur maximal bis zur Höhe der positiven Servicemarge mit dieser verrechnet werden.[1420]

Für die **erfolgswirksame Auflösung der vertragsbezogenen Servicemarge** hat der IASB im Zuge des Redeliberationsprozesses das bereits im ED/2013/7 verfolgte Prinzip bestätigt. Damit soll die Servicemarge auch weiterhin nach Maßgabe der tatsächlichen Leistungserbringung über die Deckungsperiode erfolgswirksam aufgelöst werden.[1421] Zusätzlich konkretisiert der IASB das Auflösungsmuster für sog. *non-participating contracts*, d. h. für Versicherungsverträge, bei denen der Versicherungsnehmer nicht an einer korrespondierenden Kapitalanlagerendite beteiligt ist. Für solche Verträge wird – wie bereits hergeleitet – die Versicherungsdeckung als maßgebliche vertragliche Leistung identifiziert, die sodann gleichmäßig über die Deckungsperiode zu erbringen ist.[1422] Folglich ist die Servicemarge für Schaden- und Unfallversicherungsverträge künftig zeitanteilig aufzulösen, wobei jedoch stets die Zahl der aktiven Verträge berücksichtigt werden muss. Kritisch zu betrachten ist diese Konkretisierung für diejenigen Verträge, bei denen der erwartete zeitliche Schadenverlauf nicht gleichverteilt ist über die Deckungsperiode.[1423] Gleichwohl handelt es sich bei der Neuregelung zumindest um eine Vorschrift, die einer objektivierten Folgebewertung zuträglich ist, auch wenn hierdurch nicht sämtliche ökonomischen Unterschiede verschiedener Vertragsgestaltungen abgebildet werden können.[1424]

1419 Vgl. für eine kritische Analyse, wie Zinsänderungseffekte behandelt werden sollten, Abschnitt 457.3.

1420 Vgl. hierzu insgesamt IASB (Hrsg.), IASB Update March 2014, S. 2; Abschnitt 452. sowie für eine Beurteilung dieser Regelungsänderung Abschnitt 457.1 sowie Abschnitt 457.4.

1421 Vgl. IASB (Hrsg.), IASB Update May 2014, S. 2.

1422 Vgl. zu dieser Konkretisierung insgesamt IASB (Hrsg.), IASB Update May 2014, S. 2.

1423 Vgl. hierzu bereits Abschnitt 454. sowie im Ergebnis ähnlich Asche, B., Jahresabschlussanalyse von Schaden-/Unfallversicherern, S. 202.

1424 Vgl. zu der erhöhten Subjektivität bei einem Verzicht auf eine solche Konkretisierung IASB (Hrsg.), Recognising the contractual service margin in profit or loss (agenda paper 2C), Tz. 4.

Unsicher ist derzeit noch, ob die Forderung, Versicherungsverträge nach **ähnlichen absoluten Beträgen der Servicemarge** für die Folgebewertung zu gruppieren, letztlich doch in den finalen Standard übernommen wird.[1425] Hierdurch sollen vor allem Verrechnungsmöglichkeiten nachteiliger Schätzungsänderungen für Verträge mit einer geringen Servicemarge, die einzelvertraglich zu einem Verlust führen würden, mit höheren Servicemargen anderer Verträge vermieden werden.[1426] Dieses Problem könnte indes abgeschwächt werden, indem die hier empfohlene, strenge Auslegung des Kriteriums der Ähnlichkeit zusammenzufassender Risiken für die Portfoliobildung verfolgt wird und das Portfolio für Zwecke der Auflösung der Servicemarge nach ähnlichen Abschlusszeitpunkten sowie Dauern der Deckungsperiode untergliedert wird.[1427] Sofern ausschließlich Verträge mit hinreichend ähnlichen versicherten Risiken gruppiert werden, wären jene Verträge nämlich auch gleichermaßen von nachteiligen Entwicklungen betroffen. Das Risiko der nicht gerechtfertigten Verlustverrechnung könnte überdies auf ein Minimum reduziert werden, indem weiterhin an dem Kriterium der ähnlichen Bepreisung in Relation zum eingegangenen Risiko für die Portfoliobildung festgehalten würde.[1428] Die Auswirkungen vorzeitiger Auflösungen von Versicherungsverträgen müssten bei jenem Ansatz allerdings separat beurteilt und erfasst werden.[1429]

Im Zuge des Redeliberationsprozesses wurde nochmals bestätigt, dass zur **Aufzinsung** der vertragsbezogenen Servicemarge in den Folgeperioden stets der im Zugangszeitpunkt gültige Zinssatz zu wählen ist. Gleiches gilt für die Bewertung möglicher Schätzungsänderungen, die in die vertragsbezogene Servicemarge eingehen.[1430]

1425 Vgl. IASB (Hrsg.), Level of aggregation (agenda paper 2C), Tz. 25-28 und Tz. 33 (b); IASB (Hrsg.), IASB Update June 2014, S. 3.

1426 Vgl. IASB (Hrsg.), Level of aggregation (agenda paper 2C), Tz. 28.

1427 Vgl. Abschnitt 441.52 und Abschnitt 441.53.

1428 Vgl. hierzu Abschnitt 441.52.

1429 Vgl. IASB (Hrsg.), Level of aggregation (agenda paper 2C), Tz. 25 (b).

1430 Vgl. hierzu insgesamt IASB (Hrsg.), IASB Update July 2014, S. 4; IASB (Hrsg.), Rate used to accrete interest (agenda paper 2B), Tz. 18 sowie Tz. 20.

456. Anwendungsbeispiel zur Folgebewertung

Die Systematik der Folgebewertung sei anhand des in Abschnitt 441.42 eingeführten Beispiels verdeutlicht.[1431] Es wird hierbei angenommen, dass die Schadenzahlungen exakt wie erwartet eintreten. Wie Abbildung 4-6 zu entnehmen ist, werden am **Bewertungsstichtag 31.12.t$_1$** lediglich die Schadenzahlungen für die nächsten beiden Perioden erwartet. Sämtliche Prämienzahlungen sowie Akquisitionskosten wurden bereits geleistet und wirken sich nicht mehr auf den Erfüllungsbetrag aus.

alle Angaben in GE	t = 0	t = 0*	t = 1	t = 2	t = 3	Σ
Akquisitionskosten	Zugangszeitpunkt					
Schadenauszahlungen				1.200,00	1.200,00	2.400,00
erwarteter Barwert der Auszahlungsströme				1.153,85	1.109,47	2.263,32
Risikomarge				138,46	155,33	293,79
Prämienzahlungen						

⟹ Erfüllungsbetrag = 2.263,32 + 293,79 = 2.557,11 [GE]

⟹ Versicherungstechnische Rückstellung (31.12.t$_1$) = 2.557,11 + 796,55 = 3.353,66 [GE]

Abbildung 4-6: Folgebewertung der Erstversicherungsverträge zum 31.12.t1

Der Erfüllungsbetrag i. H. v. 2.557,11 GE setzt sich aus dem erwarteten Barwert der verbleibenden Auszahlungsströme sowie der Risikomarge für die jeweiligen Perioden zusammen, die annahmegemäß 12 % (t$_2$) bzw. 14 % (t$_3$) des Barwertes der Schadenauszahlungen entspricht. Die Höhe der versicherungstechnischen Rückstellung zum Bewertungsstichtag ergibt sich durch Addition des Erfüllungsbetrages mit dem aktuellen Wert der für eine Periode aufgelösten Servicemarge. Hierfür ist zunächst eine Annuität zu ermitteln, die dem auf die Servicemarge bezogenen, verdienten Prämienanteil entspricht.[1432] Nach Abzug einer Zinsaufwandskomponente wird die Servicemarge in entsprechender Höhe reduziert (vgl. zur Entwicklung der vertragsbezogenen Servicemarge Abbildung 4-7)[1433].

1431 Dieses Beispiel samt seiner Buchungssätze lehnt sich an das Beispiel zur Folgebewertung von HOMMEL/BIELKE/ZICKE an. Vgl. daher zum Bewertungsbeispiel insgesamt HOMMEL, M./BIELKE, D./ZICKE, J., Gewinnglättung dominiert fair value, S. 406-410.

1432 Vgl. HOMMEL, M./BIELKE, D./ZICKE, J., Gewinnglättung dominiert fair value, S. 409.

1433 In Anlehnung an HOMMEL, M./BIELKE, D./ZICKE, J., Gewinnglättung dominiert fair value, S. 409.

alle Angaben in GE	Periodenanfangswert [1]	Bildung der Servicemarge [2]	verdienter Prämienanteil (Zinseffekt) [3] = [1]·0,04	verdienter Prämienanteil (Servicemarge) [4]	Nettoerfolgswirkung [5] = [4]-[3]	Periodenendwert [6] = [1]-[5]
31.12.t_0	-	1.172,00	-	-	-	1.172,00
31.12.t_1	1.172,00	-	46,88	422,33	375,45	796,55
31.12.t_2	796,55	-	31,86	422,33	390,47	406,08
31.12.t_3	406,08	-	16,24	422,33	406,09	≈ 0

$$\text{verdienter Prämienanteil} = \frac{1.172{,}00}{\frac{(1+0{,}04)^3 - 1}{(1+0{,}04)^3 \cdot 0{,}04}} = 422{,}33 \text{ [GE]}$$

Abbildung 4-7: Entwicklung der vertragsbezogenen Servicemarge im Zeitablauf[1434]

Ferner seien die Entwicklung der versicherungstechnischen Rückstellung sowie die hiermit einhergehende erfolgswirksame Erfassung der unmittelbar nach dem Zugangszeitpunkt erhaltenen Prämienzahlungen anhand der jeweiligen Buchungssätze für die Periode t = 1 erläutert. Zunächst werden jedoch die im Zeitpunkt t = 0* erforderlichen Buchungssätze in Erinnerung gerufen. So wird in Höhe der erhaltenen Prämieneinnahmen erfolgsneutral eine versicherungstechnische Rückstellung gebildet, die in Höhe der fälligen Akquisitionskosten reduziert wird. Dies führt zu den Buchungssätzen [1] sowie [2] bzw. zur Nettobuchung [3].[1435]

Bank	5.000	an	Versicherungstechnische Rückstellung	5.000
Versicherungstechnische Rückstellung	100	an	Bank	100

Bank	4.900	an	Versicherungstechnische Rückstellung	4.900

Für die erste Periode sind zunächst einmal die tatsächlich angefallenen Schadenauszahlungen von 1.200 GE aufwandswirksam durch Buchung [4] zu erfassen:

Schadenaufwand	1.200	an	Bank	1.200

[1434] Hierbei handelt es sich bei dem Bestandteil „verdienter Prämienanteil (Zinseffekt)" um den Zinsaufwand aus der Aufzinsung der vertragsbezogenen Servicemarge. Dieser wird hier erfolgswirksam gewissermaßen als eine Kürzung der verdienten Beiträge behandelt, damit die verdienten Beiträge den ursprünglichen Prämienbetrag nicht überschreiten.

[1435] Diese sowie die folgenden Buchungssätze lehnen sich weitestgehend an den Ausführungen von HOMMEL/BIELKE/ZICKE an. Vgl. HOMMEL, M./BIELKE, D./ZICKE, J., Gewinnglättung dominiert fair value, S. 405 und S. 409.

Dem entgegenzustellen ist durch Buchung [5] die erfolgswirksame Auflösung der versicherungstechnischen Rückstellung nach Maßgabe der Reduktion des Erfüllungsbetrages durch die veränderte Schätzung der undiskontierten Zahlungsströme, da die ersten Schadenauszahlungen bereits geleistet wurden.

Versicherungstechnische Rückstellung	1.200	an	Verdienter Prämienanteil (Zahlungsströme)	1.200

Ferner hat sich der Diskontierungseffekt der erwarteten künftigen Auszahlungsströme von 269,88 GE im Zugangszeitpunkt auf nunmehr 136,68 GE verringert, so dass die Differenz rückstellungserhöhend erfolgswirksam zu erfassen ist [6].

Verdienter Prämienanteil (Zinseffekt)	133,20	an	Versicherungstechnische Rückstellung	133,20

Auch die verringerte Risikomarge ist rückstellungsmindernd zu erfassen, wobei der Effekt aus der Aufzinsung der Risikomarge die versicherungstechnische Rückstellung partiell wieder erhöht.[1436] Dieser Zusammenhang wird durch die Buchungen [7] und [8] sowie zusammenfassend durch Buchung [9] beschrieben.

Versicherungstechnische Rückstellung	115,39	an	Verdienter Prämienanteil (Risikomarge)	120,01
Verdienter Prämienanteil (Zinseffekt)	4,62			

Verdienter Prämienanteil (Zinseffekt)	11,30	an	Versicherungstechnische Rückstellung	11,30

Versicherungstechnische Rückstellung	104,09	an	Verdienter Prämienanteil	104,09

Darüber hinaus wird die versicherungstechnische Rückstellung erfolgswirksam durch die Auflösung der vertragsbezogenen Servicemarge in Höhe der ermittelten Annuität abzgl. des Aufzinsungseffektes gemindert (Buchungssatz [10]).

[1436] Vgl. zur Erfordernis, die Risikomarge im Zeitablauf aufzuzinsen bereits IASB (HRSG.), ED/2010/8: Insurance Contracts, Tz. BC131. Ähnlich, aber im Ergebnis teils abweichend HOMMEL, M./BIELKE, D./ZICKE, J., Gewinnglättung dominiert fair value, S. 409. Die explizite Aufzinsung der Risikomarge ist hier insbesondere deshalb erforderlich, weil die Risikomarge einem prozentualen Anteil des Barwertes der erwarteten Schadenzahlungen entspricht.

Versicherungstechnische Rückstellung	375,45	an	Verdienter Prämienanteil (Servicemarge)	422,33
Verdienter Prämienanteil (Zinseffekt)	46,88			

Zudem ist zu berücksichtigen, dass die gezahlten Akquisitionskosten nach identischem Muster wie die Servicemarge über die Deckungsperiode verteilt aufwandswirksam zu erfassen sowie aufzuzinsen sind (vgl. Abbildung 4-8).

alle Angaben in GE	Perioden-anfangswert [1]	Zugang abzugrenzender Akquisitionskosten [2]	Zinsaufwand [3] = [1]·0,04	verdienter Prämienanteil (Abschlusskosten) [4]	Nettoerfolgs-wirkung (Abschlussaufwand) [5] = [4]-[3]	Perioden-endwert [6] = [1]-[5]
$31.12.t_0$	-	100,00	-	-	-	100,00
$31.12.t_1$	100,00	-	4,00	36,03	32,03	67,97
$31.12.t_2$	67,97	-	2,72	36,03	33,31	34,66
$31.12.t_3$	34,66	-	1,39	36,03	34,64	≈ 0

$$\text{verdienter Prämienanteil} = \frac{100{,}00}{\frac{(1+0{,}04)^3-1}{(1+0{,}04)^3\cdot 0{,}04}} = 36{,}03\ [\text{GE}]$$

Abbildung 4-8: Aufwandswirksame Erfassung der Akquisitionskosten im Zeitablauf

Entsprechend teilt sich die ermittelte Annuität, die den auf die Abschlusskosten bezogenen Prämienanteil repräsentiert, in einen Zinseffekt sowie die in den jeweiligen Perioden zu erfassenden Abschlussaufwendungen auf. Buchungstechnisch ist die aufwandswirksame Erfassung eines Anteils der Abschlusskosten zunächst rückstellungserhöhend abzubilden. Da die hierdurch erhöhte versicherungstechnische Rückstellung indes unmittelbar in gleicher Höhe wieder ertragswirksam gemindert wird, um den jeweiligen Abschlussaufwendungen direkt die korrespondierenden verdienten Prämienanteile gegenüberzustellen, wird hier die resultierende Nettobuchung dargestellt. (Buchung [11]).

Abschlussaufwendungen	32,03	an	Verdienter Prämienanteil (Abschlusskosten)	36,03
Verdienter Prämienanteil (Zinseffekt)	4,00			

Insgesamt lassen sich sämtliche auf die versicherungstechnische Rückstellung bezogenen Buchungen zum 31.12.t_1 durch Nettobuchung [12] zusammenfassen:

Versicherungstechnische Rückstellung	1.546,34	an	Verdienter Prämienanteil	1.578,37
Abschlussaufwendungen	32,03			

Wird die im Zugangszeitpunkt i. H. v. 4.900 GE gebildete Rückstellung um 1.546,34 GE gemindert, so erhält man exakt den eingangs aus dem Erfüllungsbetrag und dem verbleibenden Wert der Servicemarge ermittelten Buchwert der versicherungstechnischen Rückstellung i. H. v. 3.353,66 GE.

Am **Bewertungsstichtag 31.12.t_2** stellt sich die Situation wie in Abbildung 4-9 veranschaulicht dar, wobei die künftigen Schadenauszahlungen um 1.200 GE abgenommen haben und Zinseffekte aus der Aufzinsung zu berücksichtigen sind.

alle Angaben in GE	t = 0	t = 0*	t = 1	t = 2	t = 3	Σ
Akquisitionskosten	Zugangszeitpunkt					
Schadenauszahlungen					1.200	1.200
erwarteter Barwert der Auszahlungsströme					1.153,85	1.153,85
Risikomarge					161,54	161,54
Prämienzahlungen						

⟹ Erfüllungsbetrag = 1.153,85 + 161,54 = 1.315,39 [GE]

⟹ Versicherungstechnische Rückstellung (31.12.t_2) = 1.315,39 + 406,08 = 1.721,47 [GE]

Abbildung 4-9: Folgebewertung der Erstversicherungsverträge zum 31.12.t_2

Da die Buchungssystematik vollständig derjenigen der Folgebewertung in der ersten Periode entspricht, wird für die in der zweiten Periode erforderlichen Buchungssätze auf erläuternde Ausführungen verzichtet.

Erfolgswirksame Erfassung des Schadenaufwands und der darauf entfallenden Prämienanteile (Buchungen [4'] und [5'])[1437]:

Schadenaufwand	1.200	an	Bank	1.200

[1437] Die Nummerierung der Buchungen entspricht derjenigen bei der Folgebewertung in der ersten Periode.

Versicherungstechnische Rückstellung	1.200	an	Verdienter Prämienanteil (Zahlungsströme)	1.200

Veränderung des Diskontierungseffektes der Zahlungsströme (Buchung [6']):

Verdienter Prämienanteil (Zinseffekt)	90,53	an	Versicherungstechnische Rückstellung	90,53

Veränderung der Risikomarge (Buchungen [7'] und [8']):

Versicherungstechnische Rückstellung	138,46	an	Verdienter Prämienanteil (Risikomarge)	144,00
Verdienter Prämienanteil (Zinseffekt)	5,54			

Verdienter Prämienanteil (Zinseffekt)	6,21	an	Versicherungstechnische Rückstellung	6,21

Auflösung der Servicemarge (Buchung [10']):

Versicherungstechnische Rückstellung	390,47	an	Verdienter Prämienanteil (Servicemarge)	422,33
Verdienter Prämienanteil (Zinseffekt)	31,86			

Erfolgswirkungen aufgrund der Akquisitionskosten (Buchung [11']):

Abschlussaufwendungen	33,31	an	Verdienter Prämienanteil (Abschlusskosten)	36,03
Verdienter Prämienanteil (Zinseffekt)	2,72			

Abgesehen von den zu erfassenden Schadenaufwendungen lassen sich jene Buchungen durch folgende Nettobuchung [12'] zusammenfassen:

Versicherungstechnische Rückstellung	1.632,19	an	Verdienter Prämienanteil	1.665,50
Abschlussaufwendungen	33,31			

Der so ermittelte Buchwert der versicherungstechnischen Rückstellung i. H. v. (3.353,66 GE – 1.632,19 GE =) 1.721,47 GE entspricht der Summe aus dem aktuellen Erfüllungsbetrag sowie dem Restwert der vertragsbezogenen Servicemarge.

Am **Bewertungsstichtag 31.12.t_3** sind sämtliche vertraglich vereinbarten Verpflichtungen erfüllt und jegliche eingetretenen Schäden abschließend reguliert, so dass keine Zahlungen mehr zu erwarten sind. Mit dem Ende der Deckungsperiode ist die vertragsbezogene Servicemarge vollständig aufgelöst und der Erfüllungsbetrag wie auch die versicherungstechnische Rückstellung nehmen den Wert Null an. Auch für die dritte Periode seien die einschlägigen Buchungssätze genannt:

Erfolgswirksame Erfassung des Schadenaufwands und der darauf entfallenden Prämienanteile (Buchungen [4"] und [5"]):

Schadenaufwand	1.200	an	Bank	1.200

Versicherungstechnische Rückstellung	1.200	an	Verdienter Prämienanteil (Zahlungsströme)	1.200

Veränderung des Diskontierungseffektes der Zahlungsströme (Buchung [6"]):

Verdienter Prämienanteil (Zinseffekt)	46,15	an	Versicherungstechnische Rückstellung	46,15

Veränderung der Risikomarge (Buchungen [7"]):

Versicherungstechnische Rückstellung	161,54	an	Verdienter Prämienanteil (Risikomarge)	168,00
Verdienter Prämienanteil (Zinseffekt)	6,46			

Auflösung der Servicemarge (Buchung [10"]):

Versicherungstechnische Rückstellung	406,09	an	Verdienter Prämienanteil (Servicemarge)	422,33
Verdienter Prämienanteil (Zinseffekt)	16,24			

Erfolgswirkungen aufgrund der Akquisitionskosten (Buchung [11"]):

Abschlussaufwendungen	34,64	an	Verdienter Prämienanteil (Abschlusskosten)	36,03
Verdienter Prämienanteil (Zinseffekt)	1,39			

Abgesehen von den Schadenaufwendungen können die Buchungen in der dritten Periode wie folgt zusammengefasst werden (Nettobuchung [12"]):

Versicherungstechnische Rückstellung	1.721,48	an	Verdienter Prämienanteil	1.756,12
Abschlussaufwendungen	34,64			

Mit Hilfe dieser Buchungen wird die versicherungstechnische Rückstellung komplett aufgelöst. Die im Zeitablauf steigenden, verdienten Prämienanteile entsprechen betragsmäßig netto den erhaltenen Prämienzahlungen (1.578,37 GE + 1.665,5 GE + 1.756,12 GE ≈ 5.000 GE).[1438]

457. Diskussion der Berücksichtigung von Schätzungs- und Parameteränderungen

457.1 Unmittelbar erfolgswirksame Erfassung

Jegliche **auf die erwarteten Zahlungsströme bezogenen Schätzungsänderungen**, die nicht mit der vertragsbezogenen Servicemarge verrechnet werden, sind unmittelbar im Periodenergebnis zu erfassen.[1439] Hierbei handelt es sich zum einen um jene für den Versicherer nachteiligen Schätzungsänderungen für die künftige Deckung, die betragsmäßig die bestehende vertragsbezogene Servicemarge übersteigen.[1440] Zum anderen lösen veränderte Einschätzungen über die Schadenauszahlungen, die infolge bereits eingetretener Schadenereignisse anfallen, direkte Erfolgswirkungen aus, da sie nicht aus dem künftig noch zu gewährenden Versicherungsschutz resultieren.[1441] Ferner sind Abweichungen zwischen den vormals für die jeweilige Periode erwarteten Zahlungsströmen von den tatsächlich eingetretenen direkt erfolgswirksam zu erfassen.[1442] Somit wirken sich Schätzungsänderungen der zur Vertragserfüllung erforderlichen Zahlungsströme immer dann unmittelbar auf das Periodenergebnis aus, wenn sie entweder dazu führen, dass die Verträge für die Zukunft als belastend eingestuft werden oder aber sich die Schätzungsänderungen auf bereits erbrachte Leistungen beziehen.[1443]

1438 Marginale Differenzen sind ausschließlich auf Rundungseffekte zurückzuführen.

1439 Vgl. IASB (HRSG.), ED/2013/7: Insurance Contracts, Tz. 31 i. V. m. Tz. 30 (c) und (d) sowie Tz. 60 (d). Zunächst werden wiederum die Regelungen des zweiten Standardentwurfes (ED/2013/7) kritisch untersucht und Regelungsalternativen hergeleitet, bevor in einem separaten Abschnitt die vorläufigen Entscheidungen aus dem Redeliberationsprozess betrachtet werden. Vgl. Abschnitt 457.4.

1440 Vgl. IASB (HRSG.), ED/2013/7: Insurance Contracts, Tz. 30 (d) (ii) und Tz. BC32 (b).

1441 Vgl. IASB (HRSG.), ED/2013/7: Insurance Contracts, Tz. BC32 (c) (i).

1442 Vgl. IASB (HRSG.), ED/2013/7: Insurance Contracts, Tz. 60 (e).

1443 Vgl. IASB (HRSG.), ED/2013/7: Insurance Contracts, Tz. BC32 (b) und (c).

Nicht zuletzt, da die vertragsbezogene Servicemarge den aufgrund der künftigen, noch zu erbringenden Leistung erwarteten und somit noch nicht verdienten Erfolg repräsentiert, sind diese Regelungen zu begrüßen. Weder die auf die vergangene Deckung bezogenen Schätzungsänderungen noch der Anteil der Schätzungsänderungen für die künftige Deckung, der letztlich einen Verlust für die verbleibenden Perioden bedeutet, dürfen abgegrenzt werden, um entscheidungsnützliche Informationen zu vermitteln. Die mit der vergangenen Deckung verbundenen Erfolgsbeiträge sind als realisiert anzusehen, da sie sich als unmittelbare Folgen der bereits erbrachten Versicherungsleistung ergeben, für die der Versicherer die korrespondierenden Prämienanteile in der abgelaufenen oder einer weiter zurückliegenden Periode ertragswirksam vereinnahmt hat. Wird aufgrund der Schätzungsänderung infolge der bereits erbrachten oder aber für die noch ausstehende Versicherungsleistung ein Verlust erwartet, ist stets eine Drohverlustrückstellung zu bilden, die wirtschaftlich als verursacht gilt und zwingend anzusetzen ist, um die Verpflichtungssituation den tatsächlichen Verhältnissen entsprechend abzubilden.

Weiterhin sind jegliche negativen wie auch positiven Veränderungen der **Risikomarge** nach den Regelungen des zweiten Standardentwurfes unmittelbar erfolgswirksam zu berücksichtigen, unabhängig davon, ob sie sich auf den Zeitraum der künftigen Deckung beziehen oder bereits erbrachte Leistungen betreffen.[1444] Derartige Schätzungsänderungen dürfen auf Basis des ED/2013/7 in keiner Konstellation in die vertragsbezogene Servicemarge eingehen und somit nicht zeitlich verteilt erfolgswirksam erfasst werden.[1445]

Zunächst ist es zu begrüßen, dass Änderungen der Risikomarge für eingetretene Schäden nicht abgegrenzt werden und Elemente, die sich auf den geleisteten Versicherungsschutz beziehen, erfolgswirksam aufzulösen sind.[1446] Schätzungsänderungen der Risikomarge hingegen, die sich auf die verbleibende Deckungsperiode und somit auf die noch zu erbringende Dienstleistung des Versicherungsschutzes beziehen, wirken sich unmittelbar auf den wirtschaftlich noch unverdienten Erfolg aus.[1447] Um ein in sich konsistentes Bewertungsmodell zu gewährleisten und den unverdienten Erfolg möglichst nach Maßgabe der Leistungserbringung zu vereinnahmen, sollte daher die vertragsbezogene Servicemarge für Schätzungsänderungen der Risikomarge, die sich auf die künftige Deckung beziehen, geöffnet werden.[1448] Solche Änderungen der Risikomarge sind auf zunächst

---

1444 Vgl. IASB (Hrsg.), ED/2013/7: Insurance Contracts, Tz. 60 (b). Im Zuge des Redeliberationsprozesses wurde von dieser Vorschrift allerdings Abstand genommen. Vgl. hierzu auch Abschnitt 457.4.

1445 Vgl. IASB (Hrsg.), ED/2013/7: Insurance Contracts, Tz. BC32 (e).

1446 Vgl. Hommel, M./Bielke, D./Zicke, J., Gewinnglättung dominiert fair value, S. 411. Vgl. für einen Überblick über die Elemente, die eine veränderte Risikomarge begründen können, IASB (Hrsg.), ED/2013/7: Insurance Contracts, Tz. BC36.

1447 So auch DRSC (Hrsg.), CL on ED/2013/7, Tz. 2; CFO Forum (Hrsg.), CL on ED/2013/7, S. 7; IDW (Hrsg.), CL on ED/2013/7, S. 3; IASB (Hrsg.), ED/2013/7: Insurance Contracts, Tz. BC36.

1448 Vgl. stellvertretend CFO Forum (Hrsg.), CL on ED/2013/7, S. 7; DRSC (Hrsg.), CL on ED/2013/7, Tz. 2; PwC (Hrsg.), CL on ED/2013/7, S. 3 und S. 6; Ernst & Young Global Limited (Hrsg.), CL on ED/2013/7, S. 4 f.; IDW (Hrsg.), CL on ED/2013/7, S. 2 f. Zwar wurde vom *staff* des IASB bereits frühzeitig die Ansicht vertreten, dass eine Öffnung der Servicemarge für jegliche Schätzungsänderungen einer aktuellen Bewertung der Versicherungsverträge entgegensteht. Vgl. IASB/FASB (Hrsg.), Unlocking the margin (agenda paper 1A), Tz. 30. Gleichwohl wird dort auch anerkannt, dass auf die künftige Deckung bezogene Schätzungsänderungen im Gegensatz zu erfahrungsbedingten Anpassungen, die sich auf die erbrachte Gefahrtragung beziehen, nicht unmittelbar erfolgswirksam erfasst werden sollten. Eine aktuelle Bewertung der versicherungstechnischen Rückstellung wird hierdurch keineswegs eingeschränkt. Vgl. IASB/FASB (Hrsg.), Unlocking the margin (agenda paper 1A), Tz. 39.

nicht absehbare Veränderungen der allgemeinen Umstände, Schadengesetzmäßigkeiten und hiermit verbundene Unsicherheiten zurückzuführen, die bei der Bewertung der (noch) zu erbringenden Leistungen zu berücksichtigen sind. Die für die künftige Deckung erwartete Profitabilität und somit die Höhe des Gewinns der in Abschnitt 445.1 identifizierten, der vertragsbezogenen Servicemarge zugrunde liegenden Leistungskomponenten und Faktoren ist infolge der veränderten Risikobeurteilung für die künftige Deckung abweichend zum Zugangszeitpunkt einzuschätzen.

Der Board vertritt indes bei der Veröffentlichung des ED/2013/7 noch die Auffassung, dass eine veränderte Einschätzung der Risikomarge für die aus der künftigen Deckung resultierenden Risiken den noch unverdienten Erfolg nicht berührt, da sich die Änderungen im Zeitablauf wieder umkehren werden.[1449] Ferner sieht er es als transparenter an, jegliche Veränderungen der Risikoeinschätzung unmittelbar im Periodenergebnis abzubilden.[1450] Diese Ansicht vermag jedoch nicht zu überzeugen, zumal die Einschätzung der mit den Verträgen verbundenen Unsicherheit auch im Zugangszeitpunkt den noch nicht verdienten Erfolg und somit die Höhe der vertragsbezogenen Servicemarge determiniert. Eine sofortige erfolgswirksame Erfassung würde jedoch nicht nur zu einer Inkonsistenz zwischen der Erst- und der Folgebewertung führen sowie der Interpretation der vertragsbezogenen Servicemarge als *unearned profit margin* zuwiderlaufen. Vielmehr bietet die bislang vorgesehene unmittelbar erfolgswirksame Erfassung von Änderungen der Risikomarge erhebliches bilanzpolitisches Gestaltungspotential. So könnte der Versicherer durch eine Neueinschätzung der Risikomarge für die künftige Deckung bspw. unerwünschte Erfolgswirkungen aufgrund veränderter Zahlungsströme in Bezug auf die geleistete Gefahrtragung zumindest teilweise kompensieren.[1451] Eingeschränkt wird diese Gefahr gleichwohl durch die aus der glaubwürdigen Darstellung abgeleitete Forderung, bestehende Ermessensspielräume nicht interessengeleitet im Zeitverlauf in unterschiedliche Richtungen auszufüllen, ohne dass dies durch den Sachverhalt begründet ist, und möglichst auf die interne Risikobeurteilung abzustellen.

Die hier befürwortete, umfassendere Öffnung der vertragsbezogenen Servicemarge erfordert allerdings, dass die auf die künftige Deckung entfallenden Bestandteile der Risikomarge eindeutig identifiziert und separiert werden können. Wenngleich diese Regelungsänderung den Komplexitätsgrad zweifelsohne steigert und ein Großteil der Änderung der Risikomarge ohnehin auf den erbrachten Versicherungsschutz entfällt,[1452] liefert eine erfolgswirksame Erfassung sämtlicher Komponenten keine glaubwürdige Darstellung des noch unverdienten Erfolges.

[1449] Vgl. IASB (Hrsg.), ED/2013/7: Insurance Contracts, Tz. BC37 (d).

[1450] Vgl. IASB (Hrsg.), ED/2013/7: Insurance Contracts, Tz. BC37 (b). Vgl. hierzu auch Hommel, M./Bielke, D./Zicke, J., Gewinnglättung dominiert fair value, S. 411.

[1451] Vgl. Hommel, M./Bielke, D./Zicke, J., Gewinnglättung dominiert fair value, S. 411.

[1452] Vgl. IASB (Hrsg.), ED/2013/7: Insurance Contracts, Tz. BC37 (a) und (c); IASB (Hrsg.), Unlocking the residual margin (agenda paper 2A), Tz. 6 (d). Die Aufteilung einer Veränderung der Risikomarge in dessen prospektiven sowie auf die vergangene Deckung bezogenen Bestandteile erscheint indes möglich und den Bilanzierenden zumutbar. Vgl. auch DRSC (Hrsg.), CL on ED/2013/7, Tz. 2.

457.2 Unlocking der vertragsbezogenen Servicemarge

Die Regelungen des zweiten Standardentwurfes sehen vor, ausschließlich jegliche für den Versicherer vorteilhaften **Schätzungsänderungen** der Zahlungsströme bezogen auf die künftige Deckung sowie deren möglicherweise nachteiligen Veränderungen mit der vertragsbezogenen Servicemarge zu verrechnen, so lange diese weiterhin einen positiven Wert annimmt.[1453] Indem die Servicemarge jene Schätzungsänderungen aufnimmt, bleibt die Höhe der versicherungstechnischen Rückstellung unverändert. Die Veränderung des Erfüllungsbetrages wird durch die Servicemarge kompensiert, so dass letztlich in Höhe der Parameteränderung lediglich Beträge zwischen den Bewertungsbausteinen verschoben werden.[1454] Hierbei ist die Servicemarge prospektiv an Schätzungsänderungen anzupassen, so dass diese durch die Verrechnung mit der ursprünglichen vertragsbezogenen Servicemarge auch über den verbleibenden Zeitraum der Deckungsperiode erfolgswirksam werden.[1455] Überraschenderweise wird im ED/2013/7 allerdings die Verrechnungsmöglichkeit von Änderungen des Barwertes künftiger Zahlungsströme mit der Servicemarge adressiert.[1456] Diese Formulierung könnte zunächst suggerieren, dass somit auch indirekt Zinsänderungseffekte mit der Servicemarge verrechnet werden könnten. Präziser sind hier jedoch die Ausführungen in den *basis for conclusions*, die ausschließlich auf die Schätzungsänderungen künftiger Zahlungsströme abstellen.[1457] Zudem ist im zweiten Standardentwurf klar vorgeschrieben, dass Zinsänderungseffekte im OCI zu erfassen sind.[1458] Dies impliziert, dass zur Beurteilung der Schätzungsänderungen der Zahlungsströme für eine Verrechnung der Servicemarge stets eingelockte Zinssätze zu verwenden sind.[1459]

Noch im ersten Standardentwurf wurde es als sachgerecht erachtet, Schätzungsänderungen unmittelbar im Periodenergebnis zu erfassen, um jene veränderten Verhältnisse möglichst transparent darzustellen und somit relevante Informationen zu vermitteln.[1460] Kritiker des ***unlocking*** führten im Zuge des ersten Standardentwurfes ferner an, dass *accounting mismatches* resultieren könnten, wenn Parameteränderungen auch auf die zugehörigen Kapitalanlagen wirken, dort jedoch abweichend von der Bewertung von Versicherungsverträgen erfolgswirksam zu berücksichtigen sind.[1461] Dieser Kritikpunkt bezieht sich in erster Linie auf die Behandlung von Zinsänderungseffekten im Rahmen der Folgebewertung. Für diejenigen, als Kapitalanlagen des Versicherers gehaltenen Finanzinstrumente, die indes zu fortgeführten Anschaffungskosten oder erfolgsneutral zum Fair Value *(Fair Value through other comprehensive income)* bilanziert werden, bewirken Zinsänderun-

1453 Vgl. IASB (Hrsg.), ED/2013/7: Insurance Contracts, Tz. 30 (c) und (d), Tz. BC27 sowie Tz. BC31 f.; für einen Überblick auch bereits Weng, A., Stand der Entwicklung des IFRS 4, S. 25. Vgl. für eine detaillierte Auflistung derjenigen Schätzungsänderungen, die gemäß ED/2013/7 in die vertragsbezogene Servicemarge eingehen, IASB (Hrsg.), ED/2013/7: Insurance Contracts, Tz. B68.

1454 Vgl. zu diesem Zusammenhang IASB (Hrsg.), ED/2013/7: Insurance Contracts, Tz. BC33; IASB (Hrsg.), Unlocking the residual margin (agenda paper 2A), Tz. 14.

1455 Vgl. IASB (Hrsg.), ED/2013/7: Insurance Contracts, Tz. BC32 (d); IASB/FASB (Hrsg.), Unlocking the margin (agenda paper 1A), Tz. 42.

1456 Vgl. IASB (Hrsg.), ED/2013/7: Insurance Contracts, Tz. 30 (d).

1457 Vgl. IASB (Hrsg.), ED/2013/7: Insurance Contracts, Tz. BC31.

1458 Vgl. IASB (Hrsg.), ED/2013/7: Insurance Contracts, Tz. 64.

1459 Dies wurde unlängst vom IASB bestätigt. Vgl. IASB (Hrsg.), IASB Update July 2014, S. 4.

1460 Vgl. IASB (Hrsg.), ED/2013/7: Insurance Contracts, Tz. BC28 (a); IASB/FASB (Hrsg.), Unlocking the margin (agenda paper 1A), Tz. 18 (a); IASB/FASB (Hrsg.), Unlock the residual margin (agenda paper 3B), Tz. 19 (c).

1461 Vgl. IASB (Hrsg.), ED/2013/7: Insurance Contracts, Tz. BC28 (c).

gen ohnehin keine unmittelbaren Erfolgswirkungen. Vor allem für den Schaden- und Unfallbereich sollte ein Großteil der gehaltenen Finanzinstrumente für eine der genannten Kategorien qualifizieren.[1462] Ferner ist nunmehr im ED/2013/7 für den Einfluss von Zinsänderungen auf die Bewertung von Versicherungsverträgen vorgesehen, dass diese Effekte künftig im OCI abzubilden sind.[1463] Sofern jedoch dennoch ein Großteil der deckenden Finanzinstrumente erfolgswirksam zum Fair Value zu bewerten sein sollte, besteht entsprechend den vorläufigen Entscheidungen künftig die Möglichkeit, Zinsänderungseffekte bei der Bewertung von Versicherungsverträgen ebenfalls erfolgswirksam zu erfassen.[1464] Auch auf diesem Wege könnten mögliche *accounting mismatches* vermieden werden. Darüber hinaus wird angemahnt, dass eine ganzheitliche Öffnung der vertragsbezogenen Servicemarge für Schätzungsänderungen den Einfluss außerplanmäßiger Umweltänderungen nicht unmittelbar ersichtlich werden lassen, sondern über die Deckungsperiode verteilen würde.[1465]

Abgesehen von der hohen Volatilität bei einem vollständigen *lock-in* der Servicemarge[1466] sollte die Entscheidung über deren Öffnung vor allem davon abhängig gemacht werden, welcher Charakter ihr beigemessen wird und ob die mit dem *unlocking* verbundenen Konsequenzen einen entscheidungsnützlichen Erfolgsausweis sicherstellen. Während es außer Frage steht, dass nur aktuelle Parameterausprägungen relevante Informationen über die Höhe der am Stichtag bestehenden Verpflichtungen liefern können, bedarf es einer gesonderten Beurteilung, wann jene Parameteränderungen auch auf das Periodenergebnis wirken sollten. Um die tatsächliche Leistung des Versicherers angemessen beurteilen zu können, ist es nach der hier vertretenen Auffassung maßgeblich, den **innerhalb einer Periode verdienten Erfolg** möglichst realitätsgetreu abzubilden.[1467] Um diesen glaubwürdig darzustellen, sollte strikt zwischen solchen Parameteränderungen differenziert werden, die ausschließlich abgelaufene Perioden betreffen, und solchen, die auch in künftigen Perioden den Gegenwert der Leistung verändern.[1468] Letztere sind in die vertragsbezogene Servicemarge aufzunehmen, um den Adressaten Informationen über einen nachhaltigen, prognoseunterstützenden Periodenerfolg vermitteln zu können.[1469] Anderenfalls könnten einmalige Parameteränderungen die Ergebniswirkungen innerhalb einer Periode so stark beeinflussen, dass einem insgesamt gewinnbringenden Vertragsportfolio in einer Periode negative Erfolgsbeiträge zugeordnet werden und vice versa. Die eigentliche Leistung des Versicherers und die hierfür gewährte Vergütung würden in der

1462 Vgl. IASB/FASB (Hrsg.), Use of OCI for changes in assumptions (agenda paper 2I), Tz. 16 und Tz. 24 (a).

1463 Vgl. IASB (Hrsg.), ED/2013/7: Insurance Contracts, Tz. 64. Vgl. für eine Diskussion des OCI-Ansatzes Abschnitt 457.3.

1464 Vgl. IASB (Hrsg.), IASB Update March 2014, S. 2 f. Bei dieser Option handelt es sich um ein Wahlrecht, in Abhängigkeit der *accounting policy* des Versicherers Zinsänderungseffekte direkt im Periodenergebnis abzubilden. Es wird indes auch weiterhin unverändert möglich sein, Zinsänderungseffekte im OCI abzubilden, sofern dies der *accounting policy* entspricht.

1465 Vgl. hierzu insgesamt Bonin, C./Kreeb, M., Wirbel um ED IFRS 4, S. 194.

1466 Vgl. Ellenbürger, F./Kölschbach, J., Volatilität wie beim Fair Value, S. 1145.

1467 Vgl. auch IASB (Hrsg.), Unlocking the residual margin (agenda paper 2A), Tz. 13. Dies ist ferner konform mit der Ausrichtung der vertragsbezogenen Servicemarge, die den noch unverdienten Erfolg repräsentiert. Vgl. IASB (Hrsg.), ED/2013/7: Insurance Contracts, Appendix A; Ellenbürger, F./Engeländer, S./Kölschbach, J., IFRS für Versicherungsverträge, S. 814 sowie Abschnitt 445.1.

1468 Ähnlich bereits IASB/FASB (Hrsg.), Unlocking the margin (agenda paper 1A), Tz. 39.

1469 Vgl. hierzu insgesamt IASB (Hrsg.), ED/2013/7: Insurance Contracts, Tz. BC31 (a) sowie ähnlich auch IASB (Hrsg.), Residual margin – two approaches (agenda paper 6B), Tz. 9 und Tz. 45 (b).

Erfolgsrechnung nicht sachgerecht erfasst.[1470] Die Adressaten dürften ohnehin stärker an nicht ausschließlich einmaligen Schätzungsänderungen interessiert sein bzw. primär solche Änderungen in ihr Kalkül einbeziehen, die auch die künftigen Perioden sowie deren Erfolge beeinflussen.[1471] Indem die Schätzungsänderungen für die künftige Deckung in die Servicemarge einfließen, wird dem längerfristigen Charakter der abweichenden Parameterausprägungen hinreichend Rechnung getragen.[1472]

Zwar bewirken die Schätzungsänderungen sämtlicher Bewertungsparameter wirtschaftlich keine Veränderung der eingegangenen Verpflichtung.[1473] Jedoch liegen in den Folgeperioden ggf. aktuellere bzw. detailliertere Informationen vor, die den Gegenwert der in den künftigen Perioden zu erbringenden Leistungen des Versicherers realistischer einschätzen lassen. Daher sollten die Parameteränderungen bei der Bewertung der versicherungstechnischen Verpflichtung berücksichtigt werden, aber zugleich in die vertragsbezogene Servicemarge eingehen, so dass diese den noch unverdienten Erfolg aus dem Vertragsportfolio abbildet.

Weiterhin gilt es, in der Folgebewertung eine **konsistente Vorgehensweise zur Erstbewertung** und damit auch zu der dort ermittelten vertragsbezogenen Servicemarge zu gewährleisten.[1474] Um dies zu erreichen, ist es erforderlich, dass die Servicemarge für diejenigen Parameter und deren Änderungen im Zeitablauf geöffnet wird, die auch die Höhe der Servicemarge im Zugangszeitpunkt determinieren. Während die Behandlung von Zinsänderungseffekten aufgrund der Wechselwirkungen mit den Kapitalanlagen einer gesonderten Betrachtung bedarf, ist das *unlocking* für Änderungen der geschätzten Zahlungsströme sowie der Risikomarge für die noch ausstehende Deckung zwingend erforderlich.[1475] Hiermit ist eine Glättung des ansonsten sehr volatilen Periodenergebnisses verbunden, die jedoch nicht mit einem konsequent umgesetzten *Asset-liability*-Ansatz vereinbar ist.[1476]

Die mit dem vorgesehenen *unlocking* der Servicemarge verbundene Unterscheidung von Schätzungsänderungen der Zahlungsströme (sowie hier empfohlen auch der Risikomarge)[1477], die sich auf die künftige Deckung beziehen, und Adjustierungen, die dem geleisteten Versicherungsschutz

1470 Vgl. IASB (HRSG.), ED/2013/7: Insurance Contracts, Tz. BC31 (b).

1471 Vgl. IASB (HRSG.), ED/2013/7: Insurance Contracts, Tz. BC31 (d).

1472 Zusätzlich führt die Öffnung der Servicemarge dazu, dass Manipulationen der Parameterschätzungen deutlich unattraktiver werden, da in der Folgebewertung durch Parameteränderungen nicht künstlich unmittelbar hohe Gewinne bzw. Verluste erzeugt werden können, sondern auch diese Änderungen erst im Zeitablauf erfolgswirksam werden. Vgl. IASB (HRSG.), Impairment of reinsurance contracts (agenda paper 2C), Tz. 13 (c).

1473 Vgl. HOMMEL, M./BIELKE, D./ZICKE, J., Gewinnglättung dominiert fair value, S. 410.

1474 Vgl. auch IASB (HRSG.), ED/2013/7: Insurance Contracts, Tz. BC30 und Tz. BC31 (c); IASB (HRSG.), Residual margin – two approaches (agenda paper 6B), Tz. 6 (a). Für den ersten Bewertungsbaustein kann dieses Ziel im ED/2013/7 als erfüllt angesehen werden, da die Servicemarge für Schätzungsänderungen bezogen auf die künftige Deckung geöffnet wird. Vgl. ELLENBÜRGER, F./ENGELÄNDER, S./KÖLSCHBACH, J., IFRS für Versicherungsverträge, S. 814.

1475 Vgl. zur Notwendigkeit, auch Änderungen der Risikomarge in die Servicemarge einließen zu lassen, Abschnitt 457.1. A. A. IASB/FASB (HRSG.), Unlock the residual margin (agenda paper 3C), Tz. 27. Vgl. zu einer (weiteren) Öffnung der Servicemarge ELLENBÜRGER, F./ENGELÄNDER, S./KÖLSCHBACH, J., IFRS für Versicherungsverträge, S. 814.

1476 Vgl. HOMMEL, M./BIELKE, D./ZICKE, J., Gewinnglättung dominiert fair value, S. 410.

1477 Vgl. hierzu Abschnitt 457.1.

zuzuordnen sind, erhöht den Komplexitätsgrad und geht zudem mit **subjektiven Ermessensspielräumen** einher.[1478] Vor allem der Zeitpunkt der Neueinschätzung der Zahlungsströme kann hierbei einen wesentlichen Einfluss auf die resultierenden Nettoerfolgswirkungen der Periode haben. Sofern also veränderte Auszahlungsströme bereits vor deren Eintritt für die künftige Deckung antizipiert werden, verteilt sich deren Wirkung auf den aus dem Vertragsportfolio erwarteten Gesamterfolg über die restliche Deckungsperiode. Den erhöhten Schadenzahlungen, die im Zeitpunkt ihres Anfalls erfolgswirksam zu erfassen sind, steht dann in gleicher Höhe eine ertragswirksame Reduktion der versicherungstechnischen Rückstellung gegenüber, so dass netto keine Erfolgswirkung resultiert. Werden die Schadenrealisationen hingegen abgewartet, sind jegliche Differenzen zum Erwartungswert unmittelbar erfolgswirksam zu erfassen, ohne dass diese durch eine ertragswirksame Auflösung der Rückstellung in gleicher Höhe kompensiert werden.[1479] Dennoch wird es hier als zweckgerecht angesehen, veränderte Einschätzungen der Zahlungsströme bzw. auch der Risikomarge in die vertragsbezogene Servicemarge aufzunehmen, sobald der Versicherer die Situation aufgrund einer verbesserten Informationslage realitätsnäher beurteilen kann. Hierdurch vermag der Versicherer, die eigentliche Profitabilität des Vertragsportfolios zutreffender einzuschätzen, die sich indes auf die gesamte Deckungsperiode und nicht nur auf die Periode der Schätzungsänderung bezieht.

Diskussionswürdig erscheint, ob auch **Zinsänderungseffekte**, die sich ebenfalls auf den erwarteten Erfolg auswirken, in die Servicemarge eingehen sollten. Eine unmittelbar erfolgswirksame Erfassung der Auswirkungen jener Zinsänderungen könnte zum einen im Einzelfall Volatilitäten auslösen, die der tatsächlichen Leistung des Versicherers auch angesichts der Erfüllungskonzeption nicht gerecht werden.[1480] Zum anderen ist speziell die Einschätzung des Barwertes künftiger Zahlungsströme und somit auch der Diskontierungseffekt ein Faktor, der den in der Servicemarge zu erfassenden, noch unverdienten Erfolg bestimmt.[1481] Während dies isoliert betrachtet eine Öffnung der vertragsbezogenen Servicemarge auch für Zinsänderungseffekte erfordern würde, dürfen für diesen Parameter die bilanziellen Konsequenzen einer Zinsänderung für die korrespondierenden Kapitalanlagen nicht außer Acht gelassen werden. So ist aus konzeptioneller Sicht eine Verrechnung der Zinsänderungseffekte bezogen auf die künftige Deckung mit der Servicemarge nur dann zu befürworten, sofern nicht durch eine sofortige erfolgswirksame Erfassung bzw. eine Abbildung im OCI ansonsten bestehende ***accounting mismatches*** reduziert werden können.[1482] Eine unreflektierte

---

1478 Vgl. IASB (HRSG.), ED/2013/7: Insurance Contracts, Tz. BC35.

1479 Vgl. zu dieser Problematik insgesamt IASB (HRSG.), ED/2013/7: Insurance Contracts, Tz. BC35; IASB (HRSG.), Changes adjusting the residual margin (agenda paper 6A), Tz. 22; HOMMEL, M./BIELKE, D./ZICKE, J., Gewinnglättung dominiert fair value, S. 410.

1480 Diese Volatilität könnte gemindert werden, falls die Auswirkungen der Zinsänderungen in der vertragsbezogenen Servicemarge erfasst würden. Vgl. IASB (HRSG.), Changes adjusting the residual margin (agenda paper 6A), Tz. 4 (b).

1481 Gleichwohl wird mitunter die Auffassung vertreten, dass ausschließlich die Verwendung aktueller Zinssätze auch für die Erfolgsrechnung zur Vermittlung relevanter Informationen beitragen kann. Vgl. IASB (HRSG.), ED/2013/7: Insurance Contracts, Tz. AV2.

1482 Vgl. auch IDW (HRSG.), CL on ED/2013/7, S. 2 f. sowie bereits IASB/FASB (HRSG.), Unlock the residual margin (agenda paper 3C), Tz. 19 f. sowie Tz. 22 f. Vgl. der Öffnung der Servicemarge für Effekte aus Zinsänderungen tendenziell positiv gegenüberstehend ELLENBÜRGER, F./ENGELÄNDER, S./KÖLSCHBACH, J., IFRS für Versicherungsverträge, S. 814. Eine ganzheitliche Öffnung der Marge wurde auch bereits im Standardsetzungsprozess

Öffnung der Servicemarge für jegliche Zinsänderungseffekte stünde indes in der Gesamtbetrachtung einer entscheidungsnützlichen Informationsvermittlung tendenziell entgegen. Wird bspw. in einer Folgeperiode ein Zinsanstieg unterstellt, der auf eine Erhöhung des risikolosen Zinssatzes zurückzuführen ist, und führt dieser Zinsanstieg zu einer Reduktion des bilanzierten Wertes der korrespondierenden Vermögenswerte, so wäre ein *accounting mismatch* die Folge.[1483] Durch die Öffnung der Servicemarge würde die auf die Zinsdifferenz zurückzuführende Änderung des Erfüllungsbetrages mit der vertragsbezogenen Servicemarge verrechnet, so dass der Wert der versicherungstechnischen Rückstellung unverändert bliebe.[1484] Der Reduktion der Vermögenswerte auf der Aktivseite stünde somit eine unverändert hohe Rückstellung gegenüber, so dass im Ergebnis das Eigenkapital verringert wird. Sofern die Zinsänderungen bei der Bewertung des Vermögenswertes erfolgswirksam zu berücksichtigen sind, würde aus der unterschiedlichen Abbildung der Zinsänderung ein *accounting mismatch* resultieren, der sich im Periodenergebnis niederschlägt. Folglich kann eine unreflektierte Öffnung der vertragsbezogenen Servicemarge für Zinsänderungseffekte nicht zielführend sein. Eine Berücksichtigung der Auswirkungen von Zinsänderungen auf die Bewertung der korrespondierenden Finanzanlagen erscheint unerlässlich, um letztlich auch für die Abbildung von Zinsänderungseffekten bei Versicherungsverträgen Regelungen bereitzustellen, die zur Vermittlung entscheidungsnützlicher Informationen beitragen.

457.3 Erfassung im *other comprehensive income*

Zur Bewertung eines Portfolios von Versicherungsverträgen sind – abgesehen von der Aufzinsung der vertragsbezogenen Servicemarge – stets die am jeweiligen Stichtag aktuellen Diskontierungszinssätze heranzuziehen.[1485] Für die Erfolgsrechnung hingegen sind nach dem ED/2013/7 die im Zugangszeitpunkt gewählten Zinssätze auch für die Bewertung in den Folgeperioden zu verwenden, so dass die **Bewertungsdifferenz** zwischen der Verwendung aktueller sowie eingelockter Zinssätze im OCI zu erfassen ist.[1486] Folglich wirken sich Zinsänderungen zwar auf die Höhe der versicherungstechnischen Rückstellung aus, das Periodenergebnis bleibt durch sie allerdings unverändert.[1487] Dies gilt sowohl für die Bewertung der Rückstellung für die verbleibende Deckung bevor ein Schaden eingetreten ist als auch für die Bewertung der Rückstellung für bereits eingetretene Schäden und bezieht sich demnach auf den gesamten Zeitraum, bis jegliche Verpflichtungen des Versicherers erloschen sind.[1488] Der kumulierte, im OCI erfasste Betrag entspricht hierbei der Differenz zwischen dem Barwert der künftigen Zahlungsströme, der mit aktuellen Zinssätzen ermittelt

adressiert, indes nicht weiter verfolgt. Vgl. IASB (Hrsg.), Changes adjusting the residual margin (agenda paper 6A), Tz. 5.

1483 Vgl. zu dieser Beispielsituation samt der hiermit verbundenen bilanziellen Konsequenzen Weng, A., Stand der Entwicklung des IFRS 4, S. 26.

1484 Auch hier wäre indes einschränkend zu berücksichtigen, dass die Servicemarge keinen negativen Wert annehmen darf. Dies wäre vor allem für den Fall gesunkener Zinssätze zu beachten.

1485 Vgl. IASB (Hrsg.), ED/2013/7: Insurance Contracts, Tz. BCA74.

1486 Vgl. IASB (Hrsg.), ED/2013/7: Insurance Contracts, Tz. 64, Tz. BC119 f. und Tz. BC121 (a); IASB/FASB (Hrsg.), Use of OCI for changes in assumptions (agenda paper 2I), Tz. 9; Ellenbürger, F./Engeländer, S./Kölschbach, J., IFRS für Versicherungsverträge, S. 816; Hommel, M./Bielke, D./Zicke, J., Gewinnglättung dominiert fair value, S. 410.

1487 Vgl. Hommel, M./Bielke, D./Zicke, J., Gewinnglättung dominiert fair value, S. 410.

1488 Vgl. Ellenbürger, F./Engeländer, S./Kölschbach, J., IFRS für Versicherungsverträge, S. 816.

wurde und dem Barwert auf Basis der im Zugangszeitpunkt eingelockten Zinssätze.[1489] Auszuweisen sind die Effekte aus der Zinsänderung innerhalb der Neubewertungsrücklage.[1490] Mit voranschreitender Zeit wird der Diskontierungseffekt immer weiter reduziert, die versicherungstechnische Rückstellung wird mit der Erbringung sämtlicher Leistungsverpflichtungen Null betragen, so dass sich der im OCI erfasste Betrag wieder umkehrt.[1491]

Eingeführt wurde die avisierte erfolgsneutrale Erfassung von Zinsänderungseffekten im OCI als **Reaktion auf die angemahnte erhöhte Volatilität**, die entstünde, wenn sämtliche Zinsänderungen unmittelbar erfolgswirksam erfasst würden.[1492] Ein aufgrund von Zinsänderungseffekten schwankendes Periodenergebnis würde die Darstellung der eigentlichen Leistung des Versicherers aufgrund des Vertragsportfolios verschleiern, so dass eine glaubwürdige Berichterstattung der wirtschaftlichen Leistungsfähigkeit gefährdet wäre.[1493] Hierbei wäre es auch nicht als zweckgerecht anzusehen, für die deckenden Finanzinstrumente, die nicht erfolgswirksam zum Fair Value bewertet werden, stets die Fair Value-Option auszuüben, um *accounting mismatches* und damit verbundene Volatilitäten möglichst zu vermeiden.[1494] Ein solcher Ansatz würde für Versicherungsunternehmen die verschiedenen Kategorien finanzieller Vermögenswerte aushebeln und keine bilanzielle Abbildung entsprechend ihren ökonomischen Besonderheiten ermöglichen.

Gleichwohl ist zu berücksichtigen, dass der Diskontierungseffekt im Schaden- und Unfallbereich oftmals einen geringen Anteil des Erfüllungsbetrages ausmachen dürfte und somit vorwiegend bei Vertragsgestaltungen mit längeren Deckungsperioden bzw. einem langen Schadenabwicklungszeitraum übermäßige Volatilitäten ausgelöst werden könnten. Der z. T. vertretenen Ansicht, dass jegliche Zinsänderungseffekte ökonomisch bedingt sind und daher direkt erfolgswirksam erfasst werden sollten,[1495] ist entgegenzuhalten, dass derartige Effekte bezogen auf die künftige Deckung vielmehr dem im Bewertungszeitpunkt erwarteten, noch unverdienten Erfolg aus dem Vertragsportfolio zuzurechnen sind. Der erwartete Erfolg bemisst sich i. S. d. Bausteinansatzes neben der Risikomarge nach dem erwarteten Barwert künftiger Nettozahlungsströme zur Vertragserfüllung, so dass auch der Diskontierungseffekt den Erfolg determiniert und dieser somit in der Folgebewertung ebenfalls durch Zinsänderungen beeinflusst wird. Daher erscheint zumindest für die noch ausstehende Deckung isoliert[1496] betrachtet eine erfolgswirksame Erfassung der Konsequenzen im Zeitablauf konsistent und sachgerecht i. S. d. Bewertungsmodells. Wenigstens aber weist diese isolierte

[1489] Vgl. IASB/FASB (HRSG.), Mechanics of using OCI (agenda paper 2J), Tz. 16.

[1490] Vgl. HOMMEL, M./BIELKE, D./ZICKE, J., Gewinnglättung dominiert fair value, S. 410; WENG, A., Stand der Entwicklung des IFRS 4, S. 26.

[1491] Vgl. IASB/FASB (HRSG.), Use of OCI (agenda paper 2M), Tz. 7; HOMMEL, M./BIELKE, D./ZICKE, J., Gewinnglättung dominiert fair value, S. 410.

[1492] Vgl. ELLENBÜRGER, F./ENGELÄNDER, S./KÖLSCHBACH, J., IFRS für Versicherungsverträge, S. 816; IASB (HRSG.), ED/2013/7: Insurance Contracts, Tz. BC118.

[1493] Vgl. IASB (HRSG.), ED/2013/7: Insurance Contracts, Tz. BC118; IASB/FASB (HRSG.), Use of OCI (agenda paper 2H), Tz. 7; IASB/FASB (HRSG.), Use of OCI for changes in assumptions (agenda paper 2I), Tz. 8 (b) und Tz. 28-33 sowie Tz. 39.

[1494] Vgl. IASB (HRSG.), ED/2013/7: Insurance Contracts, Tz. BC118.

[1495] Vgl. zu dieser Auffassung IASB (HRSG.), ED/2013/7: Insurance Contracts, Tz. BC138 (a).

[1496] Hierbei sind indes, wie an späterer Stelle hergeleitet wird, stets auch die Wechselwirkungen mit den deckenden Kapitalanlagen zu betrachten. Diese stehen einer Einbeziehung der Zinsänderungseffekte in die vertragsbezogene Servicemarge entgegen.

Betrachtung darauf hin, dass ein direkter Ausweis der Zinsänderungen im Periodenergebnis konzeptionell nicht mit dem Bewertungsmodell im Einklang stehen kann. Ferner würde eine unmittelbar erfolgswirksame Erfassung der Zinsänderungseffekte den Prognosewert des operativen Ergebnisses einschränken, da jene Effekte zu einem nicht sachgerechten Abbild der tatsächlichen wirtschaftlichen Leistung des Versicherers innerhalb der Periode führen könnten.[1497] Gleichwohl könnte diese Problematik abgeschwächt werden, indem das operative Ergebnis im Versicherungskontext klar definiert wird, so dass Erfolgswirkungen aufgrund von Zinsänderungseffekten außerhalb dieser Größe in der Ergebnisrechnung erfasst werden.[1498]

Die Entscheidung über eine erfolgswirksame bzw. erfolgsneutrale Berücksichtigung von Zinsänderungseffekten sollte zwingend auf die **Folgebewertungsregelungen der deckenden Vermögenswerte** abgestimmt werden. So resultiert aus den Zinsänderungseffekten in erster Linie dann eine nicht sachgerechte Ergebnisvolatilität, wenn jene Effekte bei der Versicherungsverpflichtung sowie den deckenden Finanzinstrumenten inkongruent behandelt werden.[1499] Zwar wird für Vertragsportfolios im Schaden- und Unfallbereich regelmäßig keine explizite *Matching*-Strategie der deckenden Kapitalanlagen verfolgt, die eine unmittelbare Zuordnung zulässt. Für die Beurteilung **möglicher Bewertungsanomalien** ist jedoch bedeutend, dass es sich bei den korrespondierenden Vermögenswerten mehrheitlich um Instrumente handeln dürfte, die zu fortgeführten Anschaffungskosten bilanziert werden oder aber erfolgsneutral zum Fair Value *(Fair Value through other comprehensive income)* abgebildet werden (können).[1500] Im Vergleich zu einer unmittelbar erfolgswirksamen Erfassung der Konsequenzen einer Zinsänderung für die versicherungstechnische Rückstellung können durch die erfolgsneutrale Abbildung in der Neubewertungsrücklage mehrheitlich *accounting mismatches* reduziert werden.[1501] Sofern die Finanzinstrumente jedoch zu fortgeführten Anschaffungskosten bilanziert werden, ist ein *accounting mismatch* im Eigenkapital unvermeidbar, da regelmäßig lediglich die Zinsänderungseffekte aus der Rückstellungsbewertung in der Neubewertungsrücklage als Bestandteil des Eigenkapitals auszuweisen sind.[1502]

Für den Anteil der deckenden Kapitalanlagen, die erfolgswirksam zum beizulegenden Zeitwert bewertet werden, wäre es aus konzeptioneller Sicht theoretisch zu begrüßen, auch den korrespondierenden Anteil der Zinsänderungseffekte der Versicherungsverpflichtung unmittelbar erfolgswirksam zu erfassen.[1503] Ansonsten würden wiederum *accounting mismatches* resultieren, die es möglichst zu verhindern gilt, um der besonderen Interdependenz zwischen den versicherungstechni-

---

1497 Vgl. hierzu auch SCHWEINBERGER, S./HORSTKÖTTER, M., Bilanzierung von Versicherungsverträgen gemäß ED/2010/8, S. 552. Hinzu kommt der Umstand, dass das handelnde Management keinerlei Einfluss auf mögliche Zinsänderungen nehmen kann. Vgl. IASB/FASB (HRSG.), Use of OCI (agenda paper 2H), Tz. 20.

1498 Vgl. IASB/FASB (HRSG.), Use of OCI (agenda paper 2H), Tz. 21; IASB (HRSG.), ED/2013/7: Insurance Contracts, Tz. BC137 wie auch Tz. AV16.

1499 Vgl. auch IASB/FASB (HRSG.), Use of OCI (agenda paper 2H), Tz. 8.

1500 Vgl. IASB/FASB (HRSG.), Use of OCI for changes in assumptions (agenda paper 2I), Tz. 16 und Tz. 24 (a).

1501 Vgl. IASB/FASB (HRSG.), Use of OCI for changes in assumptions (agenda paper 2I), Tz. 18.

1502 Vgl. IASB/FASB (HRSG.), Use of OCI for changes in assumptions (agenda paper 2I), Tz. 36 (d) (ii).

1503 Dies wird jedoch ausschließlich für die Beseitigung von *accounting mismatches* empfohlen. Ökonomische *mismatches* sollten weiterhin als solche aufgedeckt werden. Dies betrifft bspw. die bewusste Kapitalanlageentscheidung in Instrumente, die ein gesteigertes Ausfallrisiko aufweisen. Vgl. hierzu auch ASCHE, B./HARTUNG, T., Auswirkungen von IFRS 4 Phase II und IFRS 9 auf die Ergebnisvolatilität, S. 1197.

schen Rückstellungen und den deckenden Kapitalanlagen gerecht zu werden. Sofern ein wesentlicher Teil der deckenden Vermögenswerte erfolgswirksam zum beizulegenden Zeitwert zu bewerten ist, wäre daher eine **Öffnungsklausel** zur Erfassung von Zinsänderungseffekten aus der Bewertung der versicherungstechnischen Rückstellung im Periodenergebnis zielführend. Entsprechend dieses Vorschlages wäre zunächst von einer grds. erfolgsneutralen Berücksichtigung der Effekte aus einer Zinsänderung auszugehen.[1504] Falls jedoch durch eine erfolgswirksame Bewertung *accounting mismatches* vermieden bzw. reduziert werden können, wäre ein Ausweis der Zinsänderungseffekte im Periodenergebnis zu fordern.[1505]

Vor dem Hintergrund, dass Portfolios von Versicherungsverträgen oftmals durch Vermögenswerte sämtlicher Kategorien gedeckt werden, deren Zusammensetzung im Zeitablauf großen Schwankungen unterliegen kann, müsste eine solche Differenzierung der Zinsänderungseffekte theoretisch auf die Vertragsebene heruntergebrochen werden, um möglichst sämtliche *accounting mismatches* zu vermeiden.[1506] Dies wäre indes nicht nur mit einem starken Komplexitätsanstieg verbunden, sondern würde auch unterstellen, dass die deckenden Kapitalanlagen einzelnen Verträgen zugeordnet werden können. Falls die Öffnungsklausel hingegen auf der Portfolioebene angewandt würde, müsste für den Teil der deckenden Finanzinstrumente, die nicht erfolgswirksam zum Fair Value bewertet werden, ebenfalls die Fair Value-Option ausgeübt werden, um auch hier *accounting mismatches* zu eliminieren.[1507] Gleiches gilt für eine Anwendung jener Option auf der Gesamtunternehmensebene.[1508] Wenngleich die vorgestellte Öffnungsklausel konzeptionell einleuchtet, so wäre sie jedoch mit einem Komplexitätsanstieg verbunden und wurde daher im Standardsetzungsprozess zunächst nicht weiter verfolgt.[1509]

Auch wenn konzeptionell die hier vorgeschlagene Öffnungsklausel vorteilhaft ist, erscheint es für Schaden- und Unfallversicherungsverträge insgesamt zumindest vertretbar, als eine Kompromisslösung die erfolgsneutrale Erfassung von Zinsänderungseffekten im OCI vorzuschreiben.[1510] Wenngleich hierdurch nicht jegliche *accounting mismatches* vermieden werden können, so wird zumindest dem Umstand Rechnung getragen, dass ein Großteil der deckenden Instrumente zu fortgeführten Anschaffungskosten bzw. erfolgsneutral zum beizulegenden Zeitwert bewertet wird.

Gleichwohl sind mit der ergebnisglättenden Erfassung von Zinsänderungseffekten im OCI **Komplexitätssteigerungen** verbunden, die es letztlich auch dem Abschlussadressaten erschweren könnten, die künftige Profitabilität des Versicherungsgeschäftes einzuschätzen. So sind hierfür die ver-

1504 Vgl. zu diesem Ansatz ausführlich IASB/FASB (Hrsg.), Use of OCI for changes in assumptions (agenda paper 2I), Tz. 76-79.

1505 Ähnlich auch DRSC (Hrsg.), CL on ED/2013/7, Tz. 15; CFO Forum (Hrsg.), CL on ED/2013/7, S. 3.

1506 Vgl. hierzu insgesamt IASB (Hrsg.), ED/2013/7: Insurance Contracts, Tz. BC144 (a).

1507 Vgl. IASB (Hrsg.), ED/2013/7: Insurance Contracts, Tz. BC144 (a) (ii).

1508 Die Anwendung der Öffnungsklausel auf der Portfolioebene erfordert hierbei theoretisch auch für Schaden- und Unfallversicherer, dass die Kapitalanlagen einzelnen Portfolios von Versicherungsverträgen zugeordnet werden können, obschon ein entsprechender Ausgleich auch anderweitig erreicht werden kann.

1509 Vgl. IASB (Hrsg.), ED/2013/7: Insurance Contracts, Tz. BC145.

1510 Insgesamt für sämtliche Versicherungsverträge ist die verpflichtende Abbildung von Zinsänderungseffekten im OCI indes kritischer einzustufen. Vgl. Ellenbürger, F./Engeländer, S./Kölschbach, J., IFRS für Versicherungsverträge, S. 816.

tragsbezogene Servicemarge und die im OCI erfassten Beträge stets gemeinsam zu betrachten.[1511] Ferner ist bei der Interpretation der innerhalb der jeweiligen Periode im OCI erfassten Komponente zu berücksichtigen, dass diese nicht nur aktuelle Zinsänderungseffekte umfasst, sondern auch von den Effekten der Aufzinsung bei der Bewertung der in Vorperioden ermittelten versicherungstechnischen Rückstellung beeinflusst wird, die aus Zinsänderungen jener vergangenen Perioden resultieren.[1512] Diese Vermischung von Zinsänderungseffekten aus unterschiedlichen Perioden resultiert aus der Bewertungssystematik, dass für die Ermittlung der versicherungstechnischen Rückstellung aktuelle Zinssätze zu verwenden sind, wohingegen sich die Ergebniswirkung nach jeweils historischen Zinssätzen bemisst. Auch für den Bilanzierenden ist mit der neu konzipierten erfolgsneutralen Behandlung von Zinsänderungseffekten zusätzlicher Aufwand verbunden. So sind für ein Vertragsportfolio nicht nur zwei Bewertungen mit eingelocktem und aktuellem Zinssatz erforderlich. Vor allem bei längerfristigen Vertragsgestaltungen ist zwischen unterschiedlichen Startzeitpunkten der verschiedenen Einzelverträge bzw. Gruppen von Einzelverträgen zu differenzieren und die jeweils geltenden Zinssätze sind für die Erfolgsrechnung vorzuhalten.[1513]

Theoretisch wäre es jedoch konsistent zum gesamten Bewertungsmodell sowie dem Charakter der **vertragsbezogenen Servicemarge**, auch Zinsänderungseffekte, die sich auf den Erfüllungsbetrag für die künftige Deckung auswirken, in jener Servicemarge zu erfassen.[1514] Auch hierdurch würde als Nebeneffekt die Volatilität des Ergebnisbeitrages aus der Bewertung der versicherungstechnischen Rückstellung zumindest eingeschränkt.[1515] Die Auswirkungen möglicher Zinsänderungen würden entsprechend der Auflösungssystematik der Servicemarge über die jeweils verbleibende Deckungsperiode verteilt. Hierdurch könnten *accounting mismatches* mit den deckenden Kapitalanlagen jedoch nicht per se vermieden, sondern im Vergleich zu einer unmittelbar erfolgswirksamen Erfassung der Zinsänderungseffekte lediglich reduziert werden, falls jene Vermögenswerte erfolgsneutral zum beizulegenden Zeitwert *(Fair Value through other comprehensive income)* bewertet werden.[1516] Entgegen einer konsequenten Orientierung an der Konzeption der vertragsbezogenen Servicemarge wird mit der OCI-Variante nunmehr das Ziel verfolgt, die Höhe der versicherungstechnischen Rückstellung an die aktuellen Parameterausprägungen anzupassen, ohne die hierdurch entstehende zinsbedingte Volatilität in der Erfolgsrechnung zeigen zu müssen.[1517] Aus konzeptioneller Sicht wäre zwar zugunsten eines konsistenten Bewertungsmodells die Öffnung der Service-

1511 Vgl. WENG, A., Stand der Entwicklung des IFRS 4, S. 29. Angesichts der verbleibenden *accounting mismatches* ist es für den Adressaten mitunter sehr komplex, den wirtschaftlichen Hintergrund der im Periodenergebnis respektive im OCI erfassten Beträge abschließend zu verstehen. Vgl. IASB (HRSG.), ED/2013/7: Insurance Contracts, Tz. AV12 und Tz. AV15.

1512 Vgl. IASB (HRSG.), ED/2013/7: Insurance Contracts, Tz. BC127 (c) sowie kritisch hierzu Tz. AV5 f. Gleichwohl dürften den Adressaten die jeweiligen Effekte künftig durch entsprechende, vorgeschriebene Mindestanhangangaben angemessen dargestellt werden. Vgl. IASB (HRSG.), IASB Update March 2014, S. 3.

1513 Vgl. IASB/FASB (HRSG.), Use of OCI (agenda paper 2M), Tz. 28; ähnlich auch IASB (HRSG.), ED/2013/7: Insurance Contracts, Tz. BC128. Vgl. für darüber hinaus gehende Komplexitätssteigerungen, die durch die OCI-Variante ausgelöst werden, WENG, A., Stand der Entwicklung des IFRS 4, S. 27.

1514 Vgl. hierzu IDW (HRSG.), CL on ED/2013/7, S. 2; IASB/FASB (HRSG.), Use of OCI (agenda paper 2H), Tz. 15.

1515 Vgl. IASB/FASB (HRSG.), Unlocking the margin (agenda paper 1A), Tz. 31.

1516 Vgl. zu der Problematik der *accounting mismatches* bei diesem Ansatz IDW (HRSG.), CL on ED/2013/7, S. 2 f.

1517 Vgl. IASB (HRSG.), DP/2013/1 Conceptual Framework, Tz. 8.55-8.57 i. V. m. Tz. 8.71. Es handelt sich hierbei um ein sog. *bridging item*, bei dem Unterschiede zwischen der Bewertung des Objektes für den Bilanzausweis sowie den Ausweis in der Erfolgsrechnung im OCI erfasst werden.

marge auch für Zinsänderungseffekte, die sich auf die Bewertung der noch zu gewährenden Versicherungsdeckung beziehen, zu bevorzugen, so lange hiermit **keine wesentlichen *accounting mismatches*** verbunden sind.[1518] Dennoch erscheint die Erfassung von Zinsänderungseffekten im OCI – vorbehaltlich der in der vorangegangenen Analyse identifizierten Unzulänglichkeiten – als zweckgerechte Alternative für den Schaden- und Unfallbereich, so dass hierdurch mehrheitlich erfolgsneutrale *accounting mismatches* sowie zugleich eine ergebnisseitige Volatilität vermieden werden können. Ferner könnten Effekte aus der Zinsänderung ohnehin nur bezogen auf die Rückstellung für die verbleibende Deckung in die Servicemarge eingehen, so dass doch auf das OCI zurückgegriffen werden müsste, um zinsbedingte Volatilitäten bei der Bewertung der Rückstellung für eingetretene Schäden zu verhindern.

457.4 Berücksichtigung von Schätzungs- und Parameteränderungen im Lichte der vorläufigen Entscheidungen des IASB

Im Zuge des noch andauernden Redeliberationsprozesses hat sich der IASB mittlerweile entschlossen, die vertragsbezogene Servicemarge auch für **Änderungen der Risikomarge** bezogen auf die künftige Deckung zu öffnen.[1519] Wie im Rahmen dieser Arbeit bereits hergeleitet wurde, ist diese Regelungsänderung zu begrüßen, da sie zur Konsistenz des Bewertungsmodells beiträgt und die Servicemarge somit den für die künftige Deckung erwarteten, indes noch unverdienten Erfolg repräsentiert.[1520] Auch die eingeführte Bedingung, dass die vertragsbezogene Servicemarge durch jene Schätzungsänderungen für Erstversicherungsverträge nicht negativ werden darf, entspricht dieser Konzeption. Letztlich begünstigt die Neuregelung, dass künftig der innerhalb einer Periode verdiente Erfolg möglichst glaubwürdig und realitätsgetreu abgebildet werden kann. Ferner wird nun eine weitergehende Konsistenz zur Situation im Zugangszeitpunkt erreicht, in der die Beurteilung des Abweichungsrisikos für den ausstehenden Versicherungsschutz die Höhe der Servicemarge mitbestimmt.[1521]

Jene Konsistenz wird ferner durch die künftige Regelung gefördert, dass positive **Schätzungsänderungen unmittelbar erfolgswirksam** zu erfassen sind, wenn sie zuvor für die noch ausstehende Deckung erfasste Verluste (teilweise) kompensieren.[1522] Allerdings dürfen keine darüber hinausgehenden positiven Erfolgsbeiträge gezeigt werden.[1523] Es wäre nicht mit der Konzeption der Servicemarge, den noch unverdienten Erfolg abzubilden, vereinbar, wenn jene vorteilhaften Schätzungsänderungen über die Deckungsperiode abzugrenzen wären, obwohl gesamtheitlich kein Gewinn erwartet wird. Zur Vermittlung entscheidungsnützlicher Informationen ist es erforderlich, die kompensierenden vorteilhaften Schätzungsänderungen unmittelbar erfolgswirksam zu erfassen,

---

1518 Vgl. hierzu bereits Abschnitt 457.2.

1519 Vgl. IASB (Hrsg.), IASB Update March 2014, S. 2.

1520 Vgl. hierzu bereits Abschnitt 457.1 sowie Abschnitt 457.2.

1521 Vgl. auch hierzu insgesamt bereits Abschnitt 457.2; IASB (Hrsg.), Unlock the contractual service margin for changes in the risk adjustment (agenda paper 2C), Tz. 10 sowie Tz. 16.

1522 Vgl. IASB (Hrsg.), IASB Update March 2014, S. 2; IASB (Hrsg.), Treatment of previously recognised losses (agenda paper 2B), Tz. 13 (a).

1523 Vgl. IASB (Hrsg.), Treatment of previously recognised losses (agenda paper 2B), Tz. 2 und Tz. 4.

anstatt durch deren Abgrenzung in der Servicemarge fälschlicherweise eine insgesamt positive Erfolgswirkung aus dem Portfolio zu suggerieren.[1524]

Sofern die entsprechende vorläufige Entscheidung für den finalen Standard übernommen wird, kann der Versicherer künftig durch seine *accounting policy* für Vertragsportfolios festlegen, ob **Zinsänderungseffekte** im OCI oder aber im Periodenergebnis gezeigt werden sollen.[1525] Dies entspricht konzeptionell grds. der hier vorgeschlagenen Öffnungsklausel, um u. a. *accounting mismatches* mit der bilanziellen Behandlung der deckenden Kapitalanlagen auf ein Minimum reduzieren zu können.[1526] Dabei soll die *accounting policy* zu gleichen Bilanzierungskonsequenzen aufgrund von Zinsänderungseffekten für Verträge innerhalb eines Portfolios sowie auch für gleichartige Portfolios führen.[1527] Konzeptionell erfordert dieser Ansatz jedoch eigentlich, dass einem Portfolio von Versicherungsverträgen die deckenden Finanzinstrumente zugeordnet werden können. Eine Ausübung der Option, Zinsänderungseffekte direkt im Periodenergebnis zu zeigen, wäre insbesondere dann vorteilhaft, wenn das Vertragsportfolio überwiegend von erfolgswirksam zum Fair Value zu bewertenden Instrumenten gedeckt wird.[1528] Fraglich bleibt, ob diese Option auch für die Fälle gewährt werden soll, bei denen eine solche unmittelbare Zuordnung nicht möglich ist. Ohne weitere Einschränkungen könnten auf Basis der geplanten Neuregelungen auch im Schaden- und Unfallbereich bei keiner direkten Zuordnung der Kapitalanlagen Ergebnisvolatilitäten vermieden werden, indem im Zuge der *accounting policy* für bestimmte Vertragsportfolios Zinsänderungseffekte erfolgswirksam erfasst werden. Auf diesem Wege wäre es möglich, indirekt für den Teil der Finanzinstrumente, der erfolgswirksam zum Fair Value folgezubewerten ist, einen Ausgleich zu schaffen. Zu den Voraussetzungen für die Ausübung der beschriebenen Option wäre daher eine weitergehende Klarstellung des IASB wünschenswert.

458. Spezifika der Bilanzierung passiver Rückversicherungsverträge und Verknüpfung mit den zugrunde liegenden Erstversicherungsverträgen

Spiegelbildlich zum Aufbau der versicherungstechnischen Rückstellung bei den zugrunde liegenden Erstversicherungsverträgen wird nach Maßgabe der an den Rückversicherer transferierten Prämien bzw. nach Leistung des Rückversicherungspreises ein entsprechender Aktivposten aufgebaut. Sofern noch keine Schadenzahlungen an den Erstversicherer weitergeleitet wurden, erhöht sich mit dem Abfluss von Zahlungsströmen an den Rückversicherer der Erfüllungsbetrag des passiven

[1524] Vgl. ähnlich IASB (HRSG.), Unlocking the contractual service margin (agenda paper 2A), Tz. 24 (b); IASB (HRSG.), Treatment of previously recognised losses (agenda paper 2B), Tz. 17 (a).

[1525] Vgl. IASB (HRSG.), IASB Update March 2014, S. 2 f.

[1526] Vgl. Abschnitt 457.3. Indes ist die Vermeidung von *accounting mismatches* nicht der einzige Faktor, der die Option, Zinsänderungseffekte auch im Periodenergebnis zeigen zu können, begründet. Auch Kosten-Nutzenaspekte sind hierbei z. B. zu beachten. Vgl. IASB (HRSG.), Option for changes in discount rates (agenda paper 2E), Tz. 24 (c) sowie Tz. 29 (a).

[1527] Vgl. IASB (HRSG.), IASB Update March 2014, S. 2 f.

[1528] Auch falls dies nicht der Fall sein sollte, könnten zwar *accounting mismatches* reduziert werden, indem Zinsänderungseffekte bei den Versicherungsverträgen erfolgswirksam erfasst werden und für die nicht erfolgswirksam zum Fair Value bewerteten Finanzinstrumente die Fair Value-Option ausgeübt wird. Da hierdurch jedoch die Kategorien der Klassifizierung von Finanzinstrumenten unterlaufen würden, ist die Optionsausübung für die Versicherungsverträge kritisch zu sehen, wenn nur ein geringer Teil der deckenden Instrumente erfolgswirksam zum Fair Value bewertet wird. Vgl. Abschnitt 457.3; IASB (HRSG.), ED/2013/7: Insurance Contracts, Tz. BC118.

Rückversicherungsvertrages, da somit die Höhe der künftig zu erwartenden Auszahlungsströme bei gleichbleibenden erwarteten Einzahlungsströmen abnimmt.[1529] Mit einem positiven Erfüllungsbetrag, der denjenigen aus der Zugangsbewertung übersteigt, geht folglich die Bilanzierung eines **Rückversicherungsvermögenswertes** einher, der sich im Zeitablauf wieder in dem Maße verringert, wie auch die Differenz zwischen erwarteten Ein- und Auszahlungsströmen abnimmt. Hierbei ist indes zu berücksichtigen, dass sich der Rückversicherungsvermögenswert ertragswirksam mit der Auflösung einer negativen vertragsbezogenen Servicemarge erhöht, die einen bereits im Zugangszeitpunkt erwarteten Gewinn abgrenzt. Wird im Zugangszeitpunkt hingegen ein Verlust erwartet, so wird dieser als Akquisitionskosten in einer positiven Servicemarge erfasst und mindert durch seine aufwandswirksame Auflösung in der Folge den zunächst um diesen Betrag höher ausgewiesenen Rückversicherungsvermögenswert.[1530]

Diskussionswürdig erscheint, ob der als Rückversicherungsvermögenswert bezeichnete Bilanzposten[1531] tatsächlich den **an einen Vermögenswert gestellten Definitions- und Ansatzkriterien** gerecht wird. So handelt es sich bei dem abgeschlossenen Rückversicherungsvertrag zum einen um eine vergangenheitsbezogene Ressource, über die der Zedent vertragsgemäß verfügen kann.[1532] Zum anderen wird regelmäßig auch erwartet, dass dem Erstversicherer aus dem passiven Rückversicherungsvertrag ein künftiger wirtschaftlicher Nutzen in Form von zu übernehmenden Schadenauszahlungen zuteil wird.[1533] Sollten diese in keiner Konstellation erwartet werden, würde der rationale Erstversicherer von einem solchen Vertragsabschluss absehen. Sofern also im Rahmen der Folgebewertung ein positiver Erfüllungsbetrag erwartet wird, also den künftigen Einzahlungsströmen lediglich zu zedierende Prämien bzw. ein zu leistender Rückversicherungspreis in geringerer Höhe gegenübersteht, wäre für diese Differenz vorbehaltlich der Entwicklung einer Servicemarge ein Rückversicherungsvermögenswert zu bilden.

Dieser muss jedoch auch den **Ansatzkriterien** genügen. Hierfür müssen die künftigen Zahlungsmittelzuflüsse nicht nur erwartet, sondern auch wahrscheinlich sein und somit zumindest mit einer Wahrscheinlichkeit eintreten, die die 50 %-Grenze überschreitet.[1534] Zunächst sei jedoch der Anspruch auf den Erhalt des Rückversicherungsschutzes von der Eventualforderung abgegrenzt, bei Eintritt eines spezifizierten Schadenereignisses Leistungen vom Rückversicherer zu erhalten. Die erworbene Dienstleistung der Gewährung von Rückversicherungsschutz ist unbedingt und somit nicht von einem unsicheren künftigen Ereignis abhängig. Der Wert dieses Schutzversprechens richtet sich jedoch nach den Zahlungsströmen, die bei der Vertragserfüllung erwartet werden und somit auch von dem unsicheren Ereignis des Schadeneintritts abhängen. Würde der hier betrachtete Sach-

[1529] Vgl. zur Definition des Erfüllungsbetrages für passive Rückversicherungsverträge Abschnitt 441.43.

[1530] Vgl. ausführlich zu den Bilanzierungskonsequenzen im Zugangszeitpunkt Abschnitte 445.42 und 445.43.

[1531] Vgl. bspw. IASB (HRSG.), ED/2013/7: Insurance Contracts, Tz. BCA127 (b), Tz. BCA134 und Tz. BCA226.

[1532] Vgl. zu dieser Anforderung IASB (HRSG.), CF, Tz. 4.4 (a). Mit dem Begriff „Ressource" wird nicht darauf abgestellt, dass ein materielles Gut vorliegen muss, so dass auch ein vertraglich zugesichertes Recht hierfür qualifiziert. Vgl. IASB (HRSG.), CF, Tz. 11; BAETGE, J./KIRSCH, H.-J./THIELE, S., Bilanzen, S. 192.

[1533] Vgl. hierzu IASB (HRSG.), CF, Tz. 4.4 (a) i. V. m. Tz. 4.8.

[1534] Vgl. IASB (HRSG.), CF, Tz. 4.38 (a); LÜDENBACH, N./HOFFMANN, W.-D./FREIBERG, J., Haufe IFRS-Kommentar, § 1, Rn. 90 f. i. V. m. LÜDENBACH, N./HOFFMANN, W.-D./FREIBERG, J., Haufe IFRS-Kommentar, § 21, Rn. 37-40; WAWRZINEK, W., in: Bohl et al., Beck'sches IFRS-Handbuch, § 2, Rn. 127; BAETGE, J./KIRSCH, H.-J./THIELE, S., Bilanzen, S. 195; WAGENHOFER, A., Internationale Rechnungslegung, S. 147.

verhalt hingegen als reine Eventualforderung angesehen, dürfte dieser bilanziell nicht angesetzt werden, zumindest nicht, so lange die mit ihm verbundenen Einzahlungsströme nicht nahezu vollständig sicher sind.[1535] Folglich wird hier – analog zum Ansatz bei versicherungstechnischen Rückstellungen[1536] – vorgeschlagen, den unbedingten Schutzanspruch sowie den bedingten Anspruch, Schadenzahlungen zu erhalten, zusammen als ein **gemeinsames Bewertungsobjekt** zu betrachten. Dies dient einer entscheidungsnützlichen Vermittlung der mit dem abgeschlossenen Rückversicherungsvertrag verbundenen wirtschaftlichen Vorteile. Dementsprechend ist lediglich zu fordern, dass dem Erstversicherer mit einer Wahrscheinlichkeit von mehr als 50 % Zahlungsströme zufließen werden.[1537]

Beispielsweise bei obligatorischen Rückversicherungsverträgen, denen eine Vielzahl von bereits existierenden bzw. zeitgleich angesetzten Erstversicherungsverträgen zugrunde liegt, dürfte dies i. d. R. zutreffen, da sich mit hinreichender Wahrscheinlichkeit zumindest in einem Fall ein Schaden ereignen wird, der eine Leistung des Rückversicherers auslöst. Dagegen kann eine solche Mindestwahrscheinlichkeit künftiger Einzahlungsströme vor allem bei fakultativen Vertragsgestaltungen, bei *Stop-loss*-Verträgen und anderen Konstrukten, die ausschließlich den äußeren Rand der Schadenverteilung absichern oder sich auf eine geringe Zahl von Originalpolicen beziehen, nicht stets gewährleistet werden. Folglich kann nicht davon ausgegangen werden, dass sämtliche Rückversicherungsvermögenswerte die Ansatzkriterien erfüllen. Der verlässlichen Bewertbarkeit[1538] wird durch das eigens konzipierte Bewertungsmodell für Versicherungsverträge ausreichend Rechnung getragen.[1539] Gleichwohl ist auch für die theoretisch nicht ansatzfähigen Rückversicherungsvermögenswerte ein Bilanzansatz unerlässlich, um den bereits geleisteten Zahlungen an den Rückversicherer den erwarteten Gegenwert des erworbenen Schutzes gegenüberstellen zu können und den Erwerb des Rückversicherungsschutzes erfolgsneutral abzubilden. Nur so können die wirtschaftlich beim Erstversicherer verbleibende Verpflichtung sowie dessen Nettorisikosituation nach dem Einsatz des risikopolitischen Instrumentariums der Rückversicherung abgebildet werden.

Spezifisch für die Folgebewertung eines passiven Rückversicherungsvertrages ist, dass auch das **erwartete Ausfallrisiko des Rückversicherers** an ggf. veränderte Einschätzungen anzupassen ist.[1540] Hiermit verbundene Schätzungsänderungen dürfen indes nicht in die bestehende vertragsbezogene Servicemarge eingehen. Begründet wird dieser teilweise *lock-in* der Servicemarge damit, dass sich die veränderten Einschätzungen nicht auf den Zeitraum der künftigen Deckung beziehen und daher unmittelbar erfolgswirksam zu erfassen sind.[1541] Um das Konzept der vertragsbezogenen

---

1535 Vgl. IAS 37.33; Wagenhofer, A., Internationale Rechnungslegung, S. 147.

1536 Vgl. Abschnitt 442.1.

1537 Das unlängst veröffentlichte Diskussionspapier zum Conceptual Framework (DP/2013/1) sieht weder für die Definition eines Vermögenswertes noch für die Ansatzkriterien eine Wahrscheinlichkeitsschwelle vor. Folglich wird die Wahrscheinlichkeit eines künftigen wirtschaftlichen Nutzenzuflusses im Rahmen der Bewertung berücksichtigt. Vgl. IASB (Hrsg.), DP/2013/1 Conceptual Framework, Tz. 2.35.

1538 Vgl. zu dieser Anforderung IASB (Hrsg.), CF, Tz. 4.38 (b).

1539 Hierbei dürfen grds. auch Schätzungen zur Wertermittlung herangezogen werden. Vgl. IASB (Hrsg.), CF, Tz. 4.41; Baetge, J./Kirsch, H.-J./Thiele, S., Bilanzen, S. 195.

1540 Vgl. IASB (Hrsg.), ED/2013/7: Insurance Contracts, Tz. 41 (d) (iii); IASB (Hrsg.), Impairment of reinsurance contracts (agenda paper 2C), Tz. 7 (a).

1541 Vgl. IASB (Hrsg.), ED/2013/7: Insurance Contracts, Tz. 41 (d) (iii) und Tz. BCA138.

Servicemarge konsequent umzusetzen, müsste diese jedoch für jegliche, auf die künftige Deckung bezogenen Schätzungsänderungen geöffnet werden, die sich auf den noch nicht verdienten Erfolg bzw. die abzugrenzenden Akquisitionskosten des Rückversicherungsschutzes auswirken. Hier besteht indes zwischen den Schätzungsänderungen der Zahlungsströme und weiterer Bewertungsparameter sowie einer veränderten Einschätzung des erwarteten Ausfallrisikos des Rückversicherers ein Unterschied. Ein verändertes Ausfallrisiko repräsentiert nicht in erster Linie abweichende, zu verteilende positive oder negative Akquisitionskosten des Rückversicherungsschutzes, sondern vielmehr einen veränderten Leistungsumfang, den der Zedent erwartungsgemäß erhalten wird.[1542] Entgegenzuhalten ist dieser Sichtweise im Rahmen der Folgebewertung jedoch, dass die Höhe der vertragsbezogenen Servicemarge auch durch das erwartete Ausfallrisiko determiniert wird und somit keine Konsistenz zwischen der Erst- und den Folgebewertungen gewahrt werden kann.[1543] Ferner dürfte nach jener Sichtweise bereits in der Zugangsbewertung das Ausfallrisiko des Rückversicherers theoretisch keinen Einfluss auf die vertragsbezogene Servicemarge nehmen.[1544] Falls der IASB weiterhin daran festhält, den Einfluss des erwarteten Ausfallrisikos des Rückversicherers beim Bilanzansatz in der vertragsbezogenen Servicemarge abzubilden, sollte dieser Ansatz aus Gründen der Konsistenz auch für die Folgeperioden verfolgt werden. Dementsprechend wäre die vertragsbezogene Servicemarge an ein geändertes Ausfallrisiko des Rückversicherers anzupassen.

Für vorteilhafte wie für unvorteilhafte Schätzungsänderungen, die sich auf die im Rahmen der künftigen Deckung anfallenden Zahlungsströme beziehen, ist die **vertragsbezogene Servicemarge** bei passiven Rückversicherungsverträgen nach dem ED/2013/7 hingegen unbegrenzt zu öffnen.[1545] Dieser Ansatz steht jedoch der Zielsetzung entgegen, netto, d. h. nach Rückversicherung, die tatsächlich verbleibende Verpflichtung und die insgesamt resultierende Erfolgswirkung abzubilden. Nach der hier vertretenen Auffassung sollten die Adjustierungen der vertragsbezogenen Servicemarge derart begrenzt werden, dass die für den Zugangszeitpunkt vorgeschlagene Verknüpfung der Bilanzierungskonsequenzen für Erst- und passive Rückversicherungsverträge konsequent beibehalten werden.[1546] Es wäre bspw. de lege ferenda zu fordern, netto keinen Verlust über die Deckungsperiode abzugrenzen, so dass darüber hinaus eintretende nachteilige Veränderungen auch sofort aufwandswirksam erfasst werden.[1547]

459. Folgebewertung passiver Rückversicherungsverträge im Lichte der vorläufigen Entscheidungen des IASB

Jegliche Änderungen, die im Laufe des Redeliberationsprozesses beschlossen wurden, gelten grds. analog auch für die Bilanzierung passiver Rückversicherungsverträge. Zudem ist nun vorgesehen, dass Schätzungsänderungen des Erfüllungsbetrages passiver Rückversicherungsverträge **unmittelbar erfolgswirksam** zu erfassen sind, sofern sie aus Schätzungsänderungen des Erfüllungsbetrages

[1542] Vgl. ausführlich IASB (Hrsg.), Impairment of reinsurance contracts (agenda paper 2C), Tz. 45 f.
[1543] Vgl. IASB (Hrsg.), Impairment of reinsurance contracts (agenda paper 2C), Tz. 47 (a).
[1544] Ähnlich auch CFO Forum (Hrsg.), CL on ED/2013/7, S. 9.
[1545] Vgl. IASB (Hrsg.), ED/2013/7: Insurance Contracts, Tz. 41 (d) (iii).
[1546] Vgl. hierzu die Ausführungen der Abschnitte 445.42, 445.43 und 445.44.
[1547] Vgl. ferner zur Notwendigkeit einer Grenze künftiger Anpassungen IASB (Hrsg.), Sweep issues (agenda paper 2C), Tz. 56 f. sowie mit zahlreichen Gegenargumenten des IASB, die indes nicht auf das Verhältnis von passivem Rückversicherungsvertrag zu den zugrunde liegenden Erstversicherungsverträgen eingehen, Tz. 58 f.

der zugrunde liegenden Erstversicherungsverträge resultieren und auch diese Änderungen direkt erfolgswirksam zu zeigen sind.[1548] Dies umfasst in erster Linie Adjustierungen, die dazu führen, dass die zugrunde liegenden Verträge defizitär werden bzw. die deren drohenden Verlust erhöhen. Gleichermaßen könnte sich diese Neuregelung aber auch auf Schätzungsänderungen beziehen, die auf Ebene der Erstversicherungsverträge zur erfolgswirksamen Kompensation zuvor erfasster Verluste führen. Im Sinne der hier verfolgten Nettobetrachtung ist die neu eingeführte Modifikation zu begrüßen, da der kompensierenden Wirkung des Rückversicherungsschutzes besser Rechnung getragen wird als zuvor.[1549] Gleichwohl hätte eine konsequente Anpassung der Vorschriften auch für die Erstbewertung die Vermittlung entscheidungsnützlicher Informationen noch stärker gefördert.[1550]

46 Vereinfachtes Bewertungsmodell für kurzlaufende Versicherungsverträge

461. Relevanz und Abgrenzung zum *building block approach*

Versicherungsverträge im **Schaden- und Unfallbereich** sind oftmals durch **kurze Deckungsperioden** gekennzeichnet und qualifizieren daher regelmäßig für das vereinfachte Bewertungsmodell ***(premium allocation approach)***.[1551] Wenngleich die Anwendbarkeit dieses Modells prinzipienorientiert geregelt ist und somit auch tendenziell kurzlaufende Lebensversicherungsverträge hierunter fallen, stellen Schaden- und Unfallversicherungsverträge im Erst- wie im Rückversicherungsbereich das Hauptanwendungsfeld des vereinfachten Ansatzes dar.[1552] Hierbei wird den Versicherten ein Wahlrecht eingeräumt, entweder den *premium allocation approach* oder den zuvor analysierten *building block approach* für die Rückstellung für die verbleibende Deckung anzuwenden.[1553]

Das vereinfachte Bewertungsmodell und die Bilanzierung von kurzlaufenden Versicherungsverträgen bis zur kompletten Schadenabwicklung hängen indes eng mit dem ***building block approach*** zusammen.[1554] Sobald sich das Vertragsportfolio als belastend erweist, muss auf den Bausteinansatz zurückgegriffen werden, um den ausreichenden Rückstellungsbetrag zu ermitteln und die Differenz zum Ergebnis des vereinfachten Modells zusätzlich zurückzustellen.[1555] Nachdem ein Schaden eingetreten ist, muss die Schadenrückstellung anschließend ebenfalls mit dem Bausteinansatz bewertet werden, wobei keine Servicemarge mehr gebildet werden darf.[1556] Zudem ist es als Zielsetzung wie auch als Anwendungsvoraussetzung anzusehen, dass mit dem vereinfachten Modell das Ergebnis

---

1548 Vgl. IASB (HRSG.), IASB Update June 2014, S. 3 sowie auch bereits Abschnitt 445.45.

1549 Vgl. IASB (HRSG.), Asymmetrical treatment of gains (agenda paper 2B), Tz. 2 sowie Tz. 11.

1550 Vgl. für eine ausführlichere Diskussion bereits Abschnitt 445.45.

1551 So auch im Kontext der US-GAAP ELLENBÜRGER, F., Internationalisierung der Rechnungslegung, Rn. 61. Die Wahl mehrheitlich kürzerer Deckungsperioden als bei Lebensversicherungsverträgen lässt sich mitunter durch die hohe Unsicherheit künftiger Auszahlungsströme erklären. Vgl. IASB/FASB (HRSG.), Short Duration Contracts (agenda paper 1), Tz. 49. Vgl. für die Anwendungsvoraussetzungen des vereinfachten Bewertungsmodells Abschnitt 462.2.

1552 Vgl. auch IASB/FASB (HRSG.), Short Duration Contracts (agenda paper 1), Tz. 7.

1553 Vgl. IASB (HRSG.), ED/2013/7: Insurance Contracts, Tz. 35 und Tz. BCA116.

1554 Vgl. Abschnitt 441.2 und Abschnitt 441.3. Konzeptionell passt der *building block approach* zu sämtlichen Versicherungsverträgen. Vgl. IASB/FASB (HRSG.), PAA (agenda paper 8B), Tz. 9 (a).

1555 Vgl. IASB (HRSG.), ED/2013/7: Insurance Contracts, Tz. 36 i. V. m. Tz. 39 (c).

1556 Vgl. IASB (HRSG.), ED/2013/7: Insurance Contracts, Tz. 39 (b); HOMMEL, M./BIELKE, D./ZICKE, J., Gewinnglättung dominiert fair value, S. 412.

des *building block approach* angenähert werden muss.[1557] Folglich erfordert eine Auseinandersetzung mit dem vereinfachten Bewertungsmodell die vorhergehende detaillierte Analyse des für alle Versicherungsverträge einschlägigen allgemeinen Bewertungsmodells.[1558]

462. Modellkonzeption und Funktionsweise

462.1 Überblick

Das vereinfachte Bewertungsmodell ist immer dann anwendbar, wenn hierdurch das Bewertungsergebnis aus dem allgemeinen Bausteinansatz hinreichend approximiert wird, wovon der IASB ausgeht, sofern die Deckungsperiode der zu bewertenden Versicherungsverträge höchstens ein Jahr beträgt.[1559] Hierbei bezieht sich die vereinfachte Bewertung in erster Linie auf die **Rückstellung für die verbleibende Deckung**, die im Zugangszeitpunkt erfolgsneutral in Höhe der bereits erhaltenen Prämienzahlungen[1560] abzgl. angefallener Akquisitionskosten anzusetzen ist, sofern diese nicht unmittelbar erfolgswirksam erfasst werden.[1561] Ferner ist der Betrag ggf. um eine erfolgswirksam zu bildende Rückstellung für belastende Vertragsportfolios zu erhöhen sowie um Zahlungen vor Beginn der Deckungsperiode bzw. vor dem Bilanzansatz zu adjustieren.[1562] Wird von möglicherweise belastenden Vertragsportfolios abstrahiert, so ist die Rückstellung für die verbleibende Deckung in den Folgeperioden um die weiteren erhaltenen Prämien zu erhöhen und um die in der abgelaufenen Periode realisierten Umsatzerlöse ergebniswirksam zu mindern. Zusätzlich sind Diskontierungseffekte zu berücksichtigen, sofern die Versicherungsverträge eine signifikante Finanzierungskomponente enthalten.[1563]

Werden die kurzlaufenden Versicherungsverträge hingegen wahlweise mit dem ***building block approach*** bewertet, so sind sie in Höhe des Erfüllungsbetrages ggf. zzgl. einer vertragsbezogenen Servicemarge bilanziell abzubilden.[1564] Insofern gilt es zunächst, sämtliche im Rahmen der Vertragserfüllung anfallenden Zahlungsströme erwartungsgetreu zu schätzen, diese um den Zeitwert des Geldes zu adjustieren und letztlich um eine explizite Risikomarge zu ergänzen, die die hiermit verbundenen Unsicherheiten quantifiziert.[1565] Sofern – wie für Erstversicherungsverträge mehrheitlich zutreffend – im Zugangszeitpunkt ein Gewinn erwartet wird, ist dieser in einer Servicemarge abzugrenzen und über die Deckungsperiode erfolgswirksam zu verteilen. Im Gegensatz zum vereinfachten Bewertungsmodell ist die Bewertung von Versicherungsverträgen nach dem Bausteinansatz an

[1557] Vgl. IASB (Hrsg.), ED/2013/7: Insurance Contracts, Tz. 35, Tz. BCA119 sowie Tz. BCA121.

[1558] Zudem soll in Abschnitt 46 untersucht werden, ob der *building block approach* dem vereinfachten Bewertungsmodell im Hinblick auf die Vermittlung entscheidungsnützlicher Informationen womöglich derart überlegen ist, dass die potentiellen Kosteneinsparungen bei einer Anwendung des *premium allocation approach* überkompensiert werden.

[1559] Vgl. IASB (Hrsg.), ED/2013/7: Insurance Contracts, Tz. 35 (a) und (b). Ferner kann auch dann von einer hinreichenden Approximation ausgegangen werden, wenn im Zeitraum vor dem Schadeneintritt wahrscheinlich mit keinen signifikanten Schätzungsänderungen des Erfüllungsbetrages zu rechnen ist. Vgl. IASB (Hrsg.), ED/2013/7: Insurance Contracts, Tz. BCA121 (b).

[1560] Dies gilt für den Zugangszeitpunkt, sofern dann bereits Prämienzahlungen geleistet werden.

[1561] Vgl. IASB (Hrsg.), ED/2013/7: Insurance Contracts, Tz. 38 (a) i. V. m. Tz. 39 (a).

[1562] Vgl. hierzu IASB (Hrsg.), ED/2013/7: Insurance Contracts, Tz. 38 (a) i. V. m. Tz. 39 (a).

[1563] Vgl. IASB (Hrsg.), ED/2013/7: Insurance Contracts, Tz. 38 (b) i. V. m. Tz. 40.

[1564] Vgl. IASB (Hrsg.), ED/2013/7: Insurance Contracts, Tz. 18.

[1565] Vgl. für einen Überblick auch Abschnitt 441.41.

die aktuellen Verhältnisse am Bilanzstichtag anzupassen.[1566] Beim *premium allocation approach* hingegen werden die Schätzungen und Parameterausprägungen aus der Zugangsbewertung auch für die Folgebewertung der Rückstellung für die verbleibende Deckung festgeschrieben.[1567]

Durch diese Gegenüberstellung wird bereits die angestrebte, **vereinfachte Konzeption des *premium allocation approach*** deutlich. Anstelle der expliziten Schätzungen des Barwertes der Zahlungsströme sowie der hiermit verbundenen Unsicherheiten, wird den erhaltenen Prämienzahlungen in identischer Höhe erfolgsneutral eine Rückstellung entgegengestellt.[1568] Indem die hinreichende Approximation des Bewertungsergebnisses aus dem Bausteinansatz als Anwendungsvoraussetzung formuliert wird, kann für die Bewertung also auf eine weniger komplexe Lösung zurückgegriffen werden. Sofern die Annäherung der Bewertungsergebnisse gewährleistet ist, werden die Elemente des Bausteinansatzes im Zugangszeitpunkt implizit in den zurückgestellten Prämien (vergleichbar mit Prämienüberträgen) abgebildet.[1569] Entscheidend für die tatsächlich komplexitätsreduzierende Wirkung ist hierbei, dass der IASB mit der Länge der Deckungsperiode ein typisierendes Vertragsmerkmal identifiziert, bei dem von einer hinreichenden Approximation ausgegangen werden kann. Eine vereinfachende Wirkung stellt sich jedoch – abgesehen von potentiellen Diskontierungserleichterungen – ausschließlich in der Vorschadenperiode für gewinnbringende oder zumindest ausgeglichene Vertragsportfolios ein.

462.2 Anwendungsvoraussetzungen und Wahlrechtscharakter

Der IASB führt zunächst **zwei Kriterien** an, von denen mindestens eines erfüllt sein muss, damit die Rückstellung für die verbleibende Deckung eines Vertragsportfolios vereinfachend mit dem *premium allocation approach* bewertet werden kann. Das erste Kriterium ist hierbei als das grundlegende Prinzip anzusehen, auf dem letztlich auch die Rechtfertigung des vereinfachten Bewertungsmodells basiert. So muss das Ergebnis des hier betrachteten Modells das Ergebnis bzw. die Rückstellungshöhe aus dem **allgemeinen Bausteinansatz angemessen approximieren**.[1570] Wenngleich hierdurch ein ähnliches Bilanzierungsergebnis sichergestellt werden soll, ist im Rahmen der nachfolgenden Untersuchung zu hinterfragen, ob dies aufgrund der Regelungsbestandteile tatsächlich erreicht werden kann. Ferner ist zu diskutieren, ob auch mit dem verringerten Umfang an präsentierten Informationen ein im Vergleich zu den eingesparten Kosten noch hinreichender Grad an Entscheidungsnützlichkeit erzielt werden kann oder aber der *building block approach* trotz der höheren Komplexität aus Informationsgesichtspunkten überlegen erscheint. Das zweite Kriterium stellt einzig auf die **Länge der Deckungsperiode** der Versicherungsverträge ab. Sofern diese im Zugangszeitpunkt **höchstens ein Jahr** beträgt, wird dem Bilanzierenden stets das Wahlrecht zur

---

1566 Vgl. zu diesem Bewertungsunterschied sowie zu weiteren Abweichungen zwischen den Modellen IASB/FASB (HRSG.), PAA (agenda paper 3I), Tz. 17.

1567 Vgl. IASB (HRSG.), ED/2013/7: Insurance Contracts, Tz. BCA124.

1568 Vgl. auch IASB (HRSG.), ED/2013/7: Insurance Contracts, Tz. BCA117; IASB/FASB (HRSG.), PAA (agenda paper 8B), Tz. 11.

1569 Vgl. IASB (HRSG.), ED/2013/7: Insurance Contracts, Tz. BCA117. Vgl. für eine Analogie zu den Beitragsüberträgen bereits DELOITTE (HRSG.), IFRS-Newsletter zur Versicherungsbilanzierung 08/2010, S. 7 sowie analog hierzu zum Begriff der Beitragsüberträge im handelsrechtlichen Kontext VARAIN, T. C., Bilanzierung versicherungstechnischer Verpflichtungen von Schaden- und Unfallversicherungsunternehmen, S. 69 f.

1570 Vgl. IASB (HRSG.), ED/2013/7: Insurance Contracts, Tz. 35 (a) und Tz. BCA121.

Anwendung des *premium allocation approach* gewährt.[1571] Wenngleich die Formulierung im Standardentwurf vermuten lassen könnte, dass es sich bei den Anwendungsvoraussetzungen um zwei alternative, voneinander losgelöste Kriterien handelt, ist die **angemessene Approximation des Bausteinansatzes als übergeordnetes Kriterium** anzusehen. Falls es sich um kurzlaufende Versicherungsverträge handelt und die Deckungsperiode ein Jahr nicht überschreitet, wird **konkretisierend** angenommen, dass eine hinreichende Approximation erreicht ist.[1572] Eine derartige Typisierung seitens des IASB ist erforderlich, damit das vereinfachte Bewertungsmodell die angestrebte Wirkung überhaupt erzielen kann. Anderenfalls wären grds. auf sämtliche in Frage kommenden Vertragsarten zunächst beide Modellvarianten (*building block approach* und *premium allocation approach*) anzuwenden, um zu beurteilen, ob sie für das vereinfachte Bewertungsmodell qualifizieren.[1573] Auch wenn die Ergebnisse dieses Vergleichs tendenziell auf ähnliche Vertragsgestaltungen sowie im Zeitablauf übertragbar erscheinen, wäre hiermit wiederum eine gesteigerte Komplexität verbunden.

Begründet wird die typisierende Annahme der angemessenen Approximation für kurzlaufende Verträge mit den vergleichsweise konstanten Schätzungen der Bewertungsbausteine sowie deren wenig volatilen Entwicklung im Zeitverlauf.[1574] Dem ist jedoch entgegenzuhalten, dass auch bei kurzlaufenden Schadenversicherungsverträgen, bei denen bspw. die Folgen von Elementargefahren wie Stürme versichert werden, auch vor dem Schadeneintritt aufgrund einer verbesserten Informationslage die künftigen Auszahlungsströme sowie die Risikosituation vom Zugangszeitpunkt abweichend eingeschätzt werden könnten.[1575] Hierzu führt der IASB gleichwohl zutreffend aus, dass potentielle Schätzungsänderungen das Vertragsportfolio mit einer größeren Wahrscheinlichkeit über die kurze Deckungsperiode nachteilig treffen werden als dass sie einen höheren Gewinn begründen.[1576] Hierbei auftretende Verluste sollen grds. im Rahmen eines ***onerous test*** rückstellungserhöhend erfasst werden, so dass das Bewertungsergebnis des Bausteinansatzes weiterhin approximiert wird.[1577] Würde auf diesen Test gänzlich verzichtet, könnte keine glaubwürdige Darstellung der tatsächlichen Verpflichtungssituation gewährleistet werden, da belastende Vertragsportfolios nicht als solche ausgewiesen würden. Ob allerdings der *onerous test* in jedem Fall eine derartige glaubwürdige Darstellung sicherstellt, hängt maßgeblich davon ab, welche Ereignisse bzw. Hinweise diese Prüfung auslösen.[1578] Sofern durch nachteilige, nicht nur unwesentliche Veränderungen kein *onerous test* ausgelöst wird, kann keine hinreichende Approximation mehr erreicht werden, so dass die Anwendung des Bausteinansatzes zu fordern wäre. Sachlich begründete positive Schätzungsänderungen werden beim vereinfachten Bewertungsmodell nicht berücksichtigt, so dass bei positiven

---

1571 Vgl. IASB (Hrsg.), ED/2013/7: Insurance Contracts, Tz. 35 (b), Tz. BCA119 und Tz. BCA121.

1572 Vgl. IASB (Hrsg.), ED/2013/7: Insurance Contracts, Tz. BCA121.

1573 Vgl. IASB/FASB (Hrsg.), PAA (agenda paper 8B), Tz. 37.

1574 Vgl. IASB (Hrsg.), ED/2013/7: Insurance Contracts, Tz. BCA119. Vgl. für eine Übersicht, warum die einzelnen Bewertungselemente des Bausteinansatzes hinreichend approximiert werden sollen, IASB/FASB (Hrsg.), PAA: eligibility (agenda paper 3H), Tz. 16.

1575 Vgl. hierzu das Beispiel (vermeintlich) drohender Hochwasserschäden, Hommel, M./Bielke, D./Zicke, J., Gewinnglättung dominiert fair value, S. 410.

1576 Vgl. IASB (Hrsg.), ED/2013/7: Insurance Contracts, Tz. BCA119.

1577 Vgl. IASB (Hrsg.), ED/2013/7: Insurance Contracts, Tz. 36 i. V. m. Tz. BCA119.

1578 Vgl. Abschnitt 462.5.

Veränderungen der Risikosituation auf Basis der Regelungen des zweiten Standardentwurfes ein struktureller Unterschied zum *building block approach* resultiert.

Weiterhin kann von einer angemessenen Approximation ausgegangen werden, falls wahrscheinlich nicht mit wesentlichen Schätzungsänderungen des Erfüllungsbetrages in der Vorschadenperiode zu rechnen ist.[1579] Gleichwohl sollte der Standardsetter die inhaltliche Sinnrichtung dieses Abgrenzungsmerkmals klarstellen, um Missverständnisse zu vermeiden. So regelt Tz. 37 des aktuellen Standardentwurfes, dass der vereinfachte Ansatz mangels hinreichender Approximation immer dann nicht angewandt werden darf, wenn im Zugangszeitpunkt mit einer wesentlichen **Variabilität des Erfüllungsbetrages** vor Eintritt eines Schadenereignisses gerechnet wird. Die Inhalte dieser beiden Regelungsbestandteile sollten miteinander kombiniert werden, um nicht unbeabsichtigt die Spielräume einer rein positiven bzw. negativen Abgrenzung des Anwendungsbereiches anzudeuten. Indem Versicherungsverträge im Schaden- und Unfallbereich oftmals eine kurze Deckungsperiode aufweisen und nicht durch eingebettete Optionen gekennzeichnet sind, die auf die künftigen Zahlungsströme wirken, ist c. p. zumindest von einer geringeren Variabilität auszugehen als bei Verträgen, die jene Eigenschaften nicht aufweisen. Gleichwohl ist die Stellung dieses zusätzlichen Kriteriums bzw. der einschränkenden Bedingung für solche kurzlaufenden Vertragsgestaltungen auszulegen, bei denen die versicherten Risiken mit einer erhöhten Variabilität des Erfüllungsbetrages einhergehen (z. B. Versicherung bestimmter Elementarschäden). Sofern die Deckungsperiode der Versicherungsverträge ein Jahr oder weniger beträgt, kann ungeachtet einer gesteigerten Variabilität stets der vereinfachte Ansatz gewählt werden. Dies wird auch in den Ausführungen des IASB ersichtlich, denen zufolge Veränderungen der Einschätzungen des Erfüllungsbetrages vor dem Schadeneintritt meist unvorteilhaft für den Versicherer sind und ohnehin in einer zusätzlichen Rückstellung abgebildet werden, sobald die Verlustgrenze überschritten wird.[1580] Falls die Deckungsperiode derartiger Verträge den Einjahreszeitraum jedoch übersteigt, wird die angemessene Approximation i. S. d. Standardentwurfes nur deutlich schwerer zu belegen sein, so dass eine Anwendung des vereinfachten Bewertungsmodells regelmäßig ausscheiden dürfte.[1581]

Indem die Anwendbarkeit des vereinfachten Bewertungsmodells nicht auf einjährige Verträge beschränkt ist, werden zwar die Voraussetzungen geschaffen, dass wirtschaftlich nahezu identische Verträge, die lediglich einen leicht abweichenden Deckungszeitraum aufweisen, auch nach einheitlichen Regelungen bewertet werden.[1582] Jedoch wird hierdurch zugleich ein **objektivierendes Element** aufgeweicht, so dass der Anwendungsbereich durch die Versicherer im Einzelfall bilanzpolitisch motiviert stark ausgedehnt werden kann.[1583] Nach der hier vertretenen Auffassung sollte die Anwendbarkeit des *premium allocation approach* daher auf eindeutig vom Board definierte Fälle begrenzt werden. Auch wenn das Grundprinzip der wirtschaftlichen Betrachtungsweise angesichts einer klar definierten Grenze teils nur eingeschränkt erfüllt werden kann, erscheint es zweckmäßig,

---

[1579] Vgl. IASB (HRSG.), ED/2013/7: Insurance Contracts, Tz. BCA121 (b).

[1580] Vgl. IASB (HRSG.), ED/2013/7: Insurance Contracts, Tz. BCA119; IASB/FASB (HRSG.), PAA: eligibility criteria (agenda paper 3F), Tz. 24.

[1581] Vgl. IASB (HRSG.), ED/2013/7: Insurance Contracts, Tz. 37.

[1582] Vgl. zur Kritik, dass ansonsten ähnliche Verträge unterschiedlich zu behandeln wären, IASB/FASB (HRSG.), PAA: eligibility criteria (agenda paper 3F), Tz. A5.

[1583] So auch ASCHE, B., Jahresabschlussanalyse von Schaden-/Unfallversicherern, S. 168.

den vereinfachten Ansatz nur für Verträge zuzulassen, deren Deckungsperiode einen definierten Zeitraum nicht überschreitet. Allenfalls wäre anzuregen, die Grenze von zwölf Monaten nochmals zu überdenken, sofern strukturell für sämtliche Vertragsgestaltungen nachgewiesen werden kann, dass eine hinreichende Approximation auch bei einer längeren Deckungsperiode gewährleistet ist.[1584]

Sofern die zu bilanzierenden Versicherungsverträge eine Deckungsperiode von mehr als einem Jahr aufweisen und der Versicherer eine Anwendung des *premium allocation approach* anstrebt, stellt sich bei den vorgesehenen Anwendungsvoraussetzungen ferner die Frage, auf welchem **Aggregationsniveau** die Kriterien anzulegen sind. Hierzu macht der Board keine expliziten Angaben. Als zweckmäßig erscheint es, für repräsentative Durchschnittsverträge zu überprüfen, ob das vereinfachte Bewertungsmodell das Ergebnis aus dem Bausteinansatz angemessen approximieren kann. Wird das vermeintliche Ausschlusskriterium einer signifikanten Variabilität des Erfüllungsbetrages konsequent angewandt, würde eine Prüfung auf Vertragsebene keine zielführenden Ergebnisse generieren. Da jeder einzelne Vertrag für sich auch in der Vorschadenperiode das Potential wesentlicher Schwankungen in sich birgt, würde folglich kein Vertrag für das vereinfachte Bewertungsmodell qualifizieren.[1585] Eine höher aggregierte Prüfung auf Portfolioebene könnte dazu führen, dass auch langlaufende Verträge (bspw. auch langlaufende Lebensversicherungsverträge) für den vereinfachten Ansatz qualifizieren, da sich jegliche größeren Schwankungen im Portfolio ausgleichen. Eine derartige Ausweitung des Anwendungsbereiches entspricht jedoch nicht der mit dem *premium allocation approach* verfolgten Intention.[1586] Folglich sollte für die Prüfung der Anwendungsvoraussetzungen ein Vertrag mit durchschnittlichen Charakteristika herangezogen werden, so dass das Prüfungsergebnis auf vergleichbare Vertragstypen übertragen und Redundanzen vermieden werden können.[1587] Ferner ist das anzuwendende Bewertungsmodell im Zugangszeitpunkt festzulegen, so dass diese Entscheidung in der Folge in aller Regel nicht mehr revidiert werden kann.[1588] Nach der hier vertretenen Auffassung sollte die Entscheidung zur Anwendung des *premium allocation approach* überdies zumindest für gleichartige Verträge und somit innerhalb eines Portfolios einheitlich ausgeübt werden, um einen vergleichbaren Ausweis und vergleichbare damit zusammenhängende Informationen im Anhang zu gewährleisten.

Fraglich ist indes, ob allein die (Nicht-)Anwendbarkeit des vereinfachten Bewertungsmodells zwingend **Umgruppierungen** der bestehenden Portfolios des Versicherers für Bilanzierungszwecke auslöst, falls einige Vertragsgestaltungen innerhalb eines Portfolios nicht für den *premium allocation approach* qualifizieren sollten. Bei strenger Auslegung der Anwendungsvoraussetzungen könnte dies erforderlich sein, um zu gewährleisten, dass nicht zugleich der Bausteinansatz und das vereinfachte Modell innerhalb eines Portfolios für die Rückstellung für die verbleibende Deckung ange-

1584 Im Standardentwicklungsprozess wurde bspw. gefordert, den Zeitraum auf drei Jahre auszudehnen, um somit möglichst viele Vertragsgestaltungen des Nicht-Lebensbereiches abzudecken. Vgl. IASB/FASB (Hrsg.), PAA: eligibility criteria (agenda paper 3F), Tz. A7 (a).

1585 Vgl. IASB/FASB (Hrsg.), PAA: eligibility criteria (agenda paper 3F), Tz. 16 (e).

1586 Vgl. IASB/FASB (Hrsg.), PAA: eligibility criteria (agenda paper 3F), Tz. 16 (e).

1587 Vgl. IASB/FASB (Hrsg.), PAA: eligibility criteria (agenda paper 3F), Tz. 16 (e).

1588 Vgl. IASB/FASB (Hrsg.), PAA: eligibility criteria (agenda paper 3F), Tz. 17 (b).

wandt werden.[1589] Zunächst einmal dürfte eine solche abweichende Beurteilung darauf hindeuten, dass der Portfoliozuschnitt aufgrund heterogener Vertragscharakteristika auch für bilanzielle Zwecke nochmals überdacht werden sollte.[1590] Werden jedoch ausschließlich Verträge zusammengefasst, die Versicherungsschutz für gleichartige Risiken gewähren, im Verhältnis zum eingegangenen Risiko ähnlich bepreist werden und gemeinsam eine Steuerungseinheit bilden, so sollten nicht einige wenige Verträge, für die der vereinfachte Ansatz nicht anwendbar ist, von dem bestehenden Portfolio separiert werden.[1591] Hier erscheint es sachgerechter, den ursprünglichen Steuerungszusammenhang auch bilanziell nachzuvollziehen. Falls nur wenige Verträge theoretisch nicht für den *premium allocation approach* qualifizieren und diese für das Gesamtportfolio von untergeordneter Bedeutung sind, wäre es zu begrüßen, wenn der vereinfachte Ansatz auf das gesamte Portfolio angewandt werden könnte.[1592]

Positiv hervorzuheben ist, dass der IASB die zuvor angedachte Pflicht zur Anwendung des *premium allocation approach*, falls die Voraussetzungen erfüllt sind, in ein **Wahlrecht** umgewandelt hat.[1593] Da dieser Ansatz aus Gründen der Komplexitätsreduktion eingeführt wurde, ist es nur konsequent und zweckmäßig, dem Versicherer weiterhin die Möglichkeit einzuräumen, das allgemeine Modell anzuwenden und sich somit explizit mit den einzelnen Bewertungsparametern auseinanderzusetzen.[1594] Ferner impliziert die geforderte Approximation, dass mit dem allgemeinen Bewertungsmodell mindestens gleichwertig entscheidungsnützliche Informationen vermittelt werden.[1595] Nunmehr ist es also Versicherern möglich, sämtliche Versicherungsverträge einheitlich nach dem allgemeinen Bausteinansatz zu bewerten. Dies wurde mitunter von Versicherern gefordert, deren Vertragsbestand sowohl langfristige als auch kurzfristige Versicherungsverträge umfasst.[1596] Die im ersten Standardentwurf adressierten Vergleichbarkeitsprobleme durch die Anwendung zweier Verfahren[1597] kann durch die Voraussetzung einer angemessenen Approximation zumindest hinsichtlich der konkreten Werthöhe weitestgehend entkräftet werden.[1598]

[1589] Vgl. zu dieser Problematik, die zudem als Kritikpunkt an der Dauer der Deckungsperiode als singuläre Anwendungsvoraussetzung angeführt wird, IASB/FASB (HRSG.), Short Duration Contracts (agenda paper 1), Tz. 40 (b). Gleichwohl soll die Vergleichbarkeit beider Ansätze dadurch hergestellt werden, dass das vereinfachte Bewertungsmodell den Bausteinansatz approximiert.

[1590] Vgl. für eine kritische Auseinandersetzung mit der im Standardentwurf gewählten Portfoliodefinition Abschnitt 441.52.

[1591] Ähnliches gilt auch für die in den vorläufigen Entscheidungen vorgesehene Portfoliodefinition, sofern die Kriterien – wie hier empfohlen – streng ausgelegt werden. Vgl. auch Abschnitt 441.53.

[1592] Vgl. ähnlich auch IASB/FASB (HRSG.), PAA (agenda paper 8B), Tz. 4 (c).

[1593] Vgl. IASB (HRSG.), ED/2013/7: Insurance Contracts, Tz. 35, Tz. BCA116 und Tz. BCA121 sowie für die im ersten Standardentwurf noch vorgesehene Anwendungspflicht IASB (HRSG.), ED/2010/8: Insurance Contracts, Tz. 55 (a) und Tz. BC145.

[1594] Vgl. hierzu bereits IASB (HRSG.), ED/2010/8: Insurance Contracts, Tz. BC147 sowie IASB/FASB (HRSG.), PAA (agenda paper 8B), Tz. 45.

[1595] Gleichwohl wurde von Seiten einiger Adressaten angemahnt, dass die Nutzung eines einheitlichen Modells für gleichartige Verträge aus ihrer Sicht vorteilhaft und vergleichbarkeitsfördernd sei. Vgl. IASB/FASB (HRSG.), PAA (agenda paper 3I), Tz. 14. Ob nicht sogar mit dem *building block approach* (signifikant) entscheidungsnützlichere Informationen vermittelt werden, welche die zusätzlichen Kosten dieses Modells rechtfertigen, gilt es in den folgenden Abschnitten zu untersuchen.

[1596] Vgl. IASB/FASB (HRSG.), PAA: eligibility (agenda paper 3H), Tz. 26.

[1597] Vgl. IASB (HRSG.), ED/2010/8: Insurance Contracts, Tz. BC147.

[1598] Vgl. IASB/FASB (HRSG.), PAA: eligibility (agenda paper 3H), Tz. 28; IASB/FASB (HRSG.), PAA (agenda paper 8B), Tz. 9.

462.3 Rückstellung für die verbleibende Deckung

462.31 Ermittlungsmethodik

Beim *premium allocation approach* ist die Bewertung eines Portfolios von Versicherungsverträgen zeitlich in **zwei Phasen** aufzuteilen. In der Vorschadenperiode richtet sich die Höhe der Rückstellung für die verbleibende Deckung maßgeblich nach den bereits erhaltenen Prämienzahlungen und wird im Zeitablauf nach Maßgabe der Leistungserbringung aufgelöst. Sobald jedoch ein Schadenereignis eintritt, sind die hiermit verbundenen Verpflichtungen mit dem *building block approach* zu bewerten, so dass die Schadenrückstellung separat abgebildet wird.[1599]

Im Zeitpunkt der **Erstbewertung** bemisst sich die Höhe der Rückstellung für die verbleibende Deckung nach den bereits erhaltenen Prämienzahlungen abzgl. dem Portfolio direkt zurechenbarer Akquisitionskosten, sofern nicht von dem Wahlrecht Gebrauch gemacht wird, diese direkt in der Erfolgsrechnung zu zeigen.[1600] Zudem ist die Rückstellung beim Bilanzansatz um bereits vor Beginn der Deckungsperiode vom Versicherten erhaltene Zahlungen zu erhöhen bzw. um Zahlungen zu mindern, die der Versicherer für das zu bewertende Portfolio bereits geleistet hat.[1601] Sofern sich das Vertragsportfolio als belastend erweist, ist in Höhe der Differenz zwischen dem Ergebnis des vereinfachten Bewertungsmodells und dem Erfüllungsbetrag eine Rückstellung für belastende Verträge zu bilden.[1602]

Wird für die **Folgebewertung** zunächst der Fall einer Einmalprämienzahlung unmittelbar beim Vertragsabschluss unterstellt, so verringert sich die gebildete Rückstellung über die Deckungsperiode nach dem gleichen Muster, wie auch die vertraglichen Leistungen erbracht werden.[1603] Dieser Auflösungsbetrag der zunächst zurückgestellten Prämien repräsentiert die Umsatzerlöse in der jeweiligen Periode.[1604] Sofern in der abzuschließenden Periode nach der Zugangsbewertung weitere Prämienzahlungen geleistet wurden, sind diese erfolgsneutral rückstellungserhöhend zu erfassen.[1605] Verändert werden kann die Rückstellung für die verbleibende Deckung ferner durch die Bildung bzw. erneute Einschätzung einer ihr untergeordneten zusätzlichen Rückstellung für belastende Verträge. So bewirken eine zusätzliche Bildung bzw. nachteilige Schätzungsänderungen der Rückstellung für belastende Verträge einen Verpflichtungsanstieg, während vorteilhafte Veränderungen den insgesamt erfassten Rückstellungsbetrag senken.[1606] Falls ein Vertragsportfolio zudem durch eine wesentliche Finanzierungskomponente gekennzeichnet ist, muss die Rückstellung darüber hinaus

---

[1599] Vgl. IASB (Hrsg.), ED/2013/7: Insurance Contracts, Tz. 39 (b); IASB/FASB (Hrsg.), PAA: mechanics (agenda paper 3G), Tz. 15 (b). Gleichwohl sind auch beim Bausteinansatz separate Angaben über Rückstellungen für die verbleibende Deckung sowie für bereits eingetretene Schäden erforderlich. Vgl. IASB (Hrsg.), ED/2013/7: Insurance Contracts, Tz. 74.

[1600] Vgl. IASB (Hrsg.), ED/2013/7: Insurance Contracts, Tz. 38 (a) (i) und (ii) i. V. m. Tz. 39 (a).

[1601] Vgl. IASB (Hrsg.), ED/2013/7: Insurance Contracts, Tz. 38 (a) (iii).

[1602] Vgl. IASB (Hrsg.), ED/2013/7: Insurance Contracts, Tz. 38 (a) (iv) i. V. m. Tz. 39 (c) sowie für eine detaillierte Analyse Abschnitt 462.5.

[1603] Vgl. IASB (Hrsg.), ED/2013/7: Insurance Contracts, Tz. BCA118 sowie Tz. 38 (b) (ii); Ellenbürger, F./Engeländer, S./Kölschbach, J., IFRS für Versicherungsverträge, S. 819.

[1604] Vgl. IASB (Hrsg.), ED/2013/7: Insurance Contracts, Tz. B91 i. V. m. Tz. 38 (b) (ii).

[1605] Vgl. IASB (Hrsg.), ED/2013/7: Insurance Contracts, Tz. 38 (b) (i). Vgl. hierzu auch Hommel, M./Bielke, D./Zicke, J., Gewinnglättung dominiert fair value, S. 411.

[1606] Vgl. IASB (Hrsg.), ED/2013/7: Insurance Contracts, Tz. 38 (b) (iii) und (iv).

um Zinseffekte angepasst werden.[1607] Aber auch hierfür ist eine Erleichterung vorgesehen, so dass der Zeitwert des Geldes nicht berücksichtigt werden muss, wenn zwischen der Prämienzahlung und dem Zeitraum des hierdurch vergüteten Versicherungsschutzes nicht mehr als ein Jahr vergeht.[1608]

462.32 Konkretisierung und Identifikation möglicher Bewertungsunterschiede zum Bausteinansatz

Für Portfolios von Versicherungsverträgen mit jeweils höchstens einjähriger Deckungsperiode gewährt der IASB ein Wahlrecht, sämtliche **Akquisitionskosten** direkt bei ihrem Anfall erfolgswirksam auszuweisen.[1609] Aus konzeptioneller Sicht wäre es indes erforderlich, Abschlusskosten für alle Versicherungsverträge einheitlich zu behandeln, da es sich wirtschaftlich um den identischen abzubildenden Sachverhalt handelt, so dass sie zwingend bei der Bestimmung der Rückstellungshöhe berücksichtigt werden müssten.[1610] Eine strikte Einbeziehung der Akquisitionskosten in die Bemessung der Rückstellungshöhe würde allerdings die Komplexität des vereinfachten Bewertungsmodells wiederum erhöhen, da entsprechend auch sämtliche internen, dem Portfolio direkt zurechenbaren Kosten zu identifizieren und explizit zu erfassen wären.[1611] In Anbetracht der kurzen Deckungsperiode wird der Unterschied zwischen einer unmittelbar erfolgswirksamen Erfassung und einer sachgerechten Verteilung der Akquisitionskosten über die Deckungsperiode regelmäßig gering sein, so dass diese Vereinfachung gerade im Hinblick auf die praktische Anwendung zumindest vertretbar erscheint.[1612]

Um Abweichungen zwischen dem allgemeinen sowie dem vereinfachten Bewertungsmodell möglichst zu vermeiden, ist es erforderlich, das **Muster zur Erfassung der Umsatzerlöse** aus dem *premium allocation approach* mit den Vorschriften zur Folgebewertung beim Bausteinansatz abzustimmen. Für Vertragsportfolios mit einem zumindest annähernd gleichverteilten zeitlichen Schadenverlauf liefert eine gleichmäßige, zeitproportionale Erfassung der Umsatzerlöse aus dem vereinfachten Ansatz vergleichbare Ergebnisse zum *building block approach*.[1613] Sofern jedoch der zeitliche Schadenverlauf signifikant von einer Gleichverteilung abweicht, kann nur eine Auflösung nach Maßgabe eben jenes zeitlichen Schadenverlaufs zu sinnvollen und dem Bausteinansatz zumindest eher vergleichbaren Ergebnissen führen. Der IASB kommt zu einer ähnlichen Schlussfolgerung, indem er die Umsatzrealisierung für das vereinfachte Modell konsistent zum allgemeinen Modell auch von der Befreiung vom (Abweichungs-)Risiko abhängig macht.[1614] Hierfür sieht er als Näherungslösung eine Erfassung der Umsatzerlöse entsprechend des erwarteten zeitlichen Schadenver-

---

1607 Vgl. IASB (Hrsg.), ED/2013/7: Insurance Contracts, Tz. 38 (b) (v) i. V. m. Tz. 40 sowie für eine Diskussion der Diskontierung im Zuge des *premium allocation approach* Abschnitt 462.6.

1608 Vgl. IASB (Hrsg.), ED/2013/7: Insurance Contracts, Tz. 40 und Tz. BCA123 (a).

1609 Vgl. IASB (Hrsg.), ED/2013/7: Insurance Contracts, Tz. 39 (a) und Tz. BCA123 (d).

1610 So auch IASB/FASB (Hrsg.), PAA: mechanics (agenda paper 3G), Tz. 78.

1611 Vgl. IASB/FASB (Hrsg.), PAA: mechanics (agenda paper 3G), Tz. 88.

1612 Vgl. IASB/FASB (Hrsg.), PAA (agenda paper 8B), Tz. 40.

1613 So sieht der IASB für das allgemeine Bewertungsmodell derzeit ohnehin eine gleichmäßige Auflösung der vertragsbezogenen Servicemarge im Zeitablauf über die Deckungsperiode vor. Vgl. IASB (Hrsg.), IASB Update May 2014, S. 2.

1614 Vgl. IASB (Hrsg.), IASB Update September 2014, S. 4; IASB (Hrsg.), PAA: revenue recognition pattern (agenda paper 2E), Tz. 15 f.

laufs vor.[1615] Da jedoch für den Bausteinansatz unterdessen festgelegt wurde, dass die Servicemarge gleichmäßig über die Deckungsperiode aufzulösen ist, könnten sich auch hier strukturelle Ergebnisunterschiede bei der Bewertung einstellen.[1616]

Abweichungen zwischen der Bewertung von Versicherungsverträgen in der Vorschadenperiode mit dem *premium allocation approach* und dem *building block approach* können sich theoretisch nicht nur durch die unterschiedliche Behandlung von Akquisitionskosten, die regelmäßig wegfallende Diskontierung beim vereinfachten Ansatz sowie durch unterschiedliche Muster der Erfassung von Umsatzerlösen ergeben.[1617] Darüber hinaus könnten strukturelle Unterschiede auch daraus resultieren, dass im Modell der Prämienüberträge die Situation im Zugangszeitpunkt für den Zeitraum der Deckungsperiode eingefroren wird.[1618]

Nachteilige Schätzungsänderungen der Risikomarge, die beim *building block approach* nach dem zweiten Standardentwurf nicht mit der vertragsbezogenen Servicemarge verrechnet werden, bewirken dort eine erfolgswirksame Erhöhung der versicherungstechnischen Rückstellung. In der Folgeperiode der Deckung bzw. bei der Anwendung des *premium allocation approach* auch für mehrperiodige Verträge in den noch verbleibenden Perioden werden entsprechend der Befreiung von der Risikotragung höhere Erfolgsbeiträge gezeigt. Sofern das Vertragsportfolio auch nach einer solchen Schätzungsänderung nicht belastend ist und weiterhin von einem gleichmäßigen Risikoverlauf auszugehen ist,[1619] hat die veränderte Einschätzung keinerlei Auswirkungen auf die Bewertung gemäß dem vereinfachten Modell.[1620] Entweder löst sie überhaupt keinen *onerous test* aus, da sie nicht als gravierend genug eingeschätzt wird, oder aber eine zusätzliche Rückstellungsbildung unterbleibt, weil das Vertragsportfolio insgesamt noch gewinnbringend ist. Folglich weichen auf Basis der Vorschriften des ED/2013/7 sowohl der Rückstellungsausweis als auch die in den jeweiligen Perioden erfassten Erfolgswirkungen strukturell voneinander ab. Indes sind auch für verlustbringende Verträge abweichende Rückstellungshöhen denkbar, sofern die Hinweise nicht ausgereicht haben, einen *onerous test* auszulösen. Nachteilige Schätzungsänderungen der Zahlungsströme hingegen, die schon nach dem ED/2013/7 grds. mit der positiven vertragsbezogenen Servicemarge zu verrechnen sind, können auch zu Bewertungsunterschieden führen, wenn sie mit einem ungleichmäßigen zeitlichen Schadenverlauf einhergehen.

Für den Versicherer **vorteilhafte Schätzungsänderungen** wirken sich in keiner Konstellation auf die Rückstellungshöhe sowie die Erfolgswirkungen in der Vorschadenperiode aus, sofern der *premium allocation approach* angewandt wird.[1621] Dies führt vor allem dann zu Abweichungen zwi-

1615 Vgl. IASB (Hrsg.), IASB Update September 2014, S. 4; IASB (Hrsg.), PAA: revenue recognition pattern (agenda paper 2E), Tz. 15 f.

1616 Vgl. bereits kritisch zu jenem Ansatz Abschnitt 455.

1617 Vgl. bspw. IASB/FASB (Hrsg.), PAA: eligibility criteria (agenda paper 3F), Appendix F.

1618 Vgl. zu dieser Regelung IASB (Hrsg.), ED/2013/7: Insurance Contracts, Tz. BCA124.

1619 Sollte sich der Risikoverlauf hingegen signifikant geändert haben, müsste sich dies eigentlich auch in dem Auflösungsmuster der Rückstellung für die verbleibende Deckung und somit den Umsatzerlösen widerspiegeln. Vgl. IASB (Hrsg.), IASB Update September 2014, S. 4.

1620 Vgl. IASB/FASB (Hrsg.), PAA: eligibility criteria (agenda paper 3F), Appendix F.

1621 Daher wurde das vereinfachte Bewertungsmodell im Standardsetzungsprozess als der konservative Ansatz bezeichnet. Vgl. IASB/FASB (Hrsg.), PAA: eligibility criteria (agenda paper 3F), Appendix F. Mit der Öffnung

schen den beiden Modellvarianten, falls die positiven Schätzungsänderungen beim *building block approach* unmittelbar erfolgswirksam und rückstellungsmindernd erfasst werden. Handelt es sich indes um positive Schätzungsänderungen der künftigen Zahlungsströme, so werden diese zwar beim *premium allocation approach* nicht berücksichtigt. Jedoch werden jene positiven Schätzdifferenzen beim Bausteinansatz in der vertragsbezogenen Servicemarge abgebildet, so dass sie zunächst keinen direkten Einfluss auf die Rückstellungshöhe entfalten. Falls die Schätzungsänderungen indes mit einem ungleichmäßigen zeitlichen Schadenverlauf einhergehen, kann es in Abhängigkeit des Auflösungsmusters der Servicemarge bzw. der Erfassung der Umsatzerlöse beim vereinfachten Modell in der Folge zu unterschiedlichen Rückstellungshöhen und Ergebniswirkungen kommen. Die Öffnung der Servicemarge für Parameteränderungen bezogen auf die künftige Deckung fördert jedoch insbesondere bei einem weiterhin gleichmäßigen Schadenverlauf tendenziell ein vergleichbares Bewertungsergebnis zwischen den Modellen. Es sei jedoch darauf hingewiesen, dass die zuvor identifizierten Unterschiede für sich betrachtet im Regelfall eher geringe Bewertungsdifferenzen begründen.[1622] Wenngleich es möglich erscheint, dass die Unterschiede allein oder in ihrer Gesamtheit im Einzelfall zu wesentlichen Bewertungsdifferenzen führen, dürfte regelmäßig ein Mindestmaß an Vergleichbarkeit der Bewertungsergebnisse zwischen dem *premium allocation approach* und dem *building block approach* für Vertragsportfolios gegeben sein, die für eine Anwendung des vereinfachten Bewertungsmodells qualifizieren.

Die potentiellen Bewertungsunterschiede aufgrund der Vorschriften des ED/2013/7 werden sich jedoch mit der Übernahme der **vorläufigen Entscheidungen des Redeliberationsprozesses** in den finalen Standard weiter reduzieren. So ist derzeit vorgesehen, dass auch positive wie negative Schätzungsänderungen der Risikomarge für die künftige Deckung in die vertragsbezogenen Servicemarge eingehen, solange diese durch die Verrechnung nicht negativ wird.[1623] Die identifizierten Ursachen möglicher Wertunterschiede, wie bspw. abweichende Auflösungsmuster der Servicemarge bzw. der Vorschadenrückstellung beim vereinfachten Modell oder aber die Qualität der Auslöser eines *onerous test* können weiterhin potentielle Abweichungen begründen.

462.33 Beurteilung des vereinfachten Ansatzes vor dem Hintergrund der Entscheidungsnützlichkeit

Im Hinblick auf die **Vermittlung entscheidungsnützlicher Informationen** ist keineswegs allein die hinreichende Approximation des Bewertungsergebnisses aus dem Bausteinansatz entscheidend. Vielmehr gilt es zu beurteilen, ob der mit dem vereinfachten Modell einhergehende Informationsverlust durch die Kosteneinsparungen gerechtfertigt erscheint.

Durch die Anwendung des *premium allocation approach* werden Informationen vorenthalten, die den Adressaten bei einer Bewertung mit dem Bausteinansatz in die Lage versetzen, die wirtschaftli-

der vertragsbezogenen Servicemarge für Schätzungsänderungen künftiger Zahlungsströme beschränkt sich dies nach Maßgabe der Vorgaben des zweiten Standardentwurfes allerdings auf die Nicht-Berücksichtigung positiver Veränderungen der Risikomarge.

1622 Vgl. hierzu bspw. IASB (Hrsg.), ED/2013/7: Insurance Contracts, Tz. BCA119.

1623 Vgl. IASB (Hrsg.), IASB Update March 2014, S. 2 sowie ausführlich bereits Abschnitt 452. und Abschnitt 457.4.

che Lage und Leistungsfähigkeit des Versicherers besser einschätzen zu können. So wird beim *premium allocation approach* im Gegensatz zum allgemeinen Bewertungsmodell weder der Barwert der erwarteten Zahlungsströme noch die Risikoadjustierung noch die vertragsbezogene Servicemarge für die künftige Deckung, welche die erwartete Profitabilität aus dem Versicherungsgeschäft verkörpert, offengelegt.[1624] Diese Informationen sind jedoch in hohem Maße relevant für die Abschlussadressaten. Damit wird der Adressat bei einer Anwendung des Bausteinansatzes in einem deutlich stärkeren Maß als beim *premium allocation approach* befähigt, die individuelle Risikosituation des Versicherers, dessen Risikowahrnehmung und die erwartete Profitabilität nachvollziehen zu können. Auch wenn mit dem vereinfachten Bewertungsmodell das identische Bilanzierungsergebnis erzielt werden könnte, wäre aufgrund der Informationsreduktion hiermit dennoch ein vermindertes Maß an Entscheidungsnützlichkeit der insgesamt vermittelten Informationen verbunden. So kann der Adressat allein auf Basis des Bilanzausweises sowie der Angaben für die Rückstellung für die verbleibende Deckung nicht unmittelbar beurteilen, ob die berichtete Rückstellungshöhe entsprechend hohe erwartete Schadenauszahlungen repräsentiert und das Portfolio womöglich nahe der Verlustgrenze anzusiedeln ist, oder aber nur geringe künftige Auszahlungen zu erwarten sind und die Rückstellung somit einen hohen erwarteten Gewinn abgrenzt. Gerade diese Information über die erwartete künftige Profitabilität ist in hohem Maße bewertungsnützlich für die Adressaten, so dass deren Wegfall den Grad der Entscheidungsnützlichkeit der vermittelten Informationen drastisch senkt. Zwar kann auf Basis der bisherigen Erfahrungen sowie der weiteren Positionen aus dem Abschluss bilanzanalytisch vom Adressaten eine eigene Erwartung der jeweiligen Größen abgeleitet werden. Doch erscheint die Beurteilung des Versicherers ungleich relevanter, zumal die Kosten der Informationsbeschaffung nicht unreflektiert auf die Seite der Bilanzadressaten verlagert werden sollten.

Es stellt sich vielmehr die Frage, ob diese Einschränkung in der Vermittlung entscheidungsnützlicher Informationen durch die erzielbare Kostenreduktion gerechtfertigt erscheint.[1625] Da bei einem Schadeneintritt für Bilanzierungszwecke ohnehin unmittelbar auf den *building block approach* zu wechseln ist und für die Bewertung der Rückstellung für die verbleibende Deckung nach diesem Ansatz eine zumindest stark vergleichbare Datengrundlage erforderlich sein dürfte, erscheint eine **verbindliche Anwendung des Bausteinansatzes für alle Verträge** sinnvoll und zumutbar.[1626] Nach der hier vertretenen Auffassung sind die gewährten Erleichterungen daher – abgesehen vom möglichen Umstellungsaufwand – nicht so groß, als dass sie die beschriebene, als gravierend eingeschätzte Informationsreduktion rechtfertigen könnten. Ferner entspricht eine derart strikte Differen-

---

1624 Vgl. IASB (HRSG.), ED/2013/7: Insurance Contracts, Tz. 76.

1625 Dieser Vergleich wurde im Standardsetzungsprozess bereits als ein Hauptkriterium zur Abgrenzung des Anwendungsbereiches des *premium allocation approach* angedacht. Vgl. IASB/FASB (HRSG.), PAA: eligibility criteria (agenda paper 3F), Appendix B, S. 23.

1626 Ferner ist nach Solvency II für die Bewertung der versicherungstechnischen Rückstellungen ohnehin grds. ein *building block approach* anzuwenden, dessen Elemente aus einer wahrscheinlichkeitsgewichteten Schätzung der Zahlungsströme, deren Diskontierung sowie einer Risikomarge bestehen. Vgl. Richtlinie 2009/138/EG des Europäischen Parlaments und des Rates vom 25.11.2009, Art. 77, Abs. 1 und 2. Wenngleich ein vereinfachtes Modell für kurzlaufende Versicherungsverträge grds. mit dem Proportionalitätsprinzip vereinbar wäre (vgl. Richtlinie 2009/138/EG des Europäischen Parlaments und des Rates vom 25.11.2009, Art. 86 Buchst. h; NGUYEN, T./GROSCHE, S., ED IFRS 4 aus aufsichtsrechtlicher Perspektive, S. 430), so ist eine solche Erleichterung derzeit nicht vorgesehen. Vgl. ASCHE, B., Jahresabschlussanalyse von Schaden-/Unfallversicherern, S. 169 sowie S. 245.

zierung zwischen einer Rückstellung für die verbleibende Deckung und einer Schadenrückstellung mit einer Anwendung unterschiedlicher Modelle konzeptionell nicht gänzlich dem verfolgten Ansatz, das Bündel aus Rechten und Verpflichtungen aus dem Vertrag als Einheit zu behandeln.[1627] Aufgrund der Vorteile der größeren Entscheidungsrelevanz sowie den geäußerten Bedenken gegenüber der Konzeption des vereinfachten Ansatzes wird hier eine einheitliche Anwendung des *building block approach* auf jegliche Versicherungsverträge favorisiert.[1628] Konsistent zum vereinfachenden Gedanken des *premium allocation approach* wäre es jedoch, auch bei einer Anwendung des *building block approach* auf eine Diskontierung zu verzichten, sofern sämtliche Zahlungen erwartungsgemäß innerhalb maximal eines Jahres abgewickelt werden.

462.4 Rückstellung für eingetretene Schäden

Sofern tatsächlich ein Schaden eingetreten ist, muss die von der Rückstellung für die verbleibende Deckung getrennt zu behandelnde Rückstellung für eingetretene Schäden nach dem **Bausteinansatz** bemessen werden.[1629] Dies bedeutet, dass sämtliche zur Vertragserfüllung erforderlichen Auszahlungsströme über die gesamte Schadenabwicklungsdauer erwartungsgetreu zu schätzen sind und diskontiert werden müssen, sofern der Zeitraum der Schadenabwicklung ein Jahr übersteigt.[1630] Weiterhin ist die mit den Zahlungsströmen verbundene Unsicherheit explizit in einer Risikomarge zu erfassen. Der gänzliche Verzicht auf die Diskontierung sowie die Risikoadjustierung würde die Gefahr erheblicher Abweichungen zum allgemeinen *building block approach* in sich bergen, da beide Parameter angesichts teils langer Abwicklungsdauern großen Einfluss auf den Rückstellungsbetrag haben können und ist daher strikt abzulehnen.[1631] Es wird jedoch aufgrund angenommener Unwesentlichkeit explizit von Seiten des IASB als zulässig erachtet, von einer Diskontierung künftiger Zahlungsströme abzusehen, falls sämtliche Zahlungen erwartungsgemäß innerhalb eines Jahres abgewickelt werden.[1632]

Eine **vertragsbezogene Servicemarge** ist für die Bewertung der Rückstellung für eingetretene Schäden beim *premium allocation approach* allerdings weder erforderlich noch mit der Grundkonzeption vereinbar. Das Ziel besteht hier eben nicht in der sachgerechten Verteilung einer erwarteten Profitabilität im Zeitverlauf, sondern ausschließlich darin, eine Rückstellung in ausreichender Höhe entsprechend den Schadenerwartungen sowie der hiermit verbundenen Unsicherheit auszuweisen. Auch beim *building block approach* wird die Servicemarge mit ihren Anpassungen im Zeitablauf über die Deckungsperiode erfolgswirksam aufgelöst. Eingetretene Schäden samt von der Schätzung abweichender Auszahlungsströme haben auf die Auflösung der Servicemarge keinen Einfluss. Ähnlich verhält es sich mit der erfolgswirksamen Erfassung der Prämienzahlungen nach Maßgabe erbrachter Leistungen beim vereinfachten Bewertungsmodell. Auch beim *premium allocation*

[1627] Ähnlich auch ASCHE, B., Jahresabschlussanalyse von Schaden-/Unfallversicherern, S. 170.
[1628] Diese Einschätzung teilt auch ASCHE auf der Basis der Regelungen des ersten Standardentwurfes. Vgl. ASCHE, B., Jahresabschlussanalyse von Schaden-/Unfallversicherern, S. 170.
[1629] Vgl. IASB (HRSG.), ED/2013/7: Insurance Contracts, Tz. 39 (b) i. V. m. Tz. 19-27; IASB/FASB (HRSG.), PAA: mechanics (agenda paper 3G), Tz. 15 (b).
[1630] Vgl. IASB (HRSG.), ED/2013/7: Insurance Contracts, Tz. 39 (b); IASB/FASB (HRSG.), PAA (agenda paper 8B), Tz. 47.
[1631] Vgl. IASB/FASB (HRSG.), PAA (agenda paper 8B), Tz. 48 (a).
[1632] Vgl. IASB (HRSG.), ED/2013/7: Insurance Contracts, Tz. 39 (b) sowie Tz. BCA123 (b).

approach wird die erwartete Profitabilität als Bestandteil der Prämienzahlungen über die Deckungsperiode verteilt erfasst. Ohnehin ist die Rückstellung für eingetretene Schäden unabhängig von der Rückstellung für die verbleibende Deckung zu bilanzieren.

Die Entwicklung des Rückstellungswertes für die verbleibende Deckung sowie die Bilanzierung der Rückstellung für eingetretene Schäden wird anhand eines **Beispiels** verdeutlicht, in dem vergleichend zum *premium allocation approach* auch der *building block approach* betrachtet wird.[1633] Hierzu wird das in Abschnitt 441.42 eingeführte und in Abschnitt 456. im Rahmen der Folgebewertung betrachtete Beispiel modifiziert. So wird von einem Portfolio von Versicherungsverträgen ausgegangen, dessen Verträge zeitgleich abgeschlossen werden und über eine Deckungsperiode von zwölf Monaten laufen. Unmittelbar nach dem Zugangszeitpunkt (also in t = 0*) fallen Einmalprämienzahlungen i. H. v. 5.000 GE sowie Akquisitionskosten i. H. v. 100 GE an. Am Ende eines jeden vierten Monats werden Schadenauszahlungen von je 1.000 GE erwartet, wobei sich die Risikomarge als Prozentsatz des Barwertes der Auszahlungsströme der jeweiligen Periode (jeweils vier Monate) bemisst (t_1: 10 %; t_2: 12 %; t_3: 14 %). Der Diskontierungszinssatz beträgt 4 %, wobei beim *premium allocation approach* stets durch entsprechende Wahlrechtsausübung auf die Diskontierung verzichtet wird. Während die Akquisitionskosten beim Bausteinansatz in die Schätzung der Zahlungsströme eingehen, wird für den *premium allocation approach* das Wahlrecht ausgeübt, diese unmittelbar aufwandswirksam zu erfassen.

Am Ende des vierten Monats tritt tatsächlich ein Schaden ein, für den 800 GE zu leisten sind und auf den eine Risikoanpassung i. H. v. 50 GE entfällt. Ferner wird unterstellt, dass die Schadenzahlungen unmittelbar nach dem Bewertungszeitpunkt geleistet werden, so dass die angenommenen Auszahlungen ihrem Barwert entsprechen. Darüber hinaus liegen keine Hinweise vor, dass es sich um ein defizitäres Vertragsportfolio handeln könnte. Zudem wird angenommen, dass sowohl Schäden als auch Risiken gleichmäßig über den Zeitablauf verteilt sind.

Unmittelbar nachdem die Prämienzahlungen zugeflossen und die Akquisitionskosten geleistet wurden (t = 0*), ist die Rückstellung für die verbleibende Deckung nach dem vereinfachten Bewertungsmodell in Höhe der erhaltenen Prämien (5.000 GE) auszuweisen (Abbildung 4-10) für beide alternativen Ansätze).[1634]

[1633] Vgl. für das Beispiel IASB (Hrsg.), Feedback on PAA decisions, S. 4 f.

[1634] Vgl. hierzu IASB (Hrsg.), ED/2013/7: Insurance Contracts, Tz. 38 (a) (ii) i. V. m. Tz. 39 (a).

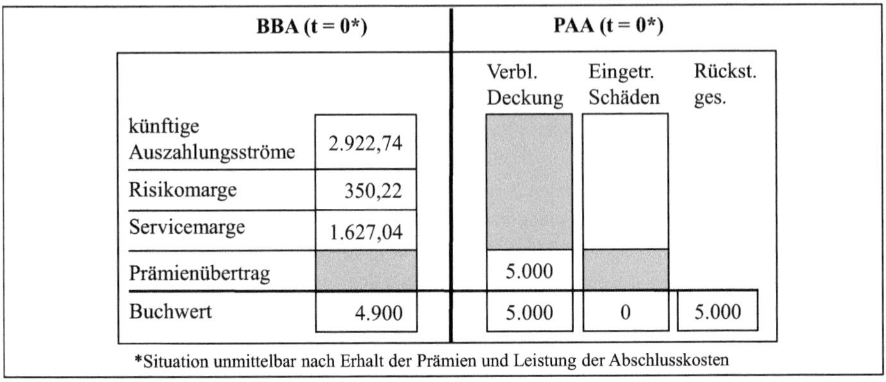

BBA (t = 0*)		PAA (t = 0*)		
		Verbl. Deckung	Eingetr. Schäden	Rückst. ges.
künftige Auszahlungsströme	2.922,74			
Risikomarge	350,22			
Servicemarge	1.627,04			
Prämienübertrag		5.000		
Buchwert	4.900	5.000	0	5.000

*Situation unmittelbar nach Erhalt der Prämien und Leistung der Abschlusskosten

Abbildung 4-10: Bilanzierung kurzlaufender Verträge nach BBA und PAA (t = 0*)[1635]

Direkt nach dem Zugangszeitpunkt (t = 0*) beträgt die Rückstellung nach dem *building block approach* 4.900 GE (Abbildung 4-11). Die Differenz resultiert im Zugangszeitpunkt einzig aus dem ausgeübten Wahlrecht, die Akquisitionskosten beim vereinfachten Ansatz unmittelbar erfolgswirksam zu erfassen.

alle Angaben in GE	t = 0	t = 0*	t = 1	t = 2	t = 3	Σ
Akquisitionskosten	Zugangszeitpunkt	100,00				100,00
Schadenauszahlungen			1.000,00	1.000,00	1.000,00	3.000,00
erwarteter Barwert der Auszahlungsströme		100,00	987,01	974,19	961,54	3.022,74
Risikomarge			98,70	116,90	134,62	350,22
Prämienzahlungen		5.000,00				

⟹ Erfüllungsbetrag = 2.922,74 + 350,22 + 100 - 5.000 = -1.627,04 [GE] ⟹ Servicemarge

⟹ Versicherungstechnische Rückstellung (t = 0*) = 2.922,74 + 350,22 + 1.627,04 = 4.900 [GE]

Abbildung 4-11: Bewertung kurzlaufender Verträge nach dem BBA (t = 0*)

Mit Ablauf von vier Monaten ist die Rückstellung für die verbleibende Deckung nach dem *premium allocation approach* entsprechend des Grades der Leistungserbringung um ein Drittel zu verringern und beträgt nunmehr 3.333,33 GE. Zusätzlich ist eine Rückstellung für eingetretene Schäden in Höhe der Summe aus den erwarteten Auszahlungsströmen sowie der hierauf bezogenen Risikoadjustierung anzusetzen, d. h. mit einem Betrag von 850 GE (Abbildung 4-12).

[1635] In Anlehnung an IASB (Hrsg.), Feedback on PAA decisions, S. 5.

BBA (t = 1)		PAA (t = 1)		
		Verbl. Deckung	Eingetr. Schäden	Rückst. ges.
künftige Auszahlungsströme	2.761,20		800	
Risikomarge	304,83		50	
Servicemarge	1.091,77			
Prämienübertrag		3.333,33		
Buchwert	4.157,80	3.333,33	850	4.183,33

Abbildung 4-12: Bilanzierung kurzlaufender Verträge nach BBA und PAA (t = 1)[1636]

Beim *building block approach* hingegen sind wiederum die jeweiligen Bewertungsbausteine fortzuschreiben bzw. an die aktuellen Verhältnisse anzupassen. Wie in Abbildung 4-13 ersichtlich, ist hierbei zu berücksichtigen, dass die Schätzungen der Zahlungsströme sowie der Risikomarge für die erste Periode durch die eingetretenen Realisationen ersetzt werden.

alle Angaben in GE	t = 0	t = 0*	t = 1	t = 2	t = 3	Σ
Akquisitionskosten	Zugangszeitpunkt					
Schadenauszahlungen			800,00	1.000,00	1.000,00	2.800,00
erwarteter Barwert der Auszahlungsströme			800,00	987,01	974,19	2.761,20
Risikomarge			50,00	118,44	136,39	304,83
Prämienzahlungen						

⟹ Erfüllungsbetrag (t = 1) = 2.761,20 + 304,83 = 3.066,03 [GE]

⟹ Versicherungstechnische Rückstellung (t = 1) = 3.066,03 + 1.091,77 = 4.157,80 [GE]

Abbildung 4-13: Bewertung kurzlaufender Verträge nach dem BBA (t = 1)

Die vertragsbezogene Servicemarge ist gemäß der Konzeption auch unterjährig aufzuzinsen und entsprechend den erbrachten Leistungen im Zeitablauf ergebniswirksam aufzulösen. Die Entwicklung der vertragsbezogenen Servicemarge mit einem auf einen Viermonatszeitraum heruntergebrochenen Zinssatz ist Abbildung 4-14 zu entnehmen.

[1636] In Anlehnung an IASB (Hrsg.), Feedback on PAA decisions, S. 5.

alle Angaben in GE	Perioden-anfangswert [1]	Bildung der Servicemarge [2]	verdienter Prämienanteil (Zinseffekt) [3] = [1]·0,04	verdienter Prämienanteil (Servicemarge) [4]	Nettoerfolgs-wirkung [5] = [4]-[3]	Perioden-endwert [6] = [1]-[5]
Ende t_0	-	1.627,04	-	-	-	1.627,04
Ende t_1	1.627,04	-	21,41	556,68	535,27	1.091,77
Ende t_2	1.091,77	-	14,37	556,68	542,31	549,46
Ende t_3	549,46	-	7,23	556,68	549,45	≈ 0

$$\text{verdienter Prämienanteil} = \frac{1.627{,}04}{\dfrac{(1+\sqrt[3]{1{,}04}-1)^3-1}{(1+\sqrt[3]{1{,}04}-1)^3\cdot(\sqrt[3]{1{,}04}-1)}} = 556{,}68\ [\text{GE}]$$

Abbildung 4-14: Unterjährige Entwicklung der Servicemarge der einjährigen Verträge

Einer nach dem *building block approach* bemessenen Rückstellung i. H. v. 4.157,80 GE steht im Beispiel nach der ersten Periode eine Gesamtrückstellung von 4.183,33 GE nach dem *premium allocation approach* gegenüber. Dieser Unterschied ist u. a. auf die abweichende Behandlung der angefallenen Akquisitionskosten, aber auch auf die unterschiedliche Berücksichtigung von Diskontierungseffekten zurückzuführen. Indem die Akquisitionskosten anders als beim Bausteinansatz unmittelbar aufwandswirksam erfasst werden und somit den zurückzustellenden Prämienbetrag nicht mindern, wird die Verpflichtungssituation geringfügig überschätzt. Da die Gesamtrückstellung beim vereinfachten Ansatz in der Folge um einen höheren Betrag abnimmt als diejenige nach dem Bausteinansatz, schlagen sich diese Unterschiede auch dort in der Erfolgsrechnung nieder.

462.5 Rückstellung für belastende Vertragsportfolios

Sofern dem Versicherer im Zugangszeitpunkt oder später Tatsachen und Umstände bekannt werden, die auf ein belastendes Vertragsportfolio hindeuten, ist ein ***onerous test*** erforderlich, um zu gewährleisten, dass die tatsächliche Verpflichtungssituation angemessen wiedergegeben wird.[1637] Der Wortlaut des Standardtextes ist hier indes missverständlich gewählt, da direkt die Bildung einer Rückstellung gefordert wird, sobald Indizien dafür vorliegen, dass der rückgestellte Betrag in Höhe der erhaltenen Prämien nicht ausreichen könnte, um die künftigen Schadenauszahlungen samt der inhärenten Unsicherheit abzudecken.[1638] Innerhalb der *basis for conclusions* wird jedoch ersichtlich, dass bei entsprechenden Hinweisen zunächst ein solcher Test ausgelöst werden soll.[1639]

Als **Vergleichsmaßstab** für den nach dem *premium allocation approach* bemessenen Buchwert der Rückstellung für die verbleibende Deckung dient beim *onerous test* der **Erfüllungsbetrag.**[1640] Falls dieser den aktuell ausgewiesenen Prämienübertrag, d. h. die bisherige Rückstellung für die verblei-

1637 Vgl. IASB (Hrsg.), ED/2013/7: Insurance Contracts, Tz. 36 und Tz. BCA123 (c).

1638 So wird zunächst nicht auf einen *onerous test* abgestellt. Vgl. IASB (Hrsg.), ED/2013/7: Insurance Contracts, Tz. 36.

1639 Vgl. IASB (Hrsg.), ED/2013/7: Insurance Contracts, Tz. BCA123 (c).

1640 Vgl. IASB (Hrsg.), ED/2013/7: Insurance Contracts, Tz. 39 (c).

bende Deckung nach dem *premium allocation approach* übersteigt, so ist in Höhe dieser Differenz eine zusätzliche Rückstellung zu bilden.[1641] Als Bewertungsebene für den *onerous test* ist nach den Regelungen des zweiten Standardentwurfes das Portfolio von Versicherungsverträgen vorgegeben.[1642] Gleichwohl ist für den *premium allocation approach* ebenfalls zu beachten, dass auch künftig keine erwartungsgemäß gewinnbringenden Verträge mit erwartungsgemäß defizitären in einem Portfolio zusammengefasst werden dürfen.[1643] Die Rückstellung für belastende Verträge als Bestandteil der Rückstellung für die verbleibende Deckung bezieht sich beim vereinfachten Bewertungsmodell auf den Zeitraum der noch ausstehenden Deckungsperiode und ist in der Folge neu zu bewerten.[1644]

Hierbei ist es von zentraler Bedeutung, dass die Rückstellung für belastende Vertragsportfolios **konsistent zur Rückstellung für eingetretene Schäden bewertet** wird, um wirtschaftlich nicht gerechtfertigte bzw. nur schwer zu interpretierende Erfolgswirkungen beim Übergang auf die Rückstellung für eingetretene Schäden zu vermeiden.[1645] Die Rückstellung für belastende Vertragsportfolios bewirkt somit für den *premium allocation approach* im Ergebnis gewissermaßen eine vorgezogene Erfassung der Rückstellung für eingetretene Schäden auf Erwartungswertbasis.[1646] Sie kann ferner als Bindeglied zwischen der reinen Prämienabgrenzung und der späteren Schadenrückstellung interpretiert werden, das erforderlich ist, um einen erwarteten Verlust rechtzeitig rückstellungserhöhend zu erfassen. In diesem Sinne ist es zum einen zu begrüßen, dass die Diskontierungsentscheidung für jene Rückstellung daran gebunden wird, ob die künftigen Zahlungsströme bei der späteren Rückstellung für eingetretene Schäden um den Zeitwert des Geldes angepasst werden.[1647] Zum anderen ist es erforderlich, dass auch bei der Bestimmung der Höhe der Rückstellung für belastende Verträge die Risikoadjustierung berücksichtigt wird.[1648]

Zwischenzeitlich wurde u. a. aus Vereinfachungsgründen im Standardsetzungsprozess erwogen, beim *onerous test* von der **Einbeziehung einer Risikomarge** abzusehen.[1649] In diesem Zusammenhang wird angeführt, dass bei einem Verzicht auf die Einbeziehung der Risikomarge weniger Versicherungsverträge zunächst als belastend identifiziert würden, obwohl sich diese später als profitabel erweisen.[1650] Zudem wird erwartet, dass die resultierenden Bewertungsunterschiede i. d. R. ein nur geringes Ausmaß annehmen werden und die Rückstellung für belastende Vertragsportfolios ohne-

---

1641 Vgl. IASB (Hrsg.), ED/2013/7: Insurance Contracts, Tz. 39 (c) sowie auch Tz. BCA122 (b); Ellenbürger, F./Engeländer, S./Kölschbach, J., IFRS für Versicherungsverträge, S. 820.

1642 Vgl. IASB (Hrsg.), ED/2013/7: Insurance Contracts, Tz. 36; Hommel, M./Bielke, D./Zicke, J., Gewinnglättung dominiert fair value, S. 412 sowie kritisch hierzu IASB/FASB (Hrsg.), Short Duration Contracts (agenda paper 1), Tz. 117 sowie Tz. 127-130.

1643 Vgl. IASB (Hrsg.), IASB Update June 2014, S. 3 sowie bereits ausführlich hierzu Abschnitt 441.52 sowie Abschnit 441.53.

1644 Vgl. zur geforderten, aktualisierten Bewertung dieser Rückstellung IASB/FASB (Hrsg.), Onerous contracts (agenda paper 3A), Tz. 6 (a).

1645 Vgl. IASB/FASB (Hrsg.), PAA: discount rate follow-up (agenda paper 2D), Tz. 29.

1646 Vgl. ähnlich IASB/FASB (Hrsg.), PAA: discount rate follow-up (agenda paper 2D), Tz. 29 und Tz. 33.

1647 Vgl. IASB (Hrsg.), ED/2013/7: Insurance Contracts, Tz. 39 (c) i. V. m. Tz. 39 (b); IASB/FASB (Hrsg.), Onerous contracts (agenda paper 3A), Tz. 1 (c).

1648 So auch IASB/FASB (Hrsg.), Onerous contracts (agenda paper 3A), Tz. 6 (b).

1649 Vgl. IASB/FASB (Hrsg.), PAA (agenda paper 8B), Tz. 28-31.

1650 Vgl. hierzu IASB/FASB (Hrsg.), Onerous contracts (agenda paper 3A), Tz. 11 sowie Tz. 14 (a), (b) und (e).

hin aufgrund der kurzen Deckungsperiode sehr zeitnah durch eine Rückstellung für eingetretene Schäden abgelöst wird.[1651] Abgesehen von der erforderlichen Konsistenz zur Bewertung der Rückstellung für eingetretene Schäden ist ein derartiger vereinfachender Ansatz aber auch aus Gründen der Entscheidungsnützlichkeit abzulehnen.[1652] So stellt die mit den Zahlungsströmen verbundene Unsicherheit stets eine höchst relevante Information dar, die sich auch in der Vorschadenperiode nicht nur unwesentlich auf die Rückstellungshöhe auswirken kann. Diese sollte folglich beim *premium allocation approach* weder vernachlässigt werden, wenn ein Vertragsportfolio auf eine mögliche Belastung hin untersucht wird,[1653] noch bei der Bewertung einer ggf. hieraus resultierenden zusätzlichen Rückstellung. Ansonsten bestünde die Gefahr, dass die Risikosituation des Versicherers strukturell nur unzulänglich berücksichtigt wird und somit nicht glaubwürdig dargestellt werden kann bzw. nicht hinreichend in die Bewertung eingeht. Ferner ist im Bewertungszeitpunkt noch ungewiss, ob die Versicherungsverträge im Endeffekt tatsächlich profitabel sein werden. Die geforderte Kompensation für die getragene Unsicherheit ist vielmehr einzubeziehen, um am Stichtag beurteilen zu können, ob ein Erfolg erwartet werden kann. Nur wenn die Risikomarge ganzheitlich beim *onerous test* berücksichtigt wird, kann für diesen Bestandteil weitgehende Konsistenz zum *building block approach* gewahrt und die Gefahr eingegrenzt werden, dass wirtschaftlich im Bewertungszeitpunkt als verlustbringend einzustufende Vertragsportfolios nicht als solche abgebildet werden.

Von zentraler Bedeutung für die Konsistenz zwischen dem *premium allocation approach* und dem *building block approach* sowie für die zielkonforme Bewertung eines ggf. belastenden Vertragsportfolios ist jedoch auch die Frage, welche Ereignisse bzw. Hinweise einen *onerous test* auslösen. Der IASB hält im ED/2013/7 keine Anwendungsleitlinien bereit und überlässt diese Einschätzung gänzlich dem Bilanzierenden. Indem die **auslösenden Ereignisse** nicht näher spezifiziert werden, verfügt der Versicherer über großen bilanzpolitischen Spielraum und könnte hierdurch eine zusätzliche Rückstellungsbildung umgehen.[1654] Sollte dies dazu führen, dass die tatsächliche Risikosituation und folglich auch die Verpflichtungshöhe unterschätzt werden, wird keine neutrale, glaubwürdige Darstellung erreicht.

Gleichwohl wurden im Standardentwicklungsprozess konkretisierend Indizien angeführt, die einen *onerous test* auslösen könnten, wobei sie im ED/2013/7 nicht weiter berücksichtigt wurden. Dennoch erscheint es zweckmäßig, diese als **objektivierende Leitlinien** im finalen Standard aufzugreifen. So könnte ein *onerous test* ausgelöst werden, sofern die bisherige kombinierte Schaden-/Kostenquote eines vergleichbaren bilanzierten Vertragsportfolios bzw. desselben Portfolios im Fall eines Portfolioeintritts für den Schadenzeitraum die 100 %-Grenze übersteigt.[1655] Als Beurtei-

1651 Vgl. IASB/FASB (Hrsg.), PAA (agenda paper 8B), Tz. 29 (c); IASB/FASB (Hrsg.), Onerous contracts (agenda paper 3A), Tz. 14 (c).

1652 Vgl. zum Argument der Bewertungskonsistenz IASB/FASB (Hrsg.), Onerous contracts (agenda paper 3A), Tz. 15 (a).

1653 Vgl. zu einem solchen Ansatz, bei dem die Risikomarge ausschließlich von der Identifikation belastender Vertragsportfolios ausgenommen wird, IASB/FASB (Hrsg.), Onerous contracts (agenda paper 3A), Tz. 17-20.

1654 Vgl. auch Asche, B., Jahresabschlussanalyse von Schaden-/Unfallversicherern, S. 170.

1655 Vgl. IASB/FASB (Hrsg.), Short Duration Contracts (agenda paper 1), Tz. 6 (e) (i) und Tz. 125 (a) sowie bereits Abschnitt 431.2.

lungsmaßstab sollte hierbei jedoch die Rückstellung für eingetretene Schäden und somit die grds. diskontierten Schadenerwartungen zzgl. der Risikoadjustierung dienen. Aber auch ein signifikanter Anstieg der Schadeneintrittshäufigkeit bzw. der Schadenhöhen sowie strukturelle Veränderungen des Risikoprofils, das den zu bewertenden Bestand charakterisiert, sollten einen solchen Test auslösen.[1656]

Darüber hinaus könnten die in **IAS 36** genannten internen sowie externen Hinweise, die auf eine potentielle Wertminderung eines Vermögenswertes schließen lassen, auf die Prüfung eines belastenden Vertragsportfolios übertragen werden.[1657] Praktisch bedeutend dürfte die Interpretation und Erweiterung der in IAS 36.12 (g) adressierten **internen Informationsquelle** sein, die auf Erkenntnisse des internen Berichtswesens über eine verminderte Ertragskraft abstellt. Entsprechend sollte ein *onerous test* immer dann ausgelöst werden, wenn aus der internen Steuerung Informationen vorliegen, dass sich schadenrelevante Parameter strukturell zum Nachteil des Versicherers entwickeln bzw. bereits entwickelt haben. Ferner könnte IAS 36.12 (f) herangezogen werden, der auf wesentliche Veränderungen in der Nutzungsweise des Vermögenswertes abstellt, die das Unternehmen nachteilig betreffen werden. Übertragen auf ein Portfolio von Versicherungsverträgen könnten hierunter u. a. nachteilige Veränderungen der Risikoeigenschaften der Versicherten subsumiert werden, die nicht durch eine nachträgliche Preiskorrektur aufgefangen werden können. Jegliche Formen einer ungewollten, negativen Risikoauslese, die sich im Laufe der Periode herausstellt, könnten demnach einen Test auslösen. Aber auch eine signifikant gestiegene Kostenbelastung ist – abhängig von der jeweiligen Prämienkalkulation – als ein ausreichendes Indiz zu werten. Wenngleich auch hiermit große Ermessensspielräume verbunden sind, könnte plausibilisierend auf die Auswirkungen der gewonnenen Erkenntnisse auf die Prämienkalkulation für gleichartige Verträge abgestellt werden, die künftig bzw. am Ende der Periode abgeschlossen werden. Aber auch **externe Einflüsse** sollten bspw. in Anlehnung an nachteilige Veränderungen der technischen, rechtlichen, marktbezogenen oder ökonomischen Bedingungen herangezogen werden.[1658] Übertragen auf versicherungsbezogene Verpflichtungen könnten hierunter u. a. nachteilige Entwicklungen aufgrund gesamtwirtschaftlich gestiegener Schadenausmaße, Schadeneintrittswahrscheinlichkeiten, Frequenzen oder abweichend eingeschätzter grds. Rechtsurteile gefasst werden.

Insgesamt wäre es jedoch wünschenswert, wenn der IASB objektivierende Leitlinien in den Standard aufnehmen würde. Dies reduziert nicht nur die adressierten Vergleichbarkeitsprobleme, sondern mildert zugleich die Diskussion um die Anwendbarkeit des *premium allocation approach* und würde begünstigen, dass die Risikosituation seltener aus bilanzpolitischen Erwägungen unterschätzt wird. Es sei nochmals betont, dass ein unterbleibender Ansatz einer Rückstellung für ein belastendes Vertragsportfolio zu signifikanten Unterschieden zwischen dem *premium allocation approach* und dem *building block approach* führen kann, der einer angemessenen Approximation entgegen-

---

1656 Vgl. für eine ausführliche Betrachtung dieser Indikatoren auch Abschnitt 431.2, in dem die ursprünglich für das vereinfachte Bewertungsmodell angedachten Auslösetatbestände auf die Prüfung belastender Verträge vor Beginn der Deckungsperiode übertragen werden. Vgl. ferner IASB/FASB (Hrsg.), Short Duration Contracts (agenda paper 1), Tz. 6 (e) (ii) und (iii) sowie Tz. 125 (b) und (c) wie auch Tz. 126.

1657 Vgl. auch IASB/FASB (Hrsg.), Short Duration Contracts (agenda paper 1), Tz. 122 f.

1658 Vgl. IAS 36.12 (b).

steht. Hierbei besteht die Gefahr, dass die eingegangene Verpflichtung nicht den tatsächlichen Verhältnissen entsprechend abgebildet wird. Neben dem im Verhältnis zur Kostenreduktion als zu gravierend eingeschätzten Informationsverlust durch die Anwendung des vereinfachten Ansatzes zur Bilanzierung der Rückstellung für die verbleibende Deckung, ist die drohende Gefahr einer unterbewerteten Rückstellung als weiterer konzeptioneller Nachteil des *premium allocation approach* auszumachen.

462.6 Berücksichtigung des Zeitwertes des Geldes

Die **Rückstellung für die verbleibende Deckung** ist immer dann um den Zeitwert des Geldes zu adjustieren, sofern die Verträge eine signifikante Finanzierungskomponente enthalten.[1659] Der Board führt im Standardentwurf indes nicht aus, wann von der Existenz einer solchen Komponente auszugehen ist. Jedoch gewährt er auch hier eine Vereinfachung, indem kein Zinseffekt berücksichtigt werden muss, falls zwischen der Prämienfälligkeit und der gesamten korrespondierenden Leistung des Versicherungsschutzes höchstens ein Jahr liegt.[1660] Diese Regelung dürfte derzeit zumindest für einen Großteil der Schaden- und Unfallversicherungsverträge anwendbar sein.[1661]

Für die Beurteilung, ob eine **signifikante Finanzierungskomponente** vorliegt, kann auf die im *Revenue-Recognition*-Projekt vorgesehenen Regelungen rekurriert werden.[1662] So kann die Existenz einer wesentlichen Finanzierungskomponente aus der erwarteten Zeitdauer zwischen der Prämienzahlung bzw. -fälligkeit und der Leistung von Versicherungsschutz abgeleitet werden.[1663] In Kombination hiermit könnte ein hoher vorherrschender Marktzins bzw. ein großer Unterschied zwischen diesem und dem vertragsinhärenten, internen Zinssatz auf eine signifikante Finanzierungskomponente hindeuten.[1664] Vor allem der unmittelbar Bezug zur Zeitdauer ist konsistent zu der gewährten Vereinfachung und wird i. d. R. bei den für den *premium allocation approach* qualifizierenden Verträgen auf keine signifikante Finanzierungskomponente schließen lassen.[1665] Weiterhin deutet ein betragsmäßiger Unterschied zwischen einer Einmalprämienzahlung sowie einer gestückelten Prämienzahlung über die Vertragslaufzeit auf einen wesentlichen Finanzierungseffekt hin.[1666] Mehrheitlich ist jedoch davon auszugehen, dass die kurzlaufenden Schaden- und Unfallversicherungsverträge keine wesentliche so verstandene Finanzierungskomponente enthalten werden.

Sollte dies dennoch ausnahmsweise der Fall sein, muss zwingend der Zeitwert des Geldes berücksichtigt werden, da ansonsten keine glaubwürdige Darstellung der tatsächlichen wirtschaftlichen

1659 Vgl. IASB (Hrsg.), ED/2013/7: Insurance Contracts, Tz. 40.
1660 Vgl. IASB (Hrsg.), ED/2013/7: Insurance Contracts, Tz. 40.
1661 Vgl. IASB/FASB (Hrsg.), PAA: discount rate follow-up (agenda paper 2D), Tz. 6; IASB/FASB (Hrsg.), PAA: mechanics (agenda paper 3G), Tz. 34.
1662 Vgl. zu den dort adressierten Kriterien IFRS 15.61 sowie bereits IASB (Hrsg.), ED/2011/6: Revenue from Contracts with Customers, Tz. 59. Vgl. zur Übertragbarkeit auf den Versicherungskontext IASB/FASB (Hrsg.), PAA: mechanics (agenda paper 3G), Tz. 30-36.
1663 Vgl. IFRS 15.61 (b) (i); IASB/FASB (Hrsg.), PAA: mechanics (agenda paper 3G), Tz. 34.
1664 Vgl. IFRS 15.61 (b) (ii); IASB (Hrsg.), ED/2011/6: Revenue from Contracts with Customers, Tz. 59 (c); IASB/FASB (Hrsg.), PAA: mechanics (agenda paper 3G), Tz. 36.
1665 Vgl. IASB/FASB (Hrsg.), PAA: mechanics (agenda paper 3G), Tz. 34.
1666 Vgl. IFRS 15.61 (a); IASB (Hrsg.), ED/2011/6: Revenue from Contracts with Customers, Tz. 59 (b); IASB/FASB (Hrsg.), PAA: mechanics (agenda paper 3G), Tz. 35 und Tz. 41. So wird jedoch nicht notwendigerweise ein Unterschied zwischen möglichen Zahlungszeitpunkten bestehen.

Situation erreicht werden könnte.[1667] Allerdings ist davon auszugehen, dass in einem solchen Fall die gesamte Rückstellung für die verbleibende Deckung aufgezinst werden muss und nicht bspw. lediglich der vorausgezahlte Anteil, der die signifikante Finanzierungskomponente begründet, um Zinseffekte zu adjustieren ist.[1668] Hierbei ist der **im Bilanzansatzzeitpunkt gültige Zinssatz** zu verwenden, der somit gerade nicht an die aktuellen Verhältnisse anzupassen ist.[1669] Durch die Verwendung aktueller Zinssätze mit entsprechender OCI-Komponente könnte hingegen eine weitergehende Konsistenz zum *building block approach* erreicht werden.[1670] Indem jedoch der im Zugangszeitpunkt eingefrorene Zinssatz heranzuziehen ist, wird zumindest innerhalb des *premium allocation approach* ein konsistentes Vorgehen gewahrt, da dort keine Parameterschätzungen an die aktuellen Verhältnisse angepasst werden. Weiterhin wird als ein vermeintlicher Vorteil angeführt, dass jener Zinssatz eher die Annahmen reflektiere, die auch der Prämienkalkulation sowie der ökonomischen Entscheidung des Versicherungsnehmers beim Vertragsabschluss zugrunde lagen.[1671]

Die **Rückstellung für eingetretene Schäden** ist nach den ersten drei Bausteinen des *building block approach* zu bewerten und somit auch mit dem am Bewertungsstichtag aktuellen Zinssatz zu diskontieren.[1672] Hierbei ist wiederum zu beachten, dass für die Erfolgsrechnung nach den Regelungen des zweiten Standardentwurfes noch der beim Bilanzansatz eingefrorene Zinssatz zu verwenden und die Differenz im OCI zu erfassen ist.[1673] Im Zuge des Redeliberationsprozesses hat der IASB indes vorläufig beschlossen, dass der Zinssatz zum Zeitpunkt des Schadeneintritts für die Erfolgsrechnung einzufrieren ist.[1674] Dies führt zwar zu weiteren Unterschieden zur Bewertung mittels des allgemeinen Bausteinansatzes und ist daher konzeptionell kritisch zu sehen. Jedoch kann durch diese Modifikation die Komplexität für sowohl Anwender als auch Adressaten nochmals reduziert werden, zumal bei dem bislang verfolgten Ansatz im Zeitpunkt des Schadeneintritts Zinseffekte im OCI hätten abgebildet werden müssen, die nur schwer zu interpretieren gewesen wären.[1675] Diese Regelungsänderung gilt gleichermaßen auch für die Rückstellung für belastende Vertragsportfolios.[1676] Ferner sehen die vorläufigen Entscheidungen gleichermaßen wie beim *building block approach* die Möglichkeit vor, Zinsänderungseffekte in Abhängigkeit der *accounting policy* direkt im Periodenergebnis anstatt im OCI zu erfassen.[1677]

[1667] Vgl. IASB/FASB (Hrsg.), PAA: mechanics (agenda paper 3G), Tz. 48.

[1668] Vgl. IASB (Hrsg.), ED/2013/7: Insurance Contracts, Tz. 40 und ausführlich hierzu IASB/FASB (Hrsg.), PAA: mechanics (agenda paper 3G), Tz. 37 f.

[1669] Vgl. IASB (Hrsg.), ED/2013/7: Insurance Contracts, Tz. 40 und Tz. BCA124.

[1670] Vgl. IASB/FASB (Hrsg.), PAA: discount rate follow-up (agenda paper 2D), Tz. 13. Mit jenem Ansatz wird vielmehr eine aktuelle Bewertung des Vertragsportfolios angestrebt.

[1671] Vgl. IASB/FASB (Hrsg.), PAA: discount rate follow-up (agenda paper 2D), Tz. 12 (a) sowie zur Konsistenz innerhalb des vereinfachten Modells Tz. 12 (d).

[1672] Vgl. IASB (Hrsg.), ED/2013/7: Insurance Contracts, Tz. 39 (b) und IASB/FASB (Hrsg.), PAA: discount rate follow-up (agenda paper 2D), Tz. 16.

[1673] Vgl. IASB (Hrsg.), ED/2013/7: Insurance Contracts, Tz. BCA124. Für eine Diskussion der Verwendung eines eingelockten Zinssatzes im Zugangszeitpunkt respektive im Zeitpunkt des tatsächlichen Schadeneintritts siehe IASB/FASB (Hrsg.), PAA: discount rate follow-up (agenda paper 2D), Tz. 19-27.

[1674] Vgl. IASB (Hrsg.), IASB Update September 2014, S. 4; IASB (Hrsg.), Interest expense in the PAA (agenda paper 2F), Tz. 2 sowie Tz. 13-17.

[1675] Vgl. IASB (Hrsg.), Interest expense in the PAA (agenda paper 2F), Tz. 13-17.

[1676] Vgl. IASB (Hrsg.), IASB Update September 2014, S. 4.

[1677] Vgl. IASB (Hrsg.), IASB Update March 2014, S. 2; Abschnitt 452. und Abschnitt 457.4 sowie IASB (Hrsg.), Interest expense in the PAA (agenda paper 2F), Tz. 12.

Auch für die Rückstellung für eingetretene Schäden gewährt der IASB allerdings eine Vereinfachung, dass auf die Diskontierung verzichtet werden kann, sofern die künftigen Zahlungen erwartungsgemäß innerhalb höchstens eines Jahres abgewickelt sein werden.[1678] Da jedoch der Diskontierungseffekt auch bei kurzlaufenden Versicherungsverträgen innerhalb eines Vertragsportfolios absolut wie auch relativ bezogen auf die Ergebniswirkung aus diesem Portfolio wesentlich sein könnte, ist es konzeptionell zumindest zu hinterfragen, dass bei einem maximal einjährigen Abwicklungszeitraum bzw. einer maximal ein Jahr umfassenden Prämienvorauszahlung per se auf eine Berücksichtigung des Zeitwertes des Geldes verzichtet werden kann.[1679] Theoretisch wäre es erforderlich, portfoliospezifisch zu beurteilen, ob der Informationsverlust bei einer unterlassenen Diskontierung gerade bei Portfolios unmittelbar vor der Verlustgrenze gerechtfertigt erscheint. Dennoch ist die vom IASB gewährte pauschale Vereinfachung im Hinblick auf die gesteigerte Objektivierung und Vergleichbarkeit verschiedener Vertragsportfolios durch eine klare Grenze vertretbar und trägt der Zielsetzung des *premium allocation approach* Rechnung.

463. Spezifika der Bilanzierung passiver Rückversicherungsverträge und Verknüpfung mit den zugrunde liegenden Erstversicherungsverträgen

463.1 Anwendungsbereich und Bezug zu zugrunde liegenden Verträgen

Die Regelungen des *premium allocation approach* sind gleichermaßen auf passive Rückversicherungsverträge übertragbar.[1680] Entsprechend wird dem Versicherer ein Wahlrecht gewährt, den *building block approach* oder den *premium allocation approach* anzuwenden, wenn letzterer das **Ergebnis aus dem Bausteinansatz angemessen approximiert**, wovon bei einer maximal einjährigen Deckungsperiode per se auszugehen ist.[1681] Diese Entscheidung kann bislang grds. unabhängig von der Methodenwahl für die zugrunde liegenden Erstversicherungsverträge getroffen werden.[1682] Gleichwohl sind die beiden Ansätze weder konzeptionell noch zwingend hinsichtlich des konkreten Ergebnisses identisch, so dass nach der hier vertretenen Auffassung jegliche Inkonsistenzen möglichst vermieden werden sollten. Eine **aufeinander abgestimmte Methodenwahl** zwischen den Erstversicherungs- sowie den korrespondierenden passiven Rückversicherungsverträgen fördert zudem die Konformität mit dem hier geforderten, den tatsächlichen Verhältnissen entsprechenden Ausweis der Nettoverpflichtung, Nettorisikosituation sowie der Nettoerfolgswirkungen. Bereits in den Kommentierungsschreiben zum ersten Standardentwurf wurde gefordert, dass der Zedent für den Rückversicherungsvertrag das anzuwendende Bewertungsmodell an die Methodenwahl für die zugrunde liegenden Originalpolicen knüpft.[1683] Jener Ansatz wird auch vom FASB verfolgt, so dass dort in der Konsequenz für passive Rückversicherungsverträge die Methodenwahl stets vorgegeben ist. Konsequent umgesetzt bedeutet dies jedoch zugleich, dass ein Rückversicherungsvertrag aufgespalten werden muss, sofern ein Portfolio rückversichert wird, in dem beide Modellvarianten ange-

[1678] Vgl. IASB (HRSG.), ED/2013/7: Insurance Contracts, Tz. 39 (b) und Tz. BCA123 (b); IASB/FASB (HRSG.), PAA: mechanics (agenda paper 3G), Tz. 16.

[1679] Vgl. hierzu auch Abschnitt 443.1.

[1680] Vgl. IASB (HRSG.), ED/2013/7: Insurance Contracts, Tz. 42 i. V. m. Tz. 38-40 sowie Tz. BCA129.

[1681] Vgl. IASB (HRSG.), ED/2013/7: Insurance Contracts, Tz. 42 sowie Tz. BCA129.

[1682] Vgl. auch IASB/FASB (HRSG.), Reinsurance Accounting (agenda paper 2F), Tz. 53-56.

[1683] Vgl. IASB/FASB (HRSG.), CL Summary (agenda paper 3E), Tz. 64 (c) und Tz. 123.

wandt werden.[1684] Wird – wie hier vorgeschlagen –[1685] zugelassen, dass ein Portfolio ganzheitlich mit dem vereinfachten Ansatz bewertet werden darf, auch wenn ein geringer Anteil der enthaltenen Verträge eigentlich nicht für diesen qualifiziert, so reduziert sich diese komplexitätssteigernde Problematik.

Mögliche *accounting mismatches*, die sich bspw. durch abweichende Diskontierungsentscheidungen, durch den *lock-in* der Schätzungen innerhalb des vereinfachten Ansatzes sowie abweichende Auflösungsmuster ergeben könnten, würden durch diese aneinander gekoppelte Methodenwahl weitestgehend reduziert.[1686] Auch wenn diese Effekte i. d. R. gering sein dürften, sollten nicht unbegründet Inkonsistenzen in der Bewertung der Erst- und passiven Rückversicherungsverträge zugelassen werden. Aber auch Kostenersparnisse und Rationalitätsüberlegungen lassen eine aufeinander abgestimmte Modellwahl vorteilhaft erscheinen. So würde bspw. die Wahl des Bausteinansatzes für einen passiven Rückversicherungsvertrag bei zugrunde liegenden Originalpolicen, die mit dem vereinfachten Ansatz bewertet werden, dazu führen, dass sämtliche Bewertungsbausteine auch für jene Erstversicherungsverträge ausgefüllt werden müssten, wodurch die Vereinfachung ausgehebelt wird.[1687]

Gleichwohl kann nach der hier vertretenen Auffassung bei bestimmten Vertragsgestaltungen auch eine abweichende Modellwahl gerechtfertigt sein. Sofern bspw. ein mehrjähriger Rückversicherungsvertrag die aggregierten Verluste einer Vielzahl einjähriger Erstversicherungsverträge rückversichert, sind die Risiken aus beiden Vertragsarten nicht deckungsgleich.[1688] Ferner könnten Schadenerfahrungen aus den Originalpolicen eine veränderte Einschätzung der Zahlungsströme und Risiken aus dem Rückversicherungsvertrag bedingen, so dass eine aktuelle Bewertung des längerlaufenden passiven Rückversicherungsvertrages entscheidungsnützlich erscheint. Hier wäre es aus Informationsgesichtspunkten zielführend, wenn über die Methodenwahl für den passiven Rückversicherungsvertrag erneut entschieden werden könnte.

Folglich ist zu fordern, dass passive Rückversicherungsverträge immer dann mit dem identischen Modell wie die korrespondierenden Erstversicherungsverträge bewertet werden, wenn sie (nahezu) das gleiche Risiko adressieren und in weiteren Vertragsmerkmalen, wie bspw. der Länge der Deckungsperiode, hinreichend übereinstimmen. Letzteres soll indes nicht so missverstanden werden, dass obligatorische einjährige Rückversicherungsverträge, die einjährige Originalpolicen rückdecken und somit eine Deckungsperiode von zwei Jahren aufweisen, von dieser vorgeschlagenen Kopplung der Methodenwahl befreit wären.[1689]

[1684] Vgl. FASB (Hrsg.), Proposed Accounting Standards Update (Topic 834), S. 10 sowie Tz. 834-10-30-28; IASB/FASB (Hrsg.), Reinsurance Accounting (agenda paper 2F), Tz. 41 (a) sowie Tz. 49 f.

[1685] Vgl. Abschnitt 462.2.

[1686] Vgl. auch im Hinblick auf die FASB-Entscheidung IASB/FASB (Hrsg.), Reinsurance Accounting (agenda paper 2F), Tz. 42.

[1687] Vgl. IASB/FASB (Hrsg.), Reinsurance Accounting (agenda paper 2F), Tz. 43.

[1688] Vgl. hierzu sowie im Folgenden IASB/FASB (Hrsg.), Reinsurance Accounting (agenda paper 2F), Tz. 44.

[1689] Vgl. auch IASB/FASB (Hrsg.), Short Duration Contracts (agenda paper 1), Tz. 28.

463.2 Bemessung des Rückversicherungsvermögenswertes und *onerous test* bei analoger Modellanwendung

Indem das vereinfachte Bewertungsmodell spiegelbildlich auf passive Rückversicherungsverträge anzuwenden ist, sind die an den Rückversicherer zedierten Prämien bzw. der geleistete Rückversicherungspreis als Vermögenswert anzusetzen.[1690] Sofern Rückversicherungsprovisionen bzw. weitere Leistungen des Rückversicherers nicht vom Schadeneintritt abhängen, sollten sie als Minderung der zedierten Prämien behandelt werden und somit den Rückversicherungsvermögenswert reduzieren.[1691] Es ist also zunächst in der Vorschadenperiode in Höhe der geleisteten Nettoauszahlungsströme erfolgsneutral ein Rückversicherungsvermögenswert zu bilden, der über die Deckungsperiode aufwandswirksam aufgelöst wird.[1692] Sobald tatsächlich ein Schaden eingetreten ist, muss hierfür ertragswirksam ein zusätzlicher Rückversicherungsvermögenswert angesetzt werden, der sich nach den ersten drei Bausteinen des *building block approach* bemisst. Werden die Schadenzahlungen wie erwartet geleistet, ist jener Rückversicherungsvermögenswert – von Zinseffekten abgesehen – wiederum erfolgsneutral aufzulösen.

Während bei den zugrunde liegenden Erstversicherungsverträgen in den Prämien i. d. R. ein Gewinnanteil enthalten ist, umfasst der an den Zessionar geleistete Betrag gewöhnlich Nettokosten für den Erwerb des Rückversicherungsschutzes. Sowohl die erwarteten Gewinne aus dem Originalgeschäft als auch die erwarteten Verluste aus der Rückversicherung sind über die Deckungsperiode abzugrenzen, so dass der vereinfachte Ansatz für diese Konstellation zu einer angemessenen Nettobetrachtung führt, falls die erwarteten Verluste aus dem Rückversicherungsgeschäft die erwarteten Gewinne aus dem Originalgeschäft nicht übersteigen.

Es stellt sich indes die Frage, welche Auswirkungen ein ***onerous test*** und eine damit ggf. einhergehende Rückstellung für belastende Verträge auf Ebene der Erstversicherung auf den jeweiligen passiven Rückversicherungsvertrag haben. Beispielhaft sei ein Quotenrückversicherungsvertrag unterstellt, bei dem der Zedent einen festgelegten Prozentsatz der künftigen Schadenzahlungen erhält und im Gegenzug den entsprechenden Anteil der Prämien an den Rückversicherer weiterleitet, wobei zunächst von einer Haftungsbegrenzung abstrahiert wird. Sollten sich nunmehr die zugrunde liegenden Erstversicherungsverträge als belastend herausstellen, dann wird vom Zessionar bei entsprechender Rückversicherungsprovision erwartungsgemäß künftig auch ein größerer Betrag erstattet als die zedierten Prämien, die als Rückversicherungsvermögenswert angesetzt werden. Um netto, d. h. nach Rückversicherung, die tatsächliche Risikosituation, Erfolgswirkung und Verpflichtung sachgerecht zeigen zu können, müsste der aufwandswirksam zu bildenden Rückstellung für belastende Verträge ertragswirksam ein entsprechender Rückversicherungsvermögenswert gegenübergestellt werden. Sofern also mit einer drohenden Belastung auf Ebene der Erstversicherungsverträge

[1690] Vgl. für die Diskussion, ob es sich bei dem aktivierten Bilanzposten tatsächlich um einen (ansatzfähigen) Rückversicherungsvermögenswert handelt, Abschnitt 458.

[1691] Vgl. in Anlehnung an die Behandlung von Rückversicherungsprovisionen im *building block approach* IASB (HRSG.), ED/2013/7: Insurance Contracts, Tz. 41 (b) (ii).

[1692] Die hier beschriebene Grundkonzeption des vereinfachten Ansatzes für die Bilanzierung passiver Rückversicherungsverträge ist grds. auch auf jene vertraglichen Vereinbarungen übertragbar, bei denen die zu zedierenden Prämien zunächst als Sicherheit einbehalten werden. Vgl. hierzu Abschnitt 442.921.

ein korrespondierender erwarteter Gewinn auf Ebene des passiven Rückversicherungsvertrages einhergeht, sollte dieser durch den ertragswirksamen Ansatz eines Vermögenswertes gezeigt werden. Wenngleich der Ansatz eines zusätzlichen Vermögenswertes im Hinblick auf den wahrscheinlichen Nutzenzufluss nicht unbedingt begründbar erscheint, bedarf es dennoch eines erfolgswirksam zu bildenden Aktivpostens. Dieser kann als Bestandteil des ohnehin in Höhe der zedierten Prämien anzusetzenden Rückversicherungsvermögenswertes angesehen werden, so dass es sich vielmehr um eine Bewertungsfragestellung als um ein zusätzliches Bilanzansatzproblem handelt.

Wie auch bei der Anwendung des vereinfachten Bewertungsmodells auf Ebene der Erstversicherungsverträge ist der Informationsverlust durch die ausschließliche Aktivierung der zedierten Prämien bzw. des geleisteten Rückversicherungspreises im Vergleich zur Kosteneinsparung als zu gravierend anzusehen. Auch angesichts der im Regelfall erforderlichen Abstimmung des anzuwendenden Bewertungsmodells für passive Rückversicherungsverträge und die zugrunde liegenden Erstversicherungsverträge wird empfohlen, einheitlich den allgemeinen Bausteinansatz zu wählen.

5 Abschließende Beurteilung der Vorschriften zur Bilanzierung von Versicherungsverträgen nach IFRS 4 Phase II

Um im Zuge der Bilanzierung von Versicherungsverträgen entscheidungsnützliche Informationen zu vermitteln, bedarf es eines prinzipienorientierten, einheitlichen Bewertungsmodells, das mangels regelmäßig verfügbarer Marktpreise auf Basis der künftig im Rahmen der Vertragserfüllung anfallenden Zahlungsströme eine sachgerechte Abbildung des Bündels an Rechten und Verpflichtungen aus den Versicherungsverträgen sicherstellt. Die in den Regelungen des IFRS 4 Phase I-Standards noch übergangsweise gewährte Anwendung der jeweiligen nationalen Bilanzierungs- und Bewertungsvorschriften konnte nicht als geeignet angesehen werden, entscheidungsnützliche Informationen i. S. e. aussagekräftigen, den tatsächlichen wirtschaftlichen Verhältnissen entsprechenden Darstellung der Vermögens-, Finanz- und Ertragslage zu vermitteln. Ferner wurde der in der IFRS-Rechnungslegung angestrebten internationalen, zwischenbetrieblichen wie auch branchenübergreifenden Konvergenz zunächst die Grundlage entzogen. So wurde im Zuge des zweiten Projektabschnittes bis zur Veröffentlichung des gegenwärtigen Standardentwurfes ED/2013/7 ein einheitliches Bewertungsmodell entwickelt, welches einen modifizierten Zeitwertansatz verfolgt und hierbei zugleich die unternehmensspezifische Erfüllungsperspektive in den Vordergrund rückt. Abhängig von den Charakteristika der jeweiligen Versicherungsverträge sieht der IASB hierfür grds. einen Bausteinansatz *(building block approach)* vor, in dem die erwarteten Zahlungsströme, Zinseffekte sowie die portfolioinhärente Unsicherheit unter Berücksichtigung auch portfolioübergreifender Ausgleichseffekte explizit zu erfassen sind oder gewährt wahlweise ein vereinfachtes Bewertungsmodell der Prämienüberträge *(premium allocation approach)*.

Im Rahmen dieser Arbeit wurden die für den künftigen IFRS 4 auf Basis des zweiten Standardentwurfes vorgesehenen Bilanzierungsvorschriften für Erst- und passive Rückversicherungsverträge im Schaden- und Unfallbereich erläutert, im Hinblick auf eine sachgerechte und zugleich entscheidungsnützliche Informationsvermittlung konkretisiert sowie konzeptionell kritisch gewürdigt. Hierbei wurde ferner der Zusammenhang der bilanziellen Abbildung von Erst- und passiven Rückversicherungsverträgen betrachtet, die vor dem Hintergrund eines entscheidungsnützlichen Ausweises der Nettoverpflichtung, Nettorisikosituation sowie der jeweiligen Nettoerfolgswirkung nach Rückversicherung analysiert wurde und für die letztlich ein alternativer Abbildungsvorschlag entwickelt werden konnte. Anschließend wurden stets die Implikationen der unlängst im Zuge des Redeliberationsprozesses seitens des IASB getroffenen, vorläufigen Entscheidungen betrachtet, wobei der Redeliberationsprozess zum Zeitpunkt der Fertigstellung dieser Arbeit noch andauerte. Die zentralen Erkenntnisse dieser Untersuchung werden nachfolgend in aggregierter Form wiedergegeben.

Im Gegensatz zu dem veräußerungsmarktorientierten beizulegenden Zeitwert sehen die künftigen Regelungen zur Bilanzierung von Versicherungsverträgen als Wertmaßstab einen **unternehmensspezifischen Erfüllungsbetrag** *(entity specific value)* vor. Die nunmehr eingenommene Erfüllungsperspektive entspricht hierbei konzeptionell eher dem wirtschaftlichen Gehalt des Versicherungsgeschäftes und ist zugleich besser mit der i. S. d. Entscheidungsnützlichkeit zu fordernden Gewinnrealisierung nach Maßgabe der Leistungserbringung vereinbar. Die hiermit verbundenen zusätzlichen subjektiven Ermessensspielräume sowie vermehrten Möglichkeiten zur gezielten

Bilanzpolitik durch die unternehmensspezifische Sichtweise werden jedoch durch die erhöhte Relevanz jenes individualisierten Wertmaßstabes kompensiert.

Im Rahmen des **ersten Bausteins** zur Bewertung von Versicherungsverträgen gilt es, die künftig zur Vertragserfüllung erforderlichen Zahlungsströme erwartungsgetreu und wahrscheinlichkeitsgewichtet zu schätzen, um diese letztlich zu einem Erwartungswert zu aggregieren. Hierbei sind theoretisch jegliche Szenarien zu berücksichtigen, um die vollständige Bandbreite der potentiellen Realisationen an Nettozahlungsströmen abzudecken. Gleichwohl wird dem Bilanzierenden keine konkrete Ermittlungsmethode vorgegeben und infolgedessen gewährt, die Projektion auf eine lediglich begrenzte Zahl an Parametern zu stützen, sofern hierdurch keine relevanten Informationen vernachlässigt werden und ein höherer Komplexitätsgrad nicht mit einer gesteigerten Glaubwürdigkeit der Wertermittlung einhergeht. Allerdings dürfte eine solche Beurteilung im Voraus oftmals mit großem Ermessen verbunden sein. Um eine glaubwürdige Darstellung des Erwartungswertes sicherzustellen, ist indes zu fordern, dass im Zuge der Schätzung der Zahlungsströme eine Schadenverteilung, bei der sämtliche denkbaren Szenarien berücksichtigt wurden, zumindest hinreichend angenähert wird, so dass diese als idealtypische Referenz anzusehen ist. Der IASB stellt an die Schätzungen der Zahlungsströme fünf Anforderungen, die bei strenger Auslegung gewährleisten, dass jegliche relevanten Informationen in die Wertermittlung einbezogen werden und zugleich eine glaubwürdige Darstellung des Erwartungswertes von den zur Vertragserfüllung erforderlichen Zahlungsströmen erreicht wird.

Abgesehen von Vereinfachungen bei der Diskontierung innerhalb des vereinfachten Bewertungsmodells sind grds. jegliche künftigen Zahlungsströme im Rahmen des **zweiten Bewertungsbausteins** um den Zeitwert des Geldes anzupassen. Wenngleich unter Wesentlichkeitsgesichtspunkten Ausnahmen von der allgemeinen Diskontierungspflicht begründbar erscheinen, stellen abweichende Zeitpunkte des Schadenanfalls relevante Informationen dar, die in das Bewertungsmodell einfließen sollten, um die wirtschaftliche Belastung durch die eingegangene versicherungsbezogene Verpflichtung glaubwürdig darzustellen. Hierfür sind laufzeitabhängige, marktkonsistente Zinssätze heranzuziehen, die weitestgehend den gegenwärtigen Marktwerten von Finanzinstrumenten entsprechen, deren Zahlungsströme hinsichtlich des zeitlichen Anfalls, der Währung sowie der Liquidität mit denjenigen des zu bewertenden Portfolios von Versicherungsverträgen möglichst übereinstimmen. Für die Versicherungsverträge irrelevante Spreadkomponenten sind hingegen zu extrahieren. Würden die Zinsbestandteile nicht auf die Eigenschaften der Versicherungsverträge abgestimmt oder gar die Kapitalanlagerenditen der deckenden Vermögenswerte unreflektiert zur Diskontierung verwandt, wäre keine glaubwürdige Darstellung des Zinseffektes sichergestellt.

Für die Ermittlung eines zu den Zahlungsstromcharakteristika der Versicherungsverträge kongruenten Zinssatzes sieht der Board ein Wahlrecht zwischen einem *bottom up approach* sowie einem *top down approach* vor. Beim *bottom up approach* sind ausgehend von einer risikolosen Zinsstrukturkurve die jeweiligen Zinskomponenten um abweichende Eigenschaften, vor allem die unterschiedlichen Liquiditätscharakteristika, zu korrigieren. Der *top down approach* indes basiert auf der Anpassung einer aktivischen Referenzverzinsung, die sodann neben weiteren Adjustierungen vor allem um die enthaltene Kreditrisikokomponente zu bereinigen ist. Der für den *bottom up approach* kennzeichnenden Anpassung an die mangelnde Liquidität liegt eine transferorientierte Definition zugrunde, die einzig auf die eingeschränkte Veräußerbarkeit der Ansprüche und Verpflichtungen aus den Versicherungsverträgen abstellt. Nicht zuletzt aufgrund des Widerspruchs zur Erfüllungskonzeption sind diese Sichtweise sowie die Berücksichtigung einer auf dieser Konzeption basierenden Illiquiditätsprämie abzulehnen.

Anstelle einer transferorientierten Liquiditätsdefinition wird hergeleitet, dass konzeptionell ein Liquiditätsverständnis überlegen erscheint, das die Bestimmtheit der künftig anfallenden Zahlungsströme in den Vordergrund stellt. Es wäre grds. zweckmäßiger und isoliert betrachtet der Vermittlung entscheidungsnützlicher Informationen zuträglicher, auf die Investitionsmöglichkeiten in illiquide Anlageformen abzustellen und folglich in letzter Konsequenz ausnahmsweise als Anpassungskomponente mit den Liquiditätseigenschaften der deckenden Vermögenswerte einen Spreadbestandteil der individuellen Aktivverzinsung heranzuziehen. Da sich die Bestimmtheit der Zahlungsströme und die damit verbundenen Implikationen für die Kapitalanlageentscheidungen jedoch bereits in der Risikomarge als drittem Bewertungsbaustein niederschlagen, ist von einer Abbildung abweichender Liquiditätsgrade von Versicherungsverträgen, die auf jener theoretisch überlegenen Illiquiditätsdefinition fußen, abzusehen, um eine Doppelerfassung zu vermeiden. Dies impliziert jedoch zugleich, dass die unsichere versicherungstechnische Verpflichtung durch die Risikomarge wertmäßig in eine aus Sicht des Versicherers hinreichend sichere Verpflichtung transformiert wird, wobei auch die implizite Vergütung für das Erfordernis der Kapitalanlage in liquidere Instrumente berücksichtigt wird. Daher ist es auf Basis dieser Liquiditätsdefinition dennoch erforderlich, dass die zu verwendenden Zinssätze theoretisch den größtmöglichen Illiquiditätsgrad widerspiegeln. Einzig vermeintlich abweichende Liquiditätsgrade unterschiedlicher Versicherungsverträge dürfen bei der Illiquiditätsdefinition anhand der Bestimmtheit der Zahlungen nicht über den Zinssatz abgebildet werden.

Auch wenn weiterhin an dem transferorientierten Ansatz festgehalten wird, so wären für eine Anwendung des *bottom up approach* angesichts der enormen Herausforderungen bei der Ermittlung einerseits sowie der gewährten Methodenfreiheit andererseits konkretere Vorschriften bzw. Anwendungsleitlinien zur Bestimmung der Illiquiditätsprämie wünschenswert. Hierdurch könnte ferner ein Beitrag geleistet werden, um zumindest eine hinreichende Objektivierung sicherzustellen.

Um die Bestimmung des Erfüllungsbetrages abzuschließen, ist in einem **dritten Baustein** mit der expliziten Risikomarge diejenige Kompensation in die Bewertung einzubeziehen, die der Versicherer für die mit dem Betrag sowie dem zeitlichen Anfall der Zahlungsströme verbundene Unsicherheit verlangt. Hierbei soll die Risikomarge diejenige Entschädigung repräsentieren, die den Versicherer indifferent stellt zwischen der Erfüllung der unsicheren versicherungstechnischen Verpflichtung sowie einer feststehenden Verpflichtung mit identischem erwarteten Barwert. Jene Informationen über die individuelle Risikosituation des Versicherers sowie dessen subjektive Risikowahrnehmung bilden einen wesentlichen Parameter, um die eingegangene Verpflichtung sowie die künftige Profitabilität des abgeschlossenen Versicherungsgeschäftes beurteilen zu können und sind daher in hohem Maße relevant. Somit sollten sie sowohl in die Bewertung eines Vertragsportfolios eingehen als auch separat ausgewiesen werden. Indem der Risikobeurteilung kein hoher Grad an Erfüllungssicherheit zugrunde zu legen ist, sondern einzig auf die Risikoeinstellung des Versicherers abgestellt wird und zugleich positive wie auch negative Abweichungen einzubeziehen sind, werden trotz der bestehenden Ermessensspielräume auch die Voraussetzungen für eine unverzerrte Darstellung gelegt. Positiv hervorzuheben ist ferner, dass nunmehr entsprechend des tatsächlichen wirtschaftlichen Gehaltes des Versicherungsgeschäftes jegliche erzielbaren Risikoausgleichseffekte in die Bemessung der Risikomarge einbezogen werden können, sofern diese auf die vom Versicherer verlangte Kompensation wirken.

Indem die Methodenwahl zur Bestimmung der Risikomarge dem Bilanzierenden überlassen wird, sind eine eingeschränkte Vergleichbarkeit und erhöhtes subjektives Ermessen unumgänglich. Dieses kann jedoch zumindest insofern reduziert werden, dass der Versicherer die Methoden grds. stetig anwenden sollte, sofern veränderte Umstände keine abweichende Ermittlung der Risikomarge erfordern, die Ermittlungsmethode und dabei eingesetzte Inputfaktoren zu beschreiben sind und überdies möglichst auf die für interne Zwecke eingesetzten Verfahren zurückgegriffen werden sollte. Im Rahmen dieser Arbeit wurden die im Entwicklungsprozess vorgeschlagene Konfidenzintervall-, bedingte Erwartungswert- sowie die Kapitalkostenmethode im Hinblick auf die allgemein vom IASB an derartige Risikoadjustierungen gestellten Anforderungen analysiert und Anwendungsempfehlungen entwickelt. Um die adressierte Unsicherheit angemessen widerzuspiegeln und eine glaubwürdige Darstellung des Erfüllungsbetrages zu gewährleisten, ist die Methodenwahl an den Charakteristika wie bspw. der Form der Schadenverteilung auszurichten. Während die Konfidenzintervallmethode bei annähernd normalverteilten Schadenrealisationen zu sachgerechten Ergebnissen führt, ist bei den im Schaden- und Unfallbereich für Erst- und passive Rückversicherungsverträge anzutreffenden, mitunter stark rechtsschiefen Verteilungen die Anwendung der bedingten Erwartungswertmethode bzw. auch der Kapitalkostenmethode bei ausreichend hohem Konfidenzniveau zu empfehlen. Hierdurch kann gewährleistet werden, dass auch die Unsicherheit im äußeren Rand der Verteilung angemessen berücksichtigt wird und in die Bewertung einfließt. Ferner wird empfohlen, das Irrtumsrisiko außerhalb der vorgeschlagenen Methoden separat zu beurteilen und in die Bestimmung der Risikomarge einfließen zu lassen.

Resultiert aus dem Bewertungsmodell für Erstversicherungsverträge ein negativer Erfüllungsbetrag, d. h. übersteigt der erwartete Barwert künftiger Einzahlungsströme die Summe aus dem erwarteten Barwert künftiger Auszahlungsströme und der expliziten Risikomarge, so ist dieser Betrag im Rahmen des **vierten Bausteins** in einer vertragsbezogenen Servicemarge zu erfassen. Die Servicemarge repräsentiert den noch nicht verdienten Profit aus dem Vertragsportfolio, verhindert einen Gewinnausweis im Zugangszeitpunkt und stellt sicher, dass positive (Netto-)Erfolgsbeiträge nach Maßgabe der Leistungserbringung bzw. nicht bevor sie hinreichend sicher sind, erfasst werden. Indem die Bewertung eines profitablen Portfolios von Versicherungsverträgen hierdurch zunächst auf Null kalibriert wird und zugleich positive Erfüllungsbeträge, die auf defizitäre Portfolios hindeuten, unmittelbar aufwandswirksam zu bildende Drohverlustrückstellungen auslösen, dienen jene Bilanzierungskonsequenzen der entscheidungsnützlichen Informationsvermittlung.

Um relevante Informationen zu generieren und den unternehmensspezifischen Erfüllungsbetrag sowie letztlich die mit der versicherungstechnischen Verpflichtung verbundene Belastung stets glaubwürdig widerzuspiegeln, ist zu befürworten, dass in der **Folgebewertung** aktuelle Parameterausprägungen zu verwenden sind. In der Erfolgsrechnung verfolgt der zweite Standardentwurf indes einen modifizierten Ansatz und differenziert strikt zwischen den Parameteränderungen der jeweiligen Bausteine. Im Sinne einer konsequenten Interpretation der vertragsbezogenen Servicemarge als Instrumentarium zur Erfassung des noch nicht verdienten Erfolges, sollte diese nicht nur, wie im ED/2013/7 noch vorgesehen, ganzheitlich für vorteilhafte Schätzungsänderungen der künftigen Zahlungsströme bezogen auf die künftige Deckung sowie negative Änderungen jener Zahlungsströme bis zur betragsmäßigen Höhe der Servicemarge geöffnet werden. So wird hier angeregt, gleichermaßen auch prospektive Schätzungsänderungen der Risikomarge für den auf die künftige Deckung bezogenen Anteil mit der vertragsbezogenen Servicemarge zu verrechnen, anstatt diese entsprechend den derzeitigen Regelungsentwürfen unmittelbar erfolgswirksam zu erfassen. Hierdurch wird zugleich dem Informationsbedarf der Adressaten an einem nachhaltigen, prognoseunterstützenden Periodenergebnis nachgekommen. Schätzungsänderungen hingegen, die sich auf die vergangene Deckung bzw. bereits eingetretene Schadenereignisse beziehen, sind zwingend unmittelbar in der Erfolgsrechnung zu zeigen.

Im Zuge des noch andauernden **Redeliberationsprozesses** hat der IASB jedoch unterdessen vorläufig beschlossen, dass Schätzungsänderungen der Risikomarge bezogen auf die künftige Deckung in die vertragsbezogene Servicemarge eingehen, sofern diese hierdurch nicht negativ wird. Ferner wurde, wie auch im Rahmen dieser Arbeit hergeleitet, ein Wahlrecht zur Erfassung von Zinsänderungseffekten im Periodenergebnis in Abhängigkeit der *accounting policy* des Versicherers eingeführt. Zudem ist nun vorgesehen, dass für den Versicherer vorteilhafte Schätzungsänderungen für die künftige Deckung immer dann erfolgswirksam zu erfassen sind, wenn sie zuvor ausgewiesene Verluste in Bezug auf die künftige Deckung teilweise rückgängig machen bzw. kompensieren.

Zumal ein Großteil der Erst- und passiven Rückversicherungsverträge im Schaden- und Unfallbereich über eine kurze Deckungsperiode verfügt, nimmt das **vereinfachte Bewertungsmodell *(premium allocation approach)***, bei dem die Rückstellung für die verbleibende Deckung im Wesentlichen in Höhe der erhaltenen Prämien abzgl. der auf die Leistungserbringung entfallenden Umsatzerlöse bewertet wird, eine besondere Stellung ein. Angeregt wird jedoch, anstelle der ermessensbehafteten hinreichenden Approximation des Bausteinansatzes als Anwendungsvoraussetzung zur Vermeidung von Gestaltungsspielräumen einzig auf die Länge der Deckungsperiode abzustellen und eine eindeutige Grenze von bspw. einem Jahr vorzuschreiben, auch wenn hierdurch das Grundprinzip der wirtschaftlichen Betrachtungsweise der Vertragsgestaltungen nicht ganzheitlich erfüllt werden kann.

Nicht nur aufgrund geringer systembedingt verbleibender Bewertungsunterschiede zum *building block approach*, die mitunter durch eine unterlassene Diskontierung, die mangelnde Berücksichtigung von Parameteränderungen sowie die Gefahr abweichender Auflösungsmuster hervorgerufen werden, wird die Anwendung des *premium allocation approach* im Rahmen dieser Arbeit äußerst kritisch gesehen. Vielmehr ist das vereinfachte Bewertungsmodell nach der hier vertretenen Auffassung abzulehnen, da dem Adressaten bei einer Anwendung des *premium allocation approach* im Vergleich zum allgemeinen Bausteinansatz in hohem Maße relevante und glaubwürdig darstellbare

Informationen vorenthalten werden. Daher wird eine ausschließliche **Anwendung des allgemeinen Bewertungsmodells empfohlen**. Hierdurch wird der Adressat ungleich besser befähigt, die individuelle Risikosituation, die Risikobeurteilung des Versicherers, das angenommene Schadenausmaß sowie die erwartete Profitabilität des Versicherungsgeschäftes einzuschätzen und in seine Ressourcenallokationsentscheidung einzubeziehen. Auch trotz eines vermeintlich approximierten Bewertungsergebnisses scheint das infolge des Informationsverlustes verminderte Maß an Entscheidungsnützlichkeit nicht durch die erreichte Komplexitätsreduktion kompensiert werden zu können. Positiv zu beurteilen ist in diesem Zusammenhang zumindest, dass nunmehr entgegen der zunächst vorgesehenen Pflicht zur Anwendung des vereinfachten Modells bei erfüllten Voraussetzungen ein Wahlrecht eingeführt wurde. Weiterhin wurden im Rahmen der Arbeit Ereignisse bzw. Hinweise in Anlehnung an IAS 36 identifiziert, die einen *onerous test* zur Beurteilung einer ggf. erforderlichen Rückstellung für belastende Verträge auslösen, die genau wie die Rückstellung für eingetretene Schäden wiederum nach dem allgemeinenen Bausteinansatz zu bemessen ist. Gleichwohl wären auch hier objektivierende Leitlinien seitens des Standardsetters wünschenswert.

Wenngleich die für Erstversicherungsverträge vorgesehenen Vorschriften grds. gleichermaßen auch auf **passive Rückversicherungsverträge** anzuwenden sind, sieht der gegenwärtige Standardentwurf dennoch partiell abweichende Regelungsbestandteile vor, um den Besonderheiten des Rückversicherungsgeschäftes aus Sicht des Zedenten gerecht zu werden. So ist das erwartete Nicht-Erfüllungsrisiko des Rückversicherers in die Bestimmung des unternehmensspezifischen Erfüllungsbetrages einzubeziehen. Während durch die Einbeziehung des erwarteten Ausfallrisikos entsprechend der hier spezifizierten Datenquellen relevante und glaubwürdig darstellbare Informationen in das Bewertungsmodell einfließen, wurde angeregt, Ausfallrisiken aufgrund potentieller Rechtsstreitigkeiten mit dem Rückversicherer nur dann einzubeziehen, wenn konkrete Hinweise auf einen drohenden Zahlungsausfall schließen lassen. Im Rahmen dieser Arbeit wurde vor allem gewürdigt, inwiefern der Zusammenhang der bilanziellen Abbildung von Erst- und passiven Rückversicherungsverträgen dazu führt, dass netto nach Rückversicherung die beim Zedenten wirtschaftlich verbleibende Verpflichtung, dessen real fortbestehende Risikoexposition sowie die tatsächliche Erfolgswirkung abgebildet werden. In diesem Sinne sollten bspw. die Risikomargen für passive Rückversicherungsverträge und die jeweiligen Erstversicherungsverträge auf Basis der identischen Methode ermittelt werden, was infolge des oftmals rückgedeckten Randes der Schadenverteilung dafür spricht, einheitlich wahlweise die bedingte Erwartungswertmethode bzw. die Kapitalkostenmethode anzuwenden, um das beim Zedenten verbleibende Risiko glaubwürdig darzustellen.

Entgegen den vorgesehenen Regelungen, jegliche als Nettoakquisitionskosten angesehenen, erwarteten Verluste wie auch im Zugangszeitpunkt erwartete Gewinne innerhalb einer vertragsbezogenen Servicemarge abzugrenzen, wird hier ein differenzierterer Ansatz vorgeschlagen, der das **Zusammenwirken von Erst- und passiver Rückversicherung** in den Vordergrund rückt. Für jegliche Konstellationen erwarteter Gewinne bzw. Verluste aus dem passiven Rückversicherungsvertrag sowie den zugrunde liegenden Erstversicherungsverträgen wurden alternative Abbildungsvorschläge entwickelt, die insgesamt zu einer entscheidungsnützlicheren Informationsvermittlung beitragen und die ökonomische Wirkung des Rückversicherungsschutzes auch bilanziell nachvollziehen dürften. So wurde bspw. vorgeschlagen, erwartete Gewinne aus passiven Rückversicherungsverträgen bis zur Höhe etwaiger, erwarteter Verluste aus den korrespondierenden Originalpolicen unmittelbar erfolgswirksam zu erfassen und die erwarteten Verluste nicht in einer vertragsbezogenen Servicemarge abzugrenzen, sofern auch aus den zugrunde liegenden Erstversicherungsverträgen insgesamt mit einem Verlust zu rechnen ist. Weiterhin wurden die analog für passive Rückversicherungsverträge im Schaden- und Unfallbereich bedeutsamsten Regelungen des *premium allocation approach* im Hinblick auf die Spezifika des Rückversicherungsgeschäftes konkretisiert, wobei eine auf den Originalbestand abgestimmte Methodenwahl empfohlen wurde.

Zum Zeitpunkt der Fertigstellung dieser Arbeit dauerte der Redeliberationsprozess des zweiten Standardentwurfes noch an, so dass abzuwarten ist, welche weiteren Änderungen sich bis zur finalen Version des künftigen IFRS 4 ergeben und ob sämtliche vorläufig getroffenen Entscheidungen letztlich in die neue Fassung des IFRS 4 übernommen werden. Derzeit ist mit der Veröffentlichung des Standards im Jahre 2015 zu rechnen. Es ist jedoch zu erwarten, dass vor allem die Regelungen, die für die Bilanzierung von Versicherungsverträgen im Schaden- und Unfallbereich relevant sind, bis zur Veröffentlichung nicht mehr wesentlich modifiziert werden.

Quellenverzeichnis

ABBING, MICHEL/SAKER, MATT, Getting to grips with fair value, verfügbar unter: www.sias.org.uk/data/papers/Value/DownloadPDF, Stand: 13.12.2013 (Fair Value).

ACERBI, CARLO/NORDIO, CLAUDIO/SIRTORI, CARLO, Expected Shortfall as a Tool for Financial Risk Management (Working Paper), verfügbar unter: http://arxiv.org/pdf/cond-mat/0102304.pdf, Stand: 16.10.2013 (Expected Shortfall).

ACLI (HRSG.), Comment Letter on ED/2010/8: Insurance Contracts – Reinsurance, verfügbar unter: http://www.ifrs.org/Current-Projects/IASB-Projects/Insurance-Contracts/Exposure-draft-2010/Comment-letters/Documents/CL2EACLI.pdf, Stand: 10.04.2013 (CL on ED/2010/8).

ADLER, HANS/DÜRING, WALTHER/SCHMALTZ, KURT, Rechnungslegung nach Internationalen Standards, Stuttgart 2002 (Rechnungslegung nach Internationalen Standards).

AKTUARVEREINIGUNG ÖSTERREICHS (AVÖ), Leitfaden zur Umsetzung von IFRS 4 für Aktuare – Basierend auf den International Actuarial Standards of Practice – Practice Guidelines der IAA, verfügbar unter: http://www.avoe.at/pdf/mitglieder_info/Embedded_Derivatives_Endversion3-20070221.pdf, Stand: 10.06.2013 (Leitfaden zur Umsetzung von IFRS 4).

ALBRECHT, PETER, Gesetze der großen Zahlen und Ausgleich im Kollektiv – Bemerkungen zu Grundlagen der Versicherungsproduktion, in: ZVersWiss 1982, S. 501-538 (Gesetze der großen Zahlen und Ausgleich im Kollektiv).

ALBRECHT, PETER, Ausgleich im Kollektiv und Verlustwahrscheinlichkeit, in: ZVersWiss 1987, S. 95-117 (Ausgleich im Kollektiv und Verlustwahrscheinlichkeit).

ALBRECHT, PETER, Was ist Versicherung? – Erklärungsbeiträge der Risikotheorie, in: Was ist Versicherung?, hrsg. v. Albrecht, Peter/Brinkmann, Theodor/Zweifel, Peter, Karlsruhe 1987, S. 22-37 (Erklärungsbeiträge der Risikotheorie).

ALBRECHT, PETER, Zur Risikotransformationstheorie der Versicherung: Grundlagen und ökonomische Konsequenzen, Karlsruhe 1992 (Risikotransformationstheorie der Versicherung).

ALBRECHT, PETER, Asset/Liability-Management: Status Quo und zukünftige Herausforderungen, in: ZfV 1995, S. 226-231 (Asset-Liability-Management).

ALBRECHT, PETER/MAURER, RAIMOND, Investment- und Risikomanagement – Modelle, Methoden, Anwendungen, 3. Aufl., Stuttgart 2008 (Investment- und Risikomanagement).

ALBRECHT, PETER/SCHWAKE, EDMUND, Risiko, Versicherungstechnisches, in: Handwörterbuch der Versicherung HdV, hrsg. v. Farny, Dieter/Helten, Elmar/Koch, Peter/Schmidt, Reimer, Karlsruhe 1988, S. 651-657 (Versicherungstechnisches Risiko).

AMATO, JEFFERY D., Risikoaversion und Risikoprämien am CDS-Markt, in: BIZ-Quartalsbericht, Dezember 2005, S. 63-78 (Risikoaversion und Risikoprämien am CDS-Markt).

ARBEITSKREIS „IMMATERIELLE WERTE IM RECHNUNGSWESEN“ DER SCHMALENBACH-GESELLSCHAFT FÜR BETRIEBSWIRTSCHAFT E. V., Freiwillige externe Berichterstattung über immaterielle Werte, in: DB 2003, S. 1233-1237 (Berichterstattung über immaterielle Werte).

ARNOLDUSSEN, LUDGER, Finanzwirtschaftliche Effekte von Rückversicherungsverträgen in der Schaden- und Unfallversicherung, Bergisch Gladbach 1991 (Finanzwirtschaftliche Effekte von Rückversicherungsverträgen).

ASCHE, BENJAMIN, Jahresabschlussanalyse und Bilanzpolitik von Schaden-/Unfallversicherern – Änderungen aufgrund von IFRS 4 Phase II Insurance Contracts: ED/2010/8, Frankfurt am Main 2012 (Jahresabschlussanalyse von Schaden-/Unfallversicherern).

ASCHE, BENJAMIN/HARTUNG, THOMAS, Auswirkungen von IFRS 4 Phase II und IFRS 9 auf die Ergebnisse von Versicherungsunternehmen – eine Analyse der heutigen und künftigen Ergebnisvolatilität, in: WPg 2011, S. 1187-1199 (Auswirkungen von IFRS 4 Phase II und IFRS 9 auf die Ergebnisvolatilität).

BACHER, DAVID F., Die Leistungsfähigkeit des handelsrechtlichen Jahresabschlusses und des IFRS-Jahresabschlusses deutscher Erstversicherungsunternehmen: eine kritische Analyse aus der Sicht von Eigentümern und Versicherungsnehmern, Hohenheim 2006 (Leistungsfähigkeit des Jahresabschlusses deutscher Erstversicherer).

BACHER, DAVID F./HOFMANN, ALEXANDER, Versicherungsbilanzierung, quo vadis? – Vorschläge des IASB für einen Nachfolgestandard zu IFRS 4 Insurance Contracts, in: IRZ 2007, S. 311-317 (Versicherungsbilanzierung, quo vadis).

BÄCHLER, ROLF, Bilanzierung von Versicherungsverträgen – IFRS 4: ED/2010/8 Versicherungsverträge, in: IRZ 2010, S. 381-385 (Bilanzierung von Versicherungsverträgen).

BACHMANN, ULF, Die Komponenten des Kreditspreads – Zinsstrukturunterschiede zwischen ausfallbehafteten und risikolosen Anleihen, Wiesbaden 2004 (Komponenten des Kreditspreads).

BAETGE, JÖRG, Möglichkeiten der Objektivierung des Jahreserfolges, Düsseldorf 1970 (Objektivierung des Jahreserfolges).

BAETGE, JÖRG/KIRSCH, HANS-JÜRGEN/THIELE, STEFAN, Bilanzen, 13. Aufl., Düsseldorf 2014 (Bilanzen).

BAETGE, JÖRG/KIRSCH, HANS-JÜRGEN/WOLLMERT, PETER/BRÜGGEMANN, PETER, Teil A, Kap. II, in: Rechnungslegung nach IFRS – Kommentar auf der Grundlage des deutschen Bilanzrechts, hrsg. v. Baetge, Jörg/Wollmert, Peter/Kirsch, Hans-Jürgen/Oser, Peter/Bischof, Stefan, 2. Aufl., Stuttgart 2002 (Teil A, Kap. II).

BAETGE, JÖRG/THIELE, STEFAN, Gesellschafterschutz versus Gläubigerschutz – Rechenschaft versus Kapitalerhaltung – Zu den Zwecken des deutschen Einzelabschlusses vor dem Hintergrund der internationalen Harmonisierung, in: Handelsbilanzen und Steuerbilanzen – Festschrift zum 70. Geburtstag von Prof. Dr. h. c. Heinrich Beisse, hrsg. v. Budde, Wolfgang Dieter/Moxter, Adolf/Offerhaus, Klaus, Düsseldorf 1997, S. 11-24 (Gesellschafterschutz versus Gläubigerschutz).

BAETGE, JÖRG/ZÜLCH, HENNING, Abt. I/2, in: Handbuch des Jahresabschlusses – Rechnungslegung nach HGB und internationalen Standards, hrsg. v. Wysocki, Klaus von/Schulze-Osterloh, Joachim/Hennrichs, Joachim/Kuhner, Christoph, Köln 1984/2007 (Abt. I/2).

BALLWIESER, WOLFGANG, Informations-GoB – auch im Lichte von IAS und US-GAAP, in: KoR 2002, S. 115-121 (Informations-GoB).

BANH, MINH/CLUSE, MICHAEL/SCHWAKE, DANIEL, Die quantitative Behandlung von Kontrahentenausfallrisiken unter Basel III, in: ZfgK 2011, S. 499-502 (Quantitative Behandlung von Kontrahentenausfallrisiken).

BARROT, CHRISTIAN, Prognosegütemaße, in: Methodik der empirischen Forschung, hrsg. v. Albers, Sönke/Klapper, Daniel/Konradt, Udo/Walter, Achim/Wolf, Joachim, 3. Aufl., Wiesbaden 2009, S. 547-560 (Prognosegütemaße).

BARTH, MARY E./LANDSMAN, WAYNE R., Fundamental Issues Related to Using Fair Value Accounting for Financial Reporting, in: Accounting Horizons 1995, S. 97-107 (Using Fair Value Accounting for Financial Reporting).

BECK, CATHARINA, Problematik und Lösungsansätze der internationalen Bilanzierung von Versicherungsverträgen unter besonderer Beachtung des Systemwechsels der Rechnungslegung von Versicherungen nach IFRS 4, Rostock 2007 (Internationale Bilanzierung von Versicherungsverträgen).

BECK, DIETER, Die Aussagekraft der externen Rechnungslegung im Hinblick auf eine Beschreibung und Analyse der passiven Rückversicherung von Schaden- und Unfallversicherungsunternehmen, in: Geld, Banken und Versicherungen – Beiträge zum 1. Symposium Geld, Banken und Versicherungen an der Universität Karlsruhe vom 11.-13. Dezember 1980 – Band II, hrsg. v. Göppl, Hermann/Henn, Rudolf, Königstein/Ts. 1981, S. 702-716 (Rechnungslegung der passiven Rückversicherung).

BECKER, KLAUS/WIECHENS, GERO, Berücksichtigung des eigenen Kreditrisikos bei der Bewertung von Schulden – Analyse des IASB-Diskussionspapiers „Credit Risk in Liability Measurement", in: WPg 2010, S. 228-237 (Eigenes Kreditrisiko bei der Bewertung von Schulden).

BGH, Urteil vom 14.07.1962 – III ZR 21/61, in: VersR 1962, S. 974-977 (Urteil vom 14.07.1962 – III ZR 21/61).

BGH, Urteil vom 12.03.1964 – II ZR 226/62, in: VersR 1964, S. 497-500 (Urteil vom 12.03.1964 – II ZR 226/62).

BGH, Urteil vom 16.11.1967 – II ZR 259/64, in: VersR 1968, S. 138-140 (Urteil vom 16.11.1967 – II ZR 259/64).

BIEG, HARTMUT/KÄUFER, ANKE, Rahmenkonzept – Ziel, Zwecke und Grundsätze, in: IFRS Rechnungslegung – Grundlagen – Aufgaben – Fallstudien, hrsg. v. Brösel, Gerrit/Zwirner, Christian, 2. Aufl., München 2009, S. 3-20 (Rahmenkonzept).

BIERMANN, KLAUS/BRINKMANN, THEODOR, Die Gesamtleistungsrechnung der Versicherungswirtschaft als Ausdruck ihrer volkswirtschaftlichen Bedeutung, in: ZVersWiss 1988, S. 29-60 (Gesamtleistungsrechnung der Versicherungswirtschaft).

BLAUM, ULF/HOLZWARTH, JOCHEN, IAS 8, in: Rechnungslegung nach IFRS – Kommentar auf der Grundlage des deutschen Bilanzrechts, hrsg. v. Baetge, Jörg/Wollmert, Peter/Kirsch, Hans-Jürgen/Oser, Peter/Bischof, Stefan, 2. Aufl., Stuttgart 2002 (IAS 8).

BOETIUS, JAN, Handbuch der versicherungstechnischen Rückstellungen – Handels- und Steuerbilanzrecht der Versicherungsunternehmen, Köln 1996 (Handbuch der versicherungstechnischen Rückstellungen).

BONIN, CHRISTOPH/KREEB, MARKUS, Viel Wirbel um den Exposure Draft IFRS 4 zu Versicherungsverträgen – Kommentierungsrunde bringt zahlreiche Schwachstellen ans Licht, in: VW 2011, S. 194-195 (Wirbel um ED IFRS 4).

BRAEẞ, PAUL, Versicherung und Risiko, Wiesbaden 1960 (Versicherung und Risiko).

BRINKMANN, THEODOR, Versicherung – was sie ist und was sie leistet, in: Was ist Versicherung?, hrsg. v. Albrecht, Peter/Brinkmann, Theodor/Zweifel, Peter, Karlsruhe 1987, S. 7-21 (Wesen und Leistung der Versicherung).

BRIXNER, JOACHIM/SCHABER, MATHIAS/BOSSE, MICHAEL, Der Exposure Draft ED/2013/3 „Expected Credit Losses“ – Überblick über die neuen Wertminderungsvorschriften und deren Implikationen auf den Bilanzansatz und die Erfolgswirkung, in: KoR 2013, S. 221-235 („Expected Credit Losses“).

BROWN, ANTHONY, Demystifying the Risk Margin: Theory, Practice and Regulation, verfügbar unter: http://www.sias.org.uk/view_paper?id=SIASPaperMay2012b, Stand: 05.10.2013 (Demystifying the Risk Margin).

VAN BÜHREN, HUBERT W., § 1 Versicherungsvertragsrecht, in: Handbuch Versicherungsrecht, hrsg. v. van Bühren, Hubert W., 5. Aufl., Bonn 2012 (§ 1).

CARR, DENNIS L., Experience in implementing fair value of insurance liabilities, in: The fair value of insurance liabilities, hrsg. v. Vanderhoof, Irwin T./Altman, Edward I., Boston, Dordrecht, London 1998, S. 127-132 (Fair Value of insurance liabilities).

CARTER, ROBERT L./ LUCAS, LESLIE D./RALPH, NIGEL Reinsurance, 4. Aufl., Great Britain 2000 (Reinsurance).

CECCHETTI, STEPHEN G./GYNTELBERG, JACOB/HOLLANDERS, MARC, Central counterparties for over-the-counter derivatives, in: BIS Quarterly Review September 2009, S. 45-58 (Central counterparties).

CEIOPS (HRSG.), Task Force Report on the Liquidity Premium, verfügbar unter: https://eiopa.europa.eu/fileadmin/tx_dam/files/publications/submissionstotheec/20100303-CEIOPS-Task-Force-Report-on-the-liquidity-premium.pdf, Stand: 21.08.2013 (Task Force Report on the Liquidity Premium).

CEIOPS (HRSG.), Comment Letter on ED/2010/8: Insurance Contracts, verfügbar unter: http://www.ifrs.org/Current-Projects/IASB-Projects/Insurance-Contracts/Exposure-draft-2010/Comment-letters/Documents/CEIOPScommentlettertoIASBonInsuranceContracts ED20101126.pdf, Stand: 11.06.2013 (CL on ED/2010/8).

CFO FORUM (HRSG.), CFO Forum – Elaborated Principles for an IFRS Phase II Insurance Accounting Model – Elaborated Principles and Basis for Conclusions, verfügbar unter: http://www.cfoforum.nl/letters/elaborated_principles.pdf, Stand: 31.05.2013 (CFO Forum – Elaborated Principles).

CFO FORUM (HRSG.), Market Consistent Embedded Value Principles, verfügbar unter: http://www.cfoforum.nl/downloads/MCEV_Principles_and_Guidance_October_2009.pdf, Stand: 21.08.2013 (Market Consistent Embedded Value Principles).

CFO FORUM (HRSG.), Comment Letter on ED/2013/7 revised Exposure Draft: Insurance Contracts, verfügbar unter: http://www.ifrs.org/Current-Projects/IASB-Projects/Insurance-Contracts/Exposure- Draft-June-2013/Pages/Comment-letters.aspx, Stand: 14.11.2013 (CL on ED/2013/7).

CHRISTENSEN, JOHN, Conceptual frameworks of accounting from an information perspective, in: Accounting and Business Research 2010, S. 287-299 (Conceptual framework).

CLARK, DOMINIC/MITCHELL, SCOTT, Allowing for illiquidity and other market stress impacts in the valuation of insurance liabilities, verfügbar unter: http://publications.milliman.com/publications/life-published/pdfs/allowing-for-illiquidity.pdf, Stand: 21.08.2013 (Illiquidity in the valuation of insurance liabilities).

CLARK, P. K./HINTON, P. H./NICHOLSON, E. J./STOREY, L./WELLS, G. G./WHITE M. G., The Implication of Fair Value Accounting for General Insurance Companies, in: British Actuarial Journal 2003, S. 1007-1044 (Fair Value Accounting for General Insurance Companies).

COENENBERG, ADOLF G./STRAUB, BARBARA, Rechenschaft versus Entscheidungsunterstützung: Harmonie oder Disharmonie der Rechnungszwecke?, in: KoR 2008, S. 17-26 (Rechenschaft versus Entscheidungsunterstützung).

DE LA VIÑA, KATJA/TRUMP, ERIK, Bilanzierung von Versicherungsverträgen – Ist die letzte Runde eingeläutet?, in: IRZ 2013, S. 473-477 (Bilanzierung von Versicherungsverträgen).

DELOITTE (HRSG.), Comment Letter on ED/2010/8t: Insurance Contracts, verfügbar unter: http://www.ifrs.org/Current-Projects/IASB-Projects/Insurance-Contracts/Exposure-draft-2010/ Comment-letters/Documents/DTTLED201008Insurance.pdf, Stand: 17.09.2013 (CL on ED/2010/8).

DELOITTE (HRSG.), IFRS-Newsletter zur Versicherungsbilanzierung – Der Beginn einer neuen Zeitrechnung, verfügbar unter: http://www.iasplus.com/de/publications/german-publications/ versicherungsbilanzierung/versicherungsbilanzierung-12, Stand: 24.08.2013 (IFRS-Newsletter zur Versicherungsbilanzierung 08/2010).

DETTENRIEDER, DOMINIK, Hedge Accounting in Industrieunternehmen nach IFRS 9, Lohmar 2014 (Hedge Accounting in Industrieunternehmen nach IFRS 9).

DEUTSCHE BUNDESBANK (HRSG.), Entwicklung, Aussagekraft und Regulierung des Marktes für Kreditausfall-Swaps, verfügbar unter: http://www.bundesbank.de/Redaktion/DE/ Downloads/Veroeffentlichungen/Monatsberichtsaufsaetze/2010/2010_12_kreditausfall_swaps.pdf?__blob=publicationFile, Stand: 08.08.2013 (Der Markt für Kreditausfall-Swaps).

DIERS, DOROTHEA, Die Wirkung unterschiedlicher Risikokapital-Allokationsmethoden, verfügbar unter: https://www.uni-ulm.de/fileadmin/website_uni_ulm/mawi2/forschung/preprint-server/ 2007/0720_risikokapitalallokation.pdf, Stand: 27.10.2014 (Wirkung unterschiedlicher Risikokapital-Allokationsmethoden).

DOBLER, MICHAEL/HETTICH, SILVIA, Geplante Änderungen der Rahmenkonzepte von IASB und FASB – Konzeption, Vergleich, Würdigung, in: IRZ 2007, S. 29-36 (Geplante Änderungen der Rahmenkonzepte).

DÖLKER, ANNETTE, Das operationelle Risiko in Versicherungsunternehmen, Eine theoretische und empirische Analyse auf Basis des Peaks-over-Threshold-Modells, Karlsruhe 2006 (Operationelles Risiko in Versicherungsunternehmen).

DÖRSCHELL, ANDREAS/FRANKEN, LARS/SCHULTE, JÖRN, Der Kapitalisierungszinssatz in der Unternehmensbewertung – Praxisgerechte Ableitung unter Verwendung von Kapitalmarktdaten, 2. Aufl., Düsseldorf 2012 (Kapitalisierungszinssatz in der Unternehmensbewertung).

DOWD, KEVIN, Measuring Market Risk, 2. Aufl., Chichester 2005 (Measuring Market Risk).

DREHER, MEINRAD, Die Versicherung als Rechtsprodukt – Die Privatversicherung und ihre rechtliche Gestaltung, Tübingen 1991 (Versicherung als Rechtsprodukt).

DRSC (HRSG.), Comment Letter on the Exposure Draft of an improved Conceptual Framework for Financial Reporting – Chapter 1: The Objective of Financial Reporting, and Chapter 2: Qualitative Characteristics and Constraints of Decision-useful Financial Reporting Information, verfügbar unter: http://www.ifrs.org/Current-Projects/IASB-Projects/Conceptual-Framework/ED May08/Comment-Letters/Documents/CL37.pdf, Stand: 26.03.2013 (CL on ED Conceptual Framework).

DRSC (HRSG.), Comment Letter on ED/2013/7 revised Exposure Draft: Insurance Contracts, verfügbar unter: http://www.ifrs.org/Current-Projects/IASB-Projects/Insurance-Contracts/Exposure-Draft-June-2013/Pages/Comment-letters.aspx, Stand: 11.11.2013 (CL on ED/2013/7).

DUFFIE, DARRELL/SINGLETON, KENNETH J., Credit Risk – Pricing, Measurement, and Management, Princeton 2003 (Credit Risk).

DURAN, J. PETER, Comment on 'Experience in implementing fair value of insurance liabilities', in: The fair value of insurance liabilities, hrsg. v. Vanderhoof, Irwin T./Altman, Edward I., Boston, Dordrecht, London 1998, S. 133-135 (Comment).

DVA (HRSG.), Individualversicherung – Versicherungslehre 1, 5. Aufl., Karlsruhe 2002 (Individualversicherung).

EDELMANN, MARTIN, Bilanzierung von Finanzinstrumenten: Erfahrungen aus der Krise, in: Perspektiven der Finanzberichterstattung und der Corporate Governance – 64. Deutscher Betriebswirtschafter-Tag 2010, hrsg. v. Wagenhofer, Alfred/Brandt, Werner, Düsseldorf 2010, S. 15-23 (Bilanzierung von Finanzinstrumenten).

EFRAG (HRSG.), Comment Letter on ED/2010/8: Insurance Contracts, verfügbar unter: http://www.ifrs.org/Current-Projects/IASB-Projects/Insurance-Contracts/Exposure-draft-2010/Comment-letters/Documents/EFRAGsFinalCommentLetterontheIASBsEDInsuranceContracts.pdf, Stand: 29.08.2013 (CL on ED/2010/8).

EIERLE, BRIGITTE, Die Entwicklung der Differenzierung der Unternehmensberichterstattung in Deutschland und Großbritannien – Ansatzpunkte für die Diskussion der zukünftigen Gestaltung der Abschlusserstellung nicht kapitalmarktorientierter Unternehmen in Deutschland, Frankfurt am Main 2004 (Differenzierung der Unternehmensberichterstattung).

ELLENBÜRGER, FRANK, G. Internationalisierung der Rechnungslegung von Versicherungsunternehmen, in: Rechnungslegung und Prüfung der Versicherungsunternehmen, hrsg. v. IDW, 5. Aufl., Düsseldorf 2011, S. 835-874 (Internationalisierung der Rechnungslegung).

ELLENBÜRGER, FRANK/ENGELÄNDER, STEFAN/KÖLSCHBACH, JOACHIM, Der letzte Schritt zum IFRS für Versicherungsverträge – Zum Exposure Draft ED/2013/7, in: WPg 2013, S. 813-820 (IFRS für Versicherungsverträge).

ELLENBÜRGER, FRANK/HORBACH, LOTHAR/KÖLSCHBACH, JOACHIM, Bewertung von versicherungstechnischen Rückstellungen nach Vorschlägen für einen International Financial Reporting Standard (IFRS), in: Rechnungslegung von Versicherungsunternehmen – Festschrift zum 70. Geburtstag von Dr. Horst Richter, hrsg. v. Geib, Gerd, Düsseldorf 2001, S. 43-57 (Bewertung versicherungstechnischer Rückstellungen).

ELLENBÜRGER, FRANK/HUSCH, RAINER, Vorschläge zur Bilanzierung von Versicherungsverträgen nach IFRS (ED/2010/8), in: WPg 2011, S. 264-268 (Bilanzierung von Versicherungsverträgen nach ED/2010/8).

ELLENBÜRGER, FRANK/KÖLSCHBACH, JOACHIM, Standpunkt IFRS-Standard: Volatilität wie beim Fair Value, in: VW 2010, S. 1145 (Volatilität wie beim Fair Value).

ELLENBÜRGER, FRANK/KÖLSCHBACH, JOACHIM, Vor einem großen Schritt hin zu neuen Bilanzierungsstandards, in: VW 2010, S. 1303-1308 (Schritt zu neuen Bilanzierungsstandards).

ENGELÄNDER, STEFAN/KÖLSCHBACH, JOACHIM, Der International Financial Reporting Standard 4 für Versicherungsverträge – Das IASB hat am 31. März 2004 erstmals einen Standard für Versicherungen veröffentlicht, in: VW 2004, S. 574-579 (IFRS 4 für Versicherungsverträge).

ENGELÄNDER, STEFAN/KÖLSCHBACH, JOACHIM, Das Diskussionspapier des IASB zur Phase II des Versicherungsprojekts – Eine Analyse des vorgeschlagenen Bewertungsmodells –, in: KoR 2007, S. 386-397 (Diskussionspapier zur Phase II des Versicherungsprojektes).

ERNST & YOUNG (HRSG.), Comment Letter on Insurance Contracts Discussion Paper, verfügbar unter: http://www.ifrs.org/Current-Projects/IASB-Projects/Insurance-Contracts/Discussion-Paper-and-Comment-Letters/ Comment-Letters/Documents/CL122.pdf, Stand: 09.08.2013 (CL on DP Insurance Contracts).

ERNST & YOUNG (HRSG.), Market Value Margins for Insurance Liabilities in Financial Reporting and Solvency Applications, verfügbar unter: http://www.gnaie.net/sites/default/files/library/ Market%20Value%20Margin106F323.pdf, Stand: 16.09.2013 (Market Value Margins).

ERNST & YOUNG (HRSG.), Boards discuss reinsurance topics (IASB/FASB meeting 31 May 2011), verfügbar unter: http://www.ey.com/Publication/vwLUAssets/2_Insurance_accounting_alert:_Boards_discuss_reinsurance_topics/$FILE/2Insurance_Accounting_Alert_reinsurance_topics_May_2011_GL_IFRS.pdf, Stand: 24.10.2013 (Boards discuss reinsurance topics).

ERNST & YOUNG GLOBAL LIMITED (HRSG.), Comment Letter on ED/2013/7 revised Exposure Draft: Insurance Contracts, verfügbar unter: http://www.ifrs.org/Current-Projects/IASB-Projects/ Insurance-Contracts/Exposure-Draft-June-2013/Pages/Comment-letters.aspx, Stand: 15.11.2013 (CL on ED/2013/7).

EUROPEAN INSURANCE CFO-FORUM/CEA (HRSG.), Comment Letter on ED/2010/8: Insurance Contracts, verfügbar unter: http://www.ifrs.org/Current-Projects/IASB-Projects/Insurance-Contracts/Exposure-draft-2010/Comment-letters/Documents/CFOFCEAFinalResponsetoIASBED InsuranceContracts291110.pdf, Stand: 08.10.2013 (CL on ED/2010/8).

EWELT-KNAUER, CORINNA, Der Konzernabschluss als Berichtsinstrument der wirtschaftlichen Einheit – Zur Abgrenzung des Vollkonsolidierungskreises sowie zur bilanziellen Abbildung von Transaktionen mit Dritten, Lohmar 2010 (Konzernabschluss als Berichtsinstrument der wirtschaftlichen Einheit).

EWERT, RALF, Rechnungslegung, Gläubigerschutz und Agency-Probleme, Wiesbaden 1986 (Agency-Probleme).

FARNY, DIETER, Produktions- und Kostentheorie der Versicherung, Karlsruhe 1965 (Produktions- und Kostentheorie).

FARNY, DIETER, Theorie der Versicherung – B. Fortentwicklung der Theorie der Versicherung, in: Handwörterbuch der Versicherung HdV, hrsg. v. Farny, Dieter/Helten, Elmar/Koch, Peter/Schmidt, Reimer, Karlsruhe 1988, S. 867-871 (Fortentwicklung der Theorie der Versicherung).

FARNY, DIETER, Buchführung und Periodenrechnung im Versicherungsunternehmen, 4. Aufl., Wiesbaden 1992 (Periodenrechnung im Versicherungsunternehmen).

FARNY, DIETER, Versicherungsbetriebslehre, 5. Aufl., Karlsruhe 2011 (Versicherungsbetriebslehre).

FASB (HRSG.), Statement of Financial Accounting Concepts No. 2 – Qualitative Characteristics of Accounting Information, Norwalk 1980 (SFAC).

FASB (HRSG.), Proposed Accounting Standards Update, Insurance Contracts (Topic 834), June 2013, verfügbar unter: http://www.fasb.org/jsp/FASB/Document_C/DocumentPage?cid=1176163028066&acceptedDisclaimer=true, Stand: 14.11.2014 (Proposed Accounting Standards Update (Topic 834)).

FINANCIAL CRISIS ADVISORY GROUP (HRSG.), Report of the Financial Crisis Advisory Group 2009, verfügbar unter: http://www.ifrs.org/News/Press-Releases/Documents/FCAGReportJuly2009.pdf, Stand: 07.08.2013 (Report 2009).

FISCHER, DANIEL T., Der Standardentwurf *„Insurance Contracts"* (ED/2010/8), in: PiR 2010, S. 262-264 (Standardentwurf „Insurance Contracts").

FLICK, PETER/GEHRER, JUDITH/KRAKUHN, JOACHIM, Geplante Änderungen des ED/2009/12 zur Impairment-Ermittlung – Bedeutung für Kreditinstitute, in: IRZ 2010, S. 547-552 (ED/2009/12 zur Impairment-Ermittlung).

FRANKEN, LARS/SCHULTE, JÖRN/DÖRSCHELL, ANDREAS, Kapitalkosten für die Unternehmensbewertung – Unternehmens- und Branchenanalysen für Betafaktoren, Fremdkapitalkosten und Verschuldungsgrade 2014/2015, 3. Aufl., Düsseldorf 2014 (Kapitalkosten für die Unternehmensbewertung).

FRITSCH, MICHAEL, Marktversagen und Wirtschaftspolitik – Mikroökonomische Grundlagen staatlichen Handelns, 9. Aufl., München 2014 (Marktversagen und Wirtschaftspolitik).

GASSEN, JOACHIM, Are stewardship and valuation usefulness compatible or alternative objectives of financial accounting? (Working Paper), Berlin 2008 (Stewardship and valuation usefulness).

GASSEN, JOACHIM/FISCHKIN, MICHAEL/HILL, VERENA, Das Rahmenkonzept-Projekt des IASB und des FASB: Eine normendeskriptive Analyse des aktuellen Stands, in: WPg 2008, S. 874-882 (Rahmenkonzept-Projekt des IASB und des FASB).

GASSER, PETER/BUGMANN, CHRISTOPH, Proportional and non-proportional reinsurance – The main differences between these two types of reinsurance cover – a discussion with specific examples, in: Technical Publishing, hrsg. v. Swiss Re, 2. Aufl., Zürich 1997, S. 1-33 (Proportional and non-proportional reinsurance).

GDV (HRSG.), Positionspapier zur Bestimmung der risikofreien Zinsstrukturkurve unter Solvency II, verfügbar unter: http://www.gdv.de/wp-content/uploads/2010/01/Positionspapier_Zins strukturkurve.pdf, Stand: 19.08.2013 (Bestimmung der risikofreien Zinsstrukturkurve).

GEIB, GERD, Diskussionsstand eines International Financial Reporting Standards (IFRS) für Versicherungsgeschäfte, in: Rechnungslegung von Versicherungsunternehmen – Festschrift zum 70. Geburtstag von Dr. Horst Richter, hrsg. v. Geib, Gerd, Düsseldorf 2001, S. 111-126 (IFRS für Versicherungsgeschäfte).

GERATEWOHL, KLAUS/BAUER, WOLF OTTO/GLOTZMANN, H. PETER/HOSP, ERNST/KLEIN, JULIUS/KLUGE, HAROLD/SCHIMMING, WERNER, Rückversicherung – Grundlagen und Praxis – Band I, Karlsruhe 1976 (Rückversicherung (Band I)).

GERATEWOHL, KLAUS/BAUER, WOLF OTTO/GLOTZMANN, H. PETER/HOSP, ERNST/KLEIN, JULIUS/KLUGE, HAROLD/SCHIMMING, WERNER, Rückversicherung – Grundlagen und Praxis – Band II, Karlsruhe 1979 (Rückversicherung (Band II)).

GNAIE (HRSG.), Comment Letter on ED/2010/8: Insurance Contracts, verfügbar unter: http://www.ifrs.org/Current-Projects/IASB-Projects/Insurance-Contracts/Exposure-draft-2010/Comment-letters/Documents/CL1AGNAIE.pdf, Stand: 29.08.2013 (CL on ED/2010/8).

GRAF VON DER SCHULENBURG, J.-MATTHIAS, Ökonomie langfristiger Versicherungsverhältnisse, in: Langfristige Versicherungsverhältnisse – Ökonomie • Technik • Institutionen, hrsg. v. Männer, Leonhard, Karlsruhe 1997, S. 21-36 (Ökonomie langfristiger Versicherungsverhältnisse).

GRAF VON DER SCHULENBURG, J.-MATTHIAS, Versicherungsökonomie – Ein Leitfaden für Studium und Praxis, Karlsruhe 2005 (Versicherungsökonomie).

GROSEN, ANDERS/JØRGENSEN, PETER LØCHTE, Fair valuation of life insurance liabilities: The impact of interest rate guarantees, surrender options, and bonus policies, in: Insurance: Mathematics and Economics 2000, S. 37-57 (Fair valuation of life insurance liabilities).

GROßE, JAN-VELTEN, IFRS 13 „Fair Value Measurement" – Was sich (nicht) ändert, in: KoR 2011, S. 286-296 (IFRS 13 „Fair Value Measurement").

GROßE, JAN-VELTEN/SCHMIDT, MARTIN, Entwurf des IASB zur Wertminderung von Finanzinstrumenten – Exposure Draft ED/2013/3 Financial Instruments: Expected Credit Losses, in: WPg 2013, S. 529-532 (ED/2013/3 Expected Credit Losses).

GROSSMANN, MARCEL, Rückversicherung – eine Einführung, 3. Aufl., St. Gallen 1990 (Rückversicherung).

GRUBER, WALTER, Praxisorientierte Bepreisung von einfachen und strukturierten Credit-Default-Swaps, in: Praktiker-Handbuch Asset-Backed-Securities und Kreditderivate – Strukturen, Preisbildung, Anwendungsmöglichkeiten, aufsichtliche Behandlung, hrsg. v. Gruber, Josef/Gruber, Walter/Braun, Hendryk, Stuttgart 2005, S. 93-117 (Bepreisung von Credit Default Swaps).

GRÜNBERGER, DAVID/SOPP, GUIDO, Kredit- und Liquiditätsrisiko bei der Fair Value-Ermittlung – IASB- und FASB-Exposure Drafts, in: IRZ 2010, S. 439-445 (Kredit- und Liquiditätsrisiko).

GUTTERMAN, SAM/CHAMBERS, MO, Credit Standing in the Fair Value of Liabilities – presented to the Thomas P. Bowles Jr. Symposium: Fair Valuation of Contingent Claims and Benchmark Cost of Capital, verfügbar unter: http://www.casact.org/education/specsem/sp2003/ papers/Gutterman-Chambers.doc, Stand: 03.08.2013 (Credit Standing in the Fair Value of Liabilities).

HAAKER, ANDREAS, Das Wahrscheinlichkeitsproblem bei der Rückstellungsbilanzierung nach IAS 37 und IFRS 3 – Eine Analyse der Regelungen im Hinblick auf die Erfüllung des Informationszwecks –, in: KoR 2005, S. 8-15 (Wahrscheinlichkeitsproblem bei der Rückstellungsbilanzierung).

HAAKER, ANDREAS, Potential der Goodwill-Bilanzierung nach IFRS für eine Konvergenz im wertorientierten Rechnungswesen – Eine messtheoretische Analyse, Wiesbaden 2008 (Goodwill-Bilanzierung nach IFRS).

HALLER, MATTHIAS, Sicherheit durch Versicherung? – Gedanken zur künftigen Rolle der Versicherung, Bern 1975 (Sicherheit durch Versicherung).

HANEKOPF, STEFAN, Risikotransfer, Risikotransformation und Risikotragung in langfristigen Individualversicherungsverhältnissen, in: Langfristige Versicherungsverhältnisse – Ökonomie • Technik • Institutionen, hrsg. v. Männer, Leonhard, Karlsruhe 1997, S. 397-420 (Langfristige Individualversicherungsverhältnisse).

HANISCH, JENDRIK, Risikomessung mit dem Conditional Value-at-Risk – Implikationen für das Entscheidungsverhalten, Hamburg 2006 (Risikomessung mit dem *conditional value at risk)*.

HANNOVER RE/MAPFRE RE/MUNICH RE/SWISS RE (HRSG.), Comment Letter on ED/2010/8: Insurance Contracts, verfügbar unter: http://www.ifrs.org/Current-Projects/IASB-Projects/Insurance-Contracts/Exposure-draft-2010/Comment-letters/Documents/20101130IASBInsuranceContracts _ReinsurerComments.pdf, Stand: 10.04.2013 (CL on ED/2010/8).

HANSEN, KNUD, Gedanken zur Produktentwicklung in der Rückversicherung, in: Risiko – Versicherung – Markt – Festschrift für Walter Karten zur Vollendung des 60. Lebensjahres, hrsg. v. Hesberg, Dieter/Nell, Martin/Schott, Winfried, Karlsruhe 1994, S. 369-380 (Produktentwicklung).

HÄRTERICH, SUSANNE, Risk Management von industriellen Produktions- und Produktrisiken, Karlsruhe 1987 (Risk Management).

HARTMANN-WENDELS, THOMAS/PFINGSTEN, ANDREAS/WEBER, MARTIN, Bankbetriebslehre, 6. Aufl., Berlin, Heidelberg 2015 (Bankbetriebslehre).

HARTUNG, SVEN, Anhang und Lagebericht im Spannungsfeld zwischen Bilanztheorie und Bilanzpolitik – eine theoretische und empirische Analyse –, Aachen 2002 (Bilanztheorie und Bilanzpolitik im Spannungsfeld).

HASENBURG, CHRISTOF/DRINHAUSEN, ANDREA, IFRS 4 Versicherungsverträge, in: Der Konzern 2005, S. 642-650 (IFRS 4 Versicherungsverträge).

HAX, KARL, Grundlagen des Versicherungswesens, Wiesbaden 1964 (Grundlagen des Versicherungswesens).

HELLER, SYLVIA, Die Bilanzierung von Versicherungsverträgen nach IFRS – Eine ökonomische Analyse, Lohmar 2009 (Bilanzierung von Versicherungsverträgen nach IFRS).

HELTEN, ELMAR, Die Erfassung und Messung des Risikos, in: Versicherungsenzyklopädie – Band 2, hrsg. v. Große, Walter/Müller-Lutz, Heinz Leo/Schmidt, Reimer, 4. Aufl., Wiesbaden 1991, S. 125-198 (Erfassung und Messung des Risikos).

HELTEN, ELMAR, Die Erfassung und Messung des Risikos, in: Versicherungswirtschaftliches Studienwerk – Studientext 11, hrsg. v. Asmus, Werner/Gaßmann, Jürgen, 4. Aufl., Wiesbaden 1994, S. 1-70 (Erfassung und Messung des Risikos).

HELTEN, ELMAR, Ist Risiko ein Konstrukt? – Zur Quantifizierung des Risikobegriffes, in: Risiko – Versicherung – Markt – Festschrift für Walter Karten zur Vollendung des 60. Lebensjahres, hrsg. v. Hesberg, Dieter/Nell, Martin/Schott, Winfried, Karlsruhe 1994, S. 19-25 (Risiko als Konstrukt).

HELTEN, ELMAR/BITTL, ANDREAS/LIEBWEIN, PETER, Versicherung von Risiken, in: Praxis des Risikomanagements – Grundlagen, Kategorien, branchenspezifische und strukturelle Aspekte, hrsg. v. Dörner, Dietrich/Horváth, Péter/Kagermann, Henning, Stuttgart 2000, S. 153-191 (Versicherung von Risiken).

HEPERS, LARS, Entscheidungsnützlichkeit der Bilanzierung von Intangible Assets in den IFRS – Analyse der Regelungen des IAS 38 unter besonderer Berücksichtigung der ergänzenden Regelungen des IAS 36 sowie des IFRS 3, Lohmar 2005 (Entscheidungsnützlichkeit der Bilanzierung von Intangible Assets).

HIBBERT, JOHN/KIRCHNER, AXEL/KRETZSCHMAR, GAVIN/LI, RUOSHA/MCNEIL, ALEXANDER/STARK, JAMIE, Summary of Liquidity Premium Estimation Methods, verfügbar unter: http://www.macs.hw.ac.uk/~mcneil/ftp/LPmethods.pdf, Stand: 23.08.2013 (Liquidity Premium Estimation Methods).

HOFFMANN, SEBASTIAN/DETZEN, DOMINIC, Das Joint Conceptual Framework von IASB und FASB – Praktische Implikationen aus dem Abschluss der Phase A für kapitalmarktorientierte Unternehmen, in: KoR 2012, S. 53-55 (Implikationen aus dem Abschluss der Phase A des Conceptual Framework).

HOMMEL, MICHAEL/BIELKE, DAVID/ZICKE, JULIA, Bilanzierung von Versicherungsverträgen nach ED/2013/7 – Gewinnglättung dominiert fair value, in: KoR 2013, S. 404-412 (Gewinnglättung dominiert fair value).

IAA (HRSG.), Measurement of Liabilities for Insurance Contracts: Current Estimates and Risk Margins, verfügbar unter: http://www.actuaries.org/LIBRARY/Papers/IAA_Measurement_of_ Liabilities_2009-public.pdf, Stand: 20.09.2013 (Measurement of Liabilities for Insurance Contracts).

IAIS (HRSG.), Comment Letter on ED/2010/8: Insurance Contracts, verfügbar unter: http://www.ifrs.org/Current-Projects/IASB-Projects/Insurance-Contracts/Exposure-draft-2010/ Comment-letters/Documents/101130IAIScommentsInsuranceContractsEDfinal.pdf, Stand: 22.08.2013 (CL on ED/2010/8).

IASB (HRSG.), Framework for the Preparation and Presentation of Financial Statements, London 1989 (Framework (1989)).

IASB (HRSG.), Discussion Paper – Preliminary Views on an improved Conceptual Framework for Financial Reporting: The Objective of Financial Reporting and Qualitative Characteristics of Decision-useful Financial Reporting Information, London 2006, verfügbar unter: http://www.ifrs.org/Current-Projects/IASB-Projects/Conceptual-Framework/DPJul06/Documents/DP_ConceptualFramework.pdf, Stand: 17.02.2014 (DP Conceptual Framework).

IASB (HRSG.), Discussion Paper: Preliminary Views on Insurance Contracts, London 2007, verfügbar unter: http://www.ifrs.org/Current-Projects/IASB-Projects/Insurance-Contracts/ Discussion-Paper-and-Comment-Letters/Documents/InsurancePart1.pdf, Stand: 17.02.2014 (DP: Insurance Contracts).

IASB (HRSG.), Comment Letter Summary: Chapters 1 and 2 of the Conceptual Framework Discussion Paper, verfügbar unter: http://www.ifrs.org/Meetings/MeetingDocs/IASB/Archive/Conceptual-Framework/Previous%20Work/CF-0702b03a.pdf, Stand: 27.03.2013 (DP Conceptual Framework – CL Summary).

IASB (HRSG.), Conceptual Framework Phase A – Board Meeting vom 16.10.2007, verfügbar unter: http://www.iasplus.com/en/meeting-notes/agenda_0710/agenda887 (Conceptual Framework Phase A (Board Meeting October 2007)).

IASB (HRSG.), Exposure Draft of an improved Conceptual Framework for Financial Reporting, London 2008, verfügbar unter: http://www.ifrs.org/Current-Projects/IASB-Projects/Conceptual-Framework/EDMay08/Documents/conceptual_framework_exposure_draft.pdf, Stand: 17.02.2014 (ED Conceptual Framework).

IASB (HRSG.), Exposure Draft: Measurement of Liabilities in IAS 37 ED/2010/1 – Proposed amendments to IAS 37, London 2010, verfügbar unter: http://www.ifrs.org/Current-Projects/IASB-Projects/Liabilities/EDJan10/Documents/EDIAS37Liabilities0110.pdf, Stand: 17.02.2014 (ED/2010/1: Measurement of Liabilities in IAS 37).

IASB (HRSG.), Conceptual Framework for Financial Reporting 2010, London 2010 (CF).

IASB (HRSG.), Exposure Draft: Insurance Contracts – ED/2010/8, London 2010, verfügbar unter: http://www.ifrs.org/Current-Projects/IASB-Projects/Insurance-Contracts/Exposure-draft-2010/Documents/ED_Insurance_Contracts_Standard_WEB.pdf, Stand: 17.02.2014 (ED/2010/8: Insurance Contracts).

IASB (HRSG.), Exposure Draft: Revenue from Contracts with Customers – ED/2011/6 – A revision of ED/2010/6 Revenue from Contracts with Customers, London 2011, verfügbar unter: http://www.ifrs.org/Current-Projects/IASB-Projects/Revenue-Recognition/EDNov11/Documents/RevRec_EDII_Standard.pdf, Stand: 17.02.2014 (ED/2011/6: Revenue from Contracts with Customers).

IASB (HRSG.), Exposure Draft: Financial Instruments: Expected Credit Losses – ED/2013/3, London 2013, verfügbar unter: http://www.ifrs.org/Current-Projects/IASB-Projects/Financial-

Instruments-A-Replacement-of-IAS-39-Financial-Instruments-Recognitio/Impairment/Exposure-Draft-March-2013/Comment-letters/Documents/ED-Financial-Instruments-Expected-Credit-Losses-March-2013.pdf, Stand: 17.02.2014 (ED/2013/3: Expected Credit Losses).

IASB (HRSG.), Exposure Draft: Insurance Contracts – ED/2013/7 – A revision of ED/2010/8 Insurance Contracts, London 2013, verfügbar unter: http://www.ifrs.org/Current-Projects/IASB-Projects/Insurance-Contracts/Exposure-Draft-June-2013/Documents/ED-Insurance-Contracts-June-2013.pdf, Stand: 17.02.2014 (ED/2013/7: Insurance Contracts).

IASB (HRSG.), Discussion Paper DP/2013/1: A Review of the Conceptual Framework for Financial Reporting, verfügbar unter: http://www.ifrs.org/Current-Projects/IASB-Projects/Conceptual-Framework/Discussion-Paper-July-2013/Documents/Discussion-Paper-Conceptual-Framework-July-2013.pdf, Stand: 29.08.2013 (DP/2013/1 Conceptual Framework).

IASB (HRSG.), Insurance Contracts – Residual Margin – Accretion of Interest (agenda paper 16B), Meeting 20-28 September 2012, verfügbar unter: http://www.ifrs.org/Current-Projects/IASB-Projects/Insurance-Contracts/Documents/2012/sept_2012_16B_Whether_to_accrete_interest _on_the_residual _margin.pdf, Stand: 11.11.2013 (Accretion of Interest (agenda paper 16B)).

IASB (HRSG.), Accounting proposals for insurance contracts (June 2013), verfügbar unter: http://www.ifrs.org/Current-Projects/IASB-Projects/Insurance-Contracts/Documents/2013/ Insurance-Contracts-slide-deck-2013.pdf, Stand: 25.06.2013 (Accounting proposals for insurance contracts (June 2013)).

IASB (HRSG.), Insurance Contracts – Allocation of residual margin (agenda paper 6C), Meeting 14-18 November 2011, verfügbar unter: http://www.ifrs.org/Current-Projects/IASB-Projects/Insurance-Contracts/Documents/2011/nov_2011_6C_allocation_of_residual_marg in.pdf, Stand: 06.11.2013 (Allocation of residual margin (agenda paper 6C)).

IASB (HRSG.), Insurance Contracts – Non-targeted issues: Asymmetrical treatment of gains from reinsurance contracts (agenda paper 2B), Meeting June 2014, verfügbar unter: http://www.ifrs.org/Meetings/MeetingDocs/IASB/2014/June/AP2B-Insurance%20Contracts.pdf, Stand: 03.11.2014 (Asymmetrical treatment of gains (agenda paper 2B)).

IASB (HRSG.), Insurance Contracts – Which changes in estimate adjust the residual margin? (agenda paper 6A), Meeting 14-18 November 2011, verfügbar unter: http://www.ifrs.org/Current-Projects/IASB-Projects/Insurance-Contracts/Documents/2011/nov_2011_6A_which_changes _in_estimates_adjust_residual _margin.pdf, Stand: 18.11.2013 (Changes adjusting the residual margin (agenda paper 6A)).

IASB (HRSG.), Insurance Contracts – Changes in accounting policy (agenda paper 2C), Meeting July 2014, verfügbar unter: http://www.ifrs.org/Meetings/MeetingDocs/IASB/2014/July/AP02C-Insurance%20Contracts.pdf, Stand: 04.11.2014 (Changes in accounting policy (agenda paper 2C)).

IASB (HRSG.), Insurance Contracts – Cover note (agenda paper 2), Meeting September 2014, verfügbar unter: http://www.ifrs.org/Meetings/MeetingDocs/IASB/2014/September/AP02-Insurance%20Contracts.pdf, Stand: 02.10.2014 (Cover note (agenda paper 2)).

IASB (HRSG.), Insurance Contracts – Disclosure of the effect of changes in discount rates (agenda paper 2F), Meeting March 2014, verfügbar unter: http://www.ifrs.org/Meetings/MeetingDocs/IASB/2014/March/02F%20IC%20OCI%20paper.pdf, Stand: 04.11.2014 (Disclosure of the effect of changes in discount rates (agenda paper 2F)).

IASB (HRSG.), Insurance Contracts – Determining discount rates when there is a lack of observable data (agenda paper 2A), Meeting June 2014, verfügbar unter: http://www.ifrs.org/Meetings/MeetingDocs/IASB/2014/June/AP02A-Insurance%20Contracts.pdf, Stand: 10.10.2014 (Discount rates (agenda paper 2A)).

IASB (HRSG.), Feedback on the premium-allocation approach decisions, verfügbar unter: http://www.ifrs.org/Current-Projects/IASB-Projects/Insurance-Contracts/Documents/Premium allocationapproach.pdf, Stand: 28.11.2013 (Feedback on PAA decisions).

IASB (HRSG.), Insurance Contracts – Impairments of reinsurance contracts held by insurer (agenda paper 2C), Meeting 13-18 December 2012, verfügbar unter: http://www.ifrs.org/Current-Projects/IASB-Projects/Insurance-Contracts/Documents/2012/dec_2012_2C_Impairment_of _reinsurance_contracts_held_ by_insurer.pdf, Stand: 18.11.2013 (Impairment of reinsurance contracts (agenda paper 2C)).

IASB (HRSG.), Insurance Contracts – Interest accretion on residual margin (agenda paper 6D), Meeting 14-18 November 2011, verfügbar unter: http://www.ifrs.org/Current-Projects/IASB-Projects/Insurance-Contracts/Documents/2011/nov_2011_6D_Interest_accreation_on_residual _margin.pdf, Stand: 11.11.2013 (Interest accretion on residual margin (agenda paper 6D)).

IASB (HRSG.), Insurance Contracts – Determination of interest expense in the premium-allocation approach (agenda paper 2F), Meeting September 2014, verfügbar unter: http://www.ifrs.org/Meetings/MeetingDocs/IASB/2014/September/AP02F-Insurance%20 Contracts.pdf, Stand: 13.11.2014 (Interest expense in the PAA (agenda paper 2F)).

IASB (HRSG.), Insurance Contracts – Non-targeted issues: Level of aggregation (agenda paper 2C), Meeting June 2014, verfügbar unter: http://www.ifrs.org/Meetings/MeetingDocs/IASB/2014 /June/AP02C-Insurance%20Contracts.pdf, Stand: 08.09.2014 (Level of aggregation (agenda paper 2C)).

IASB (HRSG.), Insurance Contracts – Non-targeted issues – fixed-fee service contracts, significant insurance risk, portfolio transfers and business combinations (agenda paper 2D), Meeting 19-23 May 2014, verfügbar unter: http://www.ifrs.org/Meetings/MeetingDocs/IASB/2014/May /AP02D-Insurance%20Contracts.pdf, Stand: 05.09.2014 (Non-targeted issues (agenda paper 2D)).

IASB (HRSG.), Insurance Contracts – An option for presenting the effect of changes in discount rates (agenda paper 2E), Meeting March 2014, verfügbar unter: http://www.ifrs.org/ Meetings/MeetingDocs/IASB/2014/March/02E%20IC%20OCI%20paper.pdf, Stand: 01.09.2014 (Option for changes in discount rates (agenda paper 2E)).

IASB (HRSG.), Insurance Contracts – Premium-allocation approach: revenue recognition pattern (agenda paper 2E), Meeting September 2014, verfügbar unter: http://www.ifrs.org/ Meetings/MeetingDocs/IASB/2014/September/AP02E-Insurance%20Contracts.pdf, Stand: 12.11.2014 (PAA: revenue recognition pattern (agenda paper 2E)).

IASB (HRSG.), Conceptual Framework – Project plan (agenda paper 3C), Meeting December 2012, verfügbar unter: http://www.ifrs.org/Current-Projects/IASB-Projects/Conceptual-Framework/ Pages/Board-Discussions-Current-Stage-CF.aspx, Stand: 30.04.2013 (Project plan (agenda paper 3C)).

IASB (HRSG.), Insurance Contracts – Residual margin – Rate of accretion of interest (agenda paper 16C), Meeting 20-28 September 2012, verfügbar unter: http://www.ifrs.org/Current-Projects/IASB-Projects/Insurance-Contracts/Documents/2012/sept_2012_16C_Rate_of_accr etion_on_residual_margin.pdf, Stand: 12.11.2013 (Rate of accretion of interest (agenda paper 16C)).

IASB (HRSG.), Insurance Contracts – Rate used to accrete interest and calculate the present value of cash flows that unlock the contractual service margin (agenda paper 2B), Meeting July 2014, verfügbar unter: http://www.ifrs.org/Meetings/MeetingDocs/IASB/2014/July/AP02B-Insurance %20Contracts.pdf, Stand: 06.11.2014 (Rate used to accrete interest (agenda paper 2B)).

IASB (HRSG.), Insurance Contracts – Non-targeted issues – Recognising the contractual service margin in profit or loss (agenda paper 2C), Meeting May 2014, verfügbar unter: http://www.ifrs.org/Meetings/MeetingDocs/IASB/2014/May/AP02C-Insurance%20Contracts .pdf, Stand: 06.11.2014 (Recognising the contractual service margin in profit or loss (agenda paper 2C)).

IASB (HRSG.), Insurance Contracts – Timing of recognition of acquisition cost expense and related premiums (agenda paper 2D), Meeting June 2012, verfügbar unter: http://www.ifrs.org/Current-Projects/IASB-Projects/Insurance-Contracts/Documents/2012/june_2012_2D_Time_of_recog _of_acq_costs.pdf, Stand: 05.11.2013 (Recognition of acquisition costs (agenda paper 2D)).

IASB (HRSG.), Insurance Contracts – Considering the different approaches for accounting for reinsurance assets – Insurance Working group (agenda paper 8), Meeting 24 October 2011, verfügbar unter: http://www.ifrs.org/Meetings/MeetingDocs/Advisory%20Council/2011/October/ AP8Reinsurance.pdf, Stand: 23.10.2013 (Reinsurance assets (agenda paper 8)).

IASB (HRSG.), Insurance Contracts – Residual margin – two approaches (agenda paper 6B), Meeting 14-18 November 2011, verfügbar unter: http://www.ifrs.org/Current-Projects/IASB-

Projects/Insurance-Contracts/Documents/2011/nov_2011_6B_Residual_margin_2_approa ches.pdf, Stand: 12.10.2013 (Residual margin – two approaches (agenda paper 6B)).

IASB (HRSG.), Insurance Contracts – Sweep issues (agenda paper 2C), Meeting 30-31 January 2013, verfügbar unter: http://www.ifrs.org/Current-Projects/IASB-Projects/Insurance-Contracts /Documents/2013/Jan_2013_2C_IC.pdf, Stand: 22.10.2013 (Sweep issues (agenda paper 2C)).

IASB (HRSG.), Insurance Contracts – How to unlock the contractual service margin – treatment of previously recognised losses (agenda paper 2B), Meeting 18-19 March 2014, verfügbar unter: http://www.ifrs.org/Meetings/MeetingDocs/IASB/2014/March/02B%20IC%20Draft%20unlocki ng%20reversal%20of%20losses%20Mar.pdf, Stand: 04.11.2014 (Treatment of previously recognised losses (agenda paper 2B)).

IASB (HRSG.), Insurance Contracts – Unlocking the contractual service margin (agenda paper 2A), Meeting 18-19 March 2014, verfügbar unter: http://www.ifrs.org/Meetings/MeetingDocs/IASB/2014/March/02A%20IC%20Draft%20unlocking%20according%20to%20the%20ED.PDF, Stand: 04.11.2014 (Unlocking the contractual service margin (agenda paper 2A).

IASB (HRSG.), Insurance Contracts – Whether to unlock the contractual service margin for changes in the risk adjustment (agenda paper 2C), Meeting 18-19 March 2014, verfügbar unter: http://www.ifrs.org/Meetings/MeetingDocs/IASB/2014/March/02C%20IC%20Draft%20unlocki ng%20risk%20adjustment.pdf, Stand: 01.09.2014 (Unlock the contractual service margin for changes in the risk adjustment (agenda paper 2C)).

IASB (HRSG.), Insurance Contracts – Unlocking the residual margin (agenda paper 2A), Meeting 13-18 December 2012, verfügbar unter: http://www.ifrs.org/Current-Projects/IASB-Projects/ Insurance-Contracts/Documents/2012/dec_2012_2A_Unlocking_the_residual_margin.pdf, Stand: 13.10.2013 (Unlocking the residual margin (agenda paper 2A)).

IASB (HRSG.), Use of OCI to present the effect of changes in discount rates (agenda paper 2D), Meeting March 2014, verfügbar unter: http://www.ifrs.org/Meetings/MeetingDocs/IASB/2014/March/02D%20IC%20OCI%20paper.pdf, Stand: 04.11.2014 (Use of OCI for changes in discount rates (agenda paper 2D)).

IASB (HRSG.), IASB Update February 2011, verfügbar unter: http://www.ifrs.org/Updates/IASB-Updates/2011/Documents/February2011IASBUpdate.pdf, Stand: 03.06.2013 (IASB Update February 2011).

IASB (HRSG.), IASB Update March 2011, verfügbar unter: http://www.ifrs.org/Updates/IASB-Updates/2011/Documents/IASBUpdateMarch2011.pdf, Stand: 08.06.2013 (IASB Update March 2011).

IASB (HRSG.), IASB Update 31 May – 2 June 2011, verfügbar unter: http://www.ifrs.org/Updates /IASB-Updates/2011/Documents/IASBupdate31Mayto3June2011.pdf, Stand: 09.10.2014 (IASB Update May/June 2011).

IASB (HRSG.), IASB Update September 2011, verfügbar unter: http://www.ifrs.org/Updates/IASB-Updates/2011/Documents/IASBupdateSept2011.pdf, Stand: 13.09.2013 (IASB Update September 2011).

IASB (HRSG.), IASB Update December 2011, verfügbar unter: http://www.ifrs.org/Updates/IASB-Updates/2011/Documents/IASBupdateDecember2011.pdf, Stand: 10.06.2013 (IASB Update December 2011).

IASB (HRSG.), IASB Update February 2012, verfügbar unter: http://www.ifrs.org/Updates/IASB-Updates/Documents/IASBupdateFebruary2012.pdf, Stand: 03.06.2013 (IASB Update February 2012).

IASB (HRSG.), IASB Update May 2012, verfügbar unter: http://www.ifrs.org/Updates/IASB-Updates/Documents/IASBupdateMay20122.pdf, Stand: 30.04.2013 (IASB Update May 2012).

IASB (HRSG.), IASB Update September 2012, verfügbar unter: http://media.ifrs.org/ IASBSep2012.pdf, Stand: 30.04.2013 (IASB Update September 2012).

IASB (HRSG.), IASB Update December 2012, verfügbar unter: http://media.ifrs.org/2012/ Updates/IASB-Update-December-2012.pdf, Stand: 06.08.2013 (IASB Update December 2012).

IASB (HRSG.), IASB Update March 2014, verfügbar unter: http://media.ifrs.org/2014/ IASB/March/IASB-Update-March-2014.pdf, Stand: 01.09.2014 (IASB Update March 2014).

IASB (HRSG.), IASB Update April 2014, verfügbar unter: http://media.ifrs.org/2014/ IASB/April/IASB-Update-April-2014.pdf, Stand: 29.10.2014 (IASB Update April 2014).

IASB (HRSG.), IASB Update May 2014, verfügbar unter: http://media.ifrs.org/2014/ IASB/May/IASB-Update-May-2014.pdf, Stand: 05.09.2014 (IASB Update May 2014).

IASB (HRSG.), IASB Update June 2014, verfügbar unter: http://media.ifrs.org/2014/ IASB/June/IASB-Update-June-2014.pdf, Stand: 08.09.2014 (IASB Update June 2014).

IASB (HRSG.), Insurance Contracts Project Update July 2014, verfügbar unter: http://www.ifrs.org/Current-Projects/IASB-Projects/Insurance-Contracts/Exposure-Draft-June-2013/Documents/Insurance-Contracts-Project-Overview-July-2014.pdf, Stand: 29.08.2014 (Insurance Contracts Project Update July 2014).

IASB (HRSG.), IASB Update July 2014, verfügbar unter: http://media.ifrs.org/2014/ IASB/July/IASB-Update-July-2014.pdf, Stand: 04.11.2014 (IASB Update July 2014).

IASB (HRSG.), IASB Update September 2014, verfügbar unter: http://media.ifrs.org/2014/IASB/September/IASB-Update-September-2014.pdf, Stand: 12.11.2014 (IASB Update September 2014).

IASB/FASB (HRSG.), Insurance Contracts – Acquisition costs (agenda paper 1B), Meeting 23 June 2010, verfügbar unter: http://www.ifrs.org/Meetings/MeetingDocs/IASB/Archive/ Insurance/Exposure%20Draft/IC-230610b1B.pdf, Stand: 10.12.2013 (Acquisition costs (agenda paper 1B)).

IASB/FASB (HRSG.), Insurance Contracts – Acquisition costs – accounting in the pre-coverage period (agenda paper 2A), Meeting 20-27 September 2012, verfügbar unter: http://www.ifrs.org/Current-Projects/IASB-Projects/Insurance-Contracts/Documents/2012/sept_2012_2A_Acquisition_costs_in_the_precoverage_period.pdf, Stand: 07.02.2014 (Acquisition costs (agenda paper 2A)).

IASB/FASB (HRSG.), Insurance Contracts – Allocation of the residual margin (agenda paper 3D), Meeting 13 June 2011, verfügbar unter: http://www.ifrs.org/Current-Projects/IASB-Projects/Insurance-Contracts/Documents/2011/june_2011_3D_Allocation_of_the_residual_margin.pdf, Stand: 06.11.2013 (Allocation of the residual margin (agenda paper 3D)).

IASB/FASB (HRSG.), Insurance Contracts – Application of risk adjustment and residual margin (agenda paper 3A), Meeting 19 April 2010, verfügbar unter: http://www.ifrs.org/Meetings/MeetingDocs/IASB/Archive/Insurance/Exposure%20Draft/IC-0410b03A.pdf, Stand: 11.10.2013 (Application of residual margin (agenda paper 3A)).

IASB/FASB (HRSG.), Insurance Contracts – Cash flows (agenda paper 3F), Meeting 15-18 February 2011, verfügbar unter: http://www.ifrs.org/Current-Projects/IASB-Projects/Insurance-Contracts/Documents/2011/14_feb_2011_3F_Cash_flows.pdf, Stand: 16.07.2013 (Cash flows (agenda paper 3F)).

IASB/FASB (HRSG.), Insurance Contracts – Summary of comment letters on the IASB ED Insurance Contracts (agenda paper 3E), Meeting January 2011, verfügbar unter: http://www.ifrs.org/Current-Projects/IASB-Projects/Insurance-Contracts/Exposure-draft-2010/Documents/IC0111b03Eobs.pdf, Stand: 31.05.2013 (CL Summary (agenda paper 3E)).

IASB/FASB (HRSG.), Insurance Contracts – Contract boundary (agenda paper 12C), Meeting 21 March 2011, verfügbar unter: http://www.ifrs.org/Current-Projects/IASB-Projects/Insurance-Contracts/Documents/2011/mar_2011_12C_Contract_boundary.pdf, Stand: 23.07.2013 (Contract boundary (agenda paper 12C)).

IASB/FASB (HRSG.), Insurance Contracts – Day one gains and losses (agenda paper 3B), Meeting February 2011, verfügbar unter: http://www.ifrs.org/Current-Projects/IASB-Projects/Insurance-Contracts/Documents/2011/14_feb_2011_3B_Day_one_gains_and_losses.pdf, Stand: 11.10.2013 (Day one gains and losses (agenda paper 3B)).

IASB/FASB (HRSG.), Insurance Contracts – Discounting (agenda paper 3D), Meeting April 2010, verfügbar unter: http://www.ifrs.org/Meetings/MeetingDocs/IASB/Archive/Insurance/Exposure%20Draft/IC-0410b03D.pdf, Stand: 21.08.2013 (Discounting (agenda paper 3D)).

IASB/FASB (HRSG.), Insurance Contracts – Discounting (agenda paper 17D), Meeting September 2009, verfügbar unter: http://www.ifrs.org/Meetings/MeetingDocs/IASB/Archive/Insurance/Exposure%20Draft/IC-0909b17D.pdf, Stand: 15.08.2013 (Discounting (agenda paper 17D)).

IASB/FASB (HRSG.), Insurance Contracts – Discounting – liability for incurred claims (agenda paper 7H), Meeting 12-16 December 2011, verfügbar unter: http://www.ifrs.org/Current-Projects/IASB-Projects/Insurance-Contracts/Documents/2011/dec_2011_7H_Discounting_ liability_for_incurred_claims.pdf, Stand: 14.08.2013 (Discounting (agenda paper 7H)).

IASB/FASB (HRSG.), Insurance Contracts – Discounting for ultra long duration cash flows (agenda paper 12E), Meeting 21 March 2011, verfügbar unter: http://www.ifrs.org/Current-Projects/IASB-Projects/Insurance-Contracts/Documents/2011/mar_2011_12E_Discounting_for _ultra_long_duration_contracts.pdf, Stand: 15.08.2013 (Discounting for ultra long duration cash flows (agenda paper 12E)).

IASB/FASB (HRSG.), Insurance Contracts – Discounting Non-life Contract Liabilities (agenda paper 3E), Meeting 14 February 2011, verfügbar unter: http://www.ifrs.org/Current-Projects/IASB-Projects/Insurance-Contracts/Documents/2011/mar_2011_2B_Discounting_non_life_contr act_libilities.pdf, Stand: 19.08.2013 (Discounting non-life contracts liabilities (agenda paper 3E)).

IASB/FASB (HRSG.), Insurance Contracts – Discount Rate for non-participating contracts (agenda paper 3D), Meeting February 2011, verfügbar unter: http://www.ifrs.org/Current-Projects/IASB-Projects/Insurance-Contracts/Documents/2011/14_feb_2011_3D_Discount_rate_for_non_ participating_ contracts.pdf, Stand: 26.08.2013 (Discount Rate for non-participating contracts (agenda paper 3D)).

IASB/FASB (HRSG.), Insurance Contracts – Explicit risk adjustment (agenda paper 3G), Meeting February 2011, verfügbar unter: http://www.ifrs.org/Current-Projects/IASB-Projects/Insurance-Contracts/Documents/2011/14_feb_2011_3G_Risk_adjustment.pdf, Stand: 06.09.2013 (Explicit risk adjustment (agenda paper 3G)).

IASB/FASB (HRSG.), Insurance Contracts – The mechanics of using OCI to present specified changes in the insurance contract liability (agenda paper 2J), Meeting 21-24 May 2012, verfügbar unter: http://www.ifrs.org/Current-Projects/IASB-Projects/Insurance-Contracts/Documents/2012/may_2012_2J_OCI%20_Mechanics_to_pres_change.pdf, Stand: 19.11.2013 (Mechanics of using OCI (agenda paper 2J)).

IASB/FASB (Hrsg.), Insurance Contracts – Objective for an explicit risk adjustment (agenda paper 12D), Meeting 21 March 2011, verfügbar unter: http://www.ifrs.org/Current-Projects/IASB-Projects/Insurance-Contracts/Documents/2011/mar_2011_12D_objective_for_an_explicit_risk _adjustment.pdf, Stand: 06.09.2013 (Objective for an explicit risk adjustment (agenda paper 12D)).

IASB/FASB (Hrsg.), Insurance Contracts – Onerous contracts (agenda paper 3A), Meeting 27 February – 2 March 2012, verfügbar unter: http://www.ifrs.org/Current-Projects/IASB-Projects/Insurance-Contracts/Documents/2012/Feb_2012_3A_Onerous_contracts.pdf, Stand: 29.11.2013 (Onerous contracts (agenda paper 3A)).

IASB/FASB (Hrsg.), Insurance Contracts – Onerous contracts (agenda paper 7D), Meeting 12-16 December 2011, verfügbar unter: http://www.ifrs.org/Current-Projects/IASB-Projects/Insurance-Contracts/Documents/2011/dec_2011_7D_onerous_contracts.pdf, Stand: 18.06.2013 (Onerous contracts (agenda paper 7D)).

IASB/FASB (Hrsg.), Insurance Contracts – Premium Allocation Approach – FASB staff recommendations on Eligibility (agenda paper 3I), Meeting 27 February 2012, verfügbar unter: http://www.ifrs.org/Current-Projects/IASB-Projects/Insurance-Contracts/Documents/2012/ Feb_2012_3I_PAA_FASB_staff_recommendation_on_eligibility_criteria.pdf, Stand: 25.11.2013 (PAA (agenda paper 3I)).

IASB/FASB (Hrsg.), Insurance Contracts – Premium allocation approach – a simplification of the building block approach (agenda paper 8B), Meeting 18 July 2011, verfügbar unter: http://www.ifrs.org/Current-Projects/IASB-Projects/Insurance-Contracts/Documents/2011/ july_2011_8B_PAA.pdf, Stand: 25.11.2013 (PAA (agenda paper 8B)).

IASB/FASB (Hrsg.), Insurance Contracts – Premium allocation approach – discount rate follow-up (agenda paper 2D), Meeting 15-18 October 2012, verfügbar unter: http://www.ifrs.org/Current-Projects/IASB-Projects/Insurance-Contracts/Documents/2012/oct_2012_2D_premium_ allocation_approach_discount_rate_follow _up.pdf, Stand: 29.11.2013 (PAA: discount rate follow-up (agenda paper 2D)).

IASB/FASB (Hrsg.), Insurance Contracts – Premium allocation approach – IASB staff recommendations on Eligibility (agenda paper 3H), Meeting 27 February 2012, verfügbar unter: http://www.ifrs.org/Current-Projects/IASB-Projects/Insurance-Contracts/Documents/2012/Feb_ 2012_3H_PAA_IASB_staff_recommendations_on_eligi bility.pdf, Stand: 26.11.2013 (PAA: eligibility (agenda paper 3H)).

IASB/FASB (Hrsg.), Insurance Contracts – Premium Allocation Approach: Eligibility Criteria (agenda paper 3F), Meeting 27 February 2012, verfügbar unter: http://www.ifrs.org/Current-Projects/IASB-Projects/Insurance-Contracts/Documents/2012/Feb_2012_3F_PAA_eligibility _criteria.pdf, Stand: 26.11.2013 (PAA: eligibility criteria (agenda paper 3F)).

IASB/FASB (HRSG.), Insurance Contracts – Premium Allocation Approach Mechanics (agenda paper 3G), Meeting 27 February 2012, verfügbar unter: http://www.ifrs.org/Current-Projects/IASB-Projects/Insurance-Contracts/Documents/2012/Feb_2012_3G_PAA_mechanics .pdf, Stand: 27.11.2013 (PAA: mechanics (agenda paper 3G)).

IASB/FASB (HRSG.), Insurance Contracts – Participation features – topic overview (agenda paper 5A), Meeting 11 May 2011, verfügbar unter: http://www.ifrs.org/Current-Projects/IASB-Projects/Insurance-Contracts/Documents/2011/11%20_may_2011_5A_Participating_features _topic_overview.pdf, Stand: 03.10.2014 (Participation features (agenda paper 5A)).

IASB/FASB (HRSG.), Insurance Contracts – Policyholder Behaviour (agenda paper 6C), Meeting January 2010, verfügbar unter: http://www.ifrs.org/Meetings/MeetingDocs/IASB/Archive/ Insurance/Exposure%20Draft/IC-0110b06C.pdf, Stand: 30.07.2013 (Policyholder behaviour (agenda paper 6C)).

IASB/FASB (HRSG.), Insurance Contracts – Measurement of Contracts with Policyholder Participation: the Story so Far (agenda paper 7E), Meeting December 2011, verfügbar unter: http://www.ifrs.org/Current-Projects/IASB-Projects/Insurance-Contracts/Documents/2011/ dec_2011_7E_Measurement_of_Contracts_with_Policyholder_ Participation_The_story_so_Far .pdf, Stand: 03.10.2014 (Policyholder participation (agenda paper 7E)).

IASB/FASB (HRSG.), Insurance Contracts – Definition of a portfolio of insurance contracts (agenda paper 7A), Meeting 12-16 December 2011, verfügbar unter: http://www.ifrs.org/Current-Projects/IASB-Projects/Insurance-Contracts/Documents/2011/dec_2011_7A_Definition_of_port folio_of_insurance_contracts.pdf, Stand: 14.10.2013 (Portfolio definition (agenda paper 7A)).

IASB/FASB (HRSG.), Insurance Contracts – Practical expedient for the discount rate (agenda paper 3G), Meeting February 2011, verfügbar unter: http://www.ifrs.org/Current-Projects/IASB-Projects/Insurance-Contracts/Documents/2011/mar_2011_3G_practical_expedient_for_the _discount_rate.pdf, Stand: 16.08.2013 (Practical expedient for the discount rate (agenda paper 3G)).

IASB/FASB (HRSG.), Insurance Contracts – Presentation in statement of comprehensive income-acquisition costs (agenda paper 2C), Meeting 15-18 October 2012, verfügbar unter: http://www.ifrs.org/Current-Projects/IASB-Projects/Insurance-Contracts/Documents/2012/ oct_2012_2C_Presentation_in_statement_of_comprehensive_income_acquisition_costs.pdf, Stand: 05.11.2013 (Presentation of acquisition costs (agenda paper 2C)).

IASB/FASB (HRSG.), Insurance Contracts – Reinsurance (agenda paper 1A), Meeting 10 February 2010, verfügbar unter: http://www.iabe.be/sites/default/files/bijlagen/2010_02_ reinsurance_0.pdf, Stand: 04.08.2013 (Reinsurance (agenda paper 1A)).

IASB/FASB (Hrsg.), Insurance Contracts – Reinsurance – Follow up issues (agenda paper 2E), Meeting 14 June 2010, verfügbar unter: http://www.iabe.be/sites/default/files/bijlagen/2010_06__reinsurance.pdf, Stand: 23.10.2013 (Reinsurance (agenda paper 2E)).

IASB/FASB (Hrsg.), Insurance Contracts – Reinsurance (agenda paper 3A), Meeting May/June 2011, verfügbar unter: http://www.ifrs.org/Current-Projects/IASB-Projects/Insurance-Contracts/Documents/2011/31_may_2011_3A_Reinsurance.pdf, Stand: 09.04.2013 (Reinsurance (agenda paper 3A)).

IASB/FASB (Hrsg.), Insurance Contracts – Additional Topics on Reinsurance Contracts Accounting (agenda paper 2F), Meeting 17-19 April 2012, verfügbar unter: http://www.ifrs.org/Current-Projects/IASB-Projects/Insurance-Contracts/Meeting-Summaries/Pages/IASB-April-2012.aspx, Stand: 05.08.2013 (Reinsurance Accounting (agenda paper 2F)).

IASB/FASB (Hrsg.), Insurance Contracts – Subsequent release of residual and composite margins (agenda paper 17C), Meeting 7 October 2009, verfügbar unter: http://www.ifrs.org/ Meetings/MeetingDocs/IASB/Archive/Insurance/Exposure%20Draft/IC-0909b17C.pdf, Stand: 06.11.2013 (Release of residual margin (agenda paper 17C)).

IASB/FASB (Hrsg.), Insurance Contracts – Release of residual margins and recognition of revenue (agenda paper 6F), Meeting 15 and 22 March 2010, verfügbar unter: http://www.ifrs.org/ Meetings/MeetingDocs/IASB/Archive/Insurance/Exposure%20Draft/IC-0310b06F.pdf, Stand: 06.11.2013 (Release of residual margins (agenda paper 6F)).

IASB/FASB (Hrsg.), Insurance Contracts – Residual margins (agenda paper 6B), Meeting January 2010, verfügbar unter: http://www.ifrs.org/Meetings/MeetingDocs/IASB/Archive/Insurance/Exposure%20Draft/IC-0110b06B.pdf, Stand: 19.10.2013 (Residual margins (agenda paper 6B)).

IASB/FASB (Hrsg.), Insurance Contracts – Risk adjustment (agenda paper 2B), Meeting 17 May 2010, verfügbar unter: http://www.ifrs.org/Meetings/MeetingDocs/IASB/Archive/Insurance/Exposure%20Draft/IC-0510b02B.pdf, Stand: 13.09.2013 (Risk adjustment (agenda paper 2B)).

IASB/FASB (Hrsg.), Insurance Contracts – Risk adjustment: the story so far (agenda paper 3A), Meeting 16 May 2011, verfügbar unter: http://www.ifrs.org/Current-Projects/IASB-Projects/Insurance-Contracts/Documents/2011/may_2011_3A_Risk_adjustment_The_story_so_far.pdf, Stand: 04.09.2013 (Risk adjustment (agenda paper 3A)).

IASB/FASB (Hrsg.), Insurance Contracts – Risk adjustment: useful financial information (agenda paper 3B), Meeting 16 May 2011, verfügbar unter: http://www.ifrs.org/Current-Projects/IASB-Projects/Insurance-Contracts/Documents/2011/may_2011_3B_Risk_adj_useful_information.pdf, Stand: 04.09.2013 (Risk adjustment (agenda paper 3B)).

IASB/FASB (HRSG.), Insurance Contracts – Risk Adjustment: techniques to meet the objective (agenda paper 3C), Meeting 16 May 2011, verfügbar unter: http://www.ifrs.org/Current-Projects/IASB-Projects/Insurance-Contracts/Documents/2011/may_2011_3C_Risk_adjustment_ Techniques_to_meet_the_ objective.pdf, Stand: 13.09.2013 (Risk adjustment (agenda paper 3C)).

IASB/FASB (HRSG.), Insurance Contracts – Risk adjustment (agenda paper 6D), Meeting 15 and 22 March 2010, verfügbar unter: http://www.ifrs.org/Meetings/MeetingDocs/IASB/Archive/ Insurance/Exposure%20Draft/IC-0310b06D.pdf, Stand: 06.09.2013 (Risk adjustment (agenda paper 6D)).

IASB/FASB (HRSG.), Insurance Contracts – Risk adjustment: comparability and verifiability through disclosure (agenda paper 3D), Meeting 16 May 2011, verfügbar unter: http://www.ifrs.org/Current-Projects/IASB-Projects/Insurance-Contracts/Documents/2011/may _2011_3D_Risk_adjustment_Comparability_and_verifiability _through_disclosure.pdf, Stand: 17.09.2013 (Risk adjustment: disclosure (agenda paper 3D)).

IASB/FASB (HRSG.), Insurance Contracts – Risk adjustment or composite margin? (agenda paper 3H), Meeting 16 May 2011, verfügbar unter: http://www.ifrs.org/Current-Projects/IASB-Projects/Insurance-Contracts/Documents/2011/may_2011_3H_Risk_adj_or_composite_margin. pdf, Stand: 05.09.2013 (Risk adjustment or composite margin (agenda paper 3H)).

IASB/FASB (HRSG.), Insurance Contracts – Risk adjustment techniques (agenda paper 1B), Meeting 10 June 2010, verfügbar unter: http://www.ifrs.org/Meetings/MeetingDocs/IASB/ Archive/Insurance/Exposure%20Draft/IC-100610b01B.pdf, Stand: 20.09.2013 (Risk adjustment techniques (agenda paper 1B)).

IASB/FASB (HRSG.), Insurance Contracts – Risk Adjustment: techniques and inputs (agenda paper 3C), Meeting 19 September 2011, verfügbar unter: http://www.ifrs.org/Current-Projects/IASB-Projects/Insurance-Contracts/Documents/2011/sept_2011_3C_risk_adj_tech niques_and_inputs.pdf, Stand: 13.09.2013 (Risk adjustment: techniques and inputs (agenda paper 3C)).

IASB/FASB (HRSG.), Insurance Contracts – Short Duration Contracts: Modified Approach (agenda paper 1), Meeting 27 April 2011, verfügbar unter: http://www.ifrs.org/Current-Projects/IASB-Projects/Insurance-Contracts/Documents/2011/apr_2011_AP1_Short_duration_contract_Mod ified_Approach.pdf, Stand: 06.05.2013 (Short Duration Contracts (agenda paper 1)).

IASB/FASB (HRSG.), Insurance Contracts – Timing of initial recognition (agenda paper 3I), Meeting 14 March 2011, verfügbar unter: http://www.ifrs.org/Current-Projects/IASB-Projects/Insurance-Contracts/Documents/2011/mar_2011_3I_timing_of_initial_recognition.pdf, Stand: 17.06.2013 (Timing of initial recognition (agenda paper 3I)).

IASB/FASB (HRSG.), Insurance Contracts – Top down approaches to discount rates (agenda paper 5A), Meeting 11 April 2011, verfügbar unter: http://www.ifrs.org/Current-Projects/IASB-Projects/Insurance-Contracts/Documents/2011/apr_2011_5A_Top_down_approaches_to_dis count_rates.pdf, Stand: 18.08.2013 (Top down approaches (agenda paper 5A)).

IASB/FASB (HRSG.), Insurance Contracts – Unbundling – Goods and Services (agenda paper 3D), Meeting 27-29 February 2012, verfügbar unter: http://www.ifrs.org/Current-Projects/IASB-Projects/Insurance-Contracts/Documents/2012/Feb_2012_3D_Unbundling_goods_and_services .pdf, Stand: 10.06.2013 (Unbundling (agenda paper 3D)).

IASB/FASB (HRSG.), Insurance Contracts – Unit of Account: Portfolio (agenda paper 2A), Meeting 19-22 March 2012, verfügbar unter: http://www.ifrs.org/Current-Projects/IASB-Projects/Insur ance-Contracts/Documents/2012/mar_2012_2A_Unit_of_Account_portfolio.pdf, Stand: 14.10.2013 (Unit of account (agenda paper 2A)).

IASB/FASB (HRSG.), Insurance Contracts – Unit of Account – Residual/single margin and onerous contracts (agenda paper 7B), Meeting 12-16 December 2011, verfügbar unter: http://www.ifrs.org/Current-Projects/IASB-Projects/Insurance-Contracts/Documents/2011/ dec_2011_7B_Unit_of_account_Residual_and_single_margin.pdf, Stand: 14.10.2013 (Unit of account (agenda paper 7B)).

IASB/FASB (HRSG.), Insurance Contracts – Unit of account – risk adjustment (agenda paper 7C), Meeting 12-16 December 2011, verfügbar unter: http://www.ifrs.org/Current-Projects/IASB-Projects/Insurance-Contracts/Documents/2011/dec_2011_7C_Unit_of_account_risk_adj.pdf, Stand: 10.09.2013 (Unit of account (agenda paper 7C)).

IASB/FASB (HRSG.), Insurance Contracts – Considerations in unlocking the margin (agenda paper 1A), Meeting 28 March 2011, verfügbar unter: http://www.ifrs.org/Current-Projects/IASB-Projects/Insurance-Contracts/Documents/2011/mar_2011_1A_consideration_in_unlocking_the_ margin.pdf, Stand: 12.10.2013 (Unlocking the margin (agenda paper 1A)).

IASB/FASB (HRSG.), Insurance Contracts – Whether to unlock the residual margin (agenda paper 3B), Meeting 13 June 2011, verfügbar unter: http://www.ifrs.org/Current-Projects/IASB-Projects/Insurance-Contracts/Documents/2011/june_2011_3B_Whether_to_unlock_the_residual .pdf, Stand: 12.10.2013 (Unlock the residual margin (agenda paper 3B)).

IASB/FASB (HRSG.), Insurance Contracts – How to unlock the residual margin (agenda paper 3C), Meeting 13 June 2011, verfügbar unter: http://www.ifrs.org/Current-Projects/IASB-Projects/Insurance-Contracts/Documents/2011/june_2011_3C_How_to_unlock_the_residual _margin.pdf, Stand: 18.11.2013 (Unlock the residual margin (agenda paper 3C)).

IASB/FASB (HRSG.), Insurance Contracts – Background on the Use of Other Comprehensive Income (agenda paper 2H), Meeting 21-24 May 2012, verfügbar unter: http://www.ifrs.org/ Current-Projects/IASB-Projects/Insurance-Contracts/Documents/2012/may_2012_2H_Background _on_use_of_OCI.pdf, Stand: 19.11.2013 (Use of OCI (agenda paper 2H)).

IASB/FASB (HRSG.), Insurance Contracts – Additional background on the use of OCI (agenda paper 2M), Meeting 21-24 May 2012, verfügbar unter: http://www.ifrs.org/Current-Projects/IASB-Projects/Insurance-Contracts/Documents/2012/may_2012_2M_Additional_background_use_of _OCI.pdf, Stand: 19.11.2013 (Use of OCI (agenda paper 2M)).

IASB/FASB (HRSG.), Insurance Contracts – The use of other comprehensive income (OCI) for presenting the effect on the insurance contract liability arising from changes in specified assumptions (agenda paper 2I), Meeting 21-24 May 2012, verfügbar unter: http://www.ifrs.org/Current-Projects/IASB-Projects/Insurance-Contracts/Documents/2012/may_2012_2I_OCI_Pres_change _in_assumption.pdf, Stand: 19.11.2013 (Use of OCI for changes in assumptions (agenda paper 2I)).

IASC (HRSG.), Issues Paper Insurance, verfügbar unter: http://www.ifrs.org/Current-Projects/IASB-Projects/Insurance-Contracts/Pages/dsop.aspx, Stand: 28.05.2013 (Issues Paper).

IASC (HRSG.), Draft Statement of Principles (DSOP), verfügbar unter: http://www.ifrs.org/Current-Projects/IASB-Projects/Insurance-Contracts/Pages/dsop.aspx, Stand: 28.05.2013 (DSOP).

IDW (HRSG.), Comment Letter on ED/2013/7 revised Exposure Draft: Insurance Contracts, verfügbar unter: http://www.ifrs.org/Current-Projects/IASB-Projects/Insurance-Contracts/Exposure-Draft-June-2013/Pages/Comment-letters.aspx, Stand: 14.11.2013 (CL on ED/2013/7).

IJIRI, YUJI/JAEDICKE, ROBERT K., Reliability and Objectivity of Accounting Measurements, in: Accounting Review 1966, S. 474-483 (Reliability of Accounting Measurements).

JACKSON, PATRICIA/PERRAUDIN, WILLIAM, The nature of credit risk: the effect of maturity, type of obligor, and country of domicile, in: Financial Stability Review: November 1999, S. 128-140 (The nature of credit risk).

JÄGER-VON EHRENSTEIN, BERND, Der Ausgleich in der Zeit und seine Realisierbarkeit im Rahmen des risikopolitischen Instrumentariums von Versicherungsunternehmen, in: ZfV 1996, S. 690-695 (Ausgleich in der Zeit (Teil I)).

JÄGER-VON EHRENSTEIN, BERND, Der Ausgleich in der Zeit und seine Realisierbarkeit im Rahmen des risikopolitischen Instrumentariums von Versicherungsunternehmen (Fortsetzung aus ZfV 24/96), in: ZfV 1997, S. 15-23 (Ausgleich in der Zeit (Teil II)).

JANNOTT, HORST K., Zufallsrisiko – Änderungsrisiko, in: Festschrift für Reimer Schmidt, hrsg. v. Reichert-Facilides, Fritz/Rittner, Fritz/Sasse, Jürgen, Karlsruhe 1976, S. 407-432 (Zufalls- und Änderungsrisiko).

JANNOTT, HORST K., Rückversicherungspolitik, in: Handwörterbuch der Versicherung HdV, hrsg. v. Farny, Dieter/Helten, Elmar/Koch, Peter/Schmidt, Reimer, Karlsruhe 1988, S. 715-719 (Rückversicherungspolitik).

JOHANNING, LUTZ, Zur Eignung des Value-at-Risk als bankaufsichtliches Risikomass, in: Finanzmarkt und Portfolio Management 1998, S. 283-303 (Eignung des *value at risk*).

JOHANNSEN, KATHARINA, § 8. Zustandekommen, Dauer und Beendigung des Versicherungsvertrages, in: Versicherungsrechts-Handbuch, hrsg. v. Beckmann, Roland Michael/Matusche-Beckmann, Annemarie, 2. Aufl., München 2009 (§ 8).

KAMPMANN, HELGA, Rahmenkonzept, in: Kommentar Internationale Rechnungslegung IFRS, hrsg. v. Buschhüter, Michael/Striegel, Andreas, Wiesbaden 2011 (Rahmenkonzept).

KAMPMANN, HELGA/SCHWEDLER, KRISTINA, Zum Entwurf eines gemeinsamen Rahmenkonzepts von FASB und IASB – Rechnungslegungsziele und qualitative Anforderungen –, in: KoR 2006, S. 521-530 (Zum Entwurf eines gemeinsamen Rahmenkonzeptes).

KARTEN, WALTER, Die Unsicherheit des Risikobegriffes zur Terminologie der Versicherungsbetriebslehre, in: Praxis und Theorie der Versicherungsbetriebslehre – Festgabe für H. L. Müller-Lutz zum 60. Geburtstag, hrsg. v. Braeß, Paul/Farny, Dieter/Schmidt, Reimer, Karlsruhe 1972, S. 147-169 (Unsicherheit des Risikobegriffs).

KARTEN, WALTER, Aspekte des Risk Managements, in: BFuP 1978, S. 308-323 (Aspekte des Risk Managements).

KARTEN, WALTER, Grundlagen einer versicherungstechnischen Risikopolitik, in: Geld und Versicherung – Analysen, Thesen, Perspektiven im Spannungsfeld liberaler Theorie – Festgabe für Wilhelm Seuß, hrsg. v. Jung, Michael/Lucius, Ralph René/Seifert, Werner G., Karlsruhe 1981, S. 135-153 (Versicherungstechnische Risikopolitik).

KARTEN, WALTER, Versicherungstechnisches Risiko – Begriff, Messung und Komponenten (II), in: WiSu 1989, S. 169-174 (Versicherungstechnisches Risiko (Teil II)).

KARTEN, WALTER, Risk Management, in: Handwörterbuch der Betriebswirtschaft, hrsg. v. Wittmann, Waldemar/Kern, Werner/Köller, Richard/Küpper, Hans-Ulrich/Wysocki, Klaus von, 5. Aufl., Stuttgart 1993, Sp. 3825-3836 (Risk Management).

KEITZ, ISABEL VON/WOLLMERT, PETER/OSER, PETER/WADER, DOMINIC, IAS 37, in: Rechnungslegung nach IFRS – Kommentar auf der Grundlage des deutschen Bilanzrechts, hrsg. v. Baetge, Jörg/Wollmert, Peter/Kirsch, Hans-Jürgen/Oser, Peter/Bischof, Stefan, 2. Aufl., Stuttgart 2002 (IAS 37).

KILN, ROBERT, Reinsurance in practice, 3. Aufl., London 1991 (Reinsurance in practice, 3. Aufl.).

KILN, ROBERT/KILN, STEPHEN, Reinsurance in practice, 4. Aufl., London 2001 (Reinsurance in practice).

KIRSCH, HANNO, Exposure Draft des Conceptual Frameworks für Phase A – Zielsetzung der Finanzberichterstattung und qualitative Anforderungen an die Rechnungslegung, in: DStZ 2008, S. 511-517 (ED des Conceptual Framework für Phase A).

KIRSCH, HANNO, ED of an improved Conceptual Framework for Financial Reporting: The Objective of Financial Reporting and Qualitative Characteristics and Constraints of Decision-useful Financial Reporting Information, in: IFRS Änderungskommentar 2009, hrsg. v. Vater, Hendrik/Ernst, Edgar/Hayn, Sven/Knorr, Liesel/Mißler, Peter, 2. Aufl., Weinheim 2009, S. 393-420 (ED of an improved Conceptual Framework).

KIRSCH, HANNO, Conceptual Framework für Phase A – Zielsetzung der Finanzberichterstattung und qualitative Anforderungen an die Rechnungslegung, in: DStZ 2011, S. 26-35 (Conceptual Framework für Phase A).

KIRSCH, HANS-JÜRGEN/KOELEN, PETER/OLBRICH, ALEXANDER/DETTENRIEDER, DOMINIK, Die Bedeutung der Verlässlichkeit der Berichterstattung im Conceptual Framework des IASB und des FASB, in: WPg 2012, S. 762-771 (Bedeutung der Verlässlichkeit der Berichterstattung).

KIRSCH, HANS-JÜRGEN/KÖHLING, KATHRIN/DETTENRIEDER, DOMINIK/GALLASCH, FLORIAN, IFRS 13, in: Rechnungslegung nach IFRS – Kommentar auf der Grundlage des deutschen Bilanzrechts, hrsg. v. Baetge, Jörg/Wollmert, Peter/Kirsch, Hans-Jürgen/Oser, Peter/Bischof, Stefan, 2. Aufl., Stuttgart 2002 (IFRS 13).

KIRSCH, HANS-JÜRGEN/SCHOO, LENA/KRAFT, ARIANE, Das Discussion Paper zum Conceptual Framework des IASB – Ein Überblick über Inhalte und Neuerungen, in: WPg 2014, S. 301-310 (Discussion Paper zum Conceptual Framework).

KOCH, PETER, Geschichte der Versicherung, in: Handwörterbuch der Versicherung HdV, hrsg. v. Farny, Dieter/Helten, Elmar/Koch, Peter/Schmidt, Reimer, Karlsruhe 1988, S. 223-232 (Geschichte der Versicherung).

KOCH, PETER, Rückversicherung, in: Handwörterbuch der Versicherung HdV, hrsg. v. Farny, Dieter/Helten, Elmar/Koch, Peter/Schmidt, Reimer, Karlsruhe 1988, S. 689-701 (Rückversicherung).

KOCH, PETER, Versicherungswirtschaft – Ein einführender Überblick, 7. Aufl., Karlsruhe 2013 (Versicherungswirtschaft).

KOELEN, PETER, Investitionstheoretische Bewertungskalküle in der IFRS-Rechnungslegung – Möglichkeiten und Grenzen einer unternehmenswertorientierten Berichterstattung, Lohmar 2009 (Investitionstheoretische Bewertungskalküle).

KÖHLING, KATHRIN, Barwertorientierte Fair Value-Ermittlung für Renditeimmobilien in der IFRS-Rechnungslegung – Empfehlungen zur Konkretisierung eines Bewertungskalküls, Lohmar 2011 (Fair Value-Ermittlung für Renditeimmobilien nach IFRS).

KÖLSCHBACH, JOACHIM, Versicherungsbilanzen: Zeitwerte auf dem Vormarsch – Zur Anpassung der International Accounting Standards an Versicherungsunternehmen, in: VW 2000, S. 432-436 (Zeitwerte auf dem Vormarsch).

KÖLSCHBACH, JOACHIM, Die Bilanzierung von Kundenverhalten und Überschussbeteiligung bei Versicherungsverträgen nach IFRS, in: Globale Finanzberichterstattung / Global Financial Reporting – Entwicklung, Anwendung und Durchsetzung von IFRS / Development, application and enforcement of IFRS – Festschrift für Liesel Knorr, hrsg. v. Bruns, Hans-Georg/Herz, Robert H./Neubürger, Heinz-Joachim/Tweedie, David, Stuttgart 2008, S. 241-253 (Bilanzierung von Kundenverhalten).

KÖLSCHBACH, JOACHIM/ENGELÄNDER, STEFAN, IFRS für Versicherungen auf der Zielgeraden? – Zur bevorstehenden Veröffentlichung des IASB Exposure Draft Insurance Contracts, in: VW 2009, S. 1495-1497 (IASB für Versicherungen auf der Zielgeraden).

KÖNIG, ELKE, Ausgewählte Anwendungsprobleme des IFRS 4 »Versicherungsverträge« aus Sicht eines Rückversicherungsunternehmens, in: Globale Finanzberichterstattung / Global Financial Reporting – Entwicklung, Anwendung und Durchsetzung von IFRS / Development, application and enforcement of IFRS – Festschrift für Liesel Knorr, hrsg. v. Bruns, Hans-Georg/Herz, Robert H./Neubürger, Heinz-Joachim/Tweedie, David, Stuttgart 2008, S. 345-369 (Anwendungsprobleme des IFRS 4 für Rückversicherer).

KORN, JOCHEN HEINRICH, Schwankungsreserven im handelsrechtlichen Jahresabschluß von Schaden- und Unfallversicherungsunternehmen – Zugleich ein Beitrag zur pauschalierten Bewertung rückstellungsbegründender Tatbestände, Karlsruhe 1997 (Schwankungsreserven im handelsrechtlichen Jahresabschluss).

KORYCIORZ, SVEN, Sicherheitskapitalbestimmung und -allokation in der Schadenversicherung – Eine risikotheoretische Analyse auf der Basis des Value-at-Risk und des Conditional Value-at-Risk, Karlsruhe 2004 (Sicherheitskapitalbestimmung).

KOSOW, HANNAH/GAßNER, ROBERT, Methoden der Zukunfts- und Szenarioanalyse – Überblick, Bewertung und Auswahlkriterien, Berlin 2008 (Methoden der Zukunfts- und Szenarioanalyse).

KÖSTER, PETER/SCHMALOHR, ROLF, Versicherungswirtschaft 1 – Allgemeine Versicherungslehre/Betriebslehre, Haan-Gruiten 2004 (Versicherungswirtschaft).

KOTTKE, THOMAS, Fair Value Bilanzierung versicherungstechnischer Verpflichtungen vor dem Hintergrund der Entwicklung und Implementierung eines einzuführenden IFRS für Versicherungsverträge, Gießen 2006 (Fair Value Bilanzierung versicherungstechnischer Verpflichtungen).

KPMG (HRSG.), IFRS aktuell – Neuregelungen 2004: IFRS 1 bis 5, Improvements Project, Amendments IAS 32 und 39, Stuttgart 2004 (IFRS aktuell 2004).

KRAMER, FRANK JÖRGEN, Organisatorische Formen der Risikobewältigung von Banken und Versicherungen, Idstein 1992 (Formen der Risikobewältigung).

KREEB, MARKUS, Der Versicherungskonzernabschluss nach internationalen Rechnungslegungsregeln – IFRS 4 Phase II, Lohmar 2010 (Versicherungskonzernabschluss nach IFRS 4 Phase II).

KREEB, MARKUS, IFRS 4: Das Projekt Versicherungsverträge verzögert sich, in: VW 2010, S. 350-352 (Projekt Versicherungsverträge verzögert sich).

KREEB, MARKUS/ROHLFS, TORSTEN J. W., Die Ermittlung von Risikozuschlägen bei der Zeitwertbewertung von Verpflichtungen aus Schadenversicherungsgeschäften, in: ZVersWiss 2005, S. 347-381 (Ermittlung von Risikozuschlägen).

KROMSCHRÖDER, BERNHARD, Zum Stand und zur Entwicklung der Versicherungsentscheidungstheorie, in: Risiko – Versicherung – Markt – Festschrift für Walter Karten zur Vollendung des 60. Lebensjahres, hrsg. v. Hesberg, Dieter/Nell, Martin/Schott, Winfried, Karlsruhe 1994, S. 69-94 (Versicherungsentscheidungstheorie).

KRÜGER, GERHARD, Die Bewertung beim Jahresabschluß industrieller Unternehmungen, Stuttgart 1937 (Bewertung).

KÜHNBERGER, MANFRED, Zur Bildung von Drohverlustrückstellungen bei Versicherungsunternehmen, in: VW 1990, S. 695-703 und S. 840-845 (Drohverlustrückstellungen).

KÜHNE, MAREIKE/NERLICH, CHRISTOPH, Vorschläge für eine geänderte Rückstellungsbilanzierung nach IAS 37: Darstellung und kritische Würdigung, in: BB 2005, S. 1839-1844 (Vorschläge für eine geänderte Rückstellungsbilanzierung nach IAS 37).

KUPSCH, PETER U., Das Risiko im Entscheidungsprozeß, Wiesbaden 1973 (Risiko im Entscheidungsprozess).

KUPSCH, PETER U., Risikomanagement, in: Handbuch Unternehmensführung – Konzepte – Instrumente – Schnittstellen, hrsg. v. Corsten, Hans/Reiß, Michael, Wiesbaden 1995, S. 529-543 (Risikomanagement).

KÜTING, KARLHEINZ, Der Objektivierungsgrundsatz im HGB- und IFRS-System – Eine vergleichende Darstellung und Würdigung –, in: DB 2011, S. 1404-1410 (Objektivierungsgrundsatz).

KÜTING, KARLHEINZ/LAUER, PETER, Die Jahresabschlusszwecke nach HGB und IFRS – Polarität oder Konvergenz? – Zugleich eine Würdigung von Wolfgang Stützel –, in: DB 2011, S. 1985-1991 (Polarität oder Konvergenz von HGB und IFRS).

LABES, HARTMUT W., Rückversicherungsformen, in: Handwörterbuch der Versicherung HdV, hrsg. v. Farny, Dieter/Helten, Elmar/Koch, Peter/Schmidt, Reimer, Karlsruhe 1988, S. 703-707 (Rückversicherungsformen).

LABHART, PETER A./VOLKART, RUDOLF, Value Reporting, in: Internationale Rechnungslegung – Konsequenzen für Unternehmensführung, Rechnungswesen, Standardsetting, Prüfung und Kapitalmarkt – Kongress-Dokumentation 54. Deutscher Betriebswirtschafter-Tag 2000, hrsg. v. Coenenberg, Adolf G./Pohle, Klaus, Stuttgart 2001, S. 115-142 (Value Reporting).

LANDSMAN, ZINOVIY/VALDEZ, EMILIANO A., Tail Conditional Expectations for exponential dispersion models, in: Astin Bulleting 2005, S. 189-209 (Tail Conditional Expectations).

LEFFSON, ULRICH, Die Grundsätze ordnungsmäßiger Buchführung, 7. Aufl., Düsseldorf 1987 (Grundsätze ordnungsmäßiger Buchführung).

LEHRBAß, FRANK B./BOLAND, INGO/THIERBACH, REINHARD, Versicherungsmathematische Risikomessung für ein Kreditportfolio, in: BDGVM 2001, S. 285-308 (Risikomessung).

LEITNER, FRIEDRICH, Die Unternehmungsrisiken, Berlin 1915 (Unternehmungsrisiken).

LENNARD, ANDREW, Stewardship and the Objectives of Financial Statements: A Comment on IASB's Preliminary Views on an Improved Conceptual Framework for Financial Reporting: The Objective of Financial Reporting and Qualitative Characteristics of Decision-Useful Financial Reporting Information, in: Accounting in Europe 2007, S. 51-66 (Stewardship and the Conceptual Framework).

LIEBWEIN, PETER, Klassische und moderne Formen der Rückversicherung, 2. Aufl., Karlsruhe 2009 (Formen der Rückversicherung).

LINSMEIER, THOMAS J./PEARSON, NEIL D., Value at Risk, in: Financial Analysts Journal 2000, No. 2, S. 47-67 (*Value at risk)*.

LORENZ, EGON, § 1. Einführung, in: Versicherungsrechts-Handbuch, hrsg. v. Beckmann, Roland Michael/Matusche-Beckmann, Annemarie, 2. Aufl., München 2009 (§ 1).

LORSON, PETER/GATTUNG, ANDREAS, Die Forderung nach einer „Faithful Representation“ – Quantitative und qualitative Schranken des Grundsatzes „Wahrheitsgemäßer Darstellung der IFRS“ –, in: KoR 2007, S. 657-665 (Quantitative und qualitative Schranken der wahrheitsgemäßen Darstellung).

LORSON, PETER/GATTUNG, ANDREAS, Die Forderung nach einer „faithful representation“ – Verhältnis zur Objektivität, Neutralität und Nachprüfbarkeit –, in: KoR 2008, S. 556-565 (Verhältnis der *„faithful representation“* zu weiteren Anforderungen).

LÖW, SABINE, Gewinnrealisierung und Rückstellungsbilanzierung bei Versicherungsunternehmen nach HGB und IFRS, Wiesbaden 2003 (Rückstellungsbilanzierung bei Versicherungsunternehmen).

LÜDENBACH, NORBERT/HOFFMANN, WOLF-DIETER/FREIBERG, JENS, Haufe IFRS Kommentar, 12. Aufl., Freiburg, München 2014 (Haufe IFRS Kommentar).

LUDWIG, FELIX, Zum Konzept der künftigen Finanzaufsicht über Lebensversicherungsunternehmen in Deutschland – eine betriebswirtschaftliche Analyse von Solvency II unter besonderer Berücksichtigung von Bewertungsfragen, Karlsruhe 2008 (Zum Konzept der künftigen Finanzaufsicht).

LUDWIG, FELIX/BAUMGÄRTNER, RALF, Drohende Gefahr durch Phase II des IASB-Insurance Contracts Project? – Bewertungskonzepte, Problemfelder und Implikationen für das Geschäftsmodell deutscher Lebensversicherer – Teil 1, in: VW 2005, S. 33-38 (Drohende Gefahr durch IFRS 4 Phase II (Teil I)).

LUDWIG, FELIX/BAUMGÄRTNER, RALF, Drohende Gefahr durch Phase II des IASB-Insurance Contracts Project? – Bewertungskonzepte, Problemfelder und Implikationen für das Geschäftsmodell deutscher Lebensversicherer – Teil II, in: VW 2005, S. 112-115 (Drohende Gefahr durch IFRS 4 Phase II (Teil II)).

MACK, THOMAS, Schadenversicherungsmathematik, 2. Aufl., Karlsruhe 2002 (Schadenversicherungsmathematik).

MAHR, WERNER, Einführung in die Versicherungswirtschaft – Allgemeine Versicherungslehre, 3. Aufl., Berlin 1970 (Einführung in die Versicherungswirtschaft).

MANGO, DONALD F./MULVEY, JOHN M., Capital Adequacy and Allocation Using Dynamic Financial Analysis, in: CAS Forum Summer 2000 (Capital Adequacy).

MOONITZ, MAURICE, The basic postulates of accounting, New York 1961 (Basic postulates of accounting).

MUJKANOVIC, ROBIN, Fair Value im Financial Statement nach International Accounting Standards, Stuttgart 2002 (Fair Value im Financial Statement).

MÜLLER, HELMUT/OSTER, AXEL, Diskussionen eines International Financial Reporting Standards für Versicherungsgeschäfte aus aufsichtsrechtlicher Sicht, in: Rechnungslegung von Versicherungsunternehmen – Festschrift zum 70. Geburtstag von Dr. Horst Richter, hrsg. v. Geib, Gerd, Düsseldorf 2001, S. 247-266 (IFRS für Versicherungsverträge aus aufsichtsrechtlicher Sicht).

MÜLLER-LUTZ, HEINZ LEO, Allgemeine Versicherungslehre (Teil I), in: Versicherungsenzyklopädie – Band 1, hrsg. v. Große, Walter/Müller-Lutz, Heinz Leo/Schmidt, Reimer, 4. Aufl., Wiesbaden 1991, S. 409-454 (Allgemeine Versicherungslehre (Teil I)).

MÜLLER-REICHART, MATTHIAS, Empirische und theoretische Fundierung eines innovativen Risiko-Beratungskonzeptes der Versicherungswirtschaft, Karlsruhe 1994 (Risiko-Beratungskonzept).

MÜLLER-REICHART, MATTHIAS/ROMEIKE, FRANK, Grundlagen des Risikomanagements in der Versicherungsbetriebslehre, in: Risikomanagement in Versicherungsunternehmen – Grundlagen, Methoden, Checklisten und Implementierung, hrsg. v. Romeike, Frank/Müller-Reichart, Matthias, 2. Aufl., Weinheim 2008, S. 47-110 (Grundlagen des Risikomanagements).

MÜLLER, WOLFGANG, Instrumente des Risk Management – Gestaltungsformen und Konsequenzen, in: Risk Management-Strategien zur Risikobeherrschung – Bericht von der 5. Kölner BFuP-Tagung am 5. und 6. Oktober 1978 in Leverkusen, hrsg. v. Goetzke, Wolfgang/Sieben, Günter, Köln 1979, S. 69-81 (Instrumente des Risk Management).

MÜLLER, WOLFGANG, Das Produkt der Versicherung, in: Geld und Versicherung – Analysen, Thesen, Perspektiven im Spannungsfeld liberaler Theorie – Festgabe für Wilhelm Seuß, hrsg. v. Jung, Michael/Lucius, Ralph René/Seifert, Werner G., Karlsruhe 1981, S. 155-171 (Das Produkt der Versicherung).

NAUMANN, KLAUS-PETER, Die Bewertung von Rückstellungen in der Einzelbilanz nach Handels- und Ertragsteuerrecht, Düsseldorf 1989 (Bewertung von Rückstellungen).

NGUYEN, TRISTAN, Rechnungslegung von Versicherungsunternehmen, Karlsruhe 2008 (Rechnungslegung von Versicherungsunternehmen).

NGUYEN, TRISTAN/GROSCHE, SASCHA, Einfluss der IFRS-Bilanzierung von Versicherungsverträgen auf die Solvabilitätsanforderungen nach Solvency II, in: IRZ 2011, S. 525-530 (Einfluss der IFRS-Bilanzierung auf Solvency II).

NGUYEN, TRISTAN/GROSCHE, SASCHA, Exposure Draft IFRS 4 zur Bilanzierung von Versicherungsverträgen aus aufsichtsrechtlicher Perspektive, in: KoR 2011, S. 425-431 (ED IFRS 4 aus aufsichtsrechtlicher Perspektive).

NGUYEN, TRISTAN/GROSCHE, SASCHA, Bewertungskonzept zur IFRS-Bilanzierung von versicherungstechnischen Verpflichtungen, in: IRZ 2012, S. 29-34 (Bewertungskonzept für versicherungstechnische Verpflichtungen).

NGUYEN, TRISTAN/MOLINARI, PHILIPP, Zur Fair Value-Bewertung von Versicherungsverträgen – Offene Fragen bei der IFRS-Bilanzierung von Versicherungsverträgen, in: VW 2009, S. 1010-1013 (Fair Value-Bewertung von Versicherungsverträgen).

NGUYEN, TRISTAN/MOLINARI, PHILIPP, Bilanzierung von Versicherungsverträgen nach IFRS – Exposure Draft ED/2010/8 – Teil 1: Fulfilment Cashflows als Bewertungsgrundlage, in: ZfV 2011, S. 19-25 (Bilanzierung von Versicherungsverträgen nach ED/2010/8 (Teil I)).

NGUYEN, TRISTAN/MOLINARI, PHILIPP, Bilanzierung von Versicherungsverträgen nach IFRS – Exposure Draft ED/2010/8 – Teil 2: Behandlung von bewertungsrelevanten Sonderproblemen (Schluss zu ZFV 1/11, S. 19-25), in: ZfV 2011, S. 65-69 (Bilanzierung von Versicherungsverträgen nach ED/2010/8 (Teil II)).

NICKEL, ANDREAS, Ökonomie langfristiger Versicherungsverhältnisse* – Korreferat zum Beitrag von J.-Matthias Graf v. d. Schulenburg, in: Langfristige Versicherungsverhältnisse – Ökonomie • Technik • Institutionen, hrsg. v. Männer, Leonhard, Karlsruhe 1997, S. 37-50 (Ökonomie langfristiger Versicherungsverhältnisse).

OERTZEN, CORNELIA VON, § 10, in: Beck'sches IFRS-Handbuch – Kommentierung der IFRS/IAS, hrsg. v. Bohl, Werner/Riese, Joachim/Schlüter, Jörg, 4. Aufl., München 2013 (§ 10).

OLBRICH, ALEXANDER, Wertminderung von finanziellen Vermögenswerten der Kategorie „Fortgeführte Anschaffungskosten“ nach IFRS 9, Lohmar 2012 (Wertminderung finanzieller Vermögenswerte nach IFRS 9).

PEEMÖLLER, VOLKER H., Abschnitt 1, in: Handbuch International Financial Reporting Standards 2011, hrsg. v. Ballwieser, Wolfgang/Beine, Frank/Hayn, Sven/Peemöller, Volker H./Schruff, Lothar/Weber, Claus-Peter, 7. Aufl., Weinheim 2011 (Abschnitt 1).

PELGER, CHRISTOPH, Entscheidungsnützlichkeit im neuen Gewand: Der Exposure Draft zur Phase A des Conceptual Framework-Projekts, in: KoR 2009, S. 156-163 (Entscheidungsnützlichkeit im neuen Gewand).

PELGER, CHRISTOPH, Rechnungslegungszweck und qualitative Anforderungen im Conceptual Framework for Financial Reporting (2010) – Der erste Stein im neuen Fundament der internationalen Rechnungslegung, in: WPg 2011, S. 908-916 (Rechnungslegungszweck und qualitative Anforderungen).

PELLENS, BERNHARD/FÜLBIER, ROLF UWE/GASSEN, JOACHIM/SELLHORN, THORSTEN, Internationale Rechnungslegung – IFRS 1 bis 13, IAS 1 bis 41, IFRIC-Interpretationen, Standardentwürfe; mit Beispielen, Aufgaben und Fallstudie, 9. Aufl., Stuttgart 2014 (Internationale Rechnungslegung).

PERLET, HELMUT, Zeitwertbilanzierung von Versicherungsunternehmen, in: Rechnungslegung von Versicherungsunternehmen – Festschrift zum 70. Geburtstag von Dr. Horst Richter, hrsg. v. Geib, Gerd, Düsseldorf 2001, S. 285-305 (Zeitwertbilanzierung von Versicherungsunternehmen).

PERLET, HELMUT, Rückstellungen für noch nicht abgewickelte Versicherungsfälle in Handels- und Steuerbilanz, Karlsruhe 1986 (Rückstellungen).

PERLET, HELMUT, Fair Value-Bilanzierung bei Versicherungsunternehmen, in: BFuP 2003, S. 441-456 (Fair Value-Bilanzierung bei Versicherungsunternehmen).

PFAFF, DIETER/KUKULE, WILFRIED, Wie fair ist der fair value?, in: KoR 2006, S. 542-549 (Wie fair ist der fair value).

PFEIFFER, CHRISTOPH, Einführung in die Rückversicherung – Das Standardwerk für Theorie und Praxis, 5. Aufl., Wiesbaden 1999 (Einführung in die Rückversicherung).

PFOHL, HANS-CHRISTIAN, Risiken und Chancen: Strategische Analyse in der Supply Chain, in: Risiko- und Chancenmanagement in der Supply Chain – proaktiv – ganzheitlich – nachhaltig, hrsg. v. Pfohl, Hans-Christian, Berlin 2002, S. 1-56 (Risiken und Chancen).

PHILBRICK, STEPHEN W./PAINTER, ROBERT A., Dynamic Financial Analysis Insurance Company Case Study (Part II): Capital Adequacy and Capital Allocation, verfügbar unter: http://www.casact.org/pubs/forum/01spforum/01spf099.pdf, Stand: 12.12.2013 (Capital Adequacy).

PHILIPP, FRITZ, Risiko und Risikopolitik, Stuttgart 1967 (Risiko und Risikopolitik).

PRÖLSS, ERICH R., § 1, in: Versicherungsvertragsgesetz – Kommentar zu VVG, EGVVG mit Rom I-VO, VVG-InfoV und Vermittlerrecht sowie Kommentierung wichtiger Versicherungsbedingungen, hrsg. v. Prölss, Erich R./Martin, Anton, 28. Aufl., München 2010 (§ 1).

PWC (HRSG.), Comment Letter on ED/2013/7 revised Exposure Draft: Insurance Contracts, verfügbar unter: http://www.ifrs.org/Current-Projects/IASB-Projects/Insurance-Contracts/Exposure-Draft-June-2013/Pages/Comment-letters.aspx, Stand: 15.11.2013 (CL on ED/2013/7).

RAA (HRSG.), Comment Letter on the Financial Accounting Standards Board Exposure Draft (ED): Insurance Contracts, verfügbar unter: http://www.fasb.org/cs/BlobServer?blobkey=id&blobnocache=true&blobwhere=1175827833133&blobheader=application%2Fpdf&blobcol=urldata&blobtable=MungoBlobs, Stand: 09.11.2013 (CL on FASB ED Insurance Contracts).

Richtlinie 2009/138/EG des Europäischen Parlaments und des Rates vom 25.11.2009 betreffend die Aufnahme und Ausübung der Versicherungs- und Rückversicherungstätigkeit (Solvabilität II), Amtsblatt der EU Nr. L 335 vom 17.12.2009, S. 1-155.

ROCKEL, WERNER, Fair Value-Bilanzierung versicherungstechnischer Verpflichtungen – Eine ökonomische Analyse, Wiesbaden 2004 (Fair Value-Bilanzierung versicherungstechnischer Verpflichtungen).

ROCKEL, WERNER/HELTEN, ELMAR/OTT, PETER/SAUER, ROMAN, Versicherungsbilanzen – Rechnungslegung nach HGB und IFRS, 3. Aufl., Stuttgart 2012 (Versicherungsbilanzen).

ROCKEL, WERNER/SAUER, ROMAN, IFRS für Versicherungsverträge (I) – Inhalte und Problemfelder von Phase 1, in: VW 2004, S. 215-219 (IFRS für Versicherungsverträge (I)).

ROCKEL, WERNER/SAUER, ROMAN, IFRS für Versicherungsverträge (II) – Fair Value-Bilanzierung und Auswirkungen auf Solvency II, in: VW 2004, S. 303-307 (IFRS für Versicherungsverträge (II)).

ROCKEL, WERNER/SAUER, ROMAN, Bilanzierung von Versicherungsverträgen – IASB Discussion Paper „Preliminary Views on Insurance Contracts", in: WPg 2007, S. 741-749 (Bilanzierung von Versicherungsverträgen nach DP).

ROHLFS, TORSTEN J. W., Fair Value von versicherungstechnischen Verpflichtungen in der Schaden-/Unfallversicherung – Einfluss der unternehmensspezifischen Bonität auf die Zeitwert-Bilanzierung, Lohmar 2008 (Unternehmensspezifische Bonität beim Fair Value versicherungstechnischer Verpflichtungen).

ROMEIKE, FRANK/MÜLLER-REICHART, MATTHIAS, Prolog, in: Risikomanagement in Versicherungsunternehmen – Grundlagen, Methoden, Checklisten und Implementierung, hrsg. v. Romeike, Frank/Müller-Reichart, Matthias, 2. Aufl., Weinheim 2008, S. 17-21 (Prolog).

RUHNKE, KLAUS/NERLICH, CHRISTOPH, Behandlung von Regelungslücken innerhalb der IFRS, in: DB 2004, S. 389-395 (Behandlung von Regelungslücken nach IFRS).

SANNER, ANDREAS/OECKING, STEFAN, Bilanzierung und Rechnungslegung, in: Handbuch zur Schadenreservierung, hrsg. v. Radtke, Michael/Schmidt, Klaus D., 2. Aufl., Karlsruhe 2012, S. 45-56 (Bilanzierung und Rechnungslegung).

SAMUELSON, PAUL A., Economics – An introductory analysis, 7. Aufl., New York, St. Louis, San Francisco, Toronto, London, Sydney 1967 (Economics).

SAUER, ROMAN, Was ist hinreichender versicherungstechnischer Risikotransfer? – Rahmenbedingungen nach HGB, IAS/IFRS und US-GAAP und Möglichkeiten zu deren Weiterentwicklung, in: VW 2005, S. 1815-1820 (Hinreichender versicherungstechnischer Risikotransfer).

SCHABER, MATHIAS/MÄRKL, HELMUT/KROH, TANJA, IFRS 9 Financial Instruments: Exposure Draft zu fortgeführten Anschaffungskosten und Wertminderungen, in: KoR 2010, S. 241-246 (ED zu Wertminderungen).

SCHLÜTER, JÖRG/BONIN, CHRISTOPH, § 40. Versicherungsverträge, in: Beck'sches IFRS-Handbuch – Kommentierung der IFRS/IAS, hrsg. v. Bohl, Werner/Riese, Joachim/Schlüter, Jörg, 4. Aufl., München 2013 (§ 40).

SCHMIDT, GÜNTER, Über die Schwierigkeiten, vernünftig mit Risiken umzugehen, in: Risiko – Versicherung – Markt – Festschrift für Walter Karten zur Vollendung des 60. Lebensjahres, hrsg. v. Hesberg, Dieter/Nell, Martin/Schott, Winfried, Karlsruhe 1994, S. 27-37 (Vernünftig mit Risiken umgehen).

SCHMIDT, REIMER, Weitere Gedanken zum Versicherungsbegriff, in: Risiko – Versicherung – Markt – Festschrift für Walter Karten zur Vollendung des 60. Lebensjahres, hrsg. v. Hesberg, Dieter/Nell, Martin/Schott, Winfried, Karlsruhe 1994, S. 3-17 (Gedanken zum Versicherungsbegriff).

SCHMIDT-RIMPLER, WALTER, Die Gegenseitigkeit bei einseitig bedingten Verträgen, insbesondere beim Versicherungsvertrag – Zugleich ein Beitrag zur Lehre von Synallagma, Stuttgart 1968 (Gegenseitigkeit bei einseitig bedingten Verträgen).

SCHÖLLHORN, THOMAS/MÜLLER, MARTIN, Bedeutung und praktische Relevanz des Rahmenkonzepts (framework) bei Erstellung von IFRS-Abschlüssen nach zukünftigem „deutschen Recht" (Teil I) – Darstellung unter Berücksichtigung der IAS-VO und des BilReG, in: DStR 2004, S. 1623-1628 (Relevanz des Framework nach deutschem Recht (Teil I)).

SCHÖLLHORN, THOMAS/MÜLLER, MARTIN, Bedeutung und praktische Relevanz des Rahmenkonzepts (framework) bei Erstellung von IFRS-Abschlüssen nach zukünftigem „deutschen Recht" (Teil II) – Darstellung unter Berücksichtigung der IAS-VO und des BilReG, in: DStR 2004, S. 1666-1670 (Relevanz des Framework nach deutschem Recht (Teil II)).

SCHOO, LENA, Umsatzrealisierung nach IFRS – Entscheidungsnützlichkeit der Regelungen des Revenue-Recognition-Projektes versus der geltenden Regelungen, Lohmar 2013 (Umsatzrealisierung nach IFRS).

SCHRADIN, HEINRICH R., Erfolgsorientiertes Versicherungsmanagement – Betriebswirtschaftliche Steuerungskonzepte auf risikotheoretischer Grundlage, Karlsruhe 1994 (Erfolgsorientiertes Versicherungsmanagement).

SCHRADIN, HEINRICH R., Finanzielle Steuerung der Rückversicherung – Unter besonderer Berücksichtigung von Großschadenereignissen und Fremdwährungsrisiken, Karlsruhe 1998 (Finanzielle Steuerung der Rückversicherung).

SCHRIMPF-DÖRGES, CLAUDIA E., § 13, in: Beck'sches IFRS-Handbuch – Kommentierung der IFRS/IAS, hrsg. v. Bohl, Werner/Riese, Joachim/Schlüter, Jörg, 4. Aufl., München 2013 (§ 13).

SCHRUFF, LOTHAR/HAAKER, ANDREAS, Zur zweckadäquaten Berücksichtigung von Wahrscheinlichkeiten im Rahmen der Rückstellungsbilanzierung nach IFRS – Die Regelungen des IAS 37, IFRS 3 und ED IAS 37 im Vergleich –, in: Rechnungslegung und Wirtschaftsprüfung – Festschrift zum 70. Geburtstag von Jörg Baetge, hrsg. v. Kirsch, Hans-Jürgen/Thiele, Stefan, Düsseldorf 2007, S. 531-557 (Wahrscheinlichkeiten bei der Rückstellungsbilanzierung nach IFRS).

SCHRUFF, WIENAND, Die IFRS-Rechnungslegung im Spannungsfeld zwischen Cashflow-Prognose und Rechenschaft, in: WPg 2011, S. 855-860 (IFRS-Rechnungslegung zwischen Cashflow-Prognose und Rechenschaft).

SCHULTE, ANDREA, Rückversicherung in Deutschland und England – Unterschiede in Recht und Praxis –, Karlsruhe 1990 (Rückversicherung).

SCHWAKE, EDMUND, Das versicherungstechnische Risiko als arteigenes Risiko der Versicherungsunternehmen?, in: ZVersWiss 1988, S. 61-81 (Versicherungstechnisches Risiko).

SCHWEINBERGER, STEFAN/HORSTKÖTTER, MARKUS, Zur Bilanzierung von Versicherungsverträgen gemäß den Vorschlägen des ED/2010/8, in: KoR 2010, S. 546-553 (Bilanzierung von Versicherungsverträgen gemäß ED/2010/8).

SCHWINTOWSKI, HANS-PETER, Recht und Institutionen langfristiger privater Versicherungsverhältnisse, in: Langfristige Versicherungsverhältnisse – Ökonomie • Technik • Institutionen, hrsg. v. Männer, Leonhard, Karlsruhe 1997, S. 77-111 (Langfristige private Versicherungsverhältnisse).

SOPP, GUIDO, Vorschlag des IASB zu den Liquiditätsprämien von Policen, in: VW 2011, S. 271-275 (Liquiditätsprämien von Policen).

STEINER, CHRISTOF, Bilanzierung versicherungstechnischer Rückstellungen – Darstellung und kritische Würdigung nach Handels- und Steuerrecht sowie nach IFRS, Hamburg 2008 (Bilanzierung versicherungstechnischer Rückstellungen).

STEINMÜLLER, HEINZ, Bedeutung, Volkswirtschaftliche der Versicherung, in: Handwörterbuch der Versicherung HdV, hrsg. v. Farny, Dieter/Helten, Elmar/Koch, Peter/Schmidt, Reimer, Karlsruhe 1988, S. 49-53 (Volkswirtschaftliche Bedeutung der Versicherung).

STETTLER, HEINZ/EUGSTER, FRITZ/KUHN, MICHAEL, Reinsurance matters – A manual of the non-life branches, Zürich 2005 (Reinsurance matters).

STRAUß, JÜRGEN, Die Rückversicherungsverfahren in der Praxis, in: Mathematische Verfahren der Rückversicherung, hrsg. v. Dienst, Hans-Rudolf, Karlsruhe 1988, S. 7-34 (Rückversicherungsverfahren in der Praxis).

SURREY, INGE, Die Bilanzierung von Versicherungsgeschäften nach IFRS, Düsseldorf 2006 (Bilanzierung von Versicherungsgeschäften nach IFRS).

SURREY, INGE/WERTHMANN, MARTIN, IFRS 4, in: Rechnungslegung nach IFRS – Kommentar auf der Grundlage des deutschen Bilanzrechts, hrsg. v. Baetge, Jörg/Wollmert, Peter/Kirsch, Hans-Jürgen/Oser, Peter/Bischof, Stefan, 2. Aufl., Stuttgart 2002 (IFRS 4).

SWISS RE (HRSG.), The economics of insurance – How insurers create value for shareholders, Zürich 2001 (The economics of insurance).

SWISS RE (HRSG.), Schadenreservierung in der Nichtlebenversicherung: Eine strategische Herausforderung, Sigma, Nr. 2, Zürich 2008 (Schadenreservierung in der Nichtlebensversicherung).

THE EUROPEAN INSURANCE CFO FORUM (HRSG.), Comment Letter on IASB Discussion Paper – Preliminary Views on Insurance Contracts, verfügbar unter: http://www.ifrs.org/Current-Projects/IASB-Projects/Insurance-Contracts/Discussion-Paper-and-Comment-Letters/Comment-

Letters/Documents/CEA_CFOForum_letterDTweedie_IASB_PhaseIIDP.pdf, Stand: 16.09.2013 (CL on IASB Insurance Contracts).

THIEMERMANN, MICHAEL, Rückversicherung und Zahlungsströme – Ein Beitrag zur Finanzwirtschaft von Rückversicherungsunternehmen, Bergisch Gladbach 1993 (Rückversicherung und Zahlungsströme).

THUROW, CHRISTIAN, Probleme der Ermittlung und Berücksichtigung des Eigenbonitätseffekts bei der Fair Value-Bewertung von Verbindlichkeiten, in: IRZ 2012, S. 92-94 (Eigenbonitätseffekt bei Verbindlichkeiten).

TROWBRIDGE, C. L., Insurance as a Transfer Mechanism, in: The Journal of Risk and Insurance 1975, S. 1-15 (Insurance as a Transfer Mechanism).

VARAIN, THOMAS C., Ansatz und Bewertung versicherungstechnischer Verpflichtungen von Schaden- und Unfallversicherungsunternehmen nach IAS/IFRS, Lohmar 2004 (Bilanzierung versicherungstechnischer Verpflichtungen von Schaden- und Unfallversicherungsunternehmen).

WAGENHOFER, ALFRED, Internationale Rechnungslegungsstandards IAS/IFRS, 6. Aufl., München 2009 (Internationale Rechnungslegung).

WÄLDER, JOHANNES, Über das Wesen der Versicherung – Ein methodologischer Beitrag zur Diskussion um den Versicherungsbegriff, Berlin 1971 (Wesen der Versicherung).

WASCHBUSCH, GERD/STEINER, CHRISTOF/THIEMANN, STEFFEN, IFRS: Zahlreiche Ermessensspielräume mindern den Informationsgehalt – Die Abgrenzung zwischen Finanzinstrumenten und Versicherungsverträgen nach IFRS bleibt schwierig, in: VW 2008, S. 1890-1899 (Ermessensspielräume mindern Informationsgehalt).

WAWRZINEK, WOLFGANG, § 2, in: Beck'sches IFRS-Handbuch – Kommentierung der IFRS/IAS, hrsg. v. Bohl, Werner/Riese, Joachim/Schlüter, Jörg, 4. Aufl., München 2013 (§ 2).

WENG, ANNEGRET, Stand der Entwicklung des neuen Versicherungsstandards IFRS 4 mit besonderem Fokus auf den deutschen Versicherungsmarkt, in: KoR 2013, S. 23-32 (Stand der Entwicklung des IFRS 4).

WHITTINGTON, GEOFFREY, Fair Value and the IASB/FASB Conceptual Framework Project: An Alternative View, in: ABACUS 2008, S. 139-168 (An alternative view on the Conceptual Framework Project).

WHITTINGTON, GEOFFREY, Harmonisation or discord? The critical role of the IASB conceptual framework review, in: Journal of Accounting and Public Policy 2008, S. 495-502 (Harmonisation or discord).

WIDMANN, RALF/KORKOW, KATI, Spielräume bei der IAS-Bilanzierung noch zu groß – Stand der Entwicklung eines IFRS-Standards für Versicherungsverträge, in: VW 2002, S. 1236-1239 (Spielräume bei der IAS-Bilanzierung noch zu groß).

WIEDEMANN, RICHARD A./HACK, CHRISTOPH, Rückversicherungsrecht, in: Handwörterbuch der Versicherung HdV, hrsg. v. Farny, Dieter/Helten, Elmar/Koch, Peter/Schmidt, Reimer, Karlsruhe 1988, S. 721-728 (Rückversicherungsrecht).

WINKELJOHANN, NORBERT, Rechnungslegung nach IFRS – Ein Handbuch für mittelständische Unternehmen, 2. Aufl., Herne/Berlin 2006 (Rechnungslegung nach IFRS).

WIPF, DENISE/GRIMM, THOMAS/BIBER, ROGER, IFRS 4 Phase II – Bilanzierung und Bewertung von Versicherungsverträgen – Der aktuelle Exposure Draft, in: Der Schweizer Treuhänder 2011, S. 142-147 (IFRS 4 Phase II).

WÜSTEMANN, JENS/BISCHOF, JANNIS, Der Grundsatz der Fair-Value-Bewertung von Schulden nach IFRS: Zweck, Inhalte und Grenzen, in: ZfB-Special Issue 6/2006, S. 77-110 (Fair Value-Bewertung von Schulden).

ZIMMERMANN, JOCHEN/SCHWEINBERGER, STEFAN, Gestaltungsformen der Bilanzierung von Versicherungsverträgen: ein kritischer Vergleich von Deferral/Matching- und Asset/Liability-Ansätzen, in: ZVersWiss 2005, S. 57-78 (Gestaltungsformen der Bilanzierung von Versicherungsverträgen).

ZIMMERMANN, JOCHEN/SCHWEINBERGER, STEFAN, Zukunftsperspektiven der internationalen Rechnungslegung: Hinweise aus dem Diskussionspapier des IASB zur Bilanzierung von Versicherungsverträgen, in: DB 2007, S. 2157-2162 (IFRS Zukunftsperspektiven).

ZÖBISCH, MARION, Solvency II: Risikoadäquanz von Standardmodellen – Eine Analyse aus Sicht eines Schaden-Spezialversicherers, Karlsruhe 2009 (Risikoadäquanz von Standardmodellen).

ZONS, MICHAEL, Value Based Management und IAS/IFRS im Schadenversicherungsunternehmen, Lohmar 2006 (Value Based Management).

ZÜLCH, HENNING/GEBHARDT, RONNY, Anmerkungen zum Entwurf eines überarbeiteten Conceptual Framework für die Finanzberichterstattung, in: PiR 2006, S. 203-204 (Anmerkungen zum Entwurf eines Conceptual Framework).

ZÜLCH, HENNING/NELLESSEN, THOMAS, Aktuelles Diskussionspapier des IASB zu einem Rechnungslegungsstandard für Versicherungsverträge, in: PiR 2007, S. 198-200 (DP zu einem Standard für Versicherungsverträge).

ZÜLCH, HENNING/NELLESSEN, THOMAS, Die Überarbeitung der Rahmenkonzepte von IASB und FASB: aktueller Stand des *„Conceptual Framework-Project“*, in: PiR 2008, S. 270-272 (Überarbeitung der Rahmenkonzepte).

ZWEIFEL, PETER, Was ist Versicherung? – Funktionelle und institutionelle Aspekte, in: Was ist Versicherung?, hrsg. v. Albrecht, Peter/Brinkmann, Theodor/Zweifel, Peter, Karlsruhe 1987, S. 38-61 (Funktionelle und institutionelle Aspekte der Versicherung).

ZWEIFEL, PETER/EISEN, ROLAND, Versicherungsökonomie, 2. Aufl., Berlin, Heidelberg 2003 (Versicherungsökonomie).